KB197720

한국산업인력공단 새 출제기준에 따른!!

피부미용사
필기 한권으로 합격하기

NCS 기반

대한민국
대표브랜드

국가자격
시험문제
전문출판

에듀크라운
국가자격시험문제 전문출판

최고의 적중률!! 최고의 합격률!!
크라운출판사
피부미용·미용·이용·조리 등 서비스서적사업부
http://www.crownbook.com

이 책을 펴내며

그동안 미용사(피부) 국가기술자격제도 도입을 위해 수많은 관계자들이 오랜 기간 동안 노력한 결과, 2008년도부터 국가에서 인정하는 자격시험을 치르게 되었습니다.

이는 향후 국내 피부미용업계의 전문인 배출과 진보적인 기술의 발달을 가져다 주는 계기가 마련되는 중요한 국가정책으로 발돋움하게 되리라 믿어 의심치 않습니다.

오늘날 피부미용에 대한 국민들의 관심과 열정은 교육 관련 분야의 미용 관련 학과 증설과 미용 관련 학회 활동을 활발하게 하는 원동력이 되었고, 수많은 논문 및 연구 사례들이 발표되었으며 국민들의 건강증진에 도움을 주는 데 한몫을 하고 있습니다.

이 교재는 전문직업으로 각광받고 있는 피부미용 종사자들에게 도움이 되고자 강단에서 직접 학생들을 교육하며 터득한 노하우를 적극 활용해 기존의 교재에서 부족한 점을 보완, 수정하였습니다. 특히 한국산업인력공단의 새 출제기준에 맞춰 성공적인 시험대비를 할 수 있도록 심혈을 기울여 집필한 교재입니다.

본 교재는 한국산업인력공단의 출제기준에 따라 1과목 피부미용이론, 2과목 해부생리학, 3과목 피부미용기기학, 4과목 화장품학, 5과목 공중위생관리학의 총 5과목으로 분류하였으며, 지침에 따라 세부내용을 수록하여 이론적인 틀을 잡는데 주안점을 두었습니다. 특히 핵심이론정리와 섹션별 예상문제, 실력다지기 모의고사 를 수록하여 수험생들이 쉽게 공부할 수 있도록 하였습니다. 이 밖에도 특별부록으로 실전대비 모의고사를 수록하여 실제 시험을 가상으로 테스트해 볼 수 있도록 시험 대비에 만전을 기하도록 하였습니다.

이 책이 수험생 여러분의 미용사(피부) 자격증 취득을 위한 지침서가 되어 수험생 여러분이 국가기술자격 취득으로 국내뿐 아니라 해외까지 우리나라의 우수한 미용 기술을 전파하는 초석이 되길 간절히 바랍니다.

저자 드림

01 미용사(피부) 자격시험 안내

● 개요

피부미용업무는 공중위생분야로서 국민의 건강과 직결되어 있는 중요한 분야로 향후 국가의 산업구조가 제조업에서 서비스업 중심으로 전환되는 차원에서 수요가 증대되고 있다. 머리, 피부미용, 화장 등 분야별로 세분화 및 전문화되고 있는 미용의 세계적인 추세에 맞추어 피부미용을 자격제도화함으로써 피부미용분야 전문인력을 양성하여 국민의 보건과 건강을 보호하기 위하여 자격제도를 제정하였다.

● 수행직무

얼굴 및 신체의 피부를 아름답게 유지·보호·개선 관리하기 위하여 각 부위와 유형에 적절한 관리법과 기기 및 제품을 사용하여 피부미용을 수행한다.

● 진로 및 전망

피부미용사, 미용강사, 화장품 관련 연구기관, 피부미용업 창업, 유학 등

● 자격시험 안내

1. 시행처 : 한국산업인력공단(www.hrdkorea.or.kr)
2. 시험과목
   • 시험과목
     – 필기 : 피부미용학, 피부학·해부생리학, 피부미용기기학, 공중위생관리학(공중보건학, 소독, 공중위생법규), 화장품학 등에 관한 사항
     – 실기 : 피부미용실무
3. 검정방법
     – 필기 : 객관식 4지 택일형, 60문항(60분)
     – 실기 : 작업형(2~3시간 정도)
4. 합격기준,(필기·실기) : 100점을 만점으로하여 60점 이상

※ 안전등급

안전등급(Safety Level) : 1등급	
시험장소 구분	실내
주요시설 및 장비	가위 등
보호구	해당사항 없음

– 보호구(작업복 등) 착용, 정리정돈 상태, 안전사항 등이 채점 대상이 될 수 있습니다.
– 반드시 수험자 지참공구 목록을 확인하여 주시기 바랍니다.

필기시험 출제기준(2022.7.1.~2026.12.31.)

◆ 제1과목 피부미용학

주요항목	세부항목	세세항목
피부미용이론	피부미용개론	• 피부미용의 개념 • 피부미용의 역사
	피부분석 및 상담	• 피부분석의 목적 및 효과 • 피부상담 • 피부유형분석 • 피부분석표
	클렌징	• 클렌징의 목적 및 효과 • 클렌징 제품 • 클렌징 방법
	딥 클렌징	• 딥 클렌징의 목적 및 효과 • 딥 클렌징 제품 • 딥 클렌징 방법
	피부유형별 화장품 도포	• 화장품 도포의 목적 및 효과 • 피부유형별 화장품 종류 및 선택 • 피부유형별 화장품 도포
	매뉴얼 테크닉	• 매뉴얼 테크닉의 목적 및 효과 • 매뉴얼 테크닉의 종류 및 방법
	팩 · 마스크	• 목적 및 효과 • 종류 및 사용방법
	제모	• 제모의 목적 및 효과 • 제모의 종류 및 방법
	신체 각 부위 (팔, 다리 등)관리	• 신체 각 부위(팔, 다리 등)관리의 목적 및 효과 • 신체 각 부위(팔, 다리 등)관리의 종류 및 방법
	마무리	• 마무리의 목적 및 효과 • 마무리의 방법

주요항목	세부항목	세세항목
피부미용이론	피부와 부속기관	• 피부구조 및 기능
		• 피부 부속기관의 구조 및 기능
	피부와 영양	• 3대 영양소, 비타민, 무기질
		• 피부와 영양
		• 체형과 영양
	피부장애와 질환	• 원발진과 속발진
		• 피부질환
	피부와 광선	• 자외선이 미치는 영향
		• 적외선이 미치는 영향
	피부면역	• 면역의 종류와 작용
	피부노화	• 피부노화의 원인
		• 피부노화현상

◆ 제2과목 해부생리학

주요항목	세부항목	세세항목
해부생리학	세포와 조직	• 세포의 구조 및 작용
		• 조직구조 및 작용
	뼈대(골격)계통	• 뼈(골)의 형태 및 발생
		• 전신뼈대(전신골격)
	근육계통	• 근육의 형태 및 기능
		• 전신근육
	신경계통	• 신경조직
		• 중추신경
		• 말초신경
	순환계통	• 심장과 혈관
		• 림프
	소화기계통	• 소화기관의 종류
		• 소화와 흡수

◆ 제3과목 피부미용기기학

주요항목	세부항목	세세항목
피부미용기기학	피부미용기기 및 기구	• 기본용어와 개념
		• 전기와 전류
		• 기기 · 기구의 종류 및 기능
	피부미용기기 사용법	• 기기 · 기구 사용법
		• 유형별 사용방법

◆ 제4과목 화장품학

주요항목	세부항목	세세항목
화장품학	화장품학개론	• 화장품의 정의
		• 화장품의 분류
	화장품제조	• 화장품의 원료
		• 화장품의 기술
		• 화장품의 특성
	화장품의 종류와 기능	• 기초 화장품
		• 메이크업 화장품
		• 모발 화장품
		• 바디(Body)관리 화장품
		• 네일 화장품
		• 향수
		• 에센셜(아로마) 오일 및 캐리어 오일
		• 기능성 화장품

◆ 제5과목 공중위생관리학

주요항목	세부항목	세세항목
공중위생관리학	공중보건학	• 공중보건학 총론
		• 질병관리
		• 가족 및 노인보건
		• 환경보건
		• 식품위생과 영양
		• 보건행정
	소독학	• 소독의 정의 및 분류
		• 미생물 총론
		• 병원성 미생물
		• 소독방법
		• 분야별 위생 · 소독
	공중위생관리법규 (법, 시행령, 시행규칙)	• 목적 및 정의
		• 영업의 신고 및 폐업
		• 영업자 준수사항
		• 면허
		• 업무
		• 행정지도감독
		• 업소 위생등급
		• 위생교육
		• 벌칙
		• 시행령 및 시행규칙 관련사항

실기시험 출제기준

직무 분야	이용 · 숙박 · 여행 · 오락 · 스포츠	중직무 분야	이용 · 미용	자격 종목	미용사(피부)	적용 기간	2022.7.1.~ 2026.12.31.

- 직무내용 : 고객의 상담과 피부분석을 통해 안정감 있고 위생적인 환경에서 얼굴, 신체 부위별 피부를 미용기기와 화장품을 이용하여 서비스를 제공하는 직무이다.
- 수행준거 : 1. 피부미용 실무를 위한 준비 및 위생사항 점검을 수행할 수 있다.
  2. 피부의 타입에 따른 클렌징 및 딥 클렌징을 할 수 있다.
  3. 피부의 타입별 분석표를 작성할 수 있다.
  4. 눈썹정리 및 왁싱 작업을 수행할 수 있다.
  5. 손을 이용한 얼굴 및 신체 각 부위(팔, 다리 등) 관리를 수행할 수 있다.

실기검정방법	작업형	시험시간	2시간 15분 정도

실기과목명	주요항목	세부항목
피부미용실무	1. 피부미용 위생관리	1. 피부미용 작업장 위생 관리하기
		2. 피부미용 비품 위생 관리하기
		3. 피부미용사 위생 관리하기
	2. 얼굴관리	1. 얼굴 클렌징하기
		2. 눈썹정리하기
		3. 얼굴 딥클렌징하기
		4. 얼굴 매뉴얼테크닉하기
		5. 영양물질 도포하기
		6. 얼굴 팩 · 마스크하기
		7. 마무리하기
	3. 신체 각 부위별 피부관리	1. 신체 각 부위별 클렌징하기
		2. 신체부위별 딥클렌징하기
		3. 신체부위별 피부관리하기
		4. 신체부위별 팩 · 마스크하기
		5. 신체부위별 관리 마무리하기
	4. 피부미용 특수관리	1. 제모하기
		2. 림프관리하기

02 한국산업인력공단 미용사(피부) 관련 Q&A

◆ 공개문제 관련 사항

Q1 미용사(피부) 실기시험은 과제 구성이 어떻게 됩니까?

A1 미용사(피부) 실기시험은 공개된 바와 같이 1과제 얼굴관리, 2과제 팔다리관리, 3과제 림프를 이용한 피부관리의 순으로 구성되어 시험이 시행됩니다. 공개문제 등은 수정사항에 의하여 새로 등재되므로 정기적으로 확인을 해야 합니다

Q2 과제별 시험 시간은 어떻게 됩니까?

A2 시험시간은 전체 2시간(순수작업시간 기준)이며, 각 과제별 시간은 1과제 85분, 2과제 35분, 3과제 15분으로 전체 2시간 15분(순수작업시간 기준)입니다.

Q3 기본 준비 작업은 어떻게 해야 하나요?

A3 과제 시작 전에 준비작업시간을 따로 부여하며, 이때 과제에 필요한 작업물과 도구, 베드 등을 작업에 적합하게 준비한 다음 대기하고 있으면 됩니다. 모델은 바로 작업이 가능한 상태로 되어 있어야 하며, 눕혀서 대기하면 됩니다.

Q4 손을 이용한 피부관리와 마사지는 어떤 차이가 있나요?

A4 미용사(피부)의 피부관리는 마사지라는 용어를 사용하지 않습니다. 시중의 마사지와 손을 이용한 피부관리(매뉴얼테크닉)는 목적하는 바가 분명히 다릅니다. 피부미용에서의 손을 이용한 피부관리는 원칙적으로 화장품 등의 물질의 원활한 도포 및 그것을 돕기 위한 일련의 손 동작을 의미하며 근육을 강하게 누르거나 마사지하여 일정 부위를 자극하거나 쾌감을 유도하는 일련의 마사지 법과는 분명한 차이가 있습니다.

Q5 피부관리계획표의 작성은 어떻게 하나요?

A5 당일날 시험장에서 얼굴부위별 타입에 대한 내용과 사용할 딥클렌징제를 지정(당일 시험장 측에서 제시함)하면 그에 따른 피부관리계획표를 작성하게 되며, 이는 대동한 모델의 피부타입과는 관계없이 이루어집니다. 그리고 이후의 작업은 모델의 피부타입과는 관계없이 피부관리계획표상의 제품을 기준으로 수행하면 됩니다. 기타 피부관리계획표의 기재사항은 공개문제를 참고하면 됩니다.

Q6 눈썹정리 과제는 어떻게 작업하면 됩니까?

A6 눈썹정리는 가위, 눈썹칼, 족집게를 이용하여 하면 됩니다. 족집게의 사용 시는 반드시 감독위원의 입회 및 지시에 따라야 되며, 3개 이상만 뽑아내면 됩니다. 넓은 면의 잔털과 모양내기는 눈썹칼을 이용하면 됩니다. 눈썹정리 시 제거한 눈썹은 옆에 티슈에 모아 놓았다가 감독위원의 지시에 따라 휴지통에 버리면 됩니다(하나도 없는 경우는 미리 눈썹정리를 다 해온 것으로 판단하여 채점상 불이익을 받을 수 있습니다). 단, 눈썹정리 시 한쪽 눈썹에만 작업해야 합니다.

Q7 딥클렌징 과제는 어떻게 작업하면 됩니까?

A7 모델의 피부 타입과는 관계없이 4가지 타입 중 당일 지정해주는 제품 타입을 이용하여 관리를 해야 합니다.

Q8 팩은 어떻게 사용하면 되나요?

A8 시험장에서 지정해주는 얼굴과 목 타입에 맞는 제품을 사용하면 됩니다. 얼굴에서 T존과 U존, 그리고 목 부위의 세 부위별로 타입을 제시(전체가 한 가지 타입이 될 수도 있고, 세 부위가 각각 다른 타입이 될 수도 있음)하여 팩을 도포하도록 되어 있습니다.

Q9 마스크는 어떻게 하면 되나요?

A9 석고 마스크와 고무모델링 마스크 중 시험장에서 지정해주는 제품을 사용하면 됩니다. 마스크를 위한 기본 전처리를 실시한 후, 얼굴에서 목의 경계부위까지(턱 하단 포함) 코와 입에 호흡을 할 수 있도록 도포하면 됩니다.

Q10 팔, 다리 관리시간은 어떻게 되고 또 관리 부위는 어떻게 되나요?

A10 10분 동안 팔 관리를 하고, 이어 다리 부위를 15분 동안 관리하는 방식으로 진행됩니다. 관리부위는 공개된 것처럼 오른쪽 팔과 오른쪽 다리 부위 총 2부위를 대상으로 순서대로 작업하게 됩니다. 팔은 전체를 관리대상으로 하고, 다리의 경우도 전체를 대상으로 범위가 넓어졌습니다. 다리는 서혜부를 제외한 아래쪽 전부를 말하며, 뒤쪽도 포함되므로 뒤쪽은 다리를 들어서(다리를 세우거나, 개구리 다리 모양으로 옆으로 해서) 관리를 하면 됩니다.

Q11 제모는 어떻게 하나요?

A11 제모는 제공되는 왁스를 종이컵에 덜어가서 사용하여 작업하면 됩니다. 제모작업의 부위는 양쪽 팔 또는 다리 전체 중 제모하기에 적합한 부위를 선택하여 한 번만 작업하며, 제모면적은 수험자 지참 재료인 부직포(7×20cm)를 이용할 때 적합한 정도인 4~5×12~15cm 정도면 됩니다. 단, 부직포를 제거할 때는 감독위원의 입회하에 작업을 하면 됩니다.

Q12 림프를 이용한 관리는 어떻게 하나요?

A12 림프를 이용한 관리는 15분의 시간으로 진행되며, 림프관리 시에는 종료와 동시에 끝낼 수 있도록 하면 됩니다. 림프를 이용한 관리의 시술 부위는 얼굴과 목을 대상으로 하며 림프절을 따라 손을 이용하여 피부관리를 하면 되며, 순서는 데콜테 부위의 에플라쥐를 가볍게 하신 후 손동작의 시작점은 프로펀더스(Profundus)부터 시작하면 되고, 목관리-얼굴관리 순으로 하고 마지막 동작은 에플라쥐로 끝내면 됩니다.

Q13 시중의 피부관리실 등을 보면 업소에 따라 피부관리하는 방법이 상당히 다르고 또 업소나 사람마다 행하는 시술법이 다른 것 같은데 어떤 것을 기준으로 하게 되나요?

A13 미용사(피부)는 기능사 등급의 시험입니다. 즉 피부미용사의 업무를 행하기 위한 기본적인 동작과 시술을 보는 것이기 때문에 화려한 테크닉이나 특별한 작업 방법을 요구하지 않습니다. 손을 이용한 피부관리는 기본 동작의 정확도, 연결성, 리드미컬한 움직임 등 기본 동작과 자세 등을 가장 중점으로 채점하는 것을 기본 방향으로 하고 있습니다.

Q14 시험 시 검정장에서 제공되는 것은 무엇이 있나요?

A14 공통으로 사용되는 기자재(왁스 워머, 온장고 등)와 베드 등은 검정장에서 준비가 됩니다. 지참 시 필요한 준비물은 공개문제 혹은 원서 접수 시에 www.Q-net.or.kr에서 확인이 가능합니다.

Q15 모델은 직접 데리고 와야 하나요?

A15 수험자가 모델을 대동하고 와야 합니다. 그리고 자신이 데려온 모델은 자신이 관리하게 되며, 사전 준비 시간에 모델에게 필요한 준비물(가운, 슬리퍼 등)은 모델에게 미리 주셔야 합니다.

Q16 모델의 조건은 어떻게 되나요?

A16 모델은 기본적으로 메이크업을 하고 와야 하며, 모델의 나이 상한 제한은 없어졌으며, 만 14세가 되는 해 출생자부터 모델로서 가능합니다. 그리고 국적이 한국인 사람 외에 조선족이나 중국계 한족 및 동남아인, 백인 등은 모델로서 가능합니다만 피부색 등이 일반적인 한국인과 많이 달라 감독위원의 채점에 지장을 줄 수 있는 모델은 불가합니다. 그 외에 심한 민감성 피부 혹은 심한 농포성 여드름이 있는 사람(스크럽이나 고마쥐의 1회 관리 시에도 문제가 생기는 피부를 의미), 성형수술(코, 눈, 턱윤곽술, 주름제거 등)한지 6개월 이내인 사람, 임신 중인 사람, 피부관리에 적합하지 않은 피부질환을 가진 사람 등은 모델이 될 수 없으며, 눈썹이 없거나 적어(일반적인 기준으로 가로길이의 2/3 정도가 되지 않는 경우) 눈썹관리작업에 적합하지 않은 사람, 체모가 없거나 아주 적어 제모시술에 적합하

지 않은 사람은 감점 등의 불이익이 있을 수 있습니다. 여성 수험자는 여성 모델을, 남성 수험자는 남성 모델을 준비하면 되며 사전에 모델에게 작업에 요구되는 노출에 대한 동의를 받으셔야 합니다.

Q17 남자가 응시하게 되는 경우는 모델을 어떻게 해야 하나요?

A17 남자의 경우는 남자수험자들만 따로, 남성 모델을 대상으로 피부관리를 하게 됩니다. 그리고 모델은 기본적으로 화장이 되어 있어야 하며, 만약 화장이 필요한 남성 모델의 경우 검정장의 대기실에서 모델조건에 맞는 화장을 할 수 있도록 할 예정이니 이를 위한 준비를 따로 하면 됩니다. 그리고 남자 모델은 시험장의 베드에서 관리를 받기 위해 상의를 탈의하여야 하며, 다리 관리 시에는 하의를 탈의하거나, 다리 관리 범위에 지장이 없도록 하의를 관리하도록 해야 됩니다.

Q18 볼에 화장품을 덜어서 사용해야 합니까?

A18 기본적으로 관리 시 위생상태의 유지를 위해 한번의 양으로 모두 사용되지 않는 한 필요한 양만큼 볼에 덜어둔 뒤 관리 시 사용되는 것이 권장됩니다. 볼 3개를 모두 사용했을 경우에는 티슈 등으로 닦아낸 뒤 소독을 하고 재사용하시는 것은 허용됩니다(필요한 경우 소형 볼을 더 지참할 수 있음).

Q19 습포는 어떻게 사용해야 합니까?

A19 온습포 혹은 냉습포는 관리에 반드시 사용되어야 하는 단계가 있습니다. 그외의 경우에는 습포를 사용하는 것에 대하여는 관리상의 선택 혹은 방법으로 간주하여 점수화하지는 않습니다(언제 사용해야 하는 것은 채점과 관계된 사항이므로 답변하지 않습니다). 그리고 온습포의 사용은 비치된 온장고를 이용하면 되며, 반드시 사용할 때마다 가져와야 합니다. 그리고 온장고 이용 시에는 집게(비치될 예정임, 개인 집게 사용가능)와 트레이(쟁반)를 사용하여 습포를 가져오면 됩니다.

Q20 1과제의 손을 이용한 관리 시 관리 부위는 어디까지 입니까?

A20 1과제의 손을 이용한 관리 시 관리 대상이 되는 부위는 데콜테까지입니다. 단, 가슴 및 겨드랑이 안쪽 부위는 포함하지 않습니다.

◆ 재료 관련 사항

Q1 위생복(관리사 가운)과 실내화, 마스크는 어떤 것으로 준비해야 합니까?

A1 위생복은 흰색 반팔 가운 및 흰색 바지로, 몸의 모든 복식은 흰색으로 통일하면 됩니다. 실내화는 앞, 뒤가 트이지 않은 실내화(운동화는 안되며, 반드시 실내화를 지참해야 함)를 준비하면 되고 관리 작업상 굽이 있는 경우도 가능합니다. 마스크의 경우는 약국 등에서 판매하는 일회용 흰색 마스크를 사용하면 됩니다. 즉, 복장은 외부에서 보았을 때 머리부분의 액세서리를 제외하고 모두 흰색(양말 등 포함)이면 가능하며, 반팔 위생복 밖으로 긴 팔 옷을 입거나 위생복 안의 옷이 위생복 밖으로 절대 나오지 않아야 합니다. 기타 자세한 사항은 "미용사(피부) 수험자 복장 감점 적용범위"를 참고하기 바랍니다.

Q2 타월은 어떻게 준비하고 또 사용 용도는 무엇인가요?

A2 타월은 대 · 중 · 소로 지정된 사이즈(대형의 경우 10% 정도의 크기 차이는 무방합니다.)로 준비하면 되며, 대형은 베드깔개와 1, 3과제에서의 모델을 덮는 용으로, 중형은 2과제에서 신체 부위를 가리는 용도 및 목 등 부위 받침용으로, 소형은 기타 및 습포용으로 사용하면 됩니다. 수량은 대형과 중형은 지정된 수량을 준비하면 되고, 소형은 작업에 필요한 습포의 양에 따라 최소 5장 이상 가져오면 됩니다(온장고에는 최대 6장까지 보관할 수 있습니다). 그리고 대형의 경우 보통 피부미용업소에서 사용하는 베드용 타월의 폭으로 되어있는 것(100~135×180cm)도 가능합니다.

Q3 모델용 가운은 어떻게 준비하나요?

A3 모델용 가운은 지정된 색의 가급적 무늬가 없는 것으로 준비하면 됩니다. 현란하거나 큰 무늬를 제외한 작은 무늬(일명 땡땡이 등)가 있는 정도는 허용하며, 밴드형과 벨크로(찍찍이)형 중 하나를 준비하면 됩니다. 그리고 겉가운은 검정시설 상 모델 대기실과 검정장이 떨어져 있어 이동을 해야 하는 경우가 많으므로 이때 사용하는 것으로 색깔 역시 지정된 색 계통으로 일반 가운형을 준비하면 됩니다.

Q4 남성 모델용 옷은 색상이 상하의 통일인가요?

A4 남성 모델용 옷은 상의는 흰색, 하의는 베이지 혹은 남색으로 준비하면 됩니다.

Q5 모델용 슬리퍼는 특별한 제한이 없나요?

A5 모델용 슬리퍼는 특별한 제한은 없습니다.

Q6 알콜 및 분무기는 분무기에 알콜을 넣어오면 되는 건가요?

A6 펌프식 혹은 스프레이식의 분무기에 알콜을 넣어오면 되고 이것은 화장품, 기구 혹은 손

등의 소독 시에 사용됩니다. 그리고 스프레이식을 사용하여 소독하는 것에 대한 감점 등의 사항은 없습니다.

Q7 정리대를 가져가야 하나요?

A7 정리대(왜건)는 기본적인 검정장 시설에 속하므로 모두 구비되어 있습니다. 그러므로 가져올 필요가 없습니다.

Q8 미용솜과 일반솜은 무엇을 얘기하는 건가요?

A8 미용솜은 일반 화장솜을, 일반솜은 탈지면(코튼)을 의미합니다. 둘 다 소독용 혹은 클렌징용으로 사용됩니다.

Q9 볼과 대야(해면 볼)는 어떤 사이즈를 준비하면 됩니까?

A9 볼은 소형의 유리 혹은 플라스틱 볼을 준비하면 되고 화장품을 덜어서 사용하는 용도로 이용됩니다. 그리고 해면 볼(대야)은 물을 떠놓거나 해면을 담아 사용하기에 적절한 사이즈를 준비하면 됩니다.

Q10 팩 시 거즈와 아이패드는 어떻게 사용되고 준비하여야 합니까?

A10 거즈는 팩 시 얼굴 전체에 깔고 그 위에 팩을 도포하는 용도로 사용되는 것이 아니고, 팩이나 딥클렌징 시 입술을 덮는 용으로 사용되는 거즈를 의미합니다. 아이패드도 역시 팩이나 딥클렌징 시 눈을 덮는 용도로 사용되며, 상품화된 아이패드를 사용하거나, 아니면 일반적으로 화장솜을 덮어서 사용해도 됩니다(단, 마스크 시에는 얼굴 전체에 깔고 그 위에 마스크를 도포하는 용도로 사용됩니다).

Q11 제모시의 부직포는 무엇이며 제시된 규격대로만 준비해야 합니까?

A11 부직포는 제모시에 사용되는 머슬린 천으로 사용되는 용도의 종이(혹은 천)를 의미하며 일반적으로 롤로 말려서 상품화되어 판매되고 있습니다. 규격에 맞추어 준비해오면 되고, 한 장만 사용하므로 정해진 크기의 부직포를 가지고 제모작업을 할 수 있을 정도로 제모 부위를 정하면 됩니다.

Q12 보관통의 재질은 반드시 금속이어야 하나요?

A12 보관통의 재질은 금속, 플라스틱, 유리 모두 관계없이 준비하면 됩니다.

Q13 딥클렌징용 화장품 4가지를 모두 준비해야 하나요?

A13 딥클렌징 시에는 지정된 타입을 사용하는 것이므로 목록의 4가지를 모두 준비해 와야 하

며, 각각을 피부타입별로 따로 더 많이 준비할 필요는 없습니다. 이 중 효소는 가루를 물에 개어서 크림상으로 만들어 사용하는 것을 준비해야 합니다. AHA의 경우는 액체형으로 준비하며, 시중에 있는 제품 중에서 함량표시가 되어있는 것이 많지 않으므로 함유표시는 있되, 함량이 겉으로 표시 안 된 제품을 가져오는 경우 함량을 확인하여 준비하고 만약에 지정된 함량 이상의 것을 사용하였을 때 심한 트러블이 생기는 경우는 수험자에게 귀책이 돌아갈 수 있습니다.

Q14 팩은 어떤 피부타입을 준비하면 됩니까?

A14 팩은 기본적으로 중성(정상), 지성, 건성의 3가지 피부타입을 기본으로 준비하면 되고, 필요에 따라 여드름 혹은 민감성 등 기타 타입을 1~2가지 정도 더 준비해도 무방하지만 필수조건은 아닙니다. 그리고 팩은 기본적으로 크림 타입을 준비해 오면 되며, 투명하거나 팩의 도포 타입 및 도포 방향 등을 구별할 수 없는 것은 제외됩니다.

Q15 탈컴파우더는 베이비파우더를 준비해 와도 됩니까?

A15 탈컴파우더를 사용하는 목적과 실제 효과가 베이비파우더와 유사하므로 베이비파우더로 대체해도 되지만 탈컴파우더를 권장합니다(이와 관련해서 감점 등은 없습니다).

Q16 진정로션 혹은 젤 용으로 알로에 젤을 사용해도 됩니까?

A16 일반적으로 알로에의 함유량이 높은 알로에 젤이 진정용으로 많이 사용되고 있으므로 가능합니다.

Q17 아이크림과 립크림은 같이 사용하는 경우가 많은데 같이 사용해도 되나요?

A17 아이크림과 립크림은 각각 따로 준비해도 되고 같이 사용해도 됩니다.

Q18 메이크업 리무버와 클렌징 제품이 혼동됩니다. 설명해주세요.

A18 메이크업 리무버는 포인트 메이크업 리무버와 페이셜 클렌저를 의미하며, 클렌징 제품은 바디 클렌징 제품으로 현재 시험에서는 알콜을 함유하고 있는 화장수 등으로 가볍게 닦아내는 클렌징을 하도록 되어 있으므로 이에 필요한 화장품을 준비하면 됩니다(추후 스크럽 및 클렌저를 사용하는 클렌징을 요구하는 문제가 공개되는 경우에는 거기에 맞는 제품을 준비하면 됩니다).

Q19 팔, 다리 관리용 화장품은 어떤 타입이 사용됩니까?

A19 팔, 다리 관리용 화장품은 오일타입 및 크림타입 둘 다 사용이 가능합니다.

Q20 화장품은 어떤 형태로 가져와야 합니까?

A20 화장품은 판매되는 제품으로 가져오면 되고, 사용하던 것도 무방하지만 덜어 오는 것은

안 됩니다. 그리고 외부 등에 관련된 화장품의 타입이나 용도 등이 프린트 혹은 스티커(제품회사에서 붙인, 단 인쇄된 것이어야 하며, 조잡하게 프린트 되어 개인이 만들 수 있는 것과 구분이 되지 않는 것은 붙이지 말 것) 등으로 적혀져 있으면 됩니다. 모든 피부용의 경우 "all skin type 혹은 모든 피부용"이라고 적혀 있지 않아도 범용 혹은 모든 피부에 사용할 수 있다는 등의 내용이 설명서 혹은 제품에 안내되어 있으면 사용 가능합니다. 그리고 딥클렌징제의 경우는 4가지 타입으로 목록상의 제품 성상에 맞는 제품이면 사용이 가능합니다. 그리고 화장품은 브랜드를 차별하지 않으며, 같은 회사의 라인으로 통일시킬 필요도, 제품 용량의 일정 이상이 들어있을 필요도 없습니다.

Q21 기타 자신이 가지고 오고 싶은 도구를 가져오는 것은 가능한가요?

A21 목록상의 재료의 수량을 더 가져오는 것은 가능합니다. 그러나 개인 왁스 및 왁스 워머는 따로 전원이 준비되지 못하므로 불가능하고 베개 등은 타월로 대체 가능하므로 불필요하며, 면시트 등은 검정장의 시설에 따라 적용사항이 다를 수 있으니 불필요합니다. 기타 작업의 결과에 영향을 주지 않는 범위 내의 화장품 등은 더 가져와도 됩니다.

※ 지참준비물은 문제의 변경이나 기타 다른 사유로 수량 및 품목 등이 변경될 수도 있으니 정기적인 확인을 부탁드립니다.

※ 기타 세부 사항은 본 공단 홈페이지(http://www.q-net.or.kr)의 「고객지원-자료실-공개문제」에 공개되어 있는 동 종목 공개문제 및 유의사항(FAQ) 등을 반드시 확인하시기 바랍니다.

03 미용사(피부) 실기시험 공개문제

자격종목	미용사(피부)	과제명	피부관리

▨ 수험자 유의사항(전 과제 공통)

> 다음 사항을 준수하여 실기시험에 임하여 주십시오. 만약 아래의 사항을 지키지 않을 경우, 시험장의 입실 및 수험에 제한을 받는 불이익이 발생할 수 있다는 점 인지하여 주시고, 시험위원의 지시가 있을 경우, 다소 불편함이 있더라도 적극 협조하여 주시기 바랍니다.

1. 수험자와 모델은 시험위원의 지시에 따라야 하며, 지정된 시간에 시험장에 입실해야 합니다.

2. 수험자는 수험표 및 신분증(본인임을 확인할 수 있는 사진이 부착된 증명서)을 지참해야 합니다.

3. 수험자는 반드시 위생복[상의는 흰색 반팔 가운, 하의는 흰색 긴바지로 모든 복식은 흰색으로 통일(1회용 가운 제외), 마스크 및 실내화(색상은 흰색 통일)를 착용하여야 하며, 복장 등에 소속을 나타내거나 암시하는 표시가 없어야 합니다.

4. 수험자 및 모델은 눈에 보이는 표식(예 : 네일 컬러링, 디자인 등)이 없어야 하며, 표식이 될 수 있는 액세서리(예 : 반지, 시계, 팔찌, 발찌, 목걸이, 귀걸이 등)를 착용할 수 없습니다.

5. 수험자는 시험 중에 필요한 물품(습포, 왁스 등)을 가져오거나 관리상 필요한 이동을 제외하고 지정된 자리를 이탈하거나 다른 수험자와 대화 등을 할 수 없으며, 질문이 있는 경우는 손을 들고 시험위원이 올 때까지 기다려야 합니다.

6. 사용되는 해면과 코튼은 반드시 새 것을 사용하고 과제 시작 전 사용에 적합한 상태를 유지하도록 미리 준비해야 합니다.

7. 시험 시 사용되는 타월은 대형과 중형의 경우 지참재료상의 지정된 수량만큼만 사용하고, 소형은 필요시 더 사용할 수 있습니다.

8. 수험자는 작업에 필요한 습포를 시험 시작 전 미리 준비(온습포는 과제당 6매까지 온장고에 보관)할 수 있으며, 비닐백(지퍼백 등)에 비번호 기재 후 보관하여야 합니다.

9. 모델은 반드시 화장[파운데이션, 마스카라, 아이라인, 아이섀도, 눈썹 및 입술화장(립스틱 사용 등)]이 되어 있어야 합니다(남자모델의 경우도 동일).

10. 모델은 만 14세 이상의 신체 건강한 남, 여(년도 기준)로 아래의 조건에 해당하지 않아야 합니다.
　① 심한 민감성 피부 혹은 심한 농포성 여드름이 있는 사람 등 피부관리에 적합하지 않은 피부질환을 가진 사람
　② 성형수술(코, 눈, 턱윤곽술, 주름제거 등)한지 6개월 이내인 사람
　③ 호흡기 질환, 민감성 피부, 알레르기 등이 있는 사람
　④ 임신 중인 사람
　⑤ 정신질환자
　※ 수험자가 동반한 모델도 신분증을 지참하여야 하며, 공단에서 지정한 신분증을 지참하지 않은 경우 모델로 참여가 불가능합니다.
　※ 여성 수험자는 여성 모델을, 남성 수험자는 남성 모델을 대동해야 하며 사전에 대동한 모델에게 작업에 요구되는 노출에 대한 동의를 받으셔야 합니다.

11. 관리 대상부위를 제외한 나머지 부위는 노출이 없도록 수건 등으로 덮어두시오(단, 팔은 노출이 가능).

12. 팩과 딥클렌징 제품을 제외한 화장품은 어느 한 피부타입에만 특화되지 않고 모든 피부타입에 사용해도 괜찮은 타입(올 스킨타입 혹은 범용)을 사용해야 합니다.

13. 수험자 또는 모델은 핸드폰을 사용할 수 없습니다.

14. 작업에 필요한 각종 도구를 바닥에 떨어뜨리는 일이 없도록 하여야 하며, 특히 눈썹칼, 가위 등을 조심성 있게 다루어 안전사고가 발생되지 않도록 주의해야 합니다.

15. 제시된 작업시간 안에 세부 작업을 끝내며, 각 과제의 마지막 작업 시에는 주변정리를 함께 끝내야 하되, 각 세부 작업 시험시간을 초과하는 경우는 해당되는 세부 작업을 0점 처리합니다.

16. 다음 사항은 실격에 해당하여 채점대상에서 제외됩니다.
　① 시험 전체 과정을 응시하지 않은 경우
　② 시험 도중 시험실을 무단 이탈하는 경우
　③ 부정한 방법으로 타인의 도움을 받거나 타인의 시험을 방해하는 경우
　④ 무단으로 모델을 수험자간에 교환하는 경우
　⑤ 국가기술자격법상 국가기술자격 검정에서의 부정행위 등을 하는 경우
　⑥ 수험자가 위생복을 착용하지 않은 경우

⑦ 모델이 가운을 미착용한 경우(여성 : 속가운, 남성 : 반바지)

⑧ 수험자 유의사항 내의 모델 조건에 부적합한 경우

⑨ 주요 화장품을 대부분 덜어서 가져온 경우

17. 시험응시 제외 사항

① 모델을 데려오지 않은 경우

18. 득점 외 별도 감점사항

① 복장상태, 사전 준비상태 중 어느 하나라도 미준비하거나 준비 작업이 미흡한 경우

② 모델이 가운을 미착용한 경우(여성 : 겉가운, 남성 : 흰색 반팔 티셔츠)

③ 관리 범위를 지키지 않는 경우(관리 범위 중 일부를 하지 않거나 범위를 벗어나는 것 모두 해당)

④ 작업순서를 지키지 않는 경우

⑤ 눈썹을 사전에 모두 정리를 해서 오는 경우

⑥ 필요한 기구 및 재료 등을 시험 도중에 꺼내는 경우

19. 마스크 작업 시 마스크 종류 및 순서가 틀린 경우(예 : 팩과 마스크의 순서를 바꿔서 작업한 경우 등), 지압 및 강한 두드림 등 안마행위를 하는 경우 및 눈썹과 체모가 없는 경우는 해당 작업을 0점 처리합니다.

20. 항목별 배점은 얼굴관리 60점, 부위별 관리 25점, 림프를 이용한 피부관리 15점입니다.

국가기술자격검정 실기시험문제

자격종목	미용사(피부)	작업명	얼굴관리

번호 :

• 시험시간 : 2시간 15분
　　　　1과제 : 1시간 25분(준비작업시간 및 위생 점검시간 제외)

1. 요구사항

※ 다음과 같이 준비 작업을 하시오.

① 클렌징 작업 전, 과제에 사용되는 화장품 및 사용 재료를 관리에 편리하도록 작업대에 정리하시오.

② 베드는 대형 수건을 미리 세팅하고, 재료 및 도구의 준비, 개인 및 기구 소독을 하시오.

③ 모델을 관리에 적합하게 준비(복장, 헤어터번, 노출관리 등)하고 누워 있도록 한 후 시험위원의 준비 및 위생 점검을 위해 대기하시오.

※ 아래 과정에 따라 모델에게 피부미용 작업을 하시오.

순서	작업명	요구내용	시간	비고
1	관리계획표 작성	제시된 피부타입 및 제품을 적용한 피부 관리계획을 작성하시오.	10분	–
2	클렌징	지참한 제품을 이용하여 포인트 메이크업을 지우고 관리범위를 클렌징한 후 코튼 또는 해면을 이용하여 제품을 제거하고 피부를 정돈하시오.	15분	도포 후 문지르기는 2~3분 정도 유지하시오.
3	눈썹정리	족집게와 가위, 눈썹칼을 이용하여 얼굴형에 맞는 눈썹모양을 만들고, 보기에 아름답게 눈썹을 정리하시오.	5분	눈썹을 뽑을 때 감독 확인하에 작업하시오.(한쪽 눈썹만 작업하시오.)

순서	작업명	요구내용	시간	비고
4	딥클렌징	스크럽, AHA, 고마쥐, 효소의 4가지 타입 중 지정된 제품을 이용하여 얼굴에 딥클렌징한 후 피부를 정돈하시오.	10분	제시된 지정타입만 사용하시오.
5	손을 이용한 관리(매뉴얼 테크닉)	화장품(크림 혹은 오일타입)을 관리 부위에 도포하고 적절한 동작을 사용하여 관리한 후 피부를 정돈하시오.	15분	-
6	팩	팩을 위한 기본 전처리를 실시한 후 제시된 피부타입에 적합한 제품을 선택하여 관리부위에 적당량을 도포하고, 일정시간 경과 뒤 팩을 제거한 다음 피부를 정돈하시오.	10분	팩을 도포한 부위는 코튼으로 덮지 마시오.
7	마스크 및 마무리	마스크를 위한 기본 전처리를 실시한 후, 지정된 제품을 선택하여 관리부위에 작업하고, 일정시간 경과 뒤 마스크를 제거한 다음 피부를 정돈한 후 최종마무리와 주변정리를 하시오.	20분	제시된 지정 마스크만 사용하시오.

2. 수험자 유의사항

① 지참 재료 중 바구니는 왜건의 크기(가로×세로)보다 큰 것은 사용할 수 없습니다.

② 관리계획표는 제시된 조건에 맞는 내용으로 시험에서의 작업에 의거하여 작성한다.

③ 관리계획표 작성은 반드시 검은색 볼펜만을 사용하여야 하며 그 외 유색 필기구, 연필류, 지워지는 펜 등을 사용하는 경우 해당 항목 0점 처리됩니다. 답안 정정 시에는 정정하고자 하는 단어에 두 줄(=)로 긋고 다시 작성하거나 수정테이프(수정액 제외)를 사용하여 정정하시기 바랍니다.

④ 눈썹정리 시 족집게를 이용하여 눈썹을 뽑을 때는 시험위원의 입회하에 실시하되, 시험위원의 지시를 따르시오(작업을 하고 있다가 시험위원이 지시하면 족집게를 사용하며, 작업을 하지 않고 기다리지 마시오).

⑤ 고마쥐 제품 사용 시 도포는 얼굴에 하되 밀어내는 것은 이마 전체와 오른쪽 볼 부위만을 대상으로 하시오.

⑥ 팩은 요구되는 피부타입에 따라 제품을 선택하여 사용하고, 붓 또는 스파튤라를 사용하여 관리 부위에 도포하시오.

⑦ 마스크의 작업부위는 얼굴에서 목 경계부위까지로 작업 시 코와 입에 호흡을 할 수 있도록 해야 합니다.

⑧ 얼굴관리 중 클렌징, 손을 이용한 관리, 팩 작업에서의 관리 범위는 얼굴부터 데콜테[가슴(breast)은 제외]까지를 말하며 겨드랑이 안쪽 부위는 제외됩니다.

⑨ 모든 작업은 총 작업시간의 90% 이상을 사용하시오(단, 관리계획표 작성은 제외).

자격종목	미용사(피부)	작업명	관리계획표 작성

※ **시험시간 : 1과제 세부과제 – 10분**

※ **아래 예시에서 주어진 조건에 맞는 관리계획표를 작성하시오.**

　1. 얼굴의 피부타입은 팩 사용의 부위별 피부타입을 기준으로 결정하시오.
　　(단, T존과 U존의 피부타입만으로 판단하며, 피부의 유·수분함량을 기준으로 한 타입(건성, 중성(정상), 지성, 복합성)만으로 구분하시오.

　2. 팩 사용을 위한 부위별 피부상태(타입)
　　• T존 :

　　• U존 :

　　• 목부위 :

　3. 딥클렌징 사용제품 :

　4. 마스크 :

※ **기타 유의사항**
　관리계획표상의 클렌징, 매뉴얼 테크닉용 화장품은 본인이 시험장에서 사용하는 제품의 제형을 기준으로 하시오.

국가기술자격검정 실기시험문제

※ 시험시간 : 10분

관리계획 차트(Care Plan Chart)				
비번호	형별	시험일자 : 20 . . . (부)		
관리목적 및 기대효과	관리목적 :			
	기대효과 :			
클렌징	☐ 오일	☐ 크림	☐ 밀크 / 로션	☐ 젤
딥 클렌징	☐ 고마쥐(Gommage)	☐ 효소(Enzyme) ☐ AHA		☐ 스크럽
매뉴얼 테크닉 제품타입	☐ 오일	☐ 크림		
손을 이용한 관리형태	☐ 일반	☐ 림프		
팩	T존 : ☐ 건성타입 팩	☐ 정상타입 팩	☐ 지성타입 팩	
	U존 : ☐ 건성타입 팩	☐ 정상타입 팩	☐ 지성타입 팩	
	목부위 : ☐ 건성타입 팩	☐ 정상타입 팩	☐ 지성타입 팩	
마스크	☐ 석고 마스크	☐ 고무모델링 마스크		
고객관리계획	1주 :			
	2주 :			
자가관리조언 (홈케어)	제품을 사용한 관리 :			
	기타 :			

- 관리계획표는 요구하는 피부타입에 맞추어 시험장에서의 관리를 기준으로 기록하시오.
- 고객관리계획은 향후 주단위의 관리계획을, 자가관리조언은 가정에서의 제품 사용을 위주로 간단하고 명료하게 작성하며 **수정 시 두 줄로 긋고** 다시 쓰시오.
- 향후 관리는 총 기간을 2주로 하고 각 주관리에 대한 내용을 기술
  ex) 클렌징 → 딥 클렌징(효소, 고마쥐, 스크럽, AHA 중 택 1) → 메뉴얼 테크닉
   → 크림팩(제품타입, 제품 성분 등 표기) → 크림(제품 타입, 제품 성분 등 표기)
- 체크하는 부분은 주가 되는 하나만 하시오.
- 고객관리계획에서 마스크에 대한 사항은 제외하며, 마무리에 대한 사항은 작성하시오.

국가기술자격검정 실기시험문제

자격종목	미용사(피부)	작업명	팔, 다리 관리

번호 :

- **제2과제 : 팔, 다리 관리**
- **시험시간 : 35분(준비작업시간 제외)**

1. 요구사항

※ 팔, 다리 관리를 하기 위한 준비작업을 하시오.

① 과제에 사용되는 화장품 및 사용재료는 작업에 편리하도록 작업대에 정리하시오.

② 모델을 관리에 적합하도록 준비하고 베드 위에 누워서 대기하도록 하시오.

※ 아래 과정에 따라 모델에게 피부미용 작업을 실시하시오.

순서	작업명		요구내용	시간	비 고
1	손을 이용한 관리 (매뉴얼 테크닉)	팔 (전체)	모델의 관리부위(오른쪽 팔, 오른쪽 다리)를 화장수를 사용하여 가볍고 신속하게 닦아낸 후 화장품(크림 혹은 오일타입)을 도포하고, 적절한 동작을 사용하여 관리하시오.	10분	총 작업시간의 90% 이상을 유지하시오.
		다리 (전체)		15분	
2	제 모		왁스 워머에 데워진 핫 왁스를 필요량만큼 용기에 덜어서 작업에 사용하고, 팔 또는 다리에 왁스를 부직포 길이에 적합한 면적만큼 도포한 후 체모를 제거하고 제모 부위의 피부를 정돈하시오.	10분	제모는 좌우구분이 없으며 부직포 제거 전 손을 들어 감독의 확인을 받으시오.

2. 수험자 유의사항

① 손을 이용한 관리는 팔과 다리가 주 대상범위이며, 손과 발의 관리 시간은 전체 시간의 20%를 넘지 않도록 하시오.

② 제모 시 손 또는 발을 제외한 좌우측 팔 전체 또는 다리 전체 중 작업을 수행하기 적합한 부위를 선택하여 한 번만 제거하시오.

③ 관리 부위에 체모가 완전히 제거되지 않았을 경우 족집게 등으로 잔털 등을 제거하시오.

④ 제모는 7×20cm 정도의 부직포 1장을 이용한 도포 범위(4~5×12~14cm)를 기준으로 하시오.

국가기술자격검정 실기시험문제

자격종목	미용사(피부)	작업명	림프를 이용한 피부관리

번호 :

- 제3과제 : 림프를 이용한 피부관리
- 시험시간 : 15분(준비작업시간 제외)

1. 요구사항

※ **림프관리에 적합한 준비작업을 하시오.**

① 과제에 사용되는 화장품 및 사용 재료는 작업에 편리하도록 작업대에 정리하시오.

② 모델을 작업에 적합하도록 준비하시오.

※ **아래 과정에 따라 모델에게 피부미용 작업을 실시하시오.**

순서	작업명	요구내용	시간	비고
1	림프를 이용한 피부관리	적절한 압력과 속도를 유지하며 목과 얼굴 부위에 림프절 방향에 맞추어 피부관리를 실시하시오(단, 에플라쉬 동작을 시작과 마지막에 하시오).	15분	종료시간에 맞추어 관리하시오.

2. 수험자 유의사항

① 작업 전 관리 부위에 대한 클렌징 작업은 하지 마시오.

② 관리 순서는 에플라쉬를 먼저 실시한 후 첫 시작 지점은 목 부위(Profundus)부터 하되, 림프절 방향으로 관리하며, 림프절의 방향에 역행되지 않도록 주의하시오.

③ 적절한 압력과 속도를 유지하고, 정확한 부위에 실시하시오.

수험자 지참도구 및 재료

일련번호	지참 도구 및 재료명	규격	단위	수량	자격종목 및 등급 / 비고
					미용사(피부)
1	위생복	상의 반팔 가운, 하의 긴 바지	벌	1	모든 복식은 흰색 통일
2	실내화	흰색	켤레	1	실내화만 허용
3	마스크	흰색	개	1	
4	대형타월	100×180cm, 흰색	장	2	베드용, 모델용
5	중형타월	65×130cm, 흰색	장	1	
6	소형타월	35×80cm, 흰색	장	5장 이상	습포, 건포용
7	헤어터번(터번)	벨크로(찍찍이)형	개	1	분홍색 or 흰색
8	여성모델용 가운 및 겉가운	밴드(고무줄 벨크로)형 일반형(겉가운)	벌	1	분홍색 or 흰색
9	남성모델용 옷	박스형 반바지 & 반팔 T-셔츠	벌	1	하의 - 베이지 or 남색 상의 - 흰색
10	모델용 슬리퍼	–	켤레	1	–
11	필기도구	볼펜	자루	1	검은색(유색 · 지워지는 펜 불가)
12	알코올 및 분무기	–	개	1	1인 사용량
13	일반솜	–	봉	1	탈지면, 1인 사용량
14	비닐봉지, 비닐백	소형	장	각 1	쓰레기 처리용, 습포 보관용(두터운 비닐백)
15	미용솜	–	통	1	화장솜
16	면봉	–	봉	1	1인 사용량
17	티슈	–	통	1	1인 사용량
18	붓	클렌징, 팩용	개	2	바디용 불가
19	해면	스폰지, 면타입	세트	1	1인 사용량
20	스파튤라	–	개	3	클렌징, 팩용
21	볼(Bowl)	–	개	3	클렌징, 팩 등
22	가위	소형	개	1	눈썹정리, 제모
23	족집게	–	개	1	눈썹정리, 제모
24	브러시	–	개	1	눈썹정리, 제모
25	눈썹칼	Safety razor	개	1	눈썹정리
26	거즈	–	장	1	–
27	아이패드	–	개	2	거즈, 화장솜 가능
28	나무스파튤라	–	개	1	제모용
29	부직포	7×20cm	장	1	제모용
30	장갑	라텍스	켤레	1	제모용
31	종이컵	100ml	개	1	제모용
32	보관통	컵형	개	2	스파튤라, 붓 등

33	보관통	뚜껑달린 통	개	2	알코올 솜 등
34	해면볼	소형	개	1	–
35	바구니	–	개	2	정리용 사각
36	트레이(쟁반)	소형	개	1	습포용
37	효소	–	개	1	파우더형
38	고마쥐	–	개	1	크림형 or 젤형
39	AHA	함량 10% 이하	개	1	액체형
40	스크럽제	–	개	1	크림형 or 젤형
41	팩	크림타입	세트	1	정상, 건성, 지성
42	스킨토너(화장수)	–	개	1	모든 피부용
43	크림, 오일	매뉴얼 테크닉용	개	1	모든 피부용
44	탈컴 파우더	–	개	1	제모용
45	진정로션 혹은 젤	–	개	1	제모용
46	영양크림	–	개	1	모든 피부용
47	아이 및 립크림	–	개	1	모든 피부용 (공용사용가능)
48	포인트 메이크업 리무버	아이, 립	개	1	모든 피부용
49	클렌징 제품	얼굴 등	개	1	모든 피부용
50	고무볼	중형	개	1	마스크용
51	석고마스크	파우더타입	개	1	1인 사용량
52	고무모델링마스크	파우더타입	개	1	1인 사용량
53	베이스크림	크림타입	개	1	석고 마스크용
54	모델	–	명	1	모델기준 참조

※ 공개문제 및 수험자 지참 준비물에 언급된 도구 및 재료 중 기타 실기시험에서 요구한 작업 내용에 영향을 주지 않는 범위 내에서 수험자가 피부 미용에 필요하다고 생각되는 재료 및 도구는 추가 지참 가능

※ 해면은 스폰지 타입과 면(코튼) 타입의 지참 및 혼용 사용 가능

※ 타월류의 경우는 비슷한 크기면 무방함

※ 팩과 마스크, 딥클렌징용 제품을 제외한 다른 모든 화장품은 모든 피부용을 지참할 것

※ 바구니의 경우 왜건 크기보다 크면 사용할 수 없음

※ 부직포는 지정된 길이에 맞게 미리 잘라서 오면 됨

※ 모델 기준 : 연도 기준으로 만 14세 이상의 신체 건강한 남, 예단, ① 심한 민감성 피부 혹은 심한 농포성 여드름이 있는 사람 등 피부관리에 적합하지 않은 피부질환을 가진 자, ② 성형수술(코, 눈, 턱윤곽술, 주름제거 등)한지 6개월 이내인 자, ③ 호흡기 질환, 민감성 피부, 알레르기 등이 있는 자, ④ 임신중인 자, ⑤ 정신질환자는 제외]

※ 수험자가 동반한 모델도 신분증을 지참해야 하며, 공단에서 지정한 신분증을 지참하지 않은 경우, 모델로 시험에 참여 불가

※ 젤리화, 크록스화, 벨크로형(찍찍이) 형태의 실내화 등도 지참 가능하며 감점사항 아님

※ 여성 수험자는 여성 모델, 남성 수험자는 남성 모델을 준비하면 되며 사전에 모델에게 작업에 요구되는 노출에 대한 동의를 받아야 함

※ 수험자의 복장 상태 중 위생복 속 반팔 또는 긴팔 티셔츠가 밖으로 나온 것도 감점 사항에 해당됨

※ 큐넷(www.q-net.or.kr) 자료실 내 2023년 미용사(피부) 공개 문제 내의 수험자 유의사항(전과제 공통) 등 관련 자료를 사전에 반드시 확인하여 준비

지급재료목록

일련번호	지참 도구 및 재료명	규격	단위	수량	비고
1	핫왁스	400~500㎖	개	1	7인당 1개
2	화장솜	100개	통	1	20인당 1개

핵심이론편의 차례

1과목

피부미용이론 – 피부미용학

1. 피부미용개론	34
2. 피부분석 및 상담	37
3. 클렌징	44
4. 딥 클렌징	49
5. 피부유형별 화장품 도포	52
6. 매뉴얼 테크닉	60
7. 팩과 마스크	65
8. 제모	72
9. 전신관리	76
10. 마무리	84

2과목

피부미용이론 – 피부학

1. 피부와 피부 부속기관	90
2. 피부와 영양	100
3. 피부장애와 질환	104
4. 피부와 광선	114
5. 피부면역	119
6. 피부노화	121

핵심이론편의 차례

3과목

해부생리학
1. 세포와 조직	124
2. 골격계통	132
3. 근육계통	138
4. 신경계통	145
5. 순환계통	150
6. 소화기계통	157

4과목

피부미용기기학
1. 피부미용기기	164
2. 피부미용기기 사용법	170

5과목

화장품학
1. 화장품학 개론	190
2. 화장품 제조	197
3. 화장품의 종류와 기능	213

6과목

공중위생관리학
1. 공중보건학	242
2. 소독학	298
3. 공중위생관리법규(법, 시행령, 시행규칙)	307

피부미용사
필기
한권으로
합격하기

1 피부 미용이론

- 피부미용학 -

Chapter 01 피부미용개론

Chapter 02 피부분석 및 상담

Chapter 03 클렌징

Chapter 04 딥 클렌징

Chapter 05 피부유형별 화장품 도포

Chapter 06 매뉴얼 테크닉

Chapter 07 팩

Chapter 08 제모

Chapter 09 전신관리

Chapter 10 마무리

Section 01 피부미용의 개념

피부미용은 건강하고 아름다운 신체와 피부를 유지하기 위해 얼굴과 신체의 근육 피부에 핸드 테크닉 및 피부미용 기기를 이용하여 영양 공급, 피부 생리 기능 향상을 증진시키는 전신 미용술이다.

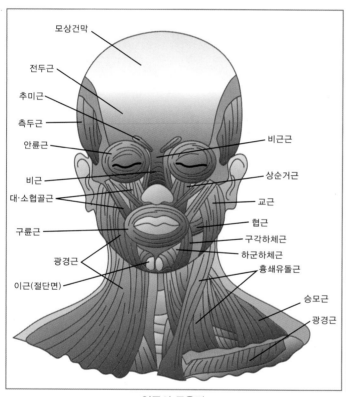

얼굴의 근육결

혈점

tip

세계 여러 나라의 피부미용 용어
- 독일 : Kosmetik
- 프랑스 : Esthetique
- 영국 : Cosmetic
- 일본 : エステ(에스테)
- 미국 : Skin Care, Esthetic, Aesthetic

Section 02 피부미용의 변천사

(1) 서양

① 이집트시대 : 종교의식 중심의 미용

    ㉠ 백납(미백), 입술(빨간색), 볼(분홍색), 손톱(오렌지색)

    ㉡ 올리브오일, 아몬드오일, 양모왁스, 난황, 진흙 등을 사용(클레오파트라 : 나귀우유와 진흙 목욕법)

② 그리스시대 : 건강한 신체 중시 → 천연향과 오일 마사지 요법 성행(깨끗한 피부가 주안점)

③ 로마시대 : 공중목욕 문화 발달

    ㉠ 화장이 생활 필수품(남녀 공통), 포도주와 오렌지즙으로 각질과 피부 관리, 염소젖과 오일 · 옥수수 · 밀가루 등을 이용한 마사지법 성행

    ㉡ 갈렌 – 콜드크림의 원조인 연고 제조

④ 중세시대 : 기독교(금욕주의) 영향으로 깨끗한 피부 관리에 중점

    ㉠ 약초 끓인 물의 스팀요법 처음 활용 – 현대 아로마 요법의 시초

⑤ 르네상스 : 향수 문화 발달(신체와 의복의 악취 제거), 과도한 화장과 분화장 성행

⑥ 근세 : 화장품의 보편화, 클렌징 크림 개발, 비누가 널리 사용됨(위생과 청결 중시)

    ㉠ 후펠란트 – 마사지와 운동요법 강조

⑦ 현대(20세기 이후) : 화장품의 다양화 · 대중화

    ㉠ 생화학, 생리학, 전기학 등의 과학 기술을 이용한 피부미용 기술의 발전

(2) 우리나라

① 상고시대 : 단군신화 – 쑥, 마늘 복용(미백 효과)

② 삼국시대 : 향, 목욕 문화 발달(불교 영향), 백분 제조 기술 향상

③ 고려시대 : 면약 개발(피부 보호 및 미백), 복숭아 꽃물 세안 및 입욕제로 몸에 향기를 지님

④ 조선시대 : 청결 중시, 목욕 유행(사대부 – 난탕(蘭湯), 삼탕(蔘湯) 이용)

ⓒ 화장수 제조(선조시대)

ⓒ 판매용 화장품 제조(숙종시대)

ⓒ 〈규합총서〉 – 두발 형태와 화장법 등 미용 관련 내용 소개

⑤ 근대 : 다양한 화장품 유입, '박가분'이 최초로 기업화되어 판매됨

⑥ 현대 : 본격적 화장품 산업이 발전(1960년 이후), 색조 화장품 및 기능성 화장품 출시로 화장품 산업 확대(1980년 이후)

Section 03 피부미용사의 기본조건

(1) 피부미용사의 내적 조건

① 피부미용사는 전문교육을 이수하여 피부관리 수행능력을 갖추어야 한다.

② 직업에 대한 자부심과 신념이 있어야 한다.

③ 고객에 대해 항상 친절한 매너를 갖추고 서비스 정신이 투철해야 한다.

④ 전문적인 지식과 기술향상을 위해 항상 노력해야 한다(세미나, 연수, 전문지 구독 등).

(2) 피부미용사의 외적 조건

① 항상 깨끗하고 단정한 복장과 신발 상태를 유지한다.

② 구취, 몸냄새가 나지 않도록 항상 청결에 힘쓴다.

③ 손톱을 짧고 깨끗하게 유지한다.

④ 짙은 화장을 피하고 깔끔하고 전문가적 이미지를 구현하는 화장을 한다.

⑤ 관리 전·후 손을 소독한다.

⑥ 업무에 지장을 주는 반지, 팔찌 등 액세서리는 피한다.

피부분석 및 상담

피부분석 및 상담의 개요

(1) 피부분석의 정의

① 피부분석은 고객의 피부상태와 피부유형을 파악하기 위하여 실시한다.

② 관리 전에 피부조직의 상태, 피부의 유·수분도, 피지분비 상태, 민감도, 색소침착, 모공상태, 탄력성 등 다양한 피부의 상태를 과학적인 분석방법을 통해 정확히 파악하는 것이다.

③ 고객의 피부관리에 필요한 올바른 트리트먼트를 결정하는 과정이다.

(2) 피부분석의 목적 및 효과

① 피부의 기능이 정상적인 피부상태를 지향한다.

② 성공적이고 올바른 피부관리를 하기 위한 기초자료로 이용한다.

③ 고객의 피부타입에 맞는 적절한 케어와 제품을 선택한다.

(3) 고객상담의 정의

① 이상적인 피부관리를 시행하는데 필요한 절차이다.

② 고객의 방문동기와 목적을 알아보기 위한 단계이다.

③ 고객의 심리적 안정을 유도하고 효율적인 피부관리를 실행하는데 필요한 단계이다.

(4) 고객상담의 목적

① 고객의 방문목적을 확인한다(일반관리, 문제점 개선, 화장품 구매 등).

② 고객의 피부상태 및 피부의 생활환경을 조사하고 피부문제의 원인을 파악한다(생활습관, 식생활, 일상업무, 건강상태).

③ 상담내용을 토대로 앞으로의 관리방법과 계획을 세운다.

④ 전문적인 지식을 바탕으로 고객에게 시행할 피부관리 방법 및 제품, 기기 등의 목적과 특징을 설명한다.

(5) 상담 효과

① 고객의 신뢰도와 만족감을 높인다.

② 고객이 피부관리의 필요성을 인식한다.

③ 피부의 문제점을 파악하여 효율적이고 전문적인 관리계획을 수립할 수 있다.

④ 홈케어 교육도 병행할 수 있다.

(6) 상담 방법

① 고객의 의견을 경청하고 견해를 파악한다.

② 고객에 대한 이해와 관심을 전달한다.

③ 설득력을 가지고 해결책을 제시한다.

Section 02 피부유형 분석

(1) 피부유형 분석방법

① 문진(問診)

㉠ 고객에게 질문하여 그 답변에 따라 피부의 유형을 판독한다.

㉡ 고객의 직업, 알레르기 유무, 질병, 사용약제, 사용화장품과 피부관리 습관, 식생활, 스트레스 등을 파악하여 피부유형과의 관련성을 진단한다.

② 견진(見診)

㉠ 육안으로 직접 보거나 확대경, 우드 램프 등을 통하여 피부유형을 판독한다.

㉡ 피부의 유분함량, 모공크기, 예민 상태, 혈액순환 상태 등의 판독이 가능하다.

③ 촉진(觸診)

㉠ 피부를 만져보거나 집어서 판독한다.

㉡ 피부의 수분보유량, 각질화 상태, 탄력성 등을 파악할 수 있다.

④ 기기 판독법

㉠ 우드 램프(Wood Lamp)

자외선을 이용한 광학 피부분석기로 피부상태에 따라 특정한 형광색이 나타난다.

피부 상태	측정기 반응 색상
정상 피부	청백색
건성, 수분 부족 피부	연보라색
민감, 모세혈관 확장피부	진보라색
피지, 여드름	오렌지색
노화 각질, 두꺼운 각질층	흰색
색소 침착 부위	암갈색
비립종	노란색
먼지, 이물질	반짝이는 하얀 형광색

ⓛ **확대경(Magnifying Glass)**

육안의 5배율의 확대경을 통해 면포, 색소 침착, 잔주름 등의 피부 상태를 분석한다.

ⓒ **피부분석기(Skin Scope)**

피부표면의 조직, 두피와 모발 상태 등을 80~200배 정도 확대하여 관찰할 수 있는 기기로 피부의 상태와 다양한 측정결과를 모니터나 사진을 통해 정확히 알 수 있다.

ⓔ **유분ㆍ수분 pH측정기**

피부 표면의 유분 및 수분, pH를 측정하여 판독한다.

(2) 피부 상태 분석방법

피부의 다양한 상태를 정상 기능, 기능 증가, 기능 부족으로 구분하여 어디에 속하는지를 판독한다.

① **유분 함유량**

ⓐ 피지 분비를 과잉, 부족, 적당량으로 파악한다.

ⓑ 판별 기준 : 세안 후 티슈로 눌러봤을 때 피지가 묻어나오는 정도로 확인한다.

② **수분 함유량**

ⓐ 피부 상층부의 수분 보유량을 판별한다.

ⓑ 볼 아래의 피부를 위 방향으로 올려보았을 때 잔주름이 가로로 형성된 정도를 파악한다.

ⓒ 잔주름이 많이 형성되면 수분 보유량이 부족하므로 수분 부족 피부로 판단한다.

③ **각질화 상태**

ⓐ 손으로 만졌을 때 부드럽거나 거친 느낌, 또는 표면이 일정치 않거나 매끄러운 느낌으로 알 수 있다.

ⓒ 지성 피부는 각질세포가 축적되는 과각화 현상이 나타나며, 여드름의 발생 원인이 된다.

ⓒ 박리 현상이 너무 빨라지거나 인위적으로 유도하면 얇고 예민한 피부가 된다.

④ 모공 크기

㉠ 정상 피부 : T-존 부위는 볼 부위에 비해 모공의 크기가 큰 편이다.

㉡ 지루성, 여드름성 피부 : T-존 부위의 모공이 눈에 띄게 크며, 코 주변의 뺨 및 얼굴 전면까지 모공이 큰 경우도 있다.

⑤ 탄력 상태

탄력 상태는 피부조직의 긴장감(Turgor)과 탄력섬유조직의 긴장도(Tonus)에 따라 탄력성을 판단한다.

tip	

탄력 상태의 판단	• 피부의 긴장감(Turgor)
	  – 피부를 잡아당겼다 놓았을 때 원래 상태로 돌아가는 능력
	  – 결합조직, 콜라겐 섬유, 세포 내 물질들의 수분보유능력에 의해 결정된다.
	• 탄력섬유의 긴장도(Tonus) : 턱뼈 위의 근육 등이 잘 잡힐 경우 탄력성이 저하된 것이며, 잘 안 잡힐 경우 탄력성이 좋은 것이다.

Section 03 피부관리를 위한 준비

(1) 피부관리실의 내부 환경

① 피부관리실은 위생업소로서 깨끗한 이미지를 유지한다.

② 실내공간과 사용기구 등은 위생적이고 청결하게 관리한다.

③ 실내는 안정된 분위기로 심신의 안정을 취할 수 있도록 한다.

④ 냉 · 난방 시설과 냉온수의 사용이 편리해야 한다.

⑤ 피부관리실의 채광과 조명은 상담공간과 관리공간을 다르게 연출한다.

㉠ 프론트와 로비는 자연 채광으로 밝게 한다.

㉡ 관리실의 실내조명은 피부진단과 관리를 할 수 있을 정도의 직접조명과 휴식과 안정을 취할 수 있는 간접조명을 병행한다.

(2) 기본 준비

① 피부관리사의 개인위생을 철저히 한다.

② 베드 – 깨끗한 커버, 타올, 헤어밴드 순으로 구비한다.

③ 웨건 – 청결한 제품·비품·도구 등을 관리사가 사용하기 편리하게 정리 및 파악해 둔다.

(3) 사용기구의 위생관리

① 화장품은 피부관리 목적에 따라 클렌징류, 딥 클렌징류, 화장수류, 마사지 크림류, 팩류, 마무리 제품 등을 피부유형별로 구분하여 전문화장품을 사용한다.

② 해면은 피부자극을 주지 않는 부드러운 천연소재로 선택한다.

③ 스파튤라는 제품을 덜거나 혼합용으로 사용하므로 플라스틱 재질이 좋다.

④ 브러쉬는 피부에 자극이 없는 부드러운 재질이면서도 힘이 있는 것이 좋다.

⑤ 헤어밴드로 머리카락이 안면 위로 나오지 않도록 잘 감싼다(핀 등을 사용하지 않는다).

⑥ 타올은 순면재질을 선택하고 용도별로 다양한 크기를 준비한다.

⑦ 고객용 가운은 면소재가 좋으며 관리시의 가운과 얇은 목욕용 가운을 함께 준비한다.

⑧ 관리사용 가운은 깨끗해 보이고 활동성 있는 디자인으로 선택한다.

⑨ 화장 솜은 사용 전 물에 적셔 잘 짜서 준비하고 통에 넣어 보관한다.

⑩ 관리 시 정수된 물을 사용하도록 준비한다.

Section 04 피부분석 및 관리계획

● 피부분석카드

고객명		주 소			
생년월일		전화번호		직업	

병력과 부적응증		
• 심장병 ☐	• 갑상선 ☐	• 화장품부작용 ☐
• 고혈압 ☐	• 간질 ☐	• 금속판/핀 ☐
• 당뇨 ☐	• 알레르기 ☐	• 현재 복용 중인 약 ☐
• 임신 ☐	• 수술 여부 ☐	• 기타 ☐

고객 피부 타입				
• 피지분비에 따른 피부 타입	정상 ☐	건성 ☐	지성 ☐	복합성 ☐
• 피부의 수분량	높다 ☐	보통 ☐	낮다 ☐	
• 피부결	곱다 ☐	복합적 ☐	거칠다 ☐	
• 주름	표면주름 ☐	표정주름 ☐	노화주름 ☐	
• 피부의 탄력성	좋다 ☐	보통 ☐	나쁘다 ☐	
• 피부의 혈액순환	좋다 ☐	보통 ☐	나쁘다 ☐	
• 피부의 민감도	정상 ☐	민감 ☐	과민감 ☐	
• 자외선 민감도	Ⅰ ☐	Ⅱ ☐	Ⅲ ☐	Ⅳ ☐ V ☐

코메도		사마귀	
구진		흉터	
농포		켈로이드	
주사		과색소	
모세혈관확장		혈관종	
섬유종(쥐젖)		기타 질환	

● 관리계획표

관리계획 차트(Care Plan Chart)				
비번호	형별	시험일자 : 20 . . . (부)		
관리목적 및 기대효과	관리목적 :			
	기대효과 :			
클렌징	☐ 오일	☐ 크림	☐ 밀크 / 로션	☐ 젤
딥 클렌징	☐ 고마쥐(Gommage)	☐ 효소(Enzyme) ☐ AHA		☐ 스크럽
매뉴얼 테크닉 제품타입	☐ 오일	☐ 크림		
손을 이용한 관리형태	☐ 일반	☐ 림프		
	T존 : ☐ 건성타입 팩	☐ 정상타입 팩		☐ 지성타입 팩
	U존 : ☐ 건성타입 팩	☐ 정상타입 팩		☐ 지성타입 팩
	목부위 : ☐ 건성타입 팩	☐ 정상타입 팩		☐ 지성타입 팩
마스크	☐ 석고 마스크	☐ 고무모델링 마스크		
고객관리계획	1주 :			
	2주 :			
자가관리조언 (홈케어)	제품을 사용한 관리 :			
	기타 :			

- 관리계획표는 요구하는 피부타입에 맞추어 시험장에서의 관리를 기준으로 기록할 것
- 고객관리계획은 향후 주단위의 관리계획을, 자가관리조언은 가정에서의 제품 사용을 위주로 간단하고 명료하게 작성하며 **수정 시 두 줄로 긋고** 다시 쓸 것
- 향후 관리는 총 기간을 2주로 하고 각 주관리에 대한 내용을 기술
  ex) 클렌징 → 딥 클렌징(효소, 고마쥐, 스크럽, AHA 중 택 1) → 메뉴얼 테크닉
     → 크림팩(타입 등 표기) → 크림(제품 타입 등 표기)
- 체크하는 부분은 주가 되는 하나만 할 것
- 고객관리계획에서 마스크에 대한 사항은 제외하며, 마무리에 대한 사항은 작성하시오.

클렌징

Section 01 클렌징의 개요

(1) 정의

공기 중의 미세한 먼지, 피부의 분비물, 메이크업의 잔여물을 깨끗하게 제거한다.

(2) 목적 및 효과

① 피부 내부(피지, 땀, 각질)와 피부 외부(대기 중의 먼지, 오염물질, 메이크업)에서 생긴 노폐물을 제거하여 피부를 청결한 상태로 유지시킨다.
② 유성 노폐물과 잔여물을 제거하여 피부세포의 호흡과 신진대사를 원활하게 한다.
③ 피부기능을 원활하게 유지시켜 노화를 막고 영양의 흡수를 도와 건강한 피부를 유지하게 한다.

(3) 피부 오염 요소

① 수용성 요소

면지, 땀, 파우더 메이크업은 세안을 하면 제거된다.

② 유용성 요소

메이크업 제품, 피지, 크림, 로션류 등은 유성 물질이나 클렌징제로 제거된다.

Section 02 클렌징의 단계

(1) 포인트 메이크업 클렌징(1차 클렌징)

클렌징의 첫 단계로 유성 색조 성분을 효과적으로 제거할 수 있는 아이 메이크업 리무버를 사용하여 아이섀도, 마스카라, 눈썹, 아이라인, 입술을 닦아내는 과정을 말한다.

(2) 안면 클렌징(2차 클렌징)

얼굴과, 목 등의 전체적인 클렌징 방법으로 피부타입에 맞는 클렌징 제품을 선택하여 부드럽게 클렌징 마사지 한 다음 티슈로 닦아낸다. 클렌징제가 피부에 흡수되는 것을 막으려면 약 3분 정도의 시간 내에 닦아낸다.

(3) 화장수 도포(3차 클렌징)

피부 유형에 맞는 전문제품을 선택하여 면 패드에 묻힌 후 얼굴과 목 등의 부위를 부드럽게 닦아 낸다.

티슈와 해면	• 티슈 : 유분이 많은 크림타입의 클린징제를 사용했을 경우 티슈로 유분기를 제거한다. • 해면 : 유분이 적은 로션 타입이나 젤 타입을 사용했을 경우 해면으로 제거한다. ⇒ 이후 습포처리

Section 03 습포(Steam Towel)

(1) 습포의 목적

습포는 적절한 온도와 습도를 부여하여 피부의 피부관리 단계의 효용을 높이는 데 있다.

(2) 습포의 종류

① 온습포

  ㉠ 전 단계의 잔여물 및 노폐물 제거에 이용한다.

  ㉡ 피부의 온도를 상승시켜 모공을 확대시킨다.

  ㉢ 혈액순환을 촉진시키고 근육의 이완을 돕는다.

  ㉣ 예민한 피부, 모세혈관 확장 피부, 화농성 여드름 피부는 피한다.

② 냉습포

  ㉠ 주로 피부 관리의 마지막 단계에서 사용한다.

  ㉡ 모공을 수축시키는 수렴효과가 있다.

  ㉢ 진정효과가 있다.

(1) 클렌징 크림(Cleansing Cream)

① 친유성의 크림 상태(W/O) 제품이다.
② 유분이 많아 이중세안을 해야 한다.
③ 세정력이 뛰어나 진한 메이크업을 하고 난 후 적합하다.
④ 지성 피부나 예민한 피부를 가진 사람은 가급적 피해야 한다.

(2) 클렌징 로션(Cleansing Lotion)

① 친수성의 로션 상태(O/W) 제품이다.
② 이중세안이 필요 없다.
③ 자극이 적고 건성, 노화, 민감성 피부에 좋다.
④ 사용 후 느낌이 산뜻하나 클렌징 크림보다 세정력이 약하다.

(3) 클렌징 오일(Cleansing Oil)

① 물과 친화력이 있는 오일 성분을 배합시킨 제품이다(수용성 오일).
② 물에 쉽게 용해되어 진한 화장을 한 다음 사용하기 좋다.
③ 건성, 예민성, 노화 피부에 적합하다.

(4) 클렌징 젤(Cleansing Gel)

① 오일 성분이 전혀 함유되지 않는 제품이다.
② 세정력이 뛰어나며 이중세안이 필요 없다.
③ 예민성 피부, 알레르기성 피부, 여드름 피부에 적합하다.

(5) 클렌징 워터(Cleansing Water)

① 화장수 + 계면활성제 + 에탄올을 소량으로 배합한 제품이다.
② 가벼운 화장을 지우거나 피부를 닦아낼 때 사용한다.
③ 아이&립 메이크업의 리무버 용도로 사용한다.

(6) 클렌징 폼(Cleansing Foam)

① 계면활성제형 세안화장품으로 비누처럼 거품이 난다.

② 비누의 단점인 피부 당김과 자극을 제거한 제품이다.

③ 유성 더러움인 경우, 닦아내는 타입의 세안제 사용 후 이중세안용으로 적합하다.

(7) 비누(Soap)

① 조직을 유연하게 하고 각질을 부풀게 한다.

② 알칼리 작용으로 피부에 있는 노폐물을 제거한다.

③ 탈수, 탈지현상을 일으켜 피부를 건조하게 만든다.

④ 민감성, 건성 피부의 경우 순한 약산성 비누를 사용하는 것이 좋다.

(8) 물(Water)

① 수용성 요소에는 세정효과를 주며 피부에 영향을 미친다.

② 산화된 피지, 크림, 로션류 등의 유성 화장품은 씻어내지 못한다.

  ㉠ **찬물(10~15℃)**

   • 가벼운 세정효과가 있다.   • 혈관을 수축하고 신선감, 긴장감을 준다.

  ㉡ **미지근한 물(15~21℃)**

   • 가벼운 세정효과가 있다.   • 각질 제거가 용이하다.

  ㉢ **따뜻한 물(21~35℃)**

   • 세정 및 각질 제거 효과가 크다.

   • 혈관을 가볍게 확장시켜 혈액순환을 돕는다.

  ㉣ **뜨거운 물(35℃ 이상)**

   • 세정 및 각질 제거의 효과가 매우 크다.

   • 혈관을 확장시키고 혈액순환이 촉진된다.

Section 05 화장수

(1) 화장수의 정의

① 스킨, 로션, 스킨 소프너, 스킨 토너, 스킨 프레시너, 아스트리젠트 로션 등으로 표현된다.

② 화장을 지우거나 세안 후 마지막 마무리 단계에서 피부 정리와 유·수분의 균형을 맞추기 위해 사용한다.

(2) 화장수의 기능

① 세안 후 남아있는 노폐물이나 메이크업 잔여물을 닦아내 피부를 청결하게 한다.

② 피부를 약산성으로 조절하여 피부를 정상 상태로 환원시켜 주고 각질층에 수분을 공급해준다.

(3) 화장수의 종류

① 유연 화장수

㉠ 유분과 수분을 보충하여 피부 각질층을 촉촉하고 부드럽게 한다.

㉡ 건성, 노화 피부에 사용한다.

② 수렴 화장수(아스트리젠트)

㉠ 모공을 수축시켜 피부결을 정리하고 신선감과 청량감을 준다.

㉡ 지성, 중성, 복합성 피부에 사용한다.

㉢ 모공 확장, 피지, 땀에 오염되기 쉬운 여름철에는 모든 피부에 사용된다.

③ 소염 화장수

㉠ 모공 수축, 신선감, 청량감을 준다.

㉡ 살균 소독을 통하여 피부를 청결하게 한다.

㉢ 지성, 여드름, 복합성 피부, T-존 부위의 염증이 생긴 피부에 사용된다.

(4) 클렌징 시술시 유의사항

① 눈, 코, 입에 들어가지 않도록 한다.

② 눈과 입은 전용 리무버를 사용하도록 한다.

③ 클렌징 시간은 3분을 넘기지 않는 것이 좋다.

④ 피부의 마지막 수성 성분을 완전히 제거해서는 안 된다.

⑤ 하루에 2회 이상의 클렌징은 피부를 손상시키므로 피한다.

⑥ 메이크업의 정도, 피부 상태에 따라 적합한 제품을 사용한다.

⑦ 뜨거운 물은 피부의 수분을 탈수시키므로 미지근하거나 따뜻한 물을 사용한다.

Chapter 04

딥 클렌징

딥 클렌징(Deep Cleansing)의 개요

(1) 정의

클렌징으로 제거되지 않은 피부 각질층의 죽은 세포와 피부 노폐물을 인위적으로 없앤다.

(2) 목적 및 효과

① 일반 클렌징을 통하여 제거할 수 없는 죽은 각질세포를 제거하여 피부 안색을 맑게, 피부결을 매끈하게 한다.
② 모낭 내의 피지, 면포, 여드름 및 불순물들이 쉽게 배출되도록 도와준다.
③ 얼굴을 문지르는 스크럽(Scrub) 형태의 제품은 혈액순환을 촉진시켜 혈색을 좋게 한다.
④ 각질 제거 후 영양물질의 흡수를 촉진시켜 피부재생, 노화방지를 위한 조건을 제공한다.

딥 클렌징의 제품 종류 및 시술방법

(1) 물리적 딥 클렌징

① 특징
　　㉠ 손이나 기계 등을 이용한 물리적 자극으로 노화된 각질을 제거해내는 방법이다.
　　㉡ 문지르는 마찰 동작이 따르므로 예민한 피부, 염증성 피부, 모세혈관 확장피부는 반드시 피한다.
　　㉢ 과각화, 지성, 면포성 여드름, 여드름 상흔이 있는 피부, 모공이 큰 피부는 도움이 된다.

② 종류
　　㉠ 스크럽(Scrub) 타입
　　　• 알갱이가 있는 세안제이다.
　　　• 얼굴에 도포한 후 마찰을 통하여 제거한다.
　　　• 자연적 재료(곡류씨, 살구씨, 흑설탕, 고령토나 조개껍질가루)나 폴리에틸렌류의 미세한 알갱이를 인공적으로 만들어 사용하기도 한다.

시/술/방/법

❶ 제품을 손에 덜어 얼굴 전체에 골고루 펴 바른다.
❷ 스팀기를 이용하거나 브러시, 손에 물을 묻혀 스크럽 제품이 마르지 않도록 한다.
  → 수분이 충분히 공급되면 각질이 연화되어 제거가 잘된다.
❸ 3~4분 정도 스크럽 마사지를 해준 후 젖은 해면을 사용하여 제거한다.

  ○ 고마쥐(Gommage) 타입
    • 동물성, 식물성 각질분해 효소를 함유한 제품이다.
    • 도포 후 적당히 말랐을 때 근육의 결 방향으로 밀어서 죽은 각질세포를 제거한다.

시/술/방/법

피부에 펴 바른 후 적당히 마른 상태에서 3~4분 정도 손가락으로 마사지하여 죽은 각질세포를 제거한다.

(2) 생물학적 딥 클렌징 : 효소(Enzyme)

① 단백질을 분해하는 효소가 촉매제로 작용하여 죽은 각질을 분해한다.
  → 브로말닌(파인애플), 파파인(파파야), 우유 효소 등을 사용
② 피부에 발라두고 적절한 온도와 습도를 만들어주면 효소가 작용하여 효과가 나타난다.
③ 예민, 모세혈관 확장, 염증성 피부 등 모든 피부에 특별한 자극 없이 노폐물과 각질을 제거한다.

시/술/방/법

❶ 문지르는 동작 없이 팩하는 방법이다.
❷ 제품과 피부에 따라 5~10분 정도 발라두면 효소가 작용하여 효과가 나타난다.

(3) 화학적 딥 클렌징

① 화학적으로 합성된 유효성분들을 이용하여 노폐물과 각질을 제거하는 방법이다.
② AHA(α-hydroxy acid)
  ○ 과일에서 추출한 천연 과일산이다.
    → 글리콜릭산(Glycolic Acid), 주석산(Tartar Acid), 사과산(Malic Acid), 젖산(Lactic Acid), 구연산(Citric Acid)
  ○ 각질의 응집력을 약화시켜 각질이 쉽게 제거된다.
  ○ 노화된 각질로 인한 거칠어진 피부를 유연하게 한다.

A.H.A	• 글리콜릭산(Glycolic Acid) : 사탕수수에서 추출 • 주석산(Tartar Acid) : 포도에서 추출 • 사과산(Malic Acid) : 사과에서 추출 • 젖산(Lactic Acid) : 발효유에서 추출 • 구연산(Citric Acid) : 감귤류에서 추출

③ BHA(β – hydroxy acid)

㉠ 버드나무 껍질, 윈터그린 나뭇잎, 자작나무 등에서 추출한다.

㉡ 지용성 : 모공 속의 피지를 흡수, 모공 입구의 각질을 제거 → 여드름 감소 효과

㉢ 여드름, 지성 피부에 좋다.

(4) 복합적 딥 클렌징

① 물리적 딥 클렌징, 효소 딥 클렌징, AHA를 복합적으로 이용한다.

② 스크럽제에 단백질 분해효소나 AHA 같은 과일산이 함유된 제품을 사용하여 두 가지 이상의 효과를 제공한다.

Chapter 05

피부유형별 화장품 도포

Section 01 화장품 도포의 정의

신체를 청결하고 건강하게 유지시키기 위하여 피부와 모발 등에 바르거나 뿌리는 것으로 인체에 대한 작용이 적은 것을 말한다. 이를 통해 피부건강을 유지하고 용모를 아름답게 변화시켜 신체의 매력을 증가시킨다.

Section 02 목적 및 효과

(1) 세정 작용

피부 표면의 먼지, 노폐물, 메이크업 잔여물 등을 제거하여 피부를 청결하게 한다.

(2) 피부정돈 작용

① 세정으로 인한 pH의 불균형을 정상화시킨다.
② 유분과 수분을 공급하여 피부를 정돈시킨다.

(3) 피부보호

① 피부표면의 건조를 방지한다.
② 공기 중의 세균과 건조, 습도, 바람, 자외선 등의 외적 자극으로부터 보호한다.
③ 피부가 약해지는 것을 보호하여 건강한 상태로 유지시킨다.

(4) 영양공급 및 신진대사 활성화 작용

① 연령 증가에 따른 피부노화를 지연시킨다.
② 건강한 피부를 유지시키기 위한 영양 공급과 신진대사를 활성화시킨다.

Section 03 피부유형별 화장품 종류 및 선택

(1) 중성 피부

① 가장 이상적인 피부유형이며, 충분한 수분과 피지를 가지고 있다.

② 특징

  ㉠ 피부 표면이 매끄럽고 부드럽다.

  ㉡ 화장이 잘 받으며 지속력이 좋다.

  ㉢ 세안 후 당기거나 번들거리지 않는다.

  ㉣ 피지 분비 및 수분 공급 기능이 적절하다.

  ㉤ 피부 이상인 색소, 여드름, 잡티 현상이 없다.

  ㉥ 피부결이 섬세하고 모공이 미세하여 피부색이 맑다.

  ㉦ 계절의 기후 변화에 따라 수분과 피지 공급의 균형이 이루어진다.

  ㉧ 탄력성이 좋고, 피부조직이 정상적인 상태에서 단단하며 주름이 없다.

  ㉨ 20대 중반 이후 피부의 건조화, 노화 증상이 다른 피부유형에 비해 빨리 시작된다.

③ 관리목적

유 · 수분의 균형을 맞춰 계절의 변화를 고려하여 가장 이상적인 현재의 상태를 유지하는 것이 중요하다.

④ 관리방법

  ㉠ **클렌징** : 부드러운 로션 타입을 선택하여 노폐물을 제거한다.

  ㉡ **딥 클렌징** : 주 1회 효소(Enzyme) 타입을 이용하여 관리해준다.

  ㉢ **화장수** : pH 균형을 위한 정상 피부용 화장수를 사용한다.

  ㉣ **매뉴얼 테크닉** : 주 1회 보습용 영양크림이나 마사지크림을 이용하여 혈액순환과 신진대사를 촉진한다.

  ㉤ **팩** : 주 1회 보습효과가 있는 팩을 사용한다.

  ㉥ **마무리** : 보습용 크림과 자외선 차단(SPF 15 권장)을 통한 보습과 보호에 중점을 둔다.

(2) 건성 피부

① 피부의 유분량과 수분량이 적어 건조함을 느끼는 피부유형으로 일반성 건성 피부, 표피 수분부족 건성 피부, 진피 수분 부족 건성 피부로 나뉜다.

② 특징

ㄱ 각질층의 수분과 피부의 유연성이 부족하다.

ㄴ 간혹 피부가 가렵고 얼굴에 버짐이 생기기 쉽다.

ㄷ 화장이 들뜨고 피부가 얇아 실핏줄이 생기기 쉽다.

ㄹ 세안 후 아무것도 바르지 않으면 얼굴이 심하게 당긴다.

ㅁ 피부가 손상되기 쉬우며 주름 발생이 쉬우므로 노화현상이 빨리 온다.

ㅂ 모공이 작고 피부결이 섬세하지만 윤기가 없고 항상 긴장되어 있다.

ㅅ 피지보호막이 얇아 피부가 손상되면 색소가 침착되어 주근깨, 기미가 생길 수 있다.

③ 종류

ㄱ **일반 건성 피부** : 피지선의 기능과 한선 및 보습능력의 저하로 인하여 유·수분 함량이 부족하다.

ㄴ **표피 건성 피부**

• 외부 환경의 영향 또는 잘못된 피부관리와 화장품 사용이 주된 원인이다.

• 잔주름이 생기기 쉽다.

ㄷ **진피 건성 피부**

• 과도한 자외선과 공해에 의한 진피 손상, 다이어트로 인한 영양 결핍 등으로 인해 발생하는 피부 자체 수분공급의 문제이다.

• 굵은 주름살이 생기기 쉽다.

④ 관리목적

ㄱ 피부의 건조함과 잔주름 개선에 주안점을 둔다(피부 표면에 유·수분 공급).

ㄴ 정상기능 회복을 위해 매뉴얼 테크닉을 사용한다.

⑤ 관리방법

ㄱ **클렌징** : 부드러운 로션이나 크림 타입을 선택하여 노폐물과 메이크업을 제거한다.

ㄴ **딥 클렌징** : 주 1회 효소 타입을 사용한다.

ㄷ **화장수** : 알코올 함량이 낮고 보습효과가 높은 화장수를 선택한다.

ㄹ **매뉴얼 테크닉** : 주 1~2회 보습 영양크림이나 마사지크림을 이용하여 혈액순환을 촉진시킨다.

ㅁ **팩** : 주 1~2회 콜라겐(Collagen), 히알루론산(Hyaluronic Acid), 세라마이드(Ceramide) 등의 성분이 든 팩제를 사용한다.

ㅂ **마무리** : 잔주름 예방을 위한 아이크림과 보습용 크림을 사용하고 자외선 차단제(SPF 15)로 피부를 보호한다.

(3) 지성 피부

① 과다한 피지 분비로 인해 피부에 트러블이 발생되기 쉬우며 유성 지루피부와 건성 지루피부로 나뉜다.

② 특징

ㄱ 화장이 잘 받지 않으며 쉽게 지워진다.

ㄴ 피지 분비가 많아 얼굴이 번들거리는 상태이다.

ㄷ 여드름과 뾰루지가 잘 생기며 피부가 거칠고 모공이 넓다.

ㄹ 피부 표면의 유분으로 인해 얼굴이 끈적거리고 이물질이 묻기 쉽다.

ㅁ 피부색이 전체적으로 칙칙하거나 모세혈관이 확장되어 붉은색을 띠기 쉽다.

③ 관리목적

ㄱ 피지 분비를 조절하여 맑고 깨끗한 피부를 유지한다.

ㄴ 과다하게 분비된 피지를 제거한다.

④ 관리방법

ㄱ **클렌징** : 오일성분이 없는 젤타입의 클렌징제를 선택한다.

ㄴ **딥 클렌징** : 주 1회 효소 타입이나 고마쥐 타입을 선택하여 묵은 각질과 피지를 제거한다.

ㄷ **화장수** : 수렴효과가 높은 화장수를 선택한다.

ㄹ **매뉴얼 테크닉** : 주 1회 지성용 보습크림이나 유분함량이 적은 크림을 이용하여 비교적 짧은 시간 동안 관리한다.

ㅁ **팩** : 주 1~2회 보습 및 피지 흡착효과가 높은 클레이 팩(Clay Pack)을 선택하여 관리한다.

ㅂ **마무리** : 지성 피부용 보습크림과 자외선차단제(SPF 15)를 사용한다.

(4) 복합성 피부

① 얼굴 부위에 따라 상반되거나 전혀 다른 피부유형이 공존하고 환경적 요인, 피부관리 습관, 호르몬 불균형 등으로 인해 발생한다.

② 특징

ㄱ 광대뼈, 볼 부위에 색소침착이 나타나는 경우가 많다.

ㄴ 피지분비는 많고 수분은 부족하며 화장이 잘 먹지 않는다.

ㄷ 피부결이 곱지 못하며 피부조직이 전체적으로 일정하지 않다.

ㄹ T-존 부위는 피지분비가 많아 여드름이나 뾰루지가 생기기 쉽고 모공이 크다.

ㅁ T-존을 제외한 부위는 세안 후 당김 현상이 있고 눈가에 잔주름이 쉽게 생긴다.

③ 관리목적

　　㉠ 유ㆍ수분의 균형적인 관리에 주안점을 둔다.

　　㉡ 부위에 따라 차별적인 관리를 시행한다.

④ 관리방법

　　㉠ **클렌징** : 부드러운 로션 타입을 선택하여 노폐물과 메이크업을 제거한다.

　　㉡ **딥 클렌징** : T-존은 물리적 제품(고마쥐, 스크럽)을 사용하고, U-존은 효소 타입을 사용한다.

　　㉢ **화장수** : 보습과 수렴효과가 있는 화장수를 선택한다.

　　㉣ **매뉴얼 테크닉** : 주 1회 보습용 영양크림이나 마사지크림을 이용하여 혈액순환을 촉진한다.

　　㉤ **팩**

　　　• T-존 : 피지 흡착효과가 높은 클레이 팩을 선택하여 관리한다.

　　　• U-존 : 보습효과가 있는 팩으로 주 1회 관리한다.

　　㉥ **마무리** : 보습용 크림과 자외선차단제(SPF 15)를 사용한다.

(5) 민감성 피부

① 사소한 자극에도 예민하게 반응하며 정상 피부에 비해 조절기능과 면역기능이 저하되어 있다.

② 특징

　　㉠ 여드름, 발진, 알레르기 등 피부 트러블이 쉽게 일어난다.

　　㉡ 수분 부족 현상이 쉽게 나타나며 피부당김 현상이 일어난다.

　　㉢ 화장품을 바꾸어 사용하면 처음에는 예민한 반응을 일으킨다.

　　㉣ 홍반이 발생되는 부위, 피부가 얇은 부위에 색소침착이 일어난다.

　　㉤ 냉(冷), 열(熱), 햇빛, 오염물질, 기후조건에 의해 얼굴이 쉽게 달아오르고 가려움을 느낀다.

③ 관리목적

　　㉠ 피부를 안정감 있게 유지하고 보호한다.

　　㉡ 피부자극을 최소화하고 진정시킨다.

④ 관리방법

　　㉠ **클렌징** : 저자극의 민감성 전용 클렌징제를 사용한다.

　　㉡ **딥 클렌징**

　　　물리적인 제품은 피하고 저자극의 크림 타입을 사용하여 2주에 1회 시행하고, 민감도에 따라 생략도 가능하다.

　　㉢ **화장수** : 진정 및 보습효과가 있는 무알코올(Alcohol Free Toner) 화장수를 선택한다.

　　ⓔ **매뉴얼 테크닉** : 민감성용 보습크림을 사용하여 부드럽고 짧게 실시한다.

　　ⓜ **팩** : 수분공급과 진정효과가 우수한 성분(Azulene)의 팩을 선택하여 주 1회 실시한다.

　　ⓗ **마무리** : 민감성 피부용 보습크림을 사용한다.

(6) 여드름 피부

① 특징

　　㉠ 피부가 조금 두껍고 거친 편이다.

　　㉡ 화장이 잘 지워지고 시간이 지나면 칙칙해진다.

　　㉢ 피지 분비가 많아 번들거리며 지저분해지기 쉽다.

② 발생원인

　　㉠ **유전적 원인** : 여드름의 80% 이상이 유전으로 생길 수 있다.

　　㉡ **후천적 원인** : 스트레스, 위장장애, 변비, 수면부족, 음주, 고온다습한 기후, 환경 오염물질과 위생의 결핍, 화장품이나 의약품의 부적절한 사용 등으로 발생할 수 있다.

③ 여드름의 형태

　　㉠ **면포성 여드름** : 모낭 내의 피지가 각질층의 죽은 세포와 함께 모낭 벽에 축적되어 형성된 덩어리이다.

　　　• 폐쇄면포(백두, White Head) : 모공의 입구가 좁게 닫혀 있는 상태로 피지 본래의 색인 흰색을 띠고 있는 면포

　　　• 개방 면포(흑두, Black Head) : 열려진 모낭 입구 밖으로 피지의 끝부분이 노출되어 멜라닌, 먼지, 지방이 산화된 생성물에 의해 검게 착색된 면포

　　㉡ **구진(Papule)** : 모낭 내에 축척된 피지가 세균에 감염되어 빨갛게 부풀어 올라 발진한다.

　　㉢ **농포(Pustule)** : 붉은 구진성 여드름이 악화되어 농을 형성한다.

　　㉣ **결절(Nodule)** : 구진보다 크고 단단한 덩어리가 피부 깊숙이 형성되면서 피부 표면 위에 돌출하거나 피부 내에 딱딱한 응어리를 형성한다.

　　㉤ **낭종(낭포, Cyst)**

　　　• 여드름 형태 중 화농의 상태가 가장 크며 깊고 통증도 심하다.

　　　• 진피층 깊은 곳까지 파괴되어 영구적인 여드름 흉터를 남긴다.

④ 관리목적

　　㉠ 피지제거 및 피지 분비 조절로 트러블을 감소시킨다.

　　㉡ 항균, 소독, 소염 등에 중점을 두어 관리한다.

ⓒ 여드름의 적절한 예방과 꾸준한 관리로 증상을 악화시키지 않는다.

ⓔ 여드름으로 인한 흉터 및 색소관리에 중점을 둔다.

⑤ 관리방법

㉠ 유분기가 적은 제품을 쓰는 것이 안전하다.

㉡ 피부소독 기능, 알코올이 함유된 제품을 사용하는 것이 좋다.

㉢ 살리실산, 비타민 A, AHA 등의 성분이 함유된 화장품을 이용한다.

㉣ 지루성 피부 상태의 개선과 피지 감소를 위해 전문적인 세정제를 사용한다.

㉤ 알칼리성인 일반 비누의 사용은 여드름 균의 번식을 초래하여 여드름을 악화시킬 수 있다.

(7) 노화 피부(Ageing Skin)

① 혈액순환 저하, 피하지방의 결핍, 과도한 햇빛의 피부노출, 정신적 스트레스 등에 의해 후천적으로 피부의 노화현상이 조기에 발생하는 경우이다.

② 특징

㉠ 세안 후 당김 현상이 빨라진다.

㉡ 피부 건조화로 잔주름이 발생한다.

㉢ 영양 공급 및 피지 분비가 줄어든다.

㉣ 탄력성이 저하되어 모공이 넓어진다.

㉤ 노폐물 축적으로 표피가 두꺼워진다.

㉥ 피부가 건조하며 볼 부분이 늘어진다.

㉦ 자외선 방어능력 저하로 색소침착이 생긴다.

㉧ 표피와 진피의 구조 변화로 피부가 얇아진다.

③ 관리

㉠ 유분과 수분이 충분히 함유되어 있는 화장품을 사용한다.

㉡ 자외선, 건조, 찬바람 등 피부를 노화시키는 자극에 대처하여 피부를 보호한다.

㉢ 선크림, 선로션 등의 자외선 차단제와 자외선을 막아주는 메이크업 화장품을 사용한다.

(8) 모세혈관 확장 피부

① 추위, 더위, 바람 등의 날씨에 따른 온도의 변화와 알코올이나 자극성 있는 음식의 지속적인 섭취, 자외선 등의 요소들로 인하여 표피 가까이에 있는 모세혈관이 약화되거나 파열, 혹은 확장되어 붉은 실핏줄이 보이는 피부를 말한다.

② 발생원인

ⓐ 유전적으로 혈관이 약한 경우

ⓑ 갑상선이나 호르몬 장애가 있는 사람

ⓒ 갱년기의 여성

ⓓ 위장장애, 만성 변비

ⓔ 커피, 알코올, 담배를 애용하는 사람

ⓕ 긴장과 스트레스에 시달리는 사람

ⓖ 자극을 주는 마사지와 강한 필링을 받은 사람

③ 관리

ⓐ 무알코올 제품을 사용해 자극을 주지 않는다.

ⓑ 가급적이면 필링을 하지 않는다.

ⓒ 마사지는 부드럽게 시행하여 자극을 줄이고 림프 드레나쥐를 주로 시행한다.

ⓓ 필 오프 타입의 팩제는 가급적 사용을 피하고 부드러운 크림타입의 팩제를 사용한다.

ⓔ 피부를 진정시키고 강화시키는 아줄렌, 하마멜리스, 루틴, 알로에 성분의 제품을 사용한다.

ⓕ 비타민 P, 비타민 C, 비타민 B 등을 섭취하여 혈관벽이 약해지는 것을 막고 출혈을 방지한다.

ⓖ 모세혈관 확장피부용 화장품을 사용하며 외출시 피부보호를 위해 메이크업을 실시한다.

tip

피부유형에 따른
적합한 화장품
성분

• 건성 피부 : 콜라겐, 엘라스틴, 히알루론산, Sodium P.C.A, 솔비톨, 아미노산, 세라마이드
• 노화 피부 : 비타민 E, 레티놀, SOD, 프로폴리스, 플라센타, AHA, 은행추출물
• 지성, 여드름 피부 : 살리실산, 클레이, 유황, 캄퍼
• 민감성 피부 : 아줄렌, 위치하젤, 비타민 P, 비타민 K, 판테놀, 클로로필
• 미백용 피부 : 알부틴, 비타민 C, 닥나무 추출물, 감초, 코직산

Chapter 06 매뉴얼 테크닉

Section 01 매뉴얼 테크닉의 개요

(1) 정의

① 마사지(Massage)라고도 하며, 마사지의 어원은 '문지르다'를 뜻하는 그리스어 'Masso'에서 유래되었다.
② 인체의 근육조직을 쓰다듬기, 마찰하기, 두드리기, 주무르기 등을 하는 행위를 말한다.
③ 혈액순환과 신진대사를 증진시켜 체내 노폐물의 배설작용을 돕고 피로회복을 통해 건강한 몸을 유지한다.

(2) 목적 및 효과

① 화장품의 흡수율을 높인다.
② 긴장된 근육의 이완 및 통증을 완화시킨다.
③ 피부조직의 긴장도를 상승시켜 탄력성을 증진시킨다.
④ 혈액순환 및 림프순환을 촉진시켜 신진대사를 증진시킨다.
⑤ 심리적으로 안정감을 주고 신경을 진정시켜 긴장을 풀어준다.
⑥ 조직의 노폐물과 노화된 각질을 제거하여 피부의 청정작용을 한다.

(3) 매뉴얼 테크닉(Manual Technic)을 삼가야 하는 경우

① 심장에 관련된 질병과 고혈압 증상이 있는 경우
② 일광욕 후 피부가 자극을 받은 경우
③ 임신 말기의 임산부, 수술 직후나 당뇨병 환자
④ 정맥류, 혈우병, 부종 등 혈액순환에 관한 질병이 있는 경우
⑤ 전염성이 있는 피부질환, 염증이나 알레르기 등 각종 피부 질환 환자
⑥ 생리 전후 피부가 트러블을 일으키기 쉬운 민감한 상태일 경우

Section 02 **매뉴얼 테크닉의 종류 및 방법**

기/본/동/작

- 쓰다듬기 : 무찰법, 경찰법(Effleurage)
- 문지르기 : 마찰법, 강찰법(Friction)
- 반죽하기 : 유찰법, 유연법(Petrissage)
- 두드리기 : 고타법, 경타법, 타진법(Tapotement)
- 떨기 : 흔들기, 진동법(Vibration)

(1) 경찰법(쓰다듬기)

① 동작

  ㉠ 주로 매뉴얼 테크닉의 시작과 끝에 많이 사용한다.

  ㉡ 손가락을 포함한 손바닥 전체로 피부를 부드럽게 쓰다듬는다.

  ㉢ 손바닥과 피부의 접촉을 최대한으로 하고 누르는 정도와 속도는 일정하게 한다.

  ㉣ 손목과 손은 힘을 빼고 매뉴얼 테크닉 부위에 손가락을 약간 구부려 올려놓는다.

경찰법

② 효과

  ㉠ 혈액순환을 돕는다.

  ㉡ 신경을 안정시킨다.

  ㉢ 모세혈관을 확장시킨다.

  ㉣ 림프의 순환을 촉진시킨다.

  ㉤ 자율신경계에 영향을 주어 피부의 긴장을 완화한다.

(2) 강찰법(문지르기)

① 동작

  ㉠ 주름이 생기기 쉬운 부위에 주로 실시한다.

  ㉡ 손가락의 끝부분을 피부에 대고 원을 그리며 조금씩 이동하는 동작이다.

② 효과

　　㉠ 혈액순환을 돕는다.

　　㉡ 근육의 긴장을 이완시킨다.

　　㉢ 피부의 탄력성을 증진시킨다.

　　㉣ 피지선을 자극하여 노폐물을 제거한다.

　　㉤ 신진대사를 활성화시켜 결체조직에 효과를 미친다.

강찰법

(3) 유연법(반죽하기)

① 동작

　　㉠ 손가락을 이용하여 근육을 잡아 쥐었다가 놓는 방법이다.

　　㉡ 손에 힘을 주어 누르는 동작도 있다.

　　㉢ 피부조직을 약간 들었다 놓으며 짜면서 반죽하듯이 주
　　　무른다.

② 효과

　　㉠ 근육의 탄력성을 높여준다.

　　㉡ 혈관 확장, 신진대사를 활성화시킨다.

　　㉢ 피하조직의 노폐물을 밖으로 내보낸다.

　　㉣ 피하조직과 결체조직을 강화시키고 부기를 해소한다.

유연법

tip

유연법의 종류	• 강한 유연법 　풀링(Fulling) : 피부를 주름잡듯이 행하는 동작 • 압박 유연법 　– 롤링(Rolling) : 피부를 나선형으로 굴리는 동작 　– 린징(Wringing) : 피부를 양손을 이용하여 비틀듯이 행하는 동작 　– 처킹(Chucking) : 피부를 가볍게 상 · 하로 움직이는 동작

(4) 고타법(두드리기)

① 동작

　　㉠ 양손을 동시에 사용하여 빠르게 두드리는 동작이다.

ⓒ 손가락 끝, 손바닥 전체, 손의 측면, 주먹 등 손의 모
양에 따라 두드리는 강도가 달라진다.

ⓒ 얼굴의 경우 주로 손가락 끝을 사용한다.

② 효과

㉠ 혈액순환을 촉진시킨다.

ⓒ 경직된 근육을 이완시킨다.

ⓒ 피부의 탄력성을 증진시킨다.

㉣ 신경을 자극하여 피부조직에 원기를 회복시킨다.

고타법

> **tip**
>
> **고타법의 종류**
> - 태핑(Tapping) : 손가락을 이용하여 두드리는 동작
> - 슬래핑(Slapping) : 손바닥을 이용하여 두드리는 동작
> - 커핑(Cupping) : 손바닥을 오목하게 하여 두드리는 동작
> - 해킹(Hacking) : 손의 바깥 옆면을 이용하여 두드리는 동작
> - 비팅(Beating) : 주먹을 가볍게 쥐고 두드리는 동작

(5) 진동법(떨기)

① 동작

㉠ 피부를 흔들어서 진동시키는 동작이다.

ⓒ 진동의 세기에 따라 효과가 달라지며 얼굴의 경우 한
지점에서 수초씩만 한다.

ⓒ 손 전체나 손가락에 힘을 주고 두 손을 동시에 움직이
며 피부에 빠르고 고른 진동을 준다.

② 효과

㉠ 피부의 탄력을 증가시킨다.

ⓒ 혈액순환과 림프순환을 촉진시킨다.

ⓒ 경직된 근육을 이완시켜 경련과 마비에 효과적이다.

진동법

매뉴얼 테크닉

> **tip**
>
> 닥터 자켓법
> (Dr.Jacquet 법)
> • 엄지와 검지로 피부를 모아서 부드럽게 끌어올려 꼬집듯이 튕겨주는 동작이다.
> • 피지와 여드름 등 모낭 내부의 노폐물을 모공 밖으로 배출시키는 동작이다.
> • 지성, 여드름 피부에 효과적이다.

Section 03 매뉴얼 테크닉의 시술

(1) 방향

① 안에서 밖으로, 아래서 위로, 근육의 결에 따라 행한다.
② 각 동작의 압력의 방향은 정맥의 방향(구심 방향)으로 한다.

(2) 압력

① 압력이 강하면 피부에 자극을 주어 모세혈관이나 림프관 조직이 손상될 수 있다.
② 압력이 약할 경우에는 효과가 없으므로 적절히 힘의 분배와 세기를 조절한다.

(3) 속도

① 속도는 일정하게 리듬을 맞추어서 진행한다.
② 속도가 너무 빠르면 결체조직 깊숙이 효과를 주지 못하고 표면적인 효과만을 준다.

(4) 시간

일반적으로 10~15분 정도 실시하나 피부유형이나 상태에 따라 적절하게 조절한다.

(5) 매뉴얼 테크닉의 유의사항

① 고객과의 대화는 가급적 피하도록 한다.
② 손톱은 짧게 하고 손과 피부를 청결히 관리한다.
③ 크림이 눈이나 코, 입속으로 들어가지 않도록 한다.
④ 주변환경은 조용하고 편안하게 만들어 고객이 충분한 휴식을 취하게 한다.
⑤ 손은 고객의 피부온도에 맞추며 크림과 로션을 발라 부드러운 상태로 유지한다.

Chapter 07 팩과 마스크

Section 01 팩과 마스크의 개요

(1) 정의

① 팩

㉠ Package의 '포장하다, 둘러싸다' 에서 유래되었다.

㉡ 피부에 영양을 공급하는 재료를 피부 위에 두껍게 바르는 것으로, 도포 후 차단막을 형성하지 않고 외부 공기와 통하며 굳지 않는다.

② 마스크

피부에 영양을 공급하는 재료를 얼굴에 도포한 후 딱딱하게 굳어져 외부의 공기유입과 수분 증발을 차단해 피부를 유연하게 하고, 유효성분의 침투를 돕는다.

(2) 팩과 마스크의 차이

① 팩

바른 후에 굳어지지 않고 공기를 통과시킨다.

② 마스크

바른 후 딱딱하게 굳어져 공기를 차단시키며 수분, 영양 등의 손실을 막을 수 있지만 마르는 동안 근육을 움직이면 주름이 생길 수 있다.

(3) 목적 및 효과

① 혈액순환이 촉진된다.

② 피부의 탄력성이 강화된다.

③ 잔주름 완화와 방지 등의 효과가 있다.

④ 흡착작용에 의해 모공 속의 노폐물을 제거한다.

⑤ 수분 증발을 억제시켜 피부를 유연하고 촉촉하게 한다.

⑥ 피부에 유효성분을 침투시켜 피부에 필요한 수분과 영양을 보충한다.

⑦ 피부의 기능을 정상화시키고 색소 분열을 조절하여 피부색을 맑게 한다.

Section 02 팩의 종류 및 사용법

(1) 제거방법에 따른 분류

① 필오프 타입(Peel off Type)

  ㉠ 젤 또는 액체 형태로 되어 있다.

  ㉡ 얼굴에 얇은 필름막을 떼어내는 팩이다.

  ㉢ 필름막을 떼어낼 때 약간의 자극이 있다.

  ㉣ 건조되면서 피부에 얇은 필름막을 형성한다.

  ㉤ 필름막을 떼어낼 때 노폐물, 죽은 각질 세포가 제거된다.

② 워시오프 타입(Wash off Type)

  ㉠ 물로 씻어서 제거하는 팩이다.

  ㉡ 크림, 젤, 거품, 클레이, 분말 등의 형태로 제품을 바른다.

  ㉢ 10~30분의 적정 시간이 지난 후에 젖은 해면을 이용하거나 미온수로 씻어낸다.

  ㉣ 보습효과가 뛰어나고 피부에 자극을 주지 않으며 가볍게 제거하므로 사용 후 상쾌한 느낌을
    받는다.

③ 티슈오프 타입(Tissue off Type)

  ㉠ 티슈로 닦아내는 팩이다.

  ㉡ 팩을 바른 뒤 10~15분 후 티슈로 닦아낸다.

  ㉢ 흡수가 잘되는 크림이나 젤 형태로 되어 있다.

  ㉣ 보습과 영양공급 효과가 뛰어나 건성, 노화 피부에 적당하다.

(2) 형태에 따른 분류

① 파우더 타입(Powder Type)

  ㉠ 피부의 습기와 지방을 흡수하는 파우더의 성질을 이용한다.

  ㉡ 증류수, 화장수 등과 섞어 사용한다.

  ㉢ 파우더는 피부의 습기와 지방을 흡수하고 입자가 고운 것일수록 흡입력이 크다.

  ㉣ 피부 도포 후 수분이 증발하면서 건조화되는데, 이때 피부온도가 내려가 서늘해진다.

② 크림 타입(Cream Type)

유화형 팩을 바른 후 10~20분의 일정 시간이 지나면 제품은 그대로 있고 유효성분만 흡수된다.

③ 젤 타입(Gel Type)

㉠ 수성의 젤 형태로 만들어졌다.

㉡ 피부 진정효과와 보습효과가 있다.

④ 점토 타입(Clay Type)

㉠ 우수한 흡착 능력으로 피지, 노폐물 제거에 효과적이다.

㉡ 보습효과가 있으며 지성 피부에 사용한다.

⑤ 종이 타입(Sheet Type)

콜라겐이나 다른 활성성분을 건조시킨 종이를 증류수, 화장수 등의 용액에 적신 팩이다.

⑥ 고무 타입

㉠ 고무 모양으로 응고된다.

㉡ 해초에서 추출한 알긴산이 주성분이다.

㉢ 차단막 효과로 앰플이나 세럼 등을 효과적으로 흡수한다.

(3) 팩의 온도에 따른 분류

① 웜 마스크(Warm Mask)

㉠ 열 발생으로 혈관을 확장시켜 혈액순환을 돕고 피지선과 한선의 활동을 촉진하여 표피에 있는 죽은 세포에 습윤작용을 한다.

㉡ 석고 마스크, 파라핀 마스크 등이 있다.

② 콜드 마스크(Cold Mask)

㉠ 차가운 팩으로 신선함과 상쾌함을 느낄 수 있고 수렴작용을 한다.

㉡ 냉스팀 타월팩이나 냉동요법이 있다.

(4) 기능성 특수팩

① 석고 마스크

㉠ 열작용과 적당한 압력에 의해 유효성분이 피부에 깊숙이 침투되는 것을 도와주며 얼굴, 가슴, 다리 등 신체부위에 적절하게 사용할 수 있다.

㉡ **효과**

• 노폐물 배출을 돕는다.

- 피부에 생기와 탄력을 부여한다.
- 늘어진 부위를 당겨주는 리프팅 효과가 있다.
- 미네랄 성분을 공급하여 염증을 완화시키는 작용을 한다.

ⓒ 대상

노화 피부, 건성 피부, 늘어진 피부에 효과적이다.

ⓔ 주의사항

- 민감성 피부, 모세혈관 확장 피부, 화농성 여드름 피부는 피한다.
- 석고 마스크를 사용하기 전에 폐쇄공포증이 있는지 확인한다.

② 모델링 마스크(고무팩)

㉠ 해초 추출물인 알긴산을 원료로 피부에 영양을 공급한다.

ⓛ 효과

- 피부의 노폐물을 제거한다.
- 유효성분이 보다 효과적으로 흡수된다.
- 신진대사 촉진, 진정, 탄력효과 증진, 수분 공급, 소염, 재생효과가 뛰어나다.

ⓒ 대상

- 모든 피부에 효과적이며, 민감성 피부, 여드름 피부에도 효과가 크다.

③ 콜라겐 벨벳 마스크

㉠ 콜라겐을 건조시켜 종이 형태로 만든 것이다.

ⓛ 효과

- 피부의 수분 밸런스를 회복시킨다.
- 세포 재생과 노화방지, 피부탄력 강화, 미백에 효과적이다.

ⓒ 대상

- 모든 피부에 효과적이다.
- 수분이 부족한 건성 피부, 노화 피부, 여드름 피부, 필링 후 재생 관리에 특히 좋다.

④ 파라핀 마스크

㉠ 파라핀 내의 열과 오일이 모공을 열어 노폐물을 제거하고 유효성분을 피부 깊숙이 침투시키며 진피층까지 수분을 공급하므로 보습력이 강하다.

ⓛ 효과

- 수분 부족 피부의 수분 밸런스를 회복시킨다.
- 발한작용에 의한 슬리밍 효과가 있다.
- 발열작용으로 혈액순환을 촉진, 유효성분의 침투를 촉진한다.

ⓒ 대상
- 모든 피부에 효과적이다.
- 수분이 부족한 건성 피부, 노화 피부에 특히 효과적이다.

(5) 천연팩

① 천연팩은 반드시 1회분만 만들고 즉시 사용한다.
② 위생규칙을 준수하여 손, 재료, 도구 등을 준비한다.
③ 자연에서 얻을 수 있는 천연재료를 팩의 원료로 사용한다.
④ 종류와 효능은 매우 다양하며 특히 과일은 좋은 재료가 된다.
⑤ 천연재료를 사용할 때는 신선한 무농약 과일과 야채를 이용한다.
⑥ 천연물질 중 자체에 소량의 독성이 있는 경우도 있어 민감한 피부의 경우 트러블을 일으킬 수 있다.

천연팩의 종류와 효과

종류	효과	적용피부
레몬팩	미백, 청결, 이완작용, 탄력 강화	기미, 색소침착, 노화 피부
바나나팩	보습	건성, 노화 피부
딸기팩	수분 공급, 수렴	기미, 색소침착 피부
사과팩	노폐물 제거	여드름, 지성 피부
키위팩	미백	기미, 색소침착 피부
포도팩	수렴	기미, 색소침착 피부
수박팩	수분 공급, 피부진정, 열을 식혀줌	일소 피부
토마토팩	항균작용, 혈압개선 (*루틴 성분이 모세혈관을 강화하고 혈압을 내리는 효과를 가짐)	여드름, 지성 피부
오이팩	수분 공급, 미백, 소염, 피부진정	여드름, 기미, 색소침착, 일소 피부
감자팩	소염, 피부진정	여드름, 일소 피부
당근팩	피부진정, 항균작용, 흉터 개선	여드름, 일소 피부
양배추팩	피지 제어 효과 *유황성분, 비타민 C, 무기질이 지방을 흡수	여드름, 지성 피부
살구씨팩	미백, 노화방지, 영양 공급	기미, 건성, 노화 피부
계란노른자팩	영양공급	건성, 노화 피부
계란흰자팩	청결, 피지 제거	여드름, 지성 피부
벌꿀팩	영양공급, 수분 공급	건성, 노화 피부
요구르트팩	영양공급, 보습, 유연 효과	건성, 노화 피부

(6) 한방팩

① 저장기간이 천연재료에 비해 길다.
② 한방에 사용되는 재료를 원료로 한다.
③ 냉장고나 서늘한 곳에 밀봉하여 보관한다.
④ 재료는 가루로 만들어 사용하거나 농축 액화시켜 사용한다.
⑤ 색소침착, 건성, 여드름 피부 등 문제성 피부의 개선 효과가 뛰어나다.

한방팩의 종류와 효과

한방재료	성분 및 특성	효과	용도
감초	콩과의 다년생 초본	세포 재생, 진정, 소염, 신진대사 촉진	여드름, 피부 트러블
녹두	콩과에 딸린 1년생 식물	해독, 표백, 미백	지성, 여드름 피부
도인	장미과의 복숭아 종자	미백, 소염, 피부 재생	여드름, 기미, 색소침착 피부
맥반석	무수균산 산화나트륨, 산화알루미늄, 아연, 주석	흡착 제거능력, 미네랄 공급, pH 조절	여드름 피부, 기미, 무좀
백강잠	동물성 한약재로 흰가루병에 걸려서 죽은 누에를 말린 것	색소침착 방지	기미, 미백, 주근깨, 노화
백지	미나리과의 2~3년 초의 뿌리	모공 수축, 피부윤택, 안색 정화, 염증 완화	지성, 여드름 피부
상엽	뽕나무잎	혈액 정화, 진정, 부종 완화	여드름 피부, 부종
의이인	벼과의 1년생 초본으로 율무종자의 종피를 제거한 것	항산화능력, 색소침착 방지	기미, 색소침착 피부, 사마귀
진피	귤과에 속하는 동정귤의 성숙 과일의 과피	항염증, 화농, 상처소독, 여드름	여드름 피부
천궁	다년생 초본으로 미나리과의 식물	모세혈관 강화, 피부조직 재생	예민성 피부
토사자	메꽃과에 딸린 한해살이 기생식물	진정, 색소침착 방지	여드름, 피부 트러블
해초	당분, 비타민 A, 섬유질, 미네랄	미네랄 공급, 보습	수분 부족, 탄력저하 피부
행인	살구나무의 살구씨	피부수축, 피부 재생	기미, 건성, 노화, 거친 피부

Section 03 팩의 사용방법

(1) 팩은 딥 클렌징 또는 마사지 후 사용하고 피부 유형에 맞는 제품을 선택한다.

(2) 선택한 제품은 사용방법과 양을 정확히 알고 사용한다.

(3) 일반적으로 팩의 도포시간은 10~30분 사이이며 제품에 따라 다르다.

(4) 팩 제품은 팩 볼에 덜어서 사용한다.

(5) 크림이나 젤 형태의 제품은 직접 손으로 도포하고 액체와 혼합하여 사용하는 분말형태는 팩 브러시나 주걱을 이용한다.

(6) 일반적으로 팩을 바르는 순서는 턱, 볼, 코, 이마, 목의 방향으로 안에서 바깥으로 바른다. 팩을 제거할 때에는 아래에서 위로 제거한다.

(7) 눈 부위는 진정용 화장수를 적신 화장솜으로 가리고 눈과 입 주변을 제외한 얼굴과 목에 도포한다.

Chapter 08 제모

Section 01 제모의 개요

(1) 정의

제모란 미용상 또는 미관상 털이 저해요소로 작용할 때 도구를 이용하여 일시적으로 털을 제거하거나 레이저 등을 이용하여 영구적으로 털을 제거하는 것을 말한다.

(2) 목적 및 효과

다리, 팔 등의 털을 제거하여 미용상 아름답고 매끄러운 피부를 표현할 수 있고 얼굴의 솜털을 제거하여 마사지 효과를 상승시킬 수 있다.

(3) 제모의 적용 부위

얼굴(눈썹 부위, 이마, 코 밑, 턱, 얼굴 전체), 액와(겨드랑이), 팔, 다리 부위, 서혜부와 비키니 라인, 목 뒤 헤어라인, 등, 앞가슴 부위 등이 있다.

Section 02 제모의 종류 및 방법

(1) 영구적 제모(Epilation)

① 전기분해법

ⓐ 모근 하나하나에 전기침을 꽂은 후에 순간적으로 전류를 흘려보내 모근을 파괴시키는 방법이다.

ⓑ 시술시간이 오래 걸리고 통증이 수반된다.

ⓒ 영구제모를 위해서는 여러 번 시술받아야 한다.

② 레이저 제모

ⓐ 사용이 편리하고 효율적이며 안전하다.

ⓑ 레이저의 에너지가 털에 흡수된 후 열에너지로 확산되어 털을 만드는 세포를 영구적으로 파괴시키는 방법이다.

(2) 일시적 제모(Depilation)

피부 표면에 나와 있는 털의 모간 또는 일부의 모근을 제거하는 방법으로 털이 곧 다시 자라게 되므로 정기적으로 제모를 실시해야 한다.

① 면도기를 이용한 제모

  ㉠ 피부 표면에 있는 털을 자르는 방법이다.

  ㉡ 일주일에 1~2회 정도가 적절하며 모간만 제거하게 된다.

  ㉢ 다리, 액와, 얼굴 등 짧은 시간에 가장 손쉽게 할 수 있다.

  ㉣ 털이 곧 바로 자라며 정기적으로 할수록 털이 굵고 거세게 자란다.

  ㉤ 감염 또는 염증을 일으킬 수 있으므로 항염 물질이 함유된 연고를 바른다.

  ㉥ 목욕이나 샤워 후 털이 부드러워졌을 때 클렌저로 충분히 거품을 내어 모공을 확장시킨 후 사
  용한다.

② 핀셋을 이용한 제모

  ㉠ 털이 자라난 방향대로 뽑는다.

  ㉡ 눈썹 수정과 같은 좁은 부위에 난 털을 제거할 때, 왁스제모 후 덜 뽑힌 털을 제거할 때 이용한다.

  ㉢ 모간까지 털이 제거되어 다시 털이 자라기까지 시일이 걸리나 지속적으로 실시했을 때는 피
  부가 늘어지는 단점이 있다.

③ 화학적 제모

  ㉠ 넓은 부위의 털을 통증 없이 제거할 수 있다.

  ㉡ 크림, 액체, 연고 형태로 함유된 화학성분이 털을 연화시켜 피부 표면의 모간부분만 털을 제
  거하는 방법이다.

  ㉢ 강알칼리성으로 피부를 자극하여 염증을 유발시킬 수 있으므로 사용 전 패치테스트를 하는
  것이 안전하다.

(3) 왁스를 이용한 제모

피부관리실에서 가장 널리 이용되는 방법으로 전문적인 기술을 요하며, 모근으로부터 털이 제모되
므로 털이 다시 자라나오는데 좀더 많은 시일이 걸린다.

① 온왁스

  상온에서는 고체형태이며 왁싱포트에 데워 녹여서 사용하는 왁스이다.

  ㉠ 하드왁스(Hard wax, No-strip wax)

   • 부직포가 필요없다.

   • 녹인 왁스를 작은 원형이나 사각모양으로 피부에 바르고 굳혀서 왁스 자체를 떼어내는 방
    법이다.

   • 눈주위나 입술 주위, 겨드랑이 제모(국소부위) 등에 주로 사용된다.

ⓛ 소프트 왁스(Soft wax, Strip wax)
- 가장 널리 이용되는 제모 방법이다.
- 약 50도 정도에서 유동상태가 된 왁스를 피부에 바른 후 곧 면패드에 부착시켜 한번에 떼어 내어 털은 제거한다.
- 등, 다리 등의 제모에 이용된다.
- 온도가 너무 높으면 화상을 당할 수 있으므로 왁스 사용 전에 왁스의 온도를 감지한 뒤 사용해야 한다.

② 냉왁스
ⓐ 실내에서 유동상태로 되어 있어 데우지 않고 바로 사용할 수 있다.
ⓛ 굵거나 거센 털은 온왁스에 비해 잘 제거되지 않는 단점이 있다.

tip	
소프트 왁스의 순서	시술자 손소독하기 → 시술부위 소독하기 → 파우더로 유·수분 제거 → 왁스의 온도체크 → 왁스 도포(털이 자란 방향) → 부직포 붙이기 → 부직포 떼어내기(털의 반대방향으로 재빨리) → 핀셋으로 정리 → 진정로션으로 마무리

Section 03 부위별 제모

(1) 액와(겨드랑이)
① 왁스는 털이 난 방향으로 도포한다.
② 털이 많을 경우 시술이 끝난 후 1~2회 더 시술하여 제거한다.
③ 마지막에는 파우더를 발라 흡수시켜 주고 피부와의 마찰과 땀을 방지한다.
④ 겨드랑이는 팔을 머리 쪽으로 올리게 한 자세를 취하고 털이 긴 경우 적당한 길이로 자른다.
⑤ 겨드랑이는 다른 부위보다 털이 굵고 거칠어 많이 아플 수 있으므로 면밴드를 밀착시켜 털의 성장 반대방향으로 재빨리 떼어낸다.

(2) 팔
팔의 위에서 아래방향으로 왁스를 도포하고 반대방향으로 털을 제거한다.

(3) 다리
① 대퇴부는 위에서 아랫방향으로 도포한다.

② 하퇴부는 무릎에서 발목방향으로 도포하고 반대방향으로 제거한다.

③ 종아리는 엎드리고, 무릎은 세워서 제모한다.

(4) 눈썹

① 눈썹 윗부분, 눈두덩이, 눈썹 사이의 순서로 주변의 잔털을 왁스로 제모한다.

② 왁스 사용 후 눈썹 가위와 핀셋을 이용하여 눈썹 형태를 완성시킨다.

눈썹 제모

(5) 코 밑

① 코 밑의 털은 2가지 이상의 방향으로 자란다.

② 왁스를 바를 때는 입술에 묻지 않도록 주의한다.

③ 입술 부위는 민감한 부위이므로 떼어낼 때 한 손은 입술 중간 위에 대고 면밴드를 사용하여 재빨리 떼어낸다.

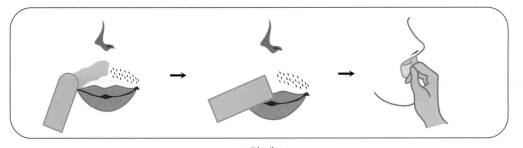

코 밑 제모

(6) 제모시 주의사항

① 사마귀, 점 부위에 털이 난 경우 제모를 금한다.

② 제모 부위는 제모 전에 유분기와 땀이 없도록 청결하게 한 후 제모한다.

③ 정맥류, 혈관 이상, 당뇨병 등의 증상이 있는 경우 제모를 금한다.

④ 피부감염 방지를 위해 제모 후 24시간 내에 목욕, 비누사용, 세안, 메이크업, 햇빛 자극을 피한다.

⑤ 햇빛 또는 다른 요인에 의해 피부가 자극을 받아 예민해져 있는 경우 상처, 피부질환, 염증이 있는 경우 제모를 금한다.

전신관리

Section 01 전신관리의 개요

(1) 정의

가슴, 배, 등, 팔, 다리 부위를 건강하게 유지하고 아름다움을 증진시키는 것이다.

(2) 목적 및 효과

① 피부결의 유연성을 향상시킨다.
② 신경계에 진정효과를 주어 스트레스를 감소시킨다.
③ 정신적·육체적인 피로 해소에 도움을 주고 긴장을 완화시킨다.
④ 전신피부에 영양분을 흡수시켜 피부노화 방지를 돕는다.
⑤ 혈액순환과 림프순환을 촉진시켜 신체에 쌓인 독소를 배출하고 영양의 흡수를 용이하게 한다.

(3) 전신관리의 단계

① 수(水)요법, 전신각질 제거, 전신 마사지, 전신랩핑, 마무리 단계로 이루어진다.
② 전신 마사지에서 중요한 3대 요소는 미용을 위한 활성성분, 관리 방법, 분위기이다.
③ 전신 마사지의 기본이 되는 마사지는 오일이나 크림들을 바르고 5가지 기본동작을 하는 스웨디시 마사지(Swedish Massage)이다.

Section 02 전신관리의 종류 및 방법

(1) 수요법(Hydro Therapy)

① 수압, 물의 온도, 함유 성분의 부력 작용, 수압에 의한 역학적 작용, 함유 성분에 따른 생물학적 작용에 미용 제품을 이용하여 건강과 피부 미용을 증진시키는 방법

② 수요법의 종류
　㉠ **목욕 관리**
　　• 월풀(Whirlpool)은 수많은 분출구로 물을 분출시켜 신체의 각 부분을 마사지하고 다량의 기포를 이용해 거품효과를 겸할 수 있는 욕조이다.
　　• 입욕 시 해초제품, 아로마 제품, 소금 등을 혼합하여 이들 성분을 체내에 공급한다.

- 물과 공기방울에 의한 특수마사지 효과를 통해 신진대사를 활발히 하고 노폐물 제거와 심신의 안정을 꾀한다.
  - ㉡ 비시 샤워(Vichy Shower) : 누운 상태에서 수많은 물줄기가 척추와 전신에 안락한 마사지를 함으로써 긴장을 완화시킨다.
  - ㉢ 제트 샤워(Jet Shower)
    - 4~5m 떨어진 거리에서 고압의 물을 분출하여 전신마사지를 하는 방법이다.
    - 지방질, 섬유질 부위의 이완작용을 통해 체형관리에 효과적이다.
    - 척추나 관절부위의 자극에도 유효하다.
    - 부위별 자극 강도에 따라 물의 분출형태와 압력을 조절한다.

(2) 전신각질 제거

① 미세한 알갱이가 들어 있는 스크럽 제품이나 타월, 브러시 등으로 가볍게 마찰하여 피부의 죽은 각질을 제거하는 방법이다.

② 스크럽에 사용되는 물질은 다양한 천연곡물과 폴리에틸렌 등이 있고 각질제거 효과를 보다 강화시키기 위하여 브러시 세정기를 사용하기도 한다.

(3) 전신마사지

① 스웨디시 마사지(Swedish Massage)

㉠ 19세기 초 스웨덴 의사인 페르 헨리크 링(Pehr Henrik Ling)에 의해 창시되었다.

㉡ 체육학과 인체에 생리학을 기본으로 여러 마사지의 기법들을 의학적인 관점에서 체계적으로 발전시킨 것이다.

㉢ 유럽마사지의 경향이 강하고 부드럽게 진행되며, 전신에 걸쳐 흐르는 혈관을 자극하여 혈액순환을 도와 노폐물을 제거하는 것으로 서양의 대표적인 수기요법이다.

㉣ 효과 및 방법

- 관절의 기능과 운동범위를 향상시킨다.
- 근육의 긴장을 이완시켜 혈액순환을 증진시킨다.
- 대사물질, 노폐물을 배출시켜 통증을 경감시킨다.
- 환자들의 심리적 스트레스와 긴장을 경감시키는 효과가 있다.
- 근육과 뼈의 기능과 구조를 고려하여 심장을 향해 혈액이 쉽게 돌아갈 수 있도록 말초에서 중추로, 즉 심장에서 먼 곳으로부터 심장을 향하여 하는 것이 원칙이다.
- 에플러라지(Effleurage), 프릭션(Friction), 타포트먼트(Tapotement), 페트리사지(Petrissage), 바이브레이션(Vibration)의 5가지로 구성되어 있다.

② 림프 드레나쥐(Lymph Drainage)
  ㉠ 1930년대 덴마크의 에밀 보더(Emil Vodder) 박사에 의해 창안된 수(手)기법이다.
  ㉡ 림프의 순환을 촉진시켜 대사 물질의 노폐물을 체외로 배출시키는 것을 돕고 조직의 대사를 원활하게 해주는 마사지 기법이다.
  ㉢ **효과 및 방법**
    • 림프 마사지는 림프시스템을 자극하여 혈액과 림프의 흐름을 원활히 하여 각질과 모공 속의 노폐물을 제거하여 노화를 예방하고 피부를 탄력 있게 한다.
    • 근육의 긴장을 풀어주고 마음이 편안해지며 자율신경계 기능이 조화를 이루어 소화분비 및 각종 생리기능이 좋아진다.
    • 일반적인 마사지 기법과는 달리 가볍게 악수하는 정도의 세기가 적당하다.
    • 림프의 방향은 신체 부위마다 다르기 때문에 림프의 방향대로 실행해야 한다.
    • 일반적인 마사지에서와 같이 많은 오일을 사용하지 않으며 피부 수분유지가 필요할 때에는 한 부위에 2~3방울 정도 오일을 사용한다.
    • 정지 상태의 원동작(Stationary Circles), 회전 동작(Rotary Technique), 퍼올리기 동작(Scoop Technique), 펌프 동작(Pump Technique)의 4가지 기본 동작으로 구성되어 있다.

tip	
림프 드레나쥐 **4가지 기법**	• 원동작(Stationary Circle) : 손가락 끝 부위나 손바닥 전체를 이용하여 림프 순환 배출 방향으로 압을 주는 동작 • 펌프 기법(Pump Technique) : 엄지 손가락과 네 손가락을 둥글게 하여 엄지와 검지의 안쪽 면을 피부에 닿게 하고 손목을 움직여 위로 올릴때 압을 주는 동작이며 팔·다리에 주로 사용 • 퍼올리기 기법(Scoop Technique) : 엄지를 제외한 네 손가락을 가지런히 하여 손바닥을 이용해 손목을 회전하여 위로 쓸어 올리듯이 압을 주는 동작 • 회전 동작 (Rotary Technique) : 손바닥 전체 또는 엄지손가락을 피부 위에 올려놓고 앞으로 나선형으로 밀어내는 동작

    • 민감성 피부, 여드름 피부, 모세혈관 확장 피부와 안면 또는 전신에 부종이 심한 경우에 시술하면 좋다.

tip	
림프	• 우리 몸에는 혈액이 흐르는 혈액계와 림프액이 흐르는 림프계가 있다. • 림프계는 비타민, 호르몬을 비롯하여 노폐물과 기초대사물질, 영양물질 등 혈관벽을 통과하기 어려운 큰 분자량을 가진 물질들을 수송한다. • 림프는 체내에 고루 분포하고 있으며, 신체대사와 면역에 매우 중요하다. • 목, 겨드랑이나 서혜부 근처에는 림프구나 조직액의 여과기 구실을 하는 림프절(Lymph Node)이 있다.

- 셀룰라이트, 염증성 피부, 수술 후 상처 회복에도 효과가 좋다.
- 급성 혈전증, 만성적 염증성 질환, 심부전증, 천식의 경우에는 시술할 수 없다.

③ 아로마 마사지(Aroma Massage)

㉠ 아로마 마사지는 아로마테라피의 한 방법으로 건강과 미를 향상시키기 위하여 식물에서 추출한 에센셜 오일을 마사지와 병행하여 사용하는 기법이다.

㉡ 마사지시 에센셜 오일을 사용할 경우 피부를 통해 흡수되는 효과뿐만 아니라 마사지와 향기가 주는 심리적 효과까지 얻을 수 있다.

㉢ **효과 및 방법**

- 아로마 마사지는 신경을 안정시켜 피로회복과 스트레스를 해소하고, 이로 인해 피부의 재생기능을 촉진하여 여드름 피부미용에도 효과가 있다.
- 신체의 기능을 원활하게 하고 혈액순환 및 생리기능, 면역기능을 증진시켜 주고 각종 통증이나 경직된 근육을 이완시킬 수 있다.
- 에센셜 오일은 순도가 높고 매우 고농축이므로 피부에 직접 바르지 않고 식물성 오일과 희석하여 사용한다.

tip

아로마테라피

- 아로마테라피는 식물의 뿌리, 꽃, 입 등에서 추출한 에센셜 오일을 후각이나 피부를 통해 인체에 흡수시켜 건강과 미를 향상시켜주는 자연요법이다.
- 아로마 에센셜 오일들은 종류에 따라서 효능이 다르나 만성 피로와 스트레스를 회복시키고 정신적·육체적 치료에 뛰어난 효과를 보인다.
- 부작용이 적어 누구나 손쉽게 사용할 수 있다.
- 아로마테라피의 방법에는 흡입법, 목욕법, 찜질법, 매뉴얼 테크닉(마사지), 습포법 등이 있다.

④ 경락 마사지

㉠ 경락이란 동양의학(한의학)의 기본이론 중 하나로서 눈에 보이지 않는 인체 기혈운행의 통로, 즉 기혈의 순환계를 의미한다.

㉡ 동양의학 경락의 개념을 마사지와 연결시켜 체계화시킨 마사지 방법이다.

㉢ 정체된 신체부위의 기(에너지) 흐름을 원활하게 하기 위해 수기(手技)를 이용하여 경락에 적절한 압력과 자극을 주는 마사지이다.

㉣ **효과 및 방법**

- 얼굴 축소 효과가 탁월하다.
- 근육의 긴장과 통증을 완화시킨다.

- 여성 호르몬 분비를 촉진시켜 노화를 지연시킨다.
- 신진대사를 원활히 하여 피부탄력을 유지시키고 피부를 맑게 한다.
- 미용학적으로 얼굴과 몸의 균형 장애를 바로잡아주는 역할을 한다.
- 체내에 축적된 독소를 제거하여 에너지와 호르몬의 불균형을 해소함으로써 비만에도 효과가 있다.

tip	
경락	• 경락은 인체에 세로로 흐르는 경맥과 가로로 흐르는 낙맥을 통틀어 말하는 것이다. • 경락은 기(에너지)와 혈(혈액)을 통해 장부와 조직의 기능을 유기적으로 조절해주는 역할을 한다. • 경락 내에 에너지가 원만하게 흐르면 신체가 건강하다.

⑤ 아유르베딕 마사지

㉠ 인도의 전통의학에서 근원한 마사지 방법이다.

㉡ 정신과 육체에 에너지를 불어넣어주고 균형을 잡아주어 정신과 육체, 영혼을 조화롭게 만드는 것을 목표로 한다.

㉢ 식물성 오일, 에센셜 오일 등을 사용한다.

㉣ 아유르베딕 마사지의 종류

- 시로다라 마사지
  - 이마에 따뜻한 오일을 떨어뜨려 두피를 마사지 한 후 이마에서 얼굴, 손, 다리까지 마사지한다.
  - 두통, 불면증, 스트레스 해소에 도움을 주고 마음을 평온하게 한다.
- 아비앙가 마사지
  - 두 명의 시술자가 동시에 시술하며 전신에 따뜻한 오일을 바르면서 리드미컬하게 강약을 조절하며 마사지한다.
  - 심신의 깊은 휴식과 피로회복에 효과가 있다.
- 우드바타나 마사지
  - 파우더 또는 오일을 이용한 마사지법으로 비만에 효과적이다.
- 피지칠 마사지
  - 많은 양의 허브 오일을 이용하여 전신을 이완시키며 관절염에 효과가 있다.
- 마르마 마사지
  - 허브오일을 이용하여 인체 107개의 급소(마르마)를 자극하여 생체의 균형을 회복시킨다.
  - 순환계 장애로 인한 근육통과 신경통에 효과적이다.

⑥ 타이 마사지

　㉠ 태국 전통의 의술기법 중의 하나로 명상, 요가, 호흡법을 이용하여 신체조직을 누르거나 비틀거나 이완시킴으로써 신체를 정화하고 운동시키는 스트레칭 마사지이다.

　㉡ 타이 마사지에 의하면 인체에는 10개의 '센(Sen)'이라는 통로가 있는데 인체의 질병을 유발하는 물질이 이 통로를 타고 흐르며, 질병은 기의 부조화로 독소가 정체되어 생기는 것이라고 한다.

　㉢ 타이 마사지는 '센'을 자극하여 정체된 에너지를 해소해주는 마사지법이다.

　㉣ **효과 및 방법**

　　• 마사지 시간은 2~2시간 30분 정도 소요한다.

　　• 신체적·정신적 스트레스에서 오는 질병들을 해소해준다.

　　• 근육과 관절이 좋아지고 유연성이 증대되며 통증을 완화시킨다.

　　• 시술자는 에너지의 완벽한 균형을 찾기 위하여 손, 발, 팔꿈치를 이용하여 센 라인이 있는 중요한 포인트를 따라 압력을 주고 스트레칭시킨다.

(4) 손과 발 관리

① 혈액순환을 촉진시켜주는 효과가 있다.

② 손부터 팔꿈치 위쪽까지, 발부터 무릎 위까지 행해진다.

③ 발은 풋 배스(Foot Bath)를 사용하는 것이 좋으며 손과 발의 죽은 각질세포를 제거하고 부드럽고 건강하게 관리한다.

(5) 탈라소테라피

① 해양성분과 해수를 이용하는 마사지 기법을 말한다.

② 해수와 해조에 포함된 각종 미네랄 성분에 의해 건강하고 아름다운 피부를 유지하고 전신의 피로 회복, 균형있는 체형 유지 등에 적용된다.

③ **효과 및 방법**

　㉠ 혈액순환을 촉진시킨다.

　㉡ 노폐물의 배출을 촉진시킨다(발한작용, 지방분해작용).

　㉢ 근육이완 효과가 있다.

　㉣ 스트레스 해소 및 피로회복에 도움이 된다.

　㉤ 전신관리의 효과를 증대시키기 위해 스파관리와 병행한다.

ⓗ 해조성분을 이용하여 독소 배출, 피부 청정, 피부조직 재생의 효과를 얻는다.

ⓢ Algae, Marine Clay, Sea Plant 등의 해조성분이 함유하고 있는 각종 미네랄을 피부에 흡수시켜 팩을 한 후 파라핀이나 열선을 조사하기도 한다.

(6) 스톤테라피

① 고대 아메리카인이나 일본 수도승들의 전통요법 중 하나이다.

② 자연의 에너지가 응축된 돌(현무암)이 품고 있는 원적외선을 이용한 열요법이다.

③ 스톤과 마사지를 접목시켜 문제가 생긴 장기를 원상태로 회복시키고 자생력을 높이는 테라피이다.

④ 효과

ⓐ 인체를 적정 체온으로 유지시켜 근육을 이완하고 피로를 푸는데 효과적이다.

ⓑ 혈액순환을 원활히 하고 면역력을 증가시키며 영양 공급의 균형을 이루게 한다.

ⓒ 모공을 열어주어 노폐물 배출을 돕고 자연적인 각질 제거 효과도 볼 수 있다.

ⓓ 심신의 조화와 안정 등 진정 효과가 뛰어나다.

(7) 바디랩

① 관리 받고자 하는 신체부위를 플라스틱 랩이나 메탈호일, 시트 등을 이용하여 감싼 후 집중적으로 관리하는 방법이다.

② 고객의 몸이 차가워지는 것을 막고 바른 제품이 빨리 흡수되어 강력한 효과를 얻도록 한다.

③ 효과

ⓐ 주로 순환 촉진, 독소 제거, 피부보습과 탄력강화 효과를 갖는다.

ⓑ 체온 상승으로 인한 발한작용으로 클렌징 효과가 있다.

ⓒ 림프순환을 촉진하여 독소를 배출시키고 체액을 제거한다.

ⓓ 긴장된 근육이 이완되고 모세혈관 확장과 모공 확장을 통해 제품 흡수가 용이하게 된다.

ⓔ 지방을 분해하고 배출시켜 셀룰라이트를 개선할 수 있다.

④ 방법

ⓐ 관리대상 부위에 각질을 제거하고 오일을 이용해 마사지 한 후 온습포로 닦아내고 바디랩 전용제품을 바른다.

ⓑ 시술되는 제품은 머드, 허브, 슬리밍 크림 등으로 미네랄과 비타민 등의 영양분을 함유하고 있으며, 지방을 분해하는 요오드 성분을 포함하고 있다.

미용사(피부) 필기 핵심이론

Skin
Care

ⓒ 랩을 씌우고 20~30분 정도 시술한다.

ⓔ 랩을 감쌀 때 피부가 호흡할 수 있도록 너무 세게 감싸면 안 된다.

⑤ 주의사항

노출된 상처가 있는 경우, 임신, 고혈압, 심장이상, 당뇨병 환자, 혈액순환 장애가 있는 고객은 시술을 금한다.

(8) 셀룰라이트 관리

① 셀룰라이트는 세포 신진대사활동의 이상에 의해 피하지방층을 포함한 피부 속의 결합조직 사이에 있는 조직액이 림프체계를 통해 순조롭게 배액되지 못하고 정체되어 피부층 전체가 부풀어 오르는 현상을 말한다.

② 셀룰라이트 피부는 육안으로 보면 울퉁불퉁하게 튀어 오른 오렌지 껍질같다하여 일명 오렌지 피부라고도 한다.

③ 주로 여성에게 발생한다.

④ 발생원인

ⓐ **유전적 원인** : 순환계의 장애 또는 결합조직이 약한 것이 원인이 된다.

ⓑ **호르몬의 작용** : 여성 호르몬인 프로게스테론이 여성들의 결합조직(콜라겐, 엘라스틴, 망상섬유) 등을 약화시키며, 에스트로겐은 조직내에 수분 축적을 가중시킨다.

ⓒ 정체된 림프순환이 원인이 된다.

ⓓ **외부적 요인** : 과식, 알코올, 니코틴, 스트레스 등도 원인이 된다.

⑤ 관리방법

ⓐ 내적 · 외적 대응이 동시에 이루어져야 하며 홈케어와 전문적인 케어가 병행되어져야 한다.

ⓑ 림프정체를 해소하기 위해 림프 드레나쥐를 정기적으로 실시한다.

ⓒ 지방분해 효과가 있는 주니퍼, 사이프러스, 제라늄, 파출리 등의 아로마 에센셜 오일과 카페인을 함유한 녹차 추출물 등을 혼합하여 관리한다.

ⓓ 해양성분에 포함된 미네랄과 미량원소들이 신진대사를 촉진시켜 효과를 증대시킨다.

ⓔ 전용제품을 이용하여 마사지 하고 팩을 해주는 동시에 열을 가하는 온열요법을 시행한다.

ⓕ 온열요법의 경우 발한작용으로 노폐물 배출이 용이하고 활성성분이 피부 깊숙이 침투하는 효과를 볼 수 있다.

ⓖ 균형있는 영양섭취로 신진대사를 원활하게 하여 지방이 체내에 축적되는 것을 막는다.

Section 01 피부관리의 마무리

(1) 정의

① 안면관리와 전면 관리가 끝난 후 기초 화장품을 이용하여 피부를 정리하는 단계이다.

② 얼굴의 경우 스킨, 로션, 아이크림, 수분크림, 에센스, 영양크림, 자외선 차단제 순으로 마무리 한다.

(2) 목적 및 효과

① 피부를 정돈한다.

② 피부에 유 · 수분을 공급한다.

③ 외부의 자극으로부터 피부를 보호한다.

④ 피부의 노화를 방지하고 건강한 피부를 유지시킨다.

Section 02 마무리의 방법

(1) 계절별 피부 관리

① 봄

㉠ 꽃가루와 황사로 인해 피부과 쉽게 더러워진다.

㉡ 일교차가 심하여 피지나 땀의 분비가 일정하지 않아 피부가 매우 거칠고 불안정하다.

㉢ 자외선이 강해져 피부가 자극을 받게 되므로 여드름과 뾰루지 등의 트러블이 쉽게 발생한다.

㉣ 봄철 피부관리방법

• 클렌징 크림으로 메이크업과 더러움을 닦아낸 후 부드러운 클렌징 폼으로 나머지 더러움을 말끔히 씻어내는 이중세안이 필요하다.

• 화장수를 충분히 발라 피부를 흠뻑 적셔주고 수분과 영양공급을 위해 로션과 영양크림을 사용한다.

• 자외선 보호 효과가 있는 제품으로 기초 손질을 해주고 마지막 단계에서는 자외선 차단 크림을 바른다.

② 여름

㉠ 고온다습한 날씨로 인하여 피부 자체의 보호 능력이 약해져 있다.

ⓛ 강한 햇볕이 피부를 쉽게 노화시키고 피부의 탄력성을 떨어뜨린다.

ⓒ 땀과 피지 분비물이 많이 분비되어 얼굴이 쉽게 번들거리고 모공이 넓어지며 피부가 늘어지기 쉽다.

ⓡ **여름철 피부관리방법**
- 화이트닝 제품을 사용하여 피부에 수분과 영양을 공급해준다.
- 포도, 감자, 당근 등의 천연팩으로 햇볕으로 인해 달아오른 피부를 진정시켜준다.
- 가급적 피부가 햇볕에 노출되지 않도록 주의하고 일광욕을 할 경우 2시간마다 자외선 차단 제를 발라 피부를 보호한다.
- 미지근한 물로 가볍게 세안하고 마지막에 찬물로 헹구어 주면 노폐물도 제거되고 피부에 탄력을 주어 상쾌함을 느낄 수 있다.
- 고온과 자외선으로 인해 수분이 손실되어 건조하고 거칠어진 피부는 수분공급 전용 에센스를 사용한다.

③ 가을

ⓐ 여름의 강한 자외선 영향으로 두터운 각질층이 일어나면서 피부의 노화 촉진, 잔주름 증가, 피부 당김 등의 현상이 나타난다.

ⓑ 기온이 내려가면서 피부의 수분함량이 10% 이하로 떨어지게 되어 피부기능이 저하되고 피부가 건조하며 주름이 쉽게 생긴다.

ⓒ 멜라닌 색소가 증가하여 기미, 주근깨가 두드러지며 얼굴색도 칙칙해진다.

ⓡ **가을철 피부관리방법**
- 팩으로 두터워진 각질층을 제거한다.
- 마사지로 피부의 혈액순환과 신진대사를 촉진시킨다.
- 로션이나 크림 형태의 클렌징으로 피부의 적당한 유분과 수분을 공급한다.
- 보습 효과가 뛰어난 스킨과 로션, 에센스로 수분과 영양을 충분히 공급한다.
- 미지근한 물로 세안 후 마지막에 찬물로 두드리듯 마무리하여 피부탄력을 증가시킨다.
- 세안시 미용 비누나 클렌징 폼을 이용하여 충분을 거품을 낸 후 부드럽게 마사지하듯 자극을 최소화하여 세안한다.

④ 겨울

ⓐ 약간의 자극에도 민감한 반응을 보인다.

ⓑ 하얀 각질이 일어나고 당김 현상과 주름이 생기기 쉽다.

ⓒ 정상 피부를 가진 사람도 공기가 건조하여 건조한 피부로 변해버리기 쉽다.

ㄹ **겨울철 피부관리방법**

- 화장을 지울 때는 워터클렌징, 크림형 클렌징 제품으로 철저히 씻어낸다.
- 자외선으로부터 피부를 보호하기 위해 자외선 차단 크림을 사용한다.
- 간편한 필링제를 사용하여 각질을 제거하고, 일주일에 2~3회 정도 꾸준히 마사지하여 영양과 수분을 공급한다.
- 수분이 부족한 눈과 입 주변은 화장솜에 스킨을 충분히 적셔 5분 정도 피부에 올려놓은 후 보습 에센스로 가볍게 마무리한다.

(2) 시간대별 피부관리

① **아침**

ㄱ **관리 포인트** : 각질 관리

ㄴ 온도차가 커지므로 수분이 부족하고 피지 분비가 적어 건조한 피부가 된다.

ㄷ 수분 지속력이 좋은 보습제와 자외선 차단크림을 바른 후 메이크업을 하는 것이 좋다.

ㄹ 미지근한 물로 가볍게 세안하고 중성이나 순한 약산성의 클렌징 제품을 사용하여 피부에 자극을 주지 않도록 세안한다.

② **점심**

ㄱ **관리 포인트** : 보습 및 유분 제거

ㄴ 수분 보충을 위해 수분이 많은 음식을 섭취하는 것이 좋다.

ㄷ T-존 부위와 같이 피지분비가 왕성한 곳은 기름종이(Oil Paper)를 사용하여 피지와 피부의 번들거림을 제거한다.

③ **저녁**

ㄱ **관리 포인트** : 노폐물 관리 및 클렌징

ㄴ **1차 클렌징**

피부층이 얇은 눈과 입술은 메이크업 전용 리무버를 사용해서 세심하게 클렌징한다.

ㄷ **2차 클렌징**

- 오일이나 크림을 사용하여 피부를 마사지하듯이 문질러주며 메이크업을 깨끗이 지우고 티슈로 닦아낸다.
- 오래하면 노폐물이 피부로 흡수될 수 있으므로 3분을 경과하지 않는다.

ㄹ **3차 클렌징**

- 클렌징 폼을 이용하여 이중세안하고 마지막은 찬물로 헹궈 모공을 조여준다.
- 세안 후 수분과 유분을 공급하여 피부의 건조를 막는다.

Section 03 얼굴형에 따른 메이크업

(1) 긴 얼굴형

① 세련되고 성숙하며 차분한 느낌을 주지만 나이가 들어 보일 수 있다.

② 얼굴형 : 이마의 끝과 턱에 섀도 컬러를 넣어 얼굴의 길이가 짧아 보이도록 하여 단점을 보완한다.

③ 눈썹 : 직선 형태의 눈썹이 어려보이고 활동적인 느낌을 준다.

④ 블러셔 : 볼 아래는 가로로 바르고 이마와 턱은 어둡게 하여 긴 느낌을 줄인다.

(2) 통통한 얼굴형

① 귀엽고 어려보이나 평범해 보이고 세련된 느낌은 없다.

② 얼굴형 : 이마 가운데, 콧등, 턱은 밝은 색 파운데이션을 써서 하이라이트를 준다. 코의 옆면과 얼굴의 옆면은 진한 색 파운데이션을 발라 얼굴이 갸름하고 이목구비가 뚜렷해보이게 한다.

③ 눈썹 : 각진 형이나 올라간 눈썹 모양으로 그려 날카롭고 세련된 느낌을 준다.

④ 블러셔 : 오렌지나 브라운계열의 색을 이용하여 볼 뼈 아래에 사선으로 길게 넣고 뺨 위쪽에는 부드러운 느낌을 주는 컬러를 넣는다.

(3) 네모난 얼굴형

① 지적이고 차분한 느낌을 주지만 얼굴이 커 보일 수 있다.

② 얼굴형 : 이마 양 옆, 턱의 양 끝의 각신 부분과 얼굴의 옆면은 섀도로 어둡게 표현한다. 이마 가운데, 콧등은 하이라이트 컬러로 돌출되어 보이도록 한다.

③ 눈썹 : 아치형이나 화살형이 여성적이고 우아한 느낌을 준다.

④ 블러셔 : 약간 둥글게 바르고 진한 색으로 턱 선을 커버한다.

(4) 역삼각형 얼굴

① 도시적이고 세련된 느낌을 주지만 차갑고 예민해 보일 수 있다.

② 얼굴형 : 이마의 양끝과 턱은 섀도로 어둡게 하고 턱의 중앙은 하이라이트 컬러로 밝고 도톰하게 표현한다.

③ 눈썹 : 아치형 눈썹이 이미지를 부드럽게 보이게 한다.

④ 블러셔 : 핑크계열의 색으로 부드럽게 보이게 한다.

(5) 마름모 얼굴형

① 세련된 느낌이 있으나 개성이 강하고 딱딱해 보인다.

② 얼굴형 : 이마 옆, 턱 선은 하이라이트 컬러를 주고 돌출된 볼 뼈와 뾰족한 턱 선은 섀도 컬러로 어둡게 하여 전체적으로 둥그런 느낌이 나게 한다.

③ 눈썹 : 아치형이나 화살형이 우아하고 부드럽게 보이게 한다.

④ 블러셔 : 볼 뼈를 감싸듯이 살짝 둥글게 발라 지적이고 부드러워 보이게 한다.

Section 04 TPO에 따른 메이크업

(1) 시간(Time)

① 낮에는 간단한 외출이나 방문시 내츄럴한 메이크업을 연출한다.

② 밤에는 조명과 분위기에 맞는 진한 메이크업을 연출한다.

(2) 장소(Place)

실내·외, 회사, 학교, 종교적인 장소, 조명 등에 따라 분위기에 적합한 메이크업을 연출한다.

(3) 목적(Occasion)

① 소셜메이크업(Social Make-up) : 성장화장이라고도 하며 정성들여서 하는 짙은 화장을 말한다.

② 데이타임 메이크업(Daytime Make-up) : 낮화장이라는 의미로 평상시의 자연스러운 화장을 말한다.

③ 스테이지 메이크업(Stage Make-up) : 무용, 패션쇼 등에서의 무대용 화장을 말한다.

④ 컬러포토 메이크업(Color Photo Make-up) : 천연색 사진을 찍을 경우의 화장을 말하며 무대화장과는 달리 매우 자연스럽게 표현한다.

tip		
T.P.O 메이크업	• 시간(Time), 장소(Place), 상황(Occasion)에 따라 표현을 차별화하는 메이크업이다.	
	• 메이크업의 효과를 높이기 위해서는 전체적인 코디네이션이 중요하다.	

피부미용사
필기
한권으로
합격하기

2 피부 미용이론

- 피부학 -

Chapter 01 피부와 피부 부속기관
Chapter 02 피부와 영양
Chapter 03 피부장애와 질환
Chapter 04 피부와 광선
Chapter 05 피부면역
Chapter 06 피부노화

피부와 피부 부속기관

피부구조 및 기능

피부는 신체의 표면을 덮고 있는 조직으로서 물리적 · 화학적으로 외부 환경으로부터 신체를 보호하는 동시에 전신의 대사(代謝)에 필요한 생화학적 기능을 영위하는 생명유지에 불가결한 기관이다. 피부의 총면적은 1.6㎡ ~ 1.8㎡이며 중량은 체중의 약 16%에 달한다.

(1) 피부의 구조

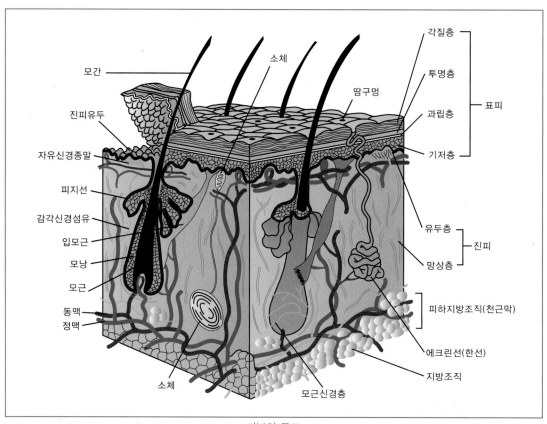

피부의 구조

① 표피(Epidermis)

㉠ 특징

- 피부의 가장 상층부에 위치한다.
- 외배엽에서 유래하며 신경과 혈관이 없다.
- 세균, 유해물질, 자외선으로부터 피부를 보호한다.

㉡ 표피 구성세포

- 각질 형성 세포(Keratinocyte, 각화세포)
  - 표피의 주요 구성성분으로 표피 세포의 80%를 차지한다.
  - 표피의 바깥 부분에서부터 각질층, 과립층, 유극층, 기저층으로 이루어져 있다.
  - 손 · 발바닥 부위에는 각질층과 과립층 사이에 투명층이 존재한다.
- 멜라닌 세포(Melanocyte, 색소 세포)
  - 표피에 존재하는 세포의 약 5~10%를 차지하고 있으며 대부분 기저층에 위치한다.
  - 자외선을 흡수 또는 산란시켜 자외선으로부터 피부가 손상되는 것을 방지한다.
  - 멜라닌 세포의 수는 피부색에 관계없이 일정하며, 멜라닌 세포가 계속적으로 생산하는 멜라닌 양에 의해 피부색이 결정된다.
- 랑게르한스 세포(Langerhans Cell)
  - 유극층에 대부분 존재한다.
  - 주로 피부의 면역에 관계한다.
- 머켈 세포(Merkel Cell)
  기저층에 위치하며 신경섬유의 말단과 연결되어 있어 촉각을 감지하는 세포로 작용하기 때문에 촉각세포라고도 한다.

㉢ 구조

기저층	• 표피의 가장 아래층 • 기저세포(각질형성세포, Keratinocyte)와 멜라닌을 만들어내는 멜라닌 세포(Melanocyte)가 4~10 : 1의 비율로 존재 • 모세혈관으로부터 영양을 공급받아 세포분열을 통해 새로운 세포 생성
유극층	• 살아 있는 유핵 세포로 구성 • 표피에서 가장 두꺼운 층 • 면역기능을 담당하는 랑게르한스 세포 존재 • 림프액이 흐름(영양 공급, 노폐물 배출, 혈액순환 작용을 함)

과립층	• 케라토하이알린 과립이 존재 • 각화과정 시작(유핵과 무핵 세포가 공존) • 외부 물질로부터 수분 침투를 막음
투명층	• 주로 손 · 발바닥에 존재 • 엘라이딘(Elaidin)이라는 반유동 물질 함유 • 수분에 의한 팽윤성이 적음
각질층	• 납작한 무핵 세포로 라멜라 구조를 이룸 • 케라틴, 천연보습인자, 지질 존재 • 외부 자극으로부터 피부보호, 이물질 침투를 막음

② 진피

㉠ 특징

- 피부의 90%를 차지하며 표피두께의 10~40배 정도로 실질적인 피부이다.
- 점성을 갖는 탄력적인 조직으로 무정형의 기질과 교원섬유, 탄력섬유 등의 섬유성 단백질로 구성되어 있다.
- 교감 신경, 부교감 신경이 지나가고 혈관, 림프가 있어 표피에 영양분을 공급한다.

㉡ 진피의 구조

- 유두층(Papillary Layer) = 유두진피(Papillary Dermis)
  - 표피와 진피 사이는 둥글고 작은 물결 모양의 탄력 조직인 돌기가 표피 쪽으로 돌출된 유두로 이루어져 있다.
  - 유두층은 미세한 교원질(콜라겐)과 섬유 사이의 빈 공간으로 이루어져 있다.
  - 세포성분과 기질성분이 많고 모세혈관, 신경종말이 풍부하게 분포되어 있다.
- 망상층(Reticular Layer) = 망상진피(Reticular Dermis)
  - 그물 모양의 결합조직으로 진피의 대부분을 이루며 피하조직과 연결된다.
  - 망상층의 섬유질은 일정한 방향으로 배열되며 신체 부위에 따라 달라지므로 외과 수술시 랑거선을 따라 절개하면 상처의 흔적이 최소화된다.
  - 혈관, 림프관, 피지선, 한선, 모낭, 신경총 등이 복잡하게 분포되어 있다.

㉢ 진피의 구성 물질

- 교원섬유(교원질)
  - 진피의 90%를 차지하고 있는 단백질로 콜라겐(Collagen)으로 구성되어 있다.
  - 섬유아세포에서 만들어지며 교원섬유는 탄력섬유와 그물 모양으로 서로 짜여 있어 피부에 탄력성과 신축성을 부여한다.
  - 노화가 진행되면서 피부 탄력감소와 주름 형성의 원인이 된다.

- 탄력섬유(Elastic Fiber)
  - 엘라스틴으로 구성되어 있으며 신축성과 탄력성이 있어 1.5배까지 늘어난다.
  - 섬유아세포에서 생성되며 피부 이완과 주름에 관여한다.
- 기질(Ground Substance)
  - 진피의 결합섬유(Collagen, Elastin)와 세포 사이를 채우고 있는 물질로 형태가 없는 젤(gel) 상태이다.
  - 친수성 다당체로 물에 녹아 끈적끈적한 점액 상태로 무코 다당체라고도 한다.
  - 기질의 구성성분은 히알루론산(Hyaluronic Acid), 황산콘드로이친(Chondroition Sulfate), 프로테오글리칸 등으로 이루어져 있다.

tip

	진피의 구조	진피의 구성	진피에 존재하는 세포
진피	유두층 망상층	교원섬유 탄력섬유 기질	섬유아세포 대식세포 비만세포

③ 피하지방층
  ㉠ 진피에서 내려온 섬유가 엉성하게 결합되어 형성된 망상조직으로 그 사이에 벌집 모양의 수많은 지방 세포들이 자리잡고 있다.
  ㉡ 체온유지, 수분조절, 탄력성 유지, 외부의 충격으로부터 몸을 보호한다.
  ㉢ 진피와 근육, 골격 사이에 있으며 눈꺼풀, 귀 등에는 덜 발달되어 있다.
  ㉣ 여성의 곡선미를 연출하며 지방층의 두께에 따라 비만의 정도가 결정된다.

(2) 피부의 기능

① 보호기능
  ㉠ **물리적 자극** : 압력, 충격, 마찰 등 외부 자극으로부터 방어기능을 한다.
  ㉡ **화학적 자극** : 피부 표면의 피지막과 각질층의 케라틴 단백질이 화학물질에 대한 저항성을 나타낸다.
  ㉢ **태양 광선에 대한 보호** : 멜라닌 색소는 자외선으로부터 피부 손상을 막아준다.
  ㉣ **세균 침입에 대한 보호기능**
    - 피부 표면의 피지막은 pH 5.5 약산성이므로 살균 및 세균의 발육을 억제한다.
    - 각질층은 세균이나 미생물의 침투시 외부 자극으로부터 방어기능을 한다.
    - 랑게르한스 세포는 병원균에 대한 항체를 생산하여 면역을 강화한다.

② 체온 조절 작용

땀 분비, 피부 혈관의 확장과 수축작용을 통해 열을 발산하여 체온을 조절한다.

③ 분비 및 배출 기능

㉠ 피지선은 피지를 분비하여 피부 건조 및 유해물질이 침투하는 것을 막는다.

㉡ 한선은 땀을 분비하여 체온 조절 및 노폐물을 배출하고 수분 유지에 관여한다.

④ 감각기능

㉠ 피부는 가장 중요한 감각기관 중의 하나이다.

㉡ 촉각은 손가락, 입술, 혀끝 등이 예민하고 발바닥이 가장 둔하다.

㉢ 온각과 냉각은 혀끝이 가장 예민하다.

㉣ 통각은 피부의 감각기관 중 가장 많이 분포되어 있다.

㉤ 압각은 피부를 압박하였을 때 느껴지며 너무 약하게 누르면 간지러움을 느낀다.

⑤ 흡수기능

㉠ 피부는 이물질이 흡수하는 것을 막아주고 선택적으로 투과시킨다.

㉡ **경피흡수** : 피부 표면에 접촉된 물질이 모낭, 피지선, 한선을 통해 진피까지 도달하는 것으로 주로 지용성 물질이 침투가 잘된다.

㉢ **강제흡수** : 피부에 흡수되기 어려운 수용성 물질을 강제로 흡수시키는 방법이다(피부의 수분량 또는 온도가 높을 경우, 혈액순환이 빠를 경우, 물질의 입자가 작고 지용성일수록 흡수가 잘된다).

⑥ 비타민 합성 기능 : 자외선 조사에 의해 피부 내에서 비타민 D가 생성된다.

⑦ 호흡기능 : 피부도 산소를 흡수하고 신진대사 후 발생한 이산화탄소를 피부 밖으로 방출한다.

⑧ 저장기능 : 피부는 수분, 에너지와 영양분, 혈액을 저장한다.

(3) 피부의 pH

① pH는 용액의 수소이온 농도를 지수로 나타낸 수소이온지수이다.

② 피부 표면의 산성도를 측정할 때에는 pH로 정의한다.

③ 피부 표면은 pH 5.5의 약산성 보호막이 있어 세균으로부터 피부를 보호한다.

(1) 한선(Sweat Gland, 땀샘)

① 위치 : 한선은 진피와 피하지방의 경계부에 위치한다.

② 모양 : 실뭉치 모양으로 엉켜 있다.

③ 분비량 : 땀을 만들어 피부 표면에 분비하며 1일 700~900cc 정도 분비한다.

④ 기능 : 체온조절, 피부습도 유지, 노폐물 배출, 산성 보호막 형성

구 분	에크린선(Eccrine Sweat Gland), 소한선	아포크린선(Apocrine Gland), 대한선, 체취선
특 징	• 실뭉치 같은 모양으로 진피 깊숙이 위치 • 나선형 한공을 갖고 있으며 피부에 직접 연결 • pH 3.8~5.6의 약산성인 무색, 무취의 맑은 액체를 분비 • 체온조절에 중요한 역할을 함 • 온열성 발한, 정신성 발한, 미각성 발한을 함	• 에크린선보다 크며 피부 깊숙이 존재 • 나선형 한공을 갖고 있으며 모공과 연결 • 점성이 있고 우윳빛을 띠는 액체 • pH 5.5~6.5 정도의 단백질 함유량이 많은 땀을 생성하며 특유의 짙은 체취를 냄 • 사춘기 이후에 주로 발달 • 성, 인종을 결정짓는 물질을 함유 • 정신적 스트레스에 반응, 성적으로 흥분될 때 활성화
위 치	전신에 분포하나 특히 손바닥, 발바닥, 이마 등에 집중 분포(입술, 음부, 손톱 제외)	귀 주변, 겨드랑이, 유두 주변, 배꼽 주변, 성기 주변 등 특정 부위에만 존재
성 분	99%는 수분, 1%는 Na, K, Ca, Cl, 단백질, 철, 인, 아미노산 성분	분비물의 성분은 정확하지 않으나 지질, 단백질, 물 등의 성분 함유

(2) 피지선(Sebaceous Gland, 기름샘, 모낭샘)

① 특징

㉠ 진피의 망상층에 위치하며 포도송이 모양으로 모낭과 연결되어 피지선을 통해 피지를 배출한다.

㉡ 손바닥과 발바닥을 제외한 신체의 대부분에 분포하며 주로 T-Zone 부위, 목, 가슴, 등에 분포한다.

㉢ 모낭이 없기 때문에 피지선이 직접 피부 표면으로 연결되어 피지를 분비하는 피지선을 독립 피지선이라고 한다. 예 윗입술, 구강점막, 유두, 눈꺼풀 등

㉣ 트리글리세라이드(Triglyceride), 왁스 에스테르(Wax, Ester), 스쿠알렌(Squalene), 콜레스테롤(Cholesterol) 등으로 구성되어 있다.

② 기능

ㄱ 피부와 모발에 촉촉함과 윤기를 부여하고, 체온저하를 막아준다.

ㄴ 피부의 pH를 약산성으로 유지시켜 세균, 이물질의 침투를 막고 피부를 보호한다.

ㄷ 피지의 지방 성분은 땀과 기름을 유화시키는 역할을 한다.

(3) 모발

① 특징

ㄱ 단단하게 각화된 경단백질인 케라틴이 주성분이다.

ㄴ 약 130~140만 개 정도 분포하며, 온몸에 퍼져 있는 솜털이 감각을 느낄 수 있게 한다.

② 기능

ㄱ **보호기능** : 체온조절, 외부의 물리적 · 화학적 · 기계적 자극으로부터 피부를 보호한다.

ㄴ **지각기능** : 감각을 전달한다.

ㄷ **장식기능** : 성적매력, 외모를 장식하는 미용적 효과를 갖는다.

ㄹ 노폐물을 배출하고, 충격을 완화하는 기능을 갖는다.

③ 모발 형태

굵기에 따른 분류	길이에 따른 분류
• 취모 : 부드럽고 섬세한 옅은 색의 털(태아의 피부) • 연모 : 성인 피부의 대부분을 덮고 있는 섬세한 털 • 성모 : 머리카락, 눈썹, 속눈썹, 수염, 겨드랑이, 음모	• 장모 : 긴 털(머리카락, 수염, 음모) • 단모 : 짧은 털(눈썹, 속눈썹)

④ 모발의 구조

ㄱ **모간** : 피부 위로 솟아 있는 부분이다.

ㄴ **모근** : 피부 내부에 있는 부분으로 모발 성장의 근원이 되는 부분이다.

• 모낭 : 모근을 싸고 있는 주머니 모양의 조직으로 피지선과 연결되어 모발에 윤기를 준다.

• 모구 : 모근의 뿌리 부분으로 둥근 모양의 부위, 이곳에서부터 털이 성장한다.

• 모유두 : 모구 중심부의 우묵한 곳에 모발의 영양을 관장하는 혈관과 신경세포가 분포한다.

• 모모세포 : 세포분열과 증식에 관여하여 새로운 모발은 형성한다.

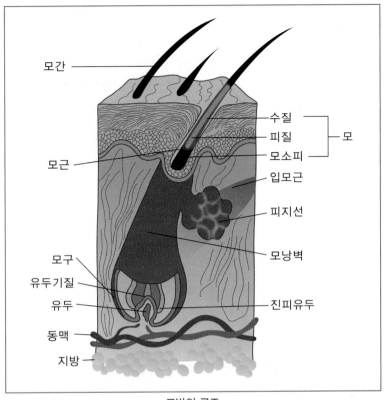

모발의 구조

ⓒ **기모근(Arrector Pili Muscle, 입모근)**

진피의 유두 진피에서 비스듬히 내려가 피지선 아래 모낭과 연결되어 있다. 기모근은 자율신경에 영향을 받으며 춥거나 무서울 때, 외부의 자극에 의해 수축이 되어 모발을 곤두서세 한다(속눈썹, 눈썹, 겨드랑이를 제외한 대부분의 모발에 존재).

⑤ **모발의 단면**

ⓐ **모표피** : 모발의 가장 바깥쪽을 싸고 있는 얇은 비늘 모양의 층

ⓑ **모피질** : 모발의 85~90% 차지, 멜라닌 색소 함유, 피질 세포 사이가 간충 물질로 채워짐

ⓒ **모수질** : 모발의 중심부, 수질세포로 공기를 함유, 태아의 체모(취모)에는 없음

⑥ 모발주기(모주기)

1단계 성장기	• 전체 모발의 80~90% • 모발의 생성, 성장 • 평균성장기간 : 남성 3~5년, 여성 4~6년
2단계 퇴화기	• 전체 모발의 1~2% • 수명 1~1.5개월 정도 • 모발의 성장이 정지 • 모유두와 모구가 분리되고 모근이 위쪽으로 올라감
3단계 휴지기	• 전체 모발의 14~15% • 모낭이 수축되고 모근이 위쪽으로 올라가 탈락 • 가벼운 물리적 자극에도 탈락

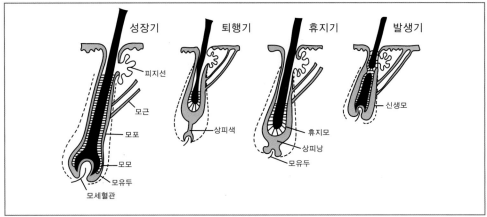

모발의 성장주기

(4) 손 · 발톱(Nail, 조갑)

① 특징

　㉠ 손가락과 발가락의 끝을 보호해 주기 위해 경단백질인 케라틴과 아미노산으로 이루어진 피부의 부속기관이다.

　㉡ 조갑의 경도는 함유된 수분의 함량이나 각질의 조성에 따라 좌우된다.

② 구조

　㉠ **조체(Nail Body)** : 손톱 본체

ⓛ **조근(Nail Root)** : 손톱 뿌리 부분

ⓒ **자유연(Free Edge)** : 손톱 끝

ⓡ **조상(Nail bed)** : 손톱 밑의 피부, 신경조직과 모세혈관 존재

ⓜ **조모(조기질, Matrix)** : 손톱 뿌리 밑에서 세포분열을 통해 손톱을 생산해내는 부분

ⓗ **반월(Lunula)** : 완전히 각질화되지 않아 반달 모양으로 희게 보이는 손톱의 아랫부분

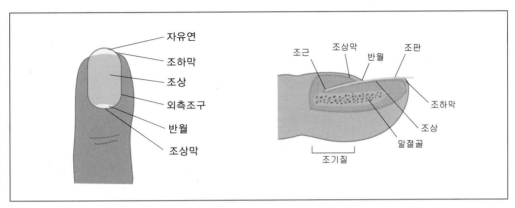

손톱의 구조

③ 손·발톱의 성장

㉠ 개인차가 있으나 1일 평균 0.1mm, 1개월에 3mm 정도 자란다.

㉡ 완전히 대체되는 데 4~6개월 걸리며 발톱은 손톱보다 성장이 느리다.

④ 건강한 손·발톱의 조건

㉠ 조상에 강하게 부착되어 있어야 하며 세균에 감염되지 않아야 한다.

㉡ 단단하고 탄력이 있으며 수분이 7~10% 함유되어 있어야 한다.

㉢ 조체는 매끄럽고 광택이 나며 연한 핑크빛을 띠고 투명해야 한다.

Chapter 02 피부와 영양

Section 01 영양과 영양소

생명 유지에 필요한 물질을 영양소라고 하는데, 음식물을 통해 영양소를 섭취하고 신진대사에 의해 생명 유지에 관계하는 것을 영양이라고 한다.

(1) 영양소

3대 영양소	5대 영양소	6대 영양소	7대 영양소
• 탄수화물 • 단백질 • 지방	• 탄수화물 • 단백질 • 지방 • 무기질 • 비타민	• 탄수화물 • 단백질 • 지방 • 무기질 • 비타민 • 물	• 탄수화물 • 단백질 • 지방 • 무기질 • 비타민 • 물 • 식이섬유

① **열량 영양소** : 에너지 공급(탄수화물, 단백질, 지방)
② **구성 영양소** : 신체조직 구성(단백질, 무기질, 물)
③ **조절 영양소** : 생리기능과 대사조절(비타민, 무기질, 물)

Section 02 피부와 영양

균형 있는 영양 상태는 건강한 신체를 유지시켜줌과 동시에 체내의 원활한 신진대사 활동을 통해 피부를 건강하게 만들어 준다.

(1) 3대 영양소

① 탄수화물(Carbohydrate)
  ㉠ 기능
    • 에너지 공급원(1g당 4kcal)으로 혈당을 유지한다.
    • 과잉섭취시 글리코겐 형태로 간에 저장된다.

    ⓒ 종류

- 단당류 : 포도당(혈액), 과당(꿀, 과일), 갈락토오스(우유)
- 이당류 : 맥아당(포도당+포도당), 서당(포도당+과당), 유당(포도당+갈락토오스)
- 다당류 : 여러 종류의 단당류나 다당류가 결합된 형태(전분, 글리코겐, 덱스트린, 섬유소)

    ⓒ 피부에 미치는 영향

- 과잉시 : 피부의 산도를 높이고 피부의 저항력을 감소시켜 피부염이나 부종 유발
- 부족시 : 발육부진, 체중감소, 신진대사기능 저하

② 단백질(Protein)

    ㉠ 기능

- 에너지 공급원(1g당 4kcal)으로 피부, 모발, 근육 등 신체조직의 구성성분이다.
- pH 평형유지, 효소와 호르몬 합성, 면역세포와 항체를 형성한다.

    ⓒ 종류

- 필수아미노산 : 체내에서 합성이 불가능하며 반드시 식품을 통해 흡수해야 하는 이소로이신, 로이신, 리신, 메티오닌, 페닐알라닌, 트레오닌, 트립토판, 발린, 히스티딘, 아르기닌 등 10여 종
- 비필수아미노산 : 체내에서 합성 가능(필수아미노산 10종을 제외한 나머지)

③ 지방(Lipid)

    ㉠ 기능

- 에너지 공급원(1g당 9kcal)이다.
- 지용성 비타민의 흡수촉진, 혈액 내 콜레스테롤 축적을 방해한다.
- 신체의 장기를 보호하고 피부의 건강 유지 및 재생을 도와준다.

    ⓒ 종류

구 분	종 류
단순 지방질	• 중성 지방 : 동물성(소기름, 돼지기름)과 식물성(야자유, 면실류 등) • 밀납 : 벌꿀 생산과정에서 얻어지며 공기 중에 변질되지 않음
복합 지방질	• 인지질 : 세포막 형성, 신경전달 • 당지질 : 당과 지질이 결합 • 지단백 : 지방산과 단백질의 복합제
유도 지방질	• 지방산 : 포화 지방산(상온에서 고체 : 육류 버터), 불포화 지방산(상온에서 액체 : 생선, 면실류) • 콜레스테롤, 스테롤

(2) 비타민

① 기능

⊙ 생리작용 조절, 체내 대사의 조효로 작용한다.

ⓒ 체내에서 합성되지 않아 음식으로 섭취해야 하며 빛, 열, 공기 중에 노출시 쉽게 파괴된다.

② 종류

⊙ **지용성 비타민** : 지방에 녹으며 과잉섭취시 체내에 축적되므로 중독 증상이 나타날 수 있다.

비타민 A(Retinol) 상피보호 비타민	• 피부세포를 형성하여 건강한 피부를 유지하고 주름과 각질 예방 • 함유식품 : 간, 해조류, 계란, 녹황색 채소 등
비타민 D(Calciferol) 항구루병 비타민	• 자외선을 통해 피부에 합성 가능
비타민 E(Tocophrol) 항산화 비타민	• 인체에 매우 중요한 항산화제, 호르몬 생성, 임신 등 생식기능에 관여함 • 노년기 갈색 반점 억제, 혈액순환을 촉진하여 피부 혈색을 좋게 함 • 함유식품 식물성 기름, 계란, 푸른 잎 채소 등
비타민 K (응혈성 비타민)	• 혈액 응고에 관여하며 모세혈관 벽을 튼튼하게 함 • 피부염과 습진에 효과적

ⓒ **수용성 비타민** : 물에 녹으며 체내 대사를 조절하지만 체내에 축적되지 않는다.

비타민 B_1 (티아민)	• 탄수화물 대사에 도움을 주며 민감성 피부, 상처치유 • 지루, 여드름 증상, 알레르기성 증상에 작용
비타민 B_2 (리보플라빈)	• 피지분비 조절, 보습력 및 피부탄력 증가시킴 • 일광에 과민한 피부, 습진, 머리비듬, 입술 및 구강의 질병에 효과적
비타민 B_5 (판토텐산)	• 비타민 이용 촉진 • 감염 · 스트레스에 대한 저항력 증진
비타민 B_6 (피리독신)	• 세포 재생에 관여 • 여드름, 모세혈관 확장 피부에 효과적
비타민 B_7	• 탈모와 습진 예방, 신진대사 활성화 • 지방 분해촉진, 혈중 콜레스테롤 저하

비타민 B$_8$	• 건강한 모발 유지, 근육통 완화 • 단백질, 엽산, 판토텐산의 이용을 촉진
비타민 B$_9$ (엽산)	• 세포의 증식과 재생에 관여 • 아미노산대사 촉진 • DNA · RNA 합성 및 적혈구 생성에 필수적
비타민 B$_{12}$	• 세포조직 형성, 세포 재생의 모든 과정을 촉진
비타민 C (항산화 비타민)	• 모세혈관을 간접적으로 튼튼하게 함, 콜라겐 형성에 관여 • 멜라닌 색소 형성 억제 • 항산화제로 작용, 유해산소의 생성 봉쇄
비타민 H (비오틴)	• 탈모 방지, 염증치유 • 결핍시 피부염이 생기거나 피부가 창백해짐
비타민 P	• 모세혈관 강화 • 피부병 치료에 도움

(3) 무기질(Mineral)

① 기능

ㄱ) 효소 · 호르몬의 구성성분이며, 체액의 산 · 알칼리의 평형 조절에 관여한다.

ㄴ) 신경 자극 전달, 신체의 골격과 치아 형성에 관여한다.

② 종류

다량원소 체중의 0.01% 이상 존재	• 칼슘(Ca) : 신경전달에 관여, 근육의 수축 · 이완 조절 → 결핍 시 골격, 치아 손톱 머리털이 약해짐 • 인(P) : 세포의 핵산과 세포막 구성, 체액의 pH조절 • 마그네슘(Mg) : 삼투압, 근육 활성을 조절 • 칼륨(K) : 혈압 저하, 항알레르기 작용, 노폐물 배설 촉진
미량원소 체중의 0.01% 이하 존재	• 황(S) : 케라틴 합성에 관여(모발, 손 · 발톱 구성) → 결핍시 모발, 손 · 발톱에 윤기가 없고 거칠음 • 아연(Zn) : 성장, 면역, 생식, 식욕 촉진, 상처회복 → 결핍시 손톱성장 장애, 면역기능 저하, 탈모 • 요오드(I) : 갑상선 호르몬성분, 과잉지방 연소를 촉진

피부장애와 질환

Section 01 원발진과 속발진

인체의 내적 또는 외적 원인(외상, 손상, 질병)에 의해 유발된 일반적인 피부병변을 발진이라 하며 발진 타입으로는 원발진(Primary Lesions)과 속발진(Secondary Lesions)이 있다.

(1) 원발진

① 피부질환의 초기병변을 말한다.

② 1차적 피부장애 증상이다.

③ 종류

   ㉠ 반점(Macule)

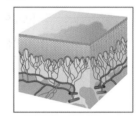

- 피부의 융기나 함몰이 없다.
- 여러 형태와 크기로 피부색조 변화가 있다.
- 주근깨, 기미, 자반, 노화반점, 오타 씨 모반, 백반, 몽고반점 등이 이에 속한다.

   ㉡ 홍반(Erythema)

- 모세혈관의 울혈에 의한 피부발적 상태를 말한다.
- 시간의 경과에 따라 크기가 변화한다.

   ㉢ 구진(Papule)

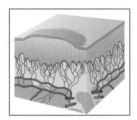

- 직경 1cm 미만의 피부의 단단한 융기물이며 주위 피부보다 붉다.
- 표피에 형성되어 흔적 없이 치유된다.
- 여드름의 초기 증상으로도 나타난다.

   ㉣ 농포(Pustules)

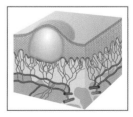

- 표피 내 또는 표피하의 가시적인 고름의 집합을 말한다(주로 모낭 내 또는 한선내 형성).
- 진피, 피하조직에 나타나는 농양과 구별된다.

㉤ 팽진(Wheals)

- 두드러기, 담마진이라고도 한다.
- 표재성의 일시적 부종으로 붉거나 창백하다.
- 크기나 형태가 변하고 수시간 내에 소실된다.

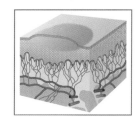

㉥ 소수포(Vesicles)

- 직경 1cm 미만의 액체(혈청, 림프액)를 포함한 물집이다.
- 화상, 포진, 접촉성 피부염 등에서 볼 수 있다.
- 크기나 형태가 변하고 수시간 내에 소실된다.

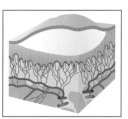

㉦ 대수포(Bulla)

- 직경 1cm 이상의 소수포보다 큰 병변이다.
- 혈액성 내용물을 가지고 있다.

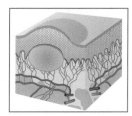

㉧ 결절(Nodule)

- 구진과 종양 사이의 중간 형태이다.
- 경계가 명확하며 원형 또는 타원형의 단단한 융기물이다.
- 구진과는 달리 표피뿐 아니라 진피, 피하지방까지 침범한다.

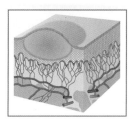

㉨ 종양(Tumor)

- 직경 2cm 이상 피부의 증식물을 말한다.
- 여러 가지 모양과 크기가 있으며, 양성과 악성이 있다.

㉩ 낭종(Cyst)

- 진피에 자리잡고 있으며 통증이 동반된다.
- 여드름 피부의 4단계에서 생성되는 것으로 치료 후 흉터가 남는다.

(2) 속발진

① 원발진이 진행하거나 회복, 외상 및 외적요인에 의해 변화된 상태의 병변을 말한다.
② 2차적인 증상이 더해져 나타나는 병변이다.
③ 종류

  ⊙ 인설(Scale)

    • 사멸한 표피세포가 피부표면으로부터 떨어져 나가는 것이다.
    • 정상적 각화과정의 이상으로 인한 각질층의 국소적인 증가가
      원인이다.
    • 각질세포가 가루 모양 또는 비듬 모양의 덩어리로 떨어져 나간다.

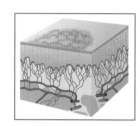

  ⓒ 찰상(Excoriation, Scratch Mark)

    • 기계적 자극, 특히 소양증 등에 의해 긁어서 일어나는 표피의
      결손을 말한다.
    • 표피의 일부에 상처가 난 것으로 흉터 없이 치유된다.

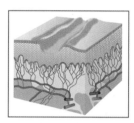

  ⓒ 가피(Crust)

    • 병적 기전에 의해 야기된 삼출액이 마른 것으로 딱지를 말한다.
    • 혈청, 농, 혈액 및 표피 부스러기 등이 피부표면에서 건조된
      덩어리이다.

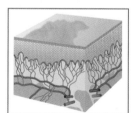

  ⓔ 미란(Erosion)

    • 표피만 파괴되어 떨어져 나간 피부손실 상태를 말한다.
    • 표면은 습윤한 선홍색을 띠며 출혈이 없고 흔적없이 치유된다.

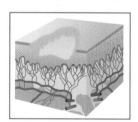

  ⓜ 균열(Fissure, Crack)

    • 질병이나 외상에 의해 표피가 선상으로 갈라진 상태를 말한다.
    • 건조하고 습한 상태에서 잘 생기며 출혈과 통증이 동반될 수 있다.
    • 구순염 또는 무좀을 들 수 있다.

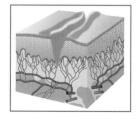

ⓑ 궤양(Ulcer)

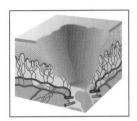

- 염증성 괴사에 의해 표피, 진피, 피하지방층에 결손이 생긴 상태이다.
- 치유 후에 반흔을 남긴다.

ⓢ 반흔(Scar)

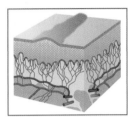

- 흉터를 말한다.
- 피부손상이나 질병에 의해 진피와 심부에 생긴 조직 결손이 새로운 결체조직으로 대치된 상태이다.
- 정상치유 과정의 하나이며, '켈로이드'가 대표적이다.

ⓞ 위축(Atrophia)

- 피부의 기능저하에 의해 피부가 얇게 되는 상태이다.
- 피부가 탄력을 잃어 주름이 생기고 혈관이 투시되기도 한다.

ⓩ 태선화(Lichenification)

- 표피 전체와 진피의 일부가 가죽처럼 두꺼워지며 딱딱해지는 현상이다.
- 만성 소양성 질환에서 흔히 볼 수 있다.

Section 02 피부질환

(1) 온도 및 열에 의한 피부질환

① 화상(Burn)

ㄱ 열, 전기방사능, 화학물질, 뜨거운 물이나 액체, 전기 등에 의해 유발된다.
ㄴ 세포의 단백질을 변화시켜 세포를 파괴한다.
ㄷ 1도 화상-홍반성 화상, 2도 화상-수포성 화상, 3도 화상-괴사성 화상

② 한진(Miliaria, 땀띠)

ㄱ 한관이 폐쇄되어 땀의 배출이 이루어지지 못하고 축적되어 발생한다.
ㄴ 습한 여름에 주로 발생한다.
ㄷ 땀샘이 많이 분포되어 있는 곳(이마, 머리 주변, 가슴, 목, 어깨)에 나타난다.

③ 동상(Frostbite)

　　㉠ 한랭에 피부가 노출되어 혈관의 기능이 침해되고 세포가 질식 상태에 빠지는 현상이다.

　　㉡ 쉽게 노출되는 부위(귀, 코, 빰, 손가락, 발가락 등)에 잘 발생한다.

(2) 기계적 손상에 의한 피부질환

① 굳은살(Hardened Skin)

　　㉠ 압력에 의해서 발생되는 국소적인 과각화증이다.

　　㉡ 압력이 제거되면 자연적으로 소실된다.

② 티눈(Corn)

　　㉠ 압력에 의해 발생되는 각질층의 증식 현상이다.

　　㉡ 중심핵을 가지고 있으며 통증을 동반한다.

③ 욕창(Decubitus Ulcer)

　　㉠ 지속적인 압력을 받는 부위가 허혈 상태가 되어 발생하는 궤양이다.

　　㉡ 자주 몸의 위치를 바꾸어 주고 피부가 건조해지지 않도록 한다.

　　㉢ 세균, 진균의 2차적 감염이 되지 않도록 유의한다.

(3) 습진(Eczema)에 의한 질환

① 접촉 피부염(Contact Dermatitis)

　　㉠ **원발형 접촉 피부염(Primary Contact Dermatitis)**

　　　• 자극성 피부염으로도 불린다.

　　　• 원인물질이 직접 피부에 독성을 일으켜 발생한다.

　　　• 1~2시간 내에 급성으로 홍반, 구진, 소수포, 소양증, 부종 등이 동반될 수 있다.

　　㉡ **알레르기성 접촉피부염(Allergic Contact Dermatitis)**

　　　• 특수 물질에 감작된 특정인에게 발생하는 질환이다.

　　　• 소양증, 구진 반점 등의 피부 증상이 나타난다.

　　　• 염색약, 화장품, 옻나무, 옻닭, 니켈 등에 노출된 경우에 생긴다.

　　㉢ **광독성 접촉피부염(Phototoxic Contact Dermatitis)**

　　　• 일정 농도 이상의 물질과 접촉하고 광선에 노출된 경우 모든 사람에게서 발생하는 피부염이다.

ㄹ 광알레르기성 접촉피부염(Photoallergic Contact Dermatitis)

광선에 노출된 경우 특정 물질에만 감작된 사람에게만 발생하는 피부염이다.

② 아토피 피부염(Atopic Dermatitis)

ㄱ 만성습진의 일종으로 나이가 들어감에 따라 약화된다.

ㄴ 피부가 건조하고 예민하며, 바이러스, 세균 감염에 잘 걸린다.

ㄷ 발병기전이 명확하지 않으나 유전적 경향, 알레르기설, 면역학설, 환경요인설 등이 있다.

③ 지루 피부염(Seborrheic Dermatitis)

ㄱ 피지의 과다한 분비에 의한 피부염으로 홍반을 동반하는 인설성 질환이다.

ㄴ 두피, 안면, 앞가슴, 등, 배꼽, 귀, 겨드랑이, 사타구니 등에 잘 발생한다.

ㄷ 발병기전이 명확하지 않으나 유전적 경향, 알레르기설, 면역학설, 환경요인설 등이 있다.

④ 신경 피부염(Neurodermatitis)

ㄱ 만성 단순 태선(Lichen Simplex Chronicus)으로 불린다.

ㄴ 소양감에 의해 피부를 만성적으로 긁어서 발생한다.

⑤ 화폐상 습진(Nummular Eczema)

ㄱ 동전 모양의 아급성, 만성 피부염이다.

ㄴ 팔이나 다리의 신측부 등 건조하기 쉬운 부위, 젊은 여자들에게 자주 발생한다.

ㄷ 가려움증을 억제하고 보습효과를 주는 것이 중요하다.

⑥ 건성 습진(Xerotic Eczema)

ㄱ 겨울철 소양증, 노인성 습진으로도 불린다.

ㄴ 건조한 경우 잘 발생한다.

(4) 감염성 피부질환

① 세균성 피부질환(Bacterial Skin Diseases)

ㄱ 농가진(Impetigo)

- 주로 유 · 소아에게서 많이 나타난다.
- 화농성 연쇄상구균이 주 원인균이며 감염력이 높아 쉽게 감염된다.
- 두피, 안면, 팔, 다리 등에 수포가 생기거나 진물이 나며 노란색을 띄는 가피를 보인다.

ㄴ 절종(Furuncle, 종기)

- 황색 포도상구균이 모낭에 침입해서 발생하는 질환이다.

- 모낭과 그 주변조직에 걸쳐 괴사를 일으킨다.
- 두 개 이상의 절종이 합해져서 더 크고 깊게 염증이 생기면 옹종으로 발전한다.

ⓒ 봉소염(Cellulites)
- 용혈성 연쇄구균이 피하조직에 침투하여 발생한다.
- 초기에는 작은 부위에 홍반, 소수포로 시작되어 점차로 큰 판을 형성한다.
- 임파절 종대, 전신적인 발열이 동반될 수 있다.

② 바이러스성 피부질환(Virus Skin Disease)
ⓐ 수두(Chickenpox)
- 주로 소아에게서 발생하며, 감염력이 매우 강하다.
- 피부 및 점막의 수포성 질환으로 발진 발생 1일 전부터 6일 후까지 호흡기 계통을 통해 감염된다.
- 가피형성 후에 흉터 없이 치유된다.
- 세균에 의한 2차감염이나 소파로 흉터가 생길 수 있으므로 유의한다.

ⓑ 대상포진(Herpes Zoster)
- 수두를 앓은 후에 지각신경절에 잠복해 있던 수두 바이러스의 재활성화에 의해 발생한다.
- 지각 신경 분포를 따라 띠 모양으로 피부발진이 발생한다.
- 심한 통증이 선행되며 휴식과 안정을 취해야 한다.

ⓒ 사마귀(Wart)
- 파필로마(Papilloma) 바이러스에 의해 발생한다.
- 어느 부위에나 쉽게 발생할 수 있으며 타인에게도 옮길 수 있다.
- 감염성이 강하여 자신의 신체 부위에도 다발적으로 옮길 수 있다.

ⓓ 감염성 연속종(Molluscum Contagiosum)
- 무사마귀라 불리며, Pox바이러스에 의해 발생한다.
- 아토피 피부염을 가진 소아에게서 흔히 볼 수 있다.
- 감염성이 강하고, 재발 가능성이 많다.

ⓔ 홍역(Measles)
- 감염성이 매우 높으며 주로 소아에게 발병한다.
- 발열과 발진을 주 증상으로 하는 급성 발진성 바이러스 질환이다.
- 재채기나 기침에 의해 감염되며 호흡기계감염, 결막염 등이 나타날 수 있다.

③ 진균성 피부질환

　㉠ 족부백선(Tinea Pedis)

　　• 무좀이라고 불린다.

　　• 피부사상균이라는 곰팡이균에 의해 발생한다.

　㉡ 조갑백선(Tinea Unguium)

　　• 손톱과 발톱의 무좀으로 피부사상균에 의해 발생한다.

　　• 항진균제를 바르거나 복용하여 치료한다.

　㉢ 두부백선(Trichophytia Superficialis Capillitii)

　　• 두피의 모낭과 그 주위 피부에 피부사상균이 감염되어 발생하는 백선증을 말한다.

　　• 두피에 다양한 크기의 회색이나 붉은색의 인설이 일어나고 염증이 심하면 부분적인 탈모가 발생한다.

④ 칸디다증(Candidiasis, 모닐리아증)

　㉠ 진균의 일종인 칸디다 알비칸스균(Candida Albicans)에 의해 발생한다.

　㉡ 피부, 점막, 손, 발톱에 생겨 표재성 진균증을 일으킨다.

　㉢ 가렵고 붉은 반점이 생기며 염증이 심해진다.

(5) 모발 질환

① 원형 탈모증(Alopecia Areata)

　㉠ 다양한 크기의 원형 혹은 타원형의 탈모반이다.

　㉡ 정신적 스트레스나 자가면역 이상, 국소 감염, 내분비장애 등이 원인이다.

② 남성형 탈모증(Male Pattern Alopecia, 안드로겐탈모증)

　㉠ 모발의 성장을 억제하는 남성호르몬이 증가하면서 유전적 요인을 자극할 때 발생한다.

　㉡ 유전적 요인, 연령, 남성호르몬인 안드로겐과의 복잡한 상호 관계로 인해 발생하는 질환이다.

(6) 색소성 피부질환

① 저색소 침착 질환(Hypopigmentation)

　㉠ 백색증(Albinism)

　　• 선천적으로 멜라닌 색소가 결핍되어 나타나는 질환이다.

　　• 멜라닌 세포의 수는 정상이나 색깔이 없는 멜라닌을 생성한다.

- 전신 혹은 눈, 피부의 일부, 모발 탈색 등의 다양한 형태로 나타난다.

ⓒ **백반증(Vitiligo)**
- 후천적으로 발생하는 저색소 침착 질환이다.
- 멜라닌 세포의 결핍으로 인하여 여러 크기 및 형태의 백색반들이 피부에 나타나는 것이다.

② 과색소 침착 질환(Hyperpigmentation)

㉠ **기미(Melasma, Chloasma, 간반)**
- 후천적인 과색소 침착증이다.
- 연한 갈색, 흑갈색, 암갈색의 다양한 크기와 불규칙한 형태로 나타난다.
- 주로 얼굴의 뺨, 이마, 윗입술, 턱, 코, 목 부위, 일광노출 부위에 좌우 대칭적으로 발생한다.

ⓒ **주근깨(Freckle)**
- 선천적인 과색소 침착증이다.
- 일광 노출 부위에 다갈색, 암갈색의 형태로 멜라닌 색소가 침착되어 나타난다.
- 유전적인 요인에 의해 소아기에 발생하며 나이가 들어감에 따라 감소한다.

ⓒ **흑자(Lentigo, 흑색점)**
- 표피의 멜라닌 세포 증가에 의한 색소반이다.
- 단순성 흑자, 노인성 흑자, 악성 흑자가 있다.

② **오타모반(Ota Nervus)**
- 청갈색 혹은 청회색의 얼룩진 색소반이 이마, 눈 주위, 광대뼈 부분에 나타나는 피부질환이다.
- 멜라닌 세포의 비정상적인 증식으로 진피 내에 존재한다.

⑩ **몽고반**
- 다양한 크기의 청회색 반이 엉덩이 부위에 출생시부터 존재한다.
- 멜라닌 세포가 진피 내에 존재하며 수년 내에 보통 자연 소실한다.

⑪ **악성 흑색종**
- 일광 노출 부위 혹은 기타 부위에 멜라닌 색소가 악성으로 변형되어 생기는 질환이다.
- 색소가 변하며 갑자기 커지고 불규칙해지거나 진물이 나며 궤양이 형성된다.

(7) 안검 주위의 질환

① 비립종(Miliums)

㉠ 지방조직의 신진대사 저하로 인하여 표면에 발생한 작은 낭종이다.

㉡ 황백색의 낭포로 주로 눈가, 뺨, 이마 등에 발생한다.

② 한관종(Syringoma)

㉠ 조직학적으로 에크린 한관에서 유래한 작은 구진으로 내용물이 없다.

㉡ 다발성으로 병변이 깊어 레이저, 전기소각, 화학적 소각 등으로 제거한다.

Chapter 04

피부와 광선

태양광선은 에너지의 근원으로 가시광선, 적외선, 자외선을 방사하고 있으며 자외선은 6.1%, 가시광선 51.8%, 적외선 42.1%를 차지한다.

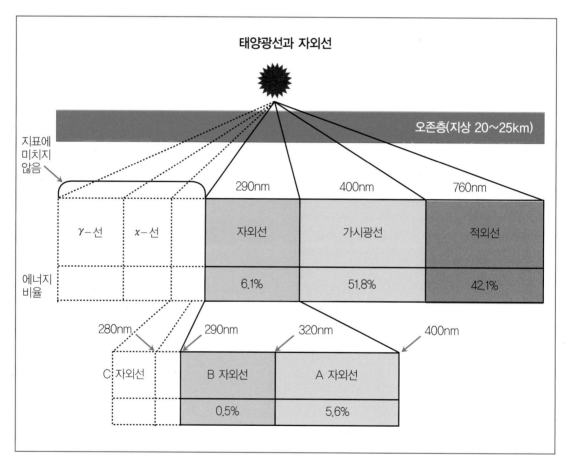

파장에 따른 태양광선의 분류

Section 01 자외선(Ultraviolet Rays)

피부에 자극적인 화학반응을 일으키므로 화학선이라고도 한다.

(1) 자외선의 종류

종 류	파 장	특 징
단파장(자외선 C : UV-C)	200~290nm	• 표피의 각질층까지 도달 • 대기 중 오존층에 의해 흡수 • 살균, 소독 작용
중파장(자외선 B : UV-B)	290~320nm	• 표피의 기저층, 진피상부까지 도달 • 각질 세포 변형의 원인으로 각질층을 두껍게 함
장파장(자외선 A : UV-A)	320~400nm	• 피부의 진피층까지 침투 • 피부탄력 감소, 잔주름 유발, 색소침착 • 선탠 반응

(2) 자외선의 영향

① 장점

　㉠ 비타민 D 형성 : 구루병 예방, 면역력 강화

　㉡ 살균 및 소독 효과

　㉢ 강장 효과 및 혈액순환 촉진

② 단점

　㉠ 홍반 반응

　㉡ 색소침착 및 광노화

　㉢ 일광 화상

(3) 자외선에 의한 피부반응

① 홍반 반응
- ㉠ 피부가 붉어지는 현상
- ㉡ 자외선 조사 1시간 후 처음으로 피부에 나타나는 발적 현상
- ㉢ 약한 홍반시 혈액순환 증진, 피부 건조로 인한 피지감소 효과
- ㉣ 심한 홍반시 열, 통증, 부종, 물집 등 동반

② 색소침착
- ㉠ 피부 색깔이 검어지는 현상
- ㉡ 홍반의 강도에 따라 색소 침착의 정도가 다름

③ 일광 화상
- ㉠ 자외선 B(UV-B)에 의해 발생
- ㉡ 피부가 검어지고, 일주일 정도 경과 후 표피의 두께가 두꺼워져 피부가 칙칙해짐
- ㉢ 심한 경우 표피 세포가 죽고 피부가 벗겨지며, 염증ㆍ오한ㆍ발열ㆍ물집 등 발생

④ 광노화
- ㉠ 자외선에 노출시 나타나는 피부의 조직학적 변화
- ㉡ 건조가 심해져 피부가 거칠어짐
- ㉢ 기저층의 각질형성 세포증식이 빨라져 피부가 두꺼워짐
- ㉣ 교원섬유가 감소하여 피부 탄력 감소, 주름 유발
- ㉤ 진피 내의 모세혈관 확장
- ㉥ 기미 증가, 검버섯 발생

⑤ 광과민 반응
- ㉠ 햇빛에 잠시만 노출되어도 과도한 일광 화상을 보임
- ㉡ 가려움증, 발진, 착색 자국이 나타남
- ㉢ 광과민성 약물, 광독성 반응, 광알레르기 반응 등이 있음

(4) 광민감도에 의한 피부타입 분류

태양광선에 의해 일어나는 반응에 따라 피부 타입을 분류하는 기준으로 절대적인 것은 아니다.

● 피츠페트릭의 분류

피부형	특 징
제Ⅰ형	항상 일광화상 유발, 색소침착 없음
제Ⅱ형	가끔 일광화상 유발, 색소침착 없음
제Ⅲ형	일광화상 유발 없고 가끔 색소침착
제Ⅳ형	일광화상 유발 없고 항상 색소침착
제Ⅴ형	중간 정도의 색소침착(동양인)
제Ⅵ형	흑인(아프리카인)

(5) 자외선으로부터 피부 보호

분 류	기 능	종 류
자외선 흡수제	자외선을 흡수하여 화학적 방법에 의해 피부를 보호하는 물질	파라아미노벤조산유도체, 벤즈이미다즐유도체, 벤조페논유도체, 벤족사졸유도체, 캄파유도체, 디벤조일 메탄유도체, 갈릭산유도체, 신남산유도체, 파라메톡시신남산유도체
자외선 산란제	분말 상태의 안료에 의해 물리적인 방법으로 자외선을 산란시켜 피부 속 침투를 막는 물질	산화아연, 이산화티탄, 규산염, 탈크
경구 투여제	먹어서 자외선을 부분적으로 방어할 수 있는 물질	베타카로틴(비타민 A전구체로 손, 발바닥에 축적되며 비타민 A 차단)

(6) 자외선 차단지수

자외선 차단제품 사용 시 피부가 보호되는 정도를 나타낸 지수(백인 : 약 10분, 한국인 : 약 17분

$$자외선\ 차단지수(SPF) = \frac{자외선\ 차단제품을\ 사용했을\ 때의\ 최소홍반량(MED)}{자외선\ 차단제품을\ 사용하지\ 않았을\ 때의\ 최소홍반량(MED)}$$

Section 02 적외선(Infrared Rays)

적외선은 피부의 표면에 별다른 자극 없이 피부 깊숙이 침투하며 열을 발생하여 열선이라고도 한다.

(1) 적외선의 종류

종 류	특 징
근적외선	진피 침투, 자극 효과
원적외선	표피 전층 침투, 진정 효과

(2) 적외선의 효과

① 혈관 촉진으로 인한 홍반 현상

② 적외선 노출 부위의 혈액량 증가로 혈액순환 및 신진대사 촉진

③ 근육 조직의 이완과 수축을 원활하게 함

④ 피부 온도 상승으로 혈관 이완 및 혈압 감소

⑤ 통증 완화 및 진정 효과

Chapter 05

피부면역

Section 01 면역의 종류

(1) 면역의 정의

외부로부터 침입하는 미생물이나 화학물질을 자기가 아니라고 인식하기 때문에 이들을 공격하여 제거함으로써 생체를 방어하는 기능을 말한다.

(2) 면역의 종류

① 자연 면역

　㉠ **신체적 방어벽** : 피부(인체 내부를 보호하기 위한 기능), 호흡기(기침, 재채기를 통한 세균 분사)

　㉡ **화학적 방어벽** : 입, 코, 목구멍, 위의 산성 내부 점액질

　㉢ **식균작용과 염증 반응**

　　• 1차 : 혈액의 백혈구

　　• 2차 : 림프절, 몽우리 발생

　　• 2차를 거치면 90% 이상의 세균이 사라짐

② 획득 면역 : 기억장치, 예방접종

③ 면역계의 구분

구 분	방어 인자
1차 방어(자연저항, 비특이성 저항)	피부, 위장관, 위산, 질 안의 정상 세균종
2차 방어(비특이성 저항)	식세포로 구성된 면역계
3차 방어(특이적 저항, 특이성 면역)	림프구로 구성된 면역계

Section 02 면역 작용

(1) 면역 반응

① 식세포 면역 반응 : 백혈구의 이물질 식균작용
② 체액성 면역 반응 : B림프구 – 특이항체 생산
③ 세포성 면역 반응 : T림프구 – 항원에 대한 정보를 림프절로 전달, 림포카인 방출(항원 제거)

(2) 피부의 면역 작용

① 피부의 층구조
② 피부의 산성막
③ 피부의 각질 박리
④ 랑게르한스 세포의 면역 유발
⑤ 피부표면의 건조로 미생물 안착 난이

(3) 면역 용어

① 식세포 : 이물질이나 다른 이물질을 잡아먹는 세포의 총칭
② 식균작용 세포 : 중성구, 마이크로파지
③ 면역 기관 : 골수, 흉선, 림프절, 비장
④ 림프구
　㉠ **T림프구(세포성 면역)** : 혈액 내 림프구의 9%를 차지, 정상피부에 존재하는 대부분이 T림프구이다.
　㉡ **B림프구(체액성 면역)** : 면역 글로블린이라는 단백질을 분비하여 면역학적 역할을 수행한다.
⑤ 림포카인 : 항원에 접촉하여 감작된 림프구에 의하여 방출되는 단백질 전달물질
⑥ 보체 : 약 20종의 혈청 단백으로 이루어진 복잡한 방어 인자, 항체와 긴밀한 작용

피부노화

피부노화의 원인

(1) 노화의 정의

시간의 진행에 따라서 발생하며 점진적인 내적 퇴행성 변화로 여러 가지 외적인 변화에 반응하는 능력이 떨어지는 현상으로 사망에 이를 때까지 진행된다.

(2) 노화 이론

① 출생 시 유전자상의 정보에 의한 것
② 주위환경에 의한 손상이 유전자, 세포, 조직에 누적되어 생물체의 전체기능이 손상되는 것

피부노화현상

(1) 외적 변화

① 피부 건조, 피부 늘어짐, 주름
② 지루 각화증, 흑점
③ 자외선, 건조, 환경요인, 스트레스, 수분 저하 등으로 주름 생성
④ 피부 늘어짐 현상
⑤ 랑게르한스 세포와 진피 세포 감소

(2) 피부노화의 종류

① 내인성 노화
  ㉠ 나이가 들어감에 따라 자연적으로 발생하는 노화
  ㉡ 표피의 두께가 얇아지고 각질형성세포 크기가 커짐
  ㉢ 멜라닌 세포감소(자외선 방어기능 저하)
  ㉣ 랑게르한스 세포의 수 감소(피부면역기능 감소)
  ㉤ 진피의 두께, 혈관분포도와 혈관 반응 감소
  ㉥ 탄력성, 멜라닌 세포 소실

ⓐ 한선의 수 70% 감소

ⓞ 조갑판 두께가 감소하고 색깔이 어두워지며 수직횡문이 발생

ⓩ 피부 흡수 감소로 상처회복이 느림

ⓒ 피부온도, 저항력, 감각 기능, 혈류량, 손발톱 성장속도 저하

ⓚ 안드로겐의 감소로 피지 분비가 줄어 피부가 건조해짐

② 광노화

㉠ 태양광선 등 외부환경의 노출에 의한 노화

㉡ 광노화의 주된 파장은 자외선 B이나 장기간 폭로 시 자외선 A도 영향

㉢ 피부가 건조해지고 거칠어지며 주름 발생(목덜미 : 마름모꼴의 깊은 주름이 특징)

㉣ 각질층이 두꺼워지고 탄력성 소실

㉤ 색소침착, 모세혈관 확장 유발

㉥ 탄력 섬유의 이상적 증식 및 모세혈관이 확장

(3) 내인성 노화와 광노화의 조직적 차이

요인	내인성 노화	광 노화
건조	증가	증가
주름	증가	증가
늘어짐	증가	증가
랑게르한스 세포	감소	감소
멜라닌 세포	감소	증가 또는 감소
각질세포	증가	증가
각질층	증가 또는 감소	증가 또는 감소
표피	증가 또는 감소	증가
진피	감소	증가
교원섬유	감소	증가
탄력섬유	증가	증가
진피기질	감소	증가
혈관확장도	감소	증가
비만세포	감소	증가

피부미용사
필기
한권으로
합격하기

3 해부
생리학

Chapter 01 세포와 조직
Chapter 02 골격계통
Chapter 03 근육계통
Chapter 04 신경계통
Chapter 05 순환계통
Chapter 06 소화기계통

Chapter 01  세포와 조직

Section 01 해부생리학의 개요

(1) 해부생리학의 정의

① 해부학(Anatomy)

생물체를 구성하는 기관이나 조직의 구조, 형태 및 상호간의 위치를 연구하는 학문이다.

② 생리학(Physiology)

생물체의 계통이나 기관의 특유한 기능, 작용을 연구하는 학문이다.

(2) 인체의 구성

① 인체의 구성물질

㉠ 인체를 구성하는 주원소는 산소(O), 탄소(C), 수소(H), 질소(N)이다.

㉡ 이들은 20여 종의 아미노산을 구성하는 주성분이며, 인체는 아미노산의 다양한 합성으로 이루어진다.

② 생태학적 단계

㉠ 세포(Cell) : 인체의 구조적, 기능적, 유전적 기본단위이다.

㉡ 조직(Tissue)

• 분화의 방향이 같고 구조와 기능적 연계성을 가진 세포들이 모여 조직을 형성한다.

• 상피조직, 결합조직, 신경조직, 근육조직으로 나뉜다.

㉢ 기관(Organ)

• 조직이 모여 일정한 형태와 기능을 가진 기관을 형성한다.

• 심장, 위장, 간, 신장, 소장, 대장 등이 있다.

㉣ 계통(System)

• 서로 연관성 있는 기관이 모여 일련의 기능을 수행하는 계통을 형성한다.

• 골격계, 신경계, 순환기계, 내분비계, 소화기계 등이 있다.

㉤ 인체(Body)

계통이 모여서 인체를 형성한다.

tip
생태학적 단계 : 세포 → 조직 → 기관 → 계통 → 인체

(3) 해부학적 자세와 면

① 해부학적 자세

㉠ **정의** : 인체의 부위나 구조를 명료하게 표시하고 통일되게 기술하기 위한 표준자세를 해부학적 자세(Anatomical Position)라고 한다.

㉡ **해부학적 자세의 기준** : 똑바로 편안하게 서서 수평을 유지하며 정면을 바라보고 팔은 늘어뜨려 몸통에 붙이고 다리는 모아서 발뒤꿈치에 붙이고 손가락을 모은 상태에서 손바닥이 앞을 향하도록 한다.

② 인체의 면

㉠ **시상면(Sagital Plane)** : 인체의 길이방향, 즉 수직방향으로 이루어진 단면으로서 신체를 좌우로 나눈다.

㉡ **전두면(Frontal Plane)**

• 앞면과 뒷면 부위로 분할시키는 면을 따라 이루어진 단면이다.

• 인체를 전후 방향, 즉 이마와 평행이 되게 나누므로 관상면이라고도 한다.

㉢ **횡단면(Transverse Plane)** : 인체를 위쪽 부위와 아래쪽 부위로 나누는 수평면을 따라 이루어진 단면으로서, 인체를 상부와 하부로 나눈다.

㉣ **사면(Oblique Plane)** : 인체를 세로로 나누는 시상면과 전두면, 그리고 가로로 나누는 횡단면 사이를 비스듬히 나누는 면이다.

Section 02 세포의 구성 및 작용

(1) 세포의 구성

① 세포(Cell)

㉠ **정의**

• 모든 생물체의 기본단위이다.

• 독립적으로 생명을 영위하는 최소단위이다.

• 모든 생화학적인 변화가 일어나는 살아 있는 물질이다.

• 인체는 75조개 정도의 세포로 구성되어 있다.

㉡ **세포의 크기** : 10~30μm

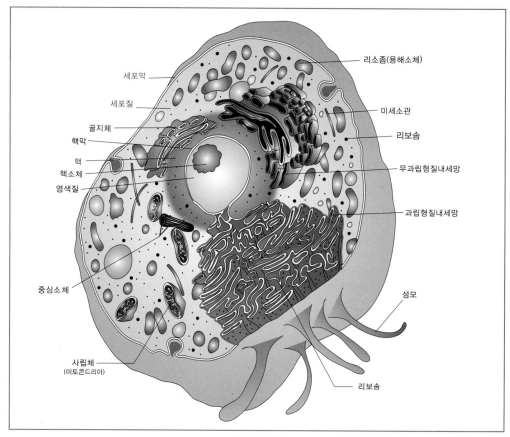

세포의 구성

② **세포의 구성** : 세포막, 핵, 세포질

㉠ 세포막(Cell Membrane)

- 특징
  - 세포를 둘러싸고 있는 두 겹의 단위막이다.
  - 주성분은 지질과 단백질이며, 탄수화물이 결합되어 있을 때도 있다.
- 기능
  - 세포와 세포 외부의 경계를 짓는다.
  - 세포의 형태를 유지한다.
  - 선택적 투과에 의한 물질교환을 한다.
  - 호르몬의 작용이나 신경의 흥분과 같은 외부환경(세포 밖)으로부터의 정보를 받아들인다.
  - 여러 가지 효소가 작용을 나타낼 수 있는 장소를 제공하기도 한다.

ⓛ 핵(Nucleus)

• 구성

– 핵막 : 핵을 둘러싸고 있는 이중막으로 핵공을 통해 세포질과 물질의 이동이 이루어진다.

– 인 : 핵단백질로 구성되어 있으며 RNA를 저장하여 유전적 특징을 결정한다.

– 염색질 : DNA가 있어 세포분열시 염색체를 만든다.

– 핵질 : 핵 속의 액체기질로 RNA와 리보솜이 함유되어 있다.

• 기능

– 유전자를 복제하거나 유전정보를 전달한다.

– 세포분열 및 단백질 합성에 관여한다.

tip

• DNA : 이중나선구조이며 유전핵산으로 유전정보를 전달한다.
• RNA : 유전자 암호 해독체로 DNA 암호를 받아 단백질 합성에 관여하며 단일사슬 구조이다.
• mRNA(유전정보의 전달), tRNA(아미노산 운반), rRNA(리보솜의 구성성분)가 있다.

ⓒ 세포질

• 특징

– 세포막과 핵 사이에 있는 세포의 기질, 즉 원형질을 말한다.

– 여러 소기관으로 이루어진 핵을 둘러싼 물질로, 생체기능의 기본특성이 나타난다.

– 세포질은 세포의 성장과 재생에 필요한 물질을 함유하고 있다.

• 구성

– 미토콘드리아(Mitochondria) : 사립체로도 명명한다.

＊음식물이 섭취된 후 영양물질로 산화되어 세포에서 쓸 수 있는 유용한 에너지인 ATP(아데노신삼인산, Adenosin Triphosphate)로 바꾸는 역할을 한다.

＊$2{\sim}5\mu\mathrm{m}$ 정도의 주머니로 호흡에 관여하는 각종 효소를 가지고 있다.

＊세포 내 호흡을 담당한다.

– 소포체(Endoplasmic Reticulum)

＊형질내세망으로도 명명한다.

＊세포 형질 내에 그물모양으로 퍼져 있는 가는 한 겹의 얇은 막으로 싸여 있으며 길쭉한 관 또는 원형의 소포들이 서로 이어져 그물구조를 형성한다.

* 막의 바깥면에 리보솜이 붙어 있는 조면소포체와 리보솜이 붙어 있지 않은 활면소포체로 나뉜다.
* 조면소포체 : 세포 내에서 물질운반을 담당하는 순환기로서의 역할 및 단백질 합성을 담당하며, 합성된 단백질은 세망 내로 들어가서 골지체로 들어간다.
* 활면소포체 : 지방, 인지질, 스테로이드 화합물 등을 합성한다.
– 리보솜(Ribosome)
  * DNA 유전정보에 따른 단백질 합성작용을 한다.
  * RNA를 많이 가지고 있고, 형질내세망에 붙어 있거나 기질 내에 떠다니는 형태로 존재한다.
– 골지체(Golgi Complex)
  * 소조(Cisterna)라는 편평한 막 주머니가 겹쳐진 구조로 되어 있다.
  * 세포 내 물질 분비기능을 하며, 특히 분비세포에 많이 있다.
  * 단백질을 합성, 저장, 농축하였다가 세포 외로 분비한다.
  * 소포체에서 생산, 운반해온 물질을 농축하여 배출하는 기능을 한다.
– 리소좀(Lysosome)
  * 용해소체라고도 부른다.
  * 골지체에서 형성된 한 겹의 막으로 싸여 있는 공 모양의 소체이다.
  * 백혈구와 거대 식세포에 많이 분포한다.
  * 가수분해효소를 간직하고 있어 단백질, DNA, RNA 및 다당류를 분해하는 세포 내 소화에 관여한다.

(2) 세포의 작용 및 기능

① 세포분열

㉠ **유사분열(Mitosis)** : 체세포분열로 5단계를 통해 분열된다.
* 간기 : 세포분열 기간으로 DNA량이 두 배로 늘어나며, 외부적인 변화는 없다.
* 전기 : 핵과 인이 소실되며 염색질이 염색체로 변하고 중심소체가 방추사를 형성한다.
* 중기 : 염색체가 중심 부위에 나열되며 염색체의 관찰이 가장 잘 되는 시기이다.
* 후기 : 방추사에 연결된 염색체가 양극으로 이동하는 시기이다.
* 말기 : 핵막과 인이 다시 형성되고 염색체가 염색질로 바뀌며 세포질이 2개로 분리된다.

ⓒ **감수분열(Meiosis)** : 생식세포의 분열을 말한다.

ⓒ **무사분열(Amitosis)** : 핵과 세포체가 동시에 분열하는 단순한 세포분열로, 곰팡이류나 세균류가 분열할 때 볼 수 있다.

② 세포막을 통한 물질의 이동

ㄱ **확산(Diffusion)**

- 농도가 높은 곳에서 낮은 곳으로 이동하는 것을 말한다.
- 농도차가 클 때, 지질 용해성이 높을 때, 확산거리가 짧을 때, 온도가 높을 때 촉진된다.
- 폐포에서 일어나는 산소와 이산화탄소의 가스교환 등을 들 수 있다.

ㄴ **삼투(Osmosis)**

- 용질의 농도가 높은 곳으로 용매가 이동하는 현상을 말한다.
- 투과성 막을 선택적으로 통과하는 물의 확산으로 물이 용질의 농도가 낮은 곳에서 높은 쪽으로 이동하는 것을 말한다.

ㄷ **여과(Filtration)**

- 물과 용질이 수압에 따라 막이나 모세혈관벽을 강제로 통과하는 과정이다.
- 혈압에 의한 모세혈관 내의 물질이동 등이 있다.

ㄹ **능동수송(Active Transport)**

- 필요한 물질을 적극적으로 세포 내로 끌어들이거나, 불필요한 물질을 세포 외로 배출시키는 것을 말한다.
- 세포에서 일어나는 물질이동은 대부분이 능동수송이다.

Section 03 조직의 구조 및 작용

(1) 상피조직(Epithelia Tissue)

① 특징

ㄱ 동물체의 표면이나 체내 소화기, 허파 등의 표면을 덮고 있는 얇은 세포층이다.

ㄴ 세포가 계속 분열하며 세포가 단단히 밀착되어 있다.

② 작용

보호, 방어, 분비, 흡수, 감각, 생식세포 생산 등의 기능을 한다.

③ 종류

　㉠ **편평상피** : 비늘 모양의 상피로 혈관, 림프관, 폐포, 사구체낭, 표피, 구강, 식도, 항문 등에 분포해 있다.

　㉡ **입방상피** : 주사위 모양의 상피로 한선, 피지선, 자궁내막, 기관지에 분포한다.

　㉢ **원주상피** : 기둥모양의 상피로 남성의 요도해면체나 요도, 항문의 점막, 기도 등에 분포한다.

　㉣ **이행상피** : 세포의 모양이 신축성 있게 변하는 것으로 방광, 신우, 요관 등에 분포한다.

(2) 결합조직(Connective Tissue)

① 특징

　㉠ 인체에 가장 널리 분포하는 조직으로 여러 기관들의 형태를 유지하고 결합시킨다.

　㉡ 세포 간 물질이 풍부하고 재생능력이 강하다.

② 작용

　㉠ 체내의 여러 조직과 기관 사이를 메우며 그들을 연결하고 몸을 지탱하는 역할을 한다.

　㉡ 혈액세포를 생산하고 지방을 저장하는 기능을 한다.

③ 종류

　섬유성 결합, 치밀결합, 연골, 뼈, 건, 인대, 지방, 혈액 등이 있다.

(3) 근육조직(Muscle Tissue)

① 특징 : 가늘고 긴 근세포로 이루어져 있다.

② 작용 : 운동을 책임진다.

③ 종류

　㉠ **심근**

　　• 심장을 이루는 근육으로 자신의 의지대로 움직일 수 없는 불수의근이다.

　　• 가로무늬근으로 인체에서 가장 운동량이 많고 탄력이 있는 근육이다.

　㉡ **골격근**

　　• 주로 몸통과 사지에 존재하고 골격에 부착되어 있어 전신의 관절운동에 관여한다.

　　• 가로무늬근으로 의지대로 움직일 수 있는 수의근으로 자세유지와 운동을 가능하게 한다.

　㉢ **평활근**

　　• 여러 장기의 내장이나 혈관벽을 구성하여 내장근이라고도 한다.

- 소화관의 내용물을 연동운동으로 내보내는 역할을 한다.
- 일정한 무늬가 없는 민무늬근으로 자율신경의 지배를 받는 불수의근이다.

(4) 신경조직(Nervous Tissue)

① 구성

뉴런이라는 신경세포와 이를 지탱하는 신경교세포로 구성된다.

② 작용

체내의 정보전달 기능을 수행한다.

③ 종류

㉠ **뉴런(Neruon)** : 신경조직의 최소단위로 다른 세포에 전기적 신호를 전달한다.
- 세포체 : 세포질의 대부분을 포함하고 있으며 수상돌기로부터 받은 정보를 수용하고 종합한다.
- 수상돌기 : 다른 뉴런에서 받은 정보를 세포체에 전달한다.
- 신경돌기(축색돌기) : 신경세포에서 뻗어 나온 긴 돌기로 다음 신경 단위나 효과기로 접합하여 신경세포의 흥분을 전달한다.

㉡ **시냅스** : 신경세포의 신경돌기 말단이 다른 신경세포에 접합하는 부위이며, 한 신경세포에 있는 충격이 다음 신경세포에 전달된다.

㉢ **신경교세포** : 신경세포에 필요한 정보를 공급하고 노폐물 제거, 신경세포의 지지, 영양공급의 기능을 한다.

골격계통

Section 01 골격계의 개요(형태 및 발생)

(1) 골의 기능 및 특징

① 골격계(Skeletal System)의 기능

㉠ **지지기능** : 신체의 지지역할을 하며 신체의 외형을 결정한다.

㉡ **보호기능** : 체강의 기초를 만들고 장기를 보호한다.

㉢ **조혈작용** : 골 내부의 적색골수는 조혈기관으로 적혈구, 혈소판 및 백혈구를 생산한다.

㉣ **운동기능** : 부착되어 있는 근육이 수축되면서 지렛대 역할을 하여 운동을 일으킨다.

㉤ **저장기능** : 뼈의 세포간질에서 칼슘과 인을 저장한다.

② 골의 특징

㉠ 인체는 약 206개의 골 및 이와 관련된 연골로 구성되어 있다.

㉡ 두 개 이상의 뼈는 인대 등의 결합조직에 의해 기능적으로 연결되어 있다.

㉢ 골은 인체의 조직 중 수분함량이 가장 적은 곳이다.

㉣ 무기질(칼슘, 인) 45%, 유기질(콜라겐) 35%, 물 20%로 구성되어 있다.

(2) 골의 구성

① 골막(Periosteum)

㉠ 골외막

• 관절면을 제외한 뼈의 외면을 덮는 막이며 결합조직으로 구성되어 있다.

• 뼈를 보호하고 신경과 혈관이 통과하고 있어 신진대사와 성장이 이루어진다.

• 근육이나 힘줄이 붙는 자리를 제공하여 골절시 회복, 재생기능을 한다.

㉡ 골내막

• 골수강을 덮는 막이다.

• 뼈의 형성 및 조혈에 관여한다.

② 골조직

㉠ 골막 바로 아래쪽의 조직이다.

㉡ 뼈의 단단한 부분을 이루는 실질조직이다.

ⓒ **치밀골**
- 골세포(Bone Cell)와 기질(Bone Matrix)로 구성되어 있다.
- 골원인 하버스계는 단단한 골세포로 구성되어 있고, 신경과 혈관이 세로로 지나간다.

③ 해면골

해면질로 된 심층부의 뼈로서 골 외부의 압력에 잘 견디는 다공성 구조이다.

④ 골수강

ㄱ 가장 안쪽에 위치하며 골수가 가득차 있다.
ㄴ 골수는 조혈기관으로서 적혈구와 백혈구를 생산한다. 적골수와 황골수로 나뉘며 적골수는
  조혈작용을, 황골수는 조혈작용이 거의 없는 지방 저장소이다.
ㄷ 칼슘과 인산염을 저장한다.

(3) 골의 형태에 따른 분류

① 장골

ㄱ 관모양의 뼈이며 골단(뼈끝)과 골간(뼈의 몸통)으로 구분된다.
ㄴ 대퇴골, 상완골, 요골, 척골, 경골 등이 있다.

② 단골

ㄱ 넓이와 길이가 비슷한 짧은 뼈이며 골단과 골간의 구별이 없다.
ㄴ 수근골, 족근골 등이 속한다.

③ 편평골

ㄱ 납작한 모양의 뼈로 치밀하며 얇다.
ㄴ 두개골, 견갑골, 늑골, 흉골 등이 있다.

④ 불규칙골

ㄱ 모양이 불규칙하다.
ㄴ 척추뼈, 두개골에 있는 접형골, 이소골 등이 있다.

⑤ 함기골

ㄱ 골체 내에 공기가 차 있어 크기에 비해 가볍다.
ㄴ 상악골, 전두골, 측두골 등이 있다.

⑥ 종자골

   ㉠ 건 속에 있는 작은 골로서 건의 마찰을 막기 위한 것이다.

   ㉡ 슬개골을 예로 들 수 있다.

(4) 골의 발생 및 성장

① 막내골화

   ㉠ 두개골과 편평골의 골화방식을 말한다.

   ㉡ 얇은 섬유성 결합조직으로부터 골이 생성되는 것을 말한다.

② 연골내골화

   ㉠ 대부분 뼈의 형성과정이다.

   ㉡ 연골의 형태로 뼈의 원형이 만들어지고, 그 일부에서 골화가 되는 것을 말한다.

Section 02 전신뼈대

(1) 인체골격

체간골격			체지골격		
두개골	뇌두개골	8개	상지대	쇄골	2개
	안면골	14개		견갑골	2개
이소골		6개	자유상지골	상완골	2개
설골		1개		척골	2개
척추골		26개		요골	2개
흉골		1개		수근골	16개
				중수골	10개
				수지골	28개
			하지대	관골	2개
늑골		24개	자유하지골	대퇴골	2개
				비골	2개
				경골	2개
				슬개골	2개
				족근골	14개
				중족골	10개
				족지골	28개
합 계		80개	합 계		126개
			골격 총수		206개

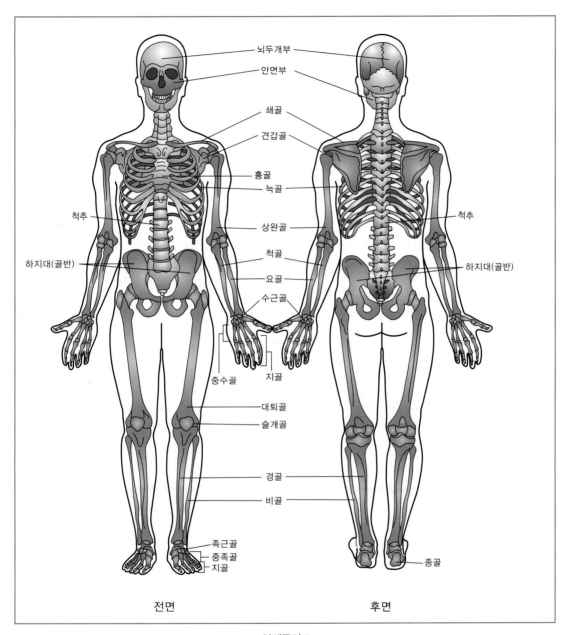

전면

후면

인체골격도

(2) 관절(Articulation)

① 정의

뼈와 뼈가 연결되는 부위를 말한다.

② 종류

㉠ 섬유관절

- 뼈와 뼈 사이를 섬유성 결합조직이 연결한다.
- 잘 움직이지 않는다.
- 두개골에서 볼 수 있다.
- 봉합, 인대결합, 정식의 세 종류가 있다.
  - 봉합 : 두개골 사이에서만 존재하는 관절이다.
  - 인대결합 : 강한 섬유성 결합조직이 두 뼈 사이를 연결하는 관절이다.
  - 정식 : 연골성 섬유가 치아를 턱에 고정시키는 것을 말한다.

㉡ 연골관절

- 연골조직에 뼈가 연결되며, 약간 움직인다.
- 척추형에서 볼 수 있다.
- 연골결합과 섬유연골결합이 있다.
  - 연골결합 : 초자연골이 골화된 것으로 운동성이 없다. **예** 흉골과 늑골의 결합
  - 섬유연골결합 : 섬유연골로 골화된 것을 말한다. **예** 추간원판

㉢ 윤활관절

- 윤활액이 있어 잘 움직인다.
- 팔다리형에서 볼 수 있다.
- 평면관절, 경첩관절, 차축관절, 안장관절, 절구관절 등이 있다.
  - 평면관절 : 관절낭과 인대로 쌓여 있어 운동성이 제한된다.
    예 손목뼈, 발목뼈, 목뼈 사이의 관절
  - 경첩관절 : 굽히고 펴는 두 가지 운동만 할 수 있다.
    예 손가락뼈 사이 관절, 상완골과 척골의 관절
  - 차축관절 : 차바퀴가 도는 방식으로 한쪽방향으로만 회전한다.
    예 요골과 척골의 관절

– 안장관절 : 관절면이 안장모양을 하며 서로 직각으로 움직인다.
  예 중수골관절
– 구상관절 : 공모양과 절구모양의 관절이 연결되어 인체에서 운동이 가장 자유로운 관절이다. 예 견관절, 고관절

(3) 연골

① 특징
㉠ 골격계통의 한 부분으로 결합조직에 속한다.
㉡ 연골세포와 섬유들로 구성되어 있다.
㉢ 연골세포는 단단하고 부드러우며 유연한 단백질로 완충역할을 한다.
㉣ 탄력성이 있어 골과 골 사이의 충격을 흡수한다.

② 종류
㉠ **초자연골(유리연골)**
• 맑고 투명한 연골로 인체에 가장 많이 분포한다.
• 늑연골, 후두연골, 관절연골 등이 있다.
㉡ **섬유연골**
• 교원섬유를 함유하여 힘이 있고 질기다.
• 단독으로 존재하지 못한다.
• 척추 사이에서 볼 수 있다.
㉢ **탄력연골**
• 탄력섬유를 다량 함유하여 탄력이 강하다.
• 귓바퀴, 이관, 후두덮개 등에서 볼 수 있다.

근육계통

근육의 형태 및 기능

(1) 근육(Muscle System)의 구조

① 인체의 근육계는 대략 650여 개의 근육들로 이루어져 있으며 체중의 약 40~45%를 차지한다.

② 근육은 신체의 운동을 담당하는 조직으로 혈관, 신경, 근막, 힘줄 등을 포함하여 구성되어 있다.

③ 원활한 운동을 위해서는 뼈, 관절과의 협동이 필요하다.

(2) 근육의 기능

① 신체 운동 담당

골격근섬유의 수축과 이완에 의해 신체의 운동이 발생한다.

② 체열생산

근육의 운동으로 미토콘드리아의 에너지 소비가 이루어지며 체열을 발생한다.

③ 자세 유지

④ 혈관수축에 의한 혈액순환촉진

⑤ 소화관운동

음식물 이동

⑥ 배뇨, 배변 활동

(3) 근수축의 생리

① 근수축의 원리

㉠ 전기적 신호로 인해 말단 부위에서 아세틸콜린이 방출된다.

㉡ 세포막에서의 전기적 흥분을 유도한다.

㉢ 근형질내세망에서 칼슘이 방출된다.

㉣ 칼슘과 트로포닌이 결합하여 근육 수축이 일어난다.

㉤ 칼슘이 다시 근형질내세망으로 돌아가면서 근육이완이 나타난다.

② 근수축의 종류

㉠ **연축** : 단일 근육 자극으로 짧은 기간 일시적인 수축을 일으키는 것이다.

ⓒ **강축** : 반복된 자극으로 연축이 합쳐져서 나타나는 지속적인 큰 수축이다.

ⓒ **긴장** : 약한 자극이 지속적으로 근육에 나타나는 약한 수축이다.

ⓔ **강직** : 활동전압이 일어나지 않고 근육이 딱딱하게 굳은 상태이다.

Section 02 근육의 분류

(1) 골격근(Skeletal Muscle)

① 골격에 붙어 있으며 가로무늬가 뚜렷하다.

② 운동에 관여하며 수축한다.

③ 자세유지 및 체열생산기능이 있다.

④ 의지에 지배를 받는 수의근이다.

(2) 평활근(Smooth Muscle)

① 핵이 가운데 있고 민무늬근으로 가로무늬가 없다.

② 내장기관 및 혈관벽을 형성하는 근육이다.

③ 얇고 편평한 구조로 소화관 벽에는 여러 겹의 평활근이 중첩되어 있다.

④ 자율신경의 지배를 받는 불수의근이다.

(3) 심장근(Cardiac Muscle)

① 심장벽을 형성하는 근육으로 인체에서 가장 운동량이 많다.

② 심근을 수축시켜 혈액을 전신으로 내보내는 역할을 한다.

③ 자율신경의 지배를 받는 불수의근이다.

Section 03 전신근육

(1) 안면근육

① 희노애락 등 안면의 표정에 관여하며 얇은 피근이다.

근육계통

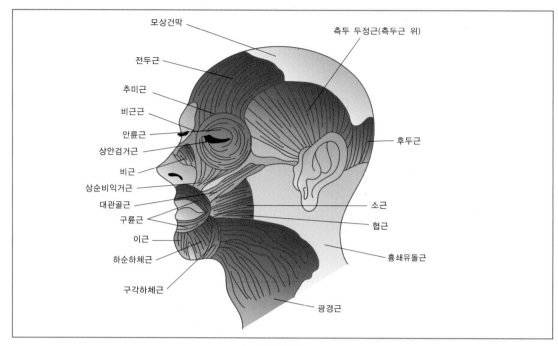

안면근육

② 안면근육의 종류

　　㉠ **전두근** : 이마에 주름을 형성, 눈썹을 위로 올리는 작용을 한다.

　　㉡ **모상건막** : 두피를 움직이게 하는 근육이다.

　　㉢ **안륜근** : 눈을 감고 뜨는 작용을 한다.

　　㉣ **추미근** : 미간에 주름을 형성하는 작용을 한다.

　　㉤ **상순비익거근** : 윗입술을 올리는 작용을 한다.

　　㉥ **구륜근** : 입을 열고 닫는 작용을 한다.

　　㉦ **협근** : 볼의 근육으로 입 안의 압력을 유지하는 작용을 한다.

　　㉧ **소근** : 입꼬리를 당겨 보조개를 형성한다.

　　㉨ **대관골근** : 입가를 당겨 미소짓는 작용을 한다.

　　㉩ **소관골근** : 윗입술을 당겨 부정적인 표정을 만드는 작용을 한다.

　　㉪ **구각하체근** : 입꼬리를 아래로 당기는 작용을 한다.

　　㉫ **하순하체근** : 아랫입술을 아래로 당기는 작용을 한다.

　　㉬ **이근** : 승장에 위치하여 턱의 주름이 생기게 한다.

　　㉭ **교근** : 씹는 작용을 한다.

(2) 목근육

① 광경근
목의 전면에 넓게 펴져 있으며 목의 가장 바깥근으로 주름을 만든다.
② 흉쇄유돌근
한쪽이 작용할 때는 고개를 반대로 회전하고 양쪽이 작용할 때는 고개를 밑으로 내린다.
③ 설골근
음식을 삼키거나 입을 열 때 작용한다.

(3) 등근육

① 천배근군 : 얇은 층의 근육으로 상지운동에 관여
- ㉠ **승모근** : 견갑골을 올리고 내외측 회전에 관여
- ㉡ **광배근** : 상완의 신전, 내전, 내측 회전에 관여
- ㉢ **능형근** : 견갑골의 내전과 외전에 관여
- ㉣ **견갑거근** : 견갑골의 거상에 관여
② 심배근군 : 깊은 등근육
- ㉠ **척추기립근** : 상체지지근육으로 장늑근, 극근, 최장근이 있음
- ㉡ **두판상근** : 척추와 두개골, 골반을 연결
- ㉢ **상후거근** : 갈비뼈를 들어 올리거나 공기를 흡입할 때 사용
- ㉣ **하후거근** : 숨을 내쉴 때 작용

(4) 흉부근육

① 호흡근
- ㉠ **횡경막** : 복식호흡을 주관
- ㉡ **내늑간근** : 흉강을 좁히는 작용
- ㉢ **외늑간근** : 흉강의 팽창에 작용
- ㉣ **늑하근** : 인접늑골을 당겨 늑간극을 좁힘
② 흉근
- ㉠ **대흉근** : 흉골과 늑골을 위로 당김
- ㉡ **소흉근** : 견갑골을 전하방으로 당김
- ㉢ **전거근** : 견갑골의 외전
- ㉣ **쇄골하근** : 쇄골을 전하방으로 당김

(5) 복부근

① 전복부근

ㄱ **외복사근** : 척추의 회전과 굴곡, 복부 내장 압박

ㄴ **내복사근** : 몸통의 굴곡 및 복압 상승시 작용

ㄷ **복횡근** : 복부 내장을 압박, 늑골을 밑으로 당김

ㄹ **복직근** : 한쪽만 작용시 척주 외측굴곡, 양쪽이 동시에 작용시 척주굴곡

② 후복부근

요방형근 : 백선의 긴장과 요추의 굴곡에 관여하며, 복강의 후벽이 되는 근육이다.

(6) 상지근육

① 어깨근육

ㄱ **삼각근** : 상완의 굴곡, 신전, 외전 및 내외측 회전

ㄴ **견갑하근** : 상완의 내측 회전

ㄷ **극상근** : 상완의 외전

ㄹ **극하근** : 상완의 외측 회전

ㅁ **소원근** : 상완의 내전과 외측 회전

ㅂ **대원근** : 상완의 내전과 내측 회전

② 상완근

ㄱ **상완이두근** : 전완의 굴곡, 회외 전완 고정시 상완의 굴곡

ㄴ **상완삼두근** : 전완의 신전

ㄷ **상완근** : 전완의 굴곡

ㄹ **상완요골근** : 전완의 굴곡

(7) 하지근

① 둔부근

ㄱ **대둔근** : 대퇴의 신전과 외측 회전

ㄴ **중둔근** : 대퇴의 외전, 하지신전시 외측 회전

ㄷ **소둔근** : 골반이 반대쪽으로 기울어지는 것을 예방

ㄹ **장요근** : 대퇴의 굴곡

② 전대퇴근

    ㉠ **봉공근** : 대퇴와 하퇴의 굴곡, 대퇴의 외측 회전

    ㉡ **대퇴직근** : 대퇴의 굴곡, 대퇴의 외측 회전

    ㉢ **내측광근** : 하퇴의 신전

    ㉣ **중측광근** : 하퇴의 신전

    ㉤ **외측광근** : 하퇴의 신전

③ 후대퇴근(슬와근)

    ㉠ **대퇴이두근** : 대퇴의 신전, 하퇴의 굴곡, 슬관절 반굴곡시 하퇴의 외측 회전

    ㉡ **반건양근** : 대퇴의 신전, 하퇴의 굴곡, 슬관절 반굴곡시 하퇴의 내측 회전

    ㉢ **반막양근** : 대퇴의 신전, 하퇴의 굴곡, 슬관절 반굴곡시 하퇴의 내측 회전

④ 하퇴의 근육

    ㉠ **전경골근** : 앞정강근

    ㉡ **장비골근** : 종아리근

    ㉢ **비복근** : 장딴지근

    ㉣ **넙치근** : 발꿈치를 올리고 발을 발바닥 쪽으로 굽힘

근육계통

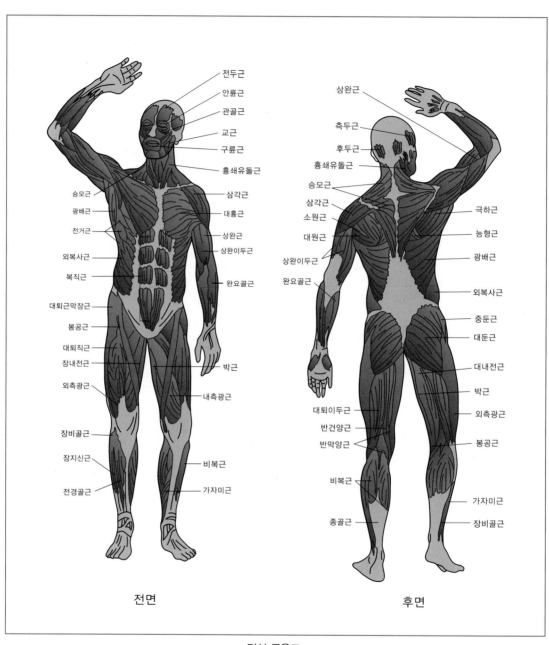

전신 근육도

신경계통

(1) 신경계(Nervous System)의 구성

① 뉴런(Neuron, 신경원)

ㄱ 신경계를 구성하는 최소단위이다.

ㄴ 세포체 : 핵이 존재하며 생명의 근원이다.

ㄷ 수상돌기 : 구심성 돌기로 외부자극을 받아 세포체에 정보를 전달한다.

ㄹ 축삭돌기 : 세포체로부터 받은 정보를 말초에 전달하는 기능을 한다.

② 신경교세포(Neuroglia)

ㄱ 뉴런을 지지하고 보호하는 작용을 한다.

ㄴ 세포 외액의 칼륨 완충, 뇌혈관 장벽을 형성하는 작용을 한다.

ㄷ 뉴런의 노폐물을 처리하는 역할을 한다.

ㄹ 신경교세포 : 중추신경계에는 상의세포, 성상교세포, 회돌기세포 및 소교 세포가 있고 말초
신경계에는 슈반세포와 위성세포가 있다.

• 상의세포 : 뇌실과 척수의 내면을 덮고 있는 단층원주상피이다. 뇌척수액의 분비에 관여
한다.

• 성상교세포 : 신경세포와 혈관 사이에 있는 긴 방사상의 돌기를 가진 별 모양의 세포이다.
뇌와 척수에서 신경섬유들 사이에 있으면서 서로 연결해주고, 신경세포와 혈관 사이에 가
로 놓여 있으면서 대사물질을 운반하고 신경세포의 신진대사에 관여한다.

• 소교세포 : 세포체가 작고 핵은 장원형이며 돌기가 있다. 식작용을 하며 물질의 운반, 파
괴, 제거 및 병적대사 물질의 청소역할을 담당하고 있다.

• 슈반세포 : 말초신경계에서 신경섬유의 수초를 형성하고 유지하며 절연작용이 있다.

• 위성세포 : 말초신경에서 신경세포체의 주위를 둘러싸서 보호하는 작고 편평한 세포이다.

(2) 신경계의 기능

① 감각기능 : 변화에 대한 감각이나 지각을 한다.

② 운동기능 : 조직이나 세포가 맡은 역할을 할 수 있도록 촉발시키는 작용을 한다.

③ 조정기능 : 중추신경계를 통해 통합하고 조절하는 기능을 한다.

Section 02 중추신경(Central Nervous System ; CNS)

(1) 특징

① 뇌와 척수로 이루어진다.

② 뇌는 두개강에, 척수는 척추관에 들어 있다.

③ 신경계의 통합과 조절중추의 역할을 한다.

④ 뇌는 대뇌, 간뇌, 중뇌, 소뇌 및 연수의 5부분으로 구분된다.

(2) 뇌의 구분

① 대뇌

　㉠ 뇌의 80%를 차지하는 가장 큰 부분이며, 좌우 2개의 반구로 갈라져 있다.

　㉡ 대뇌반구는 전두엽, 두정엽, 후두엽, 측두엽으로 구성되어 있다.

　㉢ 대뇌반구의 표면으로부터 3mm 깊이까지를 대뇌피질이라 하고, 그 내부는 대뇌수질이 자리 잡고 있으며, 그 심부에는 기저핵이 있다.

　㉣ 운동중추가 있어 신체의 운동을 주관한다.

　㉤ 감각과 수의운동의 중추이다.

　㉥ 학습, 기억, 판단 등의 정신활동에 관여한다.

② 간뇌

　㉠ 대뇌와 중뇌 사이에 위치하며, 시상과 시상하부로 나뉜다.

　㉡ 시상

　　• 감각연결의 중추이다.

　　• 후각을 제외한 모든 감각 충동이 대뇌 피질의 감각영역으로 올라갈 때 중계소 역할을 한다.

　㉢ 시상하부

　　• 자율신경계의 최고 중추로 체온, 수분대사 및 신체 항상성을 조절해 준다.

　　• 생리조절중추(체온조절중추, 섭취조절중추, 음수조절중추, 감정조절중추, 소화조절중추, 성행동조절중추, 순환기조절중추)

③ 중뇌

　㉠ 시각과 청각의 반사중추이다.

　㉡ 안구의 운동과 명암에 따른 홍채의 수축을 조절한다.

④ 연수

ㄱ 위로는 교뇌와 이어지고 아래로는 척수와 이어지는 신경조직이다.

ㄴ 호흡운동, 심장박동, 소화기의 활동 등을 조절하는 중추이다.

ㄷ 재채기, 침 분비, 구토 등의 반사중추이다(생명중추).

⑤ 소뇌

ㄱ 후두부에 위치한다.

ㄴ 말초의 수용체로부터 흥분을 전달받는다.

ㄷ 자세를 바로잡는 운동중추이며, 수의근 조정에 관계한다.

⑥ 척수(Spinal Cord)

ㄱ 뇌와 말초신경 사이의 흥분전달 통로이다.

ㄴ 배뇨, 배변, 땀 분비 및 무릎반사와 같은 각종 반사중추로 작용한다.

ㄷ 회백질은 신경세포 집단이며, 전근(운동성 신경), 후근(감각성 신경)으로 나뉜다.

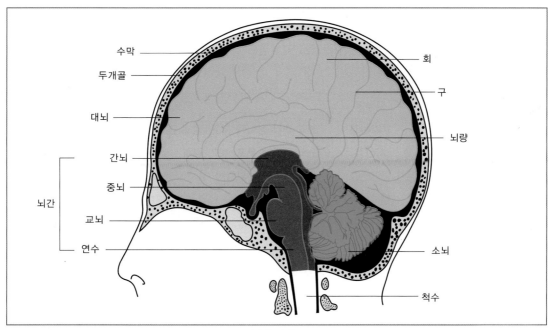

뇌의 단면도

Section 03 말초신경(Peripheral Nervous System ; PNS)

(1) 특징

① 중추신경계와 몸의 말단부를 연결하는 신경계이다.

② 감각기에 발생한 신경흥분을 중추신경계에 전달하며, 중추신경계의 흥분을 근, 선에 전달한다.

③ 출발하는 부위에 따라 뇌와 연접된 12쌍의 뇌신경과 척수와 연접된 31쌍의 척수신경으로 구성되어 있다.

④ 기능에 따라 체성신경계와 자율신경계로 구분한다.

(2) 말초신경계의 구분

① 체성신경계(Somatic Nervous System)

ⓐ 특징

• 우리가 의식할 수 있는 자극과 반응에 관계하는 말초신경이다.

• 뇌신경과 척수신경을 합하여 체성신경이라 한다.

ⓑ 뇌신경(Cranial Nerves) : 뇌로부터 시작되는 말초신경으로, 주로 머리와 얼굴에 분포하며 운동과 감각을 관장한다.

중추부	신경명	분포와 기능
대뇌	후각신경	코의 후각 상피에 분포, 냄새 감각
간뇌	시신경	눈의 망막에 분포, 보기 감각
중뇌	동안신경	눈의 동안근과 모양체, 홍채에 분포, 동안근의 수축
연수	활차신경	눈의 동안근에 분포, 동안근의 감각
	삼차신경	얼굴의 피부, 턱, 혀에 분포, 턱과 혀 등의 감각과 운동
	외선신경	동안근에 분포, 동안근의 감각
	안면신경	얼굴의 피부에 분포, 얼굴의 근육 운동, 표정 등 조절
	청신경	내이에 분포, 청각과 평형 감각
	설인신경	목, 혀, 목구멍에 분포, 미각
	미주신경	심장, 위 등의 내장에 분포, 부교감신경이 함께 들어 있으며 내장의 운동조절
	부신경	인두, 어깨의 근육에 분포, 목의 근육운동
	설하신경	혀, 혀의 근육에 분포, 혀의 운동

ⓒ **척수신경**(Spiral Nerve)
- 척수에서 추관공을 통해 나가는 말초신경으로 총 31쌍이다.
- 경신경(8쌍), 흉신경(12쌍), 요신경(5쌍), 천골신경(5쌍), 미골신경(1쌍)으로 구성되어 있다.

② **자율신경계**(Autonomic Nervous System)
ⓐ 대뇌의 영향을 거의 받지 않으므로 자신의 의지와는 관계없이 자율적으로 기관의 작용을 조절하는 불수의근이다.
ⓑ 내장, 혈관, 선 등의 불수의성 장기에 분포하고, 호흡, 소화, 흡수, 분비, 생식 등 생명유지에 필요한 활동을 무의식적 · 반사적으로 조절한다.
ⓒ **교감신경**(Sympathetic Nerve)
- 활동신경
- 교감신경은 신체의 비상시나 긴장상태, 공포 및 분노상태에서 동원되므로 투쟁부라고도 부른다.
- 신체활동이 활발한 낮에 주로 작용한다.
ⓓ **부교감신경**(Parasympathetic Nerve)
- 휴식신경
- 휴식부 및 완화부라고도 한다.
- 신체활동이 휴식하는 밤에 주로 작용한다.

구 분	교감신경	부교감신경
동공	확대	감소
침샘	소량	대량
심박수	증가	감소
박출량	증가	감소
혈관	수축	확장
위 운동	억제	증가
위액 분비	억제	증가
기모근	수축	-
방광	배뇨 억제	-
땀샘	분비 촉진	-

순환계통

Section 01 순환계의 개요

(1) 순환계(Circulatory System)의 역할과 분류

① 순환기계의 역할

㉠ 체내에서 혈액이나 림프액을 만들고, 그것을 순환시켜 호르몬과 항체, 영양분, 물, 이온 등을 수송한다.

㉡ 대사결과 생긴 노폐물을 제거하며 산소 및 이산화탄소를 교환하는 기능을 한다.

② 순환계의 분류

㉠ **혈액순환계** : 심장, 혈관, 혈액

㉡ **림프순환계 혈관** : 림프, 림프관, 림프절

Section 02 심장과 혈관

(1) 심장

① 심장의 구조

㉠ **특징**

• 심장은 양쪽 폐 사이의 흉강 내에 자리잡고 있으며, 자신의 주먹보다 약간 큰 불수의근으로 된 근육 주머니이다.

• 심막으로 2겹의 막으로 싸여 있다.

• 심장벽은 3층의 벽으로 심내막, 심근, 심외막으로 구성되어 있다.

㉡ **심장의 내부구조**

• 우심방 : 심장의 오른편 위편에 위치하여, 폐를 제외한 온몸의 정맥혈을 받는 곳이다.

• 우심실 : 심장의 오른편 전하부에 위치하여, 우심방에서 온 혈액을 폐로 보낸다.

• 좌심방 : 심장의 왼편 후부에 위치하여, 폐에서 가스교환 된 동맥혈이 4개의 폐정맥을 따라 좌심방으로 들어온다.

• 좌심실 : 심장의 왼쪽 전부에 위치하여, 좌심방에서 들어온 혈액을 대동맥을 통해 전신으로 내보낸다.

• 판막 : 혈액의 역류를 방지하고 혈액이 일정한 방향으로 흐르게 하는 역할을 한다.

- 삼첨판 : 우심방과 우심실 사이에 존재, 혈액이 우심실에서 우심방으로 이동하는 것을 막는다.
- 이첨판 : 좌심방과 좌심실 사이에 존재, 혈액이 좌심실에서 좌심방으로 역류하는 것을 막는다.
- 폐동맥판 : 폐동맥 간에 존재, 혈액이 폐동맥 간에서 우심실로 혈액이 이동하는 것을 막는다.
- 대동맥판 : 대동맥 입구, 대동맥에서 좌심실로 혈액이 이동하는 것을 막는다.

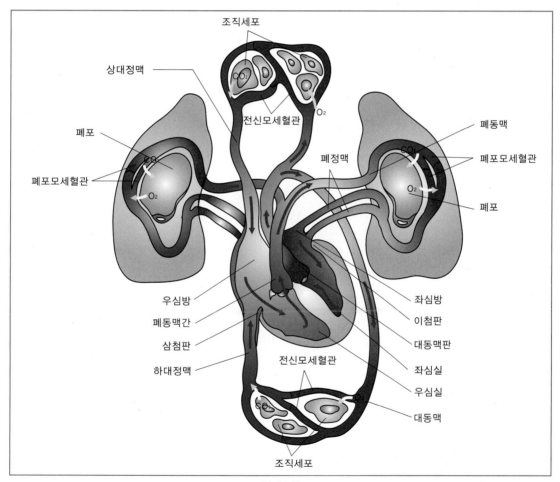

혈액순환

② 혈액순환의 종류
  ㉠ 체순환(Systemic Circulation)
    • 대순환이라고도 한다.
    • 혈액이 심장에서 나가 전신을 통해 다시 심장으로 들어오는 혈액순환을 말한다.
    • 좌심실에서 나온 동맥혈이 모세혈관을 지나며 세포의 물질대사에 필요한 산소와 영양분을 공급하고 이산화탄소와 노폐물을 받아 정맥혈이 되어 우심방으로 돌아오는 구조이다.
    • 체순환 순서 : 좌심실 → 대동맥 → 소동맥 → 조직(모세혈관) → 소정맥 → 대정맥 → 우심방
  ㉡ 폐순환(Pulmonary Circulation)
    • 소순환이라고 한다.
    • 혈액이 심장에서 폐로, 다시 폐에서 심장으로 돌아오는 순환이다.
    • 폐에서 이산화탄소를 산소로 바꾸는 가스교환이 일어난다.
    • 폐순환 순서 : 우심실 → 폐동맥 → 폐 → 폐정맥 → 좌심방

(2) 혈관(Blood Vesseles)

① 동맥(Artery)
  ㉠ 심장에서 온몸으로 나가는 혈관이다.
  ㉡ 내막, 중막, 외막의 3층 구조로 되어 있고 높은 압력에도 견딜 수 있다.(정맥보다 두껍다)
  ㉢ 산소와 영양분이 풍부한 혈액을 운반한다.
  ㉣ 대동맥과 폐동맥으로 나뉜다.
  ㉤ 관상동맥이 분포하여 심장에 직접 영양공급을 담당한다.

② 정맥(Vein)
  ㉠ 몸의 각 부분에서 심장으로 들어오는 혈관이다.
  ㉡ 동맥보다 얇고 탄성이 적다.
  ㉢ 이산화탄소와 노폐물을 많이 함유한다.(역류방지를 위한 판막 존재)

③ 모세혈관(Capillary)
  ㉠ 동맥과 정맥을 연결하는 혈관으로 온몸에 그물모양으로 퍼져 있다.
  ㉡ 단층의 내피세포로만 구성되어 있어 매우 얇다.
  ㉢ 혈액과 조직액 사이에서 영양분, 가스, 노폐물들이 교환되는 막의 기능을 한다(물질의 확산, 삼투, 여과작용).

(3) 혈액

① 혈액의 기능

㉠ 물질의 운반

- 산소와 이산화탄소의 운반작용을 한다.
- 영양분과 노폐물의 운반작용을 한다.
- 호르몬의 운반작용을 한다.

㉡ 몸의 보호

- 각종 면역물질을 함유하여 신체를 보호한다.
- 외부에서 들어오는 세균으로부터 식균작용을 통해 방어한다.
- 림프구에서 항체를 만든다.

㉢ 항상성 유지

- 조직액과의 수분교환을 통해 조직세포들이 일정한 수분을 유지하도록 한다.
- 체액의 pH를 조절한다.
- 체온을 조절한다.

㉣ 혈액응고기능

피브리노겐의 혈액응고작용으로 혈관파괴에 의한 혈액의 유출을 막는다.

② 혈액의 구성

㉠ 적혈구(Erythrocyte)

- 골수에서 생산되고 간, 비장에서 파괴된다.
- 수명이 120일이며, 혈액 $1mm^3$당 남자는 약 500만개, 여자는 450만개 가량 들어 있다.
- 무핵이며 세포분열이 일어나지 않는다.
- 붉은색의 혈색소를 가지고 있어 혈액이 붉게 보인다.

㉡ 백혈구(Leukocyte)

- 특징 : 혈액 $1mm^3$당 6000~8000개 정도이며 핵이 있다.
- 백혈구의 종류
  - 과립백혈구 : 산호성, 염기호성, 중성호가성
  - 무과립백혈구 : 단핵구, 림프구
- 기능 : 백혈구는 혈관벽을 나와 세균 등을 혈관으로 끌어들여 무력화시키는 식균작용을 하고 세균을 소화시켜 신체를 방어한다.

ⓒ 혈소판(Blood Platelet)

- 무핵, 무색이며 거핵세포의 파편으로 직경 2~4㎛ 정도의 매우 작은 원판모양의 혈구이다.
- 세로토닌(Serotonin), 칼슘이온, 칼륨이온, 트롬보플라스틴(Thromboplastin) 등을 가지고 있다.
- 지혈 및 응고작용에 관여한다.

ⓔ 혈장(Plasma)

- 혈액의 약 55%에 달하는 액체성분으로 90%가 수분이며 10%는 혈장단백질, 영양물질, 대사물질, 호흡가스, 호르몬, 효소 및 금속이온 등으로 구성되어 있다.
- 혈장단백질은 알부민(Albumin), 글로블린(Globulin), 섬유소원(Fibrinogen) 등으로 구성되어 있다.
- 삼투압 및 체온유지, 항체, 혈액응고 기전에 중요한 역할을 한다.

Section 03 림프계(Lymphatic System)

(1) 림프계(Lymphatic System)

① 림프계의 구성

림프, 림프관, 림프절 등 림프기관과 흉선, 비장, 편도선 등 림프부속기관으로 구성되어 있다.

② 림프계의 특징

림프계는 체액의 순환을 담당하는 기관으로 말단에서 심장으로 가는 일방적인 구조이다.

③ 림프의 흐름

모세림프관 → 림프관 → 림프절 → 림프본관 → 집합관 → 쇄골하정맥

④ 림프의 기능

ㄱ 혈액으로부터 유출된 액체를 되돌리는 기능을 한다.

ㄴ 림프절을 비롯한 림프기관들의 림프구 생산에 의한 신체방어 작용에 관여한다.

ㄷ 장에서 흡수한 지방성분들의 운반통로이다.

⑤ 림프액(Lymph)

ㄱ 림프관을 흐르는 체액이다.

ㄴ 혈장성분과 비슷하며, 맑고 투명한 우유빛 액체이고 백혈구가 많다.

(2) 림프관(Lymphatic Duct)

① 모세림프관

　㉠ 단층의 내피세포들이 느슨하게 연결되어 간극을 형성한다.

　㉡ 단백질과 같은 분자량이 큰 물질의 흡수도 용이하다.

② 림프관

　㉠ 모세림프관들이 모여서 형성된다.

　㉡ 판막이 발달해 있으며 곳곳에 림프절이 존재하여 독성물질을 파괴한다.

③ 우림프관

두부의 우측 부위, 우측 경부 및 우측 팔에서 생성된 림프가 우림프관으로 모아지고 정맥으로 회수된다.

④ 흉관

우림프관을 제외한 나머지 부분의 림프들은 흉관으로 모아져서 정맥으로 유입된다.

(3) 림프절(Lymph Node)

① 특징

　㉠ 인체에 500~1000여 개 분포하며 난원형으로 염주알 모양을 하고 있다.

　㉡ 수입림프관을 통해 림프절로 들어가 수출림프관으로 나온다.

② 기능

　㉠ 여과 및 식균작용을 한다.

　㉡ 림프가 혈류로 들어가기 전 해로운 물질을 걸러낸다.

　㉢ 림프구를 생산한다.

　㉣ 항체를 형성한다.

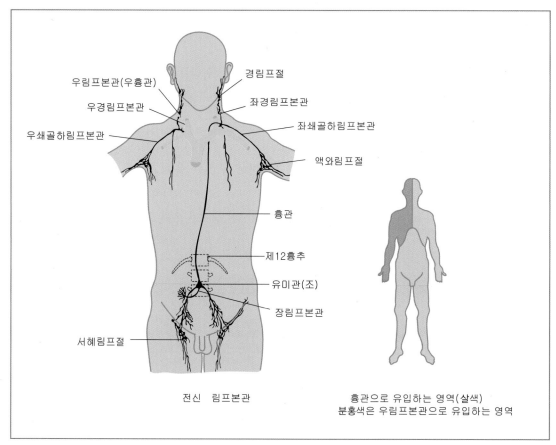

우림프본관(우흉관)

경림프절

우경림프본관

좌경림프본관

우쇄골하림프본관

좌쇄골하림프본관

액와림프절

흉관

제12흉추

유미관(조)

장림프본관

서혜림프절

전신   림프본관

흉관으로 유입하는 영역(살색)
분홍색은 우림프본관으로 유입하는 영역

림프 흐름도

Chapter 06

소화기계통

Section 01 소화기계의 종류

(1) 소화의 정의

① 소화

섭취한 음식물과 그 속에 함유되어 있는 여러 가지 영양소를 흡수하기 쉬운 형태로 변화시키는 작용이다.

② 흡수

분해된 산물을 혈액 내로 이동시키는 과정이다.

③ 소화기계(Digestion System)의 기능

음식물의 섭취(Ingestion), 소화(Digestion), 분해흡수(Absorption), 배설(Elimination)의 전 과정을 수행한다.

(2) 소화기계의 종류

① 소화관

입 → 인두 → 식도 → 위 → 소장 → 대장 → 항문까지 연결된 9m의 빈 관을 말한다.

② 소화부속기관

㉠ 간, 췌장, 침샘 등의 소화샘을 말한다.

㉡ 각각의 도관을 통해 분비물을 공급하여 소화를 돕는다.

Section 02 소화와 흡수

(1) 구강(Oral Cavity)

① 저작(Mastication)

입 안으로 들어온 음식물을 잘게 부수어 침(타액)과 잘 혼합시켜 식도쪽으로 이동하기 좋은 상태로 만드는 것을 말한다.

② 침샘의 분비(타액)

㉠ 자율신경계의 영향을 받아 귀밑샘, 턱밑샘, 혀밑샘에서 분비된다.

㉡ 아밀라아제(Amylase)는 녹말을 포도당과 엿당으로 분해한다.

(2) 인두(Pharynx)

① 위치

구강과 식도 사이에 위치하고 있다.

② 입 안에서 저작된 음식물 덩어리가 인두를 통해 식도를 거쳐 위로 들어가는 연하작용이 일어난다.

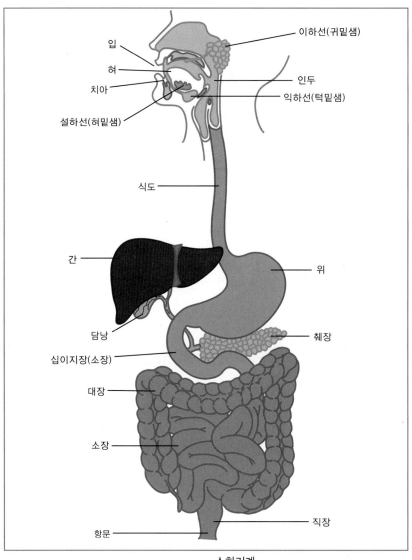

소화기계

(3) 식도(Esophagus)

① 인두에 연속되며 위에 연결되는 약 25cm의 관이다.

② 평활근이 연속적으로 수축하여 음식물을 밀어내리는 연동운동이 일어난다.

(4) 위(Stomach)

① 위의 구조

　㉠ **분문** : 식도와 연결된 위의 입구이며 괄약근 구조로 되어 있다.

　㉡ **위저부** : 염산과 펩신을 분비한다.

　㉢ **유문** : 십이지장과 연결된 위의 출구이다.

　㉣ **위체부**

② 위의 기능

　㉠ **위액분비**

　　• 단백질 분해효소인 펩신과 염산이 분비되어 단백질을 소화시킨다.

　　• pH 0.92~1.58의 강산성으로 살균작용을 한다.

　㉡ **점액분비** : 유문의 분비선에서 점액소(Mucin)를 분비한다.

　㉢ **연동운동** : 식후 2~3시간 후 연동운동을 통하여 반유동상태가 된 음식물의 80%가 소장으로 넘어간다.

　㉣ 알코올과 당분이 선택적으로 흡수된다.

가스트린 (Gastrin)	위에서 위액 분비를 촉진하는 호르몬으로, 음식물이 위속으로 들어오면 위벽에 있는 세포에 작용하여 위액분비를 촉진한다.

(5) 소장(Small Intestine)

① 소장의 구조

　㉠ 길이 7m의 소화관으로 십이지장, 공장, 회장으로 구성된다.

　㉡ 내면에 많은 주름과 융모가 있어서 흡수면적이 매우 넓다.

② 소장의 기능

　㉠ **분해** : 장액, 췌액, 담즙이 분비되어 음식물을 흡수 가능한 작은 입자로 분해한다.

　㉡ **영양분의 흡수** : 융모돌기에서 영양분을 흡수한다.

　㉢ 소장 주변의 림프관인 유미관을 통해 지방을 흡수한다.

　㉣ 분절운동, 연동운동, 진자운동이 이루어진다.

tip	
진자운동	소장이 수축·이완하면 장, 관이 따라서 수축하는 운동을 말하며, 음식물의 혼합과 수송, 두 가지 역할을 한다.

(6) 대장(Large Intestine)

① 대장의 구조

　㉠ **맹장(Caecum)** : 소장의 말단부에서 대장으로 연결되는 부분이다.(뒷쪽에 충수가 달려 있다)

　㉡ **결장(Colon)** : 주행방향에 따라 상행, 하행, 횡행, S상행 결장으로 나뉜다.

　㉢ **직장(Rectum)**

　㉣ **항문(Anal Canal)** : 대장의 마지막 부분으로 괄약근이 자리잡고 있다.

② 대장의 기능

　㉠ **강한 연동운동** : 식후에 내용물을 S상행 결장 및 직장으로 이동시킨다.

　㉡ 음식물의 수분, 전해질, 비타민을 재흡수한다.

　㉢ 반고체 상태인 분변을 만들어 일정시간 저장하였다가 배변시킨다.

　㉣ **대장액의 분비** : 알칼리성 점액이며 주로 대장벽을 보호하는 역할을 하고 소화효소는 거의 없다.

(7) 간(Liver)

① 구조

인체에서 가장 큰 장기로 재생력이 강하다.

② 기능

　㉠ **영양물질의 합성**

　　• 탄수화물 대사에 관여하여 글리코겐의 형태로 에너지를 저장한다.

　　• 지질을 분해하여 에너지를 생성한다.

　　• 단백질을 형성하고 분해한다.

　　• 비타민을 저장한다.

　㉡ **해독작용** : 체내에 들어온 유해물질을 해독한다.

　㉢ **담즙 분비**

　㉣ **혈액응고에 관여**

(8) 담낭(Gall Bladder, 쓸개)

① 간에서 분비된 담즙을 농축, 저장시키는 역할을 한다.

② 담관을 통해 담즙을 소장으로 배출하며 지방분해에 관여한다.

(9) 췌장(Pancreas, 이자)

① 내분비선의 기능

　㉠ 인슐린과 글루카곤을 분비한다.

　㉡ 소화액을 분비하여 소화 영양흡수에 관여한다.

② 외분비선의 기능

　㉠ 단백질을 분해하는 트립신을 분비한다.

　㉡ 탄수화물을 분해하는 아밀라아제를 분비한다.

　㉢ 지방을 분해하는 리파아제를 분비한다.

MEMO

피부미용사
필기
한권으로
합격하기

4 피부 미용기기학

Chapter 01 피부미용기기
Chapter 02 피부미용기기 사용법

Chapter 01 피부미용기기

Section 01 기본용어와 개념

(1) **물질** : 우리를 둘러싸고 있는 지구상의 모든 것

(2) **물질의 구성** : 분자로 이루어져 있다.

　① 분자의 구성 : 원자로 이루어져 있다

　② 원자의 구조 : 원자핵(양성자, 중성자), 전자(음성자)

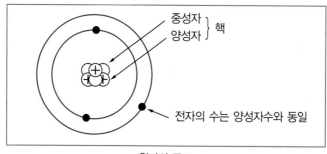

원자의 구조

　　㉠ **양성자** : (+)전하를 갖는다.

　　㉡ **중성자** : 전하를 갖지 않는다.

　　㉢ **음성자** : (−)전하를 갖는다.

 tip

　　원자는 전자들이 갖는 (−)전하의 양과 원자핵이 갖는 (+)전하의 양이 같아 전기적으로 중성이다.

　③ **전자** : 양극과 음극이 서로 끌어당기는 원리에 의해 원자의 핵을 따라 궤도를 그리며 돈다.

　④ **이온** : 원자나 분자가 전자를 잃거나 얻으면 전하를 띠게 되는데, 전하를 띤 입자를 이온이라 한다.

　　㉠ **양이온** : 전자를 잃어버려 양(+)전하를 띠며, 금속 원자의 이름 뒤에 '이온' 을 붙인다.

　　　예 $Na - e- \rightarrow Na+$(나트륨 이온)

　　㉡ **음이온** : 전자를 얻어서 음(−)전하를 띠며, 금속 원자의 이름 뒤에 '이온화' 를 붙인다.

　　　단, 염소와 산소는 '소' 를 '화' 로 바꾼 후 이온을 붙인다. **예** $Cl + e- \rightarrow Cl^-$(염화이온)

(3) 물질의 분류

① 구성에 따른 분류

  ㉠ **원소** : 한 종류의 원자로 구성된 화학적으로 가장 기본이 되는 물질 **예** 산소, 탄소, 수소 등

  ㉡ **화합물** : 두 개 이상의 원소가 화학적으로 결합하여 이루어진 물질

  ㉢ **혼합물** : 두 가지 원소가 물리적으로 결합하여 생성되는 물질

② 온도와 압력에 따른 분류

  ㉠ **고체** : 분자가 서로 들러붙어 있는 상태의 물질

  ㉡ **액체** : 온도에 의해 분자가 서로 붙지 못하고 떨어지는 상태의 물질

  ㉢ **기체** : 온도를 더 올리면 분자들 사이에 서로 당기는 힘을 박차고 액체 밖으로 튀어나오는 상태의 물질

  ㉣ **플라스마** : 기체에 높은 열을 가하면 기체를 이루고 있던 원자나 분자가 전자와 이온으로 분리되는 상태의 물질

Section 02 전기와 전류

(1) 전기

① 전자가 한 원자에서 다른 원자로 이동하는 현상

② 징진기

  ㉠ 정지해 있는 전기

  ㉡ 물질을 비비는 직접 마찰에 의해 발생

③ 동전기

  ㉠ 직류, 교류로 분리

  ㉡ 화학반응이나 자기장에 의해 발생되는 전기

(2) 전류

① **직류** : 시간의 흐름에 따라 변하지 않고 일정하게 한쪽으로 흐르는 전류 **예** 축전지, 건전지

② **교류** : 전류의 방향과 크기가 시간의 흐름에 따라 주기적으로 변하는 전류 **예** 가정용 전원, 엘리베이터

(3) 직류와 교류

직류	교류
• 극성과 크기가 일정 • 변압기에 의한 조절 불가능 • 측정이 쉽고 열작용	• 극성과 크기가 변화 • 변압기에 의한 조절 가능 • 증폭이 쉽고 열작용

(4) 피부미용에 이용되는 전류

① 직류(DC)

갈바닉 전류 : 1mA의 미세 직류

양극	음극
• 산에 반응 • 신경 안정 • 혈액 공급 감소 • 조직 강화 • 수렴 효과 • 진정 효과	• 알칼리에 반응 • 신경 자극 • 혈액 공급 증가 • 조직 연화 • 세정 효과 • 자극 효과

② 교류(AC)

㉠ 감응 전류

- 시간의 흐름에 따라 극성과 크기가 비대칭적으로 변하는 전류
- 얼굴, 바디의 탄력관리 및 체형관리에 사용

저주파 (1~1,000 Hz 이하)	• 근육, 신경 자극 • 피부탄력 • 운동효과 • 지방 축적 방지
중주파 (1,000~10,000 Hz 이하)	• 피부 자극이 거의 없음 • 운동효과 • 세포의 성장과 운동에 효과 • 지방 분해, 부종 완화
고주파 (100,000 Hz 이상)	• 심부열 발생 • 통증 완화 • 살균작용 • 혈액순환, 신진대사 촉진

ⓒ **정현파 전류**
- 시간의 흐름에 따라 방향과 크기가 대칭적으로 변하는 전류
- 피부침투 및 자극은 크나 통증은 적다(신경과민 고객에게 적합).

ⓒ **격동 전류**
- 전류의 세기가 순간적으로 강했다 약했다 하는 전류
- 통증관리, 마사지 효과의 목적으로 사용

감응, 정현파 전류는 15분 이상 사용 금지

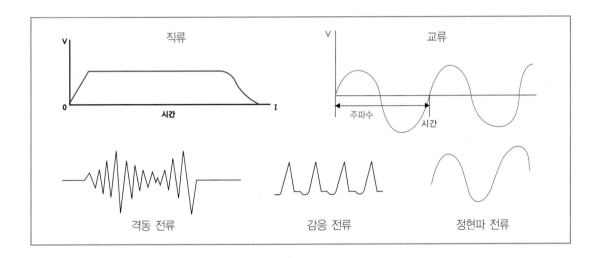

(5) 전기 용어

① **전류**(Electric Current) : 전자의 이동(흐름)

② **암페어**(Ampere) : 전류의 세기(단위 : A, 암페어)

③ **전압**(Volt) : 전류를 흐르게 하는 압력(단위 : V, 볼트)

④ **저항**(Ohm) : 전류의 흐름을 방해하는 성질(기호 : R, 단위 : Ω, 옴)

⑤ **전력**(Watt) : 일정 시간 동안 사용된 전류의 양(단위 : W, 와트)

⑥ **주파수**(Frequency) : 1초 동안 반복하는 진동의 횟수(사이클수)(단위 : Hz, 헤르츠 : hertz)

⑦ **도체**(전도체, Conductor) : 전류가 잘 흐르는 물질
　　예 금속류(구리, 철, 금, 은, 알루미늄 등)

⑧ **부도체**(Non-Conductor) : 전류가 잘 통하지 않는 절연체 **예** 유리, 고무

⑨ 반도체 : 도체와 부도체의 중간적 성질을 가진 물질

⑩ 방전 : 전류가 흘러 전기 에너지가 소비되는 것

⑪ 퓨즈(Fuse) : 전선에 전류가 과하게 흐르는 것을 방지

⑫ 변환기(Converter) : 직류를 교류로 바꿈

⑬ 정류기(Rectifier) : 교류를 직류로 바꿈

⑭ 누전 : 전류가 전선 밖으로 새어나가는 현상

Section 03 피부미용기기의 종류 및 기능

(1) 안면 피부미용기기

구 분	종 류	기 능
피부 진단기기	확대경(Magnifying Glass)	육안으로 구분하기 어려운 문제성 피부 관찰
	우드램프(Wood Lamp)	피지, 민감도, 색소침착, 모공의 크기, 트러블 등을 자외선램프를 통해 색깔을 내는 원리
	스킨스코프(Skin Scope)	정교한 피부 분석
	유분측정기(Sebum Meter)	특수 플라스틱 테이프에 묻은 피지의 빛 통과도로 피부의 유분 함유량 측정
	수분측정기(Corneometer)	유리로 만든 탐침을 피부에 눌러 표피의 수분 함유량을 측정해 수치로 표시
	pH측정기	피부의 산성도와 알칼리도를 알아보는 것으로 예민도, 유분도 등 진단
클렌징 딥 클렌징 기기	전동 브러시(Frimator)	브러시를 사용하여 세안 및 각질 제거
	스티머(Steamer)	피부보습효과, 각질연화, 피부긴장감 해소
	갈바닉기기의 디스인크러스테이션	피부표면의 피지, 각질제거, 노폐물 제거
	진공흡입기(Vaccum Suction)	림프순환 촉진으로 노폐물 제거 속도를 촉진
스킨토닉 분무기기	스프레이(Spray Machine)	진동펌프 원리를 이용해 안면에 작은 입자를 뿌려주는 기기로 불순물 제거 및 산성막 생성 촉진, 보습효과
	루카스(Lucas)	

구 분	종 류	기 능
영양침투기기	적외선램프(Infrared Machine)	온열작용으로 혈액순환 증가 및 영양분 침투
	갈바닉 기기의 이온토포레시스	음극과 양극을 이용해 피부유효성분 침투
	고주파기(High Frequency)	온열효과(심부열 발생), 산소, 영양분 공급
	리프팅기(Lifting Frequency)	피부근육을 운동시켜 피부 탄력 강화 및 주름 개선
	초음파(Ultrasoinc Waves)	미세한 진동이 뭉친 근육과 지방 분해, 콜라겐과 엘라스틴의 합성 촉진으로 재생 효과
	파라핀 왁스(Paraffin Wax)	보습력과 영양 침투, 혈액순환

(2) 전신 피부미용기기

종 류	기 능
진공흡입기(Vaccum Suction)	혈액순환, 림프순환, 노폐물배설촉진, 지방제거, 셀룰라이트 분해
엔더몰로지기(Endermologie)	물리적 자극으로 지방분해, 혈액과 림프 순환 촉진, 셀룰라이트 감소
바이브레이터기(Vibrator)	진동에 의해 근육운동과 지방 분해효과 제공 - 체형관리
프레셔테라피(Pressuretheraph)	적당한 압력으로 세포 사이에 정체된 체액 제거, 정맥과 림프의 순환을 도와주는 요법

(3) 광선 관리기기

구 분	종 류	기 능
적외선기	적외선램프	• 온열작용으로 혈액순환 증가 • 노폐물 및 독소배출, 영양분 침투
	원적외선 사우나	• 혈액순환 촉진, 운동효과 • 땀으로 노폐물 제거 - 비만관리
	원적외선 마사지기	• 재생효과 • 세정효과로 깨끗한 피부유지
자외선기	선탠기	• 인공적인 색소 침착
	자외선 소독기	• 소독 및 보관
컬러테라피 기기	컬러테라피	• 자연 면역력과 치유력 증가 • 피부 및 체형 개선

피부미용기기 사용법

Section 01 기기 사용법

(1) 피부 분석 진단기기

① 확대경(Magnifying Glass)

㉠ 효과

- 문제성 피부(색소침착, 잔주름, 모공상태 등) 관찰
- 피부 분석 및 여드름 압출시 사용(5~10배의 배율)

㉡ 사용법 및 주의사항

- 클렌징 후 실시하며 아이패드로 눈 보호
- 전원 꽂고 진단 부위와 적당한 거리 확보 후 스위치를 켠다.
- 육안에 비해 5~10배 확대

② 우드램프(Wood Lamp)

㉠ 효과

- 진균성 피부질환 관찰을 위해 처음 사용
- 피부의 민감도, 피지상태, 색소침착, 모공크기, 트러블 등 관찰
- 자외선램프를 통해 피부상태에 따라 다른 색깔을 내는 원리 이용

㉡ 사용법 및 주의사항

- 클렌징 후 실시하며 아이패드로 눈 보호

- 주위 조명 어둡게 하고 진단 부위와 적당한 거리(5~6㎝ 정도) 확보 후 측정
- 확대렌즈를 통한 컬러에 따라 피부 상태 측정

ⓒ 우드램프를 통한 피부 진단

피부 상태	우드램프 반응 색상
정상 피부	청백색
건성 피부	연보라색
민감성, 모세혈관 확장 피부	진보라색
지성 피부(피지, 여드름)	주황색
노화 피부	암적색
색소침착 피부	갈색, 암갈색
각질	흰색
비립종	노란색
먼지, 이물질	흰 형광색

③ 스킨스코프(Skin Scope)

㉠ 정교한 피부분석

㉡ 관리사와 고객이 동시에 분석할 수 있는 장점이 있다.

④ 유분측정기(Sebum Meter)

㉠ **효과** : 표피의 유분 함유량 측정

㉡ **사용법 및 주의 사항**

- 알코올 성분이 없는 클렌징제로 세안 후 2~3시간 후에 측정
- 특수 플라스틱 테이프를 적당한 압력을 주어 30초간 눌러준 후 측정구에 다시 꽂는다.
- 화면에 1cm²당 유분량(mg/cm²)이 수치로 나타난다.
- 측정환경은 온도 20~22도, 습도는 40~60%가 이상적이다.

⑤ 수분측정기(Corneometer)

㉠ **효과** : 표피의 수분량 측정

㉡ **사용법 및 주의사항**

- 표면이 유리로 만들어진 탐침을 피부 부위에 눌러준다.

- 알코올 성분이 없는 클렌징제로 세안 2시간 후에 측정한다.
- 직사광선, 직접조명 아래에서의 측정은 피한다.
- 운동 후에는 휴식을 취한 후 측정한다.
- 측정환경은 온도 20~22도, 습도는 40~60%가 이상적이다.

⑥ 피부 pH 측정기

　㉠ **효과**

- 피부의 산성도와 알칼리도 측정
- 피부의 예민도, 유분도 측정

　㉡ **사용법 및 주의 사항**

- 탐침을 증류수에 씻은 후 물기 제거 후 피부 부위에 눌러 접촉시킨다.
- 온도, 습도, 신체상태, 화장품 성분, 환경오염물질 등을 고려해서 측정한다.

(2) 안면 미용기기

① 전동 브러시(Frimator)

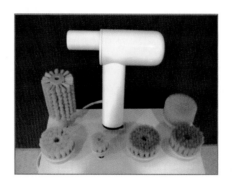

　㉠ **효과**

- 클렌징, 딥클렌징, 필링, 매뉴얼 테크닉 효과
- 모공의 피지와 각질 제거

　㉡ **사용법 및 주의사항**

- 물에 살짝 적신 솔을 핸드피스에 정확히 끼운다.

- 클렌징 로션 도포 후 피부 표면에 솔이 눌리거나 꺾이지 않게 직각으로 닿도록 한다.
- 가볍게 누르듯 원을 그리며 굴곡에 따라 이동한다.
- 회전속도는 피부 타입별로 정하고 건조 시 스티머나 물기를 주며 사용한다.
- 피부질환, 상처, 예민피부, 최근 수술 부위에는 사용하지 않는 것이 좋다.

② 스티머(Steamer) = 베이퍼라이저(Vaporizer)

　㉠ **효과**

- 노폐물 배출, 보습 효과
- 혈액순환 및 신진대사 촉진

　㉡ **사용법 및 주의사항**

- 증기 공급형(베이퍼라이저)과 증기 및 오존 공급형(베이퍼라이존) 2가지가 있다.
- 정제수를 넣고 고객관리 10분 전 예열하고 스팀이 나오기 시작할 때 오존을 켠다.
- 수증기가 나오는 방향에 코를 향하지 않게 하고 모세혈관 확장 부위는 화장솜을 덮어준다.
- 피부 상태에 따라 거리를 확보한다.
- 사용 후에는 식초물(물 10 : 식초 1)에 세척 후 물통을 비우고 보관한다.
- 피부 감염, 모세혈관 확장피부, 상처, 일광에 손상된 피부, 천식환자에게는 사용이 부적합하다.

　㉢ **피부상태에 적합한 사용법**

피부상태	거 리	적용 시간
노화 · 건성 · 지성피부	30cm	10분
정상피부	35cm	10분
민감성 · 알레르기성 피부	45~50cm	5분
모세혈관 확장, 여드름 피부	40~50cm	5분

③ 갈바닉 기기

　㉠ **원리** : 갈바닉 전류(1mA의 미세 직류로 한 방향으로만 흐르는 극성을 가진 전류)의 같은 극끼리 밀어내고 다른 극끼리 끌어당기는 성질을 이용

ⓛ 극의 효과

음극(-) : 알칼리 반응	극간의 효과	양극(+) : 산 반응
• 알칼리성 물질 침투 • 신경자극 및 활성화 작용 • 혈관, 모공, 한선 확장 • 피부조직 이완	• 혈액순환 촉진 • 림프순환 촉진 • 체온상승 • 신진대사 증진	• 산성 물질 침투 • 신경안정 및 진정 작용 • 혈관, 모공, 한선 수축 • 피부조직 강화

ⓒ 종류

구 분	이온토포레시스(이온영동법)	디스인크러스테이션
원 리	음극(-)과 양극(+)의 극성인력법칙을 이용하여 피부 속으로 유효성분을 침투시켜 수용액을 넣어주는 영양관리 방법	알칼리 성분으로 피부 표면의 피지와 각질세포, 노폐물을 배출시켜 세정효과를 제공하는 딥클렌징 방법
효 과	• 고농축 활성제 침투 및 재생력 향상 • 혈액 및 림프순환 촉진	• 노폐물 배출 촉진 • 모낭 내 피지 및 각질 제거 • 색소침착 방지 및 미백효과
사용법 및 주의사항	• 고객용 전극봉은 젖은 스펀지나 패드로 감싸준다. • 관리사용 전극은 젖은 솜으로 감아준다. • 고객의 피부타입에 맞는 앰플 준비(약산성제품-양극, 알칼리성 제품-음극) • 오일타입 앰플은 전도되지 않아 효과가 없다. • 전류의 세기와 시간을 체크하며 시술 시 전극봉이 떨어지지 않도록 주의한다. • 영양침투 목적 : 음극(-) 시술 후 양극을 켜서 시술한다. • 고객에게 자극이 없도록 피부 위에서 서서히 떼 주고 토너로 마무리한다.	• 피부를 클렌징한다. • 젤, 앰플 도포 후 전류를 조절하며 이마, T-zone, 코, 턱 순으로 시술한다. • 낮은 강도와 이온 농도에서 더 효과적이다. • 소금물에 기기와 전극봉을 균일하게 적신다. • 눈주변은 유화젤리를 사용해 섬광을 예방한다. • 관리 중 건조해지지 않아야 효과적이다. • 사용 중 전극봉을 계속 적셔주며 전류를 서서히 낮추며 뗀다.
	• 인체 내 금속류 착용자, 임산부, 모세혈관 확장증, 당뇨, 수술환자, 알레르기, 간질, 찰과상, 화상 등이 있는 사람, 인공심박기, 신장기 착용자에게는 사용 부적합	

tip

리트머스 시험지로 테스트시 산성용액은 붉은색, 알칼리성 용액은 푸른색을 띤다.

④ 진공흡입기(Vaccum Suction)

㉠ 효과

- 각질 및 노폐물 제거, 모낭 청결
- 혈액순환, 림프순환 촉진, 신진대사 개선
- 피부 탄력 증진, 셀룰라이트 개선, 체지방 감소

㉡ 사용법 및 주의사항

- 관리 목적에 적합한 벤토즈 선택 후 오일 도포하고 압력 체크
- 피부 표면에 잘 부착하고 벤토즈 구멍을 붙였다 뗐다를 반복 실시(컵의 20%를 넘지 않게 흡입)
- 얼굴 결에 따라 림프절 방향으로 움직이며 멍이 들지 않도록 강도를 조절
- 5~10분 정도 실시 후 마사지와 마무리(갈바닉 관리 후에는 사용 금지)
- 예민피부, 모세혈관 확장증, 정맥류, 멍든 피부, 혈전증 있는 자는 사용 부적합

⑤ 스프레이(Spray Machine)

㉠ 효과

- 수분공급 및 청량감 공급
- 피부의 산성막 생성 촉진
- 감염 예방 및 살균 효과

㉡ 사용법 및 주의사항

- 피부 타입에 적합한 스킨 제품을 용기에 2/3 정도 채운다.
- 아이패드를 대고 용기를 수직으로 세워 살며시 분무한 후 가볍게 흡수시킨다.
- 분무 시 흘러내리지 않게 주의하고 용기는 청결하게 유지한다.
- 피부질환, 화농부위, 피부상처, 정맥류 등이 있는 사람에게는 부적합하다.

⑥ 루카스(Lucas)

  ㉠ **효과** : 토닉 효과, 수분공급

  ㉡ **사용법 및 주의사항**

  • 외부유리관 2개 중 우측유리관에 산성수 투입

  • 고객과 20~30cm 거리를 두고 골고루 분사

  • 산성수가 눈에 들어가지 않도록 아이패드로 보호하고 사용 후 냉장 보관

  • 사용 후 유리관은 자비소독 후 자외선 소독기에 보관

⑦ 고주파기(High Frequency)

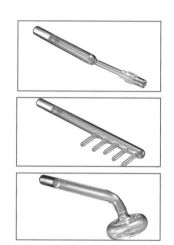

  ㉠ **효과**

  • 노폐물 배출 증진(관리시간 : 지성 피부 약 10분, 여드름 피부 약 8분, 건성 및 노화 피부 약 5분)

  • 열 발생으로 세포 재생 및 진정 효과, 피지선 활동 증가

  • 산소와 영양분 공급 및 내분비선 활성화

  • 스파킹 효과 : 여드름 및 농포 피부에 푸른색 유리관으로 스파크를 일으켜 살균, 소독 효과 제공 , 모공수축

  • 여드름 압출 후 진물을 말리는 효과 제공, 지성 · 여드름 피부에 적합

종 류	유리봉 색	효 과
알곤	자색	–
수은	푸른자색(형광색)	살균, 소독
네온	오렌지, 붉은색	피곤한 얼굴관리

ⓛ 사용법 및 주의사항

- 100,000Hz 이상의 높은 진폭의 테슬러(Tesla)전류 사용

- 클렌징 후 무알코올 토너를 바른다.

- 선택한 유리봉의 세기를 서서히 조절하며 원을 그리듯 마사지한다.

- 시술 시간은 평균 약 8~15분간(지성 피부 : 8~15분, 건성 피부 : 3~5분)

- 염증, 여드름 압출 후 피부와 유리봉 사이의 거리는 0.2~0.3mm 내외로 한다.

- 피부표면에서 스위치를 켜고 끈다.

- 피부염, 찰과상, 혈전증, 혈관 이상, 다모 부위, 동맥경화, 고혈압, 저혈압, 질, 임산부, 금속류 부착자에게는 사용이 부적합하다.

⑧ 리프팅기(Lifting Frequency)

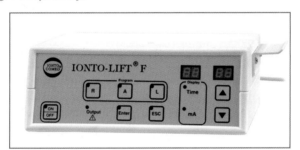

종 류	장갑형 리프팅기	전극봉 리프팅기	초음파 리프팅기
효과	• 림프, 혈액순환 촉진 • 피부기능 활성화 및 탄력감	• 저주파 자극으로 근육자극 • 관리 전 안면 파우더 도포 • 고무장갑을 낀 관리사의 손으로 마이크로 마사지	• 온열효과 • 긴장감, 탄력감 부여 • 세정, 필링, 주름방지 • 각질제거, 여드름, 잔주름에 효과적
사용법 및 주의사항	• 탄력 부여 • 눈주위, 코와 입가 주름, 목부위, 처진 가슴, 처진 힙 관리에 효과적	• 양극과 음극 두 전극봉을 한꺼번에 손잡이에 장착 • 4000Hz 중주파, 500Hz 이하의 저주파 사용 • 관리시 정확한 위치에 전극봉을 고정하고 정제수, 소금물, 앰플 등을 적셔 가며 사용	• 관리 전 금속물 제거 후 전용 겔 도포 • 중심에서 바깥쪽으로 원을 그리며 5~15분간 실시
	• 임산부, 피부질환자, 실리콘 및 치아보철기 착용자, 인공심장기·신장기 착용자 사용 부적합		

⑨ 초음파(Ultrasoinc Waves)

종 류	프로브	전극형 헤드
효과	• 발포작용 : 이중세안으로 제거되지 않는 노폐물 제거 • 살균, 소독 효과 • 리프팅 효과, 제품 침투 용이 • 피부탄력 및 셀룰라이트 분해	• 온열효과 : 혈액순환, 림프순환 촉진 • 물리적 효과 : 세포이완, 부종감소, 영양전달 • 생화학적 기능 : 세포재생, 콜라겐과 엘라스틴 합성 촉진 • 얼굴 축소 및 마사지 효과
사용법 및 주의사항	• 스켈링 관리시 : 프로브를 세우고 근육방향으로 아래에서 위, 안쪽에서 바깥쪽으로 10분 정도 적용 • 침투 및 리프팅 관리시 : 프로브를 평평한 면으로 근육방향으로 10분 정도 적용	• 전용 겔 도포 후 수직으로 밀착시켜 한 부위에 5초 이상 머무르지 않고 관리 시간은 15분이 넘지 않게 적용 • 뼈나 관절 부위는 적용하지 않음
	• 염증, 상처, 임산부, 인공심장박동기, 금속부착자, 심장질환자, 혈압이상자, 악성종양, 전염성 피부질환자는 사용 부적합	

⑩ 파라핀 왁스(Paraffin Wax)

㉠ **효과**

• 보습 및 혈액순환 촉진

• 영양분 침투 용이하여 건성, 노화 피부에 적합

ㄴ **사용법 및 주의사항**

- 엠플, 로션 도포 후 아이패드와 거즈를 깔아줌

- 온도 확인 후 브러시로 파라핀을 3~5층으로 덮고 15분간 유지

- 순환계 질환, 피부발진, 화상, 사마귀가 있는 자 사용 부적합

(3) 전신 피부미용 기기

① 진공흡입기(Vaccum Suction) - 바디용

ㄱ **효과**

- 림프흐름 촉진으로 노폐물 제거 및 부종 완화

- 지방 제거 및 셀룰라이트 분해 효과

- 경직된 근육 완화 및 피지 제거

ㄴ **사용법 및 주의사항**

- 오일 도포 후 컵 안의 피부가 10~20% 정도 흡입되게 하여 림프절 가까이로 이동

- 한 부위를 집중해서 시술하지 말고 등, 다리(후면), 다리(전면), 얼굴, 데콜테, 팔, 복부순으로 관리

- 모세혈관 확장피부, 민감성, 여드름 탄력이 떨어진 피부, 정맥류, 찰과상이 있는 자는 사용 부적합

② 엔더몰로지기(Endermologie)

ㄱ **효과**

- 부황요법, 림프드레나쥐, 바이브레이션 미사지 효과

- 면역기능, 신진대사, 피부 탄력 증진

- 혈액순환 촉진, 독소 및 노폐물 축적 방지

ㄴ **사용법 및 주의사항**

- 오일 도포 후 말초에서 심장 방향으로 밀어올리듯 시술

- 전신체형 관리시 약 40~50분 적용

- 뼈 부위, 정맥류, 모세혈관 확장 부위는 피하고 멍이 들지 않도록 시술

③ 바이브레이터기(Vibrator)

ㄱ **효과**

- 근육이완, 근육통 해소

- 지방분해 및 심리적 안정감

- 혈액순환 촉진 및 신진대사 증진
- 노폐물 배출 및 산소와 영양대사 촉진

ⓛ **사용법 및 주의 사항**

- 헤드 장착 후 적당한 압력으로 멍이 들지 않게 신체굴곡에 맞게 적용한다.
- 넓은 부위 관리에 주로 이용하며 뼈가 있는 부위의 시술은 피한다.
- 타박상, 찰과상, 모세혈관 확장증, 임산부, 민감성 피부, 최근수술부위, 감염성 질환, 상처나 흉터가 있는 경우에는 사용하지 않는다.

④ **프레셔테라피(Pressuretherapy)**

ⓖ **효과**

- 혈액순환 촉진 및 개선
- 림프부종, 근육통 완화
- 체형관리, 지방분해, 운동 효과

ⓛ **사용법 및 주의 사항**

- 패드가 파손되지 않게 잘 보관하고 세탁하지 않음
- 염증, 상처 부위, 심장병, 임산부, 악성종양이 있는 경우 사용 부적합

⑤ **저주파기(Lowfrequency Current)**

ⓖ **효과**

- 지방, 셀룰라이트 분해
- 림프배농, 혈액순환 촉진, 탄력 증진

ⓛ **사용법 및 주의 사항**

- 1~1,000Hz 이하의 저주파 전류로 전기자극을 가하여 지방을 에너지로 생성
- 적신 스펀지에 금속판을 끼우고 근육의 위치에 잘 올려놓을 것
- 스펀지에 물이 많으면 관리시 통증 유발
- 고객의 상태에 맞게 주파수 선택 후 근육의 움직임 관찰
- 관리 전후 30분은 금식
- 체내 금속 부착자, 임산부, 심장 및 신장질환자, 자궁근종 및 물혹, 고혈압 및 저혈압, 출산후, 생리중, 모유수유, 당뇨, 간질, 모세혈관 확장피부, 근육계 손상이 있는 자는 사용 부적합

⑥ 중주파기(Middlefrequency Current)

　㉠ 효과

　　• 피부 통증이 아닌 자극 없이 관리

　　• 근육탄력, 지방분해

　　• 림프 및 혈액순환 촉진, 부종 관리, 신진대사 활성화

　　• 비만, 체형관리, 셀룰라이트 관리, 슬리밍 관리에 활용

　㉡ 사용법 및 주의 사항

　　• 1,000~10,000Hz의 전류를 이용

　　• 특히 4,000Hz에서 피부의 극성 없이 피부조직 깊이 치료

　　• 부드러운 자극으로 넓은 부위의 심부까지 관리 가능

⑦ 고주파기(Highfrequency Current)

　㉠ 효과

　　• 열효과 : 신진대사 증진, 심부통증 완화, 혈류량 증가, 근육강직 완화, 혈관확장, 섬유조직
　　　의 신장력 증가, 세포기능 증진

　　• 비만 관리, 셀룰라이트 관리에 효과적

　㉡ 사용법 및 주의 사항

　　• 100,000Hz 이상의 교류 전류를 이용하여 신체조직 안의 특정 부위 가열

　　• 플레이트를 밀착하여 주파수, 시간, 강도를 조절

　　• 바디 관리시간은 평균 20~30분 정도

tip

주파수와 피부의 저항은 반비례적 특성을 갖고 있다.

(4) 광선 관리기기

① 적외선기(Infrared Ray)

　㉠ 효과

　　• 혈액순환 및 땀과 피지분비 증가　　　　• 긴장 완화 및 근육 이완

　　• 영양분 침투 및 저항력 향상　　　　　　• 노폐물 배설 및 울혈 완화

ⓛ 적외선을 이용한 기기

종 류	사용법 및 주의 사항
적외선램프	고객의 피부상태에 따라 온도 및 조사시간 조절
원적외선사우나	적외선 침투로 땀과 함께 노폐물 제거
원적외선 마사지기	• 온도 조절, 피부감각 검사 • 금속물질 및 콘택트렌즈 제거 • 아이패드 깔고 화장수로 정리한 후 45~90cm 내외의 거리 유지 • 피부타입에 맞게 시간 선택하고 자외선 관리 전 사용 금지 • 화상주의
출혈위험부위, 고열병, 심부종양, 악성종양, 신장염이 있는 자는 사용 부적합	

② 자외선

㉠ 종류

구 분	침투 범위	기 능	응용기기
UV-A (320~400nm)	진피층	• 색소 침착 및 주름 형성(광노화의 원인) • 탄력소와 콜라겐 섬유 파괴 • 선탠유도 및 광알레르기 유발	인공선탠기
UV-B (290~320nm)	기저층	• 피부손상 및 일광화상 유발 • 홍반, 염증 유발	–
UV-C (290nm이하)	각질층	• 살균효과(박테리아, 바이러스) • 피부암 유발	자외선소독기

㉡ 효과

• 장점 : 에조필락시 효과, 강장 효과, 항생 효과, 여드름 치료, 비타민 D의 생성, 태닝 효과
• 단점 : 과각질화, 색소침착, 홍반, 피부노화, 피부암, 발진, 일광 알레르기

③ 컬러테라피 기기

㉠ 효과

- 시술 결과가 즉각적으로 나타난다.
- 부작용 없고 세균 및 바이러스에 대한 감염의 우려가 없는 안전한 치료법

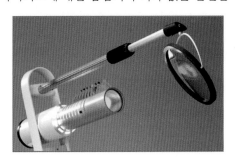

- 색상별 미치는 효과

색 상	효 과
빨강	• 혈액 순환 증진, 세포 재생 및 활성화 증진, 근조직 이완, 염증 진정 및 치유 촉진 • 셀룰라이트 · 혈액 순환 및 지루성 여드름 개선
주황	• 신진대사 촉진, 신경 긴장 이완, 내분비선 기능 조절, 세포 재생 작용 • 튼살 · 건성 · 문제성 · 알레르기성 · 민감성 피부 관리
노랑	• 소화기계 기능 강화, 신체 정화 작용, 신경 자극, 결합 섬유 생성 촉진, 피부 활력 부여 • 슬리밍, 튼살 · 조기 노화 개선, 수술 후 회복 관리
녹색	• 신경 안정 및 신체 평형 유지, 지방 분비 기능 조절, 피부 스트레스 완화, 피부 톤 개선 • 스트레스성 여드름 · 비만 · 색소 관리
파랑	• 염증 · 열 진정 효과, 부종 · 염증 완화 • 모세 혈관 확장증, 지성 및 염증성 여드름 관리
보라	• 면역 · 림프 활동 촉진, 집중력 증가, 주름 개선, 셀룰라이트 관리

㉡ 사용법 및 주의 사항

- 관리 부위를 깨끗이 하고 빛을 수직으로 조사시킨다.
- 색상필터를 이용해 390~650nm의 가시광선을 조사한다.
- 목적에 따라 색상을 다양하게 사용한다.
- 주위가 어두워야 효과적이다.
- 부위와 증상에 따라 빛의 강도를 변화시킨다.
- 광알레르기 피부, 성형 수술 후, 피부염, 습진, 단순포진, 고열, 악성종양, 심장, 신장질환자는 사용이 부적합하다.

Section 02 유형별 시술방법

(1) 정상 피부 관리(Normal Skin Machine Treatment Program)

현재의 상태를 지속적으로 유지하도록 도와줄 수 있는 지속요법 필요

단 계		적용기기	효과 및 주의사항
세 안	클렌징 딥 클렌징	• 스티머 (적용거리 : 35cm, 적용시간 : 10분) • 전동브러시(부드러운 모 – 2분) • 갈바닉기기의 디스인크러스테이션	• 모공 확장, 각질 연화 및 제거 • 모공 청결과 각질 제거 • 관리 후 2~4분간 극성을 변화시켜 마무리
분석 및 진단		• 확대경 • 우드 램프 • 유·수분 측정기	• 클렌징, 딥 클렌징 후 진단(유분 : 클렌징 2시간 후) • 정상피부 : 청백색 형광 • 측정환경 : 온도 20~22℃ 　　　　　 습도 40~60%
영양 공급 (앰플 및 비타민)		• 초음파기 • 갈바닉 기기의 이온 영동법	• 프로브의 평평한 면을 근육방향으로 10분 적용 • 비타민 투입, 영양에센스나 앰플 주입 • 비적응증, 민감부위 주의
마사지		• 고주파 기기(15~20분) • 리프팅 기기	• 혈액 및 림프순환 촉진, 주름감소, 탄력증진 • 비적응증 검토 필수
팩&마스크		• 피부타입에 적합한 제품 선택 • 크림팩·고무팩 – 적외선 램프	• 영양 침투 상승 효과 • 팩 종류에 따라 적외선램프 적용 결정
마무리		• 분무기	• pH 균형, 보습, 진정, 수렴 효과

(2) 건성 피부 관리(Dry Skin Machine Treatment Program)

건성 피부는 3가지 유형으로 분류되며 (① 피지부족 건성 피부, ② 수분부족 건성 피부, ③ 노화성 건성 피부) 피부별 문제점 개선을 위해 죽은 각질 제거, 보습, 피지선 자극으로 피지선 기능 항진, 피부의 유연성을 회복시켜 건조함과 잔주름 방지를 목적으로 하는 기기 관리가 이루어져야 한다.

단계		적용기기	효과 및 주의사항
세안	클렌징 딥 클렌징	• 스티머 (적용거리 : 30cm, 적용시간 : 10분) • 전동브러시(부드러운 모) - 2분 적용 • 초음파 스킨스크러버	• 모공 확장, 순환계 촉진, 각질 연화 및 제거 • 온도 및 기기와의 적용시간 및 거리 적절히 활용 • 프로브 세워서 10분 적용 • 갈바닉 기기의 디스인크러스테이션 비적용
분석 및 진단		• 확대경 • 우드 램프 • 유·수분 측정기	• 클렌징, 딥 클렌징 후 진단 • 건성 피부 : 연보라 • 측정환경 : 온도 20~22℃ 　　　　　　습도 40~60%
영양 공급 (앰플 및 비타민)		• 초음파기 • 갈바닉 기기의 이온 영동법	• 프로브의 평평한 면을 근육방향으로 10분 적용 • 비적응증 검토 필수
마사지		• 고주파 기기(3~5분) • 리프팅 기기(5~15분) • 진공흡입기(5~10분)	• 혈액 및 림프순환 촉진, 주름감소, 탄력증진 • 탄력 강화, 표피 및 진피의 활성화 • 피부결에 맞는 벤토즈 크기 선택 후 림프절 방향으로 이동
팩 & 마스크		• 피부타입에 적합한 제품 선택 [예] 석고 마스크 + 적외선램프, 온왁스 마스크	• 영양 침투 상승효과 • 팩 종류에 따라 적외선램프 적용 결정
마무리		• 분무기(유연화장수)	• pH 균형 유지, 보습, 진정, 탄력

(3) 지성 피부 관리(Oily Skin Machine Treatment Program)

과다한 유분과 피지는 노폐물 축적의 원인이 되어 여드름을 발생시킨다. 지성 피부는 피부 정화를 목적으로 하며, 딥 클렌징 단계에서 각질제거 및 피지분비 정상화에 중점을 두어 모공 확장과 청결로 피지 배출이 용이하도록 하는 목적으로 기기 관리가 이루어져야 한다.

단계		적용기기	효과 및 주의사항
세안	클렌징 딥클렌징	• 스티머(적용거리 : 30cm,적용 시간 : 10분) • 전동브러쉬(부드러운 모 – 2분 적용, T존 부위에 클린저와 함께 적용시 효과적) • 갈바닉 기기의 디스인크러스테이션 적용	• 모공 확장 및 피지와 노폐물 • 각질 연화 및 제거 • 피지 분비 조절, 피부 염증 완화 • T존 부위(이마, 코)에 집중 적용 • 브러쉬는 원형 또는 위, 아래 방향으로 부드럽게 사용, 눈가와 입가는 사용금지 – 모든 피부 적용
분석 및 진단		• 확대경 • 우드램프 • 유, 수분 축정기	• 클렌징, 딥클렌징 이후 진단 • 지성피부 : 주황색(오렌지색) • 측정 온도 : 온도 20~22℃, 습도 40~60%
영양 공급 (앰플 및 비타민)		• 초음파기 • 갈바닉 기기의 이온 영동법	• 혈액순환, 신진대사, 림프배농 촉진 • 고농축활성제 피부 깊숙이 침투
마사지		• 고주파 기기(3~5분) • 리프팅 기기(5~15분) • 진공흡입기(5~10분) • 유분이 많은 부위, 블랙헤드 부위에 디스인크러스테이션 후 닥터 자켓 마사지 시행	• 혈액 및 림프순환 촉진, 주름감소, 탄력증진 • 탄력 강화, 표피 및 진피의 활성화 • 피부결에 맞는 벤토즈 크기 선택 후 림프절 방향으로 이동
팩&마스크		• 피부타입에 적합한 제품 선택(클레이 팩) 📷 제품 종류에 따라 적용 : 적외선램프, 스티머	• 수분 공급, 피지 분비 조절 • 팩 종류에 따라 적외선램프 적용 결정
마무리		• 분무기(수렴화장수)	• pH 균형 유지, 진정 및 수렴작용, 모공 및 수축, 탄력

(4) 복합성 피부 관리(Combination Skin Machine Treatment Program)

지성 부위의 T-zone은 모공 정화와 피비분지 정상화를 위한 관리, 건성 부위인 뺨은 유·수분 공급을 위한 관리에 역점을 두는 기기 관리가 이루어져야 한다.

단계		적용기기	효과 및 주의사항

세안	클렌징
	딥 클렌징
		• 스티머(적용거리 : 30cm,
		  적용시간 : 10분)
		• 전동브러시
		  (T-zone : 1호,
		  U-zone : 2호 사용)
		• 지성부위에만 디스인크러스
		  테이션
			• 모공 확장, 순환계 촉진, 각질연화 및 제거
			• 모공 청결과 각질 제거

분석 및 진단		• 확대경 • 우드 램프 • 유·수분 측정기	• 클렌징, 딥클렌징 후 진단 • 지성피부 : 주황색(오렌지색) • 건성피부 : 연보라 • 측정환경 : 온도 20~22℃ 습도 40~60%
영양 공급		• 초음파기 • 갈바닉 기기의 이온 영동법	• T-zone : 지성용 • U-zone : 보습 앰플 • 물질 침투력 증진, 탄력 회복
마사지		• 고주파 기기 • 리프팅 기기(15분)	• 온열 효과의 탄력 회복 • 금속물질 제거 • 비적용증 검토 필수
팩&마스크		• 피부타입에 적합한 제품 선택 (제품 : 2종 또는 1종)	• T-zone 부위 : 피지분비 조절 팩 • U-zone 부위 : 수분·영양공급 팩 • 얼굴전체 : 진정과 재생 마스크
마무리		• T-zone : 수렴 화장수 • U-zone : 유연 화장수	• pH 균형, 보습, 진정, 모공 및 혈관 수축, 탄력

(5) 민감성 피부 관리(Sensitive Skin Machine Treatment Program)

민감성을 진정시켜 주는 관리로 부드럽고 청결한 클렌징, 피부긴장 완화, 보호, 진정, 안정 및 냉효과를 목적으로 기기 관리가 이루어져야 한다.

단 계		적용기기	효과 및 주의사항
세 안	클렌징 딥 클렌징	• 제품 필링(크림 타입)	• 모공 확장, 순환계 촉진, 각질연화 및 제거 • 기기 적용 금지
	분석 및 진단	• 확대경 • 우드 램프 • 유·수분 측정기	• 클렌징, 딥 클렌징 후 진단 • 민감 부위 : 짙은 보라 • 측정환경 : 온도 20~22℃ 　　　　　　습도 40~60%
	영양 공급 (진정 및 보습 앰플)	• 초음파기 • 갈바닉 기기의 이온 영동법	• 혈액 및 림프순환촉진, 주름감소, 탄력 증진 • 물질 침투력 증진, 탄력 회복 • 비적용증 검토 필수
	마사지	• 냉온마사지 기기 　(냉온 교대법 12분)	• 온법 8분, 냉법 4분 • 신진대사 촉진, 물질 흡수증가, 진정, 　정신적·신체적 안정, 탄력 증가, 문제점 개선
	팩&마스크	• 피부타입에 적합한 제품 선택	• 진정 위주의 팩 & 마스크
	마무리	• 분무기(수렴 화장수)	• pH 균형 유지, 보습, 진정, 모공 및 혈관 수축, 탄력

5 화장품학

Chapter 01 화장품학 개론
Chapter 02 화장품 제조
Chapter 03 화장품의 종류와 기능

화장품학 개론

화장품의 정의

화장품은 청결·미화를 통해 매력 증진 및 용모 변화를 도모하거나 피부·모발의 건강 유지 및 증진을 위해 인체에 바르고, 문지르고, 뿌리고, 이와 유사한 방법으로 사용되는 물품으로서 인체에 대한 작용이 경미한 것

(1) 화장품법

화장품의 제조, 판매 등에 대한 법규와 규정을 의미하며 목적은 화장품의 안전성과 효과성을 보장하여 소비자의 건강과 안전을 유지하는 것이다.(※ 화장품 관련 주요 시행 기관 – 식품 의약품 안전처)

tip	
일반 화장품과 기능성 화장품의 차이	• 일반 화장품 　– 주성분 표시 및 기재를 할 수 없음 　– 주름, 미백, 자외선 차단 효능에 대한 광고를 할 수 없음 • 기능성 화장품 　– 주성분 표시 의무 　– 주름, 미백, 자외선 차단 효능에 대한 광고 가능 　– 식약청으로부터 기능성 화장품 승인 후 제조·판매가 필수 　– 항목 중 표시 및 기재사항에 기능성 화장품 표시 가능

(2) 화장품의 4대 요건

① **안전성** : 피부에 대한 자극, 알레르기, 이물 혼입, 파손, 독성이 없을 것(피부를 대상으로 함)

② **안정성** : 보관에 따른 변질, 변색, 변취, 미생물의 오염이 없을 것(제품 자체를 대상으로 함)

③ **사용성** : 사용감(피부 친화성, 촉촉함, 부드러움 등), 편리성(크기, 중량, 형상, 기능성, 휴대성 등), 기호성(디자인, 색, 향기 등)

④ **유용성** : 보습 효과, 수렴 효과, 혈액순환 촉진 효과, 노화 억제, 자외선 차단, 미백 효과, 세정 효과, 색채 효과 등을 부여할 것

(3) 화장품, 의약부외품, 의약품의 구별 기준

구 분	화장품	의약부외품	의약품
의미	건강한 사람이 아름다움 또는 젊음을 유지·증진시키기 위해 사용	정상인이 사용하는 제품 중에 어느 정도 약리학적 효능·효과를 나타냄	인체에 이상이 생겼을 때 치료 또는 정상으로 복귀시킬 때 필요한 물품
대상	정상인	정상인	환자
사용목적	청결, 미화	위생, 미화	치료, 진단, 예방
사용기간	장기간	장기간	단기간 또는 일정 기간
사용범위	전신	특정 부위	특정 부위
부작용	없어야 함	없어야 함	있을 수 있음
종류	스킨, 로션, 크림	약용치약, 탈모제, 구취제거제, 여성 청결제, 염모제	연고, 항생제

Section 02 화장품의 역사

(1) 화장품의 기원

① 보호설 : 자연으로부터 몸을 보호하기 위한 목적

② 미화설 : 아름다워지고자 하는 본능에 따른 욕망

③ 신분표시설 : 남녀의 구별, 사회적 계급, 종족, 신분을 구별하기 위한 목적

④ 종교설 : 신에게 경배나 제사를 드리기 위한 목적

⑤ 이성유인설 : 이성에게 매력적으로 보이기 위해 신체를 장식하거나 가꾸기 위한 목적

(2) 서양

① 원시시대 : 곤충, 동물 등 자연으로부터 신체 보호의 목적으로 전신에 칠을 함

② 이집트 : 종교 의식, 장례식, 개인 화장에서 화장 유래(미라 보존을 위해 화장, 방부제 사용), 지방에 향을 넣은 고대 화장품과 거울 발견(왕의 묘)

　㉠ 올리브오일, 양모오일, 아몬드오일, 꿀, 우유, 흙을 혼합해 피부 관리에 이용

　㉡ 코울(Khol : 화장먹)로 눈썹과 속눈썹에 검은 칠을 함 – 눈 강조, 눈병 예방, 곤충 접근 방지

　㉢ 아이섀도(Eye shadow) 발명 – 녹색 및 흑색을 많이 사용

　㉣ 헤나(Henna) 염료, 이끼에서 얻은 보랏빛 리트머스(Litmus) 색소를 피부에 사용

③ 그리스 : 종교 의식·의약 목적으로 화장품과 향수 사용, 목욕·운동 및 마사지 권장, 목욕 후 향수 즐겨 사용

④ 로마 : 향장품 발달의 전성기(화장품과 향료를 많이 사용), 목욕 문화 발달(한증 · 스팀 미용)

    ㉠ 우유 · 포도주 마사지 성행(귀족 여성), 남성은 면도 시작(면도와 이발의 시초)

    ㉡ 백연, 백묵, 석고를 이용한 미백 화장

⑤ 중세시대 : 기독교 금욕주의(화장, 신체 치장 제한), 목욕 제한(향수로 체취 해결)

⑥ 르네상스 시대 : 향장과 향료 연구의 발전적 계기(십자군 귀향)

    ㉠ 루즈와 분 사용, 가는 눈썹, 머리 뒤로 모아 묶기(15세기)

    ㉡ 향수 최초 제조(1573년, 영국)

    ㉢ 알코올 증류법 개발(화장수의 시초)

⑦ 바로크 · 로코코 시대(17~18세기)

    ㉠ 리차드 쿠소(시인)에 의해 '메이크업(여성이 얼굴에 치장 하는 것)' 명칭 유래

    ㉡ 흰 파우더(미백), 백연(메이크업 베이스) 사용

    ㉢ 비누 생산(1641년, 영국), 향수 제조업(17~18세기, 프랑스), 화학 화장품 등장(18세기, 향장
       업의 공업화)

⑧ 근대 시대(19세기): 화장품과 비누의 일반화 (화장품 산업의 급속한 발전)

    ㉠ 크림과 로션 일반인에게 보급, 산화 아연 개발(1866년)

⑨ 20세기 이후 : 화장품 산업의 성장(기술과 원료 개발 활성화)

    ㉠ 1901년 마사지 크림(Cold Cream) 제조

    ㉡ 1907년 미국의 브렉사에서 샴푸 생산

    ㉢ 1908년 네일 에나멜과 색조 화장품 생산

    ㉣ 1916년 산화티타늄의 발견으로 백분(Face Power)이 대량생산되고, 품질이 향상

    ㉤ 1930년대 후반 자외선 차단제 개발

    ㉥ 1941년 호르몬 크림 개발

    ㉦ 1947년 전기를 이용해 피부 깊숙이 영양을 공급하는 Ionos 기기 개발

    ㉧ 1950년 다양한 원료와 기능성 제품들이 생산되어 화장품 산업이 급속도로 발전

(3) 우리나라

① 5~6세기 : 연지(홍화+돼지기름) 화장이 보편화되고, 고대 고분에서 뺨과 입술 화장을 한 귀부
   인상 얼굴모습이 그려진 벽화 출토

② 신라시대 : 흰색 백분이 사용되고, 연지의 대중화

③ **고려시대** : 분대 화장(기생의 짙은 화장), 비분대 화장(여염집 여인들의 옅은 화장), 화장에 귀천 이 존재

　ㄱ 백분은 사용하고 연지는 사용 안함, 가늘고 아름다운 눈썹, 향낭 주머니 사용

④ **조선시대** : 유교의 영향(짙은 화장 천시, 수수한 화장 선호), 전통 화장술 완성

　ㄱ 화장품(백분, 연지, 곤지, 화장수 등)과 향낭 널리 사용 – 상류층과 기생 중심

　ㄴ 기초 화장품으로 참기름 사용, 혼례 시 연지(양볼), 곤지(이마), 빨간 입술

⑤ **구한말 갑오경장** : 화장품의 보편화, 미용 용어 – 단장(우리나라), 화장 및 화장품(일본)

⑥ **1916년** : 최초로 근대 화장품인 박가분(납 성분 함유 – 독성 유발로 '화장독' 단어 유래) 등장

⑦ **1930년** : '구리무' 크림 판매, 납 성분이 없는 백분 등장(서가분, 서울분)

⑧ **1945년 해방 이후** : 기능별 세분화

　ㄱ 콜드크림, 바니싱 크림, 백분, 머릿기름, 포마드, 헤어토닉, 파마 약, 향수 등 사용

---

tip

- 콜드 크림(Cold Cream) : 현재의 마사지 크림과 유사
- 바니싱 크림(Vanishing Cream) : 콜드 크림과는 달리 유분이 적게 함유되었으며, 피부에 바를 때 우윳빛 크림 상태가 즉시 사라지는 것 같은 현상을 나타낸다고 해서 바니싱 크림이라 함

---

⑨ **1960년** : 화장품 산업의 본격화, 화장품 가정 방문 판매 도입

　ㄱ 하얀 분 화장에서 화사하고 자연스러운 피부 표현의 화장법으로 변화

⑩ **1970년** : 화장품 기술과 수준의 향상, 화장품 수출 시작, '토탈코디네이트' 용어 등장

　ㄱ TPO(Time, Place, Occasion : 때, 장소, 목적에 따른 적합한 화장) 캠페인 등장

⑪ **1980년대** : 피부 생리에 기초를 둔 제품 연구, 독일에서 피부미용 관리 도입(1980년대 초)

　ㄱ 노화 억제(Anti-Ageing), 무향, 무색소, 저방부제의 민감성 화장품 개발 – 피부 안전화

　ㄴ 히알루론산, 립스틱의 천연 색소 성분 대량 생산 – 생명 공학 기술 향상

⑫ **1990년** : 식물 성분의 자연성 화장품 등장

　ㄱ 레티놀(Retinol)을 이용한 기능성 화장품, 머드팩, 헤어 컬러링 유행

　ㄴ 아로마테라피(Aroma Therapy)의 피부 관리 분야에 응용

⑬ **2000년** : 나노 기술(Nano Therapy)이 화장품 제조 기술에 도입됨

　ㄱ 스파 테라피(Spa Technonlogy) 개념 도입, 탈라소 테라피(Thalasso Therapy) 해양 성분유 행, 해초 추출물(비타민, 무기질 다량 함유)이 화장품 원료로 사용

　ㄴ 바디 피부 관리, 두피 및 모발을 위한 다양한 화장품 개발

Section 03 화장품의 분류

(1) 법적인 분류

어린이용품, 목욕용품, 방향용품, 염모용품, 면도용품, 기초 화장용품, 눈 화장용품, 메이크업용품, 매니큐어 용품, 기능성 제품으로 분류

(2) 사용 부위에 따른 분류

안면용, 전신용, 헤어용, 네일용

(3) 기능성 화장품의 용도에 따른 분류

기능성 기초 화장품, 기능성 메이크업 화장품, 기능성 모발 화장품

(4) 사용 목적에 따른 분류

분 류	사용목적	제품종류
기초 화장품	세안, 세정, 청결	클렌징 제품(클렌징 크림, 클렌징폼, 클렌징 오일, 페이셜 스크럽)
	피부 정돈 피부 보호 및 회복	화장수(유연 화장수, 수렴 화장수), 팩, 마사지 크림, 에센스, 모이스처 크림
메이크업 화장품	베이스 메이크업 (피부색 표현)	메이크업 베이스, 파운데이션, 페이스 파우더
	포인트 메이크업 (피부 결점 보완)	아이섀도, 아이라이너, 마스카라, 블러셔, 립스틱 네일용 제품 : 네일에나멜, 네일리무버 등
모발 화장품	세정	샴푸
	트리트먼트	헤어트리트먼트, 헤어로션
	정발(整髮)	헤어무스, 헤어젤, 헤어스프레이, 헤어왁스
	스캘프 트리트먼트	육모제(育毛劑), 양모제(養毛劑)
	염색, 탈색	염모제, 헤어 블리치
	퍼머넌트 웨이브	퍼머넌트 웨이브(1액, 2액)
	탈모 예방, 제모제	탈모제, 제모제(왁싱 젤, 왁싱 크림)
바디 화장품	세정	바디클렌저, 바디스크럽, 버블바스
	신체 보호, 보습	바디로션, 바디오일, 핸드크림
	체취 억제	샤워코롱, 데오드란트
방향 화장품	향취 부여	퍼퓸, 오데 코롱
기능성 화장품	주름개선	안티에이징 제품, 에센스
	미백	미백크림, 에센스
	자외선 차단	선크림, 선오일

Section 04 화장품 성분 명명법

(1) 화장품 성분 명칭

① 원칙 : 우리나라의 경우 화장품의 원료 기준(약칭 : 장원기)에 수록된 명칭을 원칙으로 한다.

② 대한민국 화장품 원료집(KCID ; Korea Cosmetic Ingredient Dictionary) : 장원기에 수록되지 않은 것은 우선순위로 KCID의 성분명을 따른다.

③ 국제 화장품 원료집(ICID ; International Cosmetic Ingredient Dictionary) : 미국 화장품 · 향료협회(CTFA ; Cosmetic Toiletry and Fragrance Association)에서 만든 화장품 원료 규격집이다.

④ 국제 화장품 성분명(INCI ; International Nomenclature of Cosmetic Ingredient) : 국제 화장품 원료집에 수록된 성분 명칭으로 미국을 중심으로 세계적으로 널리 사용된다.

(2) 색소 성분 명칭

① 천연 색소 : 천연에서 유래한 색소이다.

② 합성 색소 : 석유를 원료로 하며, 화학적으로 만들어진 색소로 석유의 코울타르(Coal Tar)에서 합성된다는 의미로 타르(Tar)색소라고도 부른다.

ⓐ 국제 화장품 성분명(INCI) : FD&C 또는 D&C 명칭+색상명칭+고유번호를 붙인다.

　예 FD&C Red No 3, D&C Yellow No 5

ⓑ 우리나라, 일본 : 색상 이름+호수

　예 적색 3호, 황색 4호

ⓒ 최근 : 국가별 명칭 통일을 위해 색상 색인(CI : Color Index)을 함께 사용한다. CI는 색상의 종류에 따라 뒤에 다섯 자리 고유번호가 주어진다.

　예 FD&C Yellow No 5 → 19140, FD&C Red No → 16185

tip

색소의 사용 구분	우리나라에서 유기 합성색소는 허용 색소로 약사법에 규정되어 있다. 미국에서는 FDA에 의해 식품, 의약품, 화장품에 허가된 물질만 사용할 수 있고, 색소의 호수 앞에는 기호에 의해 사용 구분을 나타낸다. • F : food(식품), D : drug(의약품), C : cosmetic(화장품) • FD&C : 식품, 의약품, 화장품에 사용 가능 • D&C : 의약품, 화장품에 사용 가능 • Ext. D&C : 외용의약품, 외용화장품에 사용 가능

(3) 화장품 성분 표기법

① KFDA(Korea Food and Drug Administration) : 한국식품의약품안전청(식약청)에서는 그동안 화장품에 사용된 타르색소, 방부제, 자외선 차단제, 비타민, 기타 생리활성성분들에 대해서만 법적으로 성분표기를 하도록 하였으나 2008년 10월 18일 출고부터는 화장품 전성분 표시 의무제를 적용, 모든 성분을 표시하도록 하고 있다.

② FDA(Food & Drug Administration) : 미국식품의약품안전청에서는 1977년 이후 화장품의 성분 표기를 의무화하였다. 성분 표기는 제품에 가장 많이 배합된 성분부터 차례대로 INCI명에 의해 빠짐없이 기재하도록 하고 있다.

Section 05 화장품 취급시 주의사항

(1) 화장품 선택시

① 팔 안쪽이나 귀 뒷부분에 첩포 테스트(Patch test)를 한 후 선택

② 피부 타입, 피부 상태 및 성질에 알맞은 화장품 선택

③ 제조연월일 확인

④ 향이 너무 강하거나 자극적인 성분이 들어 있는 것은 되도록 피할 것

⑤ 선택한 화장품은 너무 많은 양을 구입하지 말고 최소한으로 구입

⑥ 제조사의 설명서를 참고하여 제품의 특징과 사용방법을 잘 보고 제품을 선택

(2) 화장품 사용시

① 제품 설명서를 읽고 피부에 이상이 없는지 확인

② 손을 청결히 하여 제품을 사용하고 되도록 화장 도구를 사용

③ 손에 덜은 내용물을 다시 용기에 넣으면 남아 있는 제품까지 변질되므로 주의

④ 변질된 제품을 사용하여 피부에 이상이 생겼을 경우 의사에게 상담 치료

(3) 화장품 보관시

① 직사광선, 온도가 너무 높거나 낮은 곳, 습기가 있는 곳은 피함

② 일정한 온도(18~20℃)에서 보관

③ 어린아이들이 만지지 않는 곳에 보관

④ 뚜껑을 잘 덮어 보관하고, 용기 입구를 사용할 때마다 청결히 함

화장품 제조

(1) 화장품의 성분 배합

① 구성 성분 : 수성원료, 유성원료, 유화제, 보습제, 방부제, 착색료, 향료, 산화방지제, 활성 성분이 있어야 한다.

② 활성 성분 : 미백제, 육모제, 주름 제거제, 여드름, 비듬·가려움증 방지제, 자극 완화제, 액취 방지제, 각질 제거제, 유연제 등이 있다.

(1) 수용성 원료

① 물(Water, Aqua, Purified Water, Deionized Water, DI Water)

㉠ 화장품 원료 중 가장 큰 비율을 차지한다.

㉡ 화장수, 로션, 크림 등의 기초 성분이다.

㉢ 정제수 : 세균과 금속이온(칼슘, 마그네슘 등)이 제거된 물이다.

㉣ 증류수(Distilled Water ; DI Water) : 물을 가열하여 수증기가 된 물 분자를 냉각기에 이동시켜 차갑게 하여 만든 물이다.

㉤ 탈이온수(Deionized Water) : 이온화된 물을 탈이온화시켜 질소, 칼슘, 마그네슘, 카드뮴, 납, 수은 등을 제거하는 과정을 거친 물이다.

② 에탄올(Ethanol, Ethyl Alcohol)

㉠ 에틸알코올이라고 하며 휘발성이 있다.

㉡ 친유성과 친수성을 동시에 가지고 있어 피부에 청량감과 가벼운 수렴 효과를 준다.

㉢ 배합량이 높아지면 살균, 소독작용이 나타난다.

㉣ 화장품에 사용되는 에탄올은 술 제조에 사용할 수 없도록 특수한 변성제(메탄올, 부탄올, 페놀 등)를 첨가한 변성 알코올(SD Alcohol ; Special-Denatured Alcohol)이다.

(2) 유성 원료 : 고체와 액상으로 나누어지며, 고체는 왁스, 액체는 오일로 구분되어진다.

① 식물성 오일
식물의 꽃, 잎, 열매, 껍질 및 뿌리 등에서 추출한 성분으로 피부에 자극이 없다. 피부흡수가 늦고 부패하기 쉬운 단점이 있다.

㉠ **올리브유(Olive Oil)**
- 올리브 열매에서 추출하며 에탄올에 잘 용해된다.
- 구성은 올레인산(65~85%)이 대부분이며, 수분증발 억제 및 촉감 향상에 효과적이다.
- 식물유 중에서 비교적 흡수가 좋고 주로 선탠오일, 에몰리엔트 크림 등에 사용된다.

㉡ **피마자유(Castor Oil)**
- 피마자(아주까리)의 종자에서 추출하며, 색소와 잘 혼합된다.
- 구성은 리시놀(85~90%)을 많이 함유하며 친수성이 높고 점성이 크다.
- 립스틱, 네일 에나멜 등에 주로 사용된다.

㉢ **아보카도유(Avocado Oil)**
- 아보카도의 열매에서 추출하며 비타민 A, B_2가 함유되어 있어 건성 피부에 특히 효과적이다.
- 구성은 올레인산(77%), 리놀레인산(11%)로 침투성과 에몰리엔트 효과가 우수하다.
- 피부 친화성, 퍼짐성이 좋고 에몰리엔트 크림, 샴푸, 헤어린스 등에 사용된다.

㉣ **아몬드유(Almond Oil)**
화장품에 사용되는 것은 Sweet Almond Oil이며 크림, 로션의 에몰리엔트제, 마사지 오일 등에 사용된다.

㉤ **살구씨유(Apricot Kernel Oil)**
살구씨(행인)에서 추출하며 감촉이 우수하여 에몰리엔트제로 사용된다.

㉥ **맥아유(Wheat Germ Oil)**
- 밀 배아에서 추출하고 비타민 E를 함유하고 있어 항산화 작용을 한다.
- 혈액순환을 돕고 기초, 메이크업, 모발화장품에 광범위하게 사용된다.

㉦ **월견초유(Evening Primrose Oil)**
- 월견초(달맞이 꽃)의 종자에서 추출하며, 필수지방산을 풍부하게 함유하고 있다.
- 아토피성 피부염 치유, 노화 억제, 보습, 세포 재생 등에 효과가 있다.

㉧ **호호바 오일**
- 호호바 나무에서 추출하며 주성분은 고급 불포화 지방산의 에스터이다.
- 피부 밀착감과 안정성이 우수하며 에멀젼 제품 및 립스틱에 사용된다.

㉨ **로즈힙 오일**
- 야생장미의 씨방에서 추출하며 상처치유 효과가 있다.
- 리놀렌산과 리시놀레산이 주성분이다.

② 동물성 오일

동물의 피하조직이나 장기에서 추출하며 피부 친화성이 좋고 흡수가 빠르며, 정제한 것을 사용한다.

　㉠ **라놀린(Lanolin)**

　　• 양털에서 추출하며 피부의 수분 증발을 억제한다.

　　• 보습력을 지닌 피부유연제로 정제도가 낮을 경우 여드름을 유발할 수 있다.

　　• 주성분 : 고급지방산의 에스터류, 콜레스테롤, 트리글리세라이드 등으로 구성된다.

　　• 피부에 대한 친화성, 부착성, 흡수성이 우수하여 크림, 립스틱에 널리 사용되었으나 알러지 유발 가능성이 대두되어 사용량이 감소하였다.

　㉡ **밍크 오일(Mink Oil)**

　　• 밍크의 피하지방에서 추출하며, 피부 친화성이 좋다.

　　• 부드러운 유연제로 유분감이 없으며 건조 피부, 거친 피부에 사용되고, 특히 겨울철 피부 보호에 좋다.

　㉢ **난황오일(Egg Yolk Oil)**

　　계란노른자에서 추출하며 레시틴을 함유하고 있어 유화제로 쓰인다.

　㉣ **스쿠알란(Squalane)**

　　스쿠알란은 상어 간에서 추출한 스쿠알렌에 수소를 첨가하여 산화를 방지한 것으로 피부에 잘 퍼지며 쉽게 흡수되고 유화된다.

tip

스쿠알렌(Squalene)	포화지방	산패되기 쉽다(캡슐로 보호).	건강 보조제로 이용
스쿠알란(Squalane)	불포화지방산	산패되지 않는다.	화장품에 이용

③ **왁스(Wax)**

실온에서 고체의 유성성분으로 고급 지방산과 고급 알코올이 결합된 에스테르를 말한다. 식물성, 동물성 오일에 비해 변질이 적고 안정성이 높아 립스틱, 크림, 파운데이션에 사용되며 광택이나 사용감을 향상시킨다.

　㉠ **식물성 왁스** : 열대 식물의 잎이나 열매에서 추출한다.

　　• 카르나우바 왁스(Carnauba Wax) : 카르나우바 야자 잎에서 추출, 광택이 우수하며 립스틱, 크림, 탈모, 왁스 등에 사용된다.

　　• 칸데릴라 왁스(Candelilla Wax) : 미국 텍사스, 멕시코 북서부 등의 온도차가 심하고 비가

없는 건조한 고온지대에서 자라는 칸데릴라 식물에서 추출, 립스틱에 주로 사용된다.

  ⓒ **동물성 왁스** : 벌집과 양모 등에서 추출한다.

   • 밀납(Bees Wax) : 벌집에서 추출하며 유연한 촉감을 부여한다. 피부에 알레르기를 유발할 수 있고 크림, 로션, 파운데이션, 아이섀도, 탈모 왁스 등에 사용된다(동물성 왁스 중 화장품에 가장 많이 사용되고 있는 왁스).

   • 라놀린(Lanolin) : 양모에서 추출하며, 유연성과 피부 친화성이 높다. 접촉성 피부염, 알레르기를 유발할 수 있고 크림, 립스틱, 모발 화장품 등에 사용된다.

④ **합성 유성원료**

  ㉠ **광물성 오일(탄화수소류)**

   • 석유에서 추출하며 산패, 변질의 우려가 없고 유성감이 높다.

   • 피부 호흡을 방해할 수 있어 식물성 오일이나 합성 오일과 혼합하여 사용한다.

   • 유동 파라핀(Liquid Paraffin) = 미네랄 오일(Mineral Oil)

    – 피부 표면의 수분 증발을 억제하고 사용감 향상의 목적으로 사용한다.

    – 정제가 쉽고 무색, 무취, 화학적으로 안정적이고 가격이 저렴하다.

    – 정제 순도에 따라 여드름을 유발할 수 있고 노폐물 제거, 수분 증발 억제, 메이크업의 부착성을 높여 준다.

    – 클렌징, 마사지 제품에 사용한다.

   • 실리콘 오일(Silicone Oil)

    – 안정성과 내수성이 높고 발수성이 높아 끈적거림이 없고 사용감이 가볍다.

    – 실리콘 오일의 종류는 디메치콘, 디메치콘폴리올, 페닐트리메콘 등이 있다.

   • 바셀린(Vaseline)

    – 석유 원유를 진공증류하여 탈왁스 할 때 얻어지며 주성분은 탄화수소이다.

    – 외부 자극으로부터 피부를 보호하고 피부에 기름막을 형성하여 수분증발을 억제한다.

    – 무취, 화학적으로 안정하며 크림, 립스틱, 메이크업 제품에 사용된다.

  ㉡ **고급 지방산**

  천연의 왁스에스터의 형태로 존재하는 것에서 추출한다. 알칼리성 물질과 중화 반응을 하며 천연의 유지, 밀납 등에 에스테르류로 함유되어 있다.

   • 스테아르산 : 우지(牛脂)나 팜유에서 얻어지며 고급지방산 중에서 화장품에 가장 널리 사용된다. 유화제, 증점제, 크림, 로션, 립스틱 등에 사용된다.

   • 팔미트산 : 팜유에서 얻어지며 피부 보호 작용을 하고 크림, 유액 등에 사용된다.

   • 라우릭산 : 야자, 팜유에서 추출하며, 수용성이 크고 거품 상태가 좋아 화장비누, 세안류

등에 사용된다.

- 미리스트산 : 팜유를 분해해서 추출, 라우린산에 비해 거품 생성량은 적으나 세정력이 우수하여 세안류 등에 사용된다.
- 올레인산 : 동식물 유지류에 분포되어(산패의 염려) 있으며 올리브유의 주성분으로 크림류에 사용된다. 다른 유성성분과 상용성이 뛰어나며 액체비누 제조에 사용된다.

ⓒ **고급 알코올**

탄소수가 6 이상의 1가인 알코올의 총칭으로 유성 원료로 사용되기도 하며 유화 제품의 유화 안정 보조제로 사용된다. 천연 유지에서 유래한 알코올과 석유화학 제품에서 유래한 알코올이 있다.

- 세틸알코올(세탄올) : 유분감을 줄이거나 왁스류의 점착성을 저하시키며 크림, 유액 등 유화물의 유화 안정제로 사용된다.
- 스테아릴 알코올
  - 유화 및 윤활작용을 하며 점도 조절제로 사용된다.
  - 야자유에서 얻어지며 유화 안정제, 점증제로 사용된다.

ⓔ **에스테르(Esters)**

산과 알코올을 합성하여 얻는 것으로 가볍고 산뜻한 촉감을 부여하고 피부의 유연성을 주며 번들거림이 없다. 에몰리언트, 색소 등의 용제 불투명화제 등으로 사용된다.

- 부틸 스테아레이트 : 유성감이 거의 없어 사용감이 가볍다.
- 이소프로필 미리스테이트 : 무색투명액체로 사용감이 매끄럽고 침투력이 우수하며 보습제, 유연제로 사용한다.
- 이소프로필 팔미테이트 : 사용감이 매끄럽고 침투력이 우수하며 보습제, 유연제로 사용한다.

(3) 계면활성제(Surfactants)

① 계면활성제

한 분자 내에 물을 좋아하는 친수성기(Hydrophilic Group)와 기름을 좋아하는 친유성기(Lipophilic Group)를 함께 갖는 물질로 물과 기름의 경계면, 즉 계면의 성질을 변화시킬 수 있는 특성을 가지고 있다. 계면활성작용에는 가용화작용, 유화작용, 분산작용 등이 있다.

② HLB(Hydrophillic-lipophilic balance)

계면활성제의 성질이 친수성인가 친유성인가의 판단은 친유기와 친수기의 상대적인 강도에 의해 결정되며 이것을 HLB라 한다.

③ 미셀(Micelle)

계면활성제의 농도가 매우 적은 경우에는 수용액은 일반적인 용액과 동일한 성질을 가지지만 계면활성제의 농도가 점점 증가하면 계면활성제의 분자나 이온들이 결합체를 형성하여 용해하게 되는데 이 결합체를 미셀이라 한다.

> tip
>
> 임계 미셀 농도 : 미셀이 형성되는 농도

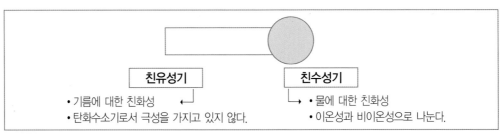

친유성기
• 기름에 대한 친화성
• 탄화수소기로서 극성을 가지고 있지 않다.

친수성기
• 물에 대한 친화성
• 이온성과 비이온성으로 나눈다.

계면활성제의 친유성기와 친수성기

④ 친수성기의 이온성에 따른 분류

분 류	특 징	성 분	종 류
양이온성 계면활성제	• 살균, 소독작용이 큼 • 유연효과, 정전기 발생을 억제 • 피부자극이 강함	• 알킬디메틸암모늄클로라이드 • 벤잘코늄클로라이드	헤어트리트먼트제, 헤어린스
음이온성 계면활성제	• 세정작용, 기포 형성 작용이 우수 • 탈지력이 강해 피부가 거칠어짐	• 고급지방산 비누 • 알킬황산나트륨 • 폴리옥시에틸렌알킬에스터황산염 • 아실아미노산염	비누, 클렌징 폼, 샴푸, 치약, 바디클렌저
양쪽성 계면활성제	• 음이온성과 양이온성을 동시에 가짐 • 피부 자극과 독성이 적고 정전기 억제 • 세정력, 살균력, 유연 효과와 피부 안정성이 좋음 • 샴푸, 어린이용 제품에 널리 이용	• 알킬아미도디메틸프로필아미노초산베타민	베이비 샴푸, 저자극 샴푸
비이온성 계면활성제	• 물에 용해되어도 이온이 되지 않음 • 피부자극이 적어 기초 화장품 분야에 많이 사용 • 피부에 대한 안전성, 유화력이 우수	• 폴리옥시에틸렌 타입 • 다가알코에스터 타입 • 에틸렌옥사이드/프로필렌옥사이드, 공중합체 타입	화장수의 가용화제, 크림의 유화제, 클렌징 크림의 세정제, 분산제로 이용

(4) 보습제(Humectants)

① 보습제

보습제는 피부의 건조를 막아 피부를 촉촉하게 하는 물질로 수분을 끌어당기는 흡습능력과 수분 보유 성질이 강해야 하고 피부와의 친화성이 좋아야 한다.

② 보습제의 종류

㉠ 폴리올(Polyol)

- 글리세린(Glycerin, 화학명 글리세롤 Glycerol) : 가장 널리 사용(의약품 등에도 널리 사용)
  - 수분을 흡수하는 성질이 강해 보습 효과가 뛰어나고 무향으로, 단맛이 난다(단점 : 사용 시 끈적임).
  - 유연제 작용을 하며 피부를 부드럽게 하고 윤기와 광택을 준다.
  - 농도가 너무 진하면 피부 수분까지 흡수하여 피부가 거칠어지므로 주의해야 한다.
- 폴리에틸렌글리콜(Polyetylene Glycol ; PEG)
  - 분자량이 적으면 상온에서 액체 보습제로 작용한다.
  - 분자량이 많으면 고체에서 변하여 점액제로 배합한다.
  - 글리세린에 비해 점도가 낮아 사용감이 우수하다.
  - 화장품의 크림 베이스와 연고의 유연제로 사용된다.
- 프로필렌글리콜(Propylene Glycol ; PPG)
  - 무색 무향의 점성이 있는 액체로 수분을 흡수하는 성질이 있다.
  - 글리세린보다 침투력이 강하며 가격이 저렴하다.
- 부틸렌글리콜(Butylene Glycol ; BG)
  - 글리세린, 프로필렌글리콜보다 끈적임이 적다.
  - 유연제, 보습제로 사용감이 좋고 방부 효과가 있다.
- 솔비톨(Sorbitol)
  - 해조류, 딸기류, 벚나무, 앵두, 사과 등에서 추출한다(백색, 무취의 고체).
  - 흡습작용은 보통이지만 인체에 안정성이 높고 보습력이 뛰어나다.

㉡ 천연보습인자

- 흡습 효과가 뛰어나며 피부의 유연성이 증가된다.
- 사람의 피부에서 자연적으로 발생되는 나트륨으로 수분과 결합하는 능력이 있다.
- 아미노산(Amino Acid), 요소(Urea), 젖산염(Sodium Lactate), 피롤리돈카르본산염(Sodium PCA)이 있다.

ⓒ 고분자 보습제
- 피부의 윤활성과 유연성을 제공하고 분자량의 점도에 따라 보습성 등의 성질이 달라진다.
- 과거 닭 벼슬에서 추출했으나 지금은 미생물 발효에 의해 대량생산되고 있다.
- 히아루론산염, 콘드로이친 황산염, 가수분해콜라겐 등이 있다.

(5) 방부제

화장품은 사용기간이 길고 손을 통해 오염되기 쉬우므로 미생물에 의한 화장품의 변질을 방지하고, 세균의 성장을 억제·방지하기 위해 첨가하는 물질이다.

① 파라옥시향산에스테르(파라벤류)

화장품에 가장 많이 사용되는 방부제이다.

종 류	효 과
파라옥시향산메틸(Methly Paraben)	수용성 물질에 대한 방부 효과가 좋다.
파라옥시향산에틸(Ethyl Paraben)	
파라옥시향산프로필(Propyl Paraben)	지용성 물질에 대한 방부 효과가 좋다.
파라옥시향산부틸(Butyl Paraben)	

② 이미디아졸리디닐 우레아(Imidazolidinyl Urea)

ⓐ 세균에 강하고 파라벤류와 함께 혼합하여 사용한다.
ⓑ 독성이 적어 기초 화장품, 유아용 샴푸 등에 사용한다.

③ 페녹시에탄올(Phenoxy Ethanol)

화장품에서 사용 허용량을 1% 미만으로 하며, 메이크업 제품에 많이 사용한다.

④ 이소치아졸리논(Isothiazolinone)

샴푸처럼 씻어내는 제품에 사용된다.

tip

방부제의 구비조건	• 여러 종류의 미생물에 효과적이어야 한다. • 일반적인 화장품 성분에 용해성이 우수해야 한다. • 안전성이 높으며 피부에 대한 자극이 없어야 한다.

(6) 색재류(착색료)

① 염료(Dye)

물 또는 오일, 알코올 등의 용제에 녹는 색소로 화장품 자체에 시각적인 색상을 부여한다.

② 안료

물 또는 오일, 알코올 등의 용제에 모두 녹지 않는 색소이다.

ㄱ **무기안료** : 색상은 화려하지 않지만 빛, 산, 알칼리에 강하고 커버력이 우수하며, 주로 마스카라에 사용

- 체질안료 : 탈크, 카오린, 마이카, 탄산칼슘, 탄산마그네슘, 무수규산, 산화알루미늄, 황산바륨

  – 피부에 대한 퍼짐성을 좋게 하여 매끄러움을 부여

  – 하얀색의 아주 미세한 분말로 이루어짐

  – 페이스 파우더의 가루분이나 파운데이션에 주로 사용

- 백색안료 : 산화아연, 이산화티탄

  – 피부의 커버력을 결정

- 착색안료 : 산화철류, 산화크롬, 코청, 감청

  – 백색안료와 함께 색체의 명함을 조절하고 커버력을 높이는 데 사용

ㄴ **유기안료**

- 가용기가 없고 물, 오일에 용해하지 않는 유색 분말

- 타르색소로 유기합성 색소 종류가 많고 화려하며 대량생산이 가능

- 빛, 산, 알칼리에 약하나 색성이 신명하고 풍부하여 주로 립스틱이나 색조화장품에 사용

ㄷ **레이크(Lake)**

- 물에 용해가 힘든 염료(적색 201호)를 칼슘 등의 염으로서 물에 불용화시킨 불용성 색소

- 립스틱, 브러시, 네일 에나멜에 안료와 함께 사용한다.

tip	
안료(Pigment)	• 물과 오일에 모두 녹지 않는 색소이다. • 주로 메이크업 화장품에 많이 이용한다. – 무기 안료(광물성 오일) : 천연에서 산출되는 광물을 파쇄하여 안료로 사용한다. 내열, 내광의 안정성은 우수하나 색상이 선명하지 못하며 주로 마스카라에 많이 사용된다. – 유기 안료 : 물, 오일에 용해하지 않는 유색 분말이다. 레이크에 비해 착색력, 내광성이 우수하여 립스틱 등에 많이 사용한다.

③ 펄안료(진주광택 안료)

　　㉠ 펄이 들어가 진주광택, 홍채색, 메탈릭(Metallic)한 느낌 등의 광화학적 효과를 줌

　　㉡ 피부에 부착되어 빛을 반사함과 동시에 빛의 간섭을 일으켜 금속의 광택을 줌

④ 천연색소

　　㉠ 헤나, 카르타민, 카로틴, 클로로필 등 동·식물에서 얻어지며 안전성이 높음

　　㉡ 대량생산이 불가능하며 착색력, 광택성, 지속성이 약해 많이 사용하지 않음

tip

화장품용 색소

- 유기합성색소(타르색소) : 염료, 레이크, 유기안료
- 무기안료 : 체질안료, 착색안료, 백색안료
- 천연색소　　　　　　　• 진주광택안료
- 고분자 안료　　　　　• 기능성 안료

(7) 향료

화장품에 있어서 향은 각종 원료의 냄새를 줄이고 화장품의 이미지를 높이기 위한 필수 성분이다.

① 천연향료

　㉠ 동물성 향료

　　• 피부 자극과 독성이 없어 피부에 안전하나 가격이 비싸다.

　　• 동물의 분비선 등에서 채취한 것으로 사향, 영묘향, 용연향, 해리향 등이 있다.

　㉡ 식물성 향료

　　• 피부 자극과 독성이 있어 알레르기가 생길 수 있으나 가격이 싸고 종류가 많다.

　　• 식물의 꽃, 과실, 종자, 목재, 줄기, 껍질 등에서 추출한 향료를 정유(Essential Oil)라고 한다.

② 합성향료

　• 정유(Essential Oil)와 석유화학제품의 기초 원료를 화학적으로 합성하여 얻는 단리 향료와 유기 합성 반응에 의해 제조되는 순합성 향료가 있다.

　• 탄화수소류, 알코올류, 알데히드류, 케톤류, 에스터류, 락톤, 페놀, 옥사이드, 아세탈 등으로 냄새를 분류한다.

③ 조합향료

천연향료나 합성향료를 목적에 따라 조합한 향료이다.

(8) 산화방지제(Antioxidant)

항산화제라고도 하며, 스스로 산화가 잘되는 물질로서 자신이 산화함으로써 화장품 성분이 산화되는 것을 방지한다.

① 화장품을 장기간 진열하거나 사용할 때 유성 성분이 공기 중의 산소를 흡수하여 산화되는 것을 방지하기 위해 첨가하는 물질로 방부제의 기능도 있다.

② 산화방지제는 부틸히드록시툴루엔(Butyl Hydroxy Toulene ; BHT), 부틸히드록시아니솔(Butyl Hydroxy Anisole ; BHA), 몰식자산(Propyl gallate), 비타민 E(토코페롤)가 있다.

(9) pH 조절제

화장품 법규상 사용가능한 pH는 3~9

① 시트러스 계열(Citrus Fruit) : 항산화 성질로 화장품의 pH를 산성화시킨다.

② 암모늄 카보나이트(Ammonium Carbonate) : 화장품의 pH를 알칼리화시킨다.

🌿 Section 03 화장품의 활성(유효)성분의 원료 및 작용

(1) 건성용

① 콜라겐(Collagen)
    ㉠ 과거에는 송아지에서 추출하였으나 현재는 돼지 또는 식물에서 추출한다.
    ㉡ 3중 나선구조로 이루어져 있으며 열과 자외선에 쉽게 파괴된다.
    ㉢ 보습작용이 우수하여 피부에 촉촉함을 부여한다.

② 엘라스틴
    ㉠ 과거에는 송아지에서 추출하였으나 현재에는 돼지 또는 식물에서 추출한다.
    ㉡ 약간의 끈적임이 있고 수분 증발 억제작용이 있다.

③ Sodium P.C.A(Sodium Pyrrolidone Carboxylic Acid)
    천연보습인자(NMF)의 성분으로 피부에 자극이 없으며 보습 효과를 준다.

④ 솔비톨
    ㉠ 해조류, 딸기류, 벚나무, 앵두, 사과 등에서 추출한다.
    ㉡ 흡습작용은 보통이지만 인체에 안정성이 높고 보습력이 뛰어나다.
    ㉢ 끈적임이 강하고 글리세린 대체 물질로 사용된다.

⑤ 히알루론산염

  ㉠ 과거 닭 벼슬에서 추출했으나 지금은 미생물 발효에 의해 추출한다.

  ㉡ 자신의 질량에 최소 수백 배의 수분을 흡수하므로 보습 효과가 뛰어나다.

⑥ 아미노산 : 천연보습인자(NMF) 성분으로 피부에 자극이 없고 보습 효과가 있다.

⑦ 세라마이드 : 각질 간 접착제 성분으로 수분증발 억제, 유해물질 침투를 억제한다.

⑧ 해초

  ㉠ 대표 성분은 알긴산으로 보습, 진정작용을 한다.

  ㉡ 요오드가 함유되어 있어 독소 제거 효과가 탁월하다.

⑨ 레시틴 : 콩, 계란노른자에서 추출하며 보습제, 유연제로 사용한다.

⑩ 알로에

  ㉠ 알로에의 잎에서 추출한다.

  ㉡ 항염증, 진정작용을 하여 화농성 여드름, 민감성 피부에 효과적이다.

  ㉢ 보습작용이 있어 건성, 노화 피부에도 효과적이다.

(2) 노화용(건성용 성분 + 영양분 추가)

① 비타민 E(토코페롤) : 지용성 비타민으로 피부 흡수력이 우수하며 항산화, 항노화, 재생작용이 뛰어나다.

② 레티놀, 레티닐 팔미테이트

  ㉠ 레티놀은 지용성 비타민으로 상피보호, 레티닐 팔미테이트는 비타민 A 유도체로 산소에 산패되기 쉬운 유효성분을 안정화시킨 것이다.

  ㉡ 잔주름 개선 효과, 각화과정 정상화, 재생작용을 한다.

③ AHA(α-Hydroxy acid)

  ㉠ 5가지 과일산으로 이루어져 있으며 수용성을 띤다.

  ㉡ 각질 제거, 피부재생 효과가 뛰어나며 피부 도포시 따가운 느낌을 부여한다.

  ㉢ 글라이콜릭산(사탕수수), 젖산(우유), 구연산(오렌지, 레몬), 사과산(사과), 주석산(포도) 등이 있다.

  ㉣ AHA의 농도는 pH 3.5 이상에서 10% 이하로 사용한다.

④ SOD(Super Oxide Dismutase) : 활성화 억제 효소로 노화 억제 효과가 탁월하다.

⑤ 프로폴리스(Propolis)

　　㉠ 밀랍에서 추출하며 피부진정, 상처 치유, 항염증 작용, 면역력 향상 작용을 한다.

　　㉡ 각종 비타민과 아미노산이 함유되어 있어 신진대사에 좋다.

⑥ 플라센타(Placenta)

　　㉠ 과거에는 소에서 추출했으나 최근에는 사람, 돼지의 태반에서 추출한다.

　　㉡ 피부 신진대사와 재생작용이 탁월하다.

⑦ 알란토인(Allantoin)

　　㉠ 과거에는 구더기, 요산에서 추출하였으나 최근 컴프리 뿌리에서 추출한다.

　　㉡ 보습, 상처 치유, 재생작용을 하며 미세한 각질 제거 효과가 있다.

⑧ 인삼 추출물(Ginseng Extract)

　　㉠ 인삼에서 추출하며 비타민과 호르몬이 함유되어 피부에 영양을 공급한다.

　　㉡ 재생, 부종, 상처 치유에 좋다.

⑨ 은행 추출물(Ginko Extract) : 은행잎에서 추출하며 항산화, 항노화, 혈액순환을 촉진한다.

(3) 민감성용

① 아줄렌(Azulene)

　　캐모마일에서 추출하며 파란색을 띠고 항염증, 진정, 상처치유 효과가 있다.

② 위치하젤(Witch Hazel)

　　하마멜리스에서 추출하며 살균, 소독, 수렴작용, 항염증 효과가 있다.

③ 비타민 P, 비타민 K

　　수용성 비타민 P와 지용성 비타민 K는 모세혈관벽을 강화시킨다.

④ 판테놀(Panthenol, 비타민 B_5)

　　항염증, 보습, 치유 작용을 하며 선번(Sun Bun)을 진정시킨다.

⑤ 리보플라빈(Riboflavin, 비타민 B_2)

　　피부 트러블 방지, 피부를 유연하게 한다.

⑥ 클로로필(Chlorophyl)

　　살아 있는 식물과 식물의 잎에서 추출하며 피부 진정, 치료 효과가 있다.

Chapter
02

- - - - - - - - - 화장품 제조 -

(4) 지성 · 여드름용

① 살리실산(Salicylic Acid)

지용성으로 BHA(β-Hydroxy Acid)라고 부르며 살균작용, 피지 억제, 화농성 여드름에 효과적이다.

② 클레이(Clay)

진흙 계열로 불용성 물질이며, 피지 흡착력이 뛰어나다. 카오린, 머드, 벤토나이트가 있다.

③ 유황(Sulfur)

노란색이며 각질제거, 피지 조절, 살균작용을 한다.

④ 캄퍼(Camphor)

㉠ 사철나무에서 추출하며 유칼립투스 또는 멘톨 향이 강하다.

㉡ 피지조절, 항염증, 상균, 수렴, 냉각작용을 하며 혈액순환 촉진작용이 있어 다크서클 제품에도 사용된다.

tip

여드름 화장품의 배합성분

- 피지 억제제 : 에스트라디올, 에스트론, 에티닐, 에스트라디올, 우엉, 로즈마리, 인삼추출물, 비타민 B$_6$ 등
- 각질 제거 : 유황, 실리실산, 레조루신, 비타민 C 등
- 살균제 : 염화벤잘코늄, 2,4,4트리클로로2하이드록시페놀, 작약, 고삼, 황벽 추출물 등

(5) 미백용

① 알부틴(Arbutin)

월귤나뭇과에서 추출하며 멜라닌 색소를 만들어내는 효소인 티로시나제의 활성을 억제하여 색소 침착이 생기는 것을 방지한다.

② 하이드로퀴논(Hydroquinone)

미백 효과가 가장 뛰어나며 의약품에서만 사용되나 부작용으로 백반증을 유발할 수 있다.

③ 비타민 C

㉠ 수용성 비타민으로 항산화, 항노화, 미백, 재생, 모세혈관을 강화한다.

㉡ 멜라닌 색소를 생성하는 반응에서 도파퀴논을 환원하여 멜라닌 생성을 억제한다.

④ 닥나무 추출물(Broussonetia Extract Powder)

닥나무에서 추출하며 미백, 항산화 효과가 있다.

⑤ 감초(Licorice, Glycyrrhiza)

㉠ 감초 뿌리와 줄기에서 추출하며 해독, 소염, 상처 치유, 자극 완화 효과가 있다.

㉡ 티로시나제의 활성을 억제하여 색소가 침착되는 것을 방지한다.

⑥ 코직산(Kojic Acid)

누룩곰팡이에서 추출하며 티로시나제의 활성을 억제하여 색소 침착을 방지한다.

Section 04 화장품의 기술

(1) 가용화(Solubilization)

① 물과 물에 녹지 않는 소량의 오일성분이 계면활성제에 의해 투명하게 용해된 상태의 제품이다.

② 계면활성제는 오일 성분 주위에 매우 작은 집합체를 만들게 되는데 이를 미셀(Micelle)이라 하며 미셀의 크기는 가시광선의 파장보다 작아 빛이 투과되므로 투명하게 보인다.

③ 가용화된 제품은 화장수, 향수, 에센스, 포마드, 네일 에나멜 등이 있다.

④ 가용화제품은 투명하게는 보이지만 틴들현상을 나타내는 것으로 일반적인 용액과 쉽게 구별된다.

(2) 분산(Dispersion)

① 물 또는 오일 성분에 미세한 고체 입자가 계면활성제에 의해 균일하게 혼합된 상태의 제품이다.

② 분산된 제품은 립스틱, 아이섀도, 마스카라, 아이라이너, 파운데이션 등이 있다.

(3) 유화(Emulsion)

① 물에 오일 성분이 계면활성제에 의해 우윳빛으로 불투명하게 섞인 상태(백탁화)의 제품을 말한다.

② 미셀이 커서 가시광선이 통과하지 못하므로 뿌옇게 불투명한 색상으로 보인다.

③ 유화 형태

종 류	형 태	특 징	종 류
유중수형 에멀전 (Water in Oil type, W/O)	W O	• 오일 〉 물 • 유분감이 많아 피부 흡수가 느림 • 사용감이 무거움 • O/W형보다 지속성이 높음	크림류 : 영양크림, 헤어크림, 클렌징크림, 선크림
수중유형 에멀전 (Oil in Water type, O/W)	O W	• 물 〉 오일 • 피부흡수가 빠름 • 사용감이 산뜻하고 가벼움 • 지속성이 낮음	로션류 : 보습 로션, 선탠로션
다상에멀전 (Multiple Emulsion)	W/O/W형 에멀전	W O W O/W/O형 에멀전 O W O	

④ 유화(에멀전)를 구별하는 방법

㉠ **전기전도도** : O/W형쪽이 W/O형보다 높다.

㉡ **희석법** : 물에 희석한 후 분산성에 의해 판단한다.

㉢ **염색법** : 수용성 염료나 유용성 염료의 용해도에 의해 판단한다.

Chapter 03 화장품의 종류와 기능

Section 01 기초 화장품

(1) 목적

① **피부청결** : 표면의 더러움, 메이크업 찌꺼기, 노폐물을 제거한다.

② **피부정돈** : pH를 정상적인 상태로 돌아오게 하고 유 · 수분을 공급한다.

③ **피부보호** : 피부표면의 건조를 방지하고 매끄러움을 유지시키며 공기 중의 유해한 성분이 침입하는 것을 막아준다.

④ **피부영양** : 피부에 수분 및 영양을 공급한다.

(2) 종류

① 세안용 화장품

ㄱ) **특징**

- 피부 표면의 이물질, 메이크업 잔여물을 제거하여 피부를 청결하게 한다.
- 정상적인 생리기능을 유지시킨다.

ㄴ) **종류**

- 계면활성제형 세안제
  - 거품이 풍성하게 잘 생기며 잘 헹구어진다.
  - 알칼리성으로 피지막의 약산성을 중화시킨다.
- 유성형 세안제

클렌징 크림	• 광물성 오일(유동 파라핀)이 40~50% 정도 함유 • 피부표면에 묻은 기름때를 닦아내는 데 효과적임 • 피지 분비량이 많을 때, 짙은 메이크업을 했을 때 적합
클렌징 로션	• 식물성 오일이 함유되어 있어 이중세안이 불필요함 • 수분을 많이 함유하고 있어 사용감이 산뜻하고 사용 후 부드러운 느낌 • 세정력이 클렌징 크림보다 떨어지므로 옅은 화장을 지울 때 적합
클렌징 폼	• 비누의 우수한 세정력과 클렌징 크림의 피부 보호기능을 가짐 • 유성성분과 보습제를 함유하고 있어 사용 후 피부 당김이 적음 • 피부에 자극이 적어 민감하고 약한 피부에 좋음
클렌징 젤	• 유성타입 : 유성 성분이 많아 짙은 화장을 깨끗하게 지워줌 • 수성타입 : 유성타입에 비해 세정력은 떨어짐 　　　　　　사용 후 피부가 촉촉하고 매끄러워 옅은 화장을 지울 때 적합

클렌징 오일	• 피부 침투성이 좋아 짙은 화장을 깨끗하게 지워줌 • 비누 없이 물에 쉽게 유화되고 건성, 노화, 민감한 피부에 사용
클렌징 워터	• 가벼운 메이크업을 지우거나 화장 전에 피부를 청결히 닦아낼 목적으로 사용

• 각질 제거

	스크럽(Scrub)	• 각질제거 효과, 세안 효과, 마사지 효과
물리적 방법	고마쥐(Gommage)	• 건조된 제품을 근육결의 방향대로 밀어서 각질을 제거 • 피부 타입에 따라 사용방법이 다름 • 모든 피부에 사용가능하나 예민한 피부는 주의
생물학적 방법	효소(Enzyme)	• 단백질 분해 효소(파파인, 브로멜린, 트립신, 펩신)가 각질을 제거 • 모든 피부에 사용가능
화학적 방법	AHA	• 단백질인 각질을 산으로 녹여서 제거 • 각질 제거, 보습, 피부의 턴 오버(Turn Over)기능을 향상

② 조절용 화장품(화장수)

㉠ 화장수는 정제수+에탄올+보습제를 기본으로 만들어진다.

㉡ 클렌징 후 피부의 수분공급, pH조절, 피부정돈을 한다.

㉢ 보통 pH 5.0~6.0으로 피부의 pH 회복에 도움을 준다.

㉣ 유연 화장수

• 스킨로션(Skin Lotion), 스킨 소프너(Skin Softner), 스킨 토너(Skin Toner) 등으로 부른다.

• 다음 단계에 사용할 화장품의 흡수를 용이하게 하고 보습제와 유연제를 함유하고 있다.

• pH에 따라 기능에 차이가 있다.

   – 약알칼리성 : 노화된 각질을 부드럽게 하며 수분과 보습성분의 침투를 촉진시켜 피부를 촉촉하게 한다.

   – 중성 : 피부를 부드럽게 하고 탄력성을 준다.

   – 약산성 : 피부의 pH와 유사한 5.5 정도로 피부를 매끄럽게 하고 세균의 침투를 예방한다.

화장수의 주요성분	정제수, 알코올, 보습제, 유연제, 가용화제, 기타(완충제, 점증제, 향료, 방부제 등)

㉤ 수렴 화장수

• 아스트린젠트(Astringent), 토닝 로션(Toning Lotion)이라 부른다.

• 각질층에 수분을 공급, 모공을 수축, 피부결 정리, 피지 분비를 억제 작용이 있다.

• 세균으로부터 피부를 보호하고 소독해 주는 작용이 강하다.

③ 보호용 화장품

㉠ 로션(Lotion), 에멀견(Emulsion)
- 피부에 수분과 영양을 공급해 준다.
- 유분량이 적고 유동성이 있다.
- 지성 피부, 여름철 정상 피부에 사용한다.
- 수분이 60~80%로 점성이 낮으며 유분은 30% 이하이고 O/W형의 유화이므로 피부 흡수가 빠르며 사용감이 가볍고 피부에 부담이 적다.

㉡ 크림(Cream)
- 세안 후 손실된 천연보습인자(NMF)를 일시적으로 보충하여 피부에 촉촉함을 준다.
- 외부 환경으로부터 피부를 보호한다.
- 유효 성분들이 피부 문제점을 개선한다.
- 유분감이 많아 피부 흡수가 더디고 사용감이 무겁다.
- 종류와 기능에 따른 분류

종 류	기 능
데이 크림	햇빛, 건조한 공기, 공해 등 낮 동안 외부 자극으로부터 피부 보호
나이트 크림	• 대부분의 영양크림 • 피부 재생, 영양, 보습 효과 • 대체로 유분을 많이 함유
화이트닝 크림	피부 미백
콜드 크림	마사지용 크림으로 혈액 순환과 신진대사 촉진
모이스처 크림, 에몰리엔트 크림	피부 보습 및 유연 효과
선 스크린	자외선 차단
안티링클 크림, 아이크림	• 눈가의 잔주름 완화 및 예방 효과 • 피부 탄력 증진

tip

크림의 주요성분	유성원료(왁스 및 고체유형성분, 오일 등), 수용성 원료(글리세린, 솔비톨 등), 계면활성제, 점증제, 방부제 등

㉢ 에센스(Essence), 세럼(Serum), 컨센트레이트(Concentrate), 부스터(Booster)
- 화장수나 로션 등의 기초 화장품에 특정 목적을 위한 유효성분을 더한 것
- 흡수가 빠르고 사용감이 가볍다.

• 고농축 보습성분을 함유하여 피부가 촉촉하다.

• 고영양성분을 함유하여 피부보호와 영양을 공급한다.

tip	에센스의 주요성분	보습제, 알코올, 점증제, 비이온 계면활성제, 유연제, 기타 향료

ㄹ 팩(Pack)과 마스크(Mask)

• 팩의 특징

– '포장하다', '둘러싸다' 라는 뜻인 Package(패키지)에서 유래되었다.

– 얼굴에 바른 후 공기가 통할 수 있다.

– 얇은 피막이 형성되지만 딱딱하게 굳지 않는다.

– 흡착 작용에 의해 피부 표면의 각질과 오염물을 제거한다.

• 팩의 타입별 종류

종 류	특 징
필오프 타입 (Peel-off Type)	• 얼굴에 팩을 바른 후 건조된 피막을 떼어내는 타입 • 건조되는 동안 피부에 긴장감을 주어 탄력을 부여 • 떼어낼 때 오염물과 묵은 각질 제거
워시오프 타입 (Wash-off Type)	• 얼굴에 바른 뒤 20~30분 후 물로 씻어내거나 해면으로 닦아내는 타입 • 물을 사용하여 씻어내므로 상쾌한 사용감을 느낄 수 있음 • 머드팩, 클레이, 젤 형태
티슈오프 타입 (Tissue-off Type)	• 얼굴에 바른 뒤 10~20분 후 거즈나 티슈로 닦아내는 타입 • 사용감이 부드럽고 보습 효과가 우수함 • 손쉽게 사용할 수 있고 피부 자극이 적어 민감성 피부에도 적당 • 다른 팩에 비해 긴장감이 다소 떨어지는 단점이 있음
시트 타입 (Sheet Type)	• 일정 시간 붙였다가 떼어내는 타입 • 건성, 노화, 예민성 피부에 사용 • 콜라겐, 벨벳 마스크, 시트 마스크
분말 타입	• 분말을 물에 개어 바르는 타입 • 석고팩은 딱딱하게 굳는 팩으로 발열작용을 이용(민감성 피부에 좋지 않음) • 효소팩은 효소의 단백질 분해효과를 이용

tip	팩의 주요성분	정제수, 알코올, 보습제, 피막제, 점증제, 에몰리엔트제, 계면활성제 등

• 마스크의 특징

– 피부를 유연하게 하고 영양 성분의 침투를 용이하게 한다.

– 얼굴에 바른 후 시간이 지나면 딱딱하게 굳어져 외부 공기 유입과 수분 증발을 차단한다.

Section 02 메이크업 화장품

(1) 특징

① 피부색을 균일하게 정돈해준다.

② 색채감을 부여하여 피부색을 아름답게 표현하는 미적 효과가 있다.

③ 장점은 강조하고 피부 결점은 보완한다.

④ 자외선으로부터 피부를 보호해 준다.

⑤ 심리적인 만족감과 자신감을 생기게 한다.

(2) 종류

① 베이스 메이크업(Base Make-up) 화장품

기미, 주근깨 등 피부 결점을 커버하여 아름답게 보이도록 하며, 피부색에 맞는 베이스를 선택하여 얼굴 전체 피부색을 균일하게 정돈한다.

㉠ **메이크업 베이스(Make-up base)**

- 인공 피지막을 형성하여 피부를 보호한다.
- 피부를 자연스럽고 투명한 색으로 표현한다.
- 파운데이션의 밀착성과 퍼짐성을 높여 화장이 들뜨는 것을 방지하고 화장이 지속되게 한다.
- 파운데이션의 색소가 피부에 침착되는 것을 막아준다.
- 메이크업 베이스의 색상

파란색(Blue)	붉은 얼굴, 하얀 피부톤을 표현할 때 효과적이다.
보라색(Violet)	피부톤을 밝게 표현하며 동양인의 노르스름한 피부를 중화시켜 준다.
분홍색(Pink)	신부 화장 및 얼굴이 창백한 사람에게 화사하고 생기 있는 건강한 피부를 표현할 때 사용한다.
녹색(Green)	• 색상 조절 효과가 가장 크며 일반적으로 많이 사용한다. • 잡티 및 여드름 자국, 모세혈관 확장 피부에 적합하다.
흰색(White)	• 투명한 피부를 원할 때 효과적이다. • T-zone 부위에 하이라이트를 줄 때 사용한다.

㉡ **파운데이션(Foundation)**

- 피부색을 균일하게 하고 기미, 주근깨, 흉터 등 피부 결점을 보완한다.
- 얼굴 윤곽을 수정해 주고 부분화장을 돋보이게 한다.

- 자외선, 추위, 건조 등 외부 자극으로부터 피부를 보호해준다.
- 파운데이션의 종류

리퀴드 파운데이션 (Liquid Foundation)	• 로션 타입으로 수분을 많이 함유하고 있다. • 퍼짐성이 우수하며 투명감 있게 마무리된다. • 사용감 가볍고 산뜻하다. • 화장을 처음 하는 사람이나 젊은 연령층에 적당하다.
크림 파운데이션 (Cream Foundation)	• 유분을 많이 함유하고 있어 무거운 느낌을 준다. • 피부 결점 커버력이 우수하다. • 퍼짐성과 부착성이 좋아 땀이나 물에 화장이 잘 지워지지 않는다.
케이크 타입 파운데이션	• 트윈케이크(Twin Cake), 투웨이케이크(Two-Way Cake)라 한다. • 사용감이 산뜻하고 밀착력이 좋다. • 커버력이 좋고 뭉침이 없으며 땀에 쉽게 지워지지 않는다.
스틱 파운데이션 (Stick Foundation)	크림 파운데이션보다 피부 결점 커버력이 우수하다.

ⓒ 파우더(Powder)

- 피부에 탄력과 투명감을 준다.
- 자외선으로부터 피부를 보호한다.
- 파운데이션의 유분기를 제거하고 피부를 화사하게 표현한다.
- 땀이나 피지를 억제하여 화장의 지속력을 높여준다.
- 화장이 번지는 것을 방지하고 피부가 번들거리는 것을 경감시킨다.

페이스 파우더 (Face Powder)	• 가루분, 루스 파우더(Loose Power)라 한다. • 입자가 고와서 피부톤을 투명하고 자연스럽게 보이게 한다. • 유분감이 없어서 사용감이 가볍다. • 가루상태로 사용과 휴대가 불편하다. • 수시로 발라 주어야 하며 커버력이 적다. • 너무 많이 바르면 피부가 건조해진다.
콤팩트 파우더 (Compact Powder)	• 고형분, 프레스 파우더(Pressed Powder)라 한다. • 페이스 파우더에 소량의 유분을 첨가 후 압축시켜 만들었다. • 가루날림이 적고 휴대가 간편하다. • 페이스 파우더에 비해 무겁게 발라져 화장의 투명도가 떨어진다. • 화장의 지속성이 떨어져 수시로 발라주어야 한다.

- 바르는 방법
  - 파우더는 넓은 부위에서 좁은 부위로 바른다.
    (볼 → 이마 → 코 → 턱의 순서로 퍼프를 가볍게 누르면서 바른 후 눈, 입 주위를 꼼꼼히 바른다.)
  - 너무 많이 바르면 피부가 주름져 보이므로 적당이 바른다.
  - 티슈로 파운데이션의 유분기를 제거해 주면 파우더가 들뜨지 않는다.

② 포인트 메이크업(Point Make-up)

㉠ 아이브로우(Eye Brow)제품

- 특징
  - 눈썹을 그릴 때 목탄을 사용했기 때문에 눈썹먹이라고도 불린다.
  - 눈썹 모양을 그리고 눈썹 색을 조정하기 위해 사용한다.
- 종류
  - 펜슬타입 : 연필 형태로 가장 일반적이며 사용이 간편하다.
  - 케이크타입 : 브러시를 사용하며 사용이 불편하지만 자연스럽게 눈썹을 그릴 수 있다.
- 제품의 선택조건
  - 피부에 대한 안정성이 좋아야 한다.
  - 피부에 부드러운 감촉으로 균일하게 선명하고 미세한 선이 그려져야 한다.
  - 지속성이 높고 화장의 흐트러짐이 없어야 한다.
  - 오일이 스며나오는 발한, 추운 곳에서 오래 보관하면 뿌옇게 변하는 발분, 부러짐 현상이 없어야 한다.

㉡ 아이섀도(Eye Shadow)제품

- 특징
  - 눈 주위에 명암과 색채감을 주어 보다 아름다운 눈매나 입체감을 연출한다.
  - 눈의 단점을 수정 · 보완해 준다.
  - 눈매에 표정을 주어 이미지와 개성을 연출한다.
- 종류
  - 케이크타입 : 휴대가 간편하고 다양한 색상과 발색력이 좋다.
  - 크림타입 : 유분이 함유되어 있고 밀착감과 지속성 좋으나 시간이 경과하면 번들거린다.
  - 펜슬타입 : 선으로 눈매를 강조하기 좋으나 시간이 경과하면 뭉치는 단점이 있다.

- 제품의 선택조건
  - 피부에 대한 안정성이 좋아야 한다.
  - 바르기 쉽고 밀착감이 있어야 한다.
  - 색상의 변화가 없어야 한다.
  - 땀이나 피지에 의해 번지지 않아야 한다.

ⓒ 아이라이너(Eye Liner)

- 특징
  - 눈의 윤곽을 또렷하게 하고 눈의 모양을 조정·수정한다.
  - 눈이 커 보이고 생동감 있게 표현한다.
- 종류
  - 리퀴드타입 : 선이 분명하고 깔끔하여 선이 오래 유지되는 반면 그리기가 어렵고 부자연
    스러워 보일 수도 있다.
  - 펜슬타입 : 연필 모양으로 강약 조절이 쉽고 그리기가 쉬워 초보자에게 적당하다. 리
    퀴드 타입보다 눈매가 자연스럽다. 선이 번지고 지워지기 쉽다.
  - 케이크타입 : 선이 자연스러워 보이고 오래 유지되며, 붓에 물을 적셔 사용해야 하므로 사
    용이 불편하다.
- 제품의 선택조건
  - 피부에 자극이 없고 안정성이 좋아야 한다.
  - 건조가 빠르고 그리기 쉬워야 한다.
  - 피막이 유연하고 벗겨지거나 갈라지지 않아야 한다.
  - 적당한 내수성을 가지며 내용물이 가라앉거나 뭉침이 없어야 한다.

ⓓ 마스카라(Mascara)

- 특징
  - 눈동자를 또렷하게 보이게 하고 눈의 인상을 좋게 한다.
  - 속눈썹을 길고 짙게 하여 눈매에 표정을 부여한다.
- 종류
  - 볼륨 마스카라 : 속눈썹이 짙고 풍성하게 보이게 한다.
  - 컬링 마스카라 : 속눈썹이 위로 잘 올라가게 한다.
  - 롱래쉬 마스카라 : 마스카라에 섬유질이 배합되어 속눈썹이 길어 보이게 한다.
  - 워터프루프 마스카라 : 내수성이 좋아 땀이나 물에 강하다.

- 제품의 선택조건
  - 눈과 피부에 자극이 없고 안정성이 좋아야 한다.
  - 눈썹에 내용물이 균일하게 묻어야 한다.
  - 적당한 윤기, 건조성, 컬링효과, 방수성이 있어야 한다.
  - 내용물이 가라앉거나 뭉침이 없어야 한다.

ⓜ 립스틱(Lip Stick) = 루즈(Rouge)
- 특징
  - 입술에 색을 주어 얼굴을 돋보이게 하는 것으로 화장 효과가 가장 크다.
  - 입술에 색감을 주어 입술 모양을 수정 · 보완한다.
  - 추위, 건조, 자외선으로부터 입술을 보호한다.
- 종류
  - 모이스처 타입 : 오일 함량이 많아 사용감이 촉촉하고 부드러우나 잘 번지고 지워지기 쉽다.
  - 매트 타입 : 밀착감이 높아 번들거리지 않고 번짐이 적다.
  - 롱래스팅 타입 : 잘 묻어나거나 지워지지 않아 지속력이 좋으나 입술이 건조해질 수 있으며 전용 클렌징제로 지워야 한다.
  - 립글로스 : 입술을 보호하며 촉촉하게 보이게 하고 입술에 투명하고 부드러운 윤기를 부여한다.
- 제품의 선택조건
  - 사용시 부러짐이 없어야 한다.
  - 입술 피부 점막에 자극이 없어야 한다.
  - 인체에 무해하며 안정성이 있어야 하고 불쾌한 냄새나 맛이 없어야 한다.
  - 발랐을 때 시간의 경과에 따라 색의 변화가 없어야 한다.
  - 부드럽게 발리고 번짐이 없어야 한다.
  - 지속력이 뛰어나야 하며 보관시 변질되지 않아야 한다.

ⓗ 블러셔(Blusher) = 볼터치, 치크(Cheek)
- 특징
  - 얼굴의 결점을 커버한다.
  - 얼굴색을 건강하고 밝게 보이게 한다.
  - 얼굴 윤곽에 음영을 주어 입체적으로 보이게 한다.
  - 메이크업의 마무리 단계에서 사용한다.

- 종류
  - 케이크 타입 : 브러시를 이용해 바르고 색감 표현이 잘되나 지속력이 없다. 얼굴 윤곽 수정 및 건강한 혈색 표현에 좋다.
  - 크림 타입 : 스펀지를 이용해 바르고 밀착감이 좋아 지속력이 좋다. 색이 짙고 커버력이 적으며 얼굴 윤곽 수정을 위해 주로 사용한다.

Section 03 　모발 화장품

모발 화장품에는 두피, 모발에 존재하는 피지, 땀, 비듬, 각질, 먼지, 화장품, 찌꺼기 등을 세정하는 기능과 모발의 보호와 영양공급 등의 트리트먼트 기능이 있다. 메이크업 화장품의 성격으로는 헤어스타일링 효과, 헤어컬러링 효과, 퍼머넌트웨이브 효과 등이 있다.

(1) 세정용(洗淨用)

① 샴푸(Shampoo)

　㉠ 특징

- 모발 및 두피를 세정하여 비듬과 가려움을 덜어주며 건강하게 유지시킨다.
- 모발 및 두피의 손질을 효과적으로 하게 한다.
- 두피를 자극하여 혈액 순환을 좋게 하고 모근을 강화한다.

　㉡ 제품의 선택조건

- 두피, 모발 및 눈에 자극이 없어야 한다.
- 거품의 발생이 풍부하며 지속성을 가져야 한다.
- 물에 의한 씻김 현상이 좋아야 한다.
- 세정력은 우수하되 과도한 피지 제거로 모발의 손상이나 건조가 있어서는 안 된다.

② 린스(Rince)

　㉠ 모발에 샴푸로 감소된 유분을 공급하여 자연스러운 윤기를 준다.
　㉡ 모발의 표면을 매끄럽게 하여 빗질을 좋게 한다.
　㉢ 정전기 발생을 방지한다.
　㉣ 모발의 표면을 보호한다.
　㉤ 샴푸 후 모발에서 제거되지 않은 불용성 알칼리 성분을 중화시켜 준다.

(2) 정발용(整髮用)

정발제는 세정 후 모발을 원하는 형태로 만드는 스타일링의 기능과 모발의 형태를 고정시켜 주는 세팅의 기능을 목적으로 사용된다.

① 헤어오일(Hair Oil)

유분, 광택을 주며 모발을 정돈하고 보호한다.

② 포마드(Pomade)

남성용 정발제로 반 고체 상태의 젤리 형태로 식물성과 광물성으로 구분할 수 있다.

③ 헤어크림(Hair Cream)

모발을 정리하고 보습효과와 광택을 주지만 유분이 많아 건조한 모발에 적합하다.

④ 헤어로션(Hair Lotion)

모발에 수분을 공급하여 보습을 주며 끈적임이 적다.

⑤ 헤어스프레이(Hair Spray)

세팅한 모발에 고루 분무하여 헤어스타일을 일정한 형태로 유지 · 고정시킨다.

⑥ 헤어무스(Hair Mousse)

투명하며 촉촉하고 자연스러운 스타일 연출시 적당하다.

⑦ 헤어젤(Hair Gel)

거품을 내어 모발에 바른 후 원하는 헤어스타일을 연출한다.

(3) 트리트먼트

모발이 손상되는 것을 방지하고 손상된 모발을 복구하는 것을 목적으로 사용된다.

① 헤어 트리트먼트 크림(Hair Treatment Cream)

대부분 유화형으로 퍼머, 염색, 헤어드라이 사용, 공해 등으로 손상된 모발에 영양물질을 공급하고 모발의 건강 회복을 목적으로 한다.

② 헤어 팩(Hair Pack)

㉠ 손상 모발에 유화형 영양물질을 발라 모발에 투입시킨 후 씻어내는 타입이다.
㉡ 집중적인 트리트먼트 효과를 나타낸다.

③ 헤어 코트(Hair Coat)

  ㉠ 코팅 효과, 윤활성, 내수성, 밀착성이 있다.

  ㉡ 고분자 실리콘을 사용하여 갈라진 모발의 회복과 모발 갈라짐을 예방할 목적으로 사용한다.

④ 헤어 블로우(Hair Blow)

  ㉠ 펌프식 스프레이로 모발에 유분과 수분을 공급한다.

  ㉡ 컨디셔닝 효과와 헤어 스타일링 효과가 있다.

  ㉢ 드라이어 사용시 모발 보호 목적으로 사용한다.

(4) 양모용(養毛用)

① 헤어토닉(Hair Tonic)으로 알려져 있다.

② 살균력이 있어 두피나 모발을 청결히 하고 시원한 느낌과 쾌적함을 준다.

③ 두피에 발라 마사지시 혈액순환을 촉진하고 배합성분이 두피에 작용하여 비듬과 가려움을 제거하며 모근을 튼튼하게 한다.

(5) 염모제(染毛劑)

① 모발의 염색, 탈색을 목적으로 한다.

② 머리색을 원하는 색으로 변화시켜 미적 아름다움을 추구하거나 개성을 표현한다.

(6) 탈색용(脫色用)

① 헤어 블리치(Hair Bleach)로 모발의 색을 빼는 것이다.

② 두발의 진한 색을 원하는 색조로 밝고 엷게 한다.

(7) 퍼머넌트용

① 모발에 웨이브를 주어 멋을 표현하는 것이다.

② 물리적인 방법과 화학적인 방법으로 영구적인 웨이브를 만든다.

(8) 탈모(脫毛) · 제모(除毛)용

① 탈모제는 털을 물리적으로 제거하는 것으로 부직포, 테이프를 이용한다.

② 제모제는 털을 화학적으로 제거하는 것으로 왁스를 이용한다.

Section 04 전신관리 화장품

(1) 바디 화장품(Body Cosmetics)

① 얼굴을 제외한 전신의 넓은 부위를 바디(Body)라 하고 바디에 사용하는 제품을 바디 화장품이라
고 한다.

② 바디 화장품은 건강하고 탄력 있는 피부를 유지하기 위해 청결유지, 피부의 유·수분 균형 조절,
신진대사를 활발하게 하는 것을 목적으로 한다.

(2) 종류

종류	사용 부위	기능 및 특징	제품
세정제	전신	피부 표면의 더러움 제거, 청결 유지	• 비누 • 버블 바스(입욕제) • 바디 클렌저
각질 제거제	전신 팔 뒤꿈치 발꿈치	노화된 각질을 부드럽게 제거	• 바디스크럽 • 바디솔트
바디 트리트먼트 (Body Treatment)	전신	바디 세정 후 피부 표면을 보호, 보습	• 바디로션 • 바디오일 • 바디크림 • 핸드로션 • 핸드크림 • 풋 크림
슬리밍(Slimming) 제품	신체 특정 부위	• 피부를 매끄럽게 하고 혈액순환을 도와 노폐물 배출을 도움 • 셀룰라이트가 생기기 쉬운 복부, 엉덩이, 허벅지 등의 예방 관리 가능	• 마사지 크림 • 지방 분해 크림 • 바스트 크림
체취 방지제	겨드랑이 (액와)	몸 냄새를 예방하거나 냄새의 원인이 되는 땀 분비 억제	• 데오드란트 로션 • 데오드란트 스틱 • 데오드란트 스프레이
자외선 태닝 제품	–	제품을 이용하여 균일하고 아름다운 갈색 피부를 만듦	• 선탠 오일 • 선탠 젤 • 선탠 로션

Section 05 네일 화장품

네일 화장품은 손톱에 광택과 색채를 주어 전체적인 아름다움을 향상시키는 메이크업 기능이 있으며, 손톱에 수분과 영양을 공급하여 보호하고 건강한 손톱을 유지한다.

(1) 네일 에나멜(Nail Enamel)

① 특징

㉠ 손톱에 광택과 색채를 주어 아름답게 할 목적으로 사용한다.

㉡ 손톱 표면에 딱딱하고 광택이 있는 피막을 형성한다.

② 제품 선택조건

㉠ 제거할 때는 쉽게 깨끗이 지워져야 한다.

㉡ 도포 후 색깔이나 광택이 변하지 않아야 한다.

㉢ 도포하기 쉬운 점성과 적당한 속도로 건조하여 균일한 피막을 형성해야 한다.

㉣ 손톱 표면에 밀착된 피막은 쉽게 손상되거나 깨지지 않고 잘 벗겨지지 않아야 한다.

(2) 베이스 코트(Base Coat)

① 네일 에나멜이 착색되거나 변색되는 것을 방지한다.

② 네일 에나멜을 도포하기 전에 미리 도포하는 제품이다.

③ 손톱 표면의 틈을 메워줌으로써 네일 에나멜의 밀착성을 좋게 한다.

(3) 탑 코트(Top Coat)

네일 에나멜의 피막 위에 도포하여 광택과 굳기를 증가시켜 내구성을 좋게 한다.

(4) 에나멜 리무버(Enamel Remover)

① 폴리시 리무버(Polish Remover)라고 하며 네일 에나멜의 피막을 용해시켜 제거한다.

② 용해력이 크고 빠르게 건조하여 냄새나 피부 자극이 적어야 한다.

③ 탈지 작용이 있어 손톱의 유·수분이 소실되기 쉬우므로 유분과 보습제가 배합된 제품이 많다.

(5) 큐티클 리무버(Cuticle Remover)

① 큐티클 리무버(Cuticle Oil)는 손톱 주변의 죽은 세포를 정리하거나 제거하는 것을 말한다.

② 손톱 표면의 더러움을 제거하거나 손톱을 아름답게 보호하기 위해 사용한다.

Section 06 향수

체취에 대한 후각적인 아름다움에 대해 관심이 높아지면서 향수는 개인의 매력을 높여주고 개성을 표현하는 수단으로서 사용되고 있다.

(1) 기원 및 어원

① 기원

신성한 제단 앞에서 향나무 등을 태워 나는 연기의 냄새가 향수의 시초로 전해진다. 향은 신에 대한 경의를 나타내기 위한 종교의식에서 시작되었다.

② 어원

라틴어 "Per-Fumum"에서 유래되었으며 라틴어 Per는 Through라는 의미, Fumum는 Smoke 라는 의미로 태워서 연기를 낸다는 뜻이다.

(2) 제조법

① 향료의 배합 비율, 즉 부향률에 따라 다양한 종류의 향수를 얻을 수 있다.
② 동·식물에서 추출한 천연 향료와 합성 향료를 적절히 조합한 후 알코올에 용해시켜 만든다.

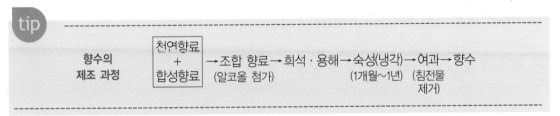

tip 향수의 제조 과정 천연향료 + 합성향료 → 조합 향료(알코올 첨가) → 희석·용해 → 숙성(냉각)(1개월~1년) → 여과(침전물 제거) → 향수

(3) 좋은 향수의 조건

① 향에 특징이 있어야 한다.
② 향의 확산성이 좋아야 한다.
③ 향기의 조화가 적절해야 한다.
④ 향기가 적절히 강하고 지속성이 있어야 한다.
⑤ 아름답고, 세련되며 격조 높은 향이 있어야 한다.

(4) 보존법

① 직사광선, 고온과 온도 변화가 심한 장소는 피한다.

② 공기와 접촉되지 않도록 한다.

③ 사용 후 용기의 뚜껑을 잘 닫아 향의 발산을 막는다.

(5) 농도에 따른 향수의 구분

유형	부향률(농도)	지속시간	특징 및 용도
퍼퓸 (Perfume : 향수)	10~30%	6~7시간	• 향기가 풍부하고 완벽해서 가격이 비쌈 • 향기를 강조하고 싶거나 오래 지속시키고 싶을 때 사용
오데 퍼퓸 (Eau de Perfume)	9~10%	5~6시간	• 향의 강도가 약해서 부담이 적고 경제적 • 퍼퓸에 가까운 지속력과 풍부한 향을 가지고 있음
오데 토일렛 (Eau de Toilette)	6~9%	3~5시간	• 고급스러우면서도 상쾌한 향 • 퍼퓸의 지속성과 오데 코롱의 가벼운 느낌을 가짐
오데 코롱 (Eau de Colongne)	3~5%	1~2시간	• 가볍고 신선한 효과로 향수를 처음 접하는 사람에게 적당
샤워 코롱 (Shower Colongne)	1~3%	1시간	• 전신용 방향제품으로 가볍고 신선함

(6) 향수의 발산 속도에 따른 단계 구분

단계	특징
탑노트(Top Note)	향수의 첫 느낌, 휘발성이 강한 향료
미들노트(Middle Note)	알코올이 날아간 다음 나타나는 향, 변화된 중간향
베이스 노트(Base Note)	마지막까지 은은하게 유지되는 향, 휘발성이 낮은 향료

Section 07 에센셜(아로마) 오일

(1) 아로마테라피

① 정의

ㄱ 아로마테라피(Aromatherapy)는 아로마(Aroma : 향기)와 테라피(Therapy : 치료)의 합성어로 향기 치료법으로 알려져 있다.

ㄴ 식물의 꽃, 잎, 줄기, 뿌리, 열매 등에서 추출한 오일을 이용하여 육체적, 정신적 자극을 조절하여 면역력을 향상시켜 신체 건강을 유지 및 증진시키는 것이다.

② 아로마 치료의 역사적 인물

ㄱ 르네 모리스 가떼포스 : 아로마테라피라는 단어를 처음 사용했다.

ㄴ 장 발넷 : 임상 환자들을 아로마테라피로 치료한 기록인 'The Practice of Aromatherapy'가 아로마테라피의 고전적 교과서가 되었다.

ㄷ 마가렛 모리 : 아로마를 미용학으로 발전시켰다.

(2) 에센셜 오일(Essential Oil : 정유)의 추출 부위

추출 부위	효능	오일
꽃	성기능 강화, 항우울	장미(Rose), 네놀리(Neroli), 일랑일랑(Ylang-Ylang), 재스민(Jasmine)
꽃잎	해독 작용	로즈메리(Rosemary), 라벤더(Lavender), 페퍼민트(Peppermint)
잎	호흡기 질환	티트리(Tea tree), 유칼립투스(Eucalyptus), 파출리(Patchouli), 계수(Cinnamon), 페티 그레인(Petit grain), 제라늄(Geranium)
열매	해독, 이뇨 작용	그레이프프루트(Grapefruit), 오렌지(Orange), 베르가못(Bergamot), 레몬(Lemon), 라임(Lime), 블랙페퍼(Black Pepper)
수지	이완, 호흡기 질환, 소독, 살균 작용	유향(Frankincense), 몰약(Myrrh), 페루발삼(Peru Balsam), 벤조인(Benzoin)
나무	비뇨, 생식기관 감염치료	삼나무(Cedarwood), 백단(Sandalwood), 자단(Rosewood)
뿌리	신경계 질환 진정작용	베티버(Vetiver), 생강(Ginger), 당귀(Angelica)
풀	–	레몬그라스(Lemongrass), 팔마로사(Palmarosa), 멜리사(Melissa)

(3) 에센셜 오일의 추출 방법

① 증류법

ⓐ 가장 오래된 방법으로 많이 이용되고 있으며 물 증류법, 수증기 증류법이 있다.

ⓑ 증기와 열, 농축의 과정을 거쳐 수증기와 정유가 함께 추출되어 물과 오일을 분리시키는 방법이다.

ⓒ 고온에서 추출하므로 열에 불안정한 성분은 파괴되는 단점이 있다.

ⓓ 단시간에 대량의 정유를 추출할 수 있어 경제적이다.

ⓔ 증류법에 의해 추출된 수증기는 약간의 유분을 함유하고 있어 화장품에 이용된다.

② 용매 추출법

ⓐ 벤젠이나 헥산과 같은 유기용매를 이용하여 식물에 함유된 매우 적은 양의 정유, 수증기에 녹지 않는 정유, 수지에 포함된 정유를 추출한다.

ⓑ 유기용매를 이용하여 추출한 정유를 앱솔루트(Absolute)라 한다.

ⓒ 로즈, 네롤리, 재스민이 용매추출법을 이용한다.

③ 압착법

ⓐ 열매의 껍질이나 내피를 기계로 압착하여 추출한다.

ⓑ 정유 성분이 파괴되는 것을 막기 위해 열매 껍질이나 내피를 실온의 저온 상태에서 압착하는 방법으로 '콜드 압착법'이라고 부른다.

ⓒ 오렌지, 버가못, 레몬, 라임, 만다린 등 시트러스 계열이 압착법을 이용한다.

④ 침윤법

ⓐ **온침법** : 꽃과 잎을 누른 후 따뜻한 식물유에 넣어 식물에 정유가 흡수되게 한 후 추출한다.

ⓑ **냉침법** : 동물성 기름인 라드(Lard)를 바른 종이 사이사이에 꽃잎을 넣어 추출한다.

ⓒ **담금법** : 알코올에 정유를 함유하고 있는 식물 부위를 담가 추출한다.

⑤ 이산화탄소 추출법

ⓐ 최근 개발된 추출법이다.

ⓑ 액체 상태의 이산화탄소가 용매와 같은 작용을 하는 성질을 이용한 방법이다.

ⓒ 초저온에서 추출하므로 열에 약한 정유의 성분도 추출할 수 있다.

ⓓ 이물질이 남지 않으나 생산비가 비싸다.

(4) 에센셜 오일의 분류

① 향의 휘발 속도(Note)에 따른 분류

단 계	지속시간	특 징	종 류
탑노트 (Top Note)	3시간 이내	• 처음 발산되는 향 • 휘발성이 강함 • 신선하고 달콤한 향 • 정신과 신체에 작용을 함	감귤류, 과일향, 민트향 예 오렌지, 레몬, 페퍼민트, 일랑일랑, 유칼립투스, 바질, 베르가못, 그레이프푸르트, 타임
미들노트 (Middle Note)	6시간 이내	• 알코올이 날아간 다음의 향 • 블렌딩한 향의 인상을 결정 • 소화기능, 신진대사에 작용	꽃, 허브계 예 네놀리, 제라늄, 로즈, 재스민, 로즈메리
베이스 노트 (Base Note)	2~6일 이내	• 가장 오래 남아 자신의 체취와 섞여서 나는 향 • 휘발성이 낮음 • 마음과 정신을 집중, 강화시킴 • 향의 보류제적인 역할을 함	나무, 수지계 예 백단, 프랑킨센스, 벤조인, 파출리, 베티버

② 향에 따른 분류

㉠ 플로랄 계열

• 화사하고 우아한 꽃에서 추출한다.

• 로즈, 재스민, 라벤더, 제라늄, 캐모마일 등이 있다.

㉡ 시트러스 계열(감귤계)

• 신선, 상큼, 가벼운 느낌이 드는 향으로 일반적으로 사람들이 애호하는 향이다.

• 휘발성이 강해 공기 중에 빨리 퍼지니 지속성이 짧다.

• 레몬, 오렌지, 라임, 만다린, 그레이프푸르트, 베르가못 등이 있다.

㉢ 허브 계열

• 그린, 스파이스, 플로랄 등 복합적인 식물의 향이다.

• 로즈메리, 바질, 세이지, 페퍼민트 등이 있다.

㉣ 수목 계열

• 나무를 연상시키는 신선한 나무향으로 중후, 부드럽고 따뜻한 느낌의 향이다.

• 사이프러스, 삼나무, 유칼립투스, 자단 등이 있다.

㉤ 스파이시 계열

• 향신료를 연상시키는 자극적이고 샤프한 향이다.

• 블랙페퍼, 시나몬, 진저 등이 있다.

(5) 에센셜 오일의 종류별 특징

종류	특징 및 효능	주의사항
그레이프프루트 (Grapefruit)	• 산뜻하고 가벼운 과일 향취 • 자몽의 열매 껍질을 냉동압착 • 셀룰라이트 분해작용(비만환자에게 좋음) • 살균, 소독작용, 항우울에 효과	광과민성이 있으므로 일정시간 햇빛 노출을 삼가
네롤리 (Neroli)	• 따뜻한 오렌지 향취 • 오렌지 꽃을 수증기 또는 용매로 추출 • 불안, 호흡 과다, 두근거림 등 긴장 완화에 특히 효과적	정신 집중만을 목적으로 할 때는 사용을 금함
라벤더 (Lavender)	• 허브와 발삼 향취 • 라벤더 꽃을 수증기로 증류하여 추출 • 소염, 항박테리아 효과(피부질환에 폭넓게 사용) • 일광화상, 상처 치유에 효과적 • 불면증, 정신적 스트레스 긴장완화에 좋음	통경(通經) 작용을 하므로 임신초기에는 사용하지 않음
레몬 (Lemon)	• 신선하고 달콤한 과일 향취 • 레몬 껍질을 냉동 압착, 또는 수증기 증류 • 항박테리아, 부스럼 치유, 살균 미백작용, 기미, 주근깨, 티눈, 사마귀 제거에 효과적	• 민감한 피부에는 자극을 줄 수 있음 • 광과민성을 일으킬 수 있으므로 전신 도포 금지
로즈 (Rose)	• 깊고 달콤한 꽃향 • 장미꽃을 수증기 증류, 용매 추출 (물 층에 향성분이 남은 것이 로즈워터) • 분노, 우울한 감정조절 작용 • 수렴, 진정, 배뇨 촉진 작용 • 여성과 관련된 대부분의 증상, 질병 치료에 효과적	생리 조절기능 있으므로 임신 중에는 사용 금지
로즈마리 (Rosemary)	• 강하고 시원한 발삼향의 우디 향취 • 로즈마리 꽃과 잎을 수증기 증류 • 기억력 증진, 집중력 강화, 두통 제거 • 혈행 촉진, 배뇨 촉진 • 진통 해소, 심신의 균형	간질, 고혈압, 임산부는 사용 금지
마조람 (Majoram)	• 잎과 꽃 핀 선단부를 수증기 증류 • 혈액흐름을 돕고 타박상 치유에 효과적 • 동맥과 모세혈관을 확장시킴 • 안정, 진정 효과, 성욕 감퇴제 역할	• 과다 사용 시 식욕과 성욕이 감퇴할 수 있음 • 임신 후 5개월 이내 사용 금지
멜리사 (Melissa)	• 달콤한 허브 향취 • 멜리사의 잎을 수증기 증류	민감성 피부, 임신 5개월 이내 피할 것

종 류	특징 및 효능	주의사항
몰약 (Myrrh)	• 몰약을 수증기 증류하여 얻음 • 방부효과(미이라를 방부 처리할 때 사용) • 기관 및 기관지염 완화 • 항염, 항균 효과 • 피부 주름 방지	임신 중에는 사용하지 말 것
사이프러스 (Cypress)	• 달콤한 발삼 향취 • 사이프러스 나무 잎을 수증기 증류 • 지성 피부, 지성 모발, 여드름, 비듬에 효과적 • 정맥류 해소, 셀룰라이트 분해 작용	• 생리 주기를 규칙적으로 하는 작용이 있으므로 임신 중에는 사용금지 • 정맥류에 효과가 탁월하나 보통의 마사지를 하기에는 강함
샌들우드 : 백단 (Sandalwood)	• 우디 발삼의 달콤한 무스크 향취 • 샌달나무는 진정효과와 명상에 도움을 주기 때문에 불상 제작, 종교의식에 이용됨 • 진정, 이완, 통증완화, 회복작용이 있으며 시원한 느낌 • 행복감 고취, 명상 시 사용하면 좋다.	• 살균 후에도 옷에 냄새가 남아 있을 수 있다. • 최음 효과가 강해 사용에 주의하고 우울증에 삼가
시더우드 : 삼나무 (Cedarwood)	• 따뜻한 느낌의 발삼 향취 • 신경이완 작용으로 림프 배출을 도와줌 • 셀룰라이트 분해에 효과적 • 지성 여드름 피부에 효과적이며 살균, 수렴 효과가 있다.	• 임산부는 유산 가능성이 있으므로 사용을 금함 • 고농도로 사용 시 피부를 자극한다.
오렌지 (Orange)	• 오렌지 열매 껍질을 냉동 압착 • 피부 재생, 콜라겐 색성을 촉진, 기미 완화 • 배뇨를 촉진시켜 노폐물 제거를 도와줌	광과민성이 있으므로 사용 후 바로 햇빛에 노출하지 않는 것이 좋다.
일랑일랑 (Ylang-Ylang)	• 플로랄 발삼의 스파이시한 향취 • 호르몬과 피지샘을 조절하여 건성, 지성 피부에 효과적 • 최음 효과, 긴장, 분노, 불안상태 완화	• 염증성 피부에 자극을 주므로 사용을 금함 • 냄새에 대한 알레르기 반응으로 두통과 메스꺼움을 느낄 수 있음
유칼립투스 (Eucalyptus)	• 호주의 상록수인 유칼립투스 입을 수증기 증류 • 피부에 청량감을 주어 근육통 치유 • 항 박테리아 소염, 살균, 소취 효과	고혈압, 간질 환자는 사용을 금한다.

종 류	특징 및 효능	주의사항
재스민 (Jasmine)	• 우아하고 고급스러운 향취 • 정서적 안정(불안, 우울, 무기력증) • 긴장완화, 성기능 강화	최음, 통경 작용이 있어 임산부는 사용금지
제라늄 (Geranium)	• 달콤하고 환한 장미 향취 • 항균(피부염 치유, 지성 피부에 정화작용) • 혈압조절(베이거나 상처로 인한 출혈 지혈) • 생리전증후군, 비뇨기 염증치료	호르몬 조절 효과가 있으므로 임신 중에는 사용하지 않음
쥬니퍼 (Juniper)	• 신선한 발삼의 우디 향취 • 두송실(杜松實)이라는 열매에서 추출 • 해독, 이뇨작용(체내 독소 배출) • 정신적 피로, 불면증 해소	• 임신 후 5개월 이내 사용 금지 • 신장이 심하게 손상된 경우 증상을 악화시킴(사이프러스나 제라늄 사용)
캐모마일 (Chamomile)	• 달콤한 사과 향취 • 항균, 살균, 특히 항염증 작용이 강함 • 신경이완 및 회복, 피로 회복 효과 • 근육통 및 류마티스 관절염에 효과	임신 초기에 사용하지 말 것
클라리 세이지 (Clary Sage)	• 살균, 항염증, 피부 재생작용 • 신경안정 효과 • 여성호르몬과 유사한 물질을 함유하여 자궁 수축 촉진, 생리전 증후군 완화	• 임신 5개월까지 사용하지 말 것 • 몽롱한 상태를 초래하거나 두통, 역겨움이 나타날 수 있음
타임 (Thyme)	• 백리향(白里香)의 잎과 꽃 봉우리에서 추출 • 항균, 항염증, 항박테리아 작용 • 배뇨촉진(과용 시 림프계에 이상 초례)	• 어린아이 임산부는 사용금지 • 피부에 자극이 강하므로 점막부위 사용 금지
티트리 (Tea tree)	• 따뜻하고 싱싱한 장뇌 향취 • 살균, 소독작용이 강함(여드름, 비듬 치료에 효과적) • 항곰팡이 작용(무좀 습진 해소), 화상 완화	피부에 자극을 줄 수 있으므로 민감성 피부 사용금지
파츌리 (Patchouli)	• 오리엔탈 타입의 대표적 향취 • 항우울증, 불면증 해소, 최음 효과 • 항염증, 충혈완화, 진정작용 • 피부질환, 피부염 치료에 사용	많은 양을 사용할 경우 정신이 멍해 질 수 있다.
펜넬 (Fennel)	• 달콤하고 자극적인 특이한 냄새 • 회향의 열매를 수증기 증류 • 항우울증 작용 • 기관지염 완화, 기침 및 거담 해소	• 신경계에 문제가 있는 사람, 임산부는 사용하지 말 것 • 민감한 피부에 자극을 일으킬 수 있음

종 류	특징 및 효능	주의사항
페퍼민트 (Peppermint)	• 산뜻하고 시원한 박하향 • 피로회복, 졸음 방지, 기분 상승 효과 • 기관지염 및 천식 해소 • 세정작용, 진정, 통증 완화 • 순환계, 호흡계, 소화계에 뛰어난 효과	• 간질, 발열, 심장병이 있는 사람은 사용금지 • 반드시 희석해서 사용 • 피부에 자극을 주므로 도 포 금지
프랑킨센스 (Frankincense)	• 신선한 느낌의 엷은 발삼 향취 • 유향을 수증기 증류하여 추출 • 세포 성장을 촉진하여 손상된 피부 회복 • 소염, 수렴, 진통작용 • 인체에 비교적 해가 없는 안정적인 정유	–

(6) 에센셜 오일의 기능

① 소염, 염증 작용
② 순환기 계통의 정상화
③ 국소 혈류작용
④ 항균, 항박테리아 작용
⑤ 정신 안정 및 항스트레스
⑥ 근육의 긴장과 이완작용
⑦ 면역력 강화
⑧ 소화 촉진

(7) 주의사항

① 서늘하고 어두운 곳에 보관한다.
② 감귤류 계열은 색소 침착의 우려가 있으므로 감광성(感光性)에 주의한다.
③ 갈색 유리병에 보관하고 반드시 뚜껑을 닫아 보관한다.
④ 개봉한 정유는 1년 이내에 사용하는 것이 바람직하다.
⑤ 희석하지 않은 원액의 정유를 피부에 바로 사용하지 않는다.
⑥ 임산부, 고혈압, 간질 환자에게 사용이 금지된 특정한 정유는 사용하지 않는다.
⑦ 사용하기 전에 미리 첩포 테스트를 한다.

(8) 활용방법

① 흡입법

ㄱ 공기 중에 발산된 향기를 들이마시는 방법이다.

ㄴ 천식, 감기, 기침, 두통, 편두통, 호흡기 감염에 효과적이다.

ㄷ **종류**

- 건식흡입법

  티슈, 손수건 등에 정유를 묻혀 3~5분 정도 냄새를 맡는 방법으로 가장 간단하고 손쉽다.

- 증기흡입법

  – 향이 잘 증발되도록 끓인 물에 정유를 떨어트린 뒤 코로 들이마시는 방법이다.

  – 인체에서 정유 흡수 속도가 가장 빠르며 호흡기 질환과 여드름성 피부에 사용하면 좋다.

- 스프레이 분사법

  – 증류수나 알코올 용매에 4~5%로 희석된 정유를 스프레이로 분사하는 방법이다.

  – 비염, 감기 등 호흡기 질환, 인후염의 증상 완화, 구취 제거에 효과적이다.

- 아로마 확산기

  – 오일 워머, 아로마 램프, 디퓨저를 이용하여 정유를 공기 중에 발산시키는 방법이다.

  – 서서히 오랫동안 정유를 발산시킬 수 있다.

② 마사지법

ㄱ 마사지 시 피부에 침투한 정유의 유효한 성분이 장기와 신체에 영향을 준다.

ㄴ 후각 신경을 통해서 발산되는 향이 신경을 통해 심신과 감정상태에 영향을 준다.

③ 목욕법

ㄱ **전신욕 및 반신욕**

- 욕조의 더운 물에 정유를 떨어트려 섞은 후 15~20분 정도 욕조에 몸을 담근다.

- 아로마테라피의 효과를 가장 극대화하는 방법이다.

ㄴ **수욕법**

더운 물에 정유를 떨어트린 후 15~30분 정도 손을 담근다.

ㄷ **족욕법**

- 더운 물에 정유를 떨어트린 후 15~30분 정도 발을 담근다.

- 당뇨병 환자의 경우에는 라벤더, 티트리, 로즈메리 정유를 사용한다.

- 안정을 원할 때에는 라벤더, 캐모마일, 샌들우드, 클라리세이지 정유를 사용한다.

- 발에 질환 또는 무좀이 있을 때에는 티트리, 라벤더, 유칼립투스 정유를 사용한다.

ㄹ **좌욕법**

- 전신욕을 하기 힘들 경우 더운 물에 정유를 떨어트린 후 엉덩이 부위만 담근다.
- 염증 치료, 항문질환, 비뇨기 · 생식기 질환, 부인과 질환에 효과적이다.

④ 습포법

ㄱ 통증이 있는 부위를 찜질하는 방법이다.

ㄴ 염증, 타박상, 염좌에는 냉습포 방법을, 혈액순환촉진, 통증완화, 어깨 결림에는 온습포 방법을 이용한다.

⑤ 얼굴 증기욕

ㄱ 더운 물에 정유를 섞은 후 발산되는 정유를 얼굴에 쐬어 피부로 흡수하는 방법이다.

ㄴ 혈액순환촉진, 수분 공급, 노폐물 제거, 딥클렌징 효과를 얻을 수 있다.

Section 08 캐리어 오일

(1) 특징

① 식물의 씨를 압착하여 추출한 식물유(Vegetable Oil)로 베이스 오일(Base Oil)이라고도 한다.
② 정유를 피부에 효과적으로 침투시키기 위해 사용한다.
③ 오일마다 효능, 색상, 점도가 다르므로 사용목적에 적합한 것을 사용해야 한다.

(2) 종류

종 류	특징 및 효능
호호바 오일	• 피부와의 친화성과 침투력이 우수하여 모든 피부, 건선 습진에 사용한다. • 항균작용이 있어 여드름성 피부에 좋고 피부 수분증발을 억제한다.
아몬드 오일	• 미네랄, 비타민, 단백질이 풍부하다. • 피부연화작용이 있어 거칠고 건조한 피부, 튼살, 가려움증에 사용한다.
아보카도 오일	• 밀림의 버터라는 별명이 있다. • 비타민 A, D, E, 단백질, 지방산, 칼륨 등 영양이 풍부하다. • 흡수력이 우수하여 노화 피부에 좋고 피부 건조를 예방한다.
맥아유	• 천연 토코페롤을 풍부하게 함유하고 있어 강력한 항산화 성분이 있다. • 세포재생, 피부탄력을 촉진시킨다.

종 류	특징 및 효능
포도씨 오일	• 클렌징이나 지성 피부의 피지 조절에 사용한다. • 콜레스테롤이 없어 사용감이 부드럽고 피부 흡수가 빠르며 자극, 알레르기를 유발하지 않는다.
올리브 오일	지성 피부에는 부적당하며 민감성, 알레르기, 튼살, 건성 피부에 사용한다.
참깨씨 오일	• 칼슘을 다량 함유하고 있고 관절염, 습진에 사용한다. • 해독작용, 항산화 효과가 있다.
헤이즐넛 오일	탄력과 혈액순환을 촉진하고 셀룰라이트 예방, 튼살 개선에 효과적이다.
달맞이꽃 종자유	• GLA(감마레놀산)이 함유되어 있어 항혈전, 항염증 작용이 있다. • 호르몬 조절과 콜레스테롤 저하 기능이 있어 류머티즘, 생리전증후근, 건선, 습진에 효과적이다.
로즈힙 오일	• 카로티노이드, 리놀레산, 비타민 C를 함유하고 있다. • 수분유지, 세포재생, 색소침착 및 예방, 화상에 효과적이다.
칼렌둘라 오일	• 금잔화 추출물이다. • 문제성 피부, 간지럽고 갈라진 피부, 건성 습진, 염증, 종기에 효과적이다.
코코넛 오일	정유를 잘 용해시키고 부드럽고 점성이 약해 모든 피부에 거부감 없이 적용된다.
마카다미아 오일	• 마카다미아 열매에서 추출하며 지방산의 조성이 피지와 유사하다. • 피부에 가장 잘 흡수되는 오일 중에 하나로 피부 윤활제 역할을 한다.

Section 09 기능성 화장품

(1) 기능성 화장품의 정의

피부의 문제를 개선시켜주는 화장품으로 피부 미백, 주름 개선, 자외선으로부터 피부보호 등 특정 부위를 집중적으로 케어하는 화장품이다.

(2) 미백 성분

① 티로신의 산화를 촉매하는 티로시나제의 작용을 억제하는 물질

ㄱ **알부틴** : 월귤나뭇과에서 추출하며 인체에 독성이 없고 하이드로퀴논과 유사한 구조를 갖는다.

ㄴ **코직산** : 누룩곰팡이에서 추출한다.

ㄷ **감초** : 뿌리와 줄기에서 추출하며 해독, 소염, 상처치유, 자극을 완화한다.

ㄹ **닥나무 추출물** : 닥나무에서 추출하며, 미백, 항산화 효과가 있다.

② 도파의 산화를 억제하는 물질 : 비타민 C

ㄱ 수용성 비타민으로 진피의 콜라겐 합성에 관여한다.

ㄴ 항산화, 항노화, 미백, 재생, 모세혈관 강화효과가 있다.

③ 각질 세포를 벗겨내 멜라닌 색소를 제거하는 물질 : AHA(α-Hydroxy Acid)

　　㉠ 수용성으로 5가지 과일산으로 이루어져 있다.

　　㉡ 피부 도포시 따가운 느낌을 부여하며 각질제거, 피부 재생 효과가 있다.

④ 멜라닌 세포 자체를 사멸시키는 물질 : 하이드로퀴논(Hydroquinone)

　　의약품에서만 사용되며 미백효과가 가장 뛰어나나 백반증을 유발할 수 있다.

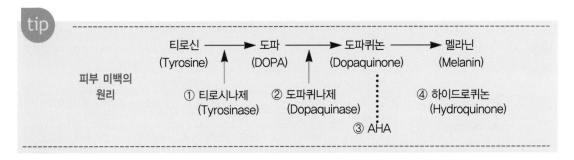

원 리	대표성분
자외선 차단	옥틸메톡시신나메이트, 옥시벤존, 티타늄옥사이드, 징크옥사이드(산화아연), 파라아미노안식향산, 글리세릴파바, 벤조페논-3,4,8 등
티로시나아제 합성 억제	속수자 종자 추출물, 백출유 등
티로시나아제 활성 저해	알부틴, 감초 추출물, 닥나무 추출물, 상백피 추출물 등
멜라닌 환원	비타민 C, 글루타치온, 코엔자임Q10
각질 탈락 촉진	AHA, 살리실산, 각질분해효소 등

미백의 원리와 대표성분

(3) 주름개선 성분

① 레티놀(Retinol), 레티닐 팔미네이트(Retinyl Palmitate)

　　㉠ **레티놀** : 피부의 자극이 상대적으로 적은 지용성 비타민으로 상피보호 비타민이다.

　　㉡ 공기 중에 쉽게 산화되는 단점이 있다.

　　㉢ **레티닐 팔미네이트** : 레티놀의 안정화를 위해서 팔미틴산과 같은 지방산과 결합한 것이다(특수 튜브를 사용하여 레티놀의 산화를 막기도 함).

② 아데노신(Adenosin)

　　낮이나 저녁 모두 사용할 수 있고 섬유세포의 증식 촉진, 피부세포의 활성화, 콜라겐 합성을 증가시켜 피부 탄력과 주름을 예방한다.

③ 항산화제

　　㉠ 비타민 E(Tocopherol)

　　　　지용성 비타민으로 피부 흡수력이 우수하고 항산화, 항노화, 재생작용을 한다.

　　㉡ 슈퍼옥사이드 디스뮤타제(Super oxide Dismutase : SOD)

　　　　활성산소 억제 효소로 노화를 방지한다.

④ 베타카로틴(β-Crotene)

　　비타민 A의 전구물질로 당근에서 추출하며 피부재생과 피부 유연효과가 뛰어나다.

tip

	원 리	대표성분
주름개선 원리 및 대표성분	콜라겐 합성 (세포 재생)	비타민 C, 비타민 A(레티노이드), 펩타이드 등
	항산화 작용	비타민 E(토코페롤), 플라보노이드, 폴리페놀, SOD, 코엔자임Q10, 알파리포익산 등

(4) 자외선 차단제

구 분	자외선 산란제	자외선 흡수제
동의어	난반사 인자, 물리적 차단제, 미네랄 필터	화학적 차단제, 화학적 필터
원리	피부에서 자외선을 반사	자외선의 화학 에너지를 미세한 열에너지로 바꿈
피부	각질	멜라닌 색소
장점	• 피부에 자극을 주지 않고 비교적 안전 • 예민성 피부도 사용 가능	사용감 우수
단점	• 뿌옇게 밀리는 백탁 현상이 생김(나노입자, 마이크로입자는 표현되지 않음) • 메이크업이 밀릴 수 있음	피부에 자극을 줄 수 있음
성분	이산화티탄, 산화아연, 탈크	자외선 산란제를 제외한 모든 자외선 성분(벤조페논 유도체, 파라아미노안식향산 유도체, 파라메톡시신남산 유도체, 살리실산 유도체)

tip

SPF(자외선 차단 지수 : Sun Protection Factor)

자외선 B(UV-B)를 차단하는 수치를 말한다.(자외선 A 차단 지수는 PA(Protect UV-A))

$$\bullet \text{ SPF} = \frac{\text{자외선 차단제를 도포한 피부의 최소 홍반량(MED)}}{\text{자외선 차단제를 도포하지 않은 대조 부위의 최소 홍반량(MED)}}$$

피부미용사
필기
한권으로
합격하기

6 공중위생관리학

Chapter 01 공중보건학
Chapter 02 소독학
Chapter 03 공중위생관리법규
(법, 시행령, 시행규칙)

Section 01 공중보건학 총론

(1) 건강과 질병

① 건강의 정의(1948년 세계보건기구, WHO)

질병이 없거나 허약하지 않을 뿐 아니라 육체적·정신적·사회적 안녕이 완전한 상태

② 질병의 발생과 예방

㉠ 질병 발생 인자별 영향요인
- **숙주** : 연령, 성별, 병에 대한 저항력, 영양상태, 유전적 요인, 생활습관
- **병인** : 병원체의 독성, 병원체의 수
- **환경** : 물리적(기온, 기습, 기압, 일광, 유독가스 등), 생물학적(유해 곤충, 세균 등), 사회적, 경제적 요인(의식주, 정치, 경제, 교육, 종교 등) – 병인과 숙주의 지렛대 역할

㉡ 질병 예방 단계
- **1차 예방(질병 발생 전 단계)** : 환경개선, 건강관리, 예방접종 등
- **2차 예방(질병 감염 단계)** : 조기검진, 건강검진, 악화방지 및 치료 등
- **3차 예방(불구 예방 단계)** : 불구된 기능 재활, 사회적응 복귀 등
- **Leavell과 Clark의 질병 자연사 5단계**

비병원성기(Ⅰ)	초기병원성기(Ⅱ)	불현성 감염기(Ⅲ)	발현성 질환기(Ⅳ)	회복기(Ⅴ)
적극적 예방 환경위생 건강증진	소극적 예방 특수예방 예방접종	중증화의 예방 조기진단 및 치료 집단검진	진단과 치료 악화 방지	무능력 예방, 재활, 사회복귀
1차적 예방	2차적 예방			3차적 예방

(2) 공중보건의 개념

① 공중보건학의 정의(윈슬러, Winslow)

㉠ 조직된 지역사회의 노력을 통하여 질병을 예방하고 수명을 연장하며 건강과 효율을 증진시키는 기술이며 과학이다.

㉡ **공중보건의 대상** : 지역주민 단위의 다수

㉢ **공중보건의 목적** : 질병예방, 수명연장, 신체적·정신적 건강 및 효율의 증진

㉣ **공중보건의 접근방법** : 조직된 지역 사회의 노력

② 공중보건의 범위
- **㉠ 환경 관련분야** : 환경위생, 식품위생, 환경오염, 산업보건
- **㉡ 질병 관리분야** : 감염병 관리, 역학, 기생충 관리, 비감염성 관리
- **㉢ 보건 관리분야** : 보건행정, 보건교육, 모자보건, 의료보장제도, 보건영양, 인구보건, 가족계획, 보건통계, 정신보건, 영유아보건, 사고관리

③ 공중보건의 발전과정
- **㉠ 고대기(기원전~500년)**
  - **인도** : 계획도시 건설, 목욕탕, 배수관 등의 유적 등을 남겼다.
  - **이집트** : 개인의 청결 관념이 생기고 약물처방, 변소시설 등을 갖추었다(헤로도토스의 기록).
  - **그리스**
    - 아스티노미(Astinomi)라는 급수·하수 관리공무원이 있었다.
    - 히포크라테스의 장기설 : '지구에서 발산하고 바람에 따라 전파되는 유독물질 때문에 질병이 발생한다'는 설이다.
  - **로마시대** : 상수도시설, 정기인구조사, 공중목욕탕 발달, '에델(Aedele)'이라는 수도, 도로, 목욕탕 관리공무원이 있었다.
- **㉡ 중세기(500~1500년) - 암흑기**
  - **초기 기독교 중심사상** : 육체를 경시, 육체적 금욕(목욕 기피, 더러운 의복 착용)
  - **콜레라, 나병, 페스트 유행** : 감염병이 범세계적으로 유행
  - 검역법 통과, 검역소 설치(1383년)
- **㉢ 여명기(1500~1850년)**
  - 산업혁명의 영향으로 도시인구가 집중됨에 따라 보건문제가 대두(빈곤, 열악한 작업장 환경)하였다.
  - 라마치니(Ramazzini)는 《직업인의 병》을 저술하여 산업보건학의 기초를 확립했다.
  - 젠넬(Jennel)은 우두종두법을 개발하여 천연두가 근절, 예방접종의 대중화가 가능(1798년)해졌다.
  - 1749년 스웨덴에서는 세계 최초 국세조사가 실시되었다.
- **㉣ 확립기(1850~1900년)**
  - 영국, 독일 중심으로 발전
  - 질병 발생에 대한 예방 의학적 개념 확립(감염병 예방과 치료의 발전)

- **페텐코퍼(Pettenkofer)** : 실험위생학의 기초 확립(1866년)
- 공중보건협회 신설(1873년)
- 국립보건원 창립(1876년)
- **존 스노(John Snow)** : 콜레라 역학 조사(1855년)
- **파스퇴르(Pasteur)** : 닭콜레라 백신(1880년), 돼지단독 백신(1883년), 광견병 백신(1884년) 발견으로 감염병의 근원적인 차단이나 치료 및 질병의 예방이 가능해졌다.

ⓜ **발전기(20세기 이후)**
- 미국, 영국 중심으로 발전
- 보건소 보급 : 지역사회 보건사업이 시작
- **알마아타(Alma-ata)회의** : 'Health for by 2000' - 인류 건강 실현목표 설정(WHO - 1978년)
- **리우 환경선언 선포** : 1992년 6월 환경정상회담
- 사회, 경제학적 공중보건의 발전으로 사회보장, 의료보장 등 확립

(3) 인구

① 인구의 정의

어느 특정시간에 일정한 지역에 거주하고 있는 사람의 집단

② 인구론

㉠ **맬더스주의(Malthus)**
- **이론** : 인구는 기하급수적으로, 식량은 산술 급수적으로 증가하기 때문에 인구 억제가 필요하다.
- **규제방법** : 도덕적 억제(만혼 장려, 성적 순결 강조)
- **문제점** : 사회범죄와 사회악 등 발생

㉡ **신맬더스주의(Neo-Malthus)**
- 맬더스주의와 기본 이론은 같다.
- **새로운 규제방법** : 피임에 의한 산아 조절

㉢ **적정 인구론(Cannon)** : 인구 과잉을 식량에만 국한할 것이 아니라 생활 수준에 두고 산아를 조절해야 한다.

③ 인구의 구성

　㉠ **성별 구성**

　　• 1차 성비 : 태아의 성비

　　• 2차 성비 : 출생 시 성비

　　• 3차 성비 : 현재의 인구 성비

　㉡ **연령별 구성**

　　• 영아인구 : 1세 미만

　　• 소년인구 : 1~14세

　　• 생산연령인구 : 15~64세

　　• 노년인구 : 65세 이후

　㉢ **인구피라미드**

　　• 피라미드형(인구증가형) : 출생률이 높고 사망률이 낮은 인구형태

　　• 종형(인구정지형) : 출생률과 사망률이 낮은 이상적인 인구형

　　• 항아리형(인구감소형) : 출생률이 사망률보다 낮은 선진국형

　　• 별형(유입형) : 도시의 인구형태

　　• 기타형(유출형) : 농촌의 인구형태

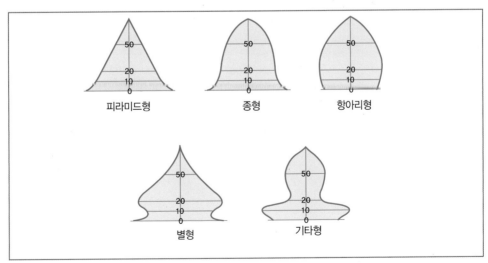

인구 피라미드

④ 인구조사

  ㉠ 인구정태

    • 어느 일정 시점에 있는 인구의 상태 조사

    • 성별, 연령별, 국적별, 학력별, 직업별, 산업별 조사

  ㉡ 인구동태

    • 어느 일정 기간 내의 인구 변동 사항

    • 출생, 사망, 전입, 전출 등의 조사

---

tip

국세조사 (National Census)	• 1749년 스웨덴에서 최초로 실시 • 우리나라는 1925년 이후 5년마다 실시 • 인구조사 기준은 7월 1일 자정을 기하여 조사한 연앙인구를 사용

---

⑤ 인구 증가시 발생되는 문제점

  ㉠ 경제발전 저해

  ㉡ 자원부족 초래

  ㉢ 환경오염 증가

  ㉣ 식량부족으로 인한 기아 발생

  ㉤ 공중보건의 공급 부족

---

tip

인구문제	• 3P : 인구(Population), 환경오염(Pollution), 빈곤(Poverty) • 3M : 영양실조(Malnutrition), 질병(Morbidity), 죽음(Mortality) • 자연증가 = 출생률 - 사망률 • 사회증가 = 전입인구 - 전출인구 • 인구증가 = 자연증가 + 사회증가

---

(4) 보건지표

① 보건지표의 정의

  여러 단위의 인구집단의 건강상태뿐만 아니라 이에 관련되는 보건정책, 의료제도, 의료자원 등 여러 내용의 수준이나 구조 또는 특성을 설명할 수 있는 광의의 수량적 개념

② 건강지표의 정의

개인이나 인구집단의 건강수준이나 특성을 설명하는 수량적 내용으로 협의의 개념

tip	
보건지표	• 건강지표 : ① 비례사망지수 ② 평균수명 ③ 조사망률 등 • 보건의료서비스지표 : ① 의료인력과 시설 ② 보건정책 지표 등 • 사회 · 경제 지표 : ① 인구증가율 ② 국민소득 ③ 주가 상태 등

③ 세계보건기구의 국가간, 지역간, 건강수준 비교지표

　㉠ **비례사망지수** : 전체 사망자수에 대한 50세 이상의 사망자수의 구성비율

　㉡ **평균수명** : 생명표상의 출생시 평균여명

　㉢ **조사망률** : 인구 1,000명당 1년간의 발생 사망수로 표시하는 비율

　㉣ **영아사망률** : 영아(0세)의 사망을 나타내는 것

tip	
	영아사망률은 한 국가의 보건수준을 나타내는 가장 대표적인 지표로 사용된다.

Section 02　역학 및 질병관리

(1) 역학

① 역학의 정의

인간 집단 내에서 일어나는 유행병의 원인 규명을 위해 질병의 발생, 분포 및 양상을 밝히고 그 원인을 탐구하는 학문이다.

② 역학의 궁극적 목적

질병 발생의 원인을 제거함으로써 질병을 예방하는데 목적이 있다. 역학 조사는 진단 확인, 유행 확인, 유행 자료 수집 및 분석을 통해 '가설 수립 → 가설 검증 → 가설 여부 확인' 단계를 거쳐 관리 대책을 수립한다.

③ 역학의 범위 및 역할

　　㉠ **범위** : 감염성, 비감염성 질환의 연구

　　㉡ **역할**

　　　• 질병 발생의 원인 규명

　　　• 질병 발생 및 유행의 감시

　　　• 질병 자연사 연구

　　　• 보건의료 서비스 연구

　　　• 임상분야에 대한 역할

④ 질병 발생 다인설

　　㉠ **삼각형 모형설** : 병인, 숙주, 환경의 세 가지 요인의 상호관계로 설명하며, 특히 질환의 발생을 설명하는 데 유리하다.

　　㉡ **원인망 모형설(거미줄 모형설)** : 질병 발생과 관계되는 모든 요소들끼리 서로 연결되어 발생하며, 특히 비감염성 질환의 발생을 이해하는 데 유리하다.

　　㉢ **바퀴모형설** : 숙주의 유전적 소인과 환경과의 상호작용에 의해서 질병이 발생한다는 설이다.

⑤ 역학 조사시 고려사항

　　㉠ 실험군과 피실험군(대조군)의 주관적 요인 배제

　　㉡ 진단 검사의 오차

　　㉢ 진단 검사의 타당성과 신뢰성

⑥ 역학적 연구방법

　　㉠ **실험연구 방법** : 이상적인 방법이나 인간을 대상으로 하는 역학에 제한적이다.

　　㉡ **관찰적 방법** : 대부분 역학적 방법은 관찰에 의존한다.

　　　• **기술 역학**

　　　　－ 인구집단에서의 질병과 관계되는 모든 현상을 기술하여 질병 발생의 원인에 대한 가설을 얻기 위해 시행되는 연구

　　　　－ 인구학적 특성 : 연령, 성별, 인종, 사회계층, 직업, 결혼상태 등

　　　　－ 지역적 특성 : 기온, 기습, 강우량, 고도 및 수질 등 환경적 요인

　　　　－ 시간적 특성 : 추세변화, 주기변화, 계절변화, 일기변화(장기, 주기, 단기) 구분

tip

• 추세 변화하는 질병 : 장티푸스(30~40년 주기), 디프테리아(10~24년), 인플루엔자(30년)
• 주기 변화하는 질병 : 인플루엔자 A(2~3년), 인플루엔자 B(4~6년), 백일해(2~4년), 홍역(2~3년)

- **분석 역학**
  - 단면적 연구 : 원인요소와 질병을 동시에 조사하기 위해 서로 간의 관련성을 연구하는 방법
  - 환자 – 대조군연구 : 이미 가설로 수립된 질병의 원인과 관계 있으리라 추정되는 어떤 요소에 차이가 있는지를 비교분석
  - 코호트연구 : 질병의 원인과 관련되어 있다고 생각되는 어떤 특성을 가진 인구집단과 가지고 있지 않은 인구집단을 계속 관찰하여 서로간의 질병 발생률에 차이가 있는지를 비교하는 방법
- **실험 역학** : 실험적 방법을 사용하여 질병 발생의 원인을 규명하는 역학

(2) 감염병

① 감염병 발생설

㉠ 감염병 관리의 발전사
- 종교설 시대 : 악마, 귀신 때문에 질병 발생 (신벌설, 선악신설)
- 점성설 시대 : 별자리 이동에 의해 질병, 전쟁, 기아 등이 발생
- 장기설 시대 : 바람에 의해 유독 물질이 전파되어 질병 발생 (대표적 – 말라리아)
- 접촉 감염설 시대 : 사람들 간의 접촉에 의해 전파되어 질병 발생(대표적 – 페스트, 매독)
- 미생물 병인설 시대
  - 현미경 발견(1676년, 네덜란드, 레벤후크(Leeuwenhoek))으로 질병 발생 원인이 미생물임을 밝힘
  - 백신 개발 : 감염병 예방에 큰 공헌

㉡ **질병발생 3요소와 생성 6요소**
- **병인** : ┌ 병원체
          └ 병원소
- **환경** : ┌ 병원소로부터 병원체 탈출
          ├ 전파
          └ 새로운 숙주로의 침입

- 숙주 : 숙주의 감수성

ⓒ 감염병 관리대책

- 전파의 예방

외래감염병관리	• 검역감염병 및 감시기간 : 콜레라 120시간, 페스트 144시간, 황열 144시간
	• 격리기간
	   – 감염병 환자(완치시까지)
	   – 병원체 감염 의심자 : 병원체를 배출하지 않을 때까지

병원소 관리	• 동물은 제거하고 사람은 격리시킴 • 격리로써 전파 예방할 수 있는 감염병 : 결핵, 나병, 페스트, 콜레라, 디프테리아, 장티푸스, 세균성 이질
전파과정 단절	• 환경위생관리
감염병 집중관리	• 법정 감염병 지정

tip

환경개선으로 효과를 볼 수 없는 질병 : 홍역, 인플루엔자 등 호흡기계 감염병

- 숙주의 면역증강
  - 인공 능동면역 사용
  - 영양관리, 운동, 휴식 등의 관리
- 환자의 관리
  - 조기 진단과 조기치료
  - 2차 전파 예방관리

🌸 우리나라 법정 감염병

구 분	의 의	해당 질병	신고 기간
제1급 감염병 (17종)	생물테러감염병 또는 치명률이 높거나 집단 발생의 우려가 커서 발생 또는 유행 즉시 신고하여야 하고, 음압격리와 같은 높은 수준의 격리가 필요	에볼라바이러스병, 마버그열, 라싸열, 크리미안콩코출혈열, 남아메리카출혈열, 리프트밸리열, 두창, 페스트, 탄저, 보툴리눔독소증, 야토병, 신종감염병증후군, 중증급성호흡기증후군(SARS), 중동호흡기증후군(MERS), 동물인플루엔자 인체감염증, 신종인플루엔자, 디프테리아	즉시 신고
제2급 감염병 (21종)	전파가능성을 고려하여 발생 또는 유행 시 24시간 이내에 신고하여야 하고, 격리가 필요한 감염병	결핵(結核), 수두(水痘), 홍역(紅疫), 콜레라, 장티푸스, 파라티푸스, 세균성이질, 장출혈성대장균감염증, A형간염, 백일해(百日咳), 유행성이하선염(流行性耳下腺炎), 풍진(風疹), 폴리오, 수막구균 감염증, b형헤모필루스인플루엔자, 폐렴구균감염증, 한센병, 성홍열, 반코마이신내성황색포도알균(VRSA) 감염증, 카바페넴내성장내세균속균종(CRE) 감염증. E형간염	24시간 이내
제3급 감염병 (26종)	그 발생을 계속 감시할 필요가 있어 발생 또는 유행 시 24시간 이내에 신고하여야 하는 감염병	파상풍(破傷風), B형간염, 일본뇌염, C형간염, 말라리아, 레지오넬라증, 비브리오패혈증, 발진티푸스, 발진열(發疹熱), 쯔쯔가무시증, 렙토스피라증, 브루셀라증, 공수병(恐水病), 신증후군출혈열(腎症侯群出血熱), 후천성면역결핍증(AIDS), 크로이츠펠트-야콥병(CJD) 및 변종크로이츠펠트-야콥병(vCJD), 황열, 뎅기열, 큐열(Q熱), 웨스트나일열, 라임병, 진드기매개뇌염, 유비저(類鼻疽), 치쿤구니야열, 중증열성혈소판감소증후군(SFTS), 지카바이러스 감염증	24시간 이내
제4급 감염병 (23종)	제1급 감염병부터 제3급 감염병까지의 감염병 외에 유행 여부를 조사하기 위하여 표본감시 활동이 필요한 감염병	인플루엔자, 매독(梅毒), 회충증, 편충증, 요충증, 간흡충증, 폐흡충증, 장흡충증, 수족구병, 임질, 클라미디아감염증, 연성하감, 성기단순포진, 첨규콘딜롬, 반코마이신내성장알균(VRE) 감염증, 메티실린내성황색포도알균(MRSA) 감염증, 다제내성녹농균(MRPA) 감염증, 다제내성아시네토박터바우마니균(MRAB) 감염증, 장관감염증, 급성호흡기감염증, 해외유입기생충감염증, 엔테로바이러스감염증, 사람유두종바이러스 감염증	7일 이내

- 기생충감염병 : 기생충에 감염되어 발생하는 감염병 중 질병관리청장이 고시하는 감염병
- 세계보건기구 감시대상 감염병 : 세계보건기구가 국제공중보건의 비상사태에 대비하기 위하여 감시대상으로 정한 질환으로서 질병관리청장이 고시하는 감염병
- 생물테러감염병 : 고의 또는 테러 등을 목적으로 이용된 병원체에 의하여 발생된 감염병 중 질병관리청장이 고시하는 감염병
- 성매개감염병 : 성 접촉을 통하여 전파되는 감염병 중 질병관리청장이 고시하는 감염병
- 인수공통감염병 : 동물과 사람 간에 서로 전파되는 병원체에 의하여 발생되는 감염병 중 질병관리청장이 고시하는 감염병

② 감염병 발생 요인

㉠ 병원체의 종류

구 분	해당 질병
세균	콜레라, 장티푸스, 파라티푸스, 디프테리아, 결핵, 나병, 백일해, 페스트, 성홍열, 수막구균성 수막염, 폐렴, 파상열, 파상풍, 매독, 임질, Weil's병
바이러스	홍역, 폴리오, 유행성 이하선염, 일본뇌염, 광견병, 감염성 간염, 두창, AIDS
기생충	말라리아, 사상충증, 아메바성 이질, 회충증, 간·폐흡충증, 유구조충, 무구조충
진균	백선(무좀), 칸디다증
리케차	발진티푸스, 발진열, 쯔쯔가무시병(양충병), 로키산홍반열
클라미디아	트라코마, 앵무새병

tip

- 병인성(병원성) = $\dfrac{발병자수}{총감염자수}$

- 병독성 = $\dfrac{중환자수 + 사망자}{총발병자수}$

㉡ 병원소의 종류

- 인간병원소

  - 현성 감염자 : 임상증상이 있는 사람(환자)

  - 불현성 감염자 : 병원체에 감염됐으나 임상증상이 미약하여 본인이나 타인이 환자임을 모르는 상태로 행동 제한이 없어 감염병 관리상 중요한 관리대상
    (일본뇌염, 폴리오, 장티푸스, 세균성 이질, 콜레라, 성홍열)

  - 보균자 : 자각적·타각적으로 임상증상이 없지만 병원체 보유자로서 감염원으로 작용하는 감염자, 중요한 감염병 관리대상임

회복기 보균자	감염병에 이환되어 임상증상이 소명되었으나 병원체를 배출하는 보균자(해당질병 – 세균성 이질, 디프테리아 감염자)
잠복기 보균자	감염병이 발생하기 전 잠복기간 중에 병원체를 배출하는 감염자(해당질병 : 디프테리아, 홍역, 백일해)
건강 보균자	병원체가 침입했으나 임상증상이 전혀 없고 병원체를 배출하는 보균자(해당질병 : 디프테리아, 폴리오, 일본뇌염)

- **동물병원소** : 척추동물이 병원소의 역할, 인축공통감염병
  - 소 : 결핵, 탄저, 파상열, 살모넬라증, 보툴리즘
  - 돼지 : 일본뇌염, 탄저, 렙토스피라증, 살모넬라증
  - 양 : Q열, 탄저, 보툴리즘
  - 개 : 광견병, 톡소플라스마증
  - 말 : 탄저, 유행성 뇌염, 살모넬라증
  - 쥐 : 페스트, 발진열, 살모넬라증, 렙토스피라증, 쯔쯔가무시병, 유행성 출혈열
  - 고양이 : 살모넬라증, 톡소플라스마증
- **토양** : 토양이 병원소의 역할(대표적 질병 – 파상풍)

ⓒ **병원소로 병원체 탈출**

- **호흡기 계통 탈출**
  - 기침, 재채기를 통한 탈출
  - 해당질병 : 폐렴, 폐결핵, 백일해, 홍역, 수두, 천연두
- **소화기 계통 탈출**
  - 분변, 구토물에 의한 탈출
  - 해당질병 : 이질, 콜레라, 장티푸스, 파라티푸스, 폴리오
- **비뇨 생식기 계통 탈출**
  - 소변, 성기 분비물에 의한 탈출
  - 해당질병 : 성병
- **개방병소 탈출**
  - 피부병, 농양 등에 의한 탈출
  - 해당질병 : 나병
- **기계적 탈출**
  - 흡혈성 곤충(모기 등), 주사기 등에 의한 탈출
  - 해당질병 : 발진열, 발진티푸스, 말라리아

ⓔ **전파**

- **직접전파**
  - 신체의 직접적인 접촉에 의한 감염, 비말(콧물, 침, 가래) 감염
  - 해당질병 : 파상풍, 탄저, 구충증, 홍역, 인플루엔자, 급성 회백수염
- **간접전파**
  - 개달물(수건, 의복, 서적 등)에 의한 전파 : 트라코마

– 식품에 의한 전파 : 세균성 이질, 장티푸스, 파라티푸스, 유행성 간염, 콜레라 등

– 절지동물에 의한 전파

모기가 옮기는 질병	말라리아, 사상충증, 일본뇌염, 황열, 뎅기열
이가 옮기는 질병	발진티푸스, 재귀열, 참호열
파리가 옮기는 질병	아프리카수면병
벼룩이 옮기는 질병	발진열, 흑사병(페스트)
진드기가 옮기는 질병	쯔쯔가무시병, 로키산홍반열, 야토병

– 생물학적 전파 양식에 따른 구분

증식형 전파	• 매개곤충 내에서 병원체가 숫적 증식만 한 후 전파 • 해당질병 : 쥐벼룩(페스트), 모기(뎅구열, 황열), 이(재귀열, 발진티푸스), 벼룩(발진열)
발육형 전파	• 매개곤충 내에서 숫적 증식은 없지만 생활환의 일부를 경과하면서 발육 전파 • 해당질병 : 모기(사상충증), 흡혈성등애(Loa loa)
발육증식형 전파	• 매개곤충 내에서 병원체가 생활환의 일부를 거치면서 발육과 숫적 증식 전파 • 해당질병 : 모기(말라리아), 체체파리(수면병)
배설형 전파	• 매개곤충 내에서 병원체가 증식한 후 장관을 거쳐 배설물로 배출된 것이 피부의 상처 부위나 호흡기 등으로 전파 • 해당질병 : 이(발진티푸스), 벼룩(발진열, 페스트)
경란형 전파	• 곤충의 난자를 통하여 다음 세대까지 전달되어 전파 • 해당질병 : 진드기(로키산홍반열, 재귀열)

• 공기전파

– 먼지 또는 비말핵에 의한 전파

– 해당질병 : Q열, 브루셀라병, 앵무새병, 히스토라즈마병, 결핵

㉤ 새로운 숙주로의 침입

• **경구적 침입(오염된 식물이나 물)** : 소화기계 감염병

• **호흡기계 침입(비말, 비말핵)** : 호흡기계 감염병

• 곤충이나 주사기에 의한 기계적 침입

• **경피침입** : 점막이나 상처 부위

㉥ 숙주의 감수성

• **감수성** : 숙주에 침입한 병원체에 대해 감염이나 발병을 막을 수 없는 상태

- **면역**
  - 선천적 면역 : 개인 차이에 의해 면역이 형성되는 것
  - 후천적 면역

능동 면역	• 자연 능동면역 : 질병이환 후 형성되는 면역 • 인공 능동면역 : 인위적으로 항원을 체내에 투입하여 항체를 생성되도록 하는 방법
수동 면역	• 자연 수동면역 : 모체로부터 태반이나 수유를 통해서 얻는 면역 • 인공 수동면역 : r- Globuline, Anti-Toxin 등 인공제재를 투입하여 잠정적으로 질병에 대한 방어

tip

- 자연 능동면역되는 질병

면역기간	질 병
영구면역 형성이 잘되는 것 (질병이환 후)	두창, 홍역, 수두, 유행성 이하선염, 백일해, 성홍열, 발진티푸스, 콜레라, 장티푸스, 페스트
영구면역 형성이 잘되는 것 (불현성 감염 후)	일본뇌염, 폴리오
이환되어도 약한 면역만 형성	디프테리아, 폐렴, 인플루엔자, 수막구균성 수막염, 세균성 이질
감역면역만 형성	매독, 임질, 말라리아

- 예방접종으로 얻어지는 면역

방법별	예방할 질병
생균백신	두창, 탄저, 광견병, 결핵, 황열, 폴리오, 홍역
사균백신	장티푸스, 파라티푸스, 콜레라, 백일해, 일본뇌염, 폴리오
순화독소	디프테리아, 파상풍

③ 감염병 유행의 유형

㉠ 공동매개체 유행

- **단순 노출전파** : 여러 사람이 한번에 감염되는 경우
  - 특정지역, 특정집단에만 발병, 2차 감염이 거의 없다.
  - 해당질병 : 식중독

• **복수 노출전파**

– 오염된 공중 매개체에 여러 사람이 계속적으로 노출되는 경우

– 해당질병 : 수인성 감염병(장티푸스, 콜레라, 파라티푸스, 유행성 간염, 세균성 이질 등)

ⓛ **진행성 유행** : 환자가 새로운 환자를 발생시키는 전파 형식

tip	
수인성 감염병의 역학적 특성	• 환자 발생이 폭발적(2~3일 이내 급증)이다. • 급수지역 내 환자 발생, 급수원이 오염원이다. • 성별, 연령, 직업의 차이에 따라 이환율의 차이가 없다. • 이환율과 치명율이 낮고 2차 감염자가 적다. • 계절과 관계없이 발생한다.

Section 03 질병 관리

(1) 감염병의 종류

① 급성감염병 – 발생률이 높고 유병률이 낮다.

㉠ **소화기계 감염병(수인성 감염병)**

• **장티푸스** : 우리나라 여름철 대표적인 수인성 감염병

– 병원체 : 살모넬라균

– 임상증상 : 고열, 식욕감퇴, 림프절 종창, 피부발진 등

• **콜레라** : 검역 감염병으로, 주로 인도, 방글라데시, 동남아 일대에서 발생

– 병원체 : 비브리오균

– 임상증상 : 열이 없는 것이 특징이며, 복통이 없는 심한 설사와 구토, 탈수현상

• **세균성 이질** : 대 · 소장의 급성 세균성 감염으로 세균성, 아메바성, 바이러스성 이질 3종류가 있다.

– 병원체 : 이질균

– 임상증상 : 고열, 구역질, 경련성 복통, 점액이나 혈변을 동반한 설사, 대장점막에 심한 궤양 형성

• **유행성 간염** : A, B, C, Delta형의 4종류가 있으며, A형이 급성 감염병 유행성 간염이다. 주로 어린 연령층에서 발생하며 대부분 회복된다.

　　　　– 병원체 : A형 바이러스

　　　　– 병원소 : 환자 및 보균자의 분변

　　　　– 임상증상 : 발열, 구토, 복통

　　• 파라티푸스 : 장티푸스와 유사한 증세를 보이며, 주로 여름철에 발생하는 감염병이다.

　　　　– 병원체 : 살모넬라균

　　　　– 임상증상 : 고열, 식욕감퇴, 림프절 종창, 피부발진 등

　　• 폴리오(소아마비) : 소아에게 발병해 중추신경계의 손상으로 영구적인 마비를 일으키는 급성 감염병이다.

　　　　– 병원체 : 폴리오 바이러스

　　　　– 병원소 : 환자 및 보균자의 분변이나 호흡기계 분비물

　　　　– 전파경로 : 직접 접촉 및 비말 감염(기침, 재채기, 콧물)

　　　　– 임상증상 : 발열, 두통, 구토, 설사, 이완성 마비, 중추신경계 손상

　　　　– 예방접종 : 혼합형 세이빈 백신(Sabin Vaccine)을 생후 2개월부터 2개월 간격으로 3회 접종 후 18개월에 추가접종

tip	
소화기계 감염병의 공통적인 특징	• 전파경로 : 환자, 보균자의 대소변에 오염된 물이나 식품, 경구적 침입 　폴리오(소아마비) 예외 – 직접 접촉 및 비말 감염(기침, 재채기, 콧물) • 병원소 : 환자, 보균자 • 예방법 : 환경위생 관리 및 개인위생 강화, 환자 보균자 관리, 예방접종 강화

Ⓛ 호흡기계 감염병

　　• 디프테리아 : 겨울과 봄에 10세 이하 어린이에게 주로 발생

　　　　– 병원체 : Corynebacterium Diphtheriae(그람 양성 간상균)

　　　　– 병원소 : 환자 및 보균자

　　　　– 임상증상 : 인후, 코 등의 상피조직에 국소적 염증 유발, 발열

　　• 백일해 : 겨울에서 봄까지 유행, 1~5세의 유아에게 주로 발생, 1세 이하는 치명률이 높다.

　　　　– 병원체 : Bordetell Pertussis(그람 음성균)

　　　　– 임상증상 : 기관지와 모세기관지에 주병변으로 심한 기침, 경련성 발작 발생

　　• 홍역 : 법정 감염병 중 가장 많이 발생, 어린이에게 주로 발생하는 감염력 강한 감염병

　　　　– 병원체 : Measle 바이러스

　　　　– 임상증상 : 고열, 기침, 코플릭스반점, 귀 뒤에서 최초 발진하여 전신 발진

- **성홍열** : 피부발진을 유발하는 용혈성 구균 질환
  - 병원체 : 화농 연쇄상 구균
  - 임상증상 : 두통, 구토, 복통, 오한, 인후염, 발진(목, 겨드랑이, 사타구니에서 시작해 전신으로 발진)
- **유행성 이하선염(볼거리)** : 주로 어린아이에게 발생 임신 초기(4개월 이내)에 감염되면 기형아 출산
  - 병원체 : Mumps 바이러스
  - 임상증상 : 발열, 두통, 근육통, 식욕부진, 구토, 귀밑샘 종창, 생식선 감염에 주의
- **풍진**
  - 병원체 : Rubella 바이러스
  - 임상증상 : 발열, 목 뒤 림프절이 커지면서 발진
  - 임산부는 예방접종을 금한다.
- **인플루엔자** : 감염력이 매우 강한 급성 호흡기 감염병으로 유행성 감기라고도 함
  - 병원체 : 인플루엔자 바이러스
  - 임상증상 : 발열, 오한, 두통, 근육통, 얼굴에는 생기지 않는 전신 발진
- **중증급성 호흡기 증후군(SARS, 사스)** : 2002년 11월 중국 광동지역을 중심으로 발생하여 전세계적으로 확산된 신종 감염병, 우리나라에서는 제1급 감염병으로 지정
  - 병원체 : 사스 코로나 바이러스(SARS Corona Virus)
  - 병원소 : 환자, 매개체(사향고양이)
  - 임상증상 : 가래 없는 마른기침, 인플루엔자와 유사한 증상, 발생 호흡(인공호흡 필요), 예방약이 개발되지 않았으므로 감염 위험지역 여행 자제, 개인위생 및 철저한 환자관리 필요

tip

호흡기계 감염병의 공통적인 특징	• 병원소 : 환자 및 보균자 • 전파경로 : 환자 및 보균자의 비말(콧물, 재채기, 기침) 전파, 공기 전파 • 예방법 : 환자격리, 물건소독, 예방접종 실시

ⓒ 절족 동물 매개 감염병
- **페스트(흑사병)**
  - 병원체 : Pasteurella Pestis(페스트간균)
  - 전파 : 쥐

- 임상증상 : 폐렴을 일으키는 감염병, 고열, 서맥, 패혈증
- **발진티푸스**
  - 병원체 : Riclcettsis Prowazeki(리케차 프로와제키)
  - 전파 : 이
  - 임상증상 : 발열, 근육통, 전신신경증상, 발진
- **말라리아** : 전세계적으로 가장 많이 이환되는 급성 감염병
  - 병원체 : Plasmodium Vivax(양성 3일열 열충)
  - 전파 : 중국 얼룩 날개모기
  - 임상증상 : 식욕감퇴, 전신근태, 두통, 사지통
- **유행성 일본뇌염** : 우리나라에는 8~10월에 많이 발생, 뇌에 염증 유발, 4세 이하의 어린이에게 치명률이 높은 감염병
  - 병원체 : 일본 뇌염 바이러스
  - 전파 : 작은 빨간집 모기
  - 임상증상 : 고열, 빠른 맥박, 두통, 오심, 구토, 목이 뻣뻣해지고 의식 불명의 경우도 발생
- **쯔쯔가무시병** : 양충병, 털진드기 유충이 사람을 물어서 걸리는 가을철 감염병
  - 병원체 : Rickettsia Tsutsugagamushi(쯔쯔가무시 리케차)
  - 전파 : 들쥐에 기생하는 털진드기
  - 임상증상 : 고열, 오한, 장밋빛 전신 발진
- **유행성 출혈열** : 우리나라의 경우 늦봄, 늦가을에 발생되는 급성 감염병
  - 병원체 : 한탄 바이러스
  - 전파 : 등줄쥐에 기생하는 좀진드기
  - 임상증상 : 고열, 결막 충혈, 구토

㉣ **동물 매개 감염병**
- **공수병(광견병 100% 사망)**
  - 병원체 : Rabis Virus(공수병 바이러스)
  - 전파 : 공수병에 감염된 동물(개)의 침
  - 임상증상 : 근육경련, 근육마비, 혼수상태
- **렙토스피라증**
  - 병원체 : Laptosira Icterohaemorrhagiae(렙토스피라속 나선균)
  - 전파 : 들쥐

- 임상증상 : 고열, 오한, 두통, 구토, 보행곤란, 폐출혈
- **탄저 인수공통 감염병**
  - 병원체 : Bacillus Anthracis(탄저병균)
  - 전파 : 오염된 사료를 통한 동물(소, 말, 산양, 양)

② **만성 감염병** – 발생률이 낮고 유병률이 높다.

㉠ **결핵**

- 감염병 중 가장 많이 걸리는 질병으로 폐결핵이 주로 문제가 된다. 도시가 농촌보다 유병률이 높고 남자가 여자보다 2배 정도 높다.
- 병원체 : Mycobacterium Tubercolosis(결핵균)
- 전파
  - 환자의 비말 감염
  - 오염된 식기나 식품의 전파
- 임상증상 : 피로감, 발열, 체중 감소, 기침, 흉통, 객혈
- 예방접종(BCG – 생후 4주 이내), 70도에서 5분 안에 사멸

tip	
결핵 검사방법	Tuberculin Test(투베르쿨린 반응 검사) 양성 반응시 : x–선 간접촬영, x–선 직접촬영, 객담검사 실시 후 등록 관리

㉡ **나병(한센병)**

- 중세 유럽에서 크게 유행했던 만성 감염병
- **병원체** : Mycobacterium Leprae(항산성 간균)
- **전파**
  - 환자의 배설물, 분비물
  - 오염된 물건을 통한 전파
  - 직접 접촉 전파

tip	
나병 검사	• 레프로민(Lepromin) 반응검사로 감염여부 판정 • 미감아(부모가 환자이고 증상이 없는 어린이)는 정상적인 사회활동을 하며 5년 주기로 정기검사 실시

    ⓒ 성병

     • 매독

      – 병원체 : Treponema Pallidum(나선균)

      – 전파 : 환자와 성 접촉, 수혈

      – 임산부 감염 : 유산 및 사산, 출산시 신생아 선천성 매독 유발

     • 임질

      – 병원체 : Neisseria Gonorrhea(그람 음성 쌍구균)

      – 전파 : 환자와의 성 접촉

      – 임산부 감염 : 출산시 신생아 결막염 유발

    ⓔ B형 간염

     • **병원체** : B형간염 바이러스

     • **전파** : 환자의 혈액, 침, 정액, 질분비물에 오염된 주사기, 면도날 등에 의한 전파, 성 접촉

     • **임상증상** : 피로감, 식욕감퇴, 발열, 오한, 황달 유발

    ⓜ **후천성 면역 결핍증(AIDS)**

     • **병원체** : 인간면역 결핍 바이러스

     • **전파** : 환자와의 성 접촉, 수혈, 주사기, 환자의 모유 · 혈액 · 소변 · 타액 · 눈물 · 정액 등

     • **임상증상** : 미열, 피로감, 체중감소, 부스럼, 림프절 비대, 폐렴, 카포시육종

(2) 비감염성 질환

① 비감염성 질환을 유발하는 주요원인

    ㉠ **유전적 요인** : 혈우병, 당뇨병, 본태성 고혈압

    ㉡ **사회경제적 요인(미국의 경우)**

     • **상류층** : 심근경색, 유방암 등

     • **하류층** : 자궁경부암, 위암 등 많이 발생

    ㉢ **습관적 요인**

     • 식습관, 규칙적 운동

     • **비만** : 고혈압, 당뇨

     • **뜨거운 음식** : 식도암, 후두암 유발 연관성

    ㉣ **기호의 요인** : 흡연(폐암), 술(간경화, 간암 유발)

    ㉤ **지역적인 요인**

- **우리나라** : 폐암, 위암, 간암
- **미국** : 폐암, 유방암, 자궁암, 대장암
- ⓑ **영양상태** : 영양 과다로 인한 비만(당뇨, 뇌졸중, 신장염)

② 예방법
- ㉠ **1차 예방** : 질병의 원인을 미리 찾아 제거하므로 질병을 방지하는 적극적인 예방임
- ㉡ **2차 예방** : 정기적인 검진 등을 통하여 질병을 조기에 발견, 질병의 중증화, 사망을 최소화하는 예방

③ 비감염성 질환의 종류
- ㉠ **고혈압증**
  - **증상** : 두통, 이명, 현기증, 불면증, 불안, 피로감, 신경질적 증상, 호흡 곤란, 흉부통증, 언어 장애, 혼수 상태, 반신마비
  - **종류**
    - 본태성 고혈압(1차성 고혈압) : 원인 불명확, 85~90% 차지
    - 속발성 고혈압(2차성 고혈압) : 원인이 명확(호르몬계통의 이상)하므로 치료하면 정상 회복
- ㉡ **뇌졸중**
  - **증상** : 기능 장애, 기억력 상실, 운동 마비, 사망
  - **원인** : 동맥경화증, 고혈압
  - **종류**
    - 뇌출혈 : 뇌혈관의 파열로 뇌조직을 압박하여 발생
    - 뇌경색 : 혈전이나 전색으로 혈관이 막혀서 발생

tip

동맥경화증	동맥의 혈관 내벽에 콜레스테롤이나 중성지방 유리지방산 같은 지질이 축적되어 동맥이 좁아지거나 막혀서 혈액순환이 원활히 이루어지지 않는 것

- ㉢ **허혈성 심장질환**
  - 심장에 혈액을 공급하는 관상동맥이 동맥경화 등과 같은 원인으로 좁아지거나 막혀 혈액 공급이 되지 않아 흉통 증상을 초래하는 것
  - **증상** : 협심증(흉골 밑에 심한 통증)

- **원인** : 고혈압, 당뇨병, 비만, 운동부족, 유전

ⓔ **당뇨병**

- 췌장에서 충분한 인슐린(체내 당을 조절하는 호르몬) 분비를 하지 않아 신체가 당을 적당하게 대사할 수 없어 혈당량이 정상인보다 늦게 떨어지는 증후군으로 소변에서 당이 배출되는 현상
- **증상** : 갈증, 다뇨, 다식, 피로감, 체중감소, 시력장애, 신경통, 피부소양증
- **원인** : 유전적, 비만, 식생활
- **종류**
  - 소년기 당뇨병 : 유아기, 청소년기에 발생, 췌장에서 인슐린을 생산하지 못한다.
  - 성숙기 당뇨병 : 40대 이후 성인에게 발생, 환자의 80% 차지, 체내에서 필요로 하는 충분한 양의 인슐린을 췌장에서 공급하지 못해 발생

ⓜ **악성 신생물(암)**

- 정상세포 이외에 세포가 필요 없이 증식하여 인접한 조직을 파괴하고 장애를 유발하며 다른 부위로 전이해서 증식하는 능력을 가진 질환균
- **원인**
  - 식생활 습관(탄 음식, 과다한 소금을 함유한 음식 섭취)
  - 술, 흡연
  - 간염 질환자 및 보균자의 감염
  - 환경오염 물질

④ 비감염성 질환의 예방법

ⓐ 정상체중 유지(식생활 습관 개선 – 저지방, 저염 식사)

ⓑ 흡연 금지

ⓒ 적당한 규칙적 운동

ⓓ 정기적 검진 실시

(3) 기생충 질환

① 기생충의 분류

ⓐ **생물 형태에 따른 분류**

- **원충류**
  - 근족충류 : 이질아메바, 대장아메바 등

- 편모충류 : 질트리코모나스, 리슈마니아, 람불편모충
- 포자충류 : 말라리아, 톡소플라스마 등
- 섬모충류 : 대장 발란티디움 등
- **윤충류**
  - 선충류 : 회충, 요충, 구충, 편충, 말레이사상충, 동양모양선충 등
  - 흡충류 : 폐흡충, 간흡충, 요코가와흡충 등
  - 조충류 : 유구조충, 무구조충, 왜소조충, 광절열두조충 등
- ㉡ **전파 방식에 따른 분류**
  - **토양 매개성** : 회충, 편충, 구충, 동양모양선충 등
  - **물, 채소 매개성** : 회충, 편충, 십이지장충, 동양모양선충, 분선충, 이질아메바 등
  - **어패류 매개성** : 간흡충, 폐흡충, 요코가와흡충 등
  - **수육류 매개성** : 유구조충, 무구조충 등
  - **모기 매개성** : 말라리아, 사상충 등
  - **접촉 매개성** : 요충, 질트리코모나스 등
- ② 기생충의 종류
  - ㉠ 선충류
    - **회충** : 전 세계에 널리 분포
      - 병원체 : Ascaris Lumbricoides
      - 기생부위 : 인체의 소장에 기생
      - 전파 : 오염된 야채, 불결한 손, 파리 매개 등을 통해 경구적 침입
      - 증상 : 권태, 복통, 식욕감퇴, 오심, 구토, 발열, 이미증, 장폐색, 폐렴, 경련, 담낭염 등
    - **편충(대표적 토양 매개성 기생충)**
      - 병원체 : Trichuris Trichiura
      - 기생부위 : 인체의 대장 상부에 기생
      - 전파 : 오염된 야채, 불결한 손, 파리 매개 등을 통해 경구적 침입
      - 증상 : 신경질, 불면증, 담마진, 호산구증다증, 복통, 변비, 복부 팽만감, 요통, 만성설사, 점혈변, 빈혈, 체중감소, 탈항
    - **구충**

듀비니 구충(십이지장충)	• 병원체 : Ancylostoma Duodenale • 기생부위 : 인체의 소장에 기생 • 전파 : 토양, 풀, 야채를 통한 경미, 경구적 전파 • 증상 : 경피, 발적, 구진, 가려움 경구, 채독증, 기침, 가래

아메리칸 구충	• 병원체 : Necator Americanus • 전파 : 토양, 풀, 야채를 통한 경미, 경구적 전파 • 증상 : 경피, 발적, 구진, 가려움 경구, 채독증, 기침, 가래

- **요충** : 인간에게 가장 흔한 접촉 감염성 기생충, 집단 생활하는 어린이에게 많이 유행
  - 병원체 : Enterobius Vermicularis
  - 기생부위 : 인체 소장에서 기생(암컷 산란시 : 항문 주위에서 산란 후 사망)
  - 전파 : 오염된 식품이나 손을 통한 경구적 전파
  - 증상 : 항문 소양증(가려움증), 피부발적, 종창, 피부염, 2차 세균 감염, 오심, 구토, 복통, 설사, 불면증, 야뇨증, 불안증
- **말레이사상충증(열대성 풍토병)**
  - 병원체 : Brugia Malayi
  - 전파 : 모기에 의해 전파
  - 증상 : 잠복기에는 전혀 증상이 없고 급성기에 고열, 전신근육통, 림프관염, 상피증 발생
- **아니사키스** : 해산포유류(고래, 돌고래, 물개, 바다표범)의 위에 기생하는 회충류
  - 병원체 : 고래회충, 물개회충
  - 전파 : 제 1중간숙주(해산 새우류) → 제 2중간숙주(해산 포유류의 생식을 통해 사람에게 전파)
  - 증상 : 경련선동통, 오심, 구토, 식중독 증상과 유사
  - 예방법 : 채소, 야채류 흐르는 물에 3회 이상 씻은 후 섭취, 정기적 검사 및 구충제 복용, 인분비료 사용 금지, 개인위생 철저
- ① **조충류**
  - **유구조충(갈고리촌충)**
    - 병원체 : Taenia Solium
    - 전파 : 인체의 소장에 기생, 오염된 사료를 먹은 돼지(중간 숙주)의 생식으로 전파
    - 증상 : 유구낭미충증
  - **무구조충(민촌충)**
    - 병원체 : Taenia Saginata
    - 전파 : 인체의 소장에 기생, 오염된 풀이나 사료를 먹은 소(중간 숙주)의 생식으로 전파
    - 증상 : 설사, 복통, 구토, 장패쇄
  - **광절열두조충(긴촌충)**
    - 병원체 : Diphyllobothrium Latum

- 전파 : 인체의 소장에 기생, 분변으로 탈출해서 수중생활 : 제 1중간숙주(물벼룩) → 제 2중간숙주(담수어(연어, 송어, 농어) 생식으로 전파)
- 증상 : 소화불량, 복통, 설사, 심한 빈혈, 장 폐쇄
- 예방법 : 개인위생 관리 철저, 생식 금지, 사료 분변 오염 금지

ⓒ 흡충류
  • 간흡충
    - 병원체 : Clonochis Sinensis
    - 기생 부위 : 간의 담관에서 기생, 분변으로 탈출해서 수중생활, 제 1중간숙주(쇠우렁이(왜우렁이) → 제 2중간숙주(잉어, 담수어(참붕어, 붕어, 잉어)의 생식으로 전파)
    - 증상 : 소화기 장애, 간종대, 황달 등
  • 폐흡충
    - 병원체 : Paragonimus Westermani
    - 전파 : 인체의 폐에 기생, 제 1중간 숙주(다슬기) → 제 2중간 숙주(가재, 게의 생식으로 전파)
    - 증상 : 심한 기침, 피 섞인 가래, 피로, 합병증 유발, 기생 장소에 따라 간질, 반신불수, 실어증 유발
  • 요코가와흡충
    - 병원체 : Metagonimus Yokogawai
    - 전파 : 인체의 소장에 기생, 제 1중간숙주(다슬기) → 제 2중간숙주(은어, 황어의 생식으로 전파)
    - 증상 : 설사, 복통, 혈변, 소화기 장애, 식욕이상, 두통
    - 예방법 : 민물고기 생식 금지, 조리기구 소독, 분변관리 철저, 생수음용 금지

ⓔ 원충류
  • 이질아메바
    - 병원체 : Entamoeba Histolytica
    - 전파 : 분변에 오염된 식품, 물을 통한 경구 침입
    - 증상 : 점혈변, 복통, 후중증
    - 예방 : 음용수 끓여먹기, 분변의 위생적 처리
  • 질트리코모나스
    - 병원체 : Trichomonas Vaginalis

– 전파 : 여성 – 질점막, 남성 – 전립선에 기생, 성접촉에 의한 전파

– 증상 : 대하증, 빈뇨, 악취, 소양감(가려움증), 발적

– 예방 : 배우자와 함께 치료, 위생적 관리, 건전한 성행위

(4) 위생해충

① 정의 : 혐오감을 주고 일상생활에 불편함을 주는 동물

② 구충구서의 원칙

ㄱ 발생원 및 서식처 제거

ㄴ 발생 초기에 실시

ㄷ 생태습성에 따른 제거

ㄹ 동시에 광범위하게 구제

③ 구제방법

ㄱ **물리적 방법** : 발생원 및 서식처 제거, 트랙 이용

ㄴ **화학적 방법** : 살충제, 발육억제제, 불임제, 기피제 등으로 해충 구제

ㄷ **생물학적 방법** : 천적 이용

ㄹ **통합적 방법** : 2가지 이상의 방법을 동시에 사용

④ 해충과 질병

ㄱ **모기 매개질병** : 일본뇌염(작은빨간집모기), 말라리아(중국얼룩날개모기), 사상충(토코숲모기)

ㄴ **파리매개질병** : 장티푸스, 콜레라, 파라티푸스, 세균성 이질, 아프리카수면병(체체파리)

ㄷ **바퀴매개질병** : 장티푸스, 세균성 이질, 콜레라

ㄹ **쥐매개질병** : 페스트, 서교열, 렙토스피라증, 살모넬라증, 유행성 출혈열, 발진열, 쯔쯔가무시병

Section 04 가족 및 노인보건

(1) 가족계획

① **가족계획의 정의(W.H.O)** : 근본적으로 산아 제한을 의미하는 것으로 출산의 시기 및 간격을 조절하여 출생 자녀수도 제한하고 불임증 환자의 진단 및 치료를 하는 것

② 가족계획의 내용

　㉠ 모성보건을 위한 가족계획

　　• 초산연령 : 20~30세

　　• 임신간격 : 약 3년

　　• 출산기간 및 단산연령 : 35세 이전에 단산

　㉡ 영·유아보건을 위한 가족계획

　　모성의 연령, 부모 건강상태, 출산터울, 자녀수, 유전인자, 의료 등은 신생아 및 영아 사망률
　　과 밀접한 관계

　㉢ 모성 및 영·유아 외의 가족계획

　　가정 경제 및 여러 조건에 적합한 자녀수 출산(여성의 사회진출 도모)

③ 피임방법

　㉠ 영구적 피임법

　　• 난관수술 : 여성 대상

　　• 정관수술 : 남성 대상

　㉡ 일시적 피임법

　　• 질내 침입방지 : 콘돔, 성교 중절법 등

　　• 자궁 내 착상방지 : 자궁 내 장치, 화학적 방법 등

　　• 생리적 방법 : 월경주기법, 기초 체온법, 경구 피임약

④ 모자 보건의 대상 및 내용

　㉠ 대상 : 15~44세 이하의 임산부 및 6세 이하의 영·유아

　㉡ 내용

　　• 임산부의 산전관리, 분만관리, 응급처치

　　• 영·유아의 건강관리, 예방접종

　　• 피임 시술 및 피임 약재의 보급에 관한 사항

　　• 부인과 관련 질병

　　• 장애아동 발생예방 및 건강관리

　　• 보건지도 교육, 연구, 홍보, 통제관리

　㉢ 모자보건지표

　　• 영아사망률 : 0세(1년 미만)의 사망수

　　• 주산기 사망률 : 출생수와 태아 사망 28주 이상의 사망을 합한 분만수와 태아 사망 28주

이상의 사망과 출생 후 7일 미만의 사망수의 비율로서 1,000명당 비교하는 것
- 모성 사망률 : 연간 출생아 수에 대한 임신, 분만, 산욕과 관련된 사망수의 비율

(2) 노인보건

① 노인보건의 의의 : 노인보건은 노년(65세 이상)의 건강에 관한 문제를 다루는 것이다.

② 노인보건의 중요성
   ⊙ 고령화 사회 진입
   ⓛ 노화의 기전이나 유전적 조절 등에 관심 고조
   ⓒ 노인인구 급증으로 만성, 비감염성 질환 급증
   ⓔ 노인성 질환은 장기치료가 필요하므로 국민 총의료비 증가

③ 노인의 질병 예방 및 건강 증진
   ⊙ 1일 1,800kcal 섭취(50~60g의 단백질, 칼슘 섭취)
   ⓛ 술, 담배 조절
   ⓒ 규칙적인 목욕 및 배설(용변)
   ⓔ 충분한 숙면과 적절한 운동
   ⓜ 정기검진 및 치료

Section 05 환경보건

(1) 환경위생의 개념

① 환경위생의 정의(WHO) : 인간의 신체 발육, 건강 및 생존에 유해한 영향을 미치거나 미칠 가능성이 있는 인간의 물리적 생활환경에 있어서의 모든 요소를 통제하는 것이다.

② 환경위생의 발전
   ⊙ 이탈리아 Ramazzni : 54종의 직업병을 최초로 기술, 산업위생의 선구(1713년)
   ⓛ 독일 Max Van Pettenkofer : 환경위생학을 근대 과학으로 발전시킴(1886년)
   ⓒ Bernard : 근대 실험의학의 창시자(1813년)
   ⓔ Sedwick 미국 : 세계 최초 공중 위생대학 창립
   ⓜ 세계보건기구(WHO) : 세계보건기구 환경위생 전문 위원회(1949년)

③ 기후의 개념

　　㉠ **기후의 정의** : 대기 중에 발생하는 하나의 물리적 현상

　　㉡ **기후 요소** : 기온, 기류, 기습, 복사열, 강우 등

tip
> • 기후의 3요소 : 기온, 기습, 기류　　　　　• 4대 온열인자 : 기온, 기습, 기류, 복사열

- **기온**
  - 정의 : 대기의 온도
  - 측정 : 인간의 호흡 위치인 1.5m 높이의 백엽상 안에서 측정한 온도, ℃, ℉로 표시
  - 측정기구 : 수은 온도계, 최고 · 최저 온도계, 아스만 통풍 온 · 습도계, 자기온도계
  - 실내온도 : 18±2℃

tip
> 기온역전　　　　고도가 높은 곳이 하층부보다 기온이 높은 경우로 대기오염에 영향을 끼친다.

- **기습(습도)**
  - 정의 : 대기 중에 포함된 수분량
  - 측정기구 : 건습구 온도계, 자가습도계, 아스만 통풍습도계, 아우구스트 건습계, 노점습계, 비색법
  - 쾌적습도 : 40~70%
- **기류(바람)**
  - 실내는 온도차, 실외는 기압차에 의해 기류 발생
  - 측정기구 : 실내 – 카타온도계, 실외 – 풍차속도계, 아네모메타, 피토트튜브
  - 불감기류 : 0.5m/sec 이하
- **복사열**
  - 정의 : 태양의 적외선에 의한 열(온도 차이에 의해 물체로부터의 발열하며 실제 온도보다 높은 온감)
  - 측정기구 : 흑구 온도계

　　㉢ **체온 조절**

- **정상체온** : 36.1~37.2℃ 사이, 평상시 36.5℃ 유지

- **최적온도** : 체온 조절에 있어 가장 적절한 온도(여름 : 21~22℃, 겨울 : 18~21℃)

종 류	파 장(Å)	비 율(%)
자외선	3800Å 이하	5%
가시광선	3800~7700Å	34%
적외선	7700Å 이상	52%

㉣ **일광 및 유해광선**

- **자외선**
  - 자외선의 종류 : 원자외선, 중자외선(2800~3200Å) : 인체에 유익한 작용, 도노선 (Dorno - ray), 근자외선
  - 자외선이 인체에 미치는 영향 : 피부의 홍반 및 색소 침착, 결막염, 백내장 유발, 비타민 D의 생성 : 구루병 예방, 피부결핵 및 관절염 치료작용 **예** 도노선(Dorno-ray), 신진대 사 및 적혈구 생성 촉진, 살균작용
- **가시광선** : 망막을 자극하여 명암과 색채를 구별하게 하는 작용
- **적외선** : 복사열을 운반하므로 열선이라고 한다.
  - 적외선의 종류 : 원적외선(300,000~1,000,000Å), 중적외선(30,000~300,000Å), 근적외선(30,000Å 이하)
  - 적외선이 인체에 미치는 영향 : 피부온도의 상승, 혈관 확장, 피부홍반

tip

- 쾌감대 ; 적당한 착의시 쾌감을 느낄 수 있는 온도(17~18℃), 습도(60~65%)
- 불쾌지수(DI) : 기후상태로 인간이 느끼는 불쾌감을 표시한 것(Thom 고안 - 1910년, 미국)

불쾌지수(DI)	증 상
70 이상	다소 불쾌
75 이상	50% 사람이 불쾌
80 이상	거의 모든 사람이 불쾌
85 이상	매우 불쾌

- 카타냉각력
  - 인체로부터 열을 뺏는 힘
  - 실내의 기류 측정계로 사용

ⓜ 공기와 건강
- 공기 조성

성 분	농 도(%)
질소(N_2)	78.1%
산소(O_2)	20.1%
아르곤(Ar)	0.93%
이산화탄소(CO_2)	0.03%
기타	0.04%

- **공기의 자정작용** : 희석작용, 산화작용, 교환작용, 세정작용
- **공기와 건강**
  - 군집독 : 실내에 다수인이 밀집해 있을 때 공기의 물리적 · 화학적 조건이 문제가 되어 불쾌감, 두통, 권태, 현기증, 구토, 식욕저하 등 생리적 현상을 일으키는 것
    * 예방법 : 환기
  - 호흡 : 산소와 이산화탄소의 교환으로써 호흡을 통해 체내에 들어온 산소는 헤모글로빈 (Hb)과 결합해 HbO_2로 각 조직에 운반되고, CO_2는 폐포로 운반되어 호흡기로 배출

ⓗ **산소와 건강**
- **산소중독**
  - 대기 중의 산소농도(21%)나 산소분압(160mmHg)보다 높은 산소를 장시간 호흡시 발생
  - 증상 : 폐부종, 출혈, 이통, 흉통
- **저산소증**
  - 산소가 부족한 상태에서 일어나는 증상
  - 산소량 10% 정도(호흡곤란), 산소량 7% 이하(질식)

ⓢ **질소와 건강**
- **질소** : 공기 성분 중 78% 차지
- **잠함병** : 고기압 상태에서 중추신경에 마취작용을 하며 정상기압으로 갑자기 복귀시 공기 성분인 질소가 혈관에 기포를 형성하여 혈전현상을 일으키게 되는 것으로 잠수, 잠함 작업 시 주로 발생

◎ 이산화탄소와 건강
- 무색, 무취, 비독성 가스 – 소화제, 청량음료에 사용
- 밀집장소에서 이산화탄소양이 증가하므로 실내공기 오염지표로 사용
- 허용농도 0.1%, 호흡곤란 – 8%, 질식사 – 10% 이상

㉣ 일산화탄소와 건강
- 무색, 무취, 자극성이 없는 기체, 맹독성 – 불완전 연소시 발생
- 헤모글로빈(Hb)과의 친화력이 250~300배로 산소 결핍증 유발
- 허용농도 : 8시간 기준 0.01%

④ 물과 건강
㉠ 음용수의 수질 기준
- 수질검사
  - 매일 1회 이상 : 냄새, 맛, 색도, 탁도, 수소이온농도, 잔류염소
  - 매주 1회 이상 : 일반세균, 총대장균군, 대장균, 암모니아성 질소, 질산성 질소, 과망간
    산칼륨, 증발잔류물
  - 매월 1회 이상 : 수질기준 전 항목
- 오염된 상태의 의의
  - 암모니아성 질소 검출 : 유기물질에 오염된 지 얼마되지 않은 것
  - 과망간산칼륨 검출 : 유기물 산화시 소비, 수중 유기물을 간접적으로 추정
  - 대장균군 검출 : 미생물이나 분변에 오염된 것 추측, 검출방법이 간단하고 정확해 수질
    오염의 지표로 사용
㉡ 물과 보건
- 수인성 감염병의 종류 : 콜레라, 장티푸스, 파라티푸스, 세균성 이질
- 불소함량 : 과잉 함량 – 반상치의 원인, 저함량 – 충치의 원인
㉢ 상수도 공급과정 : 수원지 – 정수장 – 배수지 – 가정
㉣ 물의 정화
- 침전 : 물보다 비중이 큰 수중 고형물을 침강시켜 물과 분리하는 것
  - 보통 침전 : 수중 현탁입자가 중력에 의해 가라앉도록 하는 것으로 많은 시간이 필요
  - 약품 침전 : 미세입자나 비중이 낮은 용해질 침전에 이용하며, 약물(황산알루미늄, 암모
    늄명반, 황산제일철, 황산제이철, 염화제일철)을 사용

- **여과**
  - 완속여과법 : 모래층과 모래층 표면에 증식한 미생물에 의해 수중의 미생물을 포착하여 산화·분해하는 방법
  - 급속여과법 : 원수 중의 현탁물질을 약품에 의해 응집시키고 분리하는 방법
- **소독**
  - 염소 소독 : 상수도 소독에는 주로 액화염소 사용
    * 장점 : 강한 살균력, 잔류효과 크다, 경제적, 조작간편
    * 단점 : 냄새 유발, 독성이 있는 트리할로메탄 발생

tip		
불연속점 (파괴점) 염소 처리	결합형 잔류염소가 0이 되는 점으로 불연속점 이상으로 염소량을 주입하여 유리잔류염소가 검출되도록 염소를 주입하는 방법	

  - 오존 소독
    * 1.5~5g/㎥, 15분 접촉
    * 장점 : 무미, 무취
    * 단점 : 비용이 많이 들고, 잔류효과가 약하다.
  - 가열소독
    * 100℃, 30분 가열
    * 가정 및 소규모 사용시 이용
  - 자외선 소독 – 2,800~3,200Å(도노선) 이용
    * 살균력은 강하나 투과력 약함

(2) 환경보전의 개념

① 환경오염 발생원인 : 경제 성장, 인구증가, 도시화, 지역개발, 환경보전 인식부족

② 환경오염의 종류 : 대기오염, 수질오염, 토양오염, 소음, 진동, 악취, 방사능 오염
  ㉠ 대기오염
  - **정의** : 대기 중에 인위적으로 배출된 오염물질이 다수인에게 불쾌감, 보건상 위해, 인간, 식물, 동물의 생활에 피해를 주어 권리를 방해 받는 상태(WHO)
  - **대기오염 물질**

- 입자상 물질

분진	대기 중에 떠다니는 미세한 독립 상태의 액적 또는 고체상 알갱이 (10μm 이상 - 강하분진, 10μm 이하 - 부유분진)
매연	연소시 발생하는 유리탄소의 미세한 1μm 이하의 입자상 물질
검댕	연소시 발생하는 유리탄소가 응결한 1μm 이상의 입자상 물질
액적	가스나 증기의 응축에 의하여 생성된 대략 2~200μm 크기의 입자상 물질
훈연	화학반응에서 증발한 가스나 대기 중에서 응축하여 생기는 0.001~1μm의 고체입자

- 가스상 물질

황산화물(SOx)	• 배출원 : 화력발전소, 자동차, 난방시설, 정유공장 • 3 아황산가스(SO_2)가 주오염물질
질소산화물(NOx)	• 배출원 : 연료의 연소과정 - 일산화질소(NO), 이산화질소(NO_2) 주오염 물질 → 2차 오염물질 발생

- 2차 오염물질

광화학 스모그 : 자외선 + 질소화합물(NOx) → 오존, PAN, 알데히드 등의 광화학 오염물질을 생성

tip

스모그 비교	구 분	런던 스모그(Smog)	LA 스모그(Smog)
	계절	겨울	여름
	역전종류	방사선 역전	침강성 역전
	주 사용연료	석탄과 석유제	석유계
	주성분	SOx, 입자상 물질	NOx, 유기물
	발생시간	이른 아침	낮
	인체영향	호흡기질환 (기침, 가래 등)	눈의 자극

- **대기오염의 역사**
  - 1300년 영국 에드워드 1세 : 석탄사용 금지령
  - 1578년 영국 엘리자베스 여왕 : 석탄연료 사용금지
  - 1930년 벨기에 뮤즈계곡 사건
    * 원인 : 기온 역전, 연무 발생, 공장 및 가정 배기가스
    * 피해 : 호흡기질환, 가축피해
  - 1948년 펜실베이니아주 도노라 사건
    * 원인 : 기온 역전, 연무 발생, 공장 배기가스
    * 피해 : 독가스에 의한 기침, 호흡곤란, 점막 자극
  - 1952년 영국 런던 스모그 사건
    * 원인 : 기온 역전, 농무, 석탄사용
    * 피해 : 호흡기질환, 심장질환
  - 1954년 미국 LA 스모그 사건
    * 원인 : 기온 역전, 자동차 배기가스
    * 피해 : 가축 피해, 눈, 코, 기도, 점막의 자극
  - 1956년 : 영국 대기청정법 제정
  - 1957년 : 미국 대기청정법 제정
  - 1984년 : 멕시코 포자리카 사건
    * 원인 : 황화수소
- **대기오염의 원인**
  - 기온 역전 : 고도가 상승함에 따라 기온이 하강하는 것이 정상이나 대기 중의 배출가스 등에 의해 이와 반대로 높이 올라갈수록 기온이 상승하는 현상
  - 종류 : 복사성(방사선, 접지) 역전, 침강성 역전

복사성 역전	• 지표 200m 이하에서 발생 • 아침 햇빛이 비치면 쉽게 파괴되는 야행성 • 낮 동안에 태양 복사열에 의해 지표의 온도는 높아지나 밤에는 복사열이 적어 지표의 온도가 낮아지면서 발생
침강성 역전	• 1000m 내외의 고도에서 발생 • 맑은 날 고기압 중심부에서 공기가 침강하여 압축을 받아 발생

- **열섬현상** : 대도시의 건물, 공장들이 자연적인 공기의 흐름이나 바람을 지연시켜 도심의

온도가 변두리 지역보다 높아 따뜻한 공기가 상승하며 도시 주위에서 도심으로 들어오는 찬바람이 지표로 흐르게 되는 현상

• **대기오염이 미치는 영향**

지구 환경에 미치는 영향	• 지구온난화, 산성비, 지구온난화에 의한 기상 이변의 엘리뇨 • 온실 효과 : 어느 특정가스가 지구 주위를 둘러싸고 그 결과 지구층의 가열된 복사열의 방출을 막고, 지구가 더워지는 현상
인체에 미치는 영향	• 황산화물(SO_x) : 만성기관지염 등의 호흡기계 질환 • 일산화탄소(CO) : 헤모글로빈(Hb)과의 결합으로 산소부족 초래 및 각종 생리기능 장애 • 질소(NO_x) : 헤모글로빈(Hb)과의 친화력이 CO보다 훨씬 강해서 메트헤모글로빈혈증을 유발하여 Hb의 산소운반 능력 저해, 기관지염, 기관지폐렴, 폐기종, 폐색성 폐질환 등의 호흡기계 질환 • 탄화수소(HC) : 대기 중의 NO와 반응하여 2차오염물질인 오존, PAN 생성 → 눈, 상기도 점막자극, 폐기능 저하 • 입자상물질 : 진폐증, 폐암
식물에 미치는 영향	• 식물의 성장 저해 • 식물의 성장지연 및 검은 반점 발생 • 농작물의 잎 고사 및 생육 지연 • 야채의 변색 및 잎 하단에 청동색 변화
경제적 손실	• 금속 부실, 표면 광택을 잃는다. • 고무의 노화 • 건물 착색, 대리석, 석회석 부식, 도자기, 유리, 금속 부식 • 페인트, 도료 변색 및 퇴색
자연 환경의 악화	

• **대기오염 방지 대책**

- 에너지 사용규제 및 대체
- 대기오염 방지기술의 향상과 보급
- 산업 구조의 발달
- 환경오염 방지를 위한 입지조건이 적합한 공장지대 선정
- 대기오염 방지에 대한 지도, 계몽 및 법적 규제
- 오염자 비용부담원칙 적용

• **황사 문제** : 최근 중국 북부 내륙 지역의 사막화 영향으로, 현재 우리나라에 사회·경제적 피해 및 호흡기 질환을 유발하는 새로운 대기오염 물질로 대두되고 있다.

ⓒ 수질오염
- **정의** : 폐기물의 양이 증가해 물의 자정능력이 상실되는 상태
- **원인** : 생활하수, 산업폐수, 축산폐수, 비점오염원(오염원확인 및 규제관리가 어려운 오염원)
- **수질오염 사건**

미나마타병	• 1952년 일본 구마모토현 미나마타만 주변 공장의 알데히드초산 제조설비 내에서 발생 • 원인물질 : 메틸수은 • 증상 : 사지마비, 언어장애, 청력장애, 선천적 신경장애 유발
이타이이타이병	• 1945년 일본 도야마현 간쓰천 유역 주변 광업소에서 발생 • 원인물질 : 카드뮴 • 증상 : 골연화증, 보행장애, 신경기능장애 등
가네미유사건	• 1968년 일본 카타쿠슈시의 가네미 회사 미강유 탈취공정에서 발생 • 원인물질 : PCB • 증상 : 식욕부진, 구토, 안질 등

- **수질오염 지표**

생물학적 산소 요구량(BOD)	• 일반적으로 세균이 호기성 상태에서 유기물질을 20℃에서 5일간 안정화시키는데 소비한 산소량 • 의의 : BOD가 높으면 유기물이 다량 함유되어 많은 양의 유리산소를 소모하였다는 것을 의미
용존산소(DO)	• 물의 오염을 나타내는 지료의 하나로서 물에 녹아있는 유기산소 • 의의 : BOD가 높으면 DO는 낮고, 온도가 하강하면 DO 증가
화학적 산소 요구량(COD)	• 수중에 함유되어 있는 유기물질을 화학적으로 산화시킬 때 소모되는 산화제의 양에 상당하는 산소량 • 의의 : 수중의 유기물질을 간접적으로 측정하는 방법
부유물질(SS)	• 수중에 있는 유기, 무기물질을 함유한 0.1mm~2mm 이하의 고형물

- **수질 환경 기준**
  - 하천의 생활규제(등급기준) 항목 : 수소 이온 농도, 생물화학적 산소 요구량, 부유물질량, 용존 산소량, 대장균수
  - 하천에서 검출되어서는 안 되는 항목 : 카드뮴 0.01mg/ℓ 이하, 연 0.1mg/ℓ 이하, 비소 0.05mg/ℓ 이하, 6가크롬 0.05mg/ℓ 이하, 시안, 수은, 유기은, PCB
- **수질 오염의 영향**
  - 생태계 파괴
  - 상수원 오염으로 물 정화 및 이용의 제한

　　　– 경제적 손실 : 수산업 손실, 농작물 피해
　• **수질 오염 방지대책**
　　　– 수질 및 배출 허용기준의 법정 제정과 지도
　　　– 오염 피해를 위해 계속적인 관측 실시
　　　– 하수, 폐수 처리의 완비
　　　– 배출원 이전 및 분산 실시
　　　– 환경 영향 평가제도 실시
　　　– 총량 규제 제도 도입
　　　– 계몽 및 수질 보전운동 전개

ⓒ **하수의 정의**

　• 오수, 천수, 산업폐수로 구분되며 액체성, 고체성 수질오염 물질이 혼입되어 그대로 사용할 수 없는 물

　• **하수도**
　　　– 합류식 : 하수를 운반하는 시설로 오수 및 천수 등 모든 하수를 운반
　　　– 혼합식 : 천수를 별도로 운반하는 분류식, 천수와 사용수 일부를 함께 운반

　• **하수 처리 목적**
　　　– 수인성 감염병 예방
　　　– 상수원 오염방지 및 토양 오염으로 인한 농작물 오염 줄이기

　• **하수 처리 과정**

예비처리	• Screening : 하수 유입구에 제진망 설치로 부유물이나 고형물 제거 • 침사법 • 침전법 　　유속을 가소시켜 토사 등 비중이 큰 물질 제거
본 처리	• 혐기성 처리 : 부패조, 임호프조(Imhoff Tank) • 호기성 처리 : 활성오니법, 살수여과법
오니처리	• 사상건조법, 소화법, 소각법, 퇴비법

ⓔ **폐기물 처리**

　• **폐기물의 정의** : 쓰레기 연소재, 오니, 폐유, 폐산, 폐알칼리, 동물의 사체 등 생활이나 사업 활동에 필요 없는 물질

　• **종류** : 일반 폐기물, 특정 폐기물

　• **처리법**
　　　– 일반폐기물

매립법	우리나라에서 대부분 사용, 매립 경지는 30°, 매립 후 15~20cm 이상의 복토 실시
퇴비법	폐기물 중 플라스틱, 고무를 제외한 유기물질을 혐기성, 호기성균을 이용해 퇴비로 만드는 방법
소각법	가장 위생적인 방법

- 특정 폐기물 : 위탁 관리자에게 위탁처리

ⓜ 소음

- **소음의 정의** : 원하지 않는 소리(기계, 기구, 시설, 기타 물체의 사용으로 인해 발생하는 강한 소리)
- **음의 특성**
  - 단위 : 데시벨(dB)
  - 음의 영역 : 20~20000Hz(가청영역)
  - 음의 크기 : 폰(phone)
- **소음의 피해**
  - 불쾌감
  - 생리적 장애
  - 맥박 미비 및 호흡수 증가
  - 대화 방해 및 작업능률저하
  - 수면 방해 및 청력손실
- **소음방지 대책**
  - 소음원 제거 및 방지시설 부착
  - 방음시설 및 차음벽 설치
  - 소음발생시설 이전

ⓗ 진동

- **단위** : dB(v)
- **피해**
  - 전신진동증
    * 운전자, 공장근로자가 받는 진동
    * 압박감, 돈통감, 공포감, 오한
  - 국소진동증
    * 착암기, 공기해머, 글라인더 사용자가 받는 진동

* 레이노현상 : 손가락 말초혈관 운동의 장애로 인한 혈액순환 장애
  - 대책
    * 발생원 제거 및 진동방지 장치시설(코일스프링, 공기스프링, 방진고무 등)
    * 진동차단벽 설치

(3) 주택 및 보건

① 주택

㉠ 주택의 조건

- 남향 또는 동남향
- 언덕의 중복에 위치
- 매립지의 경우 10년 이상 경과 후 건축
- 지하수위 1.5~3m
- 건조지반은 지질 견고

㉡ 환기

- 자연환기 : 실내의 온도차에 의한 환기, 기체의 확산력, 실외의 풍력에 의한 환기
- 인공환기 : 동력을 이용한 인공 환기(강당, 극장, 밀폐장소)

㉢ 채광 및 조명

- 조명

사연소명	• 거실방향 남향(하루 최소 4시간 이상 일조량) • 거실면적의 1/7~1/5이 창의 면적으로 세로로 긴 것 • 개각(4~5°), 입사각(28°이상)이 클수록 좋다. • 거실 안쪽 길이는 창틀 상단 높이의 1.5배 이내
인공조명	• 눈의 보호 : 간접조명, 주광색 • 작업에 충분한 조도, 균등하고 열발생 적을 것 • 취급간편, 가격저렴, 폭발·발화 위험 없을 것 • 빛은 좌상방에서 비출 것(초정밀직업 : 750Lux 이상, 정밀작업 : 300Lux 이상, 보통작업 : 150Lux 이상, 기타 : 75Lux 이상(조도단위 : Lux))

- **조명과 보건** : 부적절한 조명시 눈의 피로, 안구 진탕증, 전망성안염, 백내장, 작업능률 저하

㉣ 실내온도 조절

- **난방**

- 국소난방 : 연탄, 전기 난로 등
- 중앙난방 : 온수난방, 증기난방법
- 지역난방 : 광범위한 지역의 건물에 온열 공급
- **냉방**
  - 국소냉방 : 선풍기
  - 중앙냉방 : Carrier System
  - 냉방시 실내외 온도차 : 5~7℃ 적당
ⓜ **의복**
- **의복의 정의** : 체표면과 의복 내외 표면에 한정된 공간 전체
- **의복의 목적**
  - 체온조절 및 신체 청결, 신체보호
  - 예의, 품격, 개인의 취향
- **의복의 위생학적 조건**
  - 온도, 습도, 기류 등의 기후 조절력이 좋아야 한다.
  - 피부보호력이 커야 한다.
  - 체온조절력이 커야 한다.

> **tip**
> **방한력**
> **(열 차단력)**
> 방한력의 단위 : CLO(4~4.5CLO가 방한력이 좋다.)

(4) 산업보건

① 산업보건의 개요

ⓐ **정의 : WHO, 1950년**

산업보건이란 모든 산업장 직업인들의 육체적, 정신적, 사회복지를 고도로 증진·유지하는 데 있다.

ⓑ **ILO(국제노동기구)의 산업보건 권장목표**

- 노동과 노동조건으로부터 근로자 보호
- 채용시 적성배치 기여
- 정신적·육체적 안녕 상태 유지, 증진

ⓒ **산업보건의 목적** : 근로자의 건강을 보호 증진하고 노동 생산성을 향상시키는 것

ⓔ **RMR(Relative Metabolic Rate) 작업대사율**

- $RMR = \dfrac{작업시\ 소비열량 - 같은\ 시간의\ 안정시\ 소비열량}{기초대사량} = \dfrac{작업대사량}{기초대사량}$

- **작업강도**
  - RMR 1 이하 : 경노동
  - RMR 1~2 : 중등노동
  - RMR 2~4 : 강노동
  - RMR 4~7 : 중노동
  - RMR 7 이상 : 격노동

ⓜ **산업재해**

- 건수율 $= \dfrac{재해건수}{평균\ 근로자수} \times 1000$

- 도수율 $= \dfrac{재해건수}{연\ 근로시간수} \times 1,000,000$

- 강도율 $= \dfrac{근로손실일수}{연\ 근로시간수} \times 1000$

② **물리적 인자에 의한 건강 장애**

ⓐ **이상기온에 의한 장애**

고온환경에 노출되면 체온조절 기능의 생리적 변화, 장해가 발생해 자각적·임상적으로 증상이 나타나는 것의 총칭으로 열중증, 고열장애라고 한다.

- **열경련**
  - 고온 환경에서 심한 육체적 노동시 탈수로 인한 염분 손실
  - 증상 : 사지경련, 동통, 현기증, 이명, 두통, 구토
  - 응급조치 : 생리식염수 1~2ℓ를 정맥주사하거나 0.1%의 식염수 섭취

- **열사병(일사병)**
  - 고온환경에 장시간 노출되어 체온조절의 부조화로 뇌온이 상승하여 중추신경 장애 발생
  - 증상 : 체온의 이상 상승(41~43℃), 구토, 두통, 혈압 상승 등
  - 응급조치 : 얼음물, 사지를 격렬하게 마찰, 호흡곤란시 산소 공급, 항신진대사제를 투여

- **열허탈증(열피로)**
  - 고온환경에 오랫동안 노출된 결과로 혈관신경의 부조화, 심박출량 감소, 피부혈관 확장, 탈수
  - 증상 : 권태감, 탈력감, 두통, 현기증, 귀울림, 구역질, 의식 불명, 최저혈압의 하강
  - 응급처치 : 5% 포도당 용액을 정맥주사
- **열쇠약**
  - 고열에 의한 비타민 B_1 결핍으로 발생하는 만성 체력소모
  - 증상 : 전신권태, 식욕 부진, 위장 장애, 불면 및 빈혈
  - 응급처치 : 영양공급, 비타민 B_1 공급, 휴양
- **열성발진**
  - 습난한 기후대에 머물거나 계속적인 고온다습한 대기에 폭로될 때에 발생
  - 증상 : 땀샘에 염증이 발생하거나 피부에 수포 형성

ⓒ **저온 노출에 의한 건강장애**
- 이상저온 작업에 노출시 신체의 조절 기능에 영향을 미쳐 자각적 · 임상적으로 증상이 나타나는 것
- **전신체온 강화**
  - 장시간의 한냉환 온도에 폭로와 체열상실에 따라 발생
  - 증상 : 급격한 혈관 확장, 체열상실, 중증 전신냉각 상태
- **참호족, 침수족**
  - 한랭 상태에 계속해서 장기간 폭로되고, 동시에 지속적으로 습기나 물에 잠기게 되면 참호족이 발생
  - 증상 : 부종, 작열통, 소양감, 심한 두통, 수포, 표층피부의 괴사, 궤양이 형성
- **동상**
  - 조직이 동결되서 세포구조에 기계적 파탄이 일어나기 때문에 발생
  - 증상 : 1도 동상(발적, 종창), 2도 동상(수포형성에 의한 삼출성 염증 상태), 3도 동상(국소 조직의 괴사 상태)

ⓒ **이상기압에 의한 건강장애**
- **고압환경과 건강장애**
  - 1차성 압력현상 : 고기압에서는 울혈, 부종, 출혈 및 동통
  - 2차성 압력현상 : 질소, 산소, 이산화탄소가 문제

- 질소 마취 : 4기압 이상에서 공기 중의 질소 가스는 마취작용으로 작업력의 저하, 기분의 변화 등 다행증(Euphoria) 유발
- 산소 중독 : 기압이 넘으면 산소 중독 증세(증상 : 수지와 족지의 작열통, 시력장해, 현청, 근육경련, 오심, 폭로가 중지되면 즉시 회복)
- 이산화탄소 : 산소의 독성과 질소의 마취 작용을 증강, 3%를 초과해서는 안 된다.

• 감압과정 환경과 건강장애
- 잠함병(감압병) : 급격한 감압에 따라 혈액과 조직에 용해되어 있던 질소가 기포를 형성하여 순환장애와 조직 손상을 유발되며 잠합작업자, 잠수부, 공군 비행사에서 상당수 발생
  * 증상 : 동통성 관절장해, 마비증상
    잠합병 4대 증상 : 피부소양감, 관절통, 척추증상에 의한 마비, 내이

• 저압환경과 건강장애
- 해발 3km 이상에서는 산소호흡기의 착용이 필요
- 수면장애, 흥분, 호흡촉진, 식욕감퇴, 이명, 현휘, 두통, 난청

㉣ 소음 및 진동
• 소음
- 허용농도 : 8시간 기준, 90dB
- 소음대책 : 소음원의 제거 또는 감약, 기계에 소음기 차단장치 부착, 차음, 흡음 조치, 소음원의 거리적 격리, 귀마개, 귀덮개 등 보호구 착용, 소음에 대한 폭로시간 단축

• 소음의 생체작용
- 청력에 대한 작용

일과성 청력장애	4,000~6,000Hz에서 2시간 내에 발생, 폭로 중지 후 1~2시간 내 대부분 회복
영구성 청력장애	영구성 청력손실은 4,000Hz에서 가장 심하고 회복과 치료가 불가능

- 대화 방해
- 일반 생리반응 : 혈압, 발한, 맥박이 증가, 호흡 변화, 전신 근육 긴장
- 작업방해

• 진동
- 정의 : 물체의 전후운동
- 진동의 단위 : Hertz(Hz)

– 진동의 생체작용

전신운동	혈압 상승, 맥박 증가, 발한피부, 전기 저항의 저하
국소진동	레이노병(Raynaud's Disease) 수지의 감각마비 및 창백 등의 증상

– 진동에 대한 대책 : 진동의 전달력 감소, 작업 방법의 변경, 작업 시간의 단축

ⓜ 작업형태와 건강장애

• VDT 증후군

– 안정피로 : 시력감퇴, 복시, 안통, 두통, 오심, 구토

– 경견완증후군 : 목, 어깨, 손가락 등의 경견완 장애와 등, 허리 등의 요통에 관한 자각증상

– 정신신경장애 : 정신적 스트레스, 불안, 억울, 초조, 신경질

• 직업성 요통 : 요통은 전체 인구의 60~80%가 한번쯤은 경험할 정도로 흔한 증세

ⓑ 분진에 의한 건강장애

• 진폐증

– 진폐란 폐의 범발성 섬유증식

– 진폐증 : 분진흡입에 의해 폐에 조직반응을 일으킨 상태(Bucharrest, 1971년)

– 증상 : 폐포에 섬유증식증(Fibrosis) 유발

– 분진의 종류에 따른 분류

* 무기성 분진 : 규폐증, 탄광부진폐증, 활석폐증, 석면폐증

* 유기성 분진 : 면폐증, 농부폐증, 목재분진폐증

– 진폐증의 발생요인 : 분진의 농도, 분진의 크기, 분진의 폭로기간, 분진의 종류, 작업강도, 분집흡입의 억제 및 개인차

• 규폐증

– 대표적인 진폐증으로서 유리규산(Free Silica)의 분진에 의해 폐에 만성섬유증식을 일으키는 질환

– 분진입자의 크기가 0.5 ~ 5㎛일 때 잘 유발

– 예방대책 : 설비 · 시설의 개선 및 분진흡입 감소 대책, 노무관리, 의무관리

tip

3대 직업병 : 납중독, 벤젠중독, 규폐증

- **석면폐증**
  - 석면섬유가 세소기관지에 부착하여 그 부위의 섬유증식이 생기는 것
  - 증상 : 호흡곤란, 기침, 객담, 흉통, 체중감소
  - 석면분진의 크기가 2~5㎛인 것이 가장 유해

③ 공업중독

  ㉠ **납(연) 중독** : 위장장애, 신경 및 근육계통 장애, 중추신경 장애를 일으킨다.

납중독의 4대 징후	• 혈관수축이나 연빈혈 • 연연(鉛緣) • 적혈구수 증가 • 소변 중의 코프로포피린의 검출

  ㉡ **수은 중독** : 구내염, 근육진전(근육경련), 정신 증상(불면증, 홍독성 흥분) 등의 증상을 보인다.

  ㉢ **크롬 중독**
  - 인체에 유해한 것은 6가의 크롬을 포함하고 있는 중크롬산이다.
  - **증상**
    - 신장장애
    - 코, 폐 및 위장의 점막에 병변
    - 비중격 천공 증상 : 비중격의 연골부에 둥근 구멍이 뚫리는 것

  ㉣ **카드뮴 중독**
  - **증상** : 구토, 설사, 급성위장염, 복통, 착색뇨
  - **3대 증상** : 폐기종, 신장기능 장해, 단백뇨

  ㉤ **벤젠 중독** : 두통, 이명, 현기증, 오심, 구토, 근육마비, 의식상실, 조혈장애를 일으킨다.

④ 작업환경의 위생관리

  ㉠ **작업환경관리의 원칙**
  - **대치** : 물질, 공정, 시설의 변경
  - **격리** : 작업자와 유해인자 사이에 방호벽 설치
  - **환기** : 작업자의 호흡기 위치에서 유해증기 배출하여 쾌적한 상태 유지
  - **교육** : 보건교육을 통한 보호구 사용 및 보관, 개인위생방법에 대한 정보 제공

ⓛ 산업위생 보호구
- **호흡용 보호구**
  - 방진마스크
  - 가스마스크
  - 공기공급식 마스크
- **차음보호구**
  - 귀마개(Ear Plug) : 귀마개는 40dB 이상의 차음효과
  - 귀덮개(Ear Muff) : 저음역의 차음효과는 20dB, 고음역의 차음효과는 45dB 이상
- **피부보호구** : 피부보호용 크림
- **안보호구(Goggle)**
  - 유해광선을 차광하는 보호구
  - 먼지나 이물을 막아주는 안경

Section 06 식품위생과 영양

(1) 식품위생의 개념

① **식품위생의 정의** : 식품의 생육, 생산 또는 제조에서 최종적으로 사람에게 섭취될 때까지의 모든 단계에 있어서 안정성, 완전성(완전무결성) 및 건전성을 확보하기 위한 모든 수단

② **식인성 질병** : 식품에 의해 일어나는 건강장애

③ **식중독** : 식품 섭취로 인하여 발생하는 급성위장염을 주증상으로 하는 건강장애

식중독	세균성	감염형 : 살모넬라, 장염 비브리오, 병원성 대장균 등
		독소형 : 보툴리누스균, 포도상구균
		기타 : 장구균, 캄필로박터, 알레르기성 식중독
	자연독	식물성 : 버섯독, 감자(솔라닌), 맥각균 등
		동물성 : 복어독, 조개류 등
	화학물질 : 불량 첨가물, 유해금속, 포장재 등의 용출물 등	
	곰팡이독 : 아플라톡신, 황변미독 등	

(2) 세균성 식중독

① 세균성 식중독의 특징

㉠ 다량의 세균이나 독소량이 있어야 발병한다.

㉡ 2차 감염이 없고 원인식품의 섭취로 발병한다.

㉢ 잠복기가 짧다.

㉣ 면역이 획득되지 않는다.

② 세균성 식중독의 종류

㉠ **감염형 식중독**

• **살모넬라 식중독**

– 원인균 : 살모넬라균

– 증상 : 급성위장염, 전신권태, 두통, 식욕감퇴, 복통, 설사, 발열, 오한

– 감염경로 : 오염된 음식물 섭취

– 원인식품 : 식육, 우유, 달걀 등 동물성 식품

• **장염 비브리오 식중독**

– 원인균 : 장염 비브리오균

– 증상 : 복통, 설사, 구토, 권태감, 오열, 발열(37~38℃), 두통, 고열, 수양성 혈변

– 감염경로 : 오염된 음식물 섭취

– 원인식품 : 어패류가 대부분(70%)

• **병원대장균 식중독**

– 원인균 : Enteropahogonic E. coli

– 증상 : 급성 위장염, 두통, 발열, 구토, 설사, 복통

– 감염경로 : 경구적으로 외부에서 침입

• **예방법**

– 저온저장(60℃에서 20분 가열 시 살모넬라균은 사멸)

– 도축장의 위생관리

– 방충 · 방서 시설

– 환자의 식품 취급을 제한

– 위생관리 행정 철저

– 어패류의 생식을 금지

ⓛ 독소형 식중독
- **포도상구균 식중독**
  - 원인균 : 황색포도상구균
  - 증상 : 침분비, 구토, 복통, 설사(점액성 혈변)
  - 감염경로 : 오염된 식품, 유방염이 있는 젖소
  - 원인식품 : 유제품과 육류제품
- **보툴리누스균 식중독** : 세균성 식중독 중에서 가장 치명률이 높은 식중독
  - 원인균 : Clostridium Botulinum
  - 증상 : 신경계 증상, 복시, 안검하수, 연하 곤란, 언어 곤란, 호흡 곤란
  - 감염경로 : 통조림, 소시지 등 섭취
- **웰치(Welchii)균 식중독**
  - 원인균 : Clostridium Welchii
  - 감염경로 : 어류나 육류 또는 가공품 등 단백질 식품 섭취
- **예방법**
  - 식품의 오염 방지
  - 식기 및 식품의 멸균
  - 식품의 저온처리 및 냉장
  - 화농소 있는 사람의 식품 취급 제한
  - 식품의 가열조리 후 즉시 섭취, 급랭
  - 통조림, 소시지 등의 위생적인 가공처리 및 위생적인 보관(보툴리누스균 식중독)

③ 자연독 식중독
ⓐ 식물성 식중독
- **독버섯에 의한 식중독**
  - 독성분 : 무스카린(Muscarin)
  - 증상
    * 섭취 후 2시간 후에 일어난다
    * 호흡 곤란, 축동, 위장의 경련성 수축, 설사

<table>
<tr><td>tip</td><td>독버섯 감별법</td><td>• 버섯의 줄기가 세로로 잘 쪼개지지 않는 것
• 색이 아름다운 것
• 악취가 나는 것
• 줄기가 거칠거나 끈기가 있는 것
• 쓴맛, 신맛이 나는 것
• 끓였을 때 나오는 증기에 은수저가 흑색으로 변하는 것</td></tr>
</table>

- **감자**
  - 독성분 : 솔라닌(Solanine)
  - 독성부위 : 감자의 저장 중에 생기는 녹색 부위, 발아 부위
  - 증상
    * 식후 수시간 이내에 발병
    * 복통, 설사, 구토, 현기증, 언어장애, 환각작용, 발열 없음
- **맥각균(특히 보리)**
  - 독성분 : Ergotamine, Ergotoxine, Ergometrine의 3종류
  - 중독증상 : 위장계 증상, 신경계 증상의 중독을 유발
- **기타중독** : 청매(미숙매실) 중독
  - 독성분 : 아미그다린(Amygdalin)
  - 중독증상 : 소화불량, 식중독

ⓛ **동물성 식중독**
- **복어중독**
  - 독성분 : 테트로도톡신(Tetrodotoxin)
  - 독성부위 : 복어의 난소, 간장, 고환, 위장 등에 많이 함유
  - 증상 : 섭취 후 12~48시간 후에 나타나며, 심하면 사망, 근육마비 현상, 지각 이상, 위장장애, 호흡장애, 운동장애, 혈액장애
- **조개류 중독**
  - 베네루핀(Venerupin) 중독 : 모시조개, 바지락, 굴, 고동 등의 독성분
  - 증상 : 섭취 후 30분~3시간 후에 나타나며, 구토, 피하출혈반점, 혈변, 뇌증상, 사망
  - 사시톡신(Saxitoxin) 중독 : 검은 조개, 섭조개, 대합조개 등의 독성분
  - 증상 : 섭취 후 30분~3시간 뒤에 나타나며, 구토, 언어장애, 사지마비, 기립보행 불가능, 호흡마비, 사망

(3) 식품의 보존방법

① 물리적 방법

ⓐ 냉장 및 냉동법

- **움저장** : 온도를 약 10℃로 유지하면서 저장하는 방법(감자, 고구마, 채소류 및 과일류)
- **냉장** : 온도를 약 0~4℃로 보존하는 방법(식품의 단기간 저장에 널리 이용)
- **냉동** : 온도를 0℃ 이하로 보존하는 방법(미생물 증식 억제)

ⓒ **탈수법** : 곰팡이의 생육이 불가능할 정도로 수분 함유량을 감소시켜 건조 저장

ⓒ **가열법** : 식품에 부착된 미생물을 죽이거나 효소를 파괴하여 미생물의 작용을 저지함으로써 식품의 변질을 방지하여 보존하는 방법

ⓔ **자외선 및 방사선 조사법**

- **자외선 살균법**
  - 2,500~2,700Å(자외선 살균작용 유효파장)
  - 기구, 식품의 표면, 청량음료 및 분말 식품에 적용
- **방사선 살균법**
  - 가장 살균력이 강하다.
  - 식품 등에 방사선으로 처리한 식품이 실용화되고 있다.

② 화학적 보존법

ⓐ **절임법**

- **염장** : 식품에 소금을 넣어 미생물의 생육을 억제하는 저장법
- **당장** : 식품을 설탕 또는 전화당으로 저장하는 방법
- **산장** : pH가 낮은 초산, 젖산을 이용하여 식품을 저장하는 방법

ⓒ **보존료 첨가법** : 합성보존료나 산화제를 사용하여 보존하는 방법

ⓒ **복합처리법**

- **훈증** : 식품을 훈증제로 처리하여 곤충의 충란이나 미생물을 사멸시키는 방법
- **훈연** : 목재를 불완전 연소시켜 연기를 식품에 침투하도록 하여 저장성을 높이는 방법(육류, 어류 저장)

ⓔ **생물학적 처리법** : 세균, 곰팡이 및 효모의 작용으로 식품을 저장하는 방법(치즈, 발효유)

(4) 식품위생과 영양

① **보건 영양의 정의** : 인간 집단을 대상으로 건강을 유지하고 증진시키는 것을 목표로 하는 것을 말한다.

② **국민 영양의 목표**
- ㉠ 올바른 식생활을 통해서 국민 건강상태의 향상과 질병 예방을 도모한다.
- ㉡ 영양소 결핍으로 인한 질병 예방
- ㉢ 어린이 및 임신, 수유부의 영양 관리
- ㉣ 영양소의 과잉 및 불균형으로 인한 비만증의 관리
- ㉤ 노인 집단의 영양 관리

③ **영양소의 종류**
- ㉠ **단백질**
  - 모든 세포의 구조적·기능적 특성을 위해 필수적인 역할을 담당
  - 주요작용 : 체조직의 구성물질, 효소와 호르몬의 성분, 면역과 항독물질의 성분, 체내 생리작용의 조절기능 및 열량 공급원으로서의 기능
  - 구성성분 : 아미노산
  - 권장량 : 성인 1일 단백질 권장량은 체중 kg당 1.07g(남자 – 70g, 여자 – 55g)
  - 결핍증 : 피로감, 체중 감소, 신경질적 증상, 성장 지연 등
- ㉡ **탄수화물(당질)**
  - 사람이 이용하는 식품 중에서 가장 많다.
  - 주요 작용 : 에너지 공급원으로 거의 전부가 체내에 이용
  - 과잉섭취시 : 지방으로 변하여 체내에 저장
- ㉢ **지방질**
  - 지방질의 열량 발생은 단백질이나 탄수화물의 배가 된다.
  - 주요작용 : 열량원, 피부의 탄력과 부드러움 유지, 체내의 열량 저장, 지용성 비타민(A, D, E, K) 운반 작용
  - 과잉섭취시 : 동맥경화증, 심혈관 질환 유발
- ㉣ **무기질**
  - 신체 기능 조절에 있어서 중요한 역할, 결핍시 여러 가지 생리적 이상을 초래
  - 식염(Nacl)

- 근육 및 신경의 자극, 전도, 삼투압 조절 등 조절소로서의 기능
- 권장량 : 성인 1일 15g
- 결핍시 : 열중증, 탄력감 발생
· 철분(Fe)
- 혈액 구성성분으로 체내에 저장되지 않는다.
- 권장량 : 성인 1일 남자 10~12mg, 여자 18~20mg
- 결핍시 : 빈혈 증상
· 인(P)
- 뼈, 치아, 뇌신경의 주성분이며, 지방과 탄수화물의 에너지 대사에 관여
- 권장량 : 성인 1일 700mg
- 결핍시 : 뼈 및 신경작용의 장애, 면역력 저하
· 요오드(I)
- 갑상선 기능 유지 작용
- 결핍시 : 갑상선 장애
ⓜ 비타민
· 비타민 A
- 정신·신체의 성장과 발달에 관여하고 피부 점막조직의 기능 유지, 망막 건강 유지
- 권장량 : 1일 700~750RE
- 결핍 시 : 야맹증, 안구건조증, 피부점막의 각질화
· 비타민 B
- B_1, B_2, Niacin, B_6, B_{12}, 판테톤산(Pantothenic Acid), 엽산 등으로 분류
- 결핍시 : B_1(각기병), B_2(구순염, 설염), Niacin(설사, 치매), B_6(피부염, 빈혈), B_{12}(악성 빈혈), 간(신장대비증), 엽산(악성 빈혈, 설사), 판테톤산(피부염, 수면장애)
· 비타민 C
- 콜라겐 형성에 중요한 역할, 철분 흡수 촉진, 과색소침착 예방, 상처 회복
- 결핍시 : 괴혈병, 뼈, 치아의 발육 이상
· 비타민 D
- 뼈의 생성에 관여

- 권장량 : 1일 5~10mg

- 결핍시 : 구루병, 골연화증

- 비타민 E

- 항산화작용, 피부영양, 노화 방지, 생식과 번식에 관여

- 결핍시 : 생식기능 장애(불임증, 유산의 원인)

- 비타민 K, F

- 응혈성 비타민

- 결핍시 : 혈액응고 지연, 심한 출혈

기초대사량(Basal Metabolic Rate ; BMR)
생명 유지에 필요한 최저의 칼로리량

④ 영양상태 판정

㉠ **주관적 판정법** : 촉진, 의사의 신진 등 임상증상으로 판정하는 방법

㉡ **객관적 판정법**

- **신체계측에 의한 판정법**

- Kaup 지수 = 체중/신장^2 × 10^4(영 · 유아기 적용)

- Rohrer 지수 = 체중/신장^2 × 10^7(학령기 이후 소아에 적용)

- Broca 지수 = (신장−100) × 0.9

- 비만도 = (실측체중 − 표준체중) / 표준체중 × 100

- **이화학적 검사에 의한 판정법** : 혈액검사, 소변검사 등으로 질병 상태나 영양 상태 판정

- **간접적 측정법** : 한 지역사회의 영양 상태를 간접으로 판정하는 방법

Section 07 보건행정

(1) 보건행정의 개념

① 보건행정의 정의 : 공중보건의 목적을 달성하기 위해 공중보건의 원리를 적용하여 행정조직을 통해 행하는 일련의 과정

② 보건행정의 특성

㉠ 공공이익을 위한 공공성과 사회성을 지닌다.

㉡ 적극적인 서비스를 하는 봉사도 행정이다.

㉢ 공중보건 교육 및 조장으로 목적을 달성한다.

㉣ 과학의 시초 위에 수립된 기술 행정이다.

③ 보건행정의 범위(W.H.O)

㉠ 보건관계 기록의 보존

㉡ 환경위생

㉢ 모자보건

㉣ 보건간호

㉤ 대중에 대한 보건교육

㉥ 감염병관리

㉦ 의료

④ 우리나라 중앙 보건 행정조직

㉠ 보건복지부

㉡ 식품의약품 안전청

㉢ **보건복지부 소속기관** : 국립정신병원, 국립소록도병원, 국립결핵병원, 국립 망향의 동산관리소, 질병관리본부, 국립의료원, 국립재활원

⑤ 우리나라 지방보건 행정조직

㉠ **시 · 도 보건 행정조직** : 복지여성국, 보건복지국 하에 의료 · 위생 · 복지 등의 업무 취급

㉡ **시 · 군 · 구 보건행정조직** : 보건소(보건행정의 대부분은 보건소를 통해 이루어지므로 비중이 크다.)

ⓒ **보건소의 역사** : 1956년 보건소법이 제정되었으나 보건소가 설치되지 않았고, 1962년 9월 24일 새로운 보건소법이 제정된 후 시·군에 보건소 설치, 보건소 설치기준은 시·군·구 단위로 1개조씩 배정

ⓓ **보건소 업무**
- 국민건강 증진, 보건교육, 구강건강 및 영양개선 사업
- 감염병의 예방·관리 및 진료
- 모자보건 및 가족계획 사업, 노인보건사업
- 공중위생 및 식품위생
- 의료인 및 의료기관에 대한 지도 등에 관한 사항, 의료기사·의무기록사 및 대항 지도 등에 관한 사항
- 응급의료에 관한 사항
- 농어촌 등 보건의료를 위한 특별조치법에 의한 공중보건의사·보건진료원 및 보건진료소에 대한 지도 등에 관한 사항
- 약사에 관한 사항과 마약·향정신성의약품의 관리에 관한 사항
- 정신보건에 관한 사항
- 가정·사회복지시설 등을 방문하여 행하는 보건의료사업
- 지역주민에 대한 진료, 건강진단 및 만성퇴행성질환 등의 질병관리에 관한 사항
- 보건에 관한 실험 또는 검사에 관한 사항
- 장애인의 재활사업, 기타 보건복지부령이 정하는 사회복지사업
- 기타 지역주민의 보건의료의 향상·증진 및 이를 위한 연구 등에 관한 사업

Chapter 02 소독학

Section 01 소독의 정의 및 분류

(1) 소독의 개념

① 소독의 정의 : 병원 미생물의 생활력을 파괴하여 감염력을 없애는 것

② 소독력 : 멸균 〉 소독 〉 방부

(2) 소독방법

① 자연소독법

㉠ **희석** : 살균 효과는 없으나 균수를 감소시켜준다.

㉡ **태양광선** : 도노선(2,900~3,200nm) 파장이 강력한 살균작용

㉢ **한랭** : 세균발육을 저지시켜준다.

② 물리적 소독법

㉠ **건열멸균법**

- **화염멸균법** : 불꽃 속에 20초 이상 접촉하는 방법, 금속류, 유리봉, 백금루프, 도자기류소독, 이·미용 기구 소독에 적합

- **건열멸균법** : 170℃에서 1~2시간 처리, 유리기구, 주사침, 유지, 글리세린, 자기류 소독에 적합, 종이나 천은 부적합

- **소각소독법**
  - 불에 태워 멸균시키는 가장 쉽고 안전한 방법
  - 오염된 가운, 수건, 휴지, 침 등을 담았던 통, 쓰레기 소독에 적합

㉡ **습열멸균법**

- **자비소독법** : 100℃ 끓는물에 15~20분간 처리, 아포균은 완전히 소독되지 않음, 식기류, 도자기류, 주사기, 의류 소독에 적합

- **고압증기멸균법** : 포자균 멸균에 가장 좋다. 초자기구, 거즈 및 약액, 자기류 소독에 적합

- **유통증기멸균법** : 100℃ 유독증기를 30~60분간 통과, 식기류, 도자기류, 주사기, 의류 소독에 적합

- **저온소독법** : 60~65℃에서 30분간 소독, 대장균 사멸은 불가능, 파스퇴르 고안, 유제품, 알코올, 건조과실 등 음식물에 효과
- **초고온 순간멸균법** : 130℃에서 2초간 처리, 우유 소독에 적합

ⓒ **무가열처리법**

- 열을 가하지 않고 균을 사멸시키거나 균의 활동을 억제하는 방법
- 자외선멸균법, 초음파멸균법, 전류 및 방사선멸균법, 냉장법, 세균여과법, 무균조작법, 희석법 등

③ **화학적 소독법**

ⓐ **알코올**

- **에탄올** : 피부, 기구 소독에 사용, 주사부위에 널리 이용, 70~80% 농도를 사용
- **이소프로판올** : 살균력은 에탄올보다 강함, 30~70% 농도로 사용

ⓑ **포름알데히드** : 지용성이며 단백질 응고작용이 있어 희석액에도 강한 살균작용, 피부 사용에 부적합

ⓒ **양이온 계면활성제** : 역성비누액, 손소독에 사용하며 냄새가 없고 독성도 적다. 이 · 미용업소에 널리 이용

ⓓ **양성 계면활성제** : 손소독, 기계, 기구, 소독 및 실내의 살균, 냄새 제거 및 세척제로 사용

ⓔ **음이온 계면활성제** : 보통 비누, 살균작용은 낮고 세정에 의한 균의 제거에 사용

ⓕ **페놀 화합물**

- **석탄산** : 소독약의 살균지표로 사용, 오염의류, 침구 커버브러시에 사용
- **크레졸** : 세균소독에 효과가 크며 1% 용액은 손, 피부소독에 사용

ⓖ **과산화수소**

- 미생물 살균소독약제, 2.5~3.5% 상처소독
- 실내공간 살균, 식품의 살균이나 보존
- 표백제 및 모발의 탈색제로 이용

④ **소독대상물의 종류에 따른 소독방법**

ⓐ **대소변, 배설물, 토사물** : 소각법

ⓑ **의복, 침구류, 모직물** : 일광소독, 증기소독, 자비소독, 크레졸, 석탄산수(2시간 담그기)

ⓒ **초자기구, 목죽제품, 자기류** : 석탄산수, 크레졸수, 승홍수, 포르말린 뿌리거나 담그기
　(내열성 강한 것 : 증기, 자비소독)

ⓓ **고무제품, 피혁제품, 모피** : 석탄산수, 크레졸수, 포르말린수

ⓔ **변소, 쓰레기통, 하수구** : 석탄산수, 크레졸수, 포르말린수

ⓑ **병실** : 석탄산수, 크레졸수, 포르말린수

ⓢ **환자, 환자접촉자의 손** : 석탄산수, 크레졸수, 승홍수, 역성비누

⑤ **구비조건**

ⓐ 살균력이 강하고 높은 석탄산계수를 가질 것

(석탄산계수 = 소독약의 희석배수/석탄산의 희석배수)

ⓒ 인체에 무해·무독일 것

ⓓ 부식성, 표백성 없을 것

ⓔ 용해성과 안정성이 있을 것

ⓕ 냄새없고 탈취력이 있을 것

ⓖ 환경오염 발생하지 않을 것

> **tip**
> • 살균 : 생활력을 가지고 있는 미생물을 여러 가지 물리·화학적 작용에 의해 급속하게 죽이는 것
> • 방부 : 병원성 미생물의 발육과 그 작용을 제거하거나 정지시켜 음식물의 부패나 발효를 방지하는 것
> • 소독 : 사람에게 유해한 미생물을 파괴시켜 감염의 위험성을 제거하는 비교적 약한 살균작용으로 세포의 포자까지는 작용하지 못한다.
> • 멸균 : 병원성 또는 비병원성 미생물 및 포자를 가진 것을 전부 사멸 또는 제거하는 것

Section 02 미생물 총론

(1) 미생물

① **미생물의 정의** : 육안으로 보이지 않는 $0.1\mu m$ 이하의 미세한 생물체의 총칭

② **미생물의 역사**

ⓐ **기원 전 459~377년**

• 히포크라테스(Hippocrates)의 장기설 : '나쁜 바람이 병을 운반해 온다.'

• 페스트, 천연두, 매독 유행

ⓒ **1632~1723년** : 네덜란드의 레벤후크(Leeuwenhoek)가 현미경 발견

ⓒ **1822~1895년** : 파스퇴르(Pasteur)

• 저온멸균법(미생물사멸)

• S자플라스크(외기의 침입방지로 장기간 보관)

• 효모법 등의 발견

  ⓔ 1843~1910년 : 독일의 코흐(Kcoh)는 병원균(콜레라균, 결핵균, 탄저균) 발견으로 세균연구
  법 기초확립

③ 미생물의 분류

 ㉠ 원핵생물
- 구조가 간단하다.
- 핵막이 없다.
- 유사분열하지 않는다.
- DNA 한 분자의 단일염색체이다.
- 소기관이 없다.

 ㉡ 진핵생물
- 핵막에 싸인 핵을 가지고 있다.
- 유사분열을 한다.

(2) 병원성 미생물의 종류

① 세균

 ㉠ 생물체를 구성하는 형태상의 기본단위, 마이크로미터(μm)로 측정

 ㉡ 핵막, 미토콘드리아, 유사분열 등이 없고 인간에 기생하여 질병 유발

 ㉢ **세균의 기본구조** : 세포벽, 세포막, 세포질, 핵으로 구성

 ㉣ **세균의 형태에 따른 분류**
- 구균 : 둥근모양
- 간균 : 막대모양
- 나선균 : 가늘고 길게 만곡된 모양

 ㉤ **세균의 배열에 따른 분류**
- 쌍구균 : 완두콩 또는 콩팥 모양
- 연쇄구균 : 구형모양이 사슬모양으로 배열
- 포도상구균 : 황색포도상구균, 표피포도상구균으로 구분

② 바이러스

 ㉠ 병원체 중 가장 작아 전자현미경으로 측정

 ㉡ 살아있는 세포 속에서만 생존

 ㉢ 열에 불안정(56℃에서 30분 가열하면 불활성 초래 – 간염바이러스 제외)

③ 기생충(동물성 기생체)

    ㉠ **진균** : 광합성이나 운동성이 없는 생물

    ㉡ **리케차**

        • 세균보다 작고 살아있는 세포 안에서만 기생하는 특성

        • 절지동물(진드기, 이, 벼룩 등)을 매개로 질병 감염되며 발진성, 열성 질환을 일으킨다.

    ㉢ **클라미디아** : 세균보다 작고 살아있는 세포 안에서만 기생하나 균체계 내에 생산계를 갖지 않는다.

    ㉣ **미생물의 크기** : 곰팡이 〉 효모 〉 세균 〉 리케차 〉 바이러스

    ㉤ **미생물 증식곡선**

        • **잠복기** : 환경 적응 기간으로 미생물의 생장이 관찰되지 않는 시기

        • **대수기** : 세포수가 2의 지수적으로 증가하는 시기

        • **정지기** : 세균수가 일정하고 최대치를 나타내는 시기

        • **사멸기** : 생존 미생물의 수가 점차로 줄어드는 시기

tip 미생물의 성장과 사멸에 영향을 주는 요소	영양원, 온도와 산소농도, 물의 활성, 빛의 세기, 삼투압, pH

Section 03 | 피부관리분야의 위생소독

(1) 미용인의 위생 및 소독

① 질병 감염

    ㉠ 미용인의 실수로 고객에게 가벼운 상처를 입혀 감염

    ㉡ 미용인 자신이 상처를 입어 출혈에 의한 감염

    ㉢ 전기를 이용한 처치, 물마사지요법, 매니 · 패티큐어, 안면피부관리 또는 딥 클렌징시 고객의 점막, 체액, 체조직 등에 감염

    ㉣ 시술대, 욕조, 베드, 베개 등의 도구를 통한 감염

    ㉤ 미용인의 부적절한 위생, 소독처리로 인해 독감, 홍역, 유행성 이하선염, 헤르피스, 간염 등과 같은 질병이 다른 사람에게 감염

② 질병 오염원

　　㉠ 그람 음성균 박테리아가 좋아하는 싱크대, 세탁장, 배수구, 수도꼭지 등

　　㉡ 종합미안기, 랜셋, 볼(Bowl), 니퍼, 각탕기 등과 같은 도구

　　㉢ 청소되지 않은 냉방, 온방시설의 필터

　　㉣ 문손잡이, 의자, 시술침대 등과 같은 시설

　　㉤ 로션, 크림 등과 같은 시술제품의 변질

　　㉥ 화장실 세면대에서 사용하는 고체비누, 수건 등

③ 질병의 전파

　　㉠ 피부의 상처나 혈액을 통한 직접전파

　　㉡ 무좀 등과 같은 곰팡이균의 각탕기, 월풀 공동사용으로 간접전파

　　㉢ 이스트균, 옴, 이 등과 같은 기생충의 간접전파

④ 예방법

　　㉠ 작업장 환경 및 도구들의 철저한 위생, 소독 처리

　　㉡ 미용인들의 감염 방지를 위한 기본 상식 습득

　　㉢ 올바른 청소, 세탁방법으로 세균 감염을 예방

　　㉣ 펌프식 액체 비누 사용 등 병균으로부터 고객 보호

　　㉤ AIDS, 간염 등 질병으로부터 보호하기 위해 혈액취급시 일회용 장갑 착용 및 항균비누로 세
　　　정, 시술 도구나 기구의 고압증기 멸균소독, B형 간염 예방접종

⑤ 피부관리실의 위생 및 소독

　　㉠ 실내 위생

　　　• 탈의실 및 샤워실

　　　　– 벽과 바닥은 비누와 락스 등의 소독제 사용

　　　　– 사용한 타월과 가운은 뚜껑 있는 통에 보관

　　　　– 샤워실, 사우나실은 매일 청소

　　　• 시술공간

　　　　– 바닥은 청소가 용이한 재질 선택

　　　　– 벽은 물청소나 걸레질이 가능한 재질 선택

　　　　– 펌프형 액체비누 사용, 뚜껑이 있는 쓰레기통 사용

　　　　– 피부관리실 내 미닫이문이 위생적

　　　　– 수시로 통풍, 환기하고 환기구 자주 청소

- 화장실
  - 바닥에 물이 고이지 않도록 한다.
  - 살충제 및 소독제를 이용해 정기적으로 청소
  - 뚜껑이 있는 쓰레기통을 준비

ⓛ 기구 및 도구류의 위생소독

- 기구나 도구는 소독 전에 세제를 푼 미온수에 담갔다가 세척하며 흐르는 물에 깨끗이 헹군 뒤 살균 소독
- 자외선 소독기는 박테리아의 일부를 파괴, 포자는 파괴하지 못하고 투과력이 약하므로 소독 후 물품 보관 장소로 더 적합
- 피부관리실에서 소독해야 하는 기구와 도구

종합 미안기류의 부속품	튜브류 (Glass Tube)	• 따뜻한 물에 세제를 풀어 솔로 튜브 속까지 깨끗이 닦은 후 흐르는 물에 잘 헹구어 물기 제거 • 70% 알코올에 20분 이상 담근 후 자외선 소독기에 보관
	유리제품 및 브러시의 종류	세제를 푼 미온수에 담근 후 세척을 한 다음 흐르는 물에 헹구어 70% 알코올에 20분 이상 담근 후 자외선 소독기에 넣어 보관
	고무 달린 전극봉류(Electrode Pole)	70% 알코올을 적신 솜으로 깨끗이 닦은 후 고무 제품이 달린 전극봉은 자외선 소독기에 보관하지 않도록 하며, 전극봉의 금속부분도 소독제에 담그면 안 된다.
	금속류 전극봉	오염 물질이나 화장품이 묻은 부분은 젖은 타월로 깨끗이 닦은 후 70% 알코올을 적신 솜으로 소독
	패드류	• 직포 : 세제로 세척하여 헹군 후 물기 제거 혹은 건조 후 자외선 소독기에 보관 • 비닐제품 : 젖은 타월로 닦은 후 70% 알코올을 적신 솜으로 닦아낸다.
각종 볼 (Bowl)		• 유리, 플라스틱, 스텐레스, 고무 등의 재질에 따라 소독 방법을 달리하며 유리나 플라스틱제는 세척 후 자외선 소독기를 이용 • 소독기에 볼을 넣을 때는 포개지지 않도록 하며 안쪽 면이 자외선에 조사되어 소독이 될 수 있도록 한다.
붓 종류 (Pack brushes, Mask brushes)		• 제품이 묻어 있는 경우에는 미온수에 브러시를 담가 세척하고 헹군 후 자외선 소독기에 보관 • 고압 증기 멸균기에 넣어 멸균시키거나 열소독을 하면 대부분의 브러시들이 변형되기 쉽다.
족집게 핀셋, 여드름 짜는 기계(Comedone extractor)		• 70% 알코올에 20분 이상 담궈 두었다가 사용(단, 고름과 혈액 등이 묻은 경우는 미온수에 세제를 풀어 깨끗이 씻은 후 자비소독 혹은 고압증기 멸균 소독을 한다.) • 염소성분은 금속을 부식시키는 성질이 강하므로 가정용 락스는 금속 성분 소독에 사용하면 안 된다.

• 피부관리 분야에서 청결 상태를 유지해야 하는 기구나 도구

전기 제품류	• 종합 미안기류, 피부 분석기류, 온장고, 자외선 소독기, 확대경 등은 청결 상태를 유지 • 먼지가 끼지 않도록 하며 미사용시 덮개를 씌워 보관
온장고나 자외선 소독기	미사용시 내부와 자외선 등을 닦고, 코드를 뺀 후 문을 열어 놓는다.
베이퍼라이저(Vaporizer)	• 증류수나 정수된 물을 사용하며 사용 후 물을 빼둔다. • 1주일에 한 번씩 식초를 넣은 물(물 : 식초 = 10 : 1)을 물통에 넣어 8시간 이상 두어 물로 인해 생기는 물석회를 제거
확대경 및 적외선 램프	시술 전후에 70% 알코올 적신 솜으로 깨끗이 렌즈와 주위를 닦는다.
우드 램프	시술 전후에 70% 알코올을 적신 솜으로 깨끗이 닦는다.
피부 관리용 베드	• 비닐이므로 수시로 비누와 깨끗한 천으로 닦는다. • 고객의 피부가 닿는 부분은 70% 알코올을 묻힌 솜으로 닦는다. • 베드 및 시술 의자의 다리에 먼지가 끼지 않도록 한다.
정리대	• 피부관리 시작 전에 매번 70% 알코올을 묻힌 솜으로 닦은 후에 물품을 세팅한다. • 물품 세팅시 물품 겉면도 70% 알코올로 닦아낸다.

tip

기구 및 도구류 소독에 사용되는 대부분은 70% 알코올을 사용한다.

ⓒ 용품 소독
• 피부관리 시술시 사용되는 용품은 가능한 한 1회용품을 사용하고 사용 후 폐기
• **솜 클렌징 패드(Cotton Cleansing Pad)** : 피부관리시 타월 대신 솜을 넓게 잘라 1회용으로 사용
• **스파튤라(Spatula)**
  – 금속재나 플라스틱재는 소독하여 재사용
  – 나무 재질은 1회용으로 사용
• **해면스폰지(Sponge)**
  – 1회용으로 사용하는 것이 이상적
  – 재사용 시 망 속에 스폰지를 넣고 세제를 푼 미온수에 세탁하여 헹군다.
  – 채광과 통풍이 잘 되는 곳에 펼쳐 말린 후 자외선 소독기에 넣어 소독한다.
  – 소독 시에 스폰지가 서로 겹치게 놓지 말고 펼쳐 놓아 자외선 빛이 고루 닿도록 한다.
  – 자외선은 투과성이 없으므로 빛이 닿지 않는 곳은 살균력이 없다.

소독학

- **면봉(Cotton swads)** : 소독된 것을 사용
- **왁스천(Wax muslin)** : 필요한 만큼 잘라서 사용
- **베드깔개**
  - 1회용 종이 시트를 사용하는 것을 권장하나, 용이하지 않을 경우 희고 깨끗한 리넨(Linen)을 깔아 둔다.
  - 사용한 리넨은 모두 뚜껑이 있는 세탁물 통에 보관하여 세탁실로 보낸다.
  - 시술 도중 리넨에 체액, 소량의 피나 고름이 묻을 경우 즉시 닦아내거나 교환을 하며 삶는 세탁을 하도록 한다.
- **터번(turban)** : 1회용 샤워용 비닐 모자(Shower Cap)를 권장하나 용이하지 않을 경우 종이 수건이나 깨끗한 타월로 머리카락이 나오지 않게 잘 감싼다. 사용한 타월은 재사용하지 않는다.
- **타월**
  - 삶는 것을 권장하며 용이하지 않을 경우 전문 세탁 대리인에게 의뢰한다.
  - 피나 고름이 묻는 경우는 고압 증기 멸균기에 멸균 소독 처리하는 것이 안전하다.
- **가운**
  - 천으로 만든 가운을 사용할 때는 피부에 직접 접촉하므로 매 고객마다 새 것을 교환해서 사용한다.
  - 세탁 후 일광 소독을 하는 것이 바람직하다. 가능하면 1회용 종이 가운을 사용한다.
- **랜셋(Lancet)**
  - 검은 면포나 흰 면포를 짤 때 동일 고객을 관리하는 동안은 계속 사용할 수 있지만, 감염성 피고름이 섞인 핌플(Pimple) 같은 것을 짤 때에는 같은 고객이라도 짜는 부위가 다르면 그 때마다 감염을 방지하기 위해 새것을 써야 한다.
  - 사용 도중 시술의자(침상)에 절대 방치해서는 안 되며, 70% 알코올을 적신 솜을 소독한 용기에 담고 그 솜위에 랜셋을 놓아 오염되지 않도록 주의해야 한다.
  - 사용 후에는 랜셋만 따로 모아 안전보관함에 보관해 폐기한다.
- **바늘(Needle)**
  - 일회용 사용, 버릴 때는 안전보관함에 버린다.
  - 혈액을 통한 질병 전파위험이 매우 높으므로 멸균된 것만 사용해야 한다.

공중위생관리법규

Section 01 총칙

(1) 목적

공중위생관리법은 공중이 이용하는 영업의 위생관리 등에 관한 사항을 규정함으로써 위생수준을 향상시켜 국민의 건강증진에 기여함을 목적으로 한다(법 제1조).

(2) 용어의 정의(법 제2조)

① **공중위생영업** : 다수인을 대상으로 위생관리서비스를 제공하는 영업으로서 숙박업, 목욕장업, 이용업, 미용업, 세탁업, 건물위생관리업을 말한다.

② **이용업** : 손님의 머리카락 또는 수염을 깎거나 다듬는 등의 방법으로 손님의 용모를 단정하게 하는 영업을 말한다.

③ **미용업** : 손님의 얼굴, 머리, 피부 및 손톱·발톱 등을 손질해 손님의 외모를 아름답게 꾸미는 영업을 말한다.

  ㉠ 일반미용업 * : 파마·머리카락자르기·머리카락모양내기·머리피부손질·머리카락염색·머리감기, 의료기기나 의약품을 사용하지 아니하는 눈썹손질을 하는 영업

  ㉡ 피부미용업 * : 의료기기나 의약품을 사용하지 아니하는 피부상태분석·피부관리·제모(除毛)·눈썹손질을 하는 영업

  ㉢ 네일미용업 * : 손톱과 발톱을 손질·화장하는 영업

  ㉣ 화장·분장미용업 * : 얼굴 등 신체의 화장, 분장 및 의료기기나 의약품을 사용하지 아니하는 눈썹손질을 하는 영업

  ㉤ 종합미용업 * : ㉠부터 ㉣목까지의 업무를 모두 하는 영업

> **tip**
> *2020년 6월 4일부터 미용업 명칭이 다음과 같이 변경되었습니다.
> ㉠ 미용업(일반) → 일반미용업
> ㉡ 미용업(피부) → 피부미용업
> ㉢ 미용업(손톱·발톱) → 네일미용업
> ㉣ 미용업(화장·분장) → 화장·분장 미용업
> ㉤ 미용업(종합) → 종합미용업

Section 02   공중위생영업의 신고 등

(1) 영업의 신고

① 시장 · 군수 · 구청장에 신고 : 공중위생영업을 하고자 하는 자는 공중위생영업의 종류별로 보건복지부령이 정하는 시설 및 설비를 갖추고 시장 · 군수 · 구청장에게 신고해야 한다(법 제3조).

② 이용업과 미용업의 시설 · 설비기준(규칙 별표 1)

구 분	시설 설비기준
이용업	• 이용기구는 소독을 한 기구와 소독을 하지 아니한 기구를 구분해 보관할 수 있는 용기를 비치해야 한다. • 소독기, 자외선살균기 등 이용기구를 소독하는 장비를 갖추어야 한다. • 영업소 안에는 별실, 그 밖에 이와 유사한 시설을 설치해서는 안 된다.
피부미용업 및 종합미용업	• 미용기구는 소독을 한 기구와 소독을 하지 아니한 기구를 구분하여 보관할 수 있는 용기를 비치해야 한다. • 소독기 · 자외선살균기 등 미용기구를 소독하는 장비를 갖추어야 한다.

③ 공중위생영업신고 시 시장 · 군수 · 구청장에게 제출할 서류(규칙 제3조)

　㉠ 영업시설 및 설비개요서, 영업시설 및 설비의 사용에 관한 권리를 확보하였음을 증명하는 서류

　㉡ 교육수료필증(미리 교육을 받은 경우)

(2) 변경신고

영업신고사항의 변경 시 보건복지부령이 정하는 중요사항의 변경인 경우에는 시장 · 군수 · 구청장에게 변경신고를 해야 한다(법 제3조 후단).

① 보건복지부령이 정하는 중요한 사항일 경우(규칙 제3조의2)

　㉠ 영업소의 명칭 또는 상호　　　　　　㉡ 영업소의 소재지

　㉢ 신고한 영업장 면적의 3분의 1 이상의 증감　　㉣ 대표자의 성명 또는 생년월일

　㉤ 미용업 업종 간 변경

② 영업신고사항 변경신고시 시장 · 군수 · 구청장에게 제출할 서류(규칙 제3조의2)

　㉠ 영업신고증

　㉡ 변경사항을 증명하는 서류

(3) 폐업신고(법 제3조제2항, 제5항)

공중위생영업을 폐업한 자는 폐업한 날부터 20일 이내에 시장 · 군수 · 구청장에게 신고해야 한다.

다만, 영업정지 등의 기간 중에는 폐업신고를 할 수 없다. 폐업신고의 방법 및 절차 등에 관하여 필요한 사항은 보건복지부령으로 정한다.

(4) 공중위생영업의 승계(법 제3조의2)

① 이용업 또는 미용업의 경우에는 면허를 소지한 자에 한해 공중위생영업자의 지위를 승계할 수 있다.

② 공중위생영업자의 지위를 승계한 자는 1월 이내에 보건복지부령이 정하는 바에 따라 시장·군수 또는 구청장에게 신고해야 한다.

③ 공중위생영업자가 그 공중위생영업을 양도하거나 사망한 때 또는 법인의 합병이 있는 때에는 그 양수인, 상속인 또는 합병 후 존속하는 법인이나 합병에 의하여 설립되는 법인은 그 공중위생영업자의 지위를 승계한다.

④ 민사집행법에 의한 경매, 「채무자 회생 및 파산에 관한 법률」에 의한 환가나 국세징수법·관세법 또는 지방세징수법에 의한 압류재산의 매각, 그밖에 이에 준하는 절차에 따라 공중위생영업 관련 시설 및 설비의 전부를 인수하는 자는 이 법에 의한 그 공중위생영업자의 지위를 승계한다.

Section 03 공중위생영업자의 위생관리의무 등

공중위생영업자는 그 이용자에게 건강상 위해요인이 발생하지 아니하도록 영업 관련 시설 및 설비를 위생적이고 안전하게 관리하여야 한다(법 제4조).

(1) 이용업사의 위생관리의무

① 이용기구는 소독을 한 기구와 소독을 하지 아니한 기구로 분리하여 보관하고, 면도기는 1회용 면도날만을 손님 1인에 한하여 사용할 것

② 이용사면허증을 영업소 안에 게시할 것

③ 이용업소표시등을 영업소 외부에 설치할 것

(2) 미용업자의 위생관리의무

① 의료기구와 의약품을 사용하지 아니하는 순수한 화장 또는 피부미용을 할 것

② 미용기구는 소독을 한 기구와 소독을 하지 아니한 기구로 분리하여 보관하고, 면도기는 1회용 면도날만을 손님 1인에 한하여 사용할 것

③ 미용사면허증을 영업소 안에 게시할 것

(3) 위생관리의무에 따른 공중위생영업자가 준수하여야 할 위생관리기준(규칙 별표 4)

구 분	위생관리기준
이용업자	• 이용기구중 소독을 한 기구와 소독을 하지 아니한 기구는 각각 다른 용기에 넣어 보관하여야 한다. • 1회용 면도날은 손님 1인에 한하여 사용하여야 한다. • 영업장안의 조명도는 75럭스 이상이 되도록 유지하여야 한다. • 영업소 내부에 이용업 신고증 및 개설자의 면허증 원본을 게시하여야 한다. • 영업소 내부에 부가가치세, 재료비 및 봉사료 등이 포함된 요금표(이하 "최종지불요금표"라 한다)를 게시 또는 부착하여야 한다. • 영업장 면적이 66제곱미터 이상인 영업소의 경우 영업소 외부(출입문, 창문, 외벽면 등을 포함)에도 손님이 보기 쉬운 곳에「옥외광고물 등 관리법」에 적합하게 최종지불요금표를 게시 또는 부착하여야 한다. 이 경우 최종지불요금표에는 일부항목(3개 이상)만을 표시할 수 있다. • 3가지 이상의 이용서비스를 제공하는 경우에는 개별 이용서비스의 최종 지불가격 및 전체 이용서비스의 총액에 관한 내역서를 이용자에게 미리 제공하여야 한다. 이 경우 이용업자는 해당 내역서 사본을 1개월간 보관하여야 한다.
미용업자	• 점빼기·귓볼뚫기·쌍꺼풀수술·문신·박피술 그 밖에 이와 유사한 의료행위를 하여서는 안 된다. • 피부미용을 위하여「약사법」에 따른 의약품 또는「의료기기법」에 따른 의료기기를 사용하여서는 안 된다. • 미용기구중 소독을 한 기구와 소독을 하지 아니한 기구는 각각 다른 용기에 넣어 보관하여야 한다. • 1회용 면도날은 손님 1인에 한하여 사용하여야 한다. • 영업장안의 조명도는 75럭스 이상이 되도록 유지하여야 한다. • 영업소 내부에 미용업 신고증 및 개설자의 면허증 원본을 게시하여야 한다. • 영업소 내부에 최종지불요금표를 게시 또는 부착하여야 한다. • 영업장 면적이 66제곱미터 이상인 영업소의 경우 영업소 외부에도 손님이 보기 쉬운 곳에「옥외광고물 등 관리법」에 적합하게 최종지불요금표를 게시 또는 부착하여야 한다. 이 경우 최종지불요금표에는 일부항목(5개 이상)만을 표시할 수 있다. • 3가지 이상의 미용서비스를 제공하는 경우에는 개별 미용서비스의 최종 지불가격 및 전체 미용서비스의 총액에 관한 내역서를 이용자에게 미리 제공하여야 한다. 이 경우 미용업자는 해당 내역서 사본을 1개월간 보관하여야 한다.

tip	
이·미용기구의 소독기준 및 방법 (시행규칙 별표 3, 일반기준)	• 자외선소독 : 1cm²당 85μW 이상의 자외선을 20분 이상 쬐어준다. • 건열멸균소독 : 섭씨 100℃ 이상의 건조한 열에 20분 이상 쐬어준다. • 증기소독 : 섭씨 100℃ 이상의 습한 열에 20분 이상 쐬어준다. • 열탕소독 : 섭씨 100℃ 이상의 물속에 10분 이상 끓여준다. • 석탄산수소독 : 석탄산수(석탄산 3%, 물 97%의 수용액)에 10분 이상 담가둔다. • 크레졸소독 : 크레졸수(크레졸 3%, 물 97%의 수용액)에 10분 이상 담가둔다. • 에탄올소독 : 에탄올수용액(에탄올이 70%인 수용액)에 10분 이상 담가두거나 에탄올수용액을 머금은 면 또는 거즈로 기구의 표면을 닦아준다. (※ 개별기준으로서 이용기구 및 미용기구의 종류·재질 및 용도에 따른 구체적인 소독기준 및 방법은 보건복지부장관이 정하여 고시한다.)

(4) 공중위생영업자의 불법카메라 설치 금지(법 제5조)

공중위생영업자는 영업소에 「성폭력범죄의 처벌 등에 관한 특례법」 제14조제1항에 위반되는 행위에 이용되는 카메라나 그 밖에 이와 유사한 기능을 갖춘 기계장치를 설치해서는 아니 된다.

Section 04 이용사 및 미용사의 면허 등

(1) 자격기준(법 제6조)

이용사 또는 미용사가 되고자 하는 자는 다음의 어느 하나에 해당하는 자로서 보건복지부령이 정하는 바에 의하여 시장·군수·구청장의 면허를 받아야 한다.

① 전문대학 또는 이와 같은 수준 이상의 학력이 있다고 교육부장관이 인정하는 학교에서 이용 또는 미용에 관한 학과를 졸업한 자

② 「학점인정 등에 관한 법률」에 따라 대학 또는 전문대학을 졸업한 자와 같은 수준 이상의 학력이 있는 것으로 인정되어 이용 또는 미용에 관한 학위를 취득한 자

③ 고등학교 또는 이와 같은 수준의 학력이 있다고 교육부장관이 인정하는 학교에서 이용 또는 미용에 관한 학과를 졸업한 자

④ 초·중등교육법령에 따른 특성화고등학교, 고등기술학교나 고등학교 또는 고등기술학교에 준하는 각종 학교에서 1년 이상 이·미용에 관한 소정의 과정을 이수한 자

⑤ 국가기술자격법에 의한 이용사 또는 미용사의 자격을 취득한 자

tip

면허가 취소되거나 면허의 정지명령을 받은 자는 지체 없이 관할 시장·군수·구청장에게 면허증을 반납하여야 하고, 반납된 면허증은 해당 면허정지기간 동안 관할 시장·군수·구청장이 이를 보관한다(규칙 제12조).

(2) 결격사유(법 제6조제2항)

다음의 사유 중 하나라도 해당하는 자는 면허를 받을 수 없다.
① 피성년후견인
② 「정신건강증진 및 정신질환자 복지서비스 지원에 관한 법률」상 정신질환자(단, 전문의가 이용사 또는 미용사로서 적합하다고 인정하는 경우 제외)

공중위생관리법규

③ 공중의 위생에 영향을 미칠 수 있는 감염병 환자로서 보건복지부령이 정하는 자

④ 마약, 기타 대통령령으로 정하는 약물중독자

⑤ 면허가 취소된 후 1년이 경과되지 아니한 자

(3) 면허의 취소(법 제7조)

시장·군수·구청장은 이용사 또는 미용사가 다음의 어느 하나에 해당하는 때에는 그 면허를 취소하거나 6월 이내의 기간을 정하여 그 면허의 정지를 명할 수 있다. 다만, ①, ③, ⑤, ⑥에 해당하는 경우에는 그 면허를 취소하여야 한다.

① 피성년후견인, 정신질환자(전문의가 이용사 또는 미용사로서 적합하다고 인정하는 사람은 제외), 마약 기타 대통령령으로 정하는 약물 중독자

② 면허증을 다른 사람에게 대여한 때

③ 「국가기술자격법」에 따라 자격이 취소된 때

④ 「국가기술자격법」에 따라 자격정지처분을 받은 때(「국가기술자격법」에 따른 자격정지처분 기간에 한정한다)

⑤ 이중으로 면허를 취득한 때(나중에 발급받은 면허)

⑥ 면허정지처분을 받고도 그 정지 기간 중에 업무를 한 때

⑦ 「성매매알선 등 행위의 처벌에 관한 법률」이나 「풍속영업의 규제에 관한 법률」을 위반하여 관계 행정기관의 장으로부터 그 사실을 통보받은 때

> **tip**
>
> 면허신청자는 면허신청서에 본인이 해당하는 자격요건에 대한 졸업증명서 또는 학위증명서, 이수증명서, 국가기술자격증 등 확인서류(1부)와 결격사유에 해당하지 않음을 증명하는 최근 6개월 내에 진단받은 건강진단서(1부)를 신청 전 6개월 이내에 찍은 탈모 정면 천연색 상반신 사진(가로 3.5×세로 4.5cm) 1매 또는 전자적 파일 형태의 사진과 함께 첨부하여야 한다(규칙 제9조).

Section 05 이용사 및 미용사의 업무범위

(1) 이용사 또는 미용사의 면허를 받은 자가 아니면 이용업 또는 미용업을 개설하거나 그 업무에 종사할 수 없다. 다만, 이용사 또는 미용사의 감독을 받아 이용 또는 미용 업무의 보조를 행하는 경우에는 그러하지 아니하다(법 제8조제1항). 업무범위와 업무보조범위에 관하여 필요한 사항은 보건복지부령으로 정한다.

① 이용사의 업무범위 : 이발, 아이론, 면도, 머리피부손질, 머리카락염색 및 머리감기
② 미용사의 업무범위

미용사자격을 취득한 자로서 미용사 면허를 받은 자

- 미용사(일반) : 파마, 머리카락 자르기, 머리카락 모양내기, 머리피부손질, 머리카락염색, 머리감기, 의료기기나 의약품을 사용하지 아니하는 눈썹손질
- 미용사(피부) : 의료기기나 의약품을 사용하지 아니하는 피부상태분석, 피부관리, 제모, 눈썹손질
- 미용사(네일) : 손톱과 발톱의 손질 및 화장
- 미용사(메이크업) : 얼굴 등 신체의 화장·분장 및 의료기기나 의약품을 사용하지 아니하는 눈썹손질

③ 이·미용의 업무보조 범위

- 이용·미용 업무를 위한 사전 준비에 관한 사항
- 이용·미용 업무를 위한 기구·제품 등의 관리에 관한 사항
- 영업소의 청결 유지 등 위생관리에 관한 사항
- 그 밖에 머리감기 등 이용·미용 업무의 보조에 관한 사항

(2) 이용 및 미용의 업무는 영업소 외의 장소에서 행할 수 없다. 다만, 보건복지부령이 정하는 특별한 사유가 있는 경우에는 그러하지 아니하다(법 제8조제2항).

보건복지부령이 정하는 특별한 사유	<ul><li>고령, 장애, 기타의 사유로 인하여 영업소에 나올 수 없는 자에 대하여 이용 또는 미용을 하는 경우</li><li>혼례, 기타 의식에 참여하는 자에 대하여 그 의식 직전에 이용 또는 미용을 하는 경우</li><li>사회복지시설에서 봉사활동으로 이용 또는 미용을 하는 경우</li><li>방송 등의 촬영에 참여하는 사람에 대하여 그 촬영 직전에 이용 또는 미용을 하는 경우</li><li>이 밖에 특별한 사정이 있다고 시장·군수·구청장이 인정하는 경우</li></ul>

Section 06 | 시·도지사 또는 시장·군수·구청장의 감독·처분

(1) 보고 및 출입·검사(법 제9조)

시·도지사 또는 시장·군수·구청장은 공중위생관리상 필요하다고 인정하는 때에는 공중위생영업자에 대하여 필요한 보고를 하게 하거나 소속공무원으로 하여금 영업소·사무소 등에 출입하여 공중위생영업자의 위생관리 의무이행 등에 대해여 검사하게 하거나 필요에 따라 공중위생영업장부나 서류를 열람하게 할 수 있다.

(2) 영업의 제한(법 제9조의2)

시·도지사는 공익상 또는 선량한 풍속을 유지하기 위하여 필요하다고 인정하는 때에는 공중위생영업자 및 종사원에 대하여 영업시간 및 영업행위에 관한 필요한 제한을 할 수 있다.

(3) 위생지도 및 개선명령(법 제10조)

시·도지사 또는 시장·군수·구청장은 다음의 어느 하나에 해당하는 자에 대하여 보건복지부령으로 정하는 바에 따라 기간을 정하여 그 개선을 명할 수 있다.
① 공중위생영업의 종류별 시설 및 설비기준을 위반한 공중위생영업자
② 위생관리의무 등을 위반한 공중위생영업자

(4) 공중위생영업소의 폐쇄 등(법 제11조)

① 시장·군수·구청장은 공중위생영업자가 이 법 또는 이 법에 의한 명령에 위반하거나 또는 관계행정기관의 장의 요청이 있는 때에는 6월 이내의 기간을 정하여 영업의 정지 또는 일부 시설의 사용중지를 명하거나 영업소 폐쇄 등을 명할 수 있다.
② 영업의 정지, 일부 시설의 사용중지와 영업소 폐쇄명령 등의 행정처분의 세부기준은 그 위반행위의 유형과 위반 정도 등을 고려하여 보건복지부령으로 정한다.
③ 시장·군수·구청장은 공중위생영업자가 영업소 폐쇄명령을 받고도 계속하여 영업을 하는 때에는 관계공무원으로 하여금 해당 영업소를 폐쇄하기 위하여 다음의 조치를 하게 할 수 있다.
　㉠ 해당 영업소의 간판, 기타 영업표지물의 제거
　㉡ 해당 영업소가 위법한 영업소임을 알리는 게시물 등의 부착
　㉢ 영업을 위하여 필수불가결한 기구 또는 시설물을 사용할 수 없게 하는 봉인
④ 시장·군수·구청장은 봉인 후 봉인을 계속할 필요가 없다고 인정되는 때와 영업자 등이나 그

대리인이 해당 영업소를 폐쇄할 것을 약속하는 때 및 정당한 사유를 들어 봉인의 해제를 요청하는 때에는 그 봉인을 해제할 수 있다.

(5) 공중위생영업의 위생관리

① 위생서비스수준 평가(법 제13조)

㉠ 시 · 도지사는 공중위생영업소의 위생관리수준을 향상시키기 위하여 위생서비스 평가계획을 수립하여 시장 · 군수 · 구청장에게 통보하여야 한다.

㉡ 시장 · 군수 · 구청장은 평가계획에 따라 관할지역별 세부평가계획을 수립한 후 공중위생영업소의 위생서비스수준을 평가하여야 한다. 평가는 2년마다 실시함을 원칙으로 하되, 특히 필요한 경우에는 보건복지부장관이 정하여 고시하는 바에 따라 달리할 수 있다.

㉢ 시장 · 군수 · 구청장은 위생서비스평가의 전문성을 높이기 위하여 필요하다고 인정하는 경우에는 관련 전문기관 및 단체로 하여금 위생서비스평가를 실시하게 할 수 있다.

㉣ 위생서비스평가의 주기 · 방법, 위생관리등급의 기준 기타 평가에 관하여 필요한 사항은 보건복지부령으로 정한다.

② 위생관리등급(법 제14조)

㉠ 시장 · 군수 · 구청장은 보건복지부령이 정하는 바에 의하여 위생서비스평가의 결과에 따른 위생관리등급을 해당공중위생영업자에게 통보하고(송부) 이를 공표하여야 한다.

㉡ 공중위생영업자는 시장 · 군수 · 구청장으로부터 통보받은 위생관리등급의 표지를 영업소의 명칭과 함께 영업소의 출입구에 부착할 수 있다.

위생관리등급의 구분 • 최우수업소 : 녹색등급 • 우수업소 : 황색등급 • 일반관리대상 업소 : 백색등급

③ 위생교육(법 제17조)

㉠ 공중위생영업자는 매년 위생교육을 받아야 한다.

㉡ 공중위생영업의 영업신고를 하고자 하는 자는 미리 위생교육을 받아야 한다. 다만, 보건복지부령으로 정하는 부득이한 사유로 미리 교육을 받을 수 없는 경우에는 영업개시 후 6개월 이내에 위생교육을 받을 수 있다. → 시장 · 군수 · 구청장은 교육대상자 중 질병 등 부득이한 사유로 위생교육을 받을 수 없다고 인정되는 자에 대하여는 영업신고를 한 후 6개월 이내에 위생교육을 받게 할 수 있다(규칙 제23조제6항).

ⓒ 위생교육은 매년 3시간으로 한다.

ⓔ 위생교육 실시단체의 장은 위생교육을 수료한 자에게 수료증을 교부하고, 교육실시 결과를 교육 후 1개월 이내에 시장·군수·구청장에게 통보하여야 하며, 수료증 교부대장 등 교육에 관한 기록을 2년 이상 보관·관리하여야 한다.

④ **공중위생감시원(영 제8조)** : 관계공무원의 업무를 행하게 하기 위하여 특별시·광역시·도 및 시·군·구(자치구에 한한다)에 공중위생감시원을 둔다.

　ⓐ **공중위생감시원의 자격 및 임명** : 특별시장·광역시장·도지사 또는 시장·군수·구청장은 다음의 어느 하나에 해당하는 소속 공무원 중에서 공중위생감시원을 임명한다.

　　• 위생사 또는 환경기사 2급 이상의 자격증이 있는 사람

　　•「고등교육법」에 따른 대학에서 화학·화공학·환경공학 또는 위생학 분야를 전공하고 졸업한 사람 또는 법령에 따라 이와 같은 수준 이상의 학력이 있다고 인정되는 사람

　　• 외국에서 위생사 또는 환경기사의 면허를 받은 사람

　　• 1년 이상 공중위생 행정에 종사한 경력이 있는 사람

　ⓑ **공중위생감시원의 업무범위(영 제9조)**

　　• 시설 및 설비의 확인

　　• 공중위생영업 관련 시설 및 설비의 위생상태 확인·검사, 공중위생영업자의 위생관리의무 및 영업자준수사항 이행여부의 확인

　　• 위생지도 및 개선명령 이행여부의 확인

　　• 공중위생영업소의 영업의 정지, 일부 시설의 사용중지 또는 영업소 폐쇄명령 이행여부의 확인

　　• 위생교육 이행여부의 확인

⑤ **위임 및 위탁(법 제18조)**

　ⓐ 보건복지부장관은 이 법에 의한 권한의 일부를 대통령령이 정하는 바에 의하여 시·도지사 또는 시장·군수·구청장에게 위임할 수 있다.

　ⓑ 보건복지부장관은 대통령령이 정하는 바에 의하여 관계전문기관 등에 그 업무의 일부를 위탁할 수 있다.

(6) 행정처분기준(규칙 별표 7) – 미용업

위반행위	근거 법조문	행정처분기준			
		1차 위반	2차 위반	3차 위반	4차 이상 위반
1. 영업신고를 하지 않거나 시설과 설비기준을 위반한 경우	법 제11조 제1항 제1호				
가. 영업신고를 하지 않은 경우		영업장 폐쇄명령			
나. 시설 및 설비기준을 위반한 경우		개선명령	영업정지 15일	영업정지 1월	영업장 폐쇄명령
2. 변경신고를 하지 않은 경우	법 제11조 제1항 제2호				
가. 신고를 하지 않고 영업소의 명칭 및 상호 또는 영업장 면적의 3분의 1 이상을 변경한 경우		경고 또는 개선명령	영업정지 15일	영업정지 1월	영업장 폐쇄명령
나. 신고를 하지 아니하고 영업소의 소재지를 변경한 경우		영업정지 1월	영업정지 2월	영업장 폐쇄명령	
3. 지위승계신고를 하지 않은 경우	법 제11조 제1항 제3호	경고	영업정지 10일	영업정지 1월	영업장 폐쇄명령
4. 공중위생영업자의 위생관리의무 등을 지키지 않은 경우	법 제11조 제1항 제4호				
가. 소독을 한 기구와 소독을 하지 않은 기구를 각각 다른 용기에 넣어 보관하지 않거나 1회용 면도날을 2인 이상의 손님에게 사용한 경우		경고	영업정지 5일	영업정지 10일	영업장 폐쇄명령
나. 피부미용을 위하여 「약사법」에 따른 의약품 또는 「의료기기법」에 따른 의료기기를 사용한 경우		영업정지 2월	영업정지 3월	영업장 폐쇄명령	
다. 점빼기·귓볼뚫기·쌍꺼풀수술·문신·박피술 그 밖에 이와 유사한 의료행위를 한 경우		영업정지 2월	영업정지 3월	영업장 폐쇄명령	
라. 미용업 신고증 및 면허증 원본을 게시하지 않거나 업소 내 조명도를 준수하지 않은 경우		경고 또는 개선명령	영업정지 5일	영업정지 10일	영업장 폐쇄명령
마. 개별 미용서비스의 최종 지불가격 및 전체 미용서비스의 총액에 관한 내역서를 이용자에게 미리 제공하지 않은 경우		경고	영업정지 5일	영업정지 10일	영업정지 1월
5. 영업소에 성폭력처벌법에 위반되는 행위에 이용되는 카메라나 기계장치를 설치한 경우	법 제11조 제1항 제4호의2	영업정지 1월	영업정지 2월	영업장 폐쇄명령	
6. 면허 정지 및 면허 취소 사유에 해당하는 경우	법 제7조 제1항				
가. 법 제6조 제2항 제1호부터 제4호까지에 해당하게 된 경우		면허취소			
나. 면허증을 다른 사람에게 대여한 경우		면허정지 3월	면허정지 6월	면허취소	

위반행위	근거 법조문	행정처분기준			
		1차 위반	2차 위반	3차 위반	4차 이상 위반
다. 「국가기술자격법」에 따라 자격이 취소된 경우		면허취소			
라. 「국가기술자격법」에 따라 자격정지처분을 받은 경우(「국가기술자격법」에 따른 자격정지처분 기간에 한정한다)		면허정지			
마. 이중으로 면허를 취득한 경우(나중에 발급받은 면허를 말한다)		면허취소			
바. 면허정지처분을 받고도 그 정지 기간 중 업무를 한 경우		면허취소			
7. 영업소 외의 장소에서 미용 업무를 한 경우	법 제11조 제1항 제5호	영업정지 1월	영업정지 2월	영업장 폐쇄명령	
8. 보건복지부장관, 시·도지사, 시장·군수·구청장이 하도록 한 필요한 보고를 하지 않거나 거짓으로 보고한 경우 또는 관계 공무원의 출입, 검사 또는 공중위생영업 장부 또는 서류의 열람을 거부·방해하거나 기피한 경우	법 제11조 제1항 제6호	영업정지 10일	영업정지 20일	영업정지 1월	영업장 폐쇄명령
9. 개선명령을 이행하지 않은 경우	법 제11조 제1항 제7호	경고	영업정지 10일	영업정지 1월	영업장 폐쇄명령
10. 「성매매알선 등 행위의 처벌에 관한 법률」, 「풍속영업의 규제에 관한 법률」, 「청소년 보호법」, 「아동·청소년의 성보호에 관한 법률」 또는 「의료법」을 위반하여 관계 행정기관의 장으로부터 그 사실을 통보받은 경우	법 제11조 제1항 제8호				
가. 손님에게 성매매알선 등 행위 또는 음란행위를 하게 하거나 이를 알선 또는 제공한 경우					
(1) 영업소		영업정지 3월	영업장 폐쇄명령		
(2) 미용사		면허정지 3월	면허취소		
나. 손님에게 도박, 그 밖에 사행행위를 하게 한 경우		영업정지 1월	영업정지 2월	영업장 폐쇄명령	
다. 음란한 물건을 관람·열람하게 하거나 진열 또는 보관한 경우		경고	영업정지 15일	영업정지 1월	영업장 폐쇄명령
라. 무자격안마사로 하여금 안마사의 업무에 관한 행위를 하게 한 경우		영업정지 1월	영업정지 2월	영업장 폐쇄명령	
11. 영업정지처분을 받고도 그 영업정지 기간에 영업을 한 경우	법 제11조 제2항	영업장 폐쇄명령			
12. 공중위생영업자가 정당한 사유 없이 6개월 이상 계속 휴업하는 경우	법 제11조 제3항 제1호	영업장 폐쇄명령			
13. 관할 세무서장에게 폐업신고를 하거나 관할 세무서장이 사업자 등록을 말소한 경우	법 제11조 제3항 제2호	영업장 폐쇄명령			

Section 07 벌칙 및 과태료

(1) 벌칙(법 제20조)

① 1년 이하의 징역 또는 1천만원 이하의 벌금
- ㉠ 시장 · 군수 · 구청장에게 공중위생영업의 신고를 하지 아니한 자
- ㉡ 영업정지명령 또는 일부 시설의 사용중지명령을 받고도 그 기간 중에 영업을 하거나 그 시설을 사용한 자 또는 영업소 폐쇄명령을 받고도 계속하여 영업을 한 자

② 6월 이하의 징역 또는 500만원 이하의 벌금
- ㉠ 변경신고를 하지 아니한 자
- ㉡ 공중위생영업자의 지위를 승계한 자로서 동조 제4항의 규정에 의한 신고를 하지 아니한 자
- ㉢ 건전한 영업질서를 위하여 공중위생영업자가 준수하여야 할 사항을 준수하지 아니한 자

③ 300만원 이하의 벌금
- ㉠ 다른 사람에게 이용사 또는 미용사의 면허증을 빌려주거나 빌린 사람과 그것을 알선한 사람
- ㉢ 면허의 취소 또는 정지 중에 이 · 미용업을 한 사람
- ㉣ 면허를 받지 아니하고 이 · 미용업을 개설하거나 그 업무에 종사한 사람

(2) 과태료(법 제22조)

① 300만원 이하의 과태료
- ㉠ 관리상 필요한 보고를 하지 아니하거나 관계공무원이 출입 · 검사, 기타 조치를 거부 · 방해 또는 기피한 자
- ㉡ 개선명령에 위반한 자
- ㉢ 시 · 군 · 구에 이용업신고를 하지 않고 이용업소표시등을 설치한 자

② 200만원 이하의 과태료
- ㉠ 이용업소의 위생관리 의무를 지키지 아니한 자
- ㉡ 미용업소의 위생관리 의무를 지키지 아니한 자
- ㉢ 영업소 외의 장소에서 이용 또는 미용업무를 행한 자
- ㉣ 위생교육을 받지 아니한 자

③ 규정에 따른 과태료는 대통령령으로 정하는 바에 따라 보건복지부장관 또는 시장 · 군수 · 구청장이 부과 · 징수한다.

저자약력

황 해 정

- 인제대학교 보건대학원 보건학 석사
- 한성전문학교 미용예술과 전임 역임
- 경복대학, 우송정보대학, 지산간호보건대학 강사 역임
- 인제대학교 산업의학연구소 연구원 역임
- 고려대학교 환경의학연구소 연구원 역임
- 한국미용보건학회이사 역임
- 국제임상아로마테라피 정회원
- 한국화장품학회 정회원
- 대한스포츠마사지협회 정회원
- 현) 서울호서전문학교 미용예술과 전임교수(전공 : 피부관리)

김 승 아

- 건국대학교 산업대학원 향장학과 석사
- CANADA B·C주 피부관리사 자격증 획득
- 한성전문학교 학점은행제 강사(네일케어)
- 현) 서울호서전문학교 미용예술과 전임교수
  (전공 : 피부메이크업, 네일 아트)

NCS 기반

한국산업인력공단 새 출제기준에 따른!!

피부미용사
필기 한권으로 합격하기

★ 핵심이론요약 + 적중예상문제 = 최단기 합격대비!!

★ NCS 출제기준에 따른 적중예상문제와 핵심이론을 체계적 수록!!

★ 시험직전 실력을 미리 체크할 수 있는 실전모의고사 10회 수록!!

한국산업인력공단 새 출제기준에 따른!!

피부미용사
필기 한권으로 합격하기

NCS 기반

대한민국 대표브렌드 국가자격 시험문제 전문출판 에듀크라운 국가자격시험문제 전문출판

최고의 적중률!! 최고의 합격률!!
크라운출판사
피부미용·미용·이용·조리 등 서비스서적사업부
http://www.crownbook.com

적중예상문제편의 차례

Part 01 적중예상문제

제1과목 피부미용이론 – 피부미용학	06
제2과목 피부미용이론 – 피부학	42
제3과목 해부생리학	68
제4과목 피부미용기기학	88
제5과목 화장품학	103
제6과목 공중위생관리학	132

Part 02 피부미용사 필기시험 한권으로 합격하기 핵심정리   169

Part 03 실전모의고사

제01회 실전모의고사	208
제02회 실전모의고사	218
제03회 실전모의고사	228
제04회 실전모의고사	238
제05회 실전모의고사	249
제06회 실전모의고사	259
제07회 실전모의고사	269
제08회 실전모의고사	279
제09회 실전모의고사	289
제10회 실전모의고사	299

Part 01

적중
예상문제

국가기술자격시험 미용사(피부) 필기

제1과목 피부미용이론 – 피부미용학

제2과목 피부미용이론 – 피부학

제3과목 해부생리학

제4과목 피부미용기기학

제5과목 화장품학

제6과목 공중위생관리학

맞춤해설

001 다음 중 피부관리의 영역으로 옳지 않은 것은?

① 전신 피부관리
② 제품과 수기요법을 통한 비만, 체형관리
③ 두피, 모발관리
④ 안면 피부관리

● 001
두피 및 모발관리는 미용의 영역이다.

002 세계 여러 나라의 피부미용 용어 중 옳지 않은 것은?

① 독일 : Kosmetik   ② 영국 : Cosmetic
③ 일본 : Skin Care   ④ 프랑스 : Esthetique

● 002
일본의 피부미용 용어는 エステ(에스테)이다.

003 다음 중 피부관리의 순서로 옳은 것은?

① 청결 → 보호 → 자극 → 침투
② 청결 → 자극 → 침투 → 보호
③ 청결 → 침투 → 보호 → 자극
④ 청결 → 자극 → 보호 → 침투

● 003
피부관리의 순서는 일반적으로 청결(클렌징) → 자극(마사지) → 침투(팩) → 보호(마무리)이다.

004 다음 중 피부미용의 범위에 대한 설명으로 틀린 것은?

① 미백용 화장품을 이용하여 기미를 개선하는 것
② 수기요법과 화장품을 이용하여 전신관리를 하는 것
③ 화장품을 이용하여 눈썹 문신을 하고 MTS롤러를 이용하여 진피층에 영양물질을 침투시키는 것
④ 의료기기나 의약품을 사용하지 않고 피부분석, 피부관리, 제모, 눈썹손질을 하는 것

● 004
눈썹문신, 진피층에 영양물질을 직접적으로 투입하는 것은 의료행위이다.

005 고객상담 시 주의사항이 아닌 것은?

① 개인의 습관과 피부와의 연계성을 파악한다.
② 피부에 적합한 홈케어 방법을 교육한다.
③ 전문적인 지식으로 고객에게 관리의 필요성과 적합성을 이해시킨다.
④ 피부관리방법의 전체과정을 교육한다.

● 005
고객상담 시 고객이 적합한 피부관리에 대하여 전반적인 이해를 하도록 돕는다.

정답
001 ③ 002 ③ 003 ② 004 ③
005 ④

006 다음 설명 중 틀린 것은?

① 피부분석은 딥 클렌징 이후에 실시한다.

② 포인트 메이크업은 전용 제품을 사용해야 한다.

③ 피부분석 이후에는 피부타입에 맞는 제품을 사용하여 관리한다.

④ 온습포의 사용은 피부상태에 따라 조절할 수 있다.

● 006
피부분석은 클렌징 이후에 실시한다.

007 포인트 메이크업 클렌징 시 유의사항으로 옳은 것은?

① 알코올을 묻힌 면봉을 사용하여 아이라인 등을 지운다.

② 마스카라를 짙게 한 경우 강한 압을 이용하여 제거하여도 무방하다.

③ 입술화장 제거 시 립스틱을 가운데로 모아서 제거한다.

④ 제품을 묻힌 퍼프를 눈 위에 올려놓고 즉시 닦아낸다.

● 007
면봉에는 전용제품을 묻혀 포인트 메이크업을 지우며 눈 주위는 강한 압을 사용해서는 안 된다. 제품을 묻힌 퍼프는 1~2분 정도 올려 둔 후 제거한다.

008 피부분석 시 문진을 통해 체크할 항목이 아닌 것은?

① 복용 약물   ② 알레르기 유무

③ 사용하는 화장품   ④ 경제적 능력

● 008
경제적 능력은 피부분석 시 고려해야 할 사항이 아니다.

009 다음 중 피부관리의 목적과 거리가 먼 것은?

① 주름을 예방하고 피부의 탄력 저하를 지연시킨다.

② 피부를 보호하고 유·수분의 밸런스를 맞춰준다.

③ 모세혈관 확장증과 여드름을 치료한다.

④ 자외선 차단제를 도포하여 기미를 예방한다.

● 009
모세혈관 확장증과 여드름을 치료하는 것은 의료영역이다.

010 다음은 피부관리실의 환경에 대한 설명으로 틀린 것은?

① 관리실 내부는 반드시 직접조명을 설치하여 밝게 한다.

② 관리실은 통풍과 환기가 잘 되도록 한다.

③ 불쾌한 냄새를 제거하기 위해서 아로마 향을 피운다.

④ 냉·난방시설이 잘 되어 있어야 한다.

● 010
관리실 내부는 직접조명과 간접조명을 적절히 설치하여 피부분석과 고객에게 부담을 주지 않는 점을 모두 충족시키도록 한다.

011 피부분석의 목적 및 효과에 대한 설명으로 관계가 없는 것은?

① 고객의 피부상태와 피부유형을 알아야 올바른 관리를 할 수 있다.

② 피부 부작용 및 알레르기는 피부분석을 통해 발견할 수 없다.

③ 피부 건강을 효과적으로 예방 및 관리할 수 있다.

④ 성공적이고 올바른 피부관리를 하기 위한 기초자료로 삼기 위함이다.

● 011
피부 부작용 및 알레르기는 피부분석을 통해 미리 알 수 있다.

012 피부분석방법으로 적절하지 않은 것은?

① 고객에게 질문을 하여 피부의 상태를 분석한다.
② 기계를 이용하여 피부유형을 판별한다.
③ 고객이 느끼는 피부상태를 분석한다.
④ 견진으로 피부의 수분 보유량, 각질화 상태를 분석한다.

013 피부의 유분 함량, 모공크기, 예민상태, 혈액순환 상태 등의 판독이 가능한 피부분석 방법은?

① 견진　　　　　　② 문진
③ 촉진　　　　　　④ 소진

014 피부상태 분석에 해당되는 내용이 아닌 것은?

① 예민 상태　　　　② 혈액순환 상태
③ 건강 상태　　　　④ 탄력 상태

015 피부상태 분석 중 촉진을 해야 알 수 있는 것은?

① 모공의 크기　　　② 예민상태
③ 유분상태　　　　④ 수분 보유량

016 기기를 이용한 피부분석 방법 중 설명이 틀린 것은?

① 확대경으로 색소 침착, 면포, 잔주름 등 피부상태를 분석할 수 있다.
② 피부분석기는 피부 표면의 조직을 80~200배 정도 확대하여 관찰할 수 있다.
③ 우드램프는 적외선을 이용한 광학 피부분석기이다.
④ pH측정기는 피부 표면의 유·수분 및 pH 수치를 나타낸다.

017 중성 피부의 특징과 가장 거리가 먼 것은?

① 각질층의 수분 함량이 12% 이상이다.
② 피부가 얇고 모공이 매우 좁아 화장이 잘 안지워진다.
③ 색소 침착이 없다.
④ 외부환경에 따라 피부상태가 변할 수 있다.

018 피부유형에 대한 설명으로 옳지 않은 것은?

① 지성 피부는 여드름과 뾰루지가 잘 생기며 피부가 거칠고 모공이 넓다.

맞춤해설

● 012
피부를 직접 만져보는 촉진으로 수분 보유량, 각질화 상태, 탄력성 등을 파악한다.

● 013
견진은 육안, 확대경, 우드램프 등을 통하여 피부유형을 판독하는 방법으로 피부의 유분 함량, 모공크기, 예민상태, 혈액순환상태 등의 판독이 가능하다.

● 014
건강상태는 피부 상담 시 문진에 필요한 내용이다.

● 015
수분 보유량을 판별하는 방법은 한 손으로 볼 아래의 피부를 위쪽 방향으로 올려보았을 때 잔주름이 가로로 얼마나 형성되었는지 확인한다.

● 016
우드램프는 자외선을 이용한 광학 피부분석기로 피부상태에 따라 특정한 형광색이 나타난다.

● 017
건성 피부는 피부가 얇고 모공이 매우 작아 화장이 잘 흡수되지 않고 지워지지도 않는다.

● 018
민감성 피부는 피부결이 섬세하고 예민하다.

정답 012 ④ 013 ① 014 ③ 015 ④
016 ③ 017 ② 018 ④

② 건성 피부는 입주변이 거칠고 잔주름이 많다.

③ 복합성 피부는 세안 후 볼과 눈 주위에 피부당김 현상이 있다.

④ 민감성 피부는 모공이 거의 없고 각질의 지나친 탈락으로 피부결이 거칠다.

019 피부유형에 대한 설명으로 옳지 않은 것은?

① 표피 건성 피부 : 잔주름이 생기기 쉽고 피부 조직이 얇다.

② 진피 건성 피부 : 피부 자체의 수분공급에 문제가 생겨 발생한다.

③ 민감성 피부 : 피부가 붉고 모세혈관이 피부 표면에 확장되어 있다.

④ 여드름 피부 : 피지 분비가 많아 번들거리며 지저분해지기 쉽다.

● 019
모세혈관 확장 피부는 양 볼 부위의 피부가 붉고 모세혈관이 피부 표면에 확장되어 있다.

020 지성 피부의 특징으로 볼 수 없는 것은?

① 피부가 거칠고 모공이 넓다.

② 각질층이 두껍고 피부결이 거칠다.

③ 파운데이션이 잘 받지 않고 발라도 들뜬다.

④ 피부색이 전체적으로 거뭇거뭇하며 칙칙하다.

● 020
파운데이션을 발라도 잘 받지 않고 들뜨는 것은 건성 피부이다.

021 복합성 피부에 대한 특징이 아닌 것은?

① 화장품을 바꾸어 사용하면 처음에 자주 예민한 반응을 일으킨다.

② 세안 후 눈과 입가에 잔주름이 생기고 피부 당김현상이 있다.

③ 피지 분비는 많지만 T존을 제외하면 건조하다.

④ T존 부위에 피지 분비가 많아 여드름과 뾰루지가 잘 생긴다.

● 021
민감성 피부가 화장품을 바꾸어 사용하면 예민한 반응을 일으킨다.

022 민감성 피부에 대한 특징이 아닌 것은?

① 외부 자극에 민감하게 반응한다.

② 피부조직이 섬세하고 얇다.

③ 피부 표면이 거칠고 모공이 크다.

④ 피부 발진이나 두드러기가 쉽게 나타난다.

● 022
지성 피부는 피지 분비가 많아 피부 표면이 거칠고 모공이 크다.

023 찬바람, 일광욕, 냉난방 등의 외부환경의 영향이나 부적절한 피부관리 습관으로 인해 유발되는 피부유형은?

① 표피성 수분부족 피부 ② 중성 피부

③ 복합성 피부 ④ 지성 피부

● 023
표피성 수분부족 피부는 외부환경의 영향 또는 잘못된 피부관리와 화장품 사용이 주된 원인으로 발생되며 수분부족으로 인해 잔주름이 생기기 쉽다.

맞춤해설

024 여드름이 발생되는 원인이 아닌 것은?

① 여드름은 피지, 모공, 호르몬, 스트레스 등 다양한 원인들이 복합적으로 문제를 일으킨다.

② 유전이 여드름 피부의 원인이 되기도 한다.

③ 고온다습한 기후, 환경오염물질, 세균 등이 원인이 되기도 한다.

④ 각화현상이 느려져 여드름이 발생한다.

● 024
여드름 피부는 이상각화현상으로 각질이 모공을 막아 생긴다.

025 여드름 형태에 대한 설명으로 옳은 것은?

① 면포성 여드름은 모낭 내 피지가 모낭벽에 축적되어 형성된 덩어리이다.

② 농포성 여드름은 세균에 감염되어 빨갛게 부풀어 올라 발진한다.

③ 결절성 여드름은 붉은 구진성 여드름이 악화되어 농을 형성한 여드름이다.

④ 구진성 여드름은 크고 단단한 덩어리가 피부 깊숙이 형성되면서 피부 표면 위로 돌출한 것이다.

● 025
②번은 구진성 여드름, ③번은 농포성 여드름, ④번은 결절성 여드름이다.

026 피부의 진피층까지 파괴되어 영구적인 흉터를 남기는 여드름은?

① 농포성 여드름   ② 구진성 여드름

③ 결절성 여드름   ④ 낭종성 여드름

● 026
낭종성 여드름은 여드름 형태 중 화농의 상태가 가장 크고 통증도 심하며 진피층 깊은 곳까지 파괴되어 영구적인 흉터를 남긴다.

027 중성 피부의 관리 방법이 아닌 것은?

① 피부가 건조한 부위에는 보습 효과가 뛰어난 에센스를 수시로 덧발라 준다.

② 화장수는 살균 소독을 통하여 피부를 청결히 해주는 제품을 사용한다.

③ 일주일에 1~2회 정도 팩을 하여 충분한 수분과 유분을 공급해준다.

④ 클렌징을 할 때에는 유분이 풍부한 로션이나 크림 타입의 클렌저를 사용한다.

● 027
살균 소독을 통하여 피부를 청결히 해주는 제품은 여드름 피부에 적합하다.

028 건성 피부의 관리 방법이 아닌 것은?

① 기미와 주근깨가 생길 수 있으므로 비타민 C가 많은 야채나 과일을 섭취한다.

② 피지 분비가 많으므로 노폐물과 각질을 잘 제거해준다.

③ 잦은 세안과 세정력이 강한 제품은 피하며 물은 미온수로 세안한다.

④ 보습에 좋은 팩이나 화장품을 사용한다.

● 028
②는 지성 피부의 관리방법이다.

정답 024 ④ 025 ① 026 ④ 027 ②
028 ②

029 지성 피부의 세안방법으로 옳은 것은?

① 잦은 세안과 세정력이 강한 제품은 피하며 물은 미온수로 세안한다.

② 유분이 많으므로 하루에 여러 번 비누세안한다.

③ 비누의 잔여물이 남지 않도록 미지근한 물로 헹궈주고, 마지막에는 찬물을 사용한다.

④ 클렌징을 할 때는 유분이 풍부한 로션이나 크림타입의 클렌저를 사용한다.

● 029

①은 건성 피부, ④는 중성 피부의 관리 방법이며, 지성 피부라 하더라도 잦은 비누세안은 얼굴의 산성막을 파괴시켜 오히려 피부 트러블을 일으킬 수 있다.

030 피부유형에 따른 관리방법으로 적절하지 못한 것은?

① 여드름 피부 : 개선과 피지 감소를 위해 전문적인 세정제를 사용한다.

② 복합성 피부 : T존 부위는 건성 제품을 발라준다.

③ 조기노화 피부 : 유분과 수분을 충분히 공급해주고 자외선 차단크림을 사용한다.

④ 민감성 피부 : 알코올이 함유되어 있지 않은 저자극성 제품을 이용한다.

● 030

T-존 부위는 지성 피부 제품을 이용하고 피지조절 케어를 병행하는 것이 좋다.

031 여드름 피부가 화장품을 선택할 때 반드시 고려해야 될 사항이 아닌 것은?

① 각질 제거 효과

② 피부 탄력 증가

③ 염증 완화

④ 피지 제거 및 조절

● 031

여드름 피부는 소염, 피지 조절, 모공 수축, 각질 제거에 도움이 되는 화장품을 사용하는 것이 좋다.

032 좋은 클렌징 제품의 특징으로 적절하지 않은 것은?

① 피부의 각질과 노폐물을 제거한다.

② 피부의 혈액순환과 신진대사를 촉진한다.

③ 피부의 산성막을 제거한다.

④ 피부 호흡을 원활하게 한다.

● 032

클렌징제는 피부의 산성막을 파괴해서는 안 된다.

033 클렌징의 기능에 대한 설명으로 올바르지 않은 것은?

① 메이크업 제품, 피지, 크림, 로션류 등은 유성 물질이나 클렌징제로 제거된다.

② 노화를 막고 영양의 흡수를 돕는다.

③ 피부를 청결하게 해준다.

④ 먼지, 땀 등의 수용성 요소는 클렌징제로 제거하기 어렵다.

● 033

클렌징은 먼지, 땀 등의 수용성 요소와 메이크업, 피지, 크림, 로션류 등의 유용성 요소를 제거하여 청결한 상태의 피부를 유지시킨다.

정답 029 ③　030 ②　031 ②　032 ③
033 ④

맞춤해설

034 클렌징에 대한 설명으로 옳지 않은 것은?

① 1차 클렌징 단계는 아이메이크업 리무버를 사용하여 부분 화장을 지운다.
② 2차 클렌징 단계는 피부유형에 맞는 클렌징제를 사용한다.
③ 3차 클렌징은 습포와 피부유형에 맞는 화장수를 사용한다.
④ 클렌징은 3분 이상하여 노폐물을 깨끗이 제거해주는 것이 좋다.

● 034
클렌징제가 피부에 흡수되는 것을 막으려면 약 3분 이내에 닦아낸다.

035 클렌징에 대한 내용으로 가장 적합한 것은?

① 주로 메이크업 제거를 위해 사용한다.
② 크림타입은 지성 피부에 효과적이다.
③ 모공 속의 노폐물을 제거하여 블랙헤드 개선에 효과적이다.
④ 노화된 각질을 부드럽게 연화하여 제거한다.

● 035
클렌징은 피부 표면의 노폐물과 메이크업을 지우는 데 효과적이며 젤타입은 지성 피부에 효과적이다.

036 다음 중 클렌징 제품과 특징이 바르게 짝지워진 것은?

① 클렌징 오일 – 친수성 오일로 건성, 노화 피부에 적당하다.
② 클렌징 로션 – 친유성으로 청량감과 산뜻함을 부여하며 민감성 피부에 적합하다.
③ 클렌징 크림 – 친수성 에멀젼으로 이중세안이 필요없으며 모든 피부에 적합하다.
④ 클렌징 젤 – 친유성으로 두꺼운 화장을 지우기에 적합하다.

● 036
클렌징 로션 – 친수성 에멀젼, 클렌징 크림 – 다량의 유분이 함유되어 두꺼운 화장을 지우기에 적합, 클렌징 젤 – 산뜻한 느낌으로 지성, 여드름 피부에 적합

037 클렌징의 목적을 가장 바르게 설명한 것은?

① 트리트먼트의 준비과정이다.
② 각질을 제거하여 유효성분의 침투를 돕는다.
③ 근육을 이완시켜 혈액순환을 돕는다.
④ 제품을 피부에 침투시키는 단계이다.

037
② 각질 제거–딥 클렌징
③ 근육 이완–매뉴얼 테크닉
④ 제품 침투–팩 및 마무리

038 다음 중 3차 클렌징 단계에 해당되는 것은?

① 포인트 메이크업을 지우는 단계이다.
② 피부유형에 적합한 클렌징 제품을 선택하여 안면을 닦아내는 단계이다.
③ 온습포를 이용하여 유분기를 제거하는 과정이다.
④ 토너를 이용하여 피부를 정돈하는 단계이다.

● 038
3차 클렌징 단계는 토너를 이용하여 유분기를 제거하고 피부를 정돈하는 단계이다.

정답 034 ④ 035 ① 36 ① 37 ①
038 ④

039 클렌징 제품에 대한 설명으로 적절하지 않은 것은?

① 클렌징 오일은 건성 타입, 예민성 피부나 노화 피부에 적합하다.
② 클렌징 젤은 세정력이 강하며 이중세안이 필요하다.
③ 클렌징 워터는 가벼운 메이크업의 제거에 적합하다.
④ 클렌징 폼은 비누의 단점인 피부 당김과 자극을 제거한 제품이다.

040 포인트 메이크업의 제거방법으로 틀린 것은?

① 눈 주위나 입술은 연약한 부분으로 매우 세심하게 다룬다.
② 클렌징 로션으로 눈 주위를 가볍게 문질러 눈 화장을 지운다.
③ 적당한 양을 사용하고 눈이나 입에 제품이 들어가지 않도록 한다.
④ 포인트 메이크업 전용제품을 사용한다.

041 화장수에 대한 설명으로 옳지 않은 것은?

① 피부에 남아있는 메이크업의 잔여물을 닦아낸다.
② 피부 각질층에 수분을 공급한다.
③ 피부의 각질을 제거한다.
④ 피부에 수렴 및 보습기능을 한다.

042 수렴 화장수와 관련이 없는 것은?

① 모공을 수축시켜 피부결을 정리해준다.
② 피지, 땀에 오염되기 쉬운 여름철에는 모든 피부에 사용된다.
③ 흔히 아스트린젠트라 불린다.
④ 유분과 수분을 보충하여 피부 각질층을 부드럽게 해준다.

043 피부 유형에 따른 화장수의 선택이 바르지 못한 것은?

① 건성 피부 – 유연 화장수   ② 지성 피부 – 수렴 화장수
③ 예민성 피부 – 소염 화장수   ④ 복합성 피부 – 소염 화장수

044 딥 클렌징에 대한 설명으로 옳지 않은 것은?

① 클렌징으로 제거되지 않은 피부 노폐물을 제거하기 위함이다.
② 피부의 탄력을 강화하고 피부에 수분을 공급하는 데 가장 효과적인
   방법이다.
③ 영양 물질의 흡수를 돕는다.
④ 피부의 안색을 맑게 하며 피부결을 매끈하게 한다.

맞춤해설

● 039
클렌징 젤은 오일 성분이 전혀 함유되어 있지 않고 세정력이 뛰어나며 이중세안이 필요 없다.

● 040
눈이나 입술은 반드시 전용제품으로 화장을 제거한다.

● 041
일반적인 화장수는 피부의 각질을 제거하지 못한다.

● 042
유분과 수분을 보충하여 피부 각질층을 촉촉하게 해주는 것을 유연 화장수이다.

● 043
소염 화장수는 살균, 소독작용이 있으며 모공 수축 및 신선감, 청량감을 주어 주로 지성 피부, 여드름 피부 및 복합성 피부의 T존 부위에 주로 사용된다.

● 044
딥 클렌징은 피부 노폐물과 죽은 각질 세포를 제거하는 데 효과적이다.

정답 039 ② 040 ② 041 ③ 042 ④
043 ③ 044 ②

045 딥 클렌징의 방법 중 물리적 딥 클렌징에 대한 설명이 아닌 것은?

① 손이나 기계 등을 이용하여 노화된 각질을 제거해내는 방법이다.
② 스크럽 타입과 고마쥐 타입이 있다.
③ 지성 피부, 모공이 큰 피부, 여드름 상흔이 있는 피부에 도움이 된다.
④ 자극이 적어 예민성 피부, 염증성 피부에도 사용하면 좋다.

● 045
물리적 딥 클렌징은 예민성 피부, 염증성 피부, 모세혈관 피부에 적합하지 않다.

046 다음 중 고마쥐에 대한 설명으로 옳은 것은?

① 제품 도포 후 건조해지면 근육결을 직각으로 밀어낸다.
② 얼굴에 도포하고 스티머를 3분 정도 씌운 후 해면으로 닦아낸다.
③ 인중을 제외하여 도포하고 반드시 냉습포로 마무리한다.
④ 노화 피부에 적합하며 예민한 피부는 주의해서 사용한다.

● 046
고마쥐는 노화 피부에 적합하며 근육결 방향으로 밀어낸다.

047 딥 클렌징 방법이 아닌 것은?

① 고마쥐
② 이온토포레시스
③ 디스인크러스테이션
④ 프리마톨

● 047
이온토포레시스는 피부에 영양물질을 침투하는 방법이다.

048 딥 클렌징 방법 중 화학적 방법에 관한 설명이 아닌 것은?

① AHA는 과일에서 추출한 유기산이다.
② 글리콜릭산, 주석산, 사과산, 젖산, 말릭산, 구연산 등의 다양한 종류가 있다.
③ 화학적으로 합성된 성분들이 각질의 박리를 촉진하는 방법이다.
④ 피부를 유연하게 해주며 예민성 피부에도 효과적이다.

● 048
각질의 박리를 촉진하므로 지성 피부에 적합하며 예민성 피부에는 자극적일 수 있다.

049 다음 중 효소를 이용한 딥 클렌징 방법과 관련이 없는 것은?

① 단백질을 분해하는 효소가 촉매제로 작용한다.
② 적절한 온도와 습도를 만들어주면 효소가 작용하여 효과가 나타난다.
③ 강한 필링이므로 모든 피부에 주의하여 사용한다.
④ 도포 후 젖은 해면을 이용해 닦아낸다.

● 049
효소를 이용한 딥 클렌징은 물리적 자극이 없어 모든 피부타입에 무난하다.

050 다음 중 A.H.A 시술이 가능한 피부는?

① 화이트헤드, 블랙헤드가 있는 피부
② 모세혈관이 확장되어 있는 피부
③ 심한 화농성 염증이 있는 피부
④ 자외선에 의해 손상된 피부

● 050
A.H.A는 강한 필링으로 화이트헤드나 블랙헤드 제거에 도움이 되며, 모세혈관 확장피부, 염증, 민감성 피부에는 가급적 시술하지 않는다.

정답 45 ④ 46 ④ 47 ② 48 ④
49 ③ 50 ①

051 스크럽을 이용한 딥클렌징이 알맞은 피부타입은?

① 주사(Rosacea)   ② 노화 피부

③ 쿠퍼로즈(Couperose)   ④ 일소 피부

052 피부관리실에서 시행할 수 없는 딥 클렌징 방법은?

① 효소필링   ② 디스인크러스테이션

③ 프리마톨   ④ 25% A.H.A

053 다음 중 딥 클렌징의 분류가 틀린 것은?

① 스크럽 – 물리적 각질 제거   ② 효소 – 생물학적 각질 제거

③ A.H.A – 물리적 각질 제거   ④ 고마쥐 – 물리적 각질 제거

054 딥 클렌징에 대한 설명과 관련이 없는 것은?

① 딥 클렌징은 마사지 후에 실시한다.

② 피부의 영양 공급을 돕는다.

③ 모공 속 노폐물과 각질을 제거하기 위하여 실시한다.

④ 건성 피부는 물리적인 자극이 적은 딥 클렌징을 실시한다.

055 화장품 도포의 목적이 아닌 것은?

① 피부 표면의 더러움과 메이크업 잔유물 등을 제거하기 위해

② 피부의 신진대사를 활성화시키기 위해

③ 주름을 없애기 위해

④ 피부 표면을 정돈하고 pH의 불균형을 정상화시키기 위해

056 화장품 도포의 효과가 아닌 것은?

① 외적 자극으로부터 피부가 약해지는 것을 보호하여 준다.

② 피부에 영양을 공급하여 피부 기능이 지성 상태를 유지하게 한다.

③ 피부를 청결히 하고 유분과 수분의 밸런스를 유지시킨다.

④ 피부를 건강한 상태로 유지시킨다.

057 피부의 유형에 따른 화장품의 선택이 적절하지 않은 것은?

① 노화된 피부는 유연 화장수를 사용한다.

② 지성 피부는 오일이 함유되지 않은 클렌징 젤을 사용해도 좋다.

맞춤해설

③ 중성 피부는 피부에 수분공급과 모공축소 효과가 있는 화장수를 사용한다.

④ 건성 피부는 수렴 화장수를 사용한다.

058 여드름 피부의 관리방법으로 옳은 것은?

① 고영양 에센스 도포

② 지방이 다량 함유된 음식 섭취

③ 오일로 매뉴얼 테크닉을 주2회 실시

④ 오일프리 제품으로 마무리

● 058
여드름 피부는 유분기가 적은 제품을 사용하여 여드름의 악화를 막는다.

059 중성 피부에 대한 화장품 도포방법이 아닌 것은?

① 피부의 유분과 수분 밸런스를 유지시켜 준다.

② 피부에 보습 및 모공수축, 진정 효과가 있는 수렴 화장수를 선택한다.

③ 피부 노화를 예방하기 위하여 유분이 많이 함유된 팩을 매일 사용한다.

④ 계절과 연령에 따라 화장품을 변화있게 선택하여 피부를 관리한다.

● 059
과도한 유분 공급은 피부의 항상성을 잃게 할 수 있다.

060 다음 중 피부유형에 맞는 화장품 선택이 아닌 것은?

① 건성 피부 – 피지조절제가 함유되어 있는 화장품

② 지성 피부 – 오일이 함유되어 있지 않은 오일프리(Oil Free)화장품

③ 민감성 피부 – 향료나 방부제, 색소 등이 적게 함유되어 있는 화장품

④ 노화 피부 – 보습제가 다량 함유되어 있는 화장품

● 060
지성 피부는 피지조절제가 함유되어 있는 화장품을 사용한다.

061 지성 피부에 대한 화장품 도포와 관련하여 옳지 않은 것은?

① 클렌징제로 메이크업과 노폐물을 제거하고 클렌징 폼으로 이중세안을 한다.

② 모공수축 효과가 있고 유분이 적은 수렴 화장수를 사용한다.

③ 피부 청결과 피지분비 조절을 위한 팩을 정기적으로 한다.

④ 세안 후 피부가 건조해지지 않도록 크림이나 오일을 바른다.

● 061
지성 피부는 오일이나 유분이 많이 함유된 크림, 마스크류를 피한다.

062 피부유형에 따른 에멀전의 사용방법이 적절하지 않은 것은?

① 건성 피부는 유분과 보습, 영양성분이 적절히 함유된 에멀전을 사용한다.

② 여드름 피부는 오일성분이 없는 에멀전을 사용한다.

③ 중성 피부는 수분과 유분의 함량이 적절히 함유된 에멀전을 사용한다.

④ 민감성 피부는 수분을 공급해주고 색과 향이 강한 에멀전을 사용한다.

● 062
민감성 피부는 향, 색소, 방부제 등이 없거나 적은 제품을 사용한다.

정답 058 ④ 059 ③ 060 ① 061 ④
062 ④

063 민감성 피부의 관리방법으로 적절하지 않은 것은?

① 얼굴을 브러시나 타월로 문지르는 것은 피한다.

② 피부가 예민하므로 화장품을 자주 교체해준다.

③ 자외선 차단제는 SPF 지수가 15 이상되는 것은 피한다.

④ 수분 위주의 팩을 선택하며 필오프 타입보다는 워시오프 타입을 선택한다.

● 063
민감성 피부는 화장품을 자주 교체하는 것을 삼가며, 화장품 교체 시에는 팔 안쪽 등에 24시간 첩포 테스트를 한 후 얼굴에 사용한다.

064 복합성 피부의 관리 방법으로 옳지 않은 것은?

① T-존 부위의 세안과 딥 클렌징은 주기적으로 철저하게 해준다.

② 볼 부위는 피부가 건조해지지 않도록 유·수분 밸런스에 신경을 쓴다.

③ 안면전체에 알코올이 많이 함유된 화장수를 사용한다.

④ 부위에 따른 차별적인 관리를 해준다.

● 064
T-존 이외의 부위는 건성 피부나 민감성 피부일 경우가 많으므로 알코올이 많이 함유된 제품은 피부를 더욱 건조하고 예민하게 만들 수 있다.

065 여드름 피부의 관리방법으로 적절하지 않은 것은?

① 피지분비를 조절해주는 팩을 사용한다.

② 피부 표피의 각질세포들을 정기적으로 제거해준다.

③ 세안 시 가볍게 찬물로 세안하여 모공을 축소시키고 자극을 최소화한다.

④ 소독과 피부 진정 효과가 있는 화장수를 사용한다.

● 065
여드름 피부는 피지와 노폐물을 효과적으로 제거하기 위해서 세안 시 미지근한 물로 세안하는 것이 좋다.

066 피부유형에 맞는 팩의 선택으로 옳지 않은 것은?

① 지성 피부 : 클레이 마스크   ② 건성 피부 : 파라핀 마스크

③ 민감성 피부 : 석고 마스크   ④ 노화 피부 : 석고 마스크

● 066
석고 마스크는 노화 피부, 건성 피부, 늘어진 피부에 효과적이고 민감성 피부, 모세혈관 확장 피부, 화농성 여드름 피부는 피한다.

067 건성 피부의 세안방법으로 옳지 않은 것은?

① 뜨거운 물보다는 미지근한 물로 세안한다.

② 비누 세안은 피한다.

③ 피부의 산성막을 파괴하지 않은 세안제를 사용한다.

④ 아침에도 세정력이 강한 제품을 이용하여 피부를 청결히 관리한다.

● 067
건조한 건성 피부는 잦은 세안과 세정력이 강한 제품은 피한다.

068 피부유형에 따른 화장품 도포방법이 적절하지 않은 것은?

① 민감성 피부는 스크럽의 사용을 가급적 피한다.

② 복합성 피부는 T-존 부위에 유분과 영양공급을 충분히 해준다.

③ 지성 피부와 여드름 피부는 철저한 클렌징과 세안을 한다.

④ 여드름 피부는 항균, 소독, 소염, 진정에 중점을 두어 관리한다.

● 068
복합성 피부의 T-존 부위는 피지분비가 많은 지성 피부가 많으므로 유분이 적고, 모공 수축, 진정·소염작용을 하는 수렴 화장수를 사용한다.

 063 ② 064 ③ 065 ③ 066 ③
067 ④ 068 ②

맞춤해설

069 매뉴얼 테크닉에 대한 설명과 관련이 없는 것은?

① 노폐물의 배설작용을 돕고 피로 회복을 돕는다.

② 손을 이용하여 피부에 자극을 주어 혈액순환을 돕는다.

③ 피부질환을 치료하는 데 효과적이다.

④ 정신적인 스트레스 해소의 효과가 있다.

● **069**
피부질환을 치료하는 것은 의료의 영역이다.

070 다음 중 매뉴얼 테크닉의 효과가 아닌 것은?

① 강한 동작으로 피부를 긴장시킨다.

② 열의 발생으로 혈액순환이 촉진된다.

③ 한선과 피지선이 활성화되고 노폐물 배출이 용이해진다.

④ 림프순환이 촉진된다.

● **070**
매뉴얼 테크닉은 긴장된 피부를 이완시키는 효과가 있다.

071 스웨디시 마사지의 유연법 기법 중 강한 동작으로 피부를 주름잡듯이 행하는 동작은?

① 풀링(Fulling) ② 린징(Wringing)

③ 롤링(Rolling) ④ 처킹(Chucking)

● **071**
• 린징 : 피부를 양손으로 비틀듯이 행하는 동작
• 롤링 : 피부를 나선형으로 굴리는 동작
• 처킹 : 피부를 상, 하로 움직이는 동작

072 일반적으로 매뉴얼 테크닉의 처음과 끝에 가장 많이 사용되는 동작은?

① 경찰법 ② 강찰법

③ 유연법 ④ 진동법

● **072**
경찰법은 주로 매뉴얼 테크닉의 시작과 끝에 많이 사용된다.

073 매뉴얼 테크닉의 쓰다듬기 동작과 관련이 없는 것은?

① 손가락을 포함한 손바닥 전체로 피부를 부드럽게 쓰다듬는 동작이다.

② 양손을 동시에 사용하여 빠르게 두드리는 동작이다.

③ 손바닥과 피부의 접촉을 최대한으로 한다.

④ 매뉴얼 테크닉 부위에 손가락을 약간 구부려 올려놓는다.

● **073**
양손을 동시에 사용하여 빠르게 두드리는 동작은 고타법이다.

074 매뉴얼 테크닉의 기본동작에 관한 설명 중 옳지 않은 것은?

① 경찰법은 피부를 가볍게 쓰다듬는 동작이다.

② 유연법은 피부를 반죽하거나 주무르는 동작이다.

③ 고타법은 피부를 두드리는 동작이다.

④ 강찰법은 피부를 흔들어서 진동시키는 동작이다.

● **074**
강찰법은 피부를 문지르는 동작이고 진동법이 피부를 진동시키는 동작이다.

정답 069 ③ 070 ① 071 ① 072 ①
073 ② 074 ④

075 매뉴얼 테크닉 중 반죽하듯이 주무르는 동작으로 근육을 풀어주고 부기를 해소 효과가 있는 동작은?

① 강찰법   ② 유연법

③ 고타법   ④ 진동법

• 075
유연법은 반죽하듯이 피부를 주무르는 동작으로 부종을 풀어주는데 효과적이다.

076 매뉴얼 테크닉의 기본 동작 중 하나인 프릭션(Friction)에 대한 내용과 가장 거리가 먼 것은?

① 주름이 생기기 쉬운 부위에 주로 사용한다.

② 피지선을 자극하여 노폐물의 배출을 돕는다.

③ 손바닥 전체로 피부를 부드럽게 쓰다듬는다.

④ 근육의 긴장을 이완시킨다.

• 076
프릭션은 문지르기 동작이며, 손바닥 전체로 피부를 부드럽게 쓰다듬는 동작은 에플러라지(Effleurage)이다.

077 매뉴얼 테크닉을 얼굴에 할 경우 가장 가벼운 손동작을 해야 하는 부위는?

① 턱 주변   ② 이마

③ 눈 주변   ④ 양 볼

• 077
눈 주변은 피부가 얇고 민감하므로 가장 부드러운 손동작을 해야 한다.

078 다음 중 매뉴얼 테크닉을 적용해도 무방한 경우는?

① 다리에 정맥류가 있는 경우

② 수술 후 상처가 있는 경우

③ 화농성 여드름이 심한 경우

④ 다리에 부종이 있는 경우

• 078
정맥류, 개방된 상처, 심한 염증에는 매뉴얼 테크닉을 적용하면 안 된다.

079 안면 매뉴얼 테크닉의 효과에 대한 설명으로 옳지 않은 것은?

① 뭉친 곳을 이완시켜 피부를 부드럽게 만든다.

② 민감한 피부를 진정시켜주며 울혈현상을 완화시킨다.

③ 얼굴에 산소와 영양분을 공급한다.

④ 혈액순환을 촉진시킨다.

• 079
매뉴얼 테크닉은 민감한 피부에는 적합하지 않다.

080 매뉴얼 테크닉 시술에 대한 내용으로 틀린 것은?

① 매뉴얼 테크닉은 정맥의 방향으로 시술한다.

② 매뉴얼 테크닉 시 리듬감이 있어야 한다.

③ 매뉴얼 테크닉 시 열이 발생하므로 가급적 차가운 곳에서 실시한다.

④ 매뉴얼 테크닉 시 근육결의 방향대로 실시한다.

• 080
매뉴얼 테크닉 시 열의 손실을 막는 것이 좋다.

정답 075 ②   076 ③   077 ③   078 ④
     079 ②   080 ③

081 매뉴얼 테크닉의 유의사항으로 옳지 않은 것은?

① 시술자는 손톱을 짧게 하고 손과 피부를 청결히 관리한다.

② 고객과 충분한 대화를 나누도록 한다.

③ 손은 고객의 피부 온도에 맞추며 크림과 로션을 발라 부드러운 상태로 유지한다.

④ 크림이 눈이나 코, 입속으로 들어가지 않도록 한다.

● **081**
시술자는 가급적 고객과의 대화를 삼가해야 한다.

082 팩의 목적에 대한 설명으로 옳지 않은 것은?

① 피부에 영양과 수분을 공급한다.

② 피부 청정 효과가 있고 노폐물을 제거한다.

③ 혈액순환과 신진대사를 촉진시켜 피부의 탄력성을 증가시킨다.

④ 피부의 두꺼운 각질을 제거하는데 효과적이다.

● **082**
피부의 각질을 제거하는 효과적인 방법은 딥 클렌징이다.

083 팩의 특성에 대한 설명으로 옳지 않은 것은?

① 외부 공기를 차단하여 노폐물을 효과적으로 제거해 준다.

② 굳지 않으며 부드럽고 탄력성이 있다.

③ 얼굴에 도포 후 젖은 상태에서 해면과 습포를 이용해 닦아낸다.

④ 피부의 탄력 및 팽창도가 증가하고 모공수렴작용이 있다.

● **083**
팩은 외부공기를 차단하지 않는다.

084 마스크의 특성에 대한 설명으로 옳지 않은 것은?

① 공기를 차단시킨다.

② 시간이 지나도 부드럽고 바를 때의 상태가 유지된다.

③ 얼굴에 도포하고 10~15분 후에 제거한다.

④ 모공을 이완시켜 노폐물을 제거한다.

● **084**
마스크는 시간이 지나면 막이 형성되고 도포 후 재료가 굳거나 마른다.

085 필 오프 타입 팩의 설명으로 옳은 것은?

① 얼굴에 바르고 일정시간 후 물로 제거한다.

② 불순물과 노화각질 및 잔털 제거에 효과적이다.

③ 볼 부위는 가급적 두껍게 발라 영양분을 흡수시킨다.

④ 흡수를 돕기 위해 스티머를 사용한다.

● **085**
필 오프 타입의 팩은 도포 후 막을 형성하여 떼어내는 타입으로 피부 청정 효과가 있다.

081 ② 082 ④ 083 ① 084 ②
085 ②

086 팩의 적용 방법 중 틀린 것은?

① 팩의 흡수를 돕기 위해 적외선 램프를 조사한다.
② 랩을 씌워 팩의 흡수를 돕는다.
③ 입술의 건조를 막기 위해 입술에도 다량 도포한다.
④ 눈은 아이패드를 이용해 보호한다.

● 086
팩 도포 시 눈이나 입술에 제품이 들어가지 않도록 주의한다.

087 피부타입에 맞게 팩을 사용한 경우가 아닌 것은?

① 건성 피부는 수분과 유분을 공급하고 잔주름을 예방하는 팩을 한다.
② 노화 피부는 피부의 재생과 혈액순환을 촉진시키는 팩을 한다.
③ 여드름 피부는 모공 속의 노폐물을 제거하고 염증을 완화시키는 팩을 한다.
④ 예민 피부는 각질을 제거하고 피부 진정과 모공수축 효과가 있는 팩을 한다.

● 087
각질을 제거하고 피부 진정과 모공수축 효과가 있는 팩은 지성 피부에 적합하다.

088 팩(마스크)의 종류와 사용방법이 바르게 연결된 것은?

① 고무모델링은 온열 효과가 뛰어나 노화 및 건성 피부에 적합하다.
② 파라핀은 진정 및 보습 효과가 뛰어나 민감성 피부에 적합하다.
③ 콜라겐 벨벳 마스크는 건조 시트를 얼굴에 그대로 밀착시켜 올려놓는다.
④ 크림타입의 팩은 유화 형태이므로 사용감이 부드럽고 침투가 쉽다.

● 088
고무모델링 – 진정 / 파라핀– 온열을 통한 영양침투 / 콜라겐 벨벳 – 건조시트를 물에 개어서 얼굴에 밀착시킴

089 워시 오프 타입에 대한 설명으로 옳지 않은 것은?

① 피부에 자극이 적어 가정용 마스크로 많이 사용된다.
② 팩을 바르고 일정 시간이 지난 후에 물로 씻어서 제거한다.
③ 시간이 지나면 얇은 필름막을 형성하고 피부에 긴장감을 준다.
④ 크림, 젤, 거품, 클레이, 분말 등의 형태로 되어 있다.

● 089
얇은 필름막을 형성하고 피부에 긴장감을 주는 팩은 필 오프 타입이다.

090 피부 진정과 보습 효과가 뛰어나고 예민한 피부에도 효과적인 팩의 형태는?

① 젤 형태   ② 파우더 형태
③ 크림 형태   ④ 클레이 형태

● 090
젤 형태는 자극이 적고 예민한 피부에도 효과적이다.

091 비타민 C 팩의 주된 효과가 아닌 것은?

① 진정 효과   ② 항산화 작용
③ 재생 효과   ④ 미백 효과

● 091
비타민 C는 항산화 작용으로 미백에 효과가 있으며 콜라겐 합성에 관여하여 재생을 유도한다.

 086 ③ 087 ④ 088 ④ 089 ③
090 ① 091 ①

맞춤해설

092 흡착 능력을 가지고 있어 지성 피부에 사용되며 진흙, 점토가 주원료인 팩은?

① 크림팩
② 점토팩
③ 고무팩
④ 석고팩

● 092
점토(Clay)팩은 진흙, 점토가 주원료이며 미네랄이 많이 함유된 팩이다.

093 석고 마스크에 대한 설명으로 옳지 않은 것은?

① 열작용과 압력에 의해 유효성분이 피부에 깊숙이 침투되는 것을 돕는다.
② 얼굴, 가슴, 다리 등 신체부위에 적절하게 사용할 수 있다.
③ 민감성 피부, 모세혈관 확장 피부, 화농성 여드름 피부에도 효과적이다.
④ 노폐물이 배출되는 것을 돕고, 늘어진 부위를 당겨주는 리프팅 효과가 있다.

● 093
석고마스크는 노화 피부, 건성 피부, 늘어진 피부에 효과적이고 민감성 피부, 모세혈관 확장 피부, 화농성 여드름 피부는 피하는 것이 좋다.

094 콜라겐이나 다른 활성성분을 건조시킨 종이를 증류수, 화장수 등의 용액에 적셔 도포하는 마스크의 종류는?

① 고무 마스크
② 클레이 마스크
③ 시트 마스크
④ 모델링 마스크

● 094
시트 마스크는 콜라겐과 피부에 유효한 성분을 건조시킨 것을 물에 적셔 도포한다.

095 콜라겐 마스크의 특징이 아닌 것은?

① 벨벳 마스크라고도 불린다.
② 수분부족 건성 피부, 노화 피부, 여드름 피부나 필링 후 재생관리에 좋다.
③ 세포재생과 노화방지, 피부탄력 강화, 미백에 효과적이다.
④ 해조류에서 추출한 활성성분이 주성분으로 고무막으로 굳어진다.

● 095
고무 마스크(모델링 마스크)는 해조류에서 추출한 활성성분이 주성분이며 고무막으로 응고된다.

096 모델링 마스크에 대한 특징이 아닌 것은?

① 해초 추출물인 알긴산을 원료로 피부에 영양을 공급한다.
② 신진대사를 촉진하고 피부 진정, 수분 공급, 소염, 재생 효과가 뛰어나다.
③ 고무팩이라고도 한다.
④ 민감성 피부, 여드름 피부는 피하는 것이 좋다.

● 096
모델링 마스크는 수분공급과 진정 효과가 있어 모든 피부에 효과적이며, 특히 민감성 피부, 여드름 피부에 효과가 크다.

정답 092 ② 093 ③ 094 ③ 095 ④ 096 ④

097 젤라틴과 파라핀 형태가 있으며 온열기를 이용하여 사용 직전에 녹여 사용한다. 발열작용을 이용하여 혈액순환을 촉진하고 유효 성분을 침투시키는 팩은?

① 파라핀 마스크　　　　② 석고 마스크
③ 고무 마스크　　　　　④ 시트 마스크

> **● 097**
> 파라핀(왁스) 마스크는 파라핀과 젤라틴 형태가 있으며, 발열작용을 이용하여 피부에 유효성분을 침투시킨다.

098 파라핀 마스크(왁스 마스크)에 대한 설명으로 옳지 않은 것은?

① 피부에 열을 가하여 유효성분의 흡수를 높인다.
② 진피층까지 수분을 공급하므로 보습력이 강하다.
③ 발한작용에 의한 슬리밍 효과가 있다.
④ 수분이 부족한 건성 피부, 노화 피부는 적절하지 않다.

> **● 098**
> 파라핀 마스크는 특히 수분이 부족한 건성 피부, 노화 피부에 좋다.

099 천연팩의 대한 설명이 적절하지 않은 것은?

① 계란 흰자는 주름 예방 및 노폐물 제거에 좋다.
② 천연팩은 독성이 전혀 없다.
③ 천연팩은 반드시 1회 분만 만들고 즉시 사용한다.
④ 위생규칙을 준수하여 재료, 도구 등을 준비한다.

> **● 099**
> 천연물질 중에 자체에 소량의 독성이 있는 경우도 있어 민감한 피부의 경우 트러블을 일으킬 수 있다.

100 팩의 도포방법 중 적절하지 않은 것은?

① 팩 브러쉬는 45도 각도로 눕혀 사용한다.
② 일반적으로 팩을 바르는 순서는 턱, 볼, 코, 이마, 목의 방향으로 바른다.
③ 팩을 제거할 때에는 위에서 아래로 제거한다.
④ 크림이나 젤 형태의 제품은 직접 손으로 도포한다.

> **● 100**
> 팩을 제거할 때에는 아래에서 위로 제거한다.

101 팩 사용시 주의사항 아닌 것은?

① 피부타입에 맞는 팩을 선택해 사용한다.
② 눈가와 입술 주위까지 꼼꼼하게 팩을 발라준다.
③ 스팀타월로 피부를 따뜻하게 한 후 팩을 한다.
④ 피부에 상처가 있을 경우에는 팩을 삼간다.

> **● 101**
> 팩 도포 시 눈썹, 눈 주위, 입술 주위는 피한다.

102 제모의 효과가 아닌 것은?

① 아름답고 매끄러운 피부를 표현한다.
② 마사지 효과를 상승시킬 수 있다.

> **● 102**
> 제모는 피부의 탄력을 높이는 효과가 없다.

맞춤해설

③ 미용상 또는 미관상의 효과를 가진다.

④ 피부의 탄력을 높여 준다.

103 화학적 제모에 대한 설명으로 옳지 않은 것은?

① 얼굴을 제외한 팔, 다리, 겨드랑이 등 전신의 털을 제거하는 데 사용한다.

② 화학적 제모제는 강알칼리성이므로 제모 후 산성 화장수나 로션을 사용한다.

③ 모든 피부에 안전하다.

④ 크림, 액체 연고, 로션, 거품 형태가 있다.

● **103**
화학작용으로 염증이 있을 수 있으므로 사용 전에 패치테스트를 하는 것이 안전하다.

104 제모의 방법에 대한 설명으로 옳지 않은 것은?

① 핀셋으로 제모할 경우에는 털이 난 방향으로 뽑아야 한다.

② 일시적인 방법과 영구적인 방법이 있다.

③ 화학적 제모는 털의 모근까지 제모가 가능하다.

④ 목욕이나 샤워 후 털이 부드러울 때 면도하는 것이 좋다.

● **104**
화학적 제모는 크림, 액체, 연고 형태로 함유된 화학 성분이 털을 연화시켜 피부 표면의 모간 부분만 털을 제거하는 방법이다.

105 일시적 제모방법 중 부직포를 사용하지 않고 왁스를 굳혀서 그대로 떼어내는 방법은?

① 전기분해법　　　　② 하드왁스

③ 소프트왁스　　　　④ 레이저를 이용한 제모

● **105**
왁스는 부직포를 사용하는 소프트 왁스와 부직포가 필요 없는 하드 왁스로 나뉜다.

106 전기분해법에 대한 설명으로 옳지 않은 것은?

① 전기침을 꽂은 후에 순간적으로 전류를 흘려 모근을 파괴시키는 방법이다.

② 영구 제모하기 위해서는 여러 번 시술받아야 한다.

③ 시술시간이 짧고 시술이 간편하다.

④ 전기분해법은 통증이 수반된다.

● **106**
전기분해법은 모근 하나하나에 전기바늘을 꼽아 전류를 흘려보내 모근을 파괴시키는 방법으로 시술시간이 길다.

107 다음 제모의 종류 중 성격이 다른 것은?

① 하드왁스　　　　② 화학적 제모

③ 소프트 왁스　　　　④ 전기분해법

● **107**
전기분해법은 영구적 제모법이다.

정답 103 ③　104 ③　105 ②　106 ③
107 ④

108 제모방법에 대한 설명이 잘못된 것은?

① 화학적 제모는 넓은 부위를 통증 없이 신속하게 제거할 수 있다.

② 온왁스는 털의 모근까지 제모할 수 있다.

③ 화학적 제모는 사용 전 패치테스트를 하는 것이 안전하다.

④ 온왁스에 비해 냉왁스가 제모에 효과적이다.

● **108**
냉왁스는 온왁스에 비하여 굵거나 거센 털은 잘 제거되지 않는 단점이 있다.

109 온왁스에 대한 설명이 옳지 않은 것은?

① 왁스가 식기 전 빠른 동작으로 털의 진행방향으로 떼어낸다.

② 왁스 포트에 데운 후 녹여서 사용하는 왁스를 의미한다.

③ 굵고 거센털을 제거하는 데 효과적이다.

④ 혈액순환에 장애가 있거나 민감한 피부는 주의를 요한다.

● **109**
왁스가 식기 전 빠른 동작으로 털의 성장 반대방향으로 떼어낸다.

110 온왁스를 사용할 때의 방법으로 적절하지 못한 것은?

① 좁은 부위에 사용한다.

② 해당부위에 털이 긴 경우 고통을 유발할 수 있으므로 적당한 길이로 잘라준다.

③ 해당부위에 파우더를 발라 습기와 지방을 없앤다.

④ 털의 성장방향으로 왁스를 발라준다.

● **110**
온왁스는 주로 넓은 부위에 사용한다.

111 다음 중 제모가 가능한 경우는?

① 상처 부위 피부 　　② 사마귀 또는 점 부위의 털

③ 당뇨 환자 　　④ 비만 환자

● **111**
제모를 금해야 하는 경우는 정맥류, 혈관 이상이 있는 경우, 당뇨병, 사마귀와 점 부위에 털이 난 경우, 피부가 예민하거나 상처가 있는 경우는 피한다.

112 다리 왁싱에 대한 설명으로 옳지 않은 것은?

① 대퇴부는 위에서 아래, 하퇴부는 발목에서 무릎 방향으로 제모한다.

② 온왁스를 이용한다.

③ 무릎은 세워서, 종아리는 엎드려서 제모한다.

④ 면밴드를 다리에 손바닥으로 잘 밀착시켜 준다.

● **112**
다리 제모를 할 경우 대퇴부는 위에서 아래, 하퇴부는 무릎에서 발목, 무릎은 세워서, 종아리는 엎드려서 제모한다.

113 부위별 제모방법 중 설명이 옳지 않은 것은?

① 팔은 아래에서 위 방향으로 왁스를 도포한다.

② 겨드랑이를 제모할 때에는 팔을 머리 쪽으로 올리게 한 자세를 취한다.

③ 코 밑은 왁스를 바를 때 입술에 묻지 않도록 주의한다.

④ 눈썹은 왁스 사용 후 눈썹 가위와 핀셋을 이용하여 눈썹형태를 완성시킨다.

● **113**
팔은 위에서 아래 방향으로 왁스를 도포한다.

정답 108 ④ 109 ① 110 ① 111 ④
112 ① 113 ①

114 다음 중 제모에 대한 설명으로 옳은 것은?

① 왁스는 모근을 제거하는 방법이다.

② 전기분해술은 모간과 모근을 분리시키는 방법이다.

③ 전기응고술은 일시적인 제모방법이다.

④ 제모크림은 모근을 녹이는 방법이다.

● **114**
전기분해술은 모유두를 파괴시키는 방법이며 제모크림은 일시적인 제모법이다.

115 왁싱 후 관리법으로 올바른 것은?

① 24시간 내에 목욕이나 운동은 괜찮다.

② 온타월로 시술 부위의 모공을 확장시킨다.

③ 향수나 스프레이를 뿌려준다.

④ 피부 진정 효과가 있는 화장수를 사용한다.

● **115**
왁싱 후 24시간 이내에 사우나, 마사지, 선텐은 피해야 하고 시술 후에는 피부를 자극하지 않도록 해야 하며 피부 진정효과가 있는 화장수를 사용하거나 냉찜질을 해준다.

116 다음 중 전신관리의 효과가 아닌 것은?

① 림프의 순환을 촉진한다.

② 체내의 독소를 배출하는 데 효과적이다.

③ 전신의 통증 치료가 가능하다.

④ 신경계에 영향을 주어 스트레스를 감소시킨다.

● **116**
치료는 의료의 영역이다.

117 전신 마사지의 효과가 아닌 것은?

① 신경계를 흥분시킨다.

② 영양분을 흡수시켜 피부노화를 방지하는 것을 돕는다.

③ 피부결의 유연성을 향상시킨다.

④ 혈액순환과 림프순환을 촉진시킨다.

● **117**
전신 마사지는 신경계의 진정효과를 주어 스트레스를 감소시킨다.

118 전신 관리의 순서가 올바른 것은?

① 수요법 → 전신 마사지 → 전신 각질제거 → 전신 랩핑 → 마무리

② 수요법 → 전신 각질제거 → 전신 마사지 → 전신 랩핑 → 마무리

③ 수요법 → 전신 각질제거 → 전신 랩핑 → 전신 마사지 → 마무리

④ 전신 각질제거 → 수요법 → 전신 랩핑 → 전신 마사지 → 마무리

● **118**
전신 관리는 수요법, 전신 각질 제거, 전신 마사지, 전신 랩핑, 마무리 단계로 이루어진다.

119 전신 관리의 수요법에 대한 설명으로 옳지 않은 것은?

① 건강과 피부미용을 위해 물의 다양한 물리적 · 화학적 성질을 이용한다.

② 입욕시 해초제품, 아로마제품, 소금 등을 사용한다.

● **119**
림프 시스템을 자극하여 모공 속의 노폐물을 제거하는 방법은 림프 마사지이다.

정답 114 ① 115 ④ 116 ③ 117 ①
118 ② 119 ③

③ 림프 시스템을 자극하여 모공 속의 노폐물을 제거한다.

④ 신진대사를 활발히 하고, 노폐물 제거, 심신의 안정을 꾀한다.

120 다음 중 인체의 특정부위를 자극하여 다른 부위의 반응을 일으켜 노폐물 배출과 혈액순환을 돕는 관리방법은?

① 인디안 헤드마사지　　　② 반사요법

③ 시아추　　　　　　　　④ 림프드레니쥐

● 120
반사요법은 인체의 특정부위를 자극하여 다른 부위의 반사반응이 일어나는 곳을 치유하는 요법으로 주로 발반사요법이 널리 행해지고 있다.

121 스웨디시 마사지의 시술방법이 아닌 것은?

① 기본 동작은 에플러라지, 프릭션, 타포트먼트, 페트리사지, 바이브레이션의 5가지로 구성되어 있다.

② 모든 동작은 심장을 향하여 시술하는 것이 원칙이다.

③ 심장을 향해 혈액이 쉽게 돌아갈 수 있도록 말초에서 중추방향으로 시술한다.

④ 향기요법을 이용하여 마사지 효과를 높인다.

● 121
향기요법을 이용하여 마사지 효과를 높이는 것은 아로마 마사지이다.

122 림프 드레나쥐 시술 시 주의사항으로 틀린 것은?

① 림프의 흐름 방향대로 진행한다.

② 피부의 스트레칭이 용이하도록 오일을 듬뿍 도포하고 시술한다.

③ 관리 도중 대화는 가급적 금한다.

④ 림프액이 쇄골 하 정맥을 통해 배농될 수 있도록 테크닉을 시행한다.

● 122
림프 시술 시 동작이 미끄러지지 않도록 오일의 사용을 소량으로 제한하고 파우더를 바르기도 한다.

123 림프 마사지의 방법이 틀린 것은?

① 마사지 전에 물을 한 컵 마신다.

② 강하게 마사지해야 효과가 좋다.

③ 마사지 후 건성 피부 및 노화 피부는 보습팩을 해준다.

④ 림프의 방향은 신체 부위마다 다르기 때문에 림프의 방향대로 실행해야 한다.

● 123
림프 마사지는 가볍게 악수하는 정도의 세기가 적당하다.

124 아로마테라피에 대한 설명으로 옳지 않은 것은?

① 각종 허브식물이 제공하는 향기를 이용해 치료하는 향기요법이다.

② 아로마 마사지는 마사지 효과와 향기가 주는 심리적 효과까지 얻을 수 있다.

③ 근육의 통증과 부종을 완화시키는 데 뛰어난 효과를 보인다.

● 124
아로마테라피는 만성 피로와 스트레스를 회복시키고 정신적, 육체적 치료에 뛰어난 효과를 보인다.

 정답 120 ② 121 ④ 122 ② 123 ②
124 ③

④ 아로마테라피의 방법에는 흡입법, 목욕법, 찜질법, 마사지, 습포법 등이 있다.

125 아로마 마사지에 대한 설명이 아닌 것은?

① 대체의학으로 부작용이 적어 누구나 손쉽게 할 수 있다.
② 피로회복과 스트레스를 해소하므로 피부의 재생기능을 촉진한다.
③ 순도가 높은 고농축 에센셜 오일은 몸에 직접 바르는 것이 효과적이다.
④ 신체의 기능을 원활하게 하고 경직된 근육을 이완시킬 수 있다.

● **125**
에센셜 오일은 순도가 높고 매우 고농축이므로 피부에 직접 바르지 않고 식물성 오일과 희석하여 사용한다.

126 경락마사지에 대한 설명이 아닌 것은?

① 경락마사지는 미용학적인 효과가 없다.
② 동양의 경락이론에 바탕을 두고 발전한 마사지 방법이다.
③ 체내에 축적된 독소를 제거하여 에너지와 호르몬의 불균형을 해소한다.
④ 비만에도 효과적인 마사지법이다.

● **126**
경락마사지는 미용학적으로 얼굴과 신체의 균형장애를 바로 잡아주는 역할을 한다.

127 림프 드레나쥐를 하는 목적과 가장 거리가 먼 것은?

① 부종 감소   ② 셀룰라이트 개선
③ 면역력 강화   ④ 반사구 자극

● **127**
반사구 자극은 발반사요법의 원리이다.

128 아유르베딕 마사지에 대한 설명으로 옳지 않은 것은?

① 인도의 전통의학에서 근원한 마사지 방법이다.
② 정신과 육체, 영혼을 조화롭게 만드는 것을 목표로 하고 있다.
③ 식물성 오일, 에센셜 오일 등을 사용한다.
④ 부드럽고 느린 동작을 사용한다.

● **128**
아유르베딕 마사지는 리드미컬하게 강약을 조절하며 마사지한다.

129 림프 드레나쥐를 시행하기에 부적합한 피부는?

① 모세혈관이 확장되어 있는 피부
② 여드름이 심한 피부
③ 눈 주위에 다크써클이 있는 피부
④ 급성 염증이 있는 피부

● **129**
급성 염증이 있는 피부는 염증의 급속한 전파를 막기 위해 림프 드레나쥐를 시행하면 안 된다.

130 다음 중 전신관리의 효과와 거리가 먼 것은?

① 긴장을 완화시키고 근육을 이완시킨다.
② 신진대사를 활성화시키고 노폐물의 배출을 돕는다.

● **130**
전신관리는 근육의 피로물질인 젖산을 제거하는 효과가 있다.

정답 125 ③ 126 ① 127 ④ 128 ④
129 ④ 130 ④

③ 혈액순환을 원활히 하고 피로를 풀어준다.

④ 젖산의 생성을 증가시킨다.

131 피부 관리 시 마무리 단계에 해당되지 않는 것은?

① 머리 및 뒷목 풀어주기　② 온습포를 이용한 근육 이완

③ 자외선 차단크림 도포　④ 얼굴의 혈점 지압

● **131**

혈점 지압은 안마 유사행위로 피부관리의 영역이 아니다.

132 다음 중 민감성 피부의 관리방법으로 적합하지 않은 것은?

① 향, 알코올, 색소가 적게 함유된 제품 사용

② 루틴과 아줄렌 성분으로 정기적인 팩관리

③ 아침, 저녁으로 클렌징폼을 이용하여 깨끗이 세안함

④ 고무 모델링 마스크로 진정관리와 수분공급을 병행

● **132**

매일 두 번씩의 클렌징폼은 민감성 피부에는 자극적이다.

133 두 가지 이상 다른 종류의 마스크 적용 시 가장 먼저 적용해야 하는 것은?

① 유분함량이 많은 것　② 입자가 큰 것

③ 수분함량이 많은 것　④ 고가의 제품

● **133**

수분 함량이 많은 팩을 먼저 도포하여 나중에 도포하는 팩의 흡수 효과를 높인다.

134 봄철의 피부관리방법 중 옳지 않은 것은?

① 봄철에는 건조해지기 쉬우므로 클렌징은 간단하게 한다.

② 화장수를 충분히 발라 피부를 흠뻑 적셔준다.

③ 수분과 영양공급을 위해 로션과 영양크림을 사용한다.

④ 자외선이 강해지므로 자외선 보호 효과가 있는 제품을 사용한다.

● **134**

봄철에는 이중세안으로 피부를 깨끗하게 관리해야 한다.

135 여름철의 피부관리방법으로 옳지 않은 것은?

① 햇볕으로 인해 달아오른 피부를 진정시켜준다.

② 화이트닝 제품을 사용하여 피부에 수분과 영양을 공급해준다.

③ 피지를 조절하고 모공수축 효과가 있는 팩을 사용한다.

④ 뜨거운 물로 세안하여 피지를 제거한다.

● **135**

여름에는 마지막에 찬물로 헹구어 주면 노폐물도 제거되고 피부에 탄력을 주어 상쾌함을 느낄 수 있다.

136 가을철 피부관리방법과 관련이 없는 것은?

① 가을에는 각질층이 일어나고 잔주름 증가, 피부당김현상이 나타난다.

② 피부가 예민해지는 시기이므로 각질은 제거하지 않은 편이 좋다.

③ 보습 효과가 뛰어난 스킨과 로션, 에센스로 충분히 수분과 영양을 공급한다.

● **136**

가을에는 팩으로 두터워진 각질층을 제거한다.

정답 131 ④　132 ③　133 ③　134 ①
135 ④　136 ②

맞춤해설

맞춤해설

④ 미지근한 물로 세안 후 마지막에 찬물로 두드리듯 마무리하여 피부 탄력을 증가시킨다.

137 겨울철 피부관리 방법과 관련이 없는 것은?

① 공기가 건조하여 약간의 자극에도 민감한 반응을 보인다.

② 눈과 입 주변은 화장솜에 스킨을 충분히 적셔 5분 정도 피부에 올려 놓는다.

③ 유분이 없고 피부 진정과 모공축소 효과있는 수렴 화장수를 사용한다.

④ 자외선으로부터 피부를 보호하기 위해 자외선 차단 크림을 사용한다.

137
겨울철에는 유연 화장수를 사용하여 피부에 적절한 유분과 수분을 공급한다.

138 해조성분을 이용하여 독소배출, 피부청정, 피부조직 재생의 효과를 얻는 전신관리법은?

① 탈라소 테라피   ② 스톤테라피
③ 아로마 테라피   ④ 아유르베다

138
탈라소 테라피는 미네랄 등의 각종 해양성분으로 전신의 건강을 돕는 관리법이다.

139 피부관리 시 마무리 동작으로 적합하지 않은 것은?

① 피부를 화장수로 정돈한다.

② 자외선 차단제를 도포하여 색소침착을 방지한다.

③ 피부보호를 위해 마무리 크림을 도포한다.

④ 피부관리를 돋보이기 위해 반드시 메이크업을 실시한다.

139
마무리 동작으로 메이크업이 필수적인 것은 아니다.

140 다음 중 여드름 관리에 효과적인 성분이 아닌 것은?

① 살리실릭산(Salicylic Acid)

② 과산화벤조인(Benzoyl Peroxide)

③ 글리콜릭산(Glycolic Acid)

④ 신나메이트(Cinnanmate)

140
신나메이트는 자외선 흡수제의 성분이다.

141 다음 중 화장품을 위생적으로 덜어쓰기 위해 사용하는 미용기구는 무엇인가?

① 스파튤라   ② 해면
③ 팩 브러시   ④ 오렌지 우드스틱

141
스파튤라 : 용기에 담겨진 화장품을 위생적으로 덜어쓰기 위해 사용한다.

142 왁스를 이용한 제모방법으로 적합한 것은?

① 왁스 후 온습포로 진정시킨다.

② 왁싱 중간에 땀이 날 경우 파우더를 도포하고 왁싱한다.

142
왁싱 후에는 냉습포로 진정시키고 진정로션은 왁싱 후 도포한다. 또한 몸에 유·수분이 없어야 제모가 잘되므로 중간중간에 파우더를 뿌려 수분를 제거한다. 하드왁스는 국소부위 왁싱에 주로 사용된다.

정답 137 ③ 138 ① 139 ④ 140 ④
141 ① 142 ②

③ 하드왁스로 다리 전체를 왁싱하면 효과적이다.

④ 진정로션을 바르고 제모하여 자극을 줄인다.

143 우드램프를 이용하여 피부분석을 했을 때, 색소침착부위는 어떤 색으로 나타나는가?

① 청백색   ② 연보라색

③ 오렌지   ④ 암갈색

● **143**
정상 피부 : 청백색, 건성 · 수분피부 : 연보라색, 여드름 : 오렌지색, 색소 침착 : 암갈색

144 다음 중 피부의 보습상태를 분석하는데 알맞은 기구는?

① 우드램프   ② 스킨스캐너

③ 확대경   ④ 마이크로카피

● **144**
스킨스캐너는 피부의 보습상태를 분석하기에 적합하다.

145 고객의 피부를 분석하는 목적이 아닌 것은?

① 고객의 피부유형을 정확하게 알게 한다.

② 피부질환을 치료하기 위함이다.

③ 피부 타입에 맞는 제품을 선택하도록 하기 위함이다.

④ 피부관리법을 잘 선별하기 위함이다.

● **145**
피부질환 치료는 의료행위이다.

146 다음은 피부관리의 마무리 단계에 대한 설명으로 틀린 것은?

① 고객의 긴장을 덜어주기 위해 가벼운 스트레칭을 해준다.

② 자외선 차단제는 낮과 밤 모두 도포하여야 한다.

③ 고객을 위해 따뜻한 차를 준비한다.

④ 다음번 방문 스케줄을 잡는다.

● **146**
자외선 차단제는 낮에만 도포하면 된다.

147 다음 중 전신관리 시 주의사항으로 옳은 것은?

① 원활한 출산을 위해 임신 말기에 집중적으로 마사지를 시행한다.

② 염증이 있는 피부의 치료를 위해 소염 성분의 제품을 바르고 관리해준다.

③ 정맥류가 있는 경우 혈액순환을 위해 강한 마사지를 시행한다.

④ 생리 전이나 생리 시에는 가급적 시술하지 않는다.

● **147**
전신관리 시 정맥류, 임신 말기, 염증이 있는 고객은 가급적 마사지를 피한다.

148 피부상태와 우드램프를 이용한 반응색상이 잘못 연결된 것은?

① 각질 부위 – 청백색   ② 여드름 부위 – 오렌지색

③ 색소침착 – 암갈색   ④ 건성 – 연보라색

● **148**
각질부위 : 흰색, 여드름 : 오렌지색, 색소침착 : 암갈색, 건성 : 연보라색

정답 143 ④ 144 ② 145 ② 146 ②
147 ④ 148 ①

맞춤해설

149 다음 중 피부의 혈관이 확장되어 피부표면에 붉게 나타나는 모세혈관 확장 피부를 무엇이라 하는가?

① 복합성 피부   ② 지성 피부

③ 노화 피부   ④ 쿠퍼로즈

● **149**
쿠퍼로즈(Couperose skin)은 모세혈관 확장 피부를 말한다.

150 온습포에 대한 설명으로 맞는 것은?

① 혈관수축으로 염증을 완화시킨다.

② 피부에 긴장감을 준다.

③ 죽은 각질의 제거에 효과적이다.

④ 모공을 수축시킨다.

● **150**
온습포는 혈액순환 촉진, 죽은 각질 제거, 적절한 수분공급 등의 역할을 한다.

151 다음 중 딥 클렌징에 대한 설명 중 옳지 않은 것은?

① 화장품의 흡수 및 영양물질의 침투 촉진

② 모공 깊숙이 노폐물 제거

③ 혈액순환의 촉진으로 안색을 맑게 한다.

④ 자외선으로부터 피부를 방어한다.

● **151**
자외선 차단제가 자외선으로부터 피부를 방어한다.

152 여드름 전용 화장품 성분의 주 기능으로 틀린 것은?

① 각질 제거   ② 리프팅 효과

③ 피지 제거   ④ 염증 완화

● **152**
리프팅 효과는 노화용 제품의 기능이다.

153 해면에 대한 설명으로 맞지 않는 것은?

① 유분이 많이 함유된 크림타입을 사용하였을 때 적당하다.

② 실온에서 딱딱해져 세균번식이 어려우므로 위생적이다.

③ 물에 적시면 부드럽게 되어 흡착력이 뛰어나 클렌징 제거에 용이하다.

④ 사용 후 중성 세제로 씻어 자외선 소독기나 통풍이 잘되는 햇볕에 말린다.

● **153**
해면은 유분기가 적은 로션이나 젤타입을 사용하였을 때 적당하다.

154 면도를 이용한 제모방법에 대한 설명이 옳지 않은 것은?

① 모근까지 제거된다.

② 짧은 시간에 가장 손쉽게 할 수 있는 방법이다.

③ 감염 또는 염증을 일으킬 수 있으므로 항염물질이 함유된 연고를 바른다.

④ 목욕이나 샤워 후 털이 부드러워졌을 때 면도하는 것이 좋다.

● **154**
면도는 피부 표면에 있는 털을 자르는 방법으로 모근을 제거할 수 없다.

정답 149 ④ 150 ③ 151 ④ 152 ②
153 ① 154 ①

155 다음 중 AHA필링을 피해야 하는 피부는?

① 화상 피부　　　② 건성 피부
③ 지성 피부　　　④ 노화 피부

156 다음 중 필링에 속하지 않는 것은?

① 엔자임　　　② AHA
③ 디스인크러스테이션　　　④ 클렌징 폼

157 피부관리 시 마무리의 목적이 아닌 것은?

① 피부 정돈　　　② 피부 청결
③ 피부 노화방지　　　④ 유·수분 공급

158 일명 고무팩이라고 하며, 피부에 미네랄과 영양을 공급하는 효과가 있는 것은?

① 모델링 마스크
② 벨벳 마스크
③ 파라핀 마스크
④ 석고 마스크

159 눈썹부위 수정에 적합한 제모방법은?

① 왁스　　　② 핀셋
③ 바디슈가링　　　④ 실

160 다음 중 제모 시 유의사항으로 틀린 것은?

① 제모 후에 바로 메이크업을 해도 무방하다.
② 제모 후 진정 로션을 발라준다.
③ 제모 전 안티셉틱을 발라준다.
④ 사마귀, 점 부위는 제모를 하면 안 된다.

161 다음 중 왁스를 이용한 제모의 방법으로 틀린 것은?

① 털이 너무 길면 1~1.5cm로 잘라 정리한 후 제모한다.
② 털이 난 방향으로 왁스를 바른다.
③ 털이 난 반대방향으로 떼어낸다.
④ 왁스를 바르기 전 오일을 발라주어야 왁싱이 잘된다.

맞춤해설

● 155
AHA필링은 화상, 피부염, 상처부위는 피해야 한다.

● 156
클렌징 폼은 클렌징제에 속한다.

● 157
마무리 단계는 피부 정돈, 유·수분을 공급하고 노화를 방지하는데 목적이 있다.

● 158
모델링 마스크는 알긴성분의 함유로 피부에 미네랄 등을 공급한다.

● 159
핀셋은 좁은 부위의 털을 제거하는 데 적합하다.

● 160
제모 후에는 피부감염 방지를 위해 목욕, 세안, 비누 사용, 메이크업 등을 피한다.

● 161
왁스를 바르기 전 유·수분기가 없도록 해야 제모가 잘된다.

 155 ① 156 ④ 157 ② 158 ①
159 ② 160 ① 161 ④

162 팩 사용 시 유의사항으로 적절하지 않은 것은?

① 주름 예방을 위해서 눈 위에 직접 덧바른다.

② 피부타입에 맞는 팩을 사용한다.

③ 천연팩과 한방팩은 1회분만 만들어 사용한다.

④ 크림타입 팩은 브러시를 이용하여 바른다.

163 TPO에 따른 화장법으로 옳지 않은 것은?

① 아침 피부는 보습제와 자외선 차단크림을 바른 후 메이크업을 하는 것이 좋다.

② 점심 피부는 오일페이퍼를 사용하여 피지와 피부의 번들거림을 제거한다.

③ 저녁 피부는 미지근한 물로 가볍게 세안하고 중성이나 순한 약산성의 클렌징 제품을 사용한다.

④ 저녁 피부는 메이크업과 피부 노폐물을 제거하기 위해 클렌징 크림과 클렌징 폼을 이용하여 이중세안한다.

164 임산부나 당뇨인 사람에게 좋은 마사지 기본동작으로 피부의 휴식을 주는 마사지 기법은?

① 쓰다듬기(Effleurage) ② 문지르기(Friction)

③ 반죽하기(Petrissage) ④ 떨기(Vibration)

165 다음 중 신경과 근육에 활기를 주고 호흡기 계통의 문제해결에도 도움을 주는 마사지기법은?

① 떨기(Vibration) ② 두드리기(Tapotement)

③ 쓰다듬기(Effleurage) ④ 반죽하기(Petrissage)

166 다음 중 캐리어 오일이 아닌 것은?

① 로즈힙 오일 ② 윗점오일

③ 로즈 앱솔루트 ④ 호호바 오일

167 피부에 자극을 주지 않기 위해 에센셜 오일에 캐리어 오일을 섞어 마사지 오일로 만들어 흡수 효과를 높이는 것을 무엇이라 하는가?

① 믹싱 ② 블렌딩

③ 유화 ④ 가용화

168 고무 모델링 마스크의 주 효과가 아닌 것은?

① 수분 공급   ② 미백작용

③ 피부신진대사 촉진   ④ 진정작용

169 다음 중 셀룰라이트의 원인이 아닌 것은?

① 림프 정체   ② 내분비계 이상

③ 유전적 요인   ④ 부적절한 제품의 사용

170 림프 드레나쥐에 대한 설명으로 옳은 것은?

① 마찰열에 의해 혈액순환을 촉진시킨다.

② 교감신경을 자극하여 신체를 이완시킨다.

③ 강한 압력을 이용하여 지방분해 효과가 있다.

④ 면역기능을 강화시킨다.

171 다음 중 일반적으로 많이 보급된 스파의 형태는?

① 탈라소 테라피   ② 하이드로 테라피

③ 아유르베다   ④ 바디랩 테라피

172 다음 중 스파의 효과로 볼 수 없는 것은?

① 근육이완   ② 관절통 완화

③ 비만관리   ④ 기미 제거

173 피부관리과정 중 가장 중요한 과정은?

① 습포과정   ② 클렌징 과정

③ 팩 도포   ④ 매뉴얼 테크닉

174 다음 중 생물학적인 필링제 효소에 대한 설명으로 바르지 못한 것은?

① 피부에 조임을 주며 당김이 심하다.

② 효소란 생물학적 반응으로 촉매제 역할을 하는 단백질이다.

③ 자극없이 각질을 제거해준다.

④ 단백질 분해효소가 각질을 녹여준다.

• 168
고무 모델링 마스크는 알긴산 성분으로 보습과 진정에 탁월한 효과가 있으며 신진대사를 원활하게 해준다.

• 169
셀룰라이트의 원인은 정맥울혈과 림프정체, 유전적 원인, 내분비 이상, 식습관 등이다.

• 170
림프 드레나쥐는 림프의 흐름을 원활하게 하고 림프절을 자극하여 림프구의 생성을 도와 면역작용을 강화시킨다.

• 171
하이드로 테라피는 수요법으로 가장 널리 보급된 물을 이용한 트리트먼트이다.

• 172
스파의 효과는 근육 스트레칭, 이완, 관절통 완화, 스트레스 해소, 신진대사 증진에 있다.

• 173
피부를 청결히 하는 클렌징 과정이 가장 중요하고 피부관리의 기초가 되는 과정이다.

• 174
효소는 자극이 거의 없는 딥클렌징제이다.

정답   168 ②   169 ④   170 ④   171 ②
172 ④   173 ②   174 ①

175 다음 중 피부관리 시 패치테스트를 하는 이유에 대한 설명으로 올바른 것은?

① 피지막의 상태를 알아보기 위해

② 피부의 pH를 알아보기 위해

③ 피부의 노화상태를 알아보기 위해

④ 피부에 도포하는 제품이 이상현상을 일으키는 지를 알아보기 위해

● 175
사용하는 제품의 이상유무를 확인하기 위해 팔 안쪽에 패치테스트를 실시한다.

176 다음 중 마사지 할 때의 속도로 맞는 것은?

① 맥박 뛰는 속도를 기준으로 한다.

② 관리사의 기분대로 한다.

③ 고객이 원하는 대로 한다.

④ 계절에 따라 다르게 한다.

● 176
마사지 할 때의 속도는 고객의 맥박뛰는 속도를 기준으로 한다.

177 다음 중 민감성 피부에 효과적인 성분이 아닌 것은?

① 알로에   ② 아줄렌

③ 살리실릭산   ④ 판테놀

● 177
살리실릭산(B.H.A)은 지성 · 여드름 피부에 적합한 성분으로 민감성 피부에는 자극적이다.

178 피부관리 시 사용되는 화장솜에 대한 설명 중 틀린 것은?

① 사용 전 적당한 크기로 적당한 양을 준비한다.

② 젖은 상태의 퍼프가 사용에 용이하다.

③ 천연 코튼재료가 좋다.

④ 한꺼번에 많은 양의 화장솜을 물에 담궈두었다가 사용하면 좋다.

● 178
퍼프를 미리 많이 적셔 놓으면 오염되기 쉽다.

179 팩의 효과를 상승시키는 방법이 아닌 것은?

① 스티머   ② 온열

③ 젖은 타월   ④ 적외선 램프

● 179
팩의 효과를 상승시키는 방법은 온열, 호일, 랩, 적외선 램프, 스티머 등이다.

180 예민성 피부의 관리로 옳은 것은?

① 주 1회 딥 클렌징을 한다.

② 석고마스크를 한다.

③ 마사지를 자주 해주어 혈액순환을 촉진시킨다.

④ 첩포실험을 해서 팩제를 고른다.

● 180
예민성 피부는 사용하는 제품의 이상유무를 확인하기 위해 팔 안쪽에 첩포테스트(패치테스트)를 실시한다.

정답 175 ④ 176 ① 177 ③ 178 ④
179 ③ 180 ④

181 피부유형별 화장품 사용방법으로 적합하지 않은 것은?

① 민감성 피부 – 무색, 무취, 무알코올 화장품 사용

② 복합성 피부 – T존과 U존 부위별로 각각 다른 화장품 사용

③ 건성 피부 – 수분과 유분이 함유된 화장품 사용

④ 지성 피부 – 가급적 자극을 주지 않기 위해 딥 클렌징은 생략한다.

● **181**
④ 지성 피부는 주 1회 효소타입이나 고마쥐 타입 또는 스크럽을 선택하여 묵은 각질과 피지를 꼭 제거한다.

182 피부 분석 시 사용되는 방법으로 가장 거리가 먼 것은?

① 유·수분측정기 등을 이용하여 피부를 분석한다.

② 스파튤라를 이용하여 피부에 자극을 준다.

③ 클렌징한 후 깨끗한 피부 위에 우드램프를 사용하여 분석한다.

④ 고객의 주관적 의견을 피하기 위해 문진을 금한다.

● **182**
피부 분석 시 문진법을 이용하여 고객이 스스로 느끼는 피부상태를 물어본다.

183 슬리밍 제품을 이용한 관리에서 최종마무리 단계에 시행해야 하는 것은?

① 피부 노폐물을 제거한다.

② 진정 파우더를 바른다.

③ 매뉴얼 테크닉 동작을 시행한다.

④ 슬리밍과 피부유연제 성분을 피부에 흡수시킨다.

● **183**
슬리밍 관리를 하면 주로 열이 발생하며 피부에 자극이 가해진다. 따라서 마무리로 진정 파우더를 이용해 수딩시켜주는 것이 효과적이다.

184 매뉴얼 테크닉 기법 중 닥터자켓(Dr. jacquet)법에 관한 설명으로 적합하지 않은 것은?

① 모낭 내 피지를 모공 밖으로 배출시킨다.

② 노폐물 제거에 적합한 테크닉이다.

③ 주로 마사지의 처음과 끝에 시행한다.

④ 꼬집듯이 피부를 쥐어 올리는 동작이다.

● **184**
③ 닥터자켓법은 꼬집듯이 피부를 쥐어 올리는 동작으로 모낭내부에 노폐물이 많은 피부에 효과적으로 이용되며, 마사지의 시작과 끝에는 경찰법이 이용된다.

185 호호바 오일에 대한 설명으로 틀린 것은?

① 피지의 화학구조와 매우 유사하다.

② 광물성 유지에 속한다.

③ 여드름, 습진, 건선 피부에 사용할 수 있다.

④ 보습력이 우수하다.

● **185**
호호바 오일은 피부친화성이 우수하고 수분을 많이 함유하여 식물성 왁스에 속한다.

정답 181 ④ 182 ④ 183 ② 184 ③
185 ②

맞춤해설

186 피부미용에 대한 설명으로 가장 거리가 먼 것은?

① 기기에 의존한 관리법이 주를 이룬다.

② 우리나라의 경우 두피는 제외된다.

③ 피부미용은 에스테틱, 코스메틱, 스킨케어 등의 이름으로 불리고 있다.

④ 건강한 피부를 유지시키기 위한 기술을 행하는 것이다.

• 186
① 피부미용은 미용상의 문제점을 핸드테크닉 및 피부미용기기, 제품을 이용하여 해소하고 피부를 아름답게 가꾸는 전신 미용술이다.

187 클렌징에 대한 설명으로 옳은 것은?

① 피부의 피지, 메이크업 잔여물을 없애기 위해서이다.

② 모공 깊숙이 있는 불순물과 피부 표면의 각질 제거를 주목적으로 한다.

③ 각질 제거 후 영양물질의 흡수를 촉진시킨다.

④ 스크럽, 고마쥐, 효소 등을 이용한다.

• 187
① 클렌징은 피지와 노폐물, 메이크업 잔여물 등을 제거하고 피부를 청결한 상태로 유지시키는 것이다.

188 우유에서 추출한 필링제는?

① A.H.A   ② 락틱산(Lactic Acid)

③ TCA   ④ 페놀(Phenol)

• 188
② 락틱산은 우유에서 추출한 필링제로 노화된 각질을 제거하여 피부를 유연하게 한다.

189 건성 피부(Dry skin)의 관리방법으로 틀린 것은?

① 아이크림을 도포하여 잔주름을 예방한다.

② 화장수는 알코올 함량이 적고 보습기능이 강화된 제품을 사용한다.

③ 클렌징 제품은 부드러운 밀크타입이나 유분기가 있는 크림타입을 선택하여 사용한다.

④ 캄파, 클레이, 유황, 살리실산 등의 성분이 함유되어 있는 화장품을 선택한다.

• 189
④ 캄파, 클레이, 유황, 살리실산 등은 지성 피부에 적합한 활성성분이다.

190 피부관리 후 마무리 동작에서 수렴작용을 할 수 있는 가장 적합한 방법은?

① 냉습포를 이용한 마무리 관리 ② 건습포를 이용한 마무리 관리

③ 유연화장수 도포   ④ 스티머 분사

• 190
① 냉타올은 피부관리의 마지막 단계에서 사용하며 모공을 수축시키는 수렴 효과가 있다.

191 계절에 따른 피부특성 분석으로 옳지 않은 것은?

① 봄 - 자외선이 점차 강해지며 기미와 주근깨 등 색소침착이 피부 표면에 두드러지게 나타난다.

② 여름 - 고온 다습한 날씨로 인하여 피부 자체의 보호능력이 약해진다.

③ 가을 - 여름철의 강한 자외선의 영향으로 각질층이 얇아진다.

④ 겨울 - 기온이 낮아져 피부의 혈액순환과 신진대사 기능이 둔화된다.

• 191
③ 가을철은 여름철의 자외선 영향으로 두꺼운 각질층이 일어나면서 노화 촉진, 잔주름 증가, 피부 당김현상이 나타난다.

정답 186 ① 187 ① 188 ② 189 ④
190 ① 191 ③

192 딥 클렌징 시 AHA 제품을 사용할 때 주의해야 할 사항 중 옳지 않은 것은?

① 반드시 온습포로 마무리한다.

② 노화 피부나 안색이 칙칙한 피부에 사용하기 적합하다.

③ 눈이나 입 속으로 들어가지 않도록 주의한다.

④ 첩포테스트를 거쳐서 사용한다.

• **192**
① AHA 시술 후 냉습포로 마무리한다.

193 다음 중 식물에서 추출한 에센셜 오일을 후각이나 피부를 통해 인체에 흡수시켜 건강과 미를 향상시키는 관리방법은?

① 반사요법　　　　　② 바디랩

③ 향기요법　　　　　④ 림프 드레나쥐

• **193**
③ 향기요법은 에센셜 오일을 이용한 것으로 오일의 종류에 따라 다양한 효과를 보인다.

194 피부유형별 적용 화장품 성분이 바르게 짝지워진 것은?

① 민감성 피부 – 비타민 K, 캄파

② 건성 피부 – 클로로필, 위치하젤

③ 지성 피부 – 콜라겐, 레티놀

④ 여드름 피부 – 클레이, 유황

• **194**
캄파 – 지성, 여드름 피부, 클로로필, 위치하젤 – 민감성 피부, 콜라겐, 레티놀 – 노화성 피부, 건성 피부

195 매뉴얼 테크닉의 동작 중 반죽하기 동작으로 피하조직의 노폐물 배출을 도와주는 방법은?

① 경찰법　　　　　② 강찰법

③ 유연법　　　　　④ 고타법

• **195**
유연법은 주무르기로 신진대사 활성화와 노폐물 배출을 돕는다.

196 제모의 종류와 방법 중 옳은 것은?

① 일시적으로 제모는 면도, 핀셋을 이용한 제모, 레이저 제모가 있다.

② 영구적 제모는 전기 탈모법, 전기핀셋 탈모법, 왁싱이 있다.

③ 왁스를 이용한 제모는 모간 부위만 제거된다.

④ 온왁스는 상온에서 고체상태이며 왁싱 포트에 데워서 사용한다.

• **196**
왁싱에는 온왁싱과 냉왁싱이 있으며 냉왁스는 상온에서 유동상태이므로 데우지 않고 바로 사용하고, 온왁싱은 왁싱 포트에 데워서 사용한다.

197 마스크에 대한 설명 중 틀린 것은?

① 석고 마스크 – 석고와 물의 교반작용 후 크리스털 성분이 열을 발산하여 굳어진다.

② 파라핀 마스크 – 열과 오일이 모공을 열어주고, 피부를 코팅하는 과정에서 발한작용이 발생한다.

• **197**
모델링 마스크는 해초 추출물인 알긴산이 주원료로 쿨링한 느낌을 주어 민감성 피부나 여드름 피부에도 효과적이다.

정답　192 ①　193 ③　194 ④　195 ③
196 ④　197 ③

맞춤해설

③ 고무 모델링 – 비타민이 주원료로 열을 발생시켜 유효성분을 흡수 시킨다.

④ 콜라겐 벨벳 – 콜라겐을 건조시켜 종이형태로 만든 것으로 용액을 적셔 침투시킨다.

198 다음 중 콜라겐 벨벳 마스크에 대한 설명으로 틀린 것은?

① 콜라겐 시트를 토너에 개어서 얼굴에 부착시킨다.

② 피부의 수화능력을 증진시켜주며 주름완화에 효과가 있다.

③ 얼굴에 유분기를 제거한 후 적용해야 효과적이다.

④ 피부에 적용 시 피부가 호흡할 수 있도록 중간에 기포가 형성되도록 부착한다.

● **198**
콜라겐 벨벳 마스크를 피부에 적용 시 기포가 생기지 않도록 밀착시켜야 흡수력을 높일 수 있다.

199 다음 설명 중 바른 것은?

① 소프트 왁스는 털의 진행방향으로 떼어낸다.

② 하드왁스는 도포 즉시 굳기 전에 떼어낸다.

③ 화학적인 제모법으로 모근까지 제거된다.

④ 하드왁스는 눈썹, 입술 등의 국소부위에 주로 사용된다.

● **199**
소프트 왁스는 털의 반대방향으로 제거하며, 하드왁스는 완전히 굳혀서 떼어낸다. 화학적인 제모법은 강알칼리성으로 모간만 떼어낸다.

200 매뉴얼 테크닉을 적용할 수 있는 경우는?

① 염증성 질환이 있는 경우

② 전염성 질환이 있는 경우

③ 골절상으로 통증이 심한 경우

④ 비만인 경우

● **200**
매뉴얼 테크닉은 비만인 경우에 적용가능하다.

201 피부관리 시 마무리 동작에 대한 설명 중 틀린 것은?

① 피부타입에 맞는 화장수, 에센스, 아이크림, 마무리 크림 등을 차례로 흡수시킨다.

② 장시간의 관리로 긴장된 근육의 이완을 돕는 동작을 실시한다.

③ 자외선 차단제를 도포하여 피부를 보호한다.

④ 지성 피부는 유분기가 생기지 않도록 화장수로만 마무리한다.

● **201**
지성 피부의 경우에도 오일이 적은 마무리 크림으로 피부를 보호한다.

202 석고마스크 시 주의사항이 아닌 것은?

① 얼굴의 유분기를 완전히 제거하고 실시한다.

② 눈과 입술은 젖은 솜으로 가려준다.

③ 머리카락에 석고가 묻지 않도록 터번으로 정리한다.

④ 거즈를 얼굴에 밀착시키고 실시한다.

● **202**
석고마스크 적용 시 전용크림을 얼굴에 듬뿍 바르고 거즈를 덮어 밀착시킨 후 석고를 도포한다.

정답 198 ④ 199 ④ 200 ④ 201 ④ 202 ①

203 쿠퍼로즈 피부의 관리방법으로 적합한 것은?

① 아줄렌, 하마멜리스, 알로에 등의 성분으로 관리
② 효소로 정기적인 필링 실시
③ 강한 매뉴얼 테크닉으로 혈액순환 촉진
④ 필오프 타입의 팩으로 관리

● 203
쿠퍼로즈(모세혈관 확장 피부)는 가능한 자극을 주지 않고 진정성분으로 관리한다.

204 다음 중 팩 사용 시 주의사항이 아닌 것은?

① 복합성 피부는 부위별로 다른 종류의 팩을 적용한다.
② 팩의 효능과 느낌에 대해 고객에게 미리 전달한다.
③ 한방팩의 경우 여러 가지를 혼합하여 효과를 극대화시킨다.
④ 팩 도포시 인중부위를 맨 나중에 도포한다.

● 204
한방팩의 경우 3종류 이하로 사용을 제한한다.

205 다음 중 석고마스크의 적용이 가능한 피부는?

① 모세혈관이 확장되어 있는 피부 ② 화농성 여드름이 있는 피부
③ 색소 침착이 심한 피부 ④ 자외선에 손상된 피부

● 205
모세혈관 확장 피부, 화농성 여드름, 자외선 손상이 있는 피부의 경우는 열이 발생하는 석고마스크 대신 진정성분이 함유된 팩으로 쿨링시키는 것이 효과적이다.

206 다음 중 왁싱 후의 관리법으로 틀린 것은?

① 24시간 이내 사우나를 금한다.
② 왁싱 후 진정 및 항균 효과가 있는 로션을 도포한다.
③ 온습포로 왁싱한 부위를 진정시킨다.
④ 왁싱 후 가급적 메이크업을 금한다.

● 206
왁싱 후 냉습포로 왁싱부위를 진정시킨다.

207 다음 중 색소침착 피부의 올바른 관리법이 아닌 것은?

① A.H.A로 정기적인 각질 제거를 해준다.
② 외출 시 자외선 차단제를 바른다.
③ 색소 제거를 위해 아줄렌, 루틴, 알로에 등의 성분으로 팩을 한다.
④ 비타민 C로 이온토포레시스를 시행한다.

● 207
아줄렌, 루틴, 알로에는 민감한 피부 전용성분이다.

208 다음 설명 중 틀린 것은?

① 지성 피부는 마무리 단계에서 오일프리 제품을 토닝한다.
② 복합성 피부는 알코올 함량이 높은 화장수로 얼굴 전체를 토닝한다.
③ 민감성 피부는 효소를 이용하여 가볍게 딥 클렌징 해준다.
④ 건성 피부는 히알루론산 앰플을 흡수시키고 오일 매뉴얼 테크닉을 시행한다.

● 208
복합성 피부는 T존과 U존을 나누어 적합한 화장수를 각각 도포한다.

정답 203 ① 204 ③ 205 ③ 206 ③
207 ③ 208 ②

맞춤해설

001 표피 중 진피와 경계를 이루고 있는 층은?

① 기저층   ② 망상층

③ 투명층   ④ 유극층

- **001**
기저층은 표피의 최저부에 위치하여 진피와 경계를 이루며, 영양분을 공급받아 세포분열을 일으킨다.

002 각질화된 상피세포로 구성되어 있는 층은?

① 유극층   ② 투명층

③ 각질층   ④ 과립층

- **002**
각질층은 표피의 가장 바깥층으로 비듬이나 각질이 되어 탈락하는 층이다.

003 표피의 각질화가 시작되는 층은 어느 곳인가?

① 유극층   ② 과립층

③ 기저층   ④ 유두층

- **003**
과립층은 케라틴의 전구물질인 Keratohyalin이 형성되며 이는 각질화의 1단계이다 .

004 표피 중 가장 두꺼운 층이며, 면역을 담당하는 랑게르한스 세포가 존재하는 층은?

① 과립층   ② 기저층

③ 유극층   ④ 각질층

- **004**
랑게르한스 세포는 유극층에 존재하며 면역 반응과 알레르기 반응에 관여한다.

005 피부의 기능이 아닌 것은?

① 보호작용

② 배설작용

③ 저장기능

④ 비타민 C의 형성

- **005**
피부는 보호작용, 재생작용, 배설작용, 저장기능, 비타민 D의 재생 등의 작용을 한다.

006 멜라노사이트(Melanocyte)는 어디에 위치하는가?

① 기저층   ② 유두층

③ 피하지방   ④ 각질층

- **006**
멜라노사이트(Melanocyte)는 표피의 기저층에 위치한다.

정답   001 ①   002 ③   003 ②   004 ③   005 ④   006 ①

맞춤해설

007 표피의 구조를 바깥쪽에서부터 바르게 표시한 것은?

① 각질층 – 투명층 – 과립층 – 유극층 – 기저층
② 각질층 – 투명층 – 유극층 – 과립층 – 기저층
③ 각질층 – 기저층 – 과립층 – 유극층 – 투명층
④ 각질층 – 유극층 – 투명층 – 과립층 – 기저층

● 007
표피의 구조는 피부 바깥쪽부터 각질층 – 투명층 – 과립층 – 유극층 – 기저층의 순이다.

008 세포층 가운데 손바닥과 발바닥에서만 볼 수 있는 것은?

① 투명층 ② 각질층
③ 유극층 ④ 망상층

● 008
투명층은 인체에서 많이 사용하는 부위인 손바닥과 발바닥에서 주로 볼 수 있다.

009 다음 중 기저층의 수분함량은 몇 %인가?

① 약 60% ② 약 70%
③ 약 80% ④ 약 90%

● 009
기저층은 약 70~72%의 수분을 함유하고 있다.

010 피부의 각화주기로 맞는 것은?

① 2주 ② 4주
③ 6주 ④ 8주

● 010
피부의 각화주기는 약 4주(28 ± 3일)이다.

011 비타민 D를 생성하는 층은?

① 각질층 ② 유극층
③ 과립층 ④ 투명층

● 011
과립층은 태양광선의 영향으로 비타민 D를 합성한다.

012 피부가 노화되면서 발생하는 조직학적 변화가 생기는 곳은?

① 표피 ② 진피
③ 피하조직 ④ 근육조직

● 012
노화가 진행되면서 진피의 유두층 구조가 편평해진다.

013 피부구조에 있어 기저층의 가장 중요한 역할은?

① 팽윤 ② 새 세포 형성
③ 수분 방어 ④ 면역

● 013
새로운 세포의 형성은 진피층의 모세혈관으로부터 영양분을 공급받아 기저층에서 이루어진다.

014 랑게르선(Langer line)이 존재하는 피부층은 어디인가?

① 각질층 ② 유두층
③ 망상층 ④ 피하조직

● 014
망상층의 섬유들은 신체 부위에 따라 일정한 방향성을 가지고 배열되어 있는데, 수술 시 이 선을 따라 절개하면 상처 흔적이 작아진다.

정답 007 ① 008 ① 009 ② 010 ②
011 ③ 012 ② 013 ② 014 ③

015 피부의 pH에 대한 설명으로 틀린 것은?

① 20대의 산성도는 노년기에 비해 낮다.

② 지성 피부의 산성도는 정상 피부에 비해 높다.

③ 피부의 피지막은 약산성이다.

④ 피부의 산성도는 성인 남자의 경우 여성보다 낮다.

• **015**
지성 피부의 산성도는 pH 4.5 정도로 정상 피부에 비해 낮다.

016 피부구조에 대한 설명으로 옳은 것은?

① 표피, 진피, 피하조직의 3층으로 구분된다.

② 각질층, 투명층, 과립층의 3층으로 구분된다.

③ 한선, 피지선, 유선의 3층으로 구분된다.

④ 결합섬유, 탄력섬유, 평활근의 3층으로 구분된다.

• **016**
피부의 구조는 피부 바깥쪽부터 표피, 진피, 피하조직으로 구성되어 있다.

017 모낭에 붙어 있는 피부 부속기관은?

① 외분비선　　　　② 피지선

③ 뇌하수체　　　　④ 갑상선

• **017**
피지선은 진피의 망상층에 위치하여 모낭으로 연결이 되며 모공을 통해 피지를 배출한다.

018 전신에 분포되어 있으며 무색·무취의 땀을 분비하는 피부 부속기관은?

① 에크린선　　　　② 아포크린선

③ 대한선　　　　　④ 피지선

• **018**
에크린선은 일반적인 땀을 분비하는 땀샘으로 약산성의 땀을 분비한다.

019 아포크린선에 대한 설명 중 틀린 것은?

① 분비되는 땀은 단백질 함유량이 많다.

② 체취선이라고도 부른다.

③ 겨드랑이, 생식기 등에 분포한다.

④ 소한선이라고도 부른다.

• **019**
아포크린선은 대한선으로, 에크린선은 소한선이라고도 부른다.

020 노화도를 알 수 있으며 지문을 형성하는 층은?

① 유두층　　　　　② 망상층

③ 유극층　　　　　④ 각질층

• **020**
유두층의 물결모양은 노화됨에 따라 편평하게 변하며 피부의 탄력성이 저하된다.

021 모낭과 연결되어 있고 털을 꼿꼿이 세우고 소름을 돋게 하는 것은?

① 한선　　　　　　② 모근

③ 기모근　　　　　④ 피지선

• **021**
기모근(입모근)은 모낭과 연결되어 털을 세우는 근육이다.

정답 015 ② 016 ① 017 ② 018 ①
019 ④ 020 ① 021 ③

022 진피의 구조에서 피하조직과 연결되어 있는 것은?

① 유극층   ② 기저층

③ 유두층   ④ 망상층

023 고온에서 피부가 체온을 조절하는 방식은?

① 열 발산으로 땀분비 증가   ② 기모근의 수축

③ 피지분비 증가   ④ 혈관의 축소 유도

024 피지선에 대한 설명으로 틀린 것은?

① 피지의 분비는 호르몬의 영향을 받는다.

② 모발에 수분공급을 해준다.

③ 땀과 기름을 유화시켜 산성 피지막을 만든다.

④ 미생물의 침투로부터 피부를 보호한다.

025 피하지방의 기능으로 틀린 것은?

① 체온보호기능

② 신체 내부의 보호기능

③ 새 세포 형성기능

④ 에너지의 저장기능

026 피지의 성분 중 가장 많은 구성성분은 무엇인가?

① 트리글리세라이드   ② 왁스에스테르

③ 스쿠알렌   ④ 콜레스테롤

027 피부가 포함하고 있는 감각기관은?

① 모세혈관   ② 피지선

③ 림프관   ④ 신경종말수용기

028 모발의 색을 나타내는 색소로 입자형 색소는?

① 티로신(Tyrosine)

② 멜라노사이트(Melanocyte)

③ 유멜라닌(Eumelanin)

④ 페오멜라닌(Pheomelanin)

맞춤해설

029 손톱의 구조 중 손톱의 성장장소는?

① 조소피   ② 조근

③ 조하막   ④ 조체

● **029**
조근(Nail Root)은 새로운 세포 조직이 형성되는 곳으로 피부에 묻혀 있다.

030 모발을 구성하고 있는 케라틴(Keratin) 중 가장 많이 함유하고 있는 아미노산은?

① 알라닌   ② 로이신

③ 바린   ④ 시스틴

● **030**
모발의 케라틴은 18가지 아미노산의 조합으로 이루어져 있는데, 그 중 시스틴이 14~18%로 가장 많이 함유되어 있다.

031 피부색을 결정하는 요소가 아닌 것은?

① 멜라닌

② 혈관 분포와 혈색소

③ 각질층의 두께

④ 티록신

● **031**
티록신은 갑상선 호르몬의 일종이다.

032 기질에 대한 설명으로 틀린 것은?

① 피부에 장력과 탄력성을 주는 성분이다.

② 다른 조직을 지지해준다.

③ 히알루론산, 콘드로이친 황산, 헤파린 황산염으로 구성되어 있다.

④ 진피 내의 섬유성분과 세포 사이를 채우고 있는 물질을 말한다.

● **032**
피부에 장력과 탄력성을 주는 성분은 콜라겐과 엘라스틴이다.

033 모발은 하루에 얼마나 성장하는가?

① 0.2~0.5mm   ② 0.6~0.8mm

③ 0.9~1.0mm   ④ 1.0~1.2mm

● **033**
모발은 하루 0.2~0.5mm씩 성장한다.

034 진피의 구성층으로 바르게 짝지어진 것은?

① 각질층과 기저층   ② 유극층과 망상층

③ 과립층과 투명층   ④ 유두층과 망상층

● **034**
진피는 유두층과 망상층으로 구성되어 있다.

035 천연 보습인자(NMF)의 구성 성분 중 40%를 차지하는 중요 성분은?

① 요소   ② 젖산염

③ 무기염   ④ 아미노산

● **035**
천연 보습인자 중 아미노산은 40%를 차지하며, 그 밖에 탄산, 암모니아, 요산 등으로 구성되어 있다.

정답   029 ②   030 ④   031 ④   032 ①
033 ①   034 ④   035 ④

036 건강한 손, 발톱에 대한 설명으로 틀린 것은?

① 바닥에 강하게 부착되어야 한다.

② 단단하고 탄력이 있어야 한다.

③ 윤기가 흐르며 노란색을 띠어야 한다.

④ 아치모양을 형성해야 한다.

037 진피의 구성 성분 중 보습작용이 뛰어나며 '피부의 저수지'라고도 부르는 것은?

① 엘라스틴　② 케라틴

③ 콜라겐　④ 멜라닌

038 피부 표면의 pH에 가장 큰 영향을 주는 것은?

① 각질 생성　② 침의 분비

③ 땀의 분비　④ 호르몬 분비

039 피부의 진피층을 구성하고 있는 주요 단백질은?

① 알부민　② 콜라겐

③ 글로블린　④ 시스틴

040 모발의 색은 흑색, 적색, 갈색, 금발색, 백색 등 여러 가지 색이 있다. 다음 중 주로 검은 모발의 색을 나타나게 하는 멜라닌은?

① 유멜라닌　② 페오멜라닌

③ 티로신　④ 멜라노싸이트

041 표피에 있는 세포 중 촉각을 감지하여 신경자극을 뇌에 전달하는 세포는?

① 멜라닌 세포　② 메르켈 세포

③ 랑게르한스 세포　④ 각질형성 세포

042 레인방어막(Rein Membrane)의 역할이 아닌 것은?

① 외부로부터 침입하는 각종 물질을 방어한다.

② 체액이 외부로 새어나가는 것을 방지한다.

③ 피부의 색소를 만든다.

④ 피부염 유발을 억제한다.

● 036
건강한 손, 발톱은 윤기가 흐르며 분홍색을 띠어야 한다.

● 037
콜라겐은 주성분인 아미노산이 나선모양의 삼중구조로 되어 있어, 보습작용이 매우 우수하다.

● 038
땀은 산성으로 피부 표면의 pH에 큰 영향을 준다.

● 039
진피는 콜라겐(교원섬유)과 엘라스틴(탄력섬유)으로 구성되어 있다.

● 040
유멜라닌은 검은 모발의 색을, 페오멜라닌은 금발, 빨간 머리의 색을 나타낸다.

● 041
메르켈 세포는 주로 기저층 부근에 존재하며 촉각 세포라고도 부른다.

● 042
피부의 색소를 만드는 것은 멜라닌 색소이다.

036 ③　037 ③　038 ③　039 ②
040 ①　041 ②　042 ③

맞춤해설

043 모근부에 대한 설명으로 틀린 것은?

① 모낭은 모근을 보호한다.
② 모유두는 모구에 영양을 공급한다.
③ 모근은 피부 표면에 나와 있는 부분을 말한다.
④ 모구에는 모질세포와 멜라닌 세포가 있다.

● 043
모근은 피부 속 모낭 안에 있는 부분을 말하며, 모간은 피부 표면에 나와 있는 부분이다.

044 모간의 구성요소가 아닌 것은?

① 모표피   ② 모피질
③ 모수질   ④ 모유두

● 044
모간은 모표피, 모피질, 모수질로 구성되어 있다.

045 각질층의 구성 성분이 아닌 것은?

① 케라틴   ② 지질
③ 천연보습인자   ④ 엘라이딘

● 045
엘라이딘은 투명층에 있는 반유동 물질로 빛을 굴절시켜 차단하는 특성을 가지고 있다.

046 독립피지선이 존재하지 않는 곳은?

① 윗입술   ② 유두
③ 구강점막   ④ 손바닥

● 046
독립피지선은 윗입술, 유두, 구강점막, 눈꺼풀 등에 존재한다.

047 투명층은 인체의 어느 부위에 가장 많이 존재하는가?

① 얼굴, 목   ② 팔, 다리
③ 가슴, 등   ④ 손바닥, 발바닥

● 047
투명층은 비교적 피부층이 두꺼운 손바닥, 발바닥에서 잘 관찰된다.

048 과립층에 대한 설명으로 틀린 것은?

① 각질화가 시작되는 곳이다.
② 피부염과 피부 건조를 막아준다.
③ 수분 저지막이 존재한다.
④ 모세혈관으로부터 영양분을 공급받아 세포분열을 일으킨다.

● 048
세포분열을 일으키는 곳은 기저층이다.

049 모발의 구조 중 중간층에 있으며 멜라닌을 함유하고 있는 층은?

① 모표피   ② 모피질
③ 모수질   ④ 모근

● 049
모피질은 모발의 80%를 차지하며 멜라닌을 함유하고, 퍼머나 염색이 이루어지는 부위이다.

정답   43 ③   44 ④   45 ④   46 ④
       47 ④   48 ④   49 ②

050 각질층은 어떤 구조로 되어 있는가?

① 라멜라 구조　　② 큐티클 구조
③ 케라틴 구조　　④ 매트릭스 구조

051 건성 피부의 관리방법으로 옳은 것은?

① 유분이 많을수록 건성 피부에 적당하다.
② 알코올 성분이 함유된 화장수를 사용한다.
③ 잦은 사우나는 피한다.
④ 뜨거운 물로 세안하여 피지를 없앤다.

052 노화 피부의 특징으로 틀린 것은?

① 각질층이 두껍다.
② 탄력이 저하된다.
③ 피지분비가 활발하다.
④ 안색이 불균형하다.

053 지성 피부의 특징으로 틀린 것은?

① 여드름이 잘 발생한다.
② 남성 피부에 많다.
③ 모공이 매우 크며 번들거린다.
④ 피부결이 섬세하며 곱다.

054 복합성 피부에 대한 관리방법으로 옳은 것은?

① 부위에 따른 차별적인 관리를 해준다.
② U-존 위주로 정기적인 딥클렌징을 해준다.
③ T-존에는 알코올이 전혀 없는 화장수를 사용한다.
④ 유분기가 많은 클렌징제를 사용한다.

055 건성 피부의 관리방법으로 옳지 않은 것은?

① 아이크림을 발라준다.
② 마사지를 정기적으로 실시한다.
③ 물을 충분히 마신다.
④ 피부의 활성화를 위해 주2회 딥 클렌징을 정기적으로 해준다.

맞춤해설

050
각질층은 층상구조인 라멜라 구조로 되어 있으며, 매우 안정적인 결합을 하고 있다.

051
건성 피부는 유·수분이 부족한 타입으로 탈지를 피하고 미지근한 물로 세안하는 것이 좋다.

052
노화 피부는 피지선의 퇴화로 피지막이 감소된다.

053
피부결이 섬세하고 고운 것은 중성 피부의 특징이다.

054
복합성 피부는 T-존은 지성이고 나머지 부분은 건성에 가까우므로, 부위에 따라 차별적인 관리를 해주는 것이 좋다.

055
건성 피부의 경우 혈액순환의 촉진을 위해 정기적인 마사지를 해주고, 피지막을 보호해주는 관리를 하는 것이 중요하다.

 정답 050 ① 051 ③ 052 ③ 053 ④ 054 ① 055 ④

056 모세혈관 확장 피부의 원인이 아닌 것은?

① 내분비기능 장애로 울혈이 발생한다.

② 모공이 작아 피지분비량이 많지 않다.

③ 부신피질호르몬제인 코티손 연고의 장기간 사용 때문이다.

④ 자극을 주는 마사지와 강한 필링 때문이다.

● **056**
모공이 작아 피지량이 적은 것은 건성 피부의 특징이다.

057 영양소를 각 조직으로 운반하는 것은?

① 물
② 단백질
③ 섬유질
④ 탄수화물

● **057**
물은 신체 곳곳과 세포 안으로 영양분을 이동시킨다.

058 다음 중 중탕한 오일을 탈지면이나 거즈에 적셔서 10분 정도 핫오일 마스크팩을 하면 가장 좋은 피부는?

① 건성 피부
② 지성 피부
③ 중성 피부
④ 지루성 피부

● **058**
건성 피부는 유·수분이 부족한 피부로 핫오일 마스크팩으로 유분 공급을 해주면 좋다.

059 다음 중 산소를 운반하는 데 필요한 성분은?

① 철(Fe)
② 요오드(I)
③ 구리(Cu)
④ 코발트(Co)

● **059**
철분은 적혈구를 생산하고 혈액에 산소 공급을 해준다. 결핍 시 빈혈이 발생한다.

060 유용성 비타민으로서 간유, 버터, 달걀, 우유 등에 많이 함유되어 있으며 결핍 시 건성 피부가 되고 각질층이 두터워지며 피부가 세균감염을 일으키기 쉬운 비타민은?

① 비타민 A
② 비타민 B_1
③ 비타민 B_2
④ 비타민 C

● **060**
비타민 A는 부족 시 피부건조, 가렵고 각질이 생기며, 건선 같은 피부염에 걸린다.

061 다음 중 필수아미노산을 섭취해야 하는 이유는 무엇인가?

① 체내에서 다른 화합물질로부터 합성이 가능하기 때문이다.

② 에너지원이기 때문이다.

③ 체내에서 합성되지 않기 때문이다.

④ 생명유지를 위해 필수적이기 때문이다.

● **061**
필수아미노산은 체내 합성이 안되기 때문에 반드시 음식물로 섭취해야 한다.

062 다음 중 피부의 유형을 결정하는 요소가 아닌 것은?

① 피부두께
② 연령
③ 피지분비량
④ 색소 침착

● **062**
피부의 유형을 결정하는 요인은 피부두께, 피지분비량, 수분보유량, 색상, 모공의 크기 등이다.

정답 | 56 ② 57 ① 58 ① 59 ①
60 ① 61 ③ 62 ②

063 지성 피부의 손질로 가장 적합한 것은?

① 유분이 많이 함유된 화장품을 사용한다.
② 스팀타월을 사용하여 불순물 제거와 수분을 공급한다.
③ 피부를 항상 건조한 상태로 만든다.
④ 마사지와 팩은 하지 않는다.

• **063**
스팀타월을 사용하여 유분기를 녹여주고 불순물을 제거하는 것은 지성 피부의 청결에 적합한 방법이다.

064 다음 중 지방의 기능이 아닌 것은?

① 세포막 형성
② 에너지의 근원
③ 수용성 비타민 흡수 촉진
④ 호르몬의 구성 성분

• **064**
지방은 지용성 비타민의 흡수를 촉진시킨다.

065 항산화 비타민으로 아스코르브산(Ascorbic Acid)이라고 부르는 것은?

① 비타민 A   ② 비타민 B
③ 비타민 C   ④ 비타민 D

• **065**
비타민 C(아스코르브산)는 모세혈관벽을 간접적으로 튼튼하게 한다.

066 다음 중 비타민 K에 대한 설명으로 옳은 것은?

① 물에 녹는다.
② 탄수화물 대사에 도움을 준다.
③ 혈액응고에 관여한다.
④ 피지분비를 조절해준다.

• **066**
비타민 K는 혈액응고에 관여하고, 피부염과 습진에 효과적이며, 모세혈관벽을 튼튼하게 한다.

067 토코페롤에 대한 설명으로 옳은 것은?

① 항산화제이다.
② 체내 지방에서 저장할 수 없다.
③ 골다공증의 원인이 된다.
④ 콜라겐의 형성에 도움을 준다.

• **067**
토코페롤(비타민 E)은 노화방지와 세포재생에 관여하는 항산화 비타민이다.

068 수용성 비타민의 명칭이 잘못된 것은?

① 비타민 B_1 – 티아민(Thiamine)
② 비타민 B_6 – 피리독신(Phyridoxin)
③ 비타민 B_{12} – 니아신(Niacin)
④ 비타민 B_2 – 리보플라빈(Riboflavin)

• **068**
비타민 B_{12}은 코발아민(Cobalamin)으로 세포조직을 형성하고, 세포재생의 모든 과정을 촉진시킨다.

정답 063 ② 064 ③ 065 ③ 066 ③
067 ① 068 ③

069 비타민 B₁₂ 결핍시 나타나는 장해는?

① 구루병　　　　　　　② 각기병
③ 악성빈혈　　　　　　④ 괴혈병

비타민 B₁₂는 적혈구 생산에 관여하며, 악성빈혈을 치료할 수 있는 인자이다.

070 다음 중 지성 피부에 가장 적합한 팩은?

① 달걀노른자 팩　　　　② 머드팩
③ 호르몬 팩　　　　　　④ 왁스팩

머드팩은 피지를 흡착해주므로 지성 피부, 여드름 피부에 효과적이다.

071 표피 수분부족 피부에 대한 설명으로 옳은 것은?

① 건성 피부와 동일하다.
② 민감성 피부와 동일하다.
③ 수분이 부족한 피부 타입이다.
④ 기름이 부족한 피부 타입이다.

표피 수분부족 피부는 건성 피부 중 표피의 수분이 부족한 타입을 말한다.

072 비타민 중 거칠어지는 피부, 피부각화 이상에 의한 피부질환 치료에 사용되며 과용하면 탈모가 생기는 비타민은?

① 비타민 A　　　　　　② 비타민 B₁
③ 비타민 C　　　　　　④ 비타민 D

비타민 A는 과잉시 탈모나 두통을 유발한다.

073 다음 중 민감성 피부의 관리시 뜨거운 스팀 대신 사용해야 할 것은?

① 차가운 스팀　　　　　② 뜨거운 습포
③ 열　　　　　　　　　④ 스팀을 사용하지 않는다.

민감성 피부의 경우 뜨거운 스팀 대신 차가운 스팀을 사용해서 피부를 진정시켜준다.

074 다음 중 자외선을 통해 피부에서 합성되는 것은?

① 비타민 K　　　　　　② 비타민 C
③ 비타민 D　　　　　　④ 비타민 A

자외선은 피부에서 비타민 D의 전구물질을 비타민 D로 합성한다.

075 모간의 가장 바깥쪽에 있는 층은?

① 모피질　　　　　　　② 모표피
③ 모유두　　　　　　　④ 모수질

모표피(Hair Cuticle)는 모발의 가장 바깥쪽을 싸고 있는 얇은 비늘 모양의 층이다.

076 모발의 주요 성분은 주로 무엇인가?

① 탄수화물　　　　　　② 지방
③ 단백질　　　　　　　④ 칼슘

모발은 케라틴이라는 단백질로 구성되어 있다.

077 지성 피부에 대한 설명으로 옳은 것은?

① 주름이 쉽게 생긴다.

② 각질이 들뜨기 쉽다.

③ 모공이 작다.

④ 메이크업이 잘 지워진다.

● **077**
지성 피부는 모공이 넓으며 메이크업이 지워지기 쉽고 번들거린다.

078 단백질이 피부에 미치는 영향이 아닌 것은?

① 피부의 결합조직을 재생시켜준다.

② 피부의 각질을 건강하게 한다.

③ 손톱과 발톱을 건강하게 유지시킨다.

④ 피부표면의 수분증발을 억제해준다.

● **078**
피부표면의 수분증발을 억제해주는 것은 지방이다.

079 다음 중 모발의 색깔 변화가 일어나는 층은?

① 모표피　　　　② 모근

③ 모수질　　　　④ 모피질

● **079**
모피질은 멜라닌 색소가 있어 모발의 색깔 변화가 일어난다.

080 다음 중 중성 피부에 대한 설명으로 옳은 것은?

① 화장이 오래 가지 않고 쉽게 지워진다.

② 계절이나 연령에 따른 변화가 전혀 없이 항상 중성상태를 유지한다.

③ 외적인 요인에 의해 건성이나 지성 쪽으로 되기 쉽기 때문에 항상 꾸준한 손질을 해야 한다.

④ 자연적으로 유분과 수분의 분비가 적당하므로 다른 손질은 하지 않아도 된다.

● **080**
중성 피부는 계절, 날씨 등에 따라 피부 상태가 변하기 쉬우므로 꾸준히 관리해야 한다.

081 감염에 대한 저항력을 높여주는 것은?

① 판토텐산　　　　② 칼시페롤

③ 코발아민　　　　④ 피리독신

● **081**
판토텐산(비타민 B_5)은 피부의 면역력을 증가시키고 항체를 형성한다.

082 다음 중 섬유소에 대한 설명이 틀린 것은?

① 장의 연동운동을 촉진시킨다.

② 식사시 영양분의 흡수를 억제한다.

③ 변의 양을 증가시킨다.

④ 체내에서 합성된다.

● **082**
섬유소는 체내에서 합성이 안 되므로 음식물로 섭취해야 한다.

정답 077 ④ 078 ④ 079 ④ 080 ③
081 ① 082 ④

083 다음 중 5대 영양소가 아닌 것은?

① 탄수화물　　　　② 무기질
③ 식이섬유　　　　④ 단백질

● **083**
5대 영양소는 탄수화물, 단백질, 지방, 비타민, 무기질이다.

084 3가지 기초 식품군이 아닌 것은?

① 비타민　　　　② 탄수화물
③ 지방　　　　④ 단백질

● **084**
3가지 기초 식품군은 탄수화물, 단백질, 지방이다.

085 민감성 피부관리의 주요 목적은?

① 스크럽과 세정
② 조직의 진정과 강화
③ 균형
④ 보습 강화

● **085**
민감성 피부의 관리는 예민한 피부를 진정시키고 피부보호막을 유지하고 기능을 강화하는 데 주안점을 둔다.

086 피부 미백에 가장 많이 사용되는 비타민은?

① 비타민 A　　　　② 비타민 B
③ 비타민 C　　　　④ 비타민 D

● **086**
비타민 C는 기미, 주근깨 등의 색소 침착을 방지한다.

087 피부 영양관리에 대한 설명 중 가장 올바른 것은?

① 대부분의 영양은 음식물을 통해 얻을 수 있다.
② 외용약을 사용해야만 유지할 수 있다.
③ 마사지를 잘하면 된다.
④ 영양크림을 어떻게 잘 바르는가에 달려 있다.

● **087**
체내의 신진대사가 원활히 이루어져 영양분이 피부에 공급되어 건강한 피부가 만들어진다.

088 피부 부속기관에 대한 설명 중 틀린 것은?

① 아포크린선 – 겨드랑이에 많고 산패되면 악취를 낸다.
② 피지선 – 한선을 통해 피지를 배출한다.
③ 모발 – 케라틴으로 구성되어 있다.
④ 에크린선 – 소한선으로 체온 유지기능이 있다.

● **088**
피지는 모공을 통해 배출된다.

089 민감성 피부의 보호막 기능을 강화할 수 있는 것은?

① 열　　　　② 뜨거운 스팀
③ 자외선 차단제　　　　④ 지질

● **089**
얇은 각질층의 정상적인 기능을 위해서는 지질이 필요하다.

 083 ③ 084 ① 085 ② 86 ③
087 ① 088 ② 089 ④

090 얼굴의 피지가 세안으로 없어졌다가 원상태로 회복될 때까지의 일반적인 소요시간은?

① 10분 정도　　　　② 30분 정도
③ 2시간 정도　　　　④ 5시간 정도

■ **090**
피부가 정상적인 pH를 회복할 때까지 약 2시간이 걸린다.

091 다음 중 무기질의 역할이 아닌 것은?

① 체액의 산알칼리 평형조절　② 에너지원
③ 신경자극 전달　　　　　　④ 호르몬의 구성 성분

■ **091**
무기질은 신체의 골격형성에 관여하고, 신경자극을 전달하며 호르몬의 구성 성분이나 에너지원으로는 사용되지 않는다.

092 필수 아미노산이 아닌 것은?

① 이소루신　　　　② 히스티딘
③ 발린　　　　　　④ 시스테인

■ **092**
필수 아미노산은 체내에서 합성되지 않는 것으로 발린, 루신, 이소루신, 메티오닌, 트레오닌, 라이신, 페닐알라닌, 트립토판, 히스티딘이 있다.

093 무기질의 종류와 특징이 잘못 연결된 것은?

① 칼슘 - 케라틴 합성에 관여한다.
② 요오드 - 갑상선 호르몬의 성분이다.
③ 나트륨 - 근육의 수축에 관여한다.
④ 칼륨 - 혈압을 저하시킨다.

■ **093**
칼슘은 뼈와 치아를 형성하며, 황이 케라틴 합성에 관여한다.

094 다음 중 멜라닌 생성을 저하하는 것은?

① 비타민 C　　　　② 콜라겐
③ 티로시나제　　　④ 엘라스틴

■ **094**
비타민 C는 멜라닌 색소 형성을 억제, 환원하여 엷게 한다.

095 건성 피부의 관리방법으로 옳지 않은 것은?

① 충분한 일광욕을 한다.
② 영양크림을 사용한다.
③ 버터나 치즈 등을 섭취한다.
④ 피부관리를 정기적으로 한다.

■ **095**
건성 피부는 노화가 일어나기 쉽고, 피부의 저항력도 약한 편이어서 일광욕은 좋지 않다.

096 민감성 피부에 대한 설명으로 옳지 않은 것은?

① 보호막 기능이 손상된 경우가 많다.
② 지질 생성이 감소되었다.
③ 알레르기 항원과 자극제에 영향을 받기 쉽다.
④ 민감성을 확인하기 위해 처음에 복합 트리트먼트 요법을 받아야 한다.

■ **096**
가능한 자극적인 동작이나 요법은 실시하지 않는다.

정답 **90** ③ **91** ② **92** ④ **93** ①
94 ① **95** ① **96** ④

097 영양소의 기능이 잘못 연결된 것은?

① 탄수화물 – 면역체를 생산한다.
② 단백질 – 피부구성 성분의 대부분을 차지한다.
③ 지방 – 외부의 충격을 완화시킨다.
④ 무기질 – 효소, 호르몬의 구성 성분이다.

● **097**
탄수화물은 열량소이고, 단백질은 면역체를 생산한다.

098 다음 중 중성 피부의 손질법으로 적당하지 않은 것은?

① 비타민 A가 함유된 식품을 섭취한다.
② 계절의 변화에 따른 피부미용에 신경쓴다.
③ 피로가 쌓이지 않게 한다.
④ 진정관리에 주안점을 둔다.

● **098**
피부자극을 최소화시키고 진정시키는 데 관리의 주안점을 두는 것은 민감성 피부이다.

099 비타민 C를 가장 많이 함유한 식품은?

① 레몬 ② 당근
③ 고추 ④ 쇠고기

● **099**
비타민 C는 레몬, 귤 등의 신선한 과일에 많이 함유되어 있다.

100 비타민 A와 관련이 있는 카로틴을 가장 많이 함유한 식품은?

① 쇠고기, 돼지고기 ② 감자, 고구마
③ 귤, 당근 ④ 사과, 배

● **100**
당근은 대표적인 비타민 A의 보급원이다.

101 일상생활에서의 여드름 관리를 위한 주의사항에 해당하지 않는 것은?

① 과로를 피한다.
② 적당하게 일광을 쪼인다.
③ 배변이 잘 이루어지도록 한다.
④ 가급적 유성 화장품을 사용하도록 한다.

● **101**
여드름은 지성 피부에서 발생되기 쉬우므로 가급적 유성 화장품은 피한다.

102 다음 중 색소성 질환이 아닌 것은?

① 백반 ② 노인성 흑자
③ 신경상피 ④ 기미

● **102**
색소성 질환에는 백색증, 백반증, 기미, 주근깨, 노인성 흑자 등이 있다.

103 다음 중 원발진에 해당하는 병소는?

① 흉터 ② 비듬
③ 면포 ④ 티눈

● **103**
원발진은 면포, 반점, 구진, 결절, 종양, 팽진, 농포, 수포 등을 말한다.

정답 097 ① 098 ④ 099 ① 100 ③
101 ④ 102 ③ 103 ③

104 다음 중 여드름의 악화 인자가 아닌 것은?

① 음식물 ② 생리
③ 술 ④ 스트레스

105 표피 및 진피층에 멜라닌 색소가 과잉침착되어 나타나는 현상은?

① 기미 ② 여드름
③ 백반증 ④ 주근깨

106 모세혈관의 울혈에 의해 피부가 발적된 상태를 무엇이라 하는가?

① 소수포 ② 종양
③ 홍반 ④ 자반

107 각질화 진단시 나타나는 질환은?

① 비듬 ② 가려움증
③ 노인성 흑자 ④ 기미

108 대상포진에 대한 설명으로 맞는 것은?

① 지각신경분포를 따라 군집 수포성 발진이 생기며 통증이 동반된다.
② 바이러스를 갖고 있지 않다.
③ 전염되지는 않는다.
④ 목과 눈꺼풀에 나타나는 전염성 비대 종식현상이다.

109 다음 중 박테리아에 의한 피부염은 무엇인가?

① 아토피 피부염 ② 버짐
③ 농가진 ④ 백선

110 바이러스성 질환으로 수포가 입술 주위에 잘 생기고 흉터없이 치유되나 재발이 잘 되는 것은?

① 습진 ② 태선
③ 단순포진 ④ 대상포진

111 아토피성 피부염에 대한 설명으로 옳은 것은?

① 국소염증만 가지고 있다. ② 피부염보다 심한 형태다.
③ 유전이다. ④ 재발하지 않고 일회성이다.

정답 104 ① 105 ① 106 ③ 107 ①
108 ① 109 ③ 110 ③ 111 ③

맞춤해설

112 피부질환의 증상에 대한 설명 중 맞는 것은?

① 수족구염 – 홍반성 결절이 하지부 부분에 여러 개 나타나며 손으로 누르면 통증을 느낀다.

② 지루 피부염 – 기름기가 있는 인설(비듬)이 특징이며 호전과 악화를 되풀이 하고 약간의 가려움증이 동반한다.

③ 무좀 – 홍반에서부터 시작되며 수시간 후에는 구진이 발생된다.

④ 여드름 – 구강 내 병변으로 동그란 홍반에 둘러싸여 작은 수포가 나타난다.

● 112
지루 피부염은 만성 염증성 피부 질환으로 열에 민감하며, 홍반과 인설을 동반한다.

113 땀샘이 막혀 땀이 피부 밖으로 배출되지 못하여 생기는 질환은?

① 화상   ② 한진

③ 종기   ④ 홍반

● 113
한진은 땀띠를 이르는 말로 땀이 정상적으로 배출되지 않고 고인 땀으로 수포가 형성된 것을 말한다.

114 일명 쥐젖이라고 불리는 피부질환은?

① 섬유종   ② 한관종

③ 혈관종   ④ 비립종

● 114
섬유종은 섬유로 이루어진 양성 종양의 하나로 쥐젖이라고도 부른다.

115 다음 중 가려움의 의학적 용어는 무엇인가?

① 접촉피부염(Contact Dermatitis)

② 각화증(Keratosis)

③ 건선(Psoriasis)

④ 소양증(Pruritus)

● 115
소양증은 소양(가려움)을 주증세로 하는 피부병을 말한다.

116 모세혈관 파손과 구진 및 농도성 질환이 코를 중심으로 양볼에 나비 모양을 이루는 것은?

① 접촉성 피부염   ② 주사

③ 건선   ④ 농가진

● 116
주사(Rosacea)는 얼굴에 대칭적으로 나타나는 만성 충혈성 피부질환이다.

117 두발 상태가 건조하며 세로로 가늘게 갈라지듯 부서지는 증세는?

① 원형 탈모증

② 결발성 탈모증

③ 비강성 탈모증

④ 결절 열모증

● 117
결절 열모증은 모발이 건조해서 세로로 갈라지는 현상을 말한다.

정답   112 ②   113 ②   114 ①   115 ④
116 ②   117 ④

118 비듬의 일반적인 원인이 아닌 것은?

① 비타민 B₁의 결핍증　　② 두피 혈액순환 악화
③ 단백질의 과잉섭취　　④ 부신피질 기능저하

119 다음은 어떤 피부질환에 대한 설명인가?

- 곰팡이균에 의하여 발생한다.
- 피부 껍질이 벗겨진다.
- 가려움증이 동반된다.
- 주로 손과 발에서 번식한다.

① 흉터　　　　　② 무좀
③ 홍반　　　　　④ 사마귀

120 땀띠가 생기는 원인으로 가장 옳은 것은?

① 땀띠는 피부 표면에 땀구멍이 일시적으로 막히기 때문에 생기는 발한기능의 장해때문에 발생한다.
② 땀띠는 여름철 너무 잦은 세안때문에 발생한다.
③ 땀띠는 여름철 과다한 자외선때문에 발생하므로 햇볕을 받지 않으면 생기지 않는다.
④ 땀띠는 피부에 미생물이 감염되어 생긴 피부질환이다.

121 다음 중 균류에 의한 피부염은?

① 아토피 피부염　　② 농가진
③ 버짐　　　　　④ 백선

122 다음 중 바이러스성 피부질환이 아닌 것은?

① 수두　　　　　② 대상포진
③ 사마귀　　　　④ 켈로이드

123 다음 중 원형 탈모증의 원인이 아닌 것은?

① 국소감염　　　② 자가면역이상
③ 두피의 지루성 피부염　④ 스트레스

맞춤해설

● **118**
단백질의 섭취와 비듬과는 상관이 없다.

● **119**
무좀은 피부사상균(곰팡이균)에 감염되어 생기는 피부병으로 발에 발생하며 가려움증이 동반한다.

● **120**
한진(땀띠)은 한선이 각질에 의해 폐쇄되어 땀이 배출되지 못해 발생된다.

● **121**
백선은 진균성 피부질환으로 족부백선, 조갑백선, 두부백선, 칸디다증 등이 있다.

● **122**
켈로이드는 피부조직의 재생 과정에서 손상되었던 피부가 더 크고 붉게 튀어 올라오는 것을 말하며 원인은 다양하다.

● **123**
두피의 지루성 피부염은 남성형 탈모증의 악화 원인이다.

정답　118 ③　119 ②　120 ①　121 ④
122 ④　123 ③

제2과목　피부학　**59**

맞춤해설

124 모래알 크기의 각질세포로서 눈 아래 모공과 땀구멍에 주로 생기는 백색구진형태의 질환은?

① 비립종
② 칸디다증
③ 매상혈관종
④ 화염성 모반

● 124
진피 내에 표피 성분이 과다하게 증식하여 발생하는 것으로, 직경이 1~4mm의 흰색 병변 얼굴, 주로 눈 주위에 많이 생기는 현상이다.

125 통증이 없이 각질층이 부분적으로 두꺼워지는 질환을 무엇이라 하는가?

① 사마귀
② 인설
③ 티눈
④ 굳은살

● 125
굳은살은 간헐적인 압박을 받는 부위에서 피부 손상을 막기 위해 해당 부위 세포가 빠르게 성장하여 과도하게 커지면서 발생한 것이다.

126 다음 중 물리적 인자에 의한 피부질환이 아닌 것은?

① 굳은살
② 여드름
③ 화상
④ 동창

● 126
여드름은 세균성 피부질환에 속한다.

127 피부질환의 상태를 나타낸 용어 중 원발진(Primary Lesion)에 해당하는 것은?

① 결절
② 미란
③ 가피
④ 반흔

● 127
• 원발진 : 반점, 구진, 결절, 종양, 팽진, 수포, 농포, 면포
• 속발진 : 인설, 가피, 찰창, 열창, 궤양, 반흔, 얼룩

128 각화가 심한 중심핵을 가지고 있으며 계속적인 마찰에 의해 두껍고 딱딱해진 상태인 피부질환은?

① 굳은살
② 티눈
③ 통풍
④ 농가진

● 128
티눈은 각화가 심한 중심핵이 피부 밑의 신경을 눌러 찌를 듯한 통증을 동반한다.

129 피부 표면에서 탈락되는 각질 덩어리로 불규칙한 비늘 박리조각으로 크기나 모양이 다양한 것은?

① 인설
② 균열
③ 가피
④ 미란

● 129
인설은 표피가 피부 표면으로 떨어져 나간 것을 말한다.

130 흑갈색의 사마귀 모양으로 40대 이후에 손등이나 얼굴 등에 생기는 것은?

① 기미
② 주근깨
③ 흑피증
④ 노인성 반점

● 130
노인성 반점은 흑자라고도 부르며, 중년 이후 일광 노출부위에 발생하는 흑갈색의 색소반이다.

정답
124 ① 125 ④ 126 ② 127 ①
128 ② 129 ① 130 ④

131 다음 중 종류가 다른 피부질환은?

① 기미　　　　　　　② 오타씨 모반
③ 백반증　　　　　　④ 흑자

132 다음 중 남성형 탈모증의 주원인이 되는 호르몬은?

① 안드로겐(Androgen)　　② 에스트라디올(Estradiol)
③ 코티손(Cortisone)　　　④ 옥시토신(Oxytocin)

133 다음 중 셀룰라이트의 발생원인이 아닌 것은?

① 림프관의 압박　　　② 혈관 압박
③ 지방 과다축적　　　④ 진피의 과다축적

134 뽀루지라고도 부르는 붉은 여드름으로 끝이 뾰족하거나 둥근 형태의 염증성 발진은?

① 면포성 여드름　　　② 구진성 여드름
③ 농포성 여드름　　　④ 낭종성 여드름

135 불안정한 온도 변화, 대기 중 꽃가루 등으로 인한 피부 트러블이 가장 잦은 계절은?

① 봄　　　　　　　　② 여름
③ 가을　　　　　　　④ 겨울

136 여드름의 종류 중 공기에 피지가 노출되어 멜라닌, 먼지 등에 의해 검게 착색됨 것은?

① 백면포　　　　　　② 흑면포
③ 구진성 여드름　　　④ 농포성 여드름

137 피부관리 분야에서 다룰 수 없는 여드름의 단계는?

① 제1기 여드름　　　② 제2기 여드름
③ 제3기 여드름　　　④ 제4기 여드름

138 다음 진피층까지 파괴되어 영구히 흉터를 남기는 여드름은?

① 구진성 여드름　　　② 농포성 여드름
③ 결절성 여드름　　　④ 낭종성 여드름

139 붉은 구진성 여드름이 악화되어 농포가 형성된 여드름은?

① Pustules ② Nodules
③ Papules ④ White head

● **139**
Pustules는 농포성 여드름을 말한다.

140 다음 중 알레르기성 접촉 피부염을 가장 많이 일으키는 금속성분은?

① 금 ② 은
③ 동 ④ 니켈

● **140**
알레르기 체질을 가진 사람이 그 원인 물질과 접촉했을 때 나타나며 염색약, 화장품, 옻나무, 옻닭, 니켈 등에 노출된 경우에 생긴다.

141 자외선 차단지수를 나타내는 약어는?

① UV-C ② SPF
③ WHO ④ FDA

● **141**
SPF : Sun Protection Factor

142 홍반, 부종, 통증뿐만 아니라 수포를 형성하는 것은?

① 제1도 화상 ② 제2도 화상
③ 제3도 화상 ④ 중급 화상

● **142**
제2도 화상은 수포성 화상으로 홍반, 부종, 통증, 수포를 동반한다.

143 예방접종으로 획득되는 면역의 종류는?

① 인공 능동면역 ② 인공 수동면역
③ 자연 능동면역 ④ 자연 수동면역

● **143**
인공 능동면역은 예방접종으로 획득한 면역을 말하며, 인공 수동면역은 면역혈청 주입을 말한다.

144 멜라닌에 대한 설명으로 옳지 않은 것은?

① 임신 중에 신체 부위별로 색소가 짙어지기도 하는데 멜라닌 형성자극 호르몬이 왕성하게 분비되기 때문이다.
② 색소생성세포의 수는 인종 간에 차이가 크다.
③ 멜라닌 형성 자극 호르몬은 멜라닌 형성에 촉진제 역할을 한다.
④ 멜라닌 생성 세포는 신경질에서 유래하며 정신적 인자와도 연관성이 있다.

● **144**
멜라닌 세포의 수는 인종과 관계없이 동일하다.

145 다음 중 피부색을 결정하는 요소가 아닌 것은?

① 멜라닌 ② 혈관분포와 혈색소
③ 각질층의 두께 ④ 티록신

● **145**
티록신은 갑상선에서 분비되는 호르몬으로 신진대사를 조절한다.

정답 139 ① 140 ④ 141 ② 142 ②
143 ① 144 ② 145 ④

146 오존층에서 거의 흡수를 하며 살균작용과 피부암을 발생시킬 수 있는 파장의 선은?

① 적외선　　　　　　　② 가시광선
③ UV-A　　　　　　　④ UV-C

● 146
UV-C는 오존층에서 99% 이상 흡수되며 박테리아 및 바이러스 등 단세포성 조직을 죽이는데 효과적이다.

147 피부미백에 가장 많이 사용되는 비타민은?

① 비타민 A　　　　　　② 비타민 B
③ 비타민 C　　　　　　④ 비타민 D

● 147
비타민 C는 기미, 주근깨 등 피부의 미백에 도움을 준다.

148 털이 지나치게 많이 나는 증상은?

① 다모증　　　　　　　② 헤르페스
③ 쿠퍼로즈　　　　　　④ 다한증

● 148
털이 지나치게 많이 나는 현상은 다모증이다.

149 다음 중 부족할 경우 비듬생성의 원인이 되는 비타민은?

① 비타민 A　　　　　　② 비타민 B_1
③ 비타민 D　　　　　　④ 비타민 E

● 149
비타민 B_1이 부족할 경우 두피가 건조해지며 비듬이 생긴다.

150 다음 중 나이가 들어감에 따라 환경변화와 상관없이 나타나는 노화는?

① 내인성 노화　　　　　② 표피의 노화
③ 외인성 노화　　　　　④ 진피의 노화

● 150
내인성 노화는 나이가 들어감에 따른 자연적인 노화를 말한다.

151 다음 중 자외선 자체에 대한 면역 과민반응으로 소수포 형태로 발생하는 것은?

① 두드러기　　　　　　② 광독성 피부염
③ 일광 알레르기　　　　④ 다형광발진

● 151
다형광발진은 자외선에 대한 면역 과민반응을 말한다.

152 다음 중 항원, 항체 반응의 예가 아닌 것은?

① 알레르기　　　　　　② 백신
③ 혈액의 응집현상　　　④ 각질층의 라멜라구조

● 152
각질층의 라멜라구조는 자연적인 신체의 방어벽이다.

146 ④　147 ③　148 ①　149 ②
150 ①　151 ④　152 ④

153 자외선 차단제에 관한 설명이 틀린 것은?

① 자외선 차단제는 SPF의 지수가 있다.

② 자외선 차단지수는 제품을 사용했을 때 홍반을 일으키는 자외선의 양을 제품을 사용하지 않았을 때 자외선의 양으로 나눈 값이다.

③ 자외선 차단제의 효과는 자신의 멜라닌 색소의 양과 자외선에 대한 민감도에 따라 달라질 수 있다.

④ SPF는 차단지수가 낮을수록 차단도가 높다.

● **153**
SPF는 차단지수가 높을수록 차단도가 높다.

154 비타민 C가 인체에 미치는 효과가 아닌 것은?

① 피부의 멜라닌 색소의 생성을 억제시킨다.

② 혈색을 좋게 하여 피부에 광택을 준다.

③ 호르몬 분비를 억제시킨다.

④ 피부의 과민증을 억제하는 힘과 해독작용을 한다.

● **154**
콜라겐 형성에 관여하여 피부를 튼튼하게 하고 멜라닌 색소 형성을 억제·환원하여 엷게 하고, 항산화제로 작용한다.

155 다음 중 인공 능동면역의 특성을 가장 잘 설명한 것은?

① 항독소등 인공 제제를 접종하여 형성되는 면역

② 생균백신, 사균백신 및 순화독소의 접종으로 형성되는 면역

③ 모체로부터 태반이나 수유를 통해 형성되는 면역

④ 각종 감염병 감염 후 형성되는 면역

● **155**
인공 능동면역은 인공적으로 항원을 몸에 주입하여 항체를 형성하게 만드는 것이다.

156 미안용 적외선 등의 효과에 관한 설명으로 틀린 것은?

① 피부에 온열자극을 준다.

② 혈액순환을 촉진시킨다.

③ 팩 재료의 건조를 촉진시킨다.

④ 에르고스테린을 비타민 D로 환원시킨다.

● **156**
프로비타민인 에르고스테린을 비타민 D로 환원시키는 것은 자외선이다.

157 다음 중 기미의 유형이 아닌 것은?

① 혼합형 기미   ② 진피형 기미

③ 표피형 기미   ④ 피하조직형 기미

● **157**
기미의 유형에는 표피형, 진피형, 혼합형 기미가 있다.

158 다음 중 인체 내 물의 역할로 가장 거리가 먼 것은?

① 생체 내 모든 반응은 물을 용매로 삼투압 작용을 한다.

② 신체 내의 산·알칼리의 평형을 갖게 한다.

③ 피부 표면의 수분량은 5~10%로 유지해야 한다.

④ 체액을 통하여 신진대사를 한다.

● **158**
피부 표면의 수분량이 10% 이하이면 건조하다.

정답 153 ④ 154 ③ 155 ② 156 ④
157 ④ 158 ③

159 다이어트 시 나타나는 현상이 아닌 것은?

① 무월경

② 피부의 거칠음

③ 피부탄력 감소

④ 갑상선 기능항진증

160 강한 자외선에 노출될 때 생길 수 있는 현상이 아닌 것은?

① 만성 피부염　　　　② 홍반

③ 광노화　　　　　　④ 일광화상

161 자외선등(Ultraviolet Lamp)을 이용한 미안술로 올바른 것은?

① 시술자와 고객은 보호안경과 아이패드를 착용한다.

② 가급적 장시간의 시술로 효과를 높인다.

③ 파장은 650~1400㎛ 정도의 것을 사용한다.

④ 자외선등은 피부에서 30cm 정도 거리를 두고 시술한다.

162 태양광선 중 피부에 가장 큰 영향을 미치는 것은?

① 가시광선　　　　　② 적외선

③ 자외선　　　　　　④ 원적외선

163 자외선이 피부에 미치는 긍정적인 영향이 아닌 것은?

① 비타민 D의 형성　　② 살균효과

③ 강장효과　　　　　④ 일광 알레르기

164 다음 중 선탠을 할 때 사용하는 광선은?

① UV-A　　　　　　② UV-B

③ UV-C　　　　　　④ 가시광선

165 칼슘과 인의 흡수를 촉진하는 기능이 있어 골다공증의 예방에 효과적인 것은?

① 비타민 D　　　　　② 비타민 E

③ 비타민 K　　　　　④ 비타민 P

166 다음 중 UV-A(장파장 자외선)의 파장 범위는?

① 320~400nm　　　② 290~320nm

③ 200~290nm　　　④ 100~200nm

● 166
• UV-A : 320~400nm(장파장)
• UV-B : 290~320nm(중파장)
• UV-C : 200~290nm(단파장)

167 내인성 노화가 진행될 때 감소현상을 나타내는 것은?

① 각질층 두께　　　② 주름

③ 기미　　　④ 랑게르한스 세포

● 167
노화함에 따라 멜라닌 세포와 랑게르한스 세포의 수식 기능이 감소한다.

168 단파장으로 가장 강한 자외선이며, 원래는 오존층에 완전 흡수되어 지표면에 도달하지 않았으나 오존층의 파괴로 인해 인체와 생태계에 많은 영향을 미치는 자외선은?

① UV-A　　　② UV-B

③ UV-C　　　④ UV-D

● 168
UV-C는 오존층에서 99% 흡수된다.

169 피부질환의 초기 병변으로 건강한 피부에서 발생하지만 질병으로 간주되지 않는 피부의 변화는?

① 알레르기　　　② 속발진

③ 원발진　　　④ 발진열

● 169
원발진은 초기 병변으로 종류에는 반점, 구진, 결절, 종양, 팽진, 수포, 농포 등이 있다.

170 면역의 화학적 방어벽 중 백혈구나 면역세포의 식작용을 돕는 효소를 무엇이라고 하는가?

① 히스타민　　　② 인터페론

③ 보체　　　④ 키닌

● 170
보체는 백혈구나 면역세포가 식작용을 잘 할 수 있도록 돕는 효소 또는 단백질이다.

171 지성 피부, 주름진 피부, 비듬성 피부에 가장 좋은 광선은?

① 가시광선　　　② 적외선

③ 자외선　　　④ 감마선

● 171
적외선은 혈관을 확장시켜 순환에 영향을 미치고, 피지선·한선의 기능을 촉진시켜 노폐물 배출을 돕는다.

172 항원에 대해 항체의 생성을 유도하고 인체의 방어체계를 제어하고 자극하는 역할을 하는 것은?

① 대식세포　　　② 인터페론

③ NK 세포　　　④ 사이토카인

● 172
사이토카인은 백혈구나 대식세포를 끊임없이 조정하여 증식, 분화, 활성을 조절한다.

정답 166 ① 167 ④ 168 ③ 169 ③ 170 ③ 171 ② 172 ④

173 다음 중 흉선에서 성숙된 후 림프절로 이동하여 다른 면역세포와 작용하여 면역반응을 조절하거나 직접 다른 세포를 죽이는 것은?

① B림프구　　② T림프구　　③ NK 세포　　④ 혈소판

● **173**
T림프구는 세포성 면역으로, 항원에 대해 직접 면역반응에 관여한다.

174 광노화(Photo Aging)란?

① 사진으로 인한 노화　　② 햇빛 노출에 관련된 노화증상

③ 수면 습관으로 인한 노화　　④ 유전으로 인한 노화

● **174**
광노화의 노화를 가속시키는 주된 요인은 자외선이다.

175 피부에 자외선을 너무 많이 조사(照射)했을 경우 일어날 수 있는 일반적인 현상은?

① 멜라닌 색소가 증가해 기미, 주근깨 등이 발생한다.

② 피부가 윤기가 나고 부드러워진다.

③ 피부에 탄력이 생기고 각질이 엷어진다.

④ 세포의 탈피현상이 감소된다.

● **175**
자외선은 자연색소 침착(기미의 직접적 원인)을 일으킨다.

176 자외선의 인체에 대한 작용으로 관계가 없는 것은?

① 비타민 D 형성　　② 멜라닌 색소 침착

③ 체온 상승　　④ 피부암 유발

● **176**
자외선은 체온의 상승과는 무관하다.

177 유리기(Free Radical)란?

① 용해제의 활성수소 이온이다.　② 용해제의 수산화물 이온이다.

③ 불안정한 분자나 원자이다.　④ 전자흐름이다.

● **177**
유리기는 자유로운 전자를 하나 가지고 있어서 전기적으로 매우 불안정한 분자이다.

178 피부조직학의 변화를 일으키는 노화가 주로 발생하는 부위는?

① 표피　　② 피하조직　　③ 근육　　④ 진피

● **178**
노화가 일어나면 진피의 구성 성분이 감소하여 탄력이 떨어지고 깊은 주름이 생긴다.

179 다음 중 내인성 노화의 원인과 관련된 것은?

① 광선　　② 알코올　　③ 유전　　④ 스트레스

● **179**
내인성 노화는 환경과는 관련 없이 나이가 들어가면서 나타나는 노화를 말한다.

180 적외선을 피부에 조사시킬 때 나타나는 생리적 영향에 대한 설명으로 틀린 것은?

① 신진대사에 영향을 미친다.

② 혈관을 확장시켜 순환에 영향을 미친다.

③ 전신의 체온 저하에 영향을 미친다.

④ 살균작용에 영향을 미친다.

● **180**
적외선은 열선(熱線)이다.

정답　173 ②　174 ②　175 ①　176 ③
177 ③　178 ④　179 ③　180 ③

맞춤해설

001 다음 중 해부학에 대한 설명으로 틀린 것은?

① 인체 기관의 기능을 연구하는 것이다.
② 인체의 구조와 각 조직의 형태 및 상호위치를 파악하는 것이다.
③ 해부학 중 현미경을 이용해 관찰하는 것을 조직학이라고 한다.
④ 생물학의 한 분야이다.

● 001
인체기관의 특유한 기능을 연구하는 학문은 생리학이다.

002 다음 중 인체의 단위를 작은 순서부터 차례로 나열한 것은?

① 세포 – 조직 – 계통 – 기관 – 인체
② 조직 – 기관 – 계통 – 인체 – 세포
③ 세포 – 조직 – 기관 – 계통 – 인체
④ 세포 – 계통 – 조직 – 기관 – 인체

● 002
세포 – 조직 – 기관 – 계통 – 인체의 순이다.

003 체내의 조직과 기관의 사이를 메우고 몸을 지탱하는 역할을 담당하는 조직은?

① 상피조직
② 결합조직
③ 근육조직
④ 신경조직

● 003
결합조직은 체내의 여러 조직과 기관의 사이를 메우고 그들을 연결하여 몸을 지탱하는 역할 및 세포의 영양을 담당하는 조직이다.

004 다음 중 아미노산을 운반하는 RNA는?

① mRNA   ② tRNA
③ rRNA   ④ wRNA

● 004
tRNA는 아미노산의 운반작용을 한다.

005 세포의 특징에 대한 설명이 바르지 못한 것은?

① 리소좀은 세포 내 소화작용에 관여한다.
② 조면소포체에는 리보솜이 있어서 단백질 합성 기능이 있다.
③ 핵은 유전자를 복제한다.
④ 단백질 합성과 관계 깊은 곳은 미토콘드리아이다.

● 005
단백질 합성과 관계 깊은 것은 리보솜이다.

정답 | 001 ① 002 ③ 003 ② 004 ②
005 ④

006 다음 중 세포막에 대한 설명으로 틀린 것은?

① 세포막은 물질수송을 조절한다.
② 세포막은 인접세포를 인식한다.
③ 핵을 둘러싸고 세포질과의 경계를 긋는다.
④ 세포막은 단백질과 지질로 구성된 얇은 막이다.

● 006
핵막은 핵을 둘러싸고 세포질과의 경계를 긋는다.

007 다음은 무엇에 대한 설명인가?

| 이것은 생명체의 기본단위로, 물질대사를 함 |

① 세포　　　　　　　② 조직
③ 기관　　　　　　　④ 계통

● 007
세포는 생명체의 기본 단위이며, 물질대사를 한다.

008 DNA는 어떤 구조로 되어 있는가?

① 이중 나선형　　　② 단일 나선형
③ 다중 나선형　　　④ 삼중 나선형

● 008
DNA는 이중 나선형 구조이다.

009 단백질이 합성·농축된 후 세포 밖으로 분비되는 기관은?

① 세포질　　　　　　② 골지체
③ 세포막　　　　　　④ 핵

● 009
골지체는 단백질을 합성, 저장, 농축하여 세포 외로 분비한다.

010 다음 중 상피조직의 기능이 아닌 것은?

① 운동　　　　　　　② 흡수
③ 분비　　　　　　　④ 방어

● 010
운동은 근육조직의 기능이다.

011 다음 중 인체를 구성하는 기본조직이 아닌 것은?

① 상피조직　　　　　② 근육조직
③ 혈관조직　　　　　④ 신경조직

● 011
인체의 4대 기본조직은 상피조직, 근육조직, 결합조직, 신경조직이다.

012 외부 환경이 변하더라도 생물체 내부의 환경은 일정 상태를 유지하려는 기전을 무엇이라 하는가?

① 순응성　　　　　　② 항상성
③ 반응성　　　　　　④ 생장성

● 012
항상성은 체온조절, 삼투압, 수분, pH등의 조절을 통해 생체 내부를 일정 상태로 유지하는 것이다.

정답　006 ③　007 ①　008 ①　009 ②
010 ①　011 ③　012 ②

013 다음 연결이 올바른 계통은?

① 근육계 – 장기보호, 신체의 지지 및 운동
② 신경계 – 감각기관을 통한 자극 전달
③ 골격계 – 호르몬 생산 및 분비, 신체기능의 화학적 조절
④ 순환계 – 오줌의 생산 및 배설, 항상성 조절

● 013
신경계 기능 : 감각 기능, 운동 기능, 조정 기능

014 다음 중 결합조직에 속하는 것이 아닌 것은?

① 혈액　　　　　② 섬유
③ 연골　　　　　④ 내장근

● 014
내장근은 근육조직이다.

015 영양분을 분해하기 위한 효소를 생산하는 세포소기관은?

① 소포체　　　　② 리보솜
③ 사립체　　　　④ 리소좀

● 015
리소좀은 세포 내의 소화를 담당한다.

016 다음 중 세포 내외의 물질이동을 조절하는 것은 무엇인가?

① 핵막　　　　　② 소포체
③ 리소좀　　　　④ 세포막

● 016
세포막은 세포 내의 물질을 보호하고 세포 내외의 물질이동을 조절한다.

017 세포막을 통한 물질의 이동 중 농도가 높은 곳에서 낮은 곳으로의 이동을 무엇이라 하는가?

① 능동수송　　　② 확산
③ 삼투　　　　　④ 여과

● 017
확산은 농도가 높은 곳에서 낮은 곳으로의 이동을 말하며 농도 경사가 클수록 온도가 높을수록 촉진된다.

018 세포분열과정에서 세포분열기간으로 DNA 정보가 복제되는 시기는?

① 간기　　　　　② 전기
③ 중기　　　　　④ 후기

● 018
간기는 세포분열기간으로 핵산과 단백질이 합성되며 DNA 양이 두 배가 된다.

019 다음 중 피부를 구성하고 있는 상피조직은 무엇인가?

① 편평상피　　　② 이행상피
③ 입방상피　　　④ 원주상피

● 019
편평상피는 비늘 모양의 상피로 혈관, 림프관, 폐포, 사구체낭, 표피, 구강, 식도, 항문 등에 분포해 있다.

020 세포의 구조 중 유전자를 복제하고 세포분열에 관여하는 것은?

① 소포체　　　　② 리보솜
③ 중심소체　　　④ 핵

● 020
핵은 유전자를 복제하거나 유전정보를 저장하고 세포분열에 관여한다.

정답 013 ② 014 ④ 015 ④ 016 ④ 017 ② 018 ① 019 ① 020 ④

021 다음 중 세포 ATP를 생성하고 호흡을 담당하는 곳은?

① 미토콘드리아　　　　② 소포체
③ 리소좀　　　　　　　④ 골지체

022 다음 중 생식세포의 분열에 해당하는 것은?

① 유사분열　　　　　　② 감수분열
③ 무사분열　　　　　　④ 간접분열

023 인체의 4대 기본조직 중 가장 많은 비중을 차지하는 조직은?

① 근조직　　　　　　　② 상피조직
③ 결합조직　　　　　　④ 신경조직

024 해부학적 자세에서 인체의 길이방향, 즉 수직방향으로 이루어진 단면으로서 신체를 좌우로 나눈 것은?

① 시상면　　　　　　　② 전두면
③ 횡단면　　　　　　　④ 대각선면

025 세포의 구조 중 세포의 성장과 생활에 필요한 영양물질을 함유하고 있는 기관은?

① 핵　　　　　　　　　② 세포질
③ 원형질　　　　　　　④ 염색체

026 골격계의 기능이 아닌 것은?

① 지지기능　　　　　　② 운동기능
③ 응고기능　　　　　　④ 조혈기능

027 다음 중 골외막에 대한 설명으로 틀린 것은?

① 혈관과 신경이 풍부하며, 근육이 붙는 자리를 제공한다.
② 관절면을 제외한 뼈의 표면을 싸고 있는 막이다.
③ 골절시 회복·재생의 기능을 한다.
④ 골수강을 덮는 막이다.

맞춤해설

028 다음 중 피가 만들어지는 곳은?

① 골막   ② 적골수

③ 치밀골   ④ 황골수

● 028
적골수에서 조혈작용이 일어난다.

029 장골의 구조 중 길이의 성장이 일어나는 곳은?

① 골단   ② 골간

③ 골수   ④ 관절

● 029
골단은 장골의 양쪽 끝을 말하며 뼈의 길이 성장이 일어나는 부위이다.

030 다음 중 골의 종류에 대한 설명이 바르게 된 것은?

① 단골 – 상완골   ② 장골 – 족근골

③ 종자골 – 슬개골   ④ 함기골 – 견갑골

● 030
장골 – 상완골, 단골 – 족근골, 편평골 – 견갑골이다.

031 다음 중 연골내골화에 의해 형성되는 뼈가 아닌 것은?

① 상완골   ② 전두골

③ 대퇴골   ④ 척골

● 031
두개골과 편평골은 막내골화 방식에 의해 형성된다.

032 탄력성이 있어 뼈와 뼈 사이의 완충역할을 하는 결합조직은 무엇인가?

① 골수   ② 골조직

③ 연골   ④ 관절

● 032
연골은 뼈와 뼈 사이의 충격을 흡수한다.

033 두개골의 뼈가 아닌 것은?

① 측두골   ② 전두골

③ 설상골   ④ 이소골

● 033
이소골은 귀에 있는 작은 뼈이다.

034 다음 중 섬유성 관절에 속하지 않는 것은?

① 연골관절   ② 봉합

③ 정식   ④ 인대결합

● 034
섬유성 관절에는 봉합, 인대결합, 정식이 있다.

035 뼈가 발생기에는 단단하지 않은 조직이었다가 나중에 단단한 조직으로 바뀌는 것은?

① 골단연골   ② 골단

③ 골화   ④ 골수

● 035
골화는 뼈가 나중에 단단한 조직으로 바뀌는 것을 말한다.

정답 028 ② 029 ① 030 ③ 031 ②
032 ③ 033 ④ 034 ① 035 ③

036 다음 중 인체에서 가장 큰 뼈는?

① 상완골　　　　　　② 전두골
③ 대퇴골　　　　　　④ 척골

대퇴골은 가장 긴 장골로 좌우 2
개이다.

037 맑고 투명한 연골로 인체에 가장 많이 분포하는 것은?

① 관절연골　　　　　　② 섬유연골
③ 탄력연골　　　　　　④ 초자연골

초자연골은 인체에서 가장 많은 연
골로 맑고 투명하며, 뼈의 형태를
지지하고 보호하는 역할을 한다.

038 다음 중 교원섬유를 함유하고 있으며 척추 사이에서 볼 수 있는 연골은?

① 관절연골　　　　　　② 섬유연골
③ 탄력연골　　　　　　④ 초자연골

섬유연골은 교원섬유를 함유하며
가장 질긴 연골로 척추 사이에서
볼 수 있다.

039 성인의 뼈는 모두 몇 개인가?

① 204개　　　　　　② 206개
③ 207개　　　　　　④ 211개

성인의 뼈는 모두 206개이다.

040 다음 중 뼈의 굵기 성장이 일어나는 곳은?

① 골막　　　　　　② 연골
③ 골단연골　　　　　　④ 골수강

골막은 뼈를 덮는 막으로 뼈의 굵
기 성장이 일어나며 골내막과 골
외막으로 나뉜다.

041 다음 중 뼈의 단단한 부분을 이루는 실질조직은?

① 골막　　　　　　② 골조직
③ 골수상　　　　　　④ 연골

골조직은 골막 바로 아래쪽의 조
직으로 뼈의 단단한 부분을 이루
는 실질조직이다.

042 다음 중 적혈구와 백혈구가 형성되는 곳은?

① 신경　　　　　　② 간
③ 골수　　　　　　④ 골막

골수는 조혈기관으로 백혈구와 적
혈구가 생산되고 형성된다.

043 다음 중 성인의 뼈의 수가 잘못 연결된 것은?

① 머리뼈 – 22개　　　　② 갈비뼈 – 28개
③ 손목뼈 – 16개　　　　④ 발허리뼈 – 10개

머리뼈 22개, 손목뼈 16개, 갈비뼈
24개, 발허리뼈 10개이다.

정답 036 ③ 037 ④ 038 ② 039 ②
040 ① 041 ② 042 ③ 043 ②

맞춤해설

044 장골의 세로방향으로 배열되어 있는 관으로서 혈관과 신경을 통과시키는 것은?

① 하버스관   ② 골수강
③ 해면골   ④ 볼크만관

045 두개골 사이에만 존재하는 관절로 운동성이 없는 것은?

① 봉합   ② 인대 결합
③ 정식   ④ 연골 결합

046 근육의 기능으로 적당하지 않은 것은?

① 에너지와 열 생산   ② 운동기능
③ 보호기능   ④ 자세 유지

047 다음 중 근육에 포함되지 않는 것은?

① 상피   ② 근막
③ 신경   ④ 혈관

048 골격근에 대한 설명으로 맞는 것은?

① 자율신경의 영향을 받는다.
② 민무늬근이다.
③ 골격에 붙어 운동에 관여한다.
④ 불수의근이다.

049 다음 중 심장근에 대한 설명으로 잘못된 것은?

① 횡문근이다.
② 심장근은 수의근이다.
③ 인체에서 가장 운동량이 많은 근육이다.
④ 자율신경의 영향을 받는다.

050 내장근의 또 다른 명칭은?

① 골격근   ② 심장근
③ 평활근   ④ 수의근

051 다음 중 저작근은?

① 교근   ② 전두근

③ 광경근   ④ 안륜근

● **051**
저작근은 교근, 측두근 등이다.

052 구강의 압력을 유지하며 강한 공기를 호흡할 때 관여하는 근육은?

① 하순하체근   ② 협근

③ 구륜근   ④ 구각하체근

● **052**
협근은 볼의 근육으로 입안의 압력을 유지하는 기능을 한다.

053 견갑골과 경추 사이를 연결하여 견갑골의 운동에 관여하는 근육은?

① 전거근   ② 대흉근

③ 소흉근   ④ 견갑거근

● **053**
전거근, 대흉근, 소흉근은 상지와 흉부를 연결하는 근육이다.

054 볼에 보조개를 만드는 근육은?

① 입꼬리당김근   ② 큰광대근

③ 턱끝근   ④ 눈둘레근

● **054**
입꼬리당김근(소근)은 볼의 보조개를 만든다.

055 호흡작용과 관련된 근육은 무엇인가?

① 대흉근   ② 소흉근

③ 횡경막   ④ 복직근

● **055**
호흡근은 횡경막, 내늑간근, 외늑간근, 늑하근이다.

056 활동전압이 일어나지 않고 근육이 딱딱하게 굳은 상태를 무엇이라 하는가?

① 연축   ② 신상

③ 강축   ④ 강직

● **056**
강직은 활동전압이 일어나지 않고 근육이 딱딱하게 굳은 상태이다.

057 근육의 수축시 필요한 무기질의 성분은?

① 인   ② 칼슘

③ 나트륨   ④ 칼륨

● **057**
세포질의 칼슘과 트리포닌이 결합하여 근육수축이 일어나며, 칼슘이 다시 근형질 내세망으로 돌아가면서 근육이완이 나타난다.

058 불수의근으로 내장기관의 운동이나 혈관 벽을 형성하는 근육은 무엇인가?

① 평활근   ② 골격근

③ 심장근   ④ 횡문근

● **058**
평활근은 얇고 편평한 구조로 소화관 벽에는 여러 겹의 평활근이 중첩되어 있으며, 자율신경의 지배를 받는 불수의근이다.

정답 051 ①   052 ②   053 ④   054 ①
055 ③   056 ④   057 ②   058 ①

맞춤해설

059 목의 전면에 넓게 펴져 있으며 목의 가장 바깥근으로 주름을 만드는 근육은?

① 광경근   ② 흉쇄유돌근
③ 승모근   ④ 안륜근

● 059
광경근은 목의 가장 바깥 근육으로 주름을 만들고 경정맥의 압박을 완화시킨다.

060 견갑골을 올리고 내측 · 외측회전에 관여하는 근육은?

① 승모근   ② 광배근
③ 능형근   ④ 견갑거근

● 060
승모근은 견갑골을 올리고 목을 당기는 근육이다.

061 다음 중 눈꺼풀을 닫고 올리는 근육은 무엇인가?

① 안륜근   ② 구륜근
③ 하직근   ④ 광경근

● 061
안륜근은 눈을 감고 뜨는 근육이다.

062 다음 중 목의 근육이 아닌 것은?

① 광경근   ② 흉쇄유돌근
③ 설골근   ④ 능형근

● 062
능형근은 등의 근육으로 견갑골의 내전과 외전에 관여한다.

063 다음 중 콧등에 주름을 만드는 근육은?

① 신근   ② 삼각근
③ 비근근   ④ 굴근

● 063
비근근은 안면근으로 수축하므로써 콧등에 주름을 지게 만든다.

064 복부내장을 압박하고 근육이 수축하면 척추를 구부리게 하는 근육은?

① 배가로근   ② 배곧은근
③ 배속빗근   ④ 배바깥빗근

● 064
배바깥빗근(외복사근)은 척추의 회전과 굴곡, 복부내장 압박의 역할을 한다.

065 다음 중 수의근이며 가로무늬근인 것은?

① 평활근   ② 심장근
③ 내장근   ④ 골격근

● 065
골격근은 가로무늬가 뚜렷하며, 의지의 지배를 받는 수의근이다.

066 다음 중 신경조직의 기본단위는 무엇인가?

① 신경교세포   ② 시냅스
③ 연수   ④ 뉴런

● 066
신경조직의 기본단위는 신경원(뉴런)이다.

정답
59 ① 60 ① 61 ① 62 ④
63 ③ 64 ④ 65 ④ 66 ④

067 신경 교세포의 기능이 아닌 것은?

① 세포 외액의 칼륨 완충
② 외부의 자극을 받아 세포체에 정보 전달
③ 신경세포의 성장과 영양공급
④ 신경세포의 지지

● 067
외부의 자극을 받아 세포체에 정보를 전달하는 것은 뉴런의 돌기이다.

068 다음 중 중추신경계가 아닌 것은?

① 대뇌　　　　② 간뇌
③ 연수　　　　④ 뇌신경

● 068
중추신경은 뇌와 척수로 구성되어 있으며, 뇌신경과 척수신경은 말초신경이다.

069 자율신경의 반사조절과 가장 관계 깊은 곳은?

① 척수　　　　② 대뇌
③ 연수　　　　④ 간뇌

● 069
연수는 재채기, 침 분비, 구토 등의 생리반사중추이다.

070 다음 중 뇌와 그 기능이 바르게 연결된 것은?

① 연수 – 체온조절 중추
② 간뇌 – 생명 중추(심장, 발한, 호흡)
③ 중뇌 – 시각, 청각 반사 중추
④ 소뇌 – 감정조절 중추

● 070
• 연수 : 호흡운동, 심장박동 등을 조절, 생명중추
• 간뇌 : 시상(감각연결 중추)과 시상하부(생리조절 중추)로 나뉨
• 소뇌 : 운동중추, 수의근 조정에 관여

071 대뇌의 아래쪽에 위치하며 자세, 평형유지 등의 운동기능을 담당하는 곳은?

① 연수　　　　② 간뇌
③ 소뇌　　　　④ 대뇌

● 071
소뇌는 신속한 운동수행기능과 균형기능을 담당한다.

072 다음 중 척수에 관한 설명이 아닌 것은?

① 반사 중추이다.　　　　② 생리조절 중추이다.
③ 전근과 후근으로 나뉜다.　　④ 회백질의 신경세포집단이다.

● 072
간뇌의 시상하부는 생리조절 중추이다(소화, 체온, 감정 등)

073 다음 중 교감신경이 흥분되었을 때 일어나는 현상이 아닌 것은?

① 심박수 감소　　　　② 혈관수축
③ 위운동 억제　　　　④ 동공확대

● 073
교감신경이 흥분되면 심박수 증가, 혈관수축, 동공확대, 위운동 억제 등의 증상이 나타난다.

정답
67 ② 　68 ④ 　69 ③ 　70 ③
71 ③ 　72 ② 　73 ①

맞춤해설

074 뇌하수체는 인체에 중요한 호르몬을 분비한다. 뇌하수체를 조절하는 것은?

① 시상   ② 시상하부
③ 소뇌   ④ 대뇌

● **074**
시상하부에서 뇌하수체를 조절한다.

075 간뇌의 시상하부의 기능이라 할 수 없는 것은?

① 호르몬 생산   ② 자율신경 종합중추
③ 욕구 조절   ④ 호흡 조절

● **075**
호흡조절은 연수의 기능이다.

076 다음 설명 중 틀린 것은?

① 교감신경은 대체로 낮에 활동한다.
② 교감신경은 내부기관의 기능을 조절한다.
③ 부교감신경을 자극하면 말초혈관의 수축을 일으킨다.
④ 부교감신경이 흥분하면 소화액 분비가 촉진된다.

● **076**
교감신경을 자극하면 말초혈관의 수축이 일어난다.

077 자율신경계에 관한 설명으로 옳지 않은 것은?

① 불수의적 운동을 조절한다.
② 골격근 운동을 지배한다.
③ 대뇌의 영향을 절대적으로 받는다.
④ 교감신경과 부교감신경으로 나뉜다.

● **077**
자율신경계는 대뇌의 영향을 거의 받지 않고 불수의적 운동을 조절한다.

078 뇌에서 시작되는 두개골 신경의 개수는?

① 8쌍   ② 12쌍
③ 16쌍   ④ 20쌍

● **078**
뇌신경의 개수는 12쌍이다.

079 신경교세포의 세포가 아닌 것은?

① 성상교세포   ② 회돌기세포
③ 슈반세포   ④ 축삭세포

● **079**
축삭세포는 뉴런의 구조이다.

080 다음 중 말초신경계에 관한 설명은?

① 교감신경과 부교감신경으로 구분된다.
② 체성신경계와 자율신경계로 구분된다.
③ 뇌신경과 척수신경으로 구분된다.
④ 뇌와 척수로 구분된다.

● **080**
말초신경계는 뇌신경, 척수신경의 체성신경계와 교감신경, 부교감신경의 자율신경계로 구분된다.

정답 074 ② 075 ④ 076 ③ 077 ③
078 ② 079 ④ 080 ②

081 척수신경은 모두 몇 쌍으로 이루어져 있는가?

① 30쌍   ② 31쌍

③ 32쌍   ④ 33쌍

● **081**
척수신경은 총 31쌍으로 경신경(8쌍), 흉신경(12쌍), 요신경(5쌍), 천골신경(5쌍), 미골신경(1쌍)으로 구성되어 있다.

082 소화조절 중추는 어느 기관에서 관여하는가?

① 시상하부

② 시상

③ 연수

④ 말초신경

● **082**
시상하부는 자율신경계의 최고 중추이며 생리조절 중추(체온조절 중추, 섭취조절 중추, 음수조절 중추, 감정조절 중추, 소화조절 중추, 성행동조절 중추, 순환기조절 중추)이다.

083 다음 중 생명중추로, 위로는 교뇌와 아래로는 척수와 이어지는 신경조직은?

① 대뇌   ② 중뇌

③ 연수   ④ 간뇌

● **083**
연수는 재채기, 침분비, 구토 등의 반사중추로, 생명중추라고도 부른다.

084 다음 중 사람의 재능과 개성을 결정하며 학습, 기억, 판단 등의 정신활동에 관여하는 신경조직은?

① 대뇌   ② 소뇌

③ 중뇌   ④ 간뇌

● **084**
대뇌는 신경에서 가장 고위의 중추로서 학습능력에 관여하며, 재능과 개성을 결정한다.

085 안구의 운동과 명암에 따른 홍채의 수축을 조절하는 신경조직은?

① 대뇌   ② 소뇌

③ 중뇌   ④ 간뇌

● **085**
중뇌는 시각과 청각의 반사중추이며 안구의 운동과 홍채의 수축을 조절한다.

086 뇌신경과 척수신경을 합하여 무엇이라 하는가?

① 중추신경   ② 자율신경

③ 체성신경   ④ 교감신경

● **086**
체성신경은 우리가 의식할 수 있는 자극과 반응에 관계하는 말초신경으로 뇌신경과 척수신경이 있다.

087 신경계에 대한 설명 중 연결이 올바른 것은?

① 뇌실 – 신경전달물질

② 위성세포 – 대뇌반구의 연결

③ 성상교세포 – 병적 대사물질의 청소

④ 슈반세포 – 말초신경의 교세포

● **087**
뇌실 – 뇌안의 4개의 강, 위성세포 – 신경세포체 보호, 성상교세포 – 신경세포의 신진대사 관여, 슈반세포 – 말초신경의 교세포

정답 081 ② 082 ① 083 ③ 084 ①
085 ③ 086 ③ 087 ④

맞춤해설

088 다음 중 뇌간을 구성하는 것이 아닌 것은?

① 중뇌
② 간뇌
③ 대뇌
④ 뇌교

• 088
뇌는 대뇌, 뇌간, 소뇌로 구성되어 있으며, 뇌간은 간뇌, 중뇌, 뇌교, 연수로 구성되어 있다.

089 시상, 시상상부, 시상하부가 위치하는 곳은?

① 뇌교
② 소뇌
③ 중뇌
④ 간뇌

• 089
간뇌는 대뇌와 중뇌 사이에 위치하며 시상, 시상상부, 시상하부로 나뉜다.

090 다음 중 소뇌에 대한 설명으로 옳지 않은 것은?

① 후두부에 위치한다.
② 반사중추이다.
③ 자세를 바로 잡아주는 중추이다.
④ 말초의 수용체로부터 흥분을 전달받는다.

• 090
배뇨, 배변, 땀 분비 및 무릎반사와 같은 각종 반사의 중추로 작용하는 것은 척수이다.

091 혈액의 기능이 아닌 것은?

① 물질운반
② 면역작용
③ 항상성 유지
④ 소화효소 분비

• 091
혈액의 기능은 영양 및 노폐물 운반, 항상성 유지, 면역 및 식균작용 등이다.

092 다음 중 혈액 성분과 작용이 바르게 연결된 것은?

① 혈장 – 고체성분이다.
② 백혈구 – 세균으로부터 신체를 보호한다.
③ 혈소판 – 산소를 운반하는 헤모글로빈을 함유한다.
④ 적혈구 – 지혈 및 응고작용에 관여한다.

• 092
백혈구는 식균작용을 하며, 세균을 소화시켜 신체를 방어한다.

093 혈액 중 산소를 운반하는 것은?

① 백혈구
② 혈소판
③ 적혈구
④ 림프구

• 093
적혈구의 헤모글로빈에서 산소를 운반한다.

094 심장벽에 분포하여 심장에 직접 영양공급을 담당하는 혈관은?

① 대정맥
② 모세혈관
③ 대동맥
④ 관상동맥

• 094
관상동맥은 심장벽에 분포하여 영양공급과 가스교환을 담당한다.

정답 | 88 ③ 89 ④ 90 ② 91 ④
92 ② 93 ③ 94 ④

095 혈관에 대한 설명 중 옳은 것은?

① 정맥은 판막이 있고, 동맥은 없다.

② 동맥은 얇은 한 층의 내피세포로 구성되어 있다.

③ 혈관 중 가장 넓은 면적은 동맥계이다.

④ 정맥은 동맥보다 중막이 두껍다.

● 095
정맥은 노폐물을 운반하므로 역류 방지를 위한 판막이 존재한다.

096 심장에 대한 설명으로 틀린 것은?

① 2심방 2심실로 구성되어 있다.

② 심막이라는 삼층의 막으로 싸여 있다.

③ 심장벽은 삼층으로 구성되어 있다.

④ 폐순환에서 폐정맥은 좌심방으로 유입된다.

● 096
심장은 심막이라는 이층의 막으로 싸여 있다.

097 삼첨판은 어디에 위치하는가?

① 좌심방과 폐정맥 사이

② 좌심방과 좌심실 사이

③ 우심방과 우심실 사이

④ 우심실과 폐동맥 사이

● 097
이첨판은 좌심방과 좌심실 사이에, 삼첨판은 우심방과 우심실 사이에 존재한다.

098 혈액은 체중의 몇 %를 차지하는가?

① 2~3% ② 8~9%

③ 12~15% ④ 20~25%

● 098
혈액은 체중의 8~9%이다.

099 다음 중 틀린 설명은?

① 폐순환은 소순환이라고 한다.

② 체순환에서 대정맥을 통해 우심방으로 혈액이 들어온다.

③ 폐순환은 우심실에서 폐정맥을 거쳐 폐로 혈액이 들어간다.

④ 체순환은 심장에서 나온 혈액이 온몸을 돌아 다시 심장으로 들어오는 것이다.

● 099
폐순환은 우심실 → 폐동맥 → 폐 → 폐정맥 → 좌심방의 순이다.

100 다음 중 순환계가 아닌 것은?

① 심장 ② 혈관계

③ 림프계 ④ 신장

● 100
신장은 비뇨기계이다.

정답 095 ① 096 ② 097 ③ 098 ②
099 ③ 100 ④

101 림프의 기능이 아닌 것은?

① 조직액을 혈액으로 돌려 보낸다.
② 신체 방어작용을 한다.
③ 림프절에서 림프구를 생산한다.
④ 적혈구를 생산한다.

● **101**
림프계는 체액의 순환과 신체방어 작용을 한다.

102 소장의 모세림프관을 통해서 흡수되는 것은?

① 지방   ② 아미노산
③ 포도당   ④ 무기질

● **102**
모세림프관은 소장에서 흡수된 지방성분들의 운반통로이다.

103 림프액의 순환경로로 맞는 것은?

① 림프관 → 림프절 → 모세림프관 → 대정맥 → 림프본관 → 집합관
② 림프본관 → 대정맥 → 림프절 → 모세림프관 → 집합관 → 림프관
③ 모세림프관 → 림프관 → 림프절 → 림프본관 → 집합관 → 대정맥
④ 대정맥 → 집합관 → 림프본관 → 림프정 → 림프관 → 모세림프관

● **103**
모세림프관 → 림프관 → 림프절 → 림프본관 → 집합관 → 대정맥의 순이다.

104 모세혈관에 대한 설명으로 맞는 것은?

① 심장에서 온몸으로 나가는 혈관이다.
② 물질의 확산, 삼투, 여과작용을 한다.
③ 심장으로 들어오는 혈관이다.
④ 판막이 존재한다.

● **104**
모세혈관은 확산, 침투, 여과에 의한 물질교환이 이루어지는 혈관이다.

105 적혈구의 성분 중 가장 필요한 것은?

① Fe   ② K
③ Cl   ④ Ca

● **105**
철분(Fe)은 적혈구의 성분 중 절대적인 요소이다.

106 다음 중 혈장의 기능이 아닌 것은?

① 체온 유지   ② 항체 형성
③ 양분 운반   ④ 산소 운반

● **106**
산소를 운반하는 헤모글로빈을 가지고 있는 것은 적혈구이다.

107 혈액과 조직액 사이에서 영양분, 가스, 노폐물들이 교환되는 막의 기능을 하는 것은?

① 모세혈관   ② 대정맥
③ 대동맥   ④ 폐동맥

● **107**
모세혈관을 통해 혈액 중의 산소나 영양분이 조직 안으로 보내지고, 노폐물 등이 혈관으로 유입된다.

정답
101 ④ 102 ① 103 ③ 104 ②
105 ① 106 ④ 107 ①

108 혈장의 성분 중 항체 형성에 관여하는 단백질은?

① 알부민   ② 글로불린

③ 히스타민   ④ 헤모글로빈

● **108**
혈장단백질 중 글로불린은 면역과 항체 형성에 관여한다.

109 인체에서 가장 큰 림프관은?

① 흉관   ② 비장

③ 흉선   ④ 췌장

● **109**
비장은 인체에서 가장 큰 림프관이다.

110 다음 중 혈액의 역류를 막는 것은?

① 판막   ② 혈소판

③ 림프구   ④ 백혈구

● **110**
판막은 혈액의 역류를 막아준다.

111 다음 중 동맥의 설명으로 바른 것은?

① 물질의 확산 · 삼투작용이 일어난다.

② 정맥보다 얇고 탄성이 적다.

③ 이산화탄소를 많이 함유하고 있다.

④ 산소와 영양분이 많은 혈액을 운반한다.

● **111**
동맥은 심장에서 온몸으로 나가는 혈관으로 산소와 영양분을 많이 함유하고 있다.

112 다음 중 적혈구에 대한 설명으로 틀린 것은?

① 무핵이며 세포분열이 일어나지 않는다.

② 혈액 $1mm^3$당 남자는 약 500만개, 여자는 450만개가량 들어 있다.

③ 골수에서 생산되고 간, 비장에서 파괴된다.

④ 식균작용을 하고 세균을 소화시켜 신체를 방어한다.

● **112**
백혈구는 식균작용을 하고 세균을 소화시켜 신체를 방어한다.

113 다음 중 혈관계가 아닌 것은?

① 혈소판   ② 동맥

③ 정맥   ④ 모세혈관

● **113**
혈관계는 동맥, 정맥, 모세혈관으로 구성되어 있다.

114 다음 중 림프절의 기능이 아닌 것은?

① 식균작용을 한다.   ② 림프구를 생산한다.

③ 항체를 형성한다.   ④ 혈액응고에 관여한다.

● **114**
혈장은 혈액응고기전에 중요한 역할을 한다.

정답 108 ② 109 ② 110 ① 111 ④
112 ④ 113 ① 114 ④

115 다음 중 심장에 대한 설명으로 틀린 것은?

① 부교감신경 자극 – 심박수 억제

② 1회 심박출량 – 60~70ml

③ 교감신경 자극 – 심박수 증가

④ 정상 심박동수 – 50회 이하(분당)

● 115
정상 심박동수는 60~100회(분당)이다.

116 위에 대한 설명으로 틀린 것은?

① 펩신과 염산이 분비되어 단백질을 소화시킨다.

② 위액은 살균작용을 한다.

③ 영양분의 본격적인 흡수가 진행된다.

④ 점액을 분비한다.

● 116
소장에서 영양분의 본격적인 흡수가 진행된다.

117 식도에서 볼 수 있는 운동은?

① 저작운동 ② 분절운동

③ 휘저음 ④ 연동운동

● 117
식도에서는 평활근의 작용으로 음식물을 밀어내리는 연동운동이 일어난다.

118 다음 설명 중 틀린 것은?

① 소장에서는 알코올을 흡수한다.

② 대장에서는 수분의 흡수가 일어난다.

③ 소장에는 융모가 있다.

④ 구강에서는 저작운동이 일어난다.

● 118
위에서 알코올을 흡수한다.

119 다음 중 위에 대한 설명으로 틀린 것은?

① 식도에서 위로 연결되는 곳은 분문이다.

② 위액은 지방을 소화시킨다.

③ 위에서 십이지장으로 연결되는 곳은 유문이다.

④ 음식물을 암죽상태로 만든다.

● 119
위액은 단백질을 소화시킨다.

120 다음 중 소화효소의 분비가 없는 곳은?

① 위 ② 소장

③ 대장 ④ 십이지장

● 120
대장은 대장액을 분비하는데 대장벽을 보호하는 역할을 하고 소화효소의 분비가 없다.

정답 115 ④ 116 ③ 117 ④ 118 ①
119 ② 120 ③

121 다음 중 위액의 분비를 촉진하는 호르몬은?

① 세크레틴   ② 레닌

③ 가스트린   ④ 안드로겐

● 121
가스트린은 위액의 분비를 촉진한다.

122 다음 중 소장에서 일어나는 운동이 아닌 것은?

① 저작운동

② 분절운동

③ 진자운동

④ 연동운동

● 122
저작운동은 입 안에서 음식물을 잘게 부수는 운동이다.

123 영양분을 장에서 혈액이나 혈관 내로 이동시키는 과정을 무엇이라 하는가?

① 소화   ② 흡수

③ 확산   ④ 삼투

● 123
영양분은 위, 소장, 대장에서 분해, 흡수되어 항문을 통해 배설된다.

124 다음 중 지방은 어디에서 흡수되는가?

① 위   ② 대장

③ 간   ④ 유미관

● 124
지방은 소장 주변의 림프관인 유미관을 통해 흡수된다.

125 다음 중 대장의 기능이 아닌 것은?

① 식후에 내용물을 s상 결장 및 직장으로 이동시킨다.

② 음식물의 수분, 전해질, 비타민을 재흡수한다.

③ 분절운동, 연동운동, 진자운동이 이루어진다.

④ 반고체상태인 분변을 만들어 일정시간 저장하였다가 배변시킨다.

● 125
소장에서는 분절운동, 연동운동, 진자운동이 이루어진다.

126 다음 중 위에서 분비되는 단백질 분해효소는?

① 펩신   ② 리파아제

③ 트립신   ④ 티록신

● 126
펩신은 단백질 분해효소로 위에서 분비된다.

127 다음 중 맹장은 어디에 위치하는가?

① 소장의 한 부분

② 위와 소장 사이

③ 대장의 한 부분

④ 소장과 십이지장 사이

● 127
대장은 맹장, 결장, 직장으로 구성된다.

정답 121 ③   122 ①   123 ②   124 ④
125 ③   126 ①   127 ③

맞춤해설

128 다음 중 간에 대한 설명으로 틀린 것은?

① 해독작용
② 담즙 분비
③ 인체에서 가장 큰 장기로 재생력이 강함
④ 인슐린과 글루카곤을 분비

129 다음 중 이자에서 분비되는 소화효소가 아닌 것은?

① 뮤신
② 트립신
③ 아밀라제
④ 리파아제

130 영양분의 에너지원 사용순서로 바르게 배열된 것은?

① 탄수화물 – 단백질 – 지방
② 단백질 – 탄수화물 – 지방
③ 탄수화물 – 지방 – 단백질
④ 지방 – 단백질 – 탄수화물

131 다음 중 적혈구의 기능으로 옳은 것은?

① 체온유지
② 체액순환
③ 산소운반
④ 항체형성

132 신장의 구조 중 분자가 큰 혈액을 여과하는 곳은?

① 수집관
② 원위세뇨관
③ 사구체
④ 근위세뇨관

133 요의 생산을 주관하는 곳은?

① 요관
② 방광
③ 요도
④ 신원

134 대부분의 수분이 재흡수되는 곳은?

① 집합관
② 원위세뇨관
③ 근위세뇨관
④ 사구체

● 128
췌장(이자)에서 인슐린과 글루카곤을 분비한다.

● 129
뮤신은 유문의 분비선에서 분비되는 점액소이다.

● 130
영양분 중 탄수화물이 제일 먼저 에너지원으로 사용되고 다음으로 지방, 단백질의 순이다.

● 131
①, ④는 혈장, ②는 림프계의 기능이다.

● 132
사구체는 모세혈관의 집합체로서 여과작용이 일어난다.

● 133
신원은 신장의 구조적·기능적 단위로 오줌의 생산을 주관한다.

● 134
근위세뇨관에서는 포도당, 아미노산, 비타민 C, 무기질 및 물 등의 재흡수가 이루어진다.

정답 128 ④ 129 ① 130 ③ 131 ③
132 ③ 133 ④ 134 ③

맞춤해설

135 다음 중 방광에 대한 설명으로 틀린 것은?

① 요관에서 운반되어 온 소변을 일시적으로 저장하는 주머니 모양의 장기
② 지방과 단백질을 당질로 전환하는 작용
③ 길이 25~28cm 정도의 가느다란 관으로 신장과 연결됨
④ 방광의 벽은 점막, 근층, 외막의 3층으로 이루어짐

● **135**
수뇨관은 길이 25~28cm 정도의 가느다란 관으로 신장과 방광을 연결한다.

136 말피기소체(신소체)는 신장의 어디에 분포되어 있나?

① 피질   ② 수질
③ 신우   ④ 수뇨관

● **136**
신소체는 신장의 피질에 많이 분포되어 있다.

137 요의 배출 순서로 바른 것은?

① 신장 → 방광 → 요관 → 요도
② 요도 → 방광 → 요관 → 신장
③ 요관 → 신장 → 요도 → 방광
④ 신장 → 요관 → 방광 → 요도

● **137**
요의 배출 순서는 신장 → 요관 → 방광 → 요도이다.

138 신원에 대한 설명 중 틀린 것은?

① 신장의 기능적 · 구조적 단위이다.
② 신소체에서는 여과작용이 일어난다.
③ 세뇨관에서는 재흡수와 분비가 함께 일어난다.
④ 세뇨관에서는 재흡수만 일어난다.

● **138**
세뇨관에서는 재흡수뿐만 아니라 노폐물의 배출을 위한 분비도 함께 일어난다.

139 신장과 방광을 연결하여 오줌을 연동운동에 의해 방광으로 운반하는 곳은?

① 세뇨관   ② 수뇨관
③ 사구체   ④ 요도

● **139**
수뇨관은 신장과 방광을 연결하는 관이다.

140 요가 체외로 방출되기 전 일시 저장되는 장소는?

① 신장   ② 세뇨관
③ 방광   ④ 요도

● **140**
방광은 요의 일시 저장장소이고, 요를 방출하는 기능을 한다.

정답 **135** ③ **136** ① **137** ④ **138** ④
139 ② **140** ③

맞춤해설

001 적외선램프의 피부에 미치는 작용으로 적합한 것은?

① 비타민 C의 생성
② 신경자극
③ 온열작용
④ 근육수축

● 001
적외선램프의 작용 : 온열작용으로 팩의 건조와 함께 혈액순환을 촉진시킨다.

002 미안용 적외선등(Infrared Lamp)에 관한 설명이다. 틀린 것은?

① 10분 이상 조사한다.
② 팩 재료를 빨리 말리는 경우에도 사용한다.
③ 지구표면에 도달하는 태양 에너지의 약 60%가 원적외선 에너지이다.
④ 적외선 조사시 사용자와의 거리를 45~90cm 내외로 한다.

● 002
5~7분간 조사시킨다.

003 갈바닉(Galvanic)기기에 관한 설명으로 틀린 것은?

① 항상 한 방향으로만 흐르는 직류에 해당하는 기기이다.
② 양극은 신경을 안정시키고 조직을 강하게 만드는 작용을 한다.
③ 전류의 방향과 크기가 주기적으로 변하는 일종의 교류 전류이다.
④ 음극은 신경을 자극하고 조직을 부드럽게 만드는 작용을 한다.

● 003
갈바닉 전류는 낮은 전압의 한 방향으로 흐르는 직류로 극성을 가진다.

004 자외선등에 대한 설명으로 틀린 것은?

① 에르고스테린을 비타민 D로 합성시킨다.
② 구루병을 방지한다.
③ 여드름 피부관리에 효과적이다.
④ 온열작용으로 혈액순환을 촉진시킨다.

● 004
온열작용을 하는 것은 적외선등이다.

005 고주파에 관한 설명이다. 옳은 것은?

① 근육과 신경에 자극을 주어 통증을 완화시킨다.
② 전기자극을 가하여 셀룰라이트와 지방 연소 촉진에 이용된다.
③ 조직온도 상승으로 제품이 피부 깊숙이 침투된다.
④ 무선에 사용되는 전파보다 긴 파장을 이용한다.

● 005
고주파 : 심부열을 발생시켜 혈류량을 증가시키고 조직온도를 상승시켜 세포기능 증진의 효과를 가져온다.

정답 001 ③ 002 ① 003 ③ 004 ④
005 ③

006 다음 전기 용어에 대한 설명으로 틀린 것은?

① 전류는 전자의 이동을 말한다.

② 전력은 일정시간 동안 사용된 전류의 양으로 단위는 W이다.

③ 전류를 만드는 데 필요한 압력을 전압이라 한다.

④ 전류가 잘 통하는 금속물질 등을 부도체라 한다.

007 중주파에 관한 설명이다. 옳은 것은?

① 심부열을 발생시켜 조직온도를 상승시킨다.

② 근육의 이완과 수축을 통해 운동에너지를 발산시키는 아이소토닉 운동을 기본원리로 한다.

③ 기기 자극으로 근육주위의 지방을 칼로리로 소비되게 한다.

④ 경피를 거의 자극하지 않고 근육을 자극한다.

008 피부분석기기로 관리사와 고객이 동시에 분석할 수 있는 기기는?

① 확대경   ② pH측정기

③ 우드 램프   ④ 스킨 스코프

009 1초 동안 반복하는 전류의 진동 횟수를 나타내는 단위는?

① [A]   ② [W]

③ [V]   ④ [Hz]

010 우드 램프(Wood Lamp)를 통한 피부분석 시 여드름은 어떤 색으로 반응하는가?

① 노란색   ② 주황색

③ 청백색   ④ 보라색

011 저주파 전류에 관한 설명으로 옳은 것은?

① 세포기능을 촉진시킨다.

② 근육의 수축·이완과 함께 비틀리는 효과에 의해 최대한의 에너지를 발산시킨다.

③ 심부열을 발생시켜 혈류량을 증가시킨다.

④ 신경과 근육에 자극을 주어 통증을 강화한다.

정답   006 ④   007 ④   008 ④   009 ④
      010 ②   011 ②

012 스티머(베이퍼라이저)의 효과로 옳지 않은 것은?

① 영양공급   ② 각질연화

③ 보습효과   ④ 혈액순환 촉진

● **012**
스티머 효과 : 보습효과, 각질연화, 피부긴장감 완화, 혈액순환 및 신진대사 촉진

013 원자에 관한 설명으로 틀린 것은?

① 물질을 이루는 가장 작은 단위이다.

② 음전하를 띤 원자핵과 양전하를 띤 전자로 구성된다.

③ 원소는 원자로 구성된다.

④ 전자는 에너지궤도에서 핵 주위를 돈다.

● **013**
원자는 양전하를 띤 원자핵과 음전하를 띤 전자로 구성된다.

014 스킨토닉분무기기로 화장솜에 의한 피부자극을 줄여주는 기기는?

① 스티커   ② 루카스

③ 프리마톨   ④ 초음파기

● **014**
스킨토닉분무기기 : 루카스, 스프레이머신

015 이온에 관한 설명으로 틀린 것은?

① 화학적 특성이 있다.

② 원자가 한 개 또는 그 이상의 전자를 잃거나 얻어서 생성된다.

③ 전자를 받으면 음(−)전하를 띠는 음이온이 된다.

④ 전자를 잃어버리면 양(+)전하를 띠는 양이온이 된다.

● **015**
이온은 전기적 특성을 가진다.

016 시간이 지나도 전류의 흐르는 방향과 크기가 바뀌지 않는 전류를 무엇이라 하는가?

① 격동전류   ② 갈바닉 전류

③ 감응 전류   ④ 정현파 전류

● **016**
갈바닉 전류 : 시간이 지나도 전류의 흐르는 방향과 크기가 바뀌지 않는 전류

017 영양침투를 목적으로 하는 열을 이용한 기기로 틀린 것은?

① 적외선 램프   ② 스티머

③ 파라핀 왁스기   ④ 이온토포레시스

● **017**
이온토포레시스 : 극을 이용한 유효성분 침투기기

018 광선을 이용한 기기로 부작용 없이 면역력과 치유력 증진을 도와주는 미용기기는?

① 초음파   ② 우드 램프

③ 고주파기기   ④ 컬러테라피 기기

● **018**
컬러테라피 기기 : 부작용과 감염 없이 효과 발생

정답 012 ① 013 ② 014 ② 015 ①
016 ② 017 ④ 018 ④

맞춤해설

019 자외선 미용기기에서 주로 UV-A만을 방출하여 피부색소를 만드는 미용기기는?

① 자외선 소독기   ② 인공선탠기
③ 우드 램프   ④ 바이브레이터기

● **019**
인공선탠기 : UV-A만을 방출하여 피부에 색소를 만든다.

020 다음이 설명하는 피부분석 진단기기는?

> 여드름 추출 시 사용되며 확대배율이 다양하여 피부 분석에 사용되는 기기

① 확대경   ② 우드 램프
③ 수분측정기   ④ 유분측정기

● **020**
확대경: 확대배율이 다양하나 일반적으로 3~5배의 배율이 사용되며 여드름 추출 시 사용된다.

021 컬러테라피 기기에서 빨강색의 효과로 틀린 것은?

① 혈액순환 증진   ② 염증 진정
③ 셀룰라이트 개선   ④ 면역 및 림프 활동 촉진

● **021**
면역 및 림프 활동 촉진은 보라색의 효과이다.

022 안면관리에 초음파기를 이용했을 때 얻어지는 효과는?

① 면포와 피지 제거가 쉽다.
② 노화 각질 제거에 도움을 준다.
③ 콜라겐과 엘라스틴의 생성을 증가시킨다.
④ 근육의 수축과 이완을 통해 탄력을 준다.

● **022**
콜라겐과 엘라스틴의 생성을 증가시켜 피부주름을 감소시키고, 피부세포에 미세한 진동을 일으켜 작용물질을 깊숙히 흡수시킨다.

023 갈바닉(Galvanic)기기 사용시 주의사항이다. 틀린 것은?

① 사용하고자 하는 제품의 극을 확인한다.
② 고객 몸에 부착된 금속류의 유무를 확인한다.
③ 영양침투가 목적일 경우 먼저 양극 시술 후 반드시 다시 음극을 켜서 시술한다.
④ 전류의 세기가 너무 강하면 화상의 우려가 있다.

● **023**
영양침투 목적일 경우 먼저 음극 시술 후 반드시 다시 양극을 켜서 시술한다.

024 다음은 엔더몰로지(Endermology)기기 사용시 주의점으로 틀린 것은?

① 시술 부위를 깨끗이 클렌징한다.
② 관절이나 뼈 부위는 적용하지 않는다.
③ 강한 압으로 어혈이 생기도록 관리한다.
④ 기기관리시간은 10~20분 정도가 적당하다.

● **024**
강한 압으로 어혈이 생기도록 않도록 관리한다.

정답 019 ② 020 ① 021 ④ 022 ③
023 ③ 024 ③

맞춤해설

025 스티머의 피부타입별 거리와 관리시간의 연결이 바르지 못한 것은?

① 노화 피부 – 30cm – 15분

② 정상 피부 – 35cm – 10분

③ 민감성 피부 – 50cm – 5분

④ 여드름 피부 – 35cm – 15분

● 025
여드름 피부 – 40~50cm – 5분

026 갈바닉기기의 극간의 효과에서 양극이 미치는 효과로 옳은 것은?

① 알칼리에 반응한다.　　② 통증을 유발시킨다.

③ 신경을 자극한다.　　④ 조직을 강하게 한다.

● 026
양극의 효과 : 산에 반응, 신경
안정, 혈액공급 감소, 조직 강화

027 갈바닉기기의 디스인크러스테이션에 대한 설명으로 틀린 것은?

① 관리 중 발생하는 알칼리는 피부 pH를 변화시킨다.

② 낮은 강도와 이온농도에서 더 효과적이다.

③ 과색소 침착 부위에 오렌지를 끼운 (–)극을 5~7분간 문질러 적용한다.

④ 전기분해제로서 소금물이 필요하다.

● 027
(–)극이 아니라 (+)극을 문질러
적용한다.

028 미용에서 피부 하부층까지 도달하여 태닝에 사용되는 자외선 파장은?

① 140~200nm　　② 400~500nm

③ 290~320nm　　④ 320~400nm

● 028
태닝에 사용되는 자외선은 UV–A
로 320~400mm이다.

029 고주파 전류 중 미용기기에 주로 사용되는 전류는?

① 달손발 전류　　② 오당 전류

③ 네슬러 전류　　④ 테슬러 전류

● 029
테슬러 전류 : 여드름, 주근깨, 사
마귀 제거에 효과적

030 우드 램프를 통한 피부분석시 두꺼운 각질층의 측정기 반응색상은?

① 청백색　　② 연보라색

③ 진보라색　　④ 흰색

● 030
노화각질, 두꺼운 각질층 : 흰색

031 유분측정기에 대한 설명으로 틀린 것은?

① 적당한 압력을 주어 30초간 피부에 접촉시킨다.

② 이상적인 환경은 20~22℃, 습도 40~60%이다.

③ 알코올 성분이 없는 클렌징제로 세안 30분 후에 측정한다.

④ 특수 플라스틱 필름에 묻은 피지의 빛 통과도를 측정한다.

● 031
알코올 성분이 없는 클렌징제로
세안 2시간 후에 측정한다.

정답 025 ④　026 ④　027 ③　028 ④
029 ④　030 ④　031 ③

032 피부 상태와 산성화 정도를 나타내는 미용기기는?

① 확대경   ② 수분측정기

③ 유분측정기   ④ pH측정기

● **032**
pH측정기 : 피부의 산성도, 알칼리, 예민도, 유분도 측정

033 고주파기기의 유리봉색 연결이 잘못된 것은?

① 알곤 – 자색   ② 수은 – 푸른 자색

③ 네온 – 오렌지색   ④ 수은 – 붉은색

● **033**
네온은 오렌지색 또는 붉은색, 수은은 푸른 자색

034 고주파기기의 효과로 틀린 것은?

① 탄력효과   ② 스파킹 효과

③ 자극 및 건조효과   ④ 온열효과

● **034**
①는 저주파기기의 효과이다. 근육의 수축·이완을 통해 탄력효과를 볼 수 있다.

035 갈바닉기기의 디스인크러스테이션 효과로 틀린 것은?

① 각질 제거   ② 유효성분 흡수

③ 색소 침착 방지   ④ 노폐물 배출 촉진

● **035**
②는 갈바닉기기의 이온영동법으로 얻을 수 있는 효과이다.

036 초음파(Ultrasound)기기의 효과에 관한 설명으로 틀린 것은?

① 초발포 작용으로 노폐물 배출작용이 있다.

② 미세한 진동이 매뉴얼 테크닉 효과와 관계없다.

③ 주름을 감소시키고 피부탄력을 회복시킨다.

④ 지방을 연소시킨다.

● **036**
미세한 진동이 근육을 풀어주고 상태를 조절하는 마사지 효과를 준다.

037 초음파(Ultrasound)기기 사용시 주의사항으로 틀린 것은?

① 한 부위에 최소 5초 이상 머물러 적용한다.

② 관리시간은 15분을 넘기지 않는다.

③ 뼈나 관절 부위는 적용하지 않는다.

④ 프로브와 피부 사이에 물이나 화장수, 겔을 도포한다.

● **037**
한 부위에 5초 이상 머무르지 않아야 한다.

038 아이패드를 사용해야 하는 미용기기가 아닌 것은?

① 확대경   ② 우드 램프

③ 피부 pH측정기   ④ 적외선 램프

● **038**
피부 pH측정기의 적용 시에는 아이패드를 사용하지 않는다.

정답   32 ④   33 ④   34 ①   35 ②
      36 ②   37 ①   38 ③

039 전류의 세기가 갑자기 강해졌다 약해졌다 하는 전류로 통증관리에 주로 이용되는 교류는?

① 감응 전류
② 갈바닉 전류
③ 격동 전류
④ 정현파 전류

● 039
격동전류 : 통증관리, 마사지 효과를 위해 이용

040 클렌징과 딥 클렌징기기로 부적당한 것은?

① 스티머
② 전동 브러쉬
③ 진공 흡입기
④ 갈바닉기기의 이온토포레시스

● 040
갈바닉기기의 이온토포레시스는 유효성분(수용액)을 흡수하여 부적당하다.

041 미용기기 중 피부 노폐물의 배설을 촉진시키고 비타민 D를 생성하는 기기는?

① 적외선 램프
② 자외선 램프
③ 갈바닉기기
④ 고주파기

● 041
자외선 효과 : 태닝효과, 피부박리, 비타민 D의 생성, 강장효과 등

042 체내에서 심부열을 발생시키는 전류는?

① 저주파
② 고주파
③ 중주파
④ 정현파

● 042
심부열을 발생시켜 신진대사와 혈액순환을 촉진한다.

043 테슬러 고주파에 관한 설명으로 틀린 것은?

① 일반적으로 자광선이라 불린다.
② 주요작용은 온열이나 열을 발생시키는 것이다.
③ 빠른 진동으로 근육수축이 발생한다.
④ 적용방법에 따라 자극 또는 진정이 될 수 있다.

● 043
빠른 진동으로 근육수축은 없다.

044 갈바닉기기의 이온토포레시스 시술방법으로 틀린 것은?

① 사용하고자 하는 제품의 극을 확인한다.
② 극성 변환시 스위치를 끈 상태에서 변화시킨다.
③ 약산성의 pH를 갖는 제품은 음극, 알칼리성 제품은 양극을 사용한다.
④ 고혈압, 모세혈관 확장피부, 과민성 피부는 사용을 피한다.

● 044
약산성의 pH를 갖는 제품은 양극, 알칼리성 제품은 음극을 사용한다.

045 피부 pH측정시 고려할 사항으로 틀린 것은?

① 대기온도
② 습도
③ 체지방
④ 화장품 성분

● 045
피부의 pH지수는 대기온도, 습도, 화장품 성분, 환경오염물질, 개인의 신체 상태에 의해 변한다.

정답 039 ③ 040 ④ 041 ② 042 ②
043 ③ 044 ③ 045 ③

046 건성 피부관리에서 미용기기를 이용한 관리로 틀린 것은?

① 딥 클렌징기기로 갈바닉기기의 디스인크러스테이션을 사용한다.
② 피부분석 시 확대경을 사용한다.
③ 석고마스크에 적외선 램프를 조사시킨다.
④ 마무리 단계에서 유연화장수를 분무시킨다.

● 046
클렌징, 딥 클렌징기기로 갈바닉기기의 디스인크러스테이션 시술은 부적합하다.

047 지성 피부관리 시 피지제거를 위해 사용하기에 적합한 미용기기는?

① 초음파기　　　　② 고주파기
③ 진공흡입기　　　④ 적외선램프

● 047
진공흡입기로 면포를 추출할 수 있다.

048 지성 피부관리 시 유분이 많은 부위나 블랙헤드 부위, 디스인크러스테이션 시행 후 실시하면 좋은 마사지는?

① 매뉴얼 테크닉　　② 닥터 자켓 마사지
③ 경락마사지　　　　④ 냉온마사지

● 048
유분이 많은 부위나 블랙헤드 부위, 디스인크러스테이션 시행 후 닥터 자켓 마사지를 시행한다.

049 건성 피부관리 시 제품의 깊은 침투를 도와주는 효과적인 마스크는?

① 비타민 C　　　　② 고무마스크
③ 석고마스크　　　④ 온왁스마스크

● 049
온왁스마스크는 건성 피부관리 시 제품의 깊은 침투를 도와준다.

050 브러싱기기의 주요 목적으로 틀린 것은?

① 죽은 세포 박리　　② 노폐물 제거
③ 수렴 효과　　　　④ 매뉴얼 테크닉 효과

● 050
분무기기 : 수렴 효과

051 엔더몰로지 사용방법으로 틀린 것은?

① 관리시간은 10~20분 정도가 적당하다.
② 도자 선택 후 심장 방향과 먼 곳으로 시술한다.
③ 모세혈관 확장증, 뼈, 관절 부위는 피한다.
④ 고객의 피부강도를 테스트한 후 실행한다.

● 051
도자 선택 후 심장 방향으로 밀어 올리면서 시술한다.

052 파라핀 왁스(Paraffin Wax)의 사용을 금해야 하는 경우로 틀린 것은?

① 화상　　　　　　② 사마귀 있는 경우
③ 임산부　　　　　④ 피부 발진

● 052
순환기계 질환, 피부발진, 피부 부작용, 화상, 사마귀가 있는 경우에는 사용을 금한다.

정답　046 ①　047 ③　048 ②　049 ④
050 ③　051 ②　052 ③

맞춤해설

053 수분측정기 사용방법으로 틀린 것은?

① 운동 후에는 휴식을 취한 후에 측정한다.
② 알코올 성분이 없는 클렌징제를 사용한다.
③ 세안 1시간 후 측정한다.
④ 온도 20~22℃에서 측정한다.

● 053
알코올 성분이 없는 클렌징제로 세안 2시간 후에 측정한다.

054 바이브레이터(Vibrator)기를 사용하지 않아야 하는 경우는?

① 민감성 피부를 가지고 있는 경우
② 마비증상이 있을 때
③ 근육이 단단한 경우
④ 혈액순환이 안 될 때

● 054
비적용증 : 타박상, 찰과상, 혈전증, 민감성 피부, 상처나 흉터 부위, 감염성 질환

055 저주파기 사용 시 주의점으로 틀린 것은?

① 근육점에 정확히 올려놓는다.
② 집중관리시 격일제로 관리한다.
③ 관리 전후 30분은 식사를 하지 않는다.
④ 스펀지에 물을 충분히 적신다.

● 055
스펀지에 물이 많으면 관리 시 통증을 유발할 수 있다.

056 초음파기 사용 시 주의점으로 틀린 것은?

① 고객의 몸에 부착된 금속류는 제거한다.
② 전원스위치를 켠 후 전류의 세기와 시간을 설정한다.
③ 전극형 헤드는 2~3초간 원을 그리듯 시술한다.
④ 프로브와 피부 표면은 90°를 유지하는 것이 안정적이다.

● 056
프로브와 피부 표면은 45°를 유지하는 것이 안정적이다.

057 갈바닉(Galvanic)기의 음극(-) 효과로 옳은 것은?

① 혈관수축 ② 신경자극 감소
③ 진정효과 ④ 알칼리 물질 침투

● 057
음극효과 : 혈관확장, 신경자극 증가, 자극효과 등

058 우드 램프에 관한 설명으로 틀린 것은?

① 365nm 이상의 자외선 파장을 이용한다.
② 여드름을 추출할 때 이용하면 좋다.
③ 피부 상태에 따라 다양한 색으로 나타난다.
④ 고객의 얼굴에 가까이 대고 측정해야 정확한 색상을 확인할 수 있다.

● 058
고객의 얼굴에서 5~6cm 정도 떨어진 위치에서 측정한다.

정답 053 ③ 054 ① 055 ④ 056 ④ 057 ④ 058 ④

059 리프팅기에 대한 설명으로 틀린 것은?

① 피부에 탄력을 제공한다.

② 손에 물기가 없는 건조한 상태에서 기구를 다룬다.

③ 고객의 피부가 전극이 된다.

④ 피부에 유효성분을 침투시킨다.

● 059
④는 갈바닉기기의 이온토포레시스에 대한 설명이다.

060 고주파기 사용 시 주의사항으로 옳은 것은?

① 전극을 얼굴에서 떼고 스위치를 켠다.

② 클렌징 후 수렴화장수를 사용한다.

③ '이마 → 코 → 뺨 → 턱 → 목'의 순으로 관리한다.

④ 보통 8~15분간 시술한다.

● 060
클렌징 후 무알코올 토너를 사용하고 보통 8~15분간 시술한다.

061 다음 중 마사지 단계에 사용하는 미용기기가 아닌 것은?

① 갈바닉기기 　　　　② 고주파기기

③ 진공흡입기 　　　　④ 리프팅기기

● 061
갈바닉기기는 영양성분 침투단계에 사용한다.

062 자외선을 이용한 미용기기가 아닌 것은?

① 선탠기 　　　　② 소독기

③ 수은등 　　　　④ 사우나기기

● 062
사우나기기는 적외선을 이용한 미용기기이다.

063 컬러테라피 기기에서 색상에 따른 효과가 잘못 연결된 것은?

① 빨간색 – 혈액순환 증진

② 주황색 – 알레르기성 민감성 피부관리

③ 녹색 – 슬리밍 효과

④ 파랑색 – 염증 · 부종 완화

● 063
녹색 : 신경안정, 신체평형유지, 색소관리, 지방분비기능 조절

064 전동 브러쉬의 올바른 사용법이 아닌 것은?

① 브러쉬를 수직으로 강하게 눌러 깨끗하게 세정되도록 한다.

② 모세혈관 확장피부, 민감성 피부는 사용을 피한다.

③ 사용 후 비누로 세척하고 물기를 제거 후 소독기에 보관한다.

④ 정상 피부는 300~400rpm의 속도로 시술한다.

● 064
브러쉬를 피부표면에 수직으로 세워 꺾이거나 눌리지 않게 한다.

 59 ④　60 ④　61 ①　62 ④
63 ③　64 ①

맞춤해설

065 진공흡입기에 대한 설명으로 틀린 것은?

① 피지 제거가 목적일 때는 벤토즈 구멍을 막고 수직으로 붙였다 뗐다 한다.

② 매뉴얼 테크닉이 목적일 때는 가장 근접한 림프절을 향해 이동한다.

③ 벤토즈의 흡입력은 안면 30%, 전신 50%를 기준으로 한다.

④ 모세혈관확장 부위, 염증성 여드름 부위, 주사 피부는 사용을 금한다.

● 065
벤토즈의 흡입력은 안면 20%, 전신 30%를 기준으로 한다.

066 초음파의 효과로 틀린 것은?

① 온열효과 　　　　 ② 피부세정 효과

③ 지방분해 효과 　　 ④ 자극진정 효과

● 066
자극진정 효과는 냉온마사지기의 효과이다.

067 중주파에서 인체의 뇌파와 비슷한 파장으로 느낌이 부드럽고 안정하며 조직을 정확히 치료하는 파장은?

① 2000Hz 　　　　 ② 4000Hz

③ 6000Hz 　　　　 ④ 8000Hz

● 067
4000Hz에서는 피부의 극성효과 없이도 조직을 더 깊이 정확히 치료한다.

068 자외선에 대한 설명으로 틀린 것은?

① UV-A는 진피층까지 침투한다.

② UV-B는 표피의 기저층까지 도달한다.

③ UV-C는 피부의 각질층까지 도달한다.

④ 피부암을 유발하는 파장은 UV-A이다.

● 068
피부암을 유발하는 파장은 UV-C 이다.

069 파라핀왁스 사용에 대한 설명으로 틀린 것은?

① 발열작용은 혈액순환을 도와준다.

② 표피까지 수분을 공급한다.

③ 파라핀을 3~5층으로 덮고 15분간 유지한다.

④ 슬리밍 효과가 있다.

● 069
진피까지 충분한 수분을 공급하므로 노화 피부, 건성 피부에 효과적이다.

070 피부미용기기의 사용목적으로 틀린 것은?

① 피부분석 　　　　 ② 영양침투

③ 자극 및 순환 　　 ④ 피부병 치료

● 070
피부미용기기의 사용목적은 치료와는 무관하다.

정답 065 ③ 066 ④ 067 ② 068 ④ 069 ② 070 ④

071 지성 피부관리 시 닥터 자켓 마사지를 시행하는 부위가 아닌 곳은?

① 디스인크러스테이션 하는 부분

② 모공이 열린 곳

③ 블랙헤드가 있는 부분

④ 모세혈관 확장이 있는 부분

072 테슬러 전류의 특징으로 틀린 것은?

① 보통 자외선이라 불리고 높은 비율로 진동한다.

② 온열작용이 있다.

③ 피부 내로의 제품흡수를 돕는 이점이 있다.

④ 울혈제거의 효과가 있다.

073 물질에 대한 설명으로 틀린 것은?

① 물질의 기본 단위는 원자이다.

② 원소는 한 종류의 원자만으로 구성된 단순 물질이다.

③ 물질의 상태가 변하면 고유성질과 질량이 변한다.

④ 물질은 온도와 압력에 따라 고체, 액체, 기체로 구분된다.

074 다음 설명으로 옳은 것은?

① 원자는 원소로 구성되어 있다.

② 전자는 양(+)전하를 띠고 핵 주위를 돌고 있다.

③ 원자는 양성자와 전자의 수가 다르다.

④ 원자는 양성자, 전자, 중성자라고 하는 작은 입자로 세분화된다.

075 다음 설명으로 틀린 것은?

① 중성인 원자가 전자를 잃고 (+)전하를 띠는 입자는 양이온이다.

② 중성인 원자가 전자를 얻고 (−)전하를 띠는 입자는 음이온이다.

③ 극성이 다른 두 물체를 연결하면 전자가 많은 양극에서 전자가 적은 음극으로 이동하여 전류를 형성한다.

④ 양이온은 금속 원자의 이름 뒤에 '이온'을 붙인다.

정답

071 ④ 072 ④ 073 ③ 074 ④
075 ③

맞춤해설

076 전기가 인체에 미치는 영향으로 틀린 것은?

① 1mA에서 짜릿함을 느낀다.

② 사람이 견딜 수 있는 최대 전류의 크기는 10mA이다.

③ 50mA 정도에서 통증, 기절을 일으킨다.

④ 20mA에서 근육이 마비된다.

● 076
사람이 견딜 수 있는 최대 전류의 크기는 5mA이다.

077 직류와 교류의 차이점으로 틀린 것은?

① 직류는 극성이 일정하나 교류는 변한다.

② 직류는 크기가 일정하나 교류는 변한다.

③ 직류는 열작용이 있고 교류는 없다.

④ 직류는 변압기로 조절이 불가능하나 교류는 가능하다.

● 077
직류, 교류 모두 열작용이 있다.

078 감응전류의 피부관리 효과로 틀린 것은?

① 노폐물 제거에 효과적이다.

② 울혈제거에 효과적이다.

③ 통증이 적어서 신경과민 고객에게 효과적이다.

④ 부종 완화에 효과적이다.

● 078
③는 정현파 전류에 대한 설명이다.
정현파 전류 : 감응전류보다 침투가 깊고 자극은 크지만 통증은 적다.

079 다음 설명으로 옳은 것은?

① 유분 측정은 클렌징 1시간 후에 측정한다.

② 수분 측정은 운동 직후에 측정한다.

③ 피부 pH지수가 6 이상일 경우를 산성으로 본다.

④ 유 · 수분 측정온도는 20~22℃, 습도는 40~60%가 적당하다.

● 079
① 2시간 후에 측정한다.
② 운동 후에는 휴식을 취한 후 측정한다.
③ 사람의 피부는 pH 4.5~6.6의 약산성으로 되어 있다.

080 갈바닉기기에 대한 설명으로 틀린 것은?

① 갈바닉기기는 피부 속으로 침투하기 어려운 수용성 용액을 이온화시켜 침투시킨다.

② 영양분 침투 – 이온영동법, 노폐물 배출 – 디스인크러스테이션으로 사용된다.

③ 음극은 산성반응을 하여 산성용액 침투에 효과적이다.

④ 임산부, 당뇨 환자는 사용을 금지한다.

● 080
산성반응은 양극효과이다.

정답 076 ② 077 ③ 078 ③ 079 ④
080 ③

081 고주파기기에 대한 설명으로 옳은 것은?

① 오렌지색의 네온램프를 이용하여 여드름 염증피부에 적용하면 효과적이다.

② 관리시간은 지성 피부의 경우 5분 정도 적용한다.

③ 피부와 유리봉 사이는 0.3mm 내외로 한다.

④ 클렌징 후 알코올 토너를 바른다.

● **081**
피부와 유리봉 사이는 0.3mm 내외로 한다.

082 디스인크러스테이션에 대한 설명으로 틀린 것은?

① 음극봉 아래 생성된 알칼리는 모공을 열어준다.

② 관리 중 발생하는 알칼리는 피부의 pH를 변화시킨다.

③ 전기분해제로서 소금물이 필요하다.

④ 높은 강도와 이온농도에서 더 효과적이다.

● **082**
낮은 강도와 이온농도에서 더 효과적이다.

083 갈바닉기기를 이용한 색소침착 피부관리에 대한 설명으로 옳은 것은?

① (+)극은 고객이 손에 쥐게 하고 (−)극에 오렌지를 끼운다.

② 여드름 압출 부위에 오렌지를 끼운 (−)극을 적용시킨다.

③ 과색소 침착 부위에 오렌지를 끼운 (+)극을 10분 이상 문질러 적용시킨다.

④ 여드름 압출 부위에 오렌지를 끼운 (+)극을 5분간 문질러 적용시킨다.

● **083**
여드름 압출 부위 및 과색소 침착 부위에 오렌지를 끼운 (+)극을 5분간 문질러 적용시킨다.

084 테슬러 전류에 대한 설명으로 틀린 것은?

① 굳은 근육을 풀어주는 기능을 한다.

② 빠른 진동 때문에 근육수축이 있다.

③ 혈액순환 촉진의 효과가 있다.

④ 살균작용의 효과가 있다.

● **084**
빠른 진동 때문에 근육수축이 없다.

085 석션기에 대한 설명으로 옳은 것은?

① 석션은 항상 피지를 유화시키는 과정 전에 사용한다.

② 석션은 닥터 자켓 마사지 후에 적용된다.

③ 석션은 모세혈관 확장 부위에 사용하면 좋다.

④ 여드름 피부관리 시 석션컵을 피부 위로 미끄러지게 한다.

● **085**
석션은 항상 피지를 유화시키는 과정 후나 닥터 자켓 마사지 후에 적용된다.

정답 081 ③ 082 ④ 083 ④ 084 ②
085 ②

086 우드램프를 사용한 피부분석 시 피부상태가 바르게 연결된 것은?

① 각질 – 흰색　　　　② 지성 피부 – 연보라색

③ 민감성 피부 – 분홍색　④ 노화 피부 – 갈색

● 086
지성 피부 – 주황색, 민감성 피부 – 진보라색, 노화각질 – 흰색

087 베포라이저 사용법에 대한 설명으로 틀린 것은?

① 베포라이저 사용은 클렌징 후 사용한다.

② 베포라이저 사용은 피부분석 후 사용한다.

③ 베포라이저 사용은 마사지 크림 바르기 전에 사용한다.

④ 사용 시 얼굴에 가까이 있어야 효과적이다.

● 087
사용 시 얼굴에서 약 40cm 떨어뜨려 사용한다.

088 리프팅기에 대한 설명으로 틀린 것은?

① 리프팅기는 아이소메트릭 운동을 통하여 평평해져가는 근육에 탄력을 주는 기기이다.

② 눈 주위 주름, 목주름에도 효과적이다.

③ 리프팅기기는 실제근육의 길이를 변화시키는 기능을 한다.

④ 리프팅기기는 약한 전류로 근육을 자극해 대뇌효과와 순환효과를 발달시킨다.

● 088
리프팅기기는 실제 근육의 길이를 변화시키지 않고 팽창시켜 근육면적을 축소시킨다.

089 광선을 이용한 미용기기가 아닌 것은?

① 자외선 소독기　　　② 적외선 램프

③ 컬러테라피 기기　　④ 피부 pH측정기

● 089
피부 pH측정기 : 탐침을 이용한 피부의 산성도, 알칼리도 측정

090 컬러테라피 기기의 색상에 따른 효과가 바르게 연결되지 않은 것은?

① 빨강 – 셀룰라이트 개선

② 주황 – 튼살관리

③ 녹색 – 색소관리

④ 파랑 – 나트륨과 칼륨대사의 평형조절

● 090
나트륨과 칼륨대사의 평형을 조절하는 효과를 볼 수 있는 것은 보라색이다.

정답 086 ① 087 ④ 088 ③ 089 ④ 090 ④

맞춤해설

001 기독교 금욕주의의 영향으로 화장과 신체를 가꾸는 행위를 금했던 시기는?

① 이집트시대   ② 그리스 로마시대

③ 르네상스시대   ④ 중세시대

● 001
중세시대는 금욕주의의 영향으로 목욕과 화장을 제한하였으며 향수를 사용하여 체취를 해결하였다.

002 화장품의 정의에 대한 설명으로 적절하지 않은 것은?

① 인체를 청결하게 하고 미화하여 매력을 더한다.

② 치료의 목적으로도 사용된다.

③ 인체에 작용이 경미하다.

④ 피부나 모발의 건강을 유지 또는 증진시키기 위해 사용된다.

● 002
치료의 목적으로 사용되는 것은 의약품이다.

003 조선시대 미용에 대한 설명으로 틀린 것은?

① 전통 화장술이 완성되었다.

② 유교의 영향으로 짙은 화장을 천시하였다.

③ 둥근 눈썹을 그렸다.

④ 화장이 이원화되었다.

● 003
고려시대에는 분대화장과 비분대 화장으로 화장이 이원화되었다.

004 다음은 화장품의 4대 요건 중 무엇에 관한 설명인가?

- 사용기간 중 변색, 변질이 없어야 한다.
- 미생물의 오염이 없어야 한나.

① 안전성   ② 안정성

③ 사용성   ④ 유효성

● 004
안정성 : 사용기간 중 변질, 변색, 변취, 분리되는 일이 없어야 하고, 미생물의 오염도 없어야 한다.

005 화장품의 분류와 제품의 연결이다. 틀린 것은?

① 기초화장품 – 버블바스, 바디샴푸

② 메이크업 화장품 – 네일에나멜, 마스카라

③ 모발화장품 – 헤어토닉, 염모제

④ 바디화장품 – 선스크린, 선탠 오일

● 005
바디화장품 : 버블바스, 바디샴푸

001 ④ 002 ② 003 ④ 004 ②
005 ①

맞춤해설

006 고대 이집트에서 머리 염색 시 사용한 것은?

① 헤나   ② 코울

③ 리트머스   ④ 백납

● 006
머리염색에는 헤나, 눈화장에는 코울을 사용하였다.

007 조선 중엽 얼굴화장에 대한 설명으로 틀린 것은?

① 눈썹 화장을 했다.

② 연지, 곤지를 찍었다.

③ 분화장을 했다.

④ 밑화장은 주로 피마자유를 사용했다.

● 007
밑화장용으로 주로 참기름을 사용하였다.

008 다음 중 수분함량이 가장 많은 파운데이션은?

① 크림 파운데이션

② 리퀴드 파운데이션

③ 스틱파운데이션

④ 스킨커버

● 008
리퀴드 파운데이션은 수분함량이 많아 투명감이 있고 사회초년생이나 화장을 처음하는 사람에게 적당하다.

009 분대화장(짙은 화장)과 비분대화장(옅은 화장)으로 화장이 이원화되었던 시기는?

① 삼한시대   ② 삼국시대

③ 조선시대   ④ 고려시대

● 009
고려시대의 화장은 기생중심의 분대화장과 일반인 중심의 비분대화장으로 이원화되었다.

010 화장품의 요건에 대한 설명으로 틀린 것은?

① 안전성 – 피부에 대한 자극, 독성, 알레르기가 없을 것

② 사용성 – 사용시 손놀림이 쉽고 잘 스며들어야 함

③ 유효성 – 보습효과, 노화 억제, 미백효과 등 치료기능을 가지고 있을 것

④ 안정성 – 보관에 따른 변색, 변질, 변취, 미생물 오염이 없을 것

● 010
화장품의 유효성은 보습효과, 자외선 방어, 세정효과, 색채효과 등을 말하며, 치료기능은 의약품의 영역에 속한다.

011 다음 중 사용대상과 사용목적의 연결이 틀린 것은?

① 화장품 – 정상인, 청결 및 이용

② 의약부외품 – 환자, 위생

③ 의약품 – 환자, 치료

④ 기능성 화장품 – 정상인, 미용

● 011
의약부외품은 정상인이 위생과 미화를 목적으로 사용하며 치약, 여성청결제, 체취방지제 등이 있다.

정답 006 ① 007 ④ 008 ② 009 ④ 010 ③ 011 ②

012 우리나라의 화장품 성분 명칭은 어느 기준에 따르는가?

① 대한민국 화장품 원료집(KCID)

② 국제화장품 원료집(ICID)

③ 화장품 원료기준(장원기)

④ 국제화장품 성분명(INCI)

● 012
화장품원료기준(장원기)에 따르고, 수록되지 않은 것은 대한민국 화장품 원료집(KCID)에 따른다.

013 다음 중 건성용 활성 성분이 아닌 것은?

① 콜라겐   ② 유황(Sulfur)

③ Sodium P.C.A   ④ 엘라스틴

● 013
유황(Sulfur)은 지성·여드름용 활성성분으로 각질제거, 살균작용에 효과적이다.

014 다음 설명 중 옳은 것은?

① 의약부외품은 환자가 사용한다.

② 화장품에는 구취제거제, 여성청결제가 포함된다.

③ 의약부외품은 약간의 부작용을 허용한다.

④ 의약품은 일정 기간 사용한다.

● 014
의약품은 일정 기간 사용 후 치료가 끝나면 사용을 중지한다.

015 일반적으로 화장수에 포함되어 있는 알코올의 함유량은?

① 7% 전후   ② 10% 전후

③ 30% 전후   ④ 50% 전후

● 015
통용되고 있는 화장수에는 알코올 함유량이 10% 전후이다.

016 다음 중 기초화장품이 아닌 것은?

① 에몰리엔트 크림   ② 스킨 로션

③ 부스터   ④ 콤팩트

● 016
콤팩트는 메이크업 화장품에 속한다.

017 다음 중 피지분비가 많고 발한작용이 있는 여성에게 적합한 파운데이션은?

① 케이크 파운데이션   ② 크림 파운데이션

③ 리퀴드 파운데이션   ④ 스틱 파운데이션

● 017
케이크 파운데이션은 트윈케이크를 말하며 밀착력이 좋고 땀에 쉽게 지워지지 않는다.

018 오일에 대한 설명으로 옳은 것은?

① 식물성 오일 – 향은 좋으나 부패하기 쉽다.

② 동물성 오일 – 무색투명하고 냄새가 없다.

③ 광물성 오일 – 색이 진하며, 피부 흡수가 낮다.

④ 합성 오일 – 냄새가 나빠 정제한 것을 사용한다.

● 018
식물성 오일은 식물의 꽃, 열매, 뿌리 등에서 추출하여 다양한 종류가 있으나 부패하기 쉽기 때문에 서늘하고 어두운 곳에 보관한다.

정답 12 ③ 13 ② 14 ④ 15 ②
16 ④ 17 ① 18 ①

맞춤해설

019 계면활성제의 종류 중 헤어 린스와 같이 정전기 방지와 컨디셔닝의 성질을 가지는 것은?

① 음이온성 계면활성제
② 양이온성 계면활성제
③ 비이온성 계면활성제
④ 비양쪽성 계면활성제

• 019
양이온성 계면활성제는 유연효과와 정전기 방지 등의 역할을 한다.

020 화장수(토닉)에 대한 설명으로 틀린 것은?

① 클렌징 후 피부의 유분을 제거한다.
② 피부에 충분한 수분을 공급한다.
③ 피부 진정, 보습, 유연효과가 있다.
④ 아스트리젠트는 유연화장수를 가리킨다.

• 020
아스트리젠트는 수렴화장수를 가리킨다.

021 화장품의 수성원료가 아닌 것은?

① 정제수
② 알코올
③ 글리세린
④ 고급알코올

• 021
고급알코올은 천연유지와 석유에서 합성하여 만들어진 유성원료이다.

022 1916년에 등장하여 우리나라 최초의 근대적 화장품으로 인정받은 것은?

① 서가분
② 구리무
③ 면약
④ 박가분

• 022
박가분은 우리나라 최초로 대량생산되어 대중화된 화장품으로 박가분에 첨가된 납성분의 독성으로 인해 화장독이라는 용어가 생겨났다.

023 다음은 무엇에 대한 설명인가?

• 화학적인 각질제거 방법이다.
• 피부의 턴오버(Turn Over)기능을 촉진한다.

① 스크럽(Scrub)
② 고마쥐(Gommage)
③ 엔자임(Enzyme)
④ AHA

• 023
AHA는 각질을 산으로 녹여 제거하는 방법으로 보습에도 효과적이다.

024 에센셜 오일에 대한 설명 중 틀린 것은?

① 라벤더 – 진정, 불안해소
② 그레이프프루트 – 지방분해효과
③ 샌달우드 – 진정, 이완
④ 티트리 – 통증완화, 최음

• 024
티트리 오일은 살균, 소독, 여드름 피부에 효과적이다.

정답 019 ② 020 ④ 021 ④ 022 ④
023 ④ 024 ④

맞춤해설

025 다음 중 베이스메이크업 화장품이 아닌 것은?

① 파운데이션　　　　　② 파우더
③ 블러셔　　　　　　　④ 메이크업베이스

● **025**
블러셔는 포인트메이크업 화장품에 속한다.

026 계면활성제의 물 용해도 척도로 사용되는 HLB의 설명으로 틀린 것은?

① HLB가 높을수록 물에 잘 녹지 않는다.
② 친수성기가 전혀 없는 것은 HLB가 0이다.
③ HLB 4~6범위인 것은 W/O유화제이다.
④ HLB 8~18범위인 것은 O/W유화제이다.

● **026**
HLB가 낮을수록 물에 잘 녹지 않고 높을수록 물에 잘 녹는다.

027 광물성 오일 중 피부에 막을 형성하여 이물질의 침입을 막는 작용을 하는 것은?

① 라놀린　　　　　　　② 바셀린
③ 이소프로필　　　　　④ 아보카도

● **027**
바셀린은 기름막을 형성하여 피부를 보호하고 수분증발을 억제한다.

028 다음 중 향료 사용에 대한 설명으로 옳지 않은 것은?

① 향 발산을 목적으로 맥박이 뛰는 손목이나 목에 분사한다.
② 자외선에 반응하여 피부에 광 알레르기를 유발시킬 수도 있다.
③ 색소가 침착된 피부에 향료를 분사하고 자외선을 받으면 색소침착이 완화된다.
④ 향수 사용시 시간이 지나면서 향의 농도가 변하는 것은 조합향료 때문이다.

● **028**
색소가 침착된 피부에 향료를 분사하고 자외선을 받으면 색소침착이 심해진다.

029 다음 중 지성 피부의 관리에 적합한 크림은?

① 콜드 크림　　　　　② 라놀린 크림
③ 바니싱 크림　　　　④ 에몰리엔트 크림

● **029**
바니싱 크림은 무유성 크림으로 지성 피부에 적합하다.

030 다음 중 동물성 왁스에 속하는 것은?

① 호호바 오일　　　　② 라놀린
③ 카르나우바 왁스　　④ 칸데릴라 왁스

● **030**
동물성 왁스 : 라놀린(양모에서 추출), 밀납(벌집에서 추출)

031 염료를 불용화시켜 만든 것으로 화려하고 아름다운 발색력을 가진 색소는?

① 마이카　　　　　　② 카올린
③ 레이크　　　　　　④ 탈크

● **031**
레이크는 립스틱, 블러셔 및 아이섀도 등의 화려한 색깔을 만든다.

정답　025 ③　026 ①　027 ②　028 ③
029 ③　030 ②　031 ③

032 다음 설명 중 틀린 것은?

① 의약부외품은 일정의 약리효과를 가지며 부작용이 있어서는 안 된다.

② 화장품은 아름다움의 증진을 위해 사용하며 부작용이 있어서는 안 된다.

③ 의약품은 지속적으로 사용하며 어느 정도 부작용을 허용한다.

④ 기능성 화장품은 미백, 주름개선, 자외선 차단에 도움을 주는 제품을 말한다.

● 032
의약품은 단기간 또는 일정기간 사용 후 치료가 끝나면 사용을 중지한다.

033 화장품의 원료 중 방부제에 대한 설명이다. 틀린 것은?

① 인체에 무해해야 하며 첨가로 인한 품질의 손상이 없어야 한다.

② 미생물에 의한 화장품의 변질을 막기 위해 첨가한다.

③ O/W 에멀젼이나 파운데이션에는 적은 양의 방부제를 함유하고 있다.

④ 파라벤류는 피부에 자극이 적어 널리 사용되고 있다.

● 033
O/W 에멀젼이나 파운데이션은 미생물의 번식이 쉬우므로 방부제를 다량 함유하고 있다.

034 유중수형(W/O)에 대한 설명으로 옳은 것은?

① 피부흡수가 빠르다.

② 수분이 많아 산뜻하다.

③ 지속성이 낮다.

④ 클렌징 크림, 영양 크림 등이 있다.

● 034
유중수형(W/O)은 피부흡수가 느리며 지속성이 높다.

035 수렴화장수에 대한 설명으로 틀린 것은?

① 피지분비를 억제한다.

② 모공 수축작용을 한다.

③ 세균으로부터 피부를 보호한다.

④ 스킨 소프너로 불리운다.

● 035
유연화장수는 스킨 소프너, 스킨 로션 등으로 불리운다.

036 친수성으로 지성 피부에 적합한 것은?

① O/W 크림 　② W/O 크림

③ O/O 크림 　④ W/W 크림

● 036
O/W(Oil in Water) 크림은 친수성이며 지성 피부에 적합하고, W/O 크림(Water in Oil)크림은 친유성이며 건성 피부에 적합하다.

037 계면활성제의 작용 중 액체와 고체입자를 균일하게 혼합한 작용을 무엇이라 하는가?

① 가용화작용 　② 유화작용

③ 증발작용 　④ 분산작용

● 037
분산은 액체와 고체입자를 계면활성제로 균일하게 혼합한 작용으로 아이섀도, 마스카라, 파운데이션 등에 사용된다.

정답 32 ③ 33 ③ 34 ④ 35 ④ 36 ① 37 ④

038 눈가에 코울(Khol)을 사용하여 화장을 한 나라는?

① 이집트   ② 인도
③ 아랍   ④ 미국

● 038
이집트에서는 태양으로부터 눈을 보호하고 곤충의 접근을 막기 위해 눈가에 코울(Khol)을 사용하였다.

039 크림 파운데이션의 기능이 아닌 것은?

① 유연효과가 좋아 하절기에 적당하다.
② 피부에 퍼짐성이 좋다.
③ 피부에 부착성이 좋다.
④ 피부결점 커버력이 우수하다.

● 039
크림 파운데이션은 유분함유량이 많아 영양이 필요한 동절기에 적당하다.

040 계면활성제의 종류가 바르게 연결된 것은?

① 양이온 계면활성제 – 비누, 샴푸, 클렌징 폼
② 음이온 계면활성제 – 크림의 유화제, 분산제
③ 양쪽성 계면활성제 – 베이비샴푸, 저자극 샴푸
④ 비이온 계면활성제 – 헤어린스, 헤어트리트먼트제

● 040
양쪽성 계면활성제는 피부자극과 독성이 적어 베이비샴푸, 저자극 샴푸에 사용된다.

041 다음 중 제조과정에서 사용된 계면활성제의 성질이 다른 것은?

① 향수   ② 마스카라
③ 화장수   ④ 포마드

● 041
마스카라에는 분산제를 사용하고, 향수, 화장수 및 포마드에는 가용화제를 사용한다.

042 콜라겐에 대한 설명으로 틀린 것은?

① 열과 자외선에 강하다.
② 피부의 저수지로 불리운다.
③ 피부의 장력을 제공한다.
④ 화장품의 성분으로 뛰어난 보습력을 제공한다.

● 042
콜라겐은 열과 자외선에 쉽게 파괴된다.

043 수중유형(O/W)에 관한 설명 중 틀린 것은?

① 오일이 많아 피부흡수가 느리다.
② 사용감이 가볍다.
③ 지속성이 낮다.
④ 보습 로션, 선탠 로션 등이 있다.

● 043
수중유형(O/W)은 수분이 많아 산뜻한 느낌을 준다.

정답 38 ① 39 ① 40 ③ 41 ②
42 ① 43 ①

맞춤해설

044 유화(Emulsion)에 관한 설명으로 틀린 것은?

① 액체에 고체입자를 균일하게 혼합시킨 것이다.

② 로션, 크림류가 속한다.

③ 뿌옇고 불투명한 색상으로 보인다.

④ 같은 양의 수분과 유분을 섞어 놓았다.

● 044
분산은 액체에 고체입자를 균일하게 혼합시킨 것으로 마스카라, 파운데이션, 아이섀도 등이 속한다.

045 화장품의 산화를 방지하기 위해 첨가하는 물질은?

① 이미다졸리디닐 우레아   ② EDTA

③ BHT   ④ 카르복시비닐폴리머

● 045
• BHT : 산화방지제
• 이미다졸리디닐 우레아 : 방부제
• EDTA : 금속이온봉쇄제
• 카르복시비닐폴리머 : 점증제

046 피부에 자극이 적어 기초화장품 분야에서 많이 사용되는 계면활성제는?

① 양이온성 계면활성제

② 음이온성 계면활성제

③ 양쪽성 계면활성제

④ 비이온성 계면활성제

● 046
비이온성 계면활성제는 물에 용해되어도 이온화되지 않으며 피부자극이 적어 화장수, 크림, 클렌징제 등에 사용된다.

047 화장품에 사용하는 색소 중 물, 오일에 녹는 것으로 모발 및 기초화장품에 사용되는 것은?

① 염료   ② 레이크

③ 유기안료   ④ 무기안료

● 047
염료는 물 또는 오일에 녹으며 기초화장품과 모발화장품에 사용된다.

048 다음 중 지방성분이 없어 세정력이 우수하며 마사지와 클렌징 효과가 있는 것은?

① 클렌징 오일

② 클렌징 워터

③ 클렌징 젤

④ 폼 클렌징

● 048
클렌징 젤은 지방에 예민한 알레르기성 피부나 모공이 넓은 피부에 적합하며 오염물질 제거가 쉽다.

049 다음 중 진정효과를 가지는 피부관리 제품성분이 아닌 것은?

① 아줄렌(Azulene)

② 카모마일 추출물(Chamomile Extracts)

③ 비사볼롤(Bisabolol)

④ 알코올(Alcohol)

● 049
알코올(Alcohol)은 소독, 청정효과가 있으나, 피부에 자극을 줄 수 있다.

정답 044 ① 045 ③ 046 ④ 047 ①
048 ③ 049 ④

050 피부에 좋은 영양성분을 농축해 만든 것으로 소량의 사용만으로도 큰 효과를 볼 수 있는 것은?

① 에센스   ② 로션

③ 팩   ④ 화장수

● **050**
에센스는 세럼, 부스터로도 불리우며, 고농축 성분으로 피부를 보호하고 영양물질을 공급한다.

051 고려시대의 화장법 중 기생중심의 짙은 화장은 무엇인가?

① 분대화장   ② 비분대화장

③ 종교화장   ④ 혼례화장

● **051**
분대화장은 고려시대에 기생들의 교방에서 행해지던 짙은 화장을 말한다.

052 화장품의 법률적인 정의에 대한 설명이다. 틀린 것은?

① 인체를 청결 · 미화한다.

② 질병을 치료 또는 예방한다.

③ 매력을 더하고 용모를 밝게 변화시킨다.

④ 피부와 모발의 건강을 유지 또는 증진시킨다.

● **052**
질병의 치료 또는 예방, 처치의 기능은 의약품의 영역이다.

053 우리나라의 전통 화장술이 완성된 시기는?

① 신라시대   ② 고려시대

③ 조선시대   ④ 일제시대

● **053**
조선시대에 전통 화장술이 완성되었다.

054 AHA의 성분 중 감귤류에서 추출한 것은?

① 글리콜릭산   ② 구연산

③ 주석산   ④ 젖산

● **054**
• 구연산 : 감귤류
• 주석산 : 포도
• 글리콜릭산 : 사탕수수
• 젖산 : 우유

055 건조된 제품을 근육결의 방향대로 밀어서 각질을 제거하는 제품은?

① 고마쥐

② 스크럽

③ AHA

④ 효소

● **055**
고마쥐는 건조된 제품을 근육결의 방향대로 밀어서 각질을 제거하는 것으로 피부 타입에 따라 사용방법이 다르며, 예민한 피부는 주의해서 사용해야 한다.

056 화장품에 사용되는 유지류에 대한 설명이다. 옳은 것은?

① 식물성 유지 – 라놀린

② 동물성 유지 – 카르나우바 왁스

③ 광물성 유지 – 유동 파라핀

④ 합성유지 – 월견초유

● **056**
유동 파라핀은 석유에서 추출하였으며, 피부 표면의 수분 증발을 억제하고 정제 순도에 따라 여드름을 유발할 수 있다.

정답   050 ①   051 ①   052 ②   053 ③
054 ②   055 ①   056 ③

057 포유류의 태반을 동결 · 건조하여 얻은 성분으로 피부재생, 보습 등에 효과적인 것은?

① 콜라겐   ② 플라센타

③ 프로폴리스   ④ 히알루론산

● **057**
플라센타는 크림, 앰플, 마스크 등 피부재생, 보습, 미백을 목적으로 하는 제품에 많이 사용된다.

058 다음은 비타민 C에 대한 설명으로 틀린 것은?

① 콜라겐 합성에 관여한다.

② 모세혈관 강화에 효과가 있다.

③ 미백작용을 한다.

④ 레티놀이라 불리운다.

● **058**
상피보호 비타민인 비타민 A에 대한 설명이다.

059 클렌징 크림에 대한 설명으로 옳은 것은?

① 피부에 자극이 없어 민감한 피부에 적당하다.

② 화장 전에 피부를 청결히 닦아낼 때 효과적이다.

③ 수분을 많이 함유하고 있다.

④ 짙은 메이크업을 지울 때 효과적이다.

● **059**
광물성 오일(유동 파라핀)이 40~50% 정도 함유되어 있으며, 짙은 메이크업을 지울 때 적합하다.

060 O/W타입의 제품으로 피부에 특정한 효과를 주기 위한 기초화장품은?

① 크림   ② 팩

③ 에센스   ④ 로션

● **060**
에센스는 O/W타입으로 흡수가 빠르며 유효성분을 첨가하여 피부에 특정 효과를 부여한다.

061 다음 중 자외선에 손상된 피부의 회복을 목적으로 사용하는 제품은?

① 선탠 로션

② 셀프 태닝 로션

③ 선탠 젤

④ 애프터 선 젤

● **061**
애프터 선 젤은 피부 진정과 보습작용으로 건강한 피부로의 회복을 돕는다.

062 스트레스, 긴장완화에 효과가 있으며, 상처치유에 좋아 여드름의 염증 완화용으로 폭넓게 사용되고 있는 에센셜 오일은?

① 로즈마리(Rosemary)

② 쥬니퍼(Juniper)

③ 파촐리(Patchouli)

④ 라벤더(Lavender)

● **062**
라벤더는 소염, 항박테리아 효과가 있으며 일광화상, 상처 치유에 효과적이고 불면증, 정신적 스트레스 긴장완화에 좋다.

063 화장품 사용 시 미생물에 의한 변질을 막고 세균의 성장을 억제하거나 방지하기 위해 첨가하는 물질이 아닌 것은?

① 이소치아졸리논(Isothiazolinone)

② 에틸파라벤(Ethyl Paraben)

③ 이미디아졸리디닐 우레아(Imidazolidinyl Urea)

④ 암모늄 카보나이트(Ammonium Carbonate)

암모늄 카보나이트(Ammonium Carbonate)는 화장품의 pH를 알칼리화시키는 pH조절제이다.

064 색소 중 안전성이 높지만 착색력, 내열성, 내광성이 약하고 대량생산이 불가능한 것은?

① 체질안료

② 천연색소

③ 백색안료

④ 진주광택안료

● 064
천연색소는 헤나, 카르타민, 카로틴, 클로로필 등 동·식물에서 얻어진다. 안전성이 높으나 대량생산이 불가능하고 착색력, 광택성, 지속성이 약해 많이 사용하지 않는다.

065 계면활성제의 피부자극도를 잘 나타낸 것은?

① 양이온성 〉 음이온성 〉 비이온성 〉 양쪽성

② 양이온성 〉 음이온성 〉 양쪽성 〉 비이온성

③ 음이온성 〉 양이온성 〉 양쪽성 〉 비이온성

④ 음이온성 〉 양이온성 〉 비이온성 〉 양쪽성

● 065
계면활성제의 피부자극도 : 양이온성 〉 음이온성 〉 양쪽성 〉 비이온성

066 다음 중 건성용 활성성분은?

① 세라마이드 　　　② 클로로필

③ 코직산 　　　　　④ 아줄렌

● 066
세라마이드는 각질간 접착 성분으로 수분증발과 유해물질 침투를 억제한다.

067 다음 제품 중 첨가된 계면활성제의 종류가 다른 것은?

① 린스 　　　　　② 로션

③ 화장수 　　　　④ 클렌징 크림

● 067
린스는 양이온 계면활성제를 첨가하고, 로션, 화장수, 클렌징 크림은 비이온 계면활성제를 첨가한다.

068 노란색이며 각질제거, 피지조절, 살균작용에 효과가 있어 여드름에 주로 사용되는 성분은?

① 비타민 K

② 클레이

③ 유황

④ 비타민 P

● 068
유황은 여드름용 활성성분이며, 비타민 K는 모세혈관벽을 강화시켜주고 클레이는 피지흡착에 효과적이다.

069 다음에서 설명하는 제품은?

> • 눈 부위에 색채와 음영을 준다.
> • 눈의 단점을 보완한다.
> • 눈매에 표정을 주어 개성을 표현한다.

① 아이라이너　　　　　② 아이섀도
③ 아이브로우　　　　　④ 마스카라

070 음이온 계면활성제에 대한 설명으로 틀린 것은?

① 세정력이 우수하다.
② 정전기 방지효과가 있다.
③ 탈지력이 강하다.
④ 피부가 거칠어진다.

071 분대화장에 대한 설명으로 틀린 것은?

① 고려시대에 성행했던 화장법이다.
② 기생들이 주로 했던 화장법이다.
③ 교방을 설치하여 분대화장을 가르쳤다.
④ 옅은 화장을 말한다.

072 다음 중 기초화장품의 사용목적이 아닌 것은?

① 세안용으로 사용한다.
② 베이스메이크업을 위해 사용한다.
③ 피부를 정돈하기 위해 사용한다.
④ 피부보호의 목적으로 사용한다.

073 다음은 어떤 성분에 관한 설명인가?

> • 동물성 오일로 양털에서 추출한다.
> • 여드름 유발 가능성이 있다.

① 라놀린
② 밍크 오일
③ 미네랄 오일
④ 칸데릴라 왁스

074 양쪽성 계면활성제에 대한 설명이다. 틀린 것은?

① 세정성이 있다.

② 피부자극이 비교적 적은 편이다.

③ 베이비 샴푸, 저자극 샴푸 등에 사용된다.

④ 물에 용해되어도 이온화되지 않는다.

075 광물성 오일이 다량 배합되어 있으며 짙은 화장을 지우기에 적합한 클렌징 제품은?

① 클렌징 로션 ② 클렌징 오일

③ 클렌징 젤 ④ 클렌징 크림

076 다음 중 인체에서 발생하는 체취를 억제하는 기능이 있고 피부 상재균의 증식을 억제하는 항균기능을 가지고 있는 것은?

① 오드 트왈렛

② 샤워코롱

③ 바디샴푸

④ 데오도란트

077 화장품의 4대 요건은?

① 방향성, 안전성, 발림성, 사용성

② 발림성, 안정성, 방부성, 사용성

③ 안전성, 안정성, 사용성, 유효성

④ 안전성, 방부성, 방향성, 유효성

078 미백화장품의 매커니즘이 아닌 것은?

① 티로시나아제 작용억제 ② 도파의 산화 촉진

③ 멜라닌 색소제거 ④ 자외선 차단

079 화장품 성분 중 세균의 성장을 억제하기 위해 첨가하는 물질은?

① 메틸 파라벤

② 알파 – 하이드록시산

③ 글리세린

④ 계면활성제

• **074**
비이온 계면활성제의 특징이다.

• **075**
클렌징 크림은 짙은 유성 메이크업을 지울 때나 피지분비가 많을 때 사용하기 적합하다.

• **076**
데오도란트는 체취방지의 목적으로 액와 부위에 사용하는 제품이다.

• **077**
안전성, 안정성, 사용성, 유효성

• **078**
미백화장품에는 비타민 C와 같은 성분으로 도파의 산화를 억제하는 기전이 포함된다.

• **079**
방부제는 세균의 성장을 억제하기 위해 첨가하는 물질로 메틸 파라벤, 에틸 파라벤 등이 있다.

74 ④ 75 ④ 76 ④ 77 ③
78 ② 79 ①

맞춤해설

080 다음 중 기미 개선을 위해 사용되는 활성 성분은?

① 클레이　　　　　② 알부틴
③ 아쥴렌　　　　　④ 플라센타

● 080
알부틴은 티로시나제의 활성을 억제하여 색소침착을 방지하는 성분이다.

081 핸드 케어(Hand Care) 제품 중 피부 청결 및 소독효과를 위해 사용하는 것으로 물을 사용하지 않고 직접 바르는 제품은?

① 비누(Soap)
② 핸드 새니타이저(Hand Sanitizer)
③ 비누(Soap) 핸드워시(Hand Wash)
④ 핸드 로션(Hand Lotion)

● 081
핸드 새니타이저(Hand Sanitizer) 알코올을 함유하고 있어 손을 소독할 때 물을 사용하지 않고 직접 바른다.

082 스틱 파운데이션에 대한 설명 중 알맞은 것은?

① 로션타입으로 수분을 많이 함유하고 있다.
② 피부결점 커버력이 우수하다.
③ 여름철 자외선 차단용이다.
④ 화장 시 산뜻하고 청량감이 있으나 커버력이 약하다.

● 082
스틱 파운데이션은 크림 파운데이션보다 커버력이 우수하여 기미, 여드름 자국 등 잡티 커버에 효과적이다.

083 자외선 차단제에 들어가는 성분이 아닌 것은?

① 옥틸디메칠파바　　② 옥틸메톡시 신나메이트
③ 이산화티탄　　　　④ 아스코르빈산

● 083
자외선 차단제
• 자외선 산란제 : 이산화티탄, 산화아연, 탈크
• 자외선 흡수제 : 옥틸디메칠파바, 옥틸메톡시 신나메이트 등

084 다음 중 오일에 물성분이 혼합되어 있는 유화상태는?

① O/W 에멀젼　　　② W/O 에멀젼
③ W/S 에멀젼　　　④ W/O/W 에멀젼

● 084
O/W : 수중유형, W/O : 유중수형

085 아로마테라피(Aromatherapy)에 사용되는 아로마 오일에 대한 설명 중 가장 거리가 먼 것은?

① 아로마테라피에 사용되는 아로마 오일은 주로 수증기 증류법에 의해 추출된 것이다.
② 아로마 오일은 투명한 병에 보관하여 사용하는 것이 좋다.
③ 아로마 오일은 원액을 캐리어 오일에 블랜딩하여 희석시켜 사용해야 한다.
④ 아로마 오일을 사용할 때에는 안전성 확보를 위하여 사전에 패치테스트(Patch Test)를 실시하여야 한다.

● 085
아로마 에센셜 오일은 빛, 열 등에 약하므로 변질되지 않도록 갈색병에 보관하는 것이 좋다.

정답 080 ② 081 ② 082 ② 083 ④
084 ② 085 ②

086 자외선 차단제에 대한 설명이다. 옳은 것은?

① 자외선 차단제의 구성성분은 크게 자외선 산란제와 자외선 흡수제로 구분된다.
② 자외선 차단제 중 자외선 산란제는 투명하고, 자외선 흡수제는 불투명한 것이 특징이다.
③ 자외선 산란제는 화학적인 산란작용을 이용한 제품이다.
④ 자외선 흡수제는 물리적인 흡수작용을 이용한 제품이다.

• **086**
자외선 산란제는 탈크 등의 성분으로 불투명하며 물리적인 작용을 하고, 흡수제는 투명하고 화학적인 흡수작용을 한다.

087 다음 중 기능성 화장품의 범위에 해당되지 않는 것은?

① 미백 크림
② 데오도란트
③ 자외선차단 크림
④ 주름개선 크림

• **087**
기능성 화장품은 미백, 주름개선, 자외선 차단에 도움을 주는 제품을 말한다.

088 박하에서 추출하여 얻은 물질로 상쾌한 느낌을 주며 통증과 가려움을 완화시키는 물질은?

① 멘톨
② 비사볼롤
③ 프로폴리스
④ 알란토인

• **088**
멘톨은 박하추출물로 청정감을 주며 방부 · 살균효과가 있다.

089 다음 중 클렌징 폼에 대한 설명으로 틀린 것은?

① 비누의 세정력과 클렌징 크림의 피부보호 기능을 겸비하였다.
② 유성성분과 보습제가 배합되어 있다.
③ 피부의 당김이 적고 촉촉한 감촉을 유지시킨다.
④ 스크럽이 함유되어 있어 세정효과가 뛰어나다.

• **089**
페이셜 스크럽은 클렌징 폼에 스크럽을 함유하여 모공 속의 노폐물 제거에 효과적이다.

090 산화방지제의 성분이 아닌 것은?

① 레시틴
② BHA
③ 구연산
④ AHA

• **090**
산화방지제
• 천연산화방지제 : 레시틴, 토코페롤
• 합성산화방지제 : BHA, BHT
• 산화방지보조제 : 인산, 구연산, 아스코르빈산, 말레산, EDTA

091 양이온 계면활성제에 대한 설명으로 틀린 것은?

① 기포형성작용이 우수하다.
② 정전기 방지 효과가 있다.
③ 헤어 린스, 트리트먼트에 사용된다.
④ 살균 및 소독작용이 크다.

• **091**
음이온 계면활성제는 세정작용과 기포형성 작용이 우수하여 비누, 샴푸 등에 사용된다.

정답 086 ① 087 ② 088 ① 089 ④
090 ④ 091 ①

맞춤해설

092 단백질 분해효소가 각질을 제거하며 모든 피부에 사용 가능한 제품은?

① 엔자임　　　　　② 스크럽
③ 고마쥐　　　　　④ 클렌징 오일

● 092
엔자임의 파파인, 브로멜린 등의 효소성분이 각질을 제거한다.

093 다음 중 각질을 산으로 녹여 제거하는 제품은?

① 스크럽　　　　　② 고마쥐
③ 엔자임　　　　　④ AHA

● 093
AHA는 과일산으로 구성되어 단백질인 각질을 녹여서 제거하여 피부의 턴오버 기능을 증대시킨다.

094 유화형태에서 물을 첨가한 결과 잘 섞여 O/W형으로 판별되었다면 유화형태 판별법 중 어느 것에 해당되는가?

① 전기전도도법　　② 희석법
③ 색소첨가법　　　④ 질량분석법

● 094
희석법 : 물에 희석한 후 분산성에 의해 판정한다.

095 AHA의 성분 중 포도에서 추출한 것은?

① 글리콜릭산
② 구연산
③ 주석산
④ 젖산

● 095
• 구연산 : 감귤류
• 주석산 : 포도
• 글리콜릭산 : 사탕수수
• 젖산 : 우유

096 화장품에 사용되는 유지류에 대한 설명이다. 틀린 것은?

① 식물성 유지 – 올리브유
② 동물성 유지 – 스쿠알란
③ 광물성 유지 – 바셀린
④ 합성유지 – 칸데릴라 왁스

● 096
칸데릴라 왁스는 식물성 왁스류에 속한다.

097 클렌징 로션에 대한 설명이다. 틀린 것은?

① 이중세안이 불필요하다.
② 유동 파라핀이 30~40% 정도 함유되어 있다.
③ 수분을 많이 함유하고 있다.
④ 유성 메이크업을 지울 때 효과적이다.

● 097
클렌징 크림이 유동 파라핀을 다량 함유하고 있어 기름때나 짙은 메이크업을 지울 때 적합하다.

098 진흙 계열로 피지흡착 능력이 뛰어난 성분은?

① 캄퍼　　　　　　② 클레이
③ 유황　　　　　　④ 하이드로퀴논

● 098
클레이는 피지흡착에 효과적인 성분으로 카오린, 벤토나이트, 머드, 무어 등이 있다.

정답
92 ① 93 ④ 94 ② 95 ③
96 ④ 97 ④ 98 ②

맞춤해설

099 다음 제품 중 비이온 계면활성제가 첨가된 것은?

① 린스
② 헤어 트리트먼트
③ 샴푸
④ 화장수

● **099**
• 린스, 헤어 트리트먼트 : 양이온
  계면활성제
• 샴푸 : 음이온계면활성제
• 화장수 : 비이온계면활성제

100 다음 중 노화용 활성성분은?

① 비타민 E   ② 살리실산
③ 코직산   ④ 아줄렌

● **100**
비타민 E는 항산화 비타민으로 토
코페롤로 불리우며 노화를 지연시
키고 재생작용이 뛰어난 성분이다.

101 수용성 염료에 알루미늄 등을 가해 불용성으로 만든 색소로 화려한 발색력이 있는 것은?

① 펄 안료   ② 착색 안료
③ 타르 색소   ④ 레이크

● **101**
레이크(Lake)는 염료를 불용화시
킨 것으로 립스틱 등에 화려한 발
색력을 더한다.

102 식물성 계면활성제로 유화, 가용화 작용이 있으며 항염에도 효과가 있는 성분은?

① 알란토인(Allantoin)
② 사포닌(Saponin)
③ 라벤더(Lavender)
④ 클로로필(Chlorophyll)

● **102**
사포닌(Saponin)은 대두나 인삼에
서 추출한 식물성 계면활성제로
세정작용, 유화작용 등이 있다.

103 화장품의 분류와 제품의 연결로 옳은 것은?

① 기초화장품 – 메이크업베이스, 파우더
② 메이크업화장품 – 에센스, 퍼퓸
③ 바디화장품 – 데오도란트, 버블바스
④ 방향화장품 – 포마드, 네일 폴리쉬

● **103**
바디화장품에는 바디클렌저, 바디
오일, 데오도란트, 버블바스, 바디
스크럽 등이 포함된다.

104 달맞이 꽃에서 추출한 성분으로 필수지방산이 풍부하며 아토피성 피부치유와 노화억제에 효과가 있는 것은?

① 월견초유(Evening Primrose Oil)
② 아몬드유(Almond Oil)
③ 아보카도유(Avocado Oil)
④ 마카다미아 넛트 오일(Macadamia Nut Oil)

● **104**
월견초유(Evening Primrose Oil)
는 감마 – 리놀렌산이 풍부하며
피부염치유와 피부 보습, 세포재생
에 효과적이다.

99 ④ 100 ① 101 ④ 102 ②
103 ③ 104 ①

제5과목 화장품학 **119**

맞춤해설

105 다음에서 설명하는 성분은?

> • 끈적임이 거의 없다.
> • 가볍게 발라지며 내수성이 우수하다.
> • 화학적으로 합성한 오일이다.

① 바셀린(Vaselin) ② 유동 파라핀(Liquid Paraffin)
③ 로즈힙 오일(Rosehip Oil) ④ 실리콘 오일(Silicone Oil)

106 다음 화장품 제조법에 대한 설명 중 틀린 것은?

① 계면활성제가 미셀을 형성하면 물에 녹지않는 소량의 물질을 미셀 내부에 용해시킬 수 있는 데 이것을 가용화라고 한다.
② 가용화에 의해 만들어진 화장품의 종류는 화장수, 향수, 에센스 등이 해당된다.
③ 다량의 유성성분을 일정기간동안 물에 안정시켜 균일하게 혼합하는 것을 유화라고 한다.
④ 유화에 의해 만들어진 화장품은 파운데이션, 마스카라 등이 있다.

107 파우더의 사용목적이 아닌 것은?

① 파운데이션의 지속성을 도와준다.
② 인공피지막을 형성하여 피부를 보호한다.
③ 얼굴을 화사하게 표현한다.
④ 유분기를 조절하고 피지를 흡착한다.

108 팩의 효과에 대한 설명으로 틀린 것은?

① 팩이 건조하는 과정에서 피부에 긴장감을 부여한다.
② 피부의 온도를 높여 혈액순환을 촉진시킨다.
③ 세안으로 제거된 산성보호막을 보충하여 피부에 촉촉함을 준다.
④ 팩의 흡착작용으로 노폐물을 제거시킨다.

109 다음은 레틴산에 대한 설명이다. 틀린 것은?

① 내부에 여러 가지 영양물질을 안정하게 담아둘 수 있다.
② 콜라겐 합성을 촉진한다.
③ 섬유아 세포를 자극한다.
④ 각질 세포의 턴오버를 촉진한다.

• 105
실리콘 오일(Silicone Oil)은 안전성과 내수성이 높으며 끈적임이 없는 가벼운 사용감을 가진다.

• 106
고체입자를 액체에 분산시켜 만든 화장품 : 파운데이션, 마스카라, 아이라이너, 네일에나멜 등이 있다.

• 107
인공피지막을 형성하여 피부를 보호하는 것은 메이크업베이스의 역할이다.

• 108
크림은 세안으로 제거된 산성보호막을 보충하여 피부에 촉촉함을 준다.

• 109
리포좀은 인지질로 구성된 이중막으로 내부에 영양물질을 담아 두어 피부흡수를 증가시킬 수 있다.

정답 105 ④ 106 ④ 107 ② 108 ③ 109 ①

110 고분자 실리콘을 사용하여 모발 끝의 갈라진 부위와 손상된 부위를 회복시켜주는 제품은?

① 헤어팩
② 헤어코트
③ 헤어블로우
④ 헤어트리트먼트 크림

110
헤어코트는 주성분인 고분자 실리콘에 의한 코팅효과, 윤활성, 밀착성 내수성이 특징이다.

111 다음 중 손상된 케라틴을 회복시켜 손톱, 모발 등의 치유에 효과적인 비타민은?

① 비타민 A
② 비타민 B_1
③ 비타민 E
④ 비타민 H

111
비타민 H는 비오틴으로 불리우며 세포성장인자로 단백질 회복에 효과가 있다.

112 세팅한 모발 위에 분무해 헤어스타일을 일정한 형태로 유지시키는 마무리용 정발제는?

① 헤어 크림
② 포마드
③ 헤어스프레이
④ 헤어무스

112
헤어스프레이는 휘발성이 빠르고 건조 후 모발 세팅 효과가 높다.

113 색소를 사용하지 않고 단순히 모발의 탈색만을 주목적으로 한 제품은?

① 헤어블리치
② 일시 염모제
③ 탈모제
④ 반영구 염모제

113
헤어블리치는 멜라닌 색소를 파괴시켜 모발의 색상을 밝게 하기 위해 사용하는 제품이다.

114 향수의 분류 중 중후한 느낌의 남성 향취가 특징인 것은?

① 시트러스
② 시프레
③ 오리엔탈
④ 퓨제아

114
퓨제아는 고사리라는 의미를 가지고 있으며 싱싱하고 촉촉하며 중후한 느낌이 복합된 향취이다.

115 박하향과 소독약의 강한 냄새가 특징으로 호흡기 질환에 효과적이며 몸의 피로를 풀어주는 에센셜 오일은?

① 유칼립투스
② 시더우드
③ 재스민
④ 주니퍼

115
• 시더우드 : 수렴, 살균
• 재스민 : 정서적 안정
• 주니퍼 : 체내독소 배출

116 아로마 오일의 보관방법이다. 틀린 것은?

① 캐리어 오일의 산화를 막기 위해 맥아 오일을 10% 정도 첨가하면 효과적이다.
② 블랜딩한 아로마 오일은 갈색병에 담아 서늘한 곳에 보관한다.
③ 블랜딩한 오일은 바로 사용하여야 더욱 효과적이다.
④ 블랜딩한 아로마 오일은 6개월 정도 사용 가능하다.

116
블랜딩한 오일은 사용 1~2일 전에 만들어 두면 캐리어 오일과 섞이게 되므로 더욱 효과적이다.

정답 110 ② 111 ④ 112 ③ 113 ①
114 ④ 115 ① 116 ③

117 팩의 종류 중 얼굴에 팩을 도포 후 건조된 피막을 떼어내는 타입은?

① 필 오프(Peel – off)타입
② 워시 오프(Wash – off)타입
③ 티슈 오프(Tissue – off)타입
④ 패치(Patch)타입

● 117
필 오프(Peel – off)타입은 피막형성제를 이용한 것으로 건조되는 동안 긴장감과 피부 탄력을 부여한다.

118 다음 천연팩의 재료 중 지성 피부관리에 적합한 것이 아닌 것은?

① 계란 흰자　　　② 율피
③ 진흙　　　　　④ 행인

● 118
행인(살구씨)은 건성 피부에 적합한 천연팩의 재료이다.

119 다음 중 자외선을 차단하여 피부미백에 도움을 주는 성분은?

① 하이드로퀴논　　② 코직산
③ 이산화티탄　　　④ AHA

● 119
이산화티탄은 자외선 산란제로 자외선을 차단함으로써 피부미백을 돕는다.

120 다음 중 노화 피부의 개선에 도움을 주는 성분이 아닌 것은?

① 알란토인　　　　② 은행잎 추출물
③ SOD　　　　　④ 판테놀

● 120
판테놀은 선번으로부터 피부를 진정시키며 항염 작용이 있다.

121 왁스에 대한 설명으로 옳지 않은 것은?

① 화장품의 굳기를 증가시켜 준다.
② 호호바 오일은 액체 왁스에 속한다.
③ 고급지방산에 고급알코올이 결합된 에스테르이다.
④ 칸데릴라 왁스는 동물성 왁스로 립스틱에 사용된다.

● 121
칸데릴라 왁스는 식물성 왁스이다.

122 다음 중 성분의 특징이 다른 것은?

① 글리세린　　　　　② 히알루론산염
③ 파라옥시안식향산프로필　④ 젖산염

● 122
방부제의 종류 : 파라옥시안식향산프로필, 파라옥시안식향산메틸, 디아졸리디닐우레아, 이미다졸리디닐우레아, 페녹시에탄올, 디엠디엠하이단토인 등

123 계면활성제의 분류에 대한 설명으로 틀린 것은?

① 물과 잘 섞이게 하는 것을 유화제라 한다.
② 피부의 오염물을 제거해 주는 것을 세정제라 한다.
③ 소량의 기름을 물에 투명하게 녹이는 것을 가용화제라 한다.
④ 거품을 없애주는 것을 분산제라 한다.

● 123
소포제 : 거품을 없애주는 것

정답 117 ① 118 ④ 119 ③ 120 ④ 121 ④ 122 ③ 123 ④

124 립스틱의 종류 중 지속력이 높으나 입술 건조의 단점이 있는 것은?

① 매트 타입 ② 모이스처 타입
③ 립글로스 ④ 롱래스팅 타입

125 남성용 정발제로 모발에 광택을 주는 제품은?

① 포마드 ② 헤어 오일
③ 세트 로션 ④ 헤어젤

126 다음 중 식물성 유지에 속하지 않는 것은?

① 맥아유 ② 바셀린
③ 칸데릴라 왁스 ④ 아보카도 오일

127 무기안료에 대한 설명으로 옳은 것은?

① 메이크업 화장품류에는 거의 사용되지 않는다.
② 레이크가 포함된다.
③ 마스카라의 색소에 주로 사용된다.
④ 립스틱과 같은 선명한 색상을 원할 때 사용된다.

128 보습제의 종류 중 천연보습인자에 속하는 것은?

① 글리세린 ② 솔비톨
③ 히알루론산염 ④ 아미노산

129 다음 중 녹차추출물의 주요 효능이 아닌 것은?

① 유해산소 제거
② 항산화 작용
③ 화상 치유
④ 소취작용

130 다음 자외선 차단 성분 중 화학적인 차단효과가 있는 것은?

① 탈크
② 벤조페논
③ 이산화티탄
④ 산화아연

맞춤해설

124 롱래스팅 타입은 잘 묻어나지 않고 지워지지 않으나 전용 클렌징제를 사용하여야 하며 입술이 건조해지기 쉽다.

125 포마드는 반고체상 젤리 형태의 남성용 정발제로 모발에 광택을 부여한다.

126 바셀린은 광물성 유지에 속한다.

127 무기안료는 색상이 화려하지 못하나 커버력이 우수하여 마스카라 등에 사용된다.

128
• 폴리올류 : 글리세린, 솔비톨
• 천연보습인자 : 아미노산, 요소
• 고분자보습제 : 히알루론산염, 콘트로이친 황산염

129 화상치유에 효과적인 것은 알로에, 감자 등이다.

130 벤조페논은 자외선 흡수제로 화학적 필터가 자외선을 흡수하여 피부를 보호한다.

 124 ④ 125 ① 126 ② 127 ③
128 ④ 129 ③ 130 ②

131 다음에서 설명하는 성분은?

> • 보습, 진정작용을 한다.
> • 요오드가 함유되어 있어 독소제거에 효과가 있다.
> • 알긴산이 대표성분이다.

① 알로에   ② 해초
③ 알란토인   ④ 프로폴리스

● 131
• 해초, 알로에 : 항염, 진정, 보습
• 알란토인 : 보습, 재생, 상처치유
• 프로폴리스 : 밀납에서 추출, 항염, 진정

132 다음에 나열한 성분에 적합한 피부 유형은?

> 살리실산, 클레이, 캄퍼, 유황

① 노화 피부
② 건성 피부
③ 예민 피부
④ 지성 · 여드름 피부

● 132
살리실산, 클레이, 캄퍼, 유황 등은 지성·여드름 피부의 활성성분이다.

133 화장품에 사용되는 유지류를 종류별로 바르게 연결한 것은?

① 식물성 오일 – 카뮤 오일
② 동물성 오일 – 아보카도 오일
③ 광물성 오일 – 미네랄 오일
④ 동물성 왁스 – 카르나우바 왁스

● 133
• 동물성 오일 : 카뮤 오일
• 식물성 오일 : 아보카도 오일
• 식물성 왁스 : 카르나우바 왁스

134 물에 소량의 오일을 계면활성제에 의해 투명하게 용해시킨 것은?

① 유화   ② 분산
③ 가용화   ④ 에멀젼

● 134
가용화는 미셀의 크기가 가시광선의 파장보다 작아 빛이 투과되므로 투명하게 보인다.

135 다음은 어떤 성분에 관한 설명인가?

> • 닭 벼슬에서 추출하였으나 최근에는 유전자 배양을 한다.
> • 자신의 질량의 수백배에 해당하는 수분흡수능력이 있다.

① 히알루론산
② 레시틴
③ 알로에
④ 알란토인

● 135
히알루론산은 자신의 질량의 수백배의 수분흡수능력이 있으며 현재는 유전자 배양으로 추출한다.

정답 131 ② 132 ④ 133 ③ 134 ③ 135 ①

136 다음 중 멜라닌 생성 저하물질에 해당하는 것은?

① 비타민 C   ② 콜라겐

③ 티로시나제   ④ 엘라스틴

● **136**
비타민 C는 도파의 산하를 억제하여 멜라닌의 생성을 저하시킨다.

137 다음 중 동물성 유지가 아닌 것은?

① 카뮤 오일   ② 라놀린

③ 호호바 오일   ④ 밍크 오일

● **137**
호호바 오일은 식물성 왁스에 속한다.

138 다음 중 식물성 유지에 속하지 않는 것은?

① 피마자유

② 올리브유

③ 스쿠알란

④ 아보카도 오일

● **138**
스쿠알란은 심해상어의 간유에서 얻어지는 스쿠알렌에 수소를 첨가하여 산패를 방지한 성분으로 동물성 오일에 속한다.

139 다음 중 광물성 오일에 대한 설명으로 옳지 않은 것은?

① 석유에서 추출한다.

② 여드름을 유발할 수 있다.

③ 유성감이 낮고 산패 · 변질의 우려가 높다.

④ 피부표면의 수분증발을 억제한다.

● **139**
광물성 오일은 산패 · 변질의 우려가 없으며 유성감이 높다.

140 다음 중 성격이 다른 하나는?

① 데이 크림   ② 영양 크림

③ 화이트닝 크림   ④ 나이트 크림

● **140**
데이 크림, 영양 크림, 나이트 크림은 피부 보습, 유연작용을 하고 화이트닝 크림은 미백작용을 한다.

141 화장품에 배합되는 에탄올의 역할이 아닌 것은?

① 청량감   ② 수렴작용

③ 소독작용   ④ 보습작용

● **141**
보습작용은 보습제인 글리세린, 천연보습인자 등이 담당한다.

142 모이스처라이저의 기능에 대한 설명으로 옳은 것은?

① 피부의 건조를 방지한다.

② 메이크업을 제거하고 피지를 없앤다.

③ 활성물질이 피부에 스며들도록 한다.

④ 유분의 양을 감소시킨다.

● **142**
모이스처라이저는 피부보습 및 유연효과가 있다.

맞춤해설

143 다음 중 콜드 크림의 기능이 아닌 것은?

① 혈액순환   ② 신진대사 활성화

③ 혈색을 좋게 함   ④ 피부청결

● **143**
콜드 크림은 마사지용 크림으로 혈액순환과 신진대사를 원활히 하며, 혈색을 좋게 해준다.

144 다음 중 Noncomedogenic 화장품 성분은?

① 올레인산   ② 솔비톨

③ 라우린산   ④ 올리브 오일

● **144**
솔비톨은 흡습작용은 보통이지만 인체에 안정성이 높고 보습성분이 뛰어나며 여드름을 유발하지 않는다.

145 현대 향수의 시초라 할 수 있는 헝가리 워터(Hungary Water)가 개발된 시기는?

① 1770년경   ② 970년경

③ 1570년경   ④ 1370년경

● **145**
헝가리 워터는 1370년경에 개발되었다.

146 섬유질을 첨가하여 속눈썹을 길어 보이게 하는 마스카라는?

① 워터프루프 마스카라   ② 컬링 마스카라

③ 롱래쉬 마스카라   ④ 볼륨 마스카라

● **146**
롱래쉬 마스카라는 섬유질을 배합하여 속눈썹을 길어 보이게 하며, 워터프루프 마스카라는 방수성이 뛰어나다.

147 다음 색소에 대한 설명으로 틀린 것은?

① 물 또는 오일에 녹는 색소로 화장품 자체에 색을 부여하기 위해 사용되는 것이 염료이다.

② 물과 오일에 모두 녹지 않는 것을 안료라 한다.

③ 수용성 염료에 알루미늄, 마그네슘, 칼슘염 등을 가해 물과 오일에 녹지 않게 만든 것을 염료라고 한다.

④ 수용성 염료는 화장수, 로션, 샴푸 등으로, 유용성 염료는 헤어오일 등의 착색에 사용한다.

● **147**
레이크 : 수용성 염료에 알루미늄, 마그네슘, 칼슘염 등을 가해 물과 오일에 녹지 않게 만든 것

148 자외선 차단제 중 물리적 차단제에 대한 설명으로 틀린 것은?

① 피부에서는 각질에 해당한다.

② 미네랄필터이다.

③ 피부에 자극을 줄 수 있다.

④ 이산화티탄, 산화아연, 탈크 등이 있다.

● **148**
물리적 차단제는 자외선 산란제로 피부에 자극을 주지 않는다.

정답 143 ④ 144 ② 145 ④ 146 ③
147 ③ 148 ③

149 다음 중 종류가 다른 하나는?

① 스테아린산   ② 팔미트산

③ 올레인산   ④ 세탄올

149
세탄올은 고급 알코올이며, 스테아린산, 팔미트산, 올레인산은 고급 지방산이다.

150 에센셜 오일 중 라벤더에 대한 설명으로 틀린 것은?

① 화상 및 상처치유에 효과적이다.

② 진정·안정 작용 및 불면증에 효과적이다.

③ 강력한 자극 효과로 집중력을 강화한다.

④ 항진균, 항박테리아 작용이 있어 여드름 피부에도 사용된다.

150
강력한 방부작용과 자극 효과로 집중력을 강화하는 오일에는 로즈마리가 있다.

151 다음 중 미백작용에 가장 많이 사용되는 비타민은?

① 비타민 A   ② 비타민 B

③ 비타민 C   ④ 비타민 D

151
비타민 C는 아스코르브산으로도 불리우며 멜라닌 생성을 억제하는 작용으로 기미, 주근깨 등에 효과적이다.

152 착색안료에 대한 설명으로 틀린 것은?

① 화장품에 색상을 부여하고 색조를 조정해준다.

② 산화철류, 벵가라 등이 포함된다.

③ 타르색소이다.

④ 피부의 커버력을 높여준다.

152
착색안료는 무기안료이며, 타르색소는 유기 합성색소를 말한다.

153 가볍고 신선한 효과가 있어 처음 향수를 접하는 사람에게 적합한 것은?

① 오드 코롱   ② 오드 뚜왈렛

③ 퍼퓸   ④ 샤워 코롱

153
오드 코롱은 3~5%의 부향률로, 상쾌감을 주는 것을 목적으로 만들어졌다.

154 모발화장품의 기능과 종류가 바르게 연결된 것은?

① 세정용 – 헤어 팩, 헤어 트리트먼트

② 정발용 – 헤어 무스, 헤어 젤

③ 양모용 – 헤어 오일, 헤어 크림

④ 트리트먼트용 – 헤어 린스, 포마드

154
• 세정용 : 샴푸, 린스
• 양모용 : 헤어 토닉
• 트리트먼트용 : 헤어팩, 트리트먼트

155 다음 중 천연 토코페롤을 다량 함유하고 있으며 세포재생과 피부탄력을 촉진시키는 캐리어 오일은?

① 호호바 오일   ② 올리브 오일

③ 윗점 오일   ④ 달맞이꽃 종자유

155
윗점 오일은 밀배아유로 불리우며 강력한 항산화역할을 한다.

149 ④ 150 ③ 151 ③ 152 ③
153 ① 154 ② 155 ③

맞춤해설

156 다음은 어떤 성분에 관한 설명인가?

이 성분은 세포재생과 주름개선에 효과가 있다.

① 레틴산(Retinoic Acid)
② 아스코르빈산(Ascorbic Acid)
③ 토코페롤(Tocopherol)
④ 칼시페롤(Calciferol)

● 156
레틴산은 세포재생과 주름개선에 효과적인 성분이다.

157 화장품 성분 중 아줄렌은 피부에 어떤 작용을 하는가?

① 미백　　　　　　② 자극
③ 진정　　　　　　④ 색소침착

● 157
아줄렌은 캐모마일에서 추출한 성분으로 진정효과가 뛰어나다.

158 피부의 거칠음을 방지하고 보습을 주는 데 중요한 역할을 하는 것은?

① 플라센타
② 비타민 E
③ 글리세린
④ 알부틴

● 158
글리세린은 보습효과가 뛰어나며 유연효과가 있다.

159 물과 함께 거품을 내서 사용하는 부드러운 크림 형태의 클렌징은?

① 클렌징 로션
② 클렌징 워터
③ 클렌징 오일
④ 폼클렌징

● 159
폼클렌징은 피부에 자극이 적은 계면활성제에 유성성분을 첨가하여 세정력을 높인 제품이다.

160 립스틱이 갖추어야 할 조건으로 틀린 것은?

① 저장시 수분이나 분가루가 분리되면 좋다.
② 시간의 경과에 따라 색의 변화가 없어야 한다.
③ 피부 점막에 자극이 없어야 한다.
④ 입술에 부드럽게 잘 발라져야 한다.

● 160
립스틱은 저장시 발분현상이 없어야 한다.

161 화장품의 성분 중에서 가장 많이 사용되는 것은?

① 수분　　　　　　② 산소
③ 지질　　　　　　④ 비타민 C

● 161
수분은 가장 기본적으로 사용되는 원료로 정제수, 증류수 등의 형태로 사용된다.

정답
156 ① 157 ③ 158 ③ 159 ④
160 ① 161 ①

162 다음 중 저녁 취침 전에 사용하면 가장 많은 효과를 볼 수 있는 것은?

① 콜드 크림   ② 유연화장수

③ 영양 크림   ④ 수렴화장수

● 162
영양 크림은 대체로 유분을 많이 함유하고 있으며, 저녁에 사용하면 피부재생, 영양, 보습효과 등을 볼 수 있다.

163 다음 중 아이크림의 주성분이 아닌 것은?

① 콜라겐   ② 스쿠알렌

③ 엘라스틴   ④ 캄퍼

● 163
캄퍼는 지성용 활성 성분으로 피부의 피지를 흡착한다. 콜라겐, 스쿠알렌, 엘라스틴은 피부의 탄력을 강화시키고 잔주름을 예방한다.

164 피부의 피지막은 보통 상태에서 어떤 유화상태로 존재하는가?

① W/S 유화   ② S/W 유화

③ W/O 유화   ④ O/W 유화

● 164
피부의 피지막은 W/O 유화상태로 존재한다.

165 립스틱의 성분으로 가장 많이 조합하는 것은?

① 글리세린   ② 왁스

③ 유지   ④ 착색료

● 165
왁스는 립스틱의 베이스로 사용된다.

166 향수를 농도가 강한 순서로 바르게 배열한 것은?

① 퍼퓸 〉오드 퍼퓸 〉오드 코롱 〉오드 뚜왈렛

② 오드 코롱 〉오드 뚜왈렛 〉오드 퍼퓸 〉퍼퓸

③ 오드 뚜왈렛 〉오드 퍼퓸 〉퍼퓸 〉오드 코롱

④ 퍼퓸 〉오드 퍼퓸 〉오드 뚜왈렛 〉오드 코롱

● 166
퍼퓸 〉오드 퍼퓸 〉오드 뚜왈렛 〉오드 코롱

167 데오도란트에 대한 설명으로 옳은 것은?

① 피부표면을 보호하고 보습을 준다.

② 셀룰라이트의 예방을 위해 사용된다.

③ 피부를 매끄럽게 하고 노폐물의 배출을 도와준다.

④ 신체의 불결한 냄새를 없애는 데 사용된다.

● 167
신체의 불결한 냄새를 없애는 데 사용된다.

168 에센셜 오일의 추출법 중 증류법에 관한 설명으로 틀린 것은?

① 단시간에 대량의 정유를 생산할 수 있다.

② 열에 불안정한 성분은 파괴될 수 있다.

③ 가장 대중적인 방법이다.

④ 시트러스(Citrus)계열의 오일을 추출할 때 주로 사용된다.

● 168
시트러스(Citrus)계열은 주로 압착법을 이용해 추출한다.

정답 162 ③ 163 ④ 164 ③ 165 ②
166 ④ 167 ④ 168 ④

맞춤해설

169 화장품에 사용되는 오일의 종류가 틀린 것은?

① 밍크오일　　　　② 스쿠알란
③ 난황유　　　　　④ 유동파라핀

● 169
광물성 오일 : 유동파라핀, 바셀린,
실리콘 오일 등

170 자외선 흡수제에 대한 설명 중 틀린 것은?

① 피부에서는 멜라닌 색소에 해당한다.
② 사용감이 산뜻하다.
③ 물리적 차단제이다.
④ 벤조페논(Benzophenone), 신나메이트(Cinnamate) 등이 있다.

● 170
자외선 흡수제는 자외선의 화학에
너지를 미세한 열에너지로 바꾸는
화학적 필터이다.

171 다음 중 부향률이 가장 높은 향수는?

① 퍼퓸
② 오드 퍼퓸
③ 오드 뚜왈렛
④ 오드 코롱

● 171
퍼퓸은 부향률이 15~30%로 향수
중 가장 진한 농도의 제품이다.

172 입술을 보호하며 입술에 투명하고 부드러운 윤기를 부여하는 립스틱 타입은?

① 매트 타입
② 모이스처 타입
③ 롱 래스팅 타입
④ 립글로스

● 172
• 매트 타입 : 번짐이 적음
• 모이스처 타입 : 오일함량이 많음
• 롱 래스팅 타입 : 잘 묻어나지
  않음

173 에센셜 오일이 아닌 것은?

① 로즈마리 오일
② 그레이프후르트 오일
③ 마조람 오일
④ 로즈힙 오일

● 173
로즈힙 오일(Rosehip Oil)은 캐리
어 오일로 세포재생과 수분유지에
효과적이다.

174 화장품의 성분과 기능이 바르게 연결된 것은?

① 비타민 C – 콜라겐 합성 관여
② AHA – 자외선 차단
③ 프로폴리스 – 활성산소 억제
④ 레티놀 – 진정, 항염

● 174
AHA : 각질 제거
프로폴리스 : 진정, 항염
레티놀 : 잔주름개선

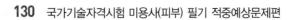

정답 169 ④ 170 ③ 171 ① 172 ④
173 ④ 174 ①

175 미백효과가 뛰어나지만 백반증을 유발할 수 있어 의약품으로만 사용되는 것은?

① 하이드로퀴논 ② 코직산
③ 감초 ④ AHA

176 파운데이션의 유분기를 제거하고 화장을 지속시키며 블루밍 효과를 볼 수 있는 것은?

① 파우더 ② 메이크업베이스
③ 썬 크림 ④ 비비 크림

177 자외선 차단제에 관한 설명으로 틀린 것은?

① 자외선 차단제는 SPF(Sun Protect Factor)의 지수가 매겨져 있다.
② 자외선 차단지수는 제품을 사용했을 때 홍반을 일으키는 자외선 양을 제품을 사용하지 않았을 때 홍반을 일으키는 자외선의 양으로 나눈 값이다.
③ 자외선 차단제의 효과는 자신의 멜라닌 색소의 양과 자외선에 대한 민감도에 따라 달라질 수 있다.
④ SPF(Sun Protect Factor)는 차단지수가 낮을수록 차단효과가 높다.

178 다음 자외선 차단 성분 중 성격이 다른 것은?

① 산화아연(Zinc Oxide)
② 이산화티탄(Titanum Dioxide)
③ 벤조페논(Benzophenone)
④ 탈크(Talc)

179 다음 중 난황에 많이 함유되어 있으며 피부에 윤택함을 부여하고 유화제 또는 산화방지제로 많이 사용되는 것은?

① 콜라겐 ② 스쿠알렌
③ 레시틴 ④ 라놀린

180 다음 중 여드름 피부의 개선을 위해 사용되는 활성성분은?

① 살리실산 ② 알부틴
③ 아줄렌 ④ 플라센타

적중예상문제

맞춤해설

001 공중보건의 범위에 해당되지 않는 것은?

① 역학
② 감염병 관리
③ 질병 치료
④ 환경위생

• 001
공중보건의 범위 : 환경위생, 식품위생, 의료보장제도, 산업보건, 전염병, 기생충, 비감염성 질환관리, 역학, 보건행정, 보건교육 등

002 공중보건의 목적으로 맞는 것은?

① 수명연장, 건강증진, 조기발견
② 질병예방, 수명연장, 건강증진
③ 조기치료, 조기발견, 건강증진
④ 조기치료, 질병예방, 건강증진

• 002
공중보건의 목적은 질병예방, 수명연장, 신체적·정신적 건강 및 효율 증진에 있다.

003 공중보건의 주요 대상은?

① 직장 또는 단체
② 환자
③ 가정 또는 개인
④ 지역사회 주민

• 003
공중보건의 주요대상은 개인이 아니고 지역주민 단위이다.

004 우리나라에서 보건소법이 제정되어 시·군에 설치된 시기는?

① 1962년
② 1856년
③ 1965년
④ 1865년

• 004
1956년 12월 13일에 제정된 후 폐지되었다가 실질적으로 1962년 9월 24일 개정하여 시·군에 설치되었다.

005 다음 중 최초로 검역법을 제정한 도시와 시기가 옳게 연결된 것은?

① 런던 – 1583년
② 마르세유 – 1383년
③ 그리스 – 1383년
④ 베니스 – 1583년

• 005
중세기 1383년 마르세유에서 최초로 검역법 통과, 검역소가 설치되었다.

006 파스퇴르의 업적이 아닌 것은?

① 콜레라에 관한 역학 보고
② 닭콜레라 백신 발견
③ 광견병 백신 발견
④ 돼지 단독 백신 발견

• 006
닭콜레라 백신(1880년), 돼지 단독 백신(1883년), 광견병 백신(1884년)

007 한 국가의 공중보건 수준을 나타내는 가장 대표적인 지표는?

① 신생아 사망률
② 인구증가율
③ 평균수명
④ 영아사망률

• 007
영아사망률은 한 국가의 보건수준을 나타내는 가장 대표적인 지표로 사용된다.

정답
001 ③ 002 ② 003 ④ 004 ①
005 ② 006 ① 007 ④

008 세계보건기구에서 국가 간 보건수준을 비교하는 건강지표가 아닌 것은?

① 영아사망률　　　　　② 평균수명

③ 노령인구　　　　　　④ 비례사망지수

● 008
건강지표 : 비례사망지수, 평균수명, 조사망률(영아사망률)

009 보건소의 업무와 관련이 없는 것은?

① 노인보건　　　　　　② 정신보건

③ 응급의료　　　　　　④ 임상치료

● 009
임상치료의 개념은 보건소 업무에 해당되지 않는다.

010 세계보건기구(WHO)에서 정한 보건행정 범위가 아닌 것은?

① 모자보건　　　　　　② 보건교육

③ 환경위생　　　　　　④ 감염병 치료

● 010
보건행정 범위 : 보건기록 보존, 보건교육, 환경위생, 감염병 관리, 모자보건, 보건간호, 의료

011 세계적으로 공중보건법이 제정된 시기는?

① 1798년　　　　　　② 1919년

③ 1848년　　　　　　④ 1940년

● 011
1848년 영국에서 공중보건법이 제정되었다.

012 모든 인류의 최고 건강수준 달성을 목적으로 1948년 4월에 설립된 기구는?

① FAO　　　　　　　② UNICEF

③ ILO　　　　　　　④ WHO

● 012
세계보건기구(WHO) : 1948년에 설립되었고 우리나라는 1949년에 가입, 본부는 스위스 제네바에 있다.

013 보건소의 감독 권한은 누구인가?

① 대통령　　　　　　② 보건복지부장관

③ 도지사　　　　　　④ 시장 · 군수 · 구청장

● 013
보건소는 시 · 군 · 구보건행정조직으로 시장 · 군수 · 구청장이 업무를 관장한다.

014 지방보건기구에서 시 · 군 · 구의 보건행정조직은?

① 의 원　　　　　　　② 보건소

③ 의료원　　　　　　④ 재활원

● 014
시 · 군 · 구의 보건행정조직 : 보건소

015 우리나라가 속한 세계보건기구 지역은?

① 서태평양 지역　　　② 동남아 지역

③ 아프리카 지역　　　④ 남미 지역

● 015
서태평양지역 본부는 필리핀 마닐라에 있다.

정답 008 ③　009 ④　010 ④　011 ③
012 ④　013 ④　014 ②　015 ①

016 질병의 발생요인 중 숙주요인이 아닌 것은?

① 연령 　　　　　　② 유전인자

③ 생활수준 　　　　④ 병에 대한 저항력

017 질병 발생요인이 아닌 것은?

① 숙주 　　　　　　② 병원체

③ 환경 　　　　　　④ 매개곤충

018 질병의 예방에서 3차 예방에 속하는 단계는?

① 조기진단 및 치료를 통한 병의 중증화 예방 단계

② 적당한 운동과 균형 있는 음식섭취가 필요한 단계

③ 예방접종 등의 예방활동이 필요한 단계

④ 사회복귀를 위한 재활치료 활동이 필요한 단계

019 질병의 예방에서 2차 예방에 속하는 단계는?

① 조기발견 및 치료 등 의학적 예방활동을 하는 단계

② 생활환경개선 및 안전관리를 해야 하는 단계

③ 잔재효과를 최대한 예방하여 불구를 예방하는 단계

④ 사회복귀를 위한 재활 의학적 예방활동이 필요한 단계

020 세계보건기구(WHO)에서 규정한 건강의 정의는 무엇인가?

① 허약하지 않고 질병이 없는 상태

② 질병이 없고 육체적 · 정신적으로 완전한 상태

③ 허약하지 않고 질병이 없을뿐 아니라 육체적 · 정신적 · 사회적 안녕이 완전한 상태

④ 육체적 완전과 사회적 안녕이 유지되는 상태

021 인구의 구성형 연결이 틀린 것은?

① 피라미드형 – 인구증가형 　　② 종형 – 인구정지형

③ 항아리형 – 인구감소형 　　　④ 별형 – 인구유출형

022 도시 인구 구성형은?

① 피라미드형 　　　② 종형

③ 별형 　　　　　　④ 항아리형

● **016**
숙주요인 : 연령, 성별, 병에 대한 저항력, 영양상태, 유전적 요인, 생활습관

● **017**
질병 발생요인 : 숙주(인간), 병인(병원체), 환경

● **018**
3차 예방 : 재활 · 사회생활복귀

● **019**
2차 예방 : 조기진단과 치료, 악화방지

● **020**
WHO 건강의 정의 : 허약하지 않고 질병이 없을뿐 아니라 육체적·정신적·사회적 안녕이 완전한 상태

● **021**
별형은 도시형이다.

정답
016 ③　017 ④　018 ④　019 ①
020 ③　021 ④　022 ③

023 국세조사(National Census)를 최초로 실시한 나라와 연도가 바르게 연결된 것은?

① 미국 – 1849년   ② 스웨덴 – 1749년

③ 미국 – 1749년   ④ 스웨덴 – 1849년

● **023**
스웨덴 : 1749년, 우리나라 : 1925년, 5년마다 실시

024 3P에 해당되는 것이 아닌 것은?

① 빈곤   ② 환경오염

③ 질병   ④ 인구

● **024**
• 3P : 인구(Population), 빈곤(Poverty), 환경오염(Pollution)
• 3M : 영양부족(Malnutrition), 질병(Morbidity), 사망(Mortality)

025 인구의 자연증가란?

① 전입 – 전출   ② 연초인구 – 연말인구

③ 유입인구 – 유출인구   ④ 출생 – 사망

● **025**
• 자연증가 : 출생 – 사망
• 사회증가 : 전입 – 전출
• 인구증가 : 자연증가 + 사회증가

026 인구동태조사에 해당하는 것은?

① 성별, 직업별   ② 학력별, 국적별

③ 전입 및 전출   ④ 직업별, 산업별

● **026**
인구동태 : 출생, 사망, 전입, 전출

027 인구정태에 해당하는 것은?

① 출생률   ② 국세조사

③ 전출입   ④ 영아 사망률

● **027**
인구정태 : 성별, 연령별, 국적별, 학력별, 직업별, 산업별 등(국세조사)

028 신말더스주의(Neo-Multhusism)에서 인구규제방법은?

① 도덕적 억제   ② 만혼장려

③ 피임   ④ 성순결

● **028**
신말더스주의 : 문제점 발생으로 인구규제방법을 피임으로 변경

029 적정 인구론을 주장한 사람은?

① 캐논(Cannon)   ② 말더스(Malthus)

③ 프랭크(Frank)   ④ 라마찌니(Ramazzini)

● **029**
적정인구론 : 캐논(Canon)은 신말더스주의를 발전시켜, 인구과잉을 식량에만 국한할 것이 아니라 생활수준에 둠으로써 주어진 여건속에서 최고의 생활수준이 주어질 때 실질소득을 최대로 할 수 있다는 적정인구론을 주장

030 우리나라의 국세조사가 시작된 연도와 실시주기를 바르게 연결한 것은?

① 1925년 – 10년   ② 1749년 – 5년

③ 1749년 – 10년   ④ 1925년 – 5년

● **030**
우리나라 : 1925년, 5년마다 실시한다.

 정답   23 ②   24 ③   25 ④   26 ③
27 ②   28 ③   29 ①   30 ④

031 역학에 대한 설명 중 가장 관련이 적은 것은?

① 인간집단을 대상으로 한다.　② 질병의 발생 분포를 밝힌다.
③ 질병의 원인을 탐구한다.　④ 질병 치료기술을 연구한다.

032 추세 변화를 하는 질병이 아닌 것은?

① 장티푸스　　　　　② 디프테리아
③ 홍역　　　　　　　④ 인플루엔자

033 역학의 궁극적인 목적은?

① 질병 치료
② 감염병 전파 방지
③ 비감염성관리
④ 질병발생의 원인제거로 질병예방

034 질병발생의 다인설 중 감염성 질환 설명에 적합한 것은?

① 삼각형 모형설　　　② 거미줄 모형설
③ 원인망 모형설　　　④ 바퀴 모형설

035 질병발생의 원인에 대한 가설을 얻기 위해 실시하는 연구는?

① 기술역학　　　　　② 분석역학
③ 이론역학　　　　　④ 작전역학

036 보균자 중에서 잠복기간 중 병원체를 배출하는 감염자는?

① 잠복기 보균자　　　② 병후보균자
③ 건강보균자　　　　④ 불현성 감염자

037 다음중 제3급 감염병이 아닌 것은?

① 성홍열　　　　　　② 일본뇌염
③ 말라리아　　　　　④ 황열

맞춤해설

● **031**
인간사회 집단을 대상으로 질병의 원인, 발생, 분포 및 양상을 명백히 탐구하는 학문이다.

● **032**
추세 변화를 하는 질병 : 장티푸스, 디프테리아, 인플루엔자

● **033**
역학의 역할 : 질병 발생 원인규명 및 유행감시, 질병자연사연구, 보건의료서비스 연구, 임상분야에 도움

● **034**
삼각형 모형성 : 질병 발생을 병인, 숙주, 환경의 3가지 요인의 상호관계로 설명, 특히 감염성 질환 잘 설명

● **035**
기술역학이란 인구집단에서의 질병의 발생과 관계되는 모든 현상을 기술하여 질병발생의 원인에 대한 가설을 얻기 위해 시행되는 연구를 말한다.

● **036**
잠복기 보균자 : 잠복기간 중 병원체 배출 감염자(디프테리아, 홍역, 백일해)

● **037**
• 제3급 감염병 : 발생을 계속 감시할 필요가 있어 발생 또는 유행 시 24시간 이내에 신고하여야 하는 감염병(다만, 갑작스러운 국내 유입 또는 유행이 예견되어 긴급한 예방·관리가 필요하여 보건복지부장관이 지정하는 감염병 포함)
• 제3급 감염병의 종류 : 파상풍(破傷風), B형간염, 일본뇌염, C형간염, 말라리아, 레지오넬라증, 비브리오패혈증, 발진티푸스, 발진열(發疹熱), 쯔쯔가무시증, 렙토스피라증, 브루셀라증, 공수병(恐水病), 신증후군출혈열(腎症侯群出血熱), 후천성면역결핍증(AIDS), 크로이츠펠트-야콥병(CJD) 및 변종크로이츠펠트-야콥병(vCJD), 황열, 뎅기열, 큐열(Q熱), 웨스트나일열, 라임병, 진드기매개뇌염, 유비저(類鼻疽), 치쿤구니야열, 중증열성혈소판감소증후군(SFTS), 지카바이러스 감염증

031 ④ 032 ③ 033 ④ 034 ①
035 ① 036 ① 037 ①

038 검역 감염병인 것은?

① 파라티푸스　　　　　② 장티푸스

③ 발진열　　　　　　　④ 황열

● 038
검역 감염병 : 콜레라(120시간), 페스트(144시간), 황열(144시간)

039 검역 감염병과 감시시간이 바르게 연결되지 않은 것은?

① 콜레라 – 120시간　　② 황열 – 144시간

③ 장티푸스 – 100시간　④ 페스트 – 144시간

040 인공 능동면역법에서 생균백신으로 예방하는 질병이 아닌 것은?

① 탄저　　　　　　　　② 광견병

③ 백일해　　　　　　　④ 결핵

● 040
생균백신 : 두창, 탄저, 광견병, 결핵, 황열, 폴리오, 홍역

041 인공 능동면역방법에서 사균백신으로 예방하는 질병이 아닌 것은?

① 장티푸스　　　　　　② 콜레라

③ 백일해　　　　　　　④ 탄저

● 041
사균백신 : 장티푸스, 파라티푸스, 콜레라, 백일해, 일본뇌염, 폴리오

042 면역에 대한 설명 중 가장 타당하지 않는 것은?

① 면역은 크게 선천면역과 후천면역으로 나눈다.

② 수동면역은 능동면역에 비해 면역효과가 늦게 나타나지만 효력지속
시간이 길다.

③ 능동면역은 자연 능동면역과 인공 능동면역으로 나눈다.

④ 자연 수동면역은 수유, 태반 등을 통해서 얻는 면역, 인공 수동면역
은 r-globulin 등이 있다.

● 042
수동면역은 능동면역에 비해 면역
효력이 빨리 나타나는 반면 효력
지속시간이 짧다.

043 모체로부터 태반이나 수유를 통해 얻어지는 면역은?

① 인공 능동면역　　　　② 자연 능동면역

③ 인공 수동면역　　　　④ 자연 수동면역

● 043
자연 수동면역 : 모체로부터 태반
이나 수유를 통해 얻는 면역

044 감수성이 가장 낮은 감염병은?

① 홍역　　　　　　　　② 폴리오

③ 백일해　　　　　　　④ 두창

● 044
• 감수성 : 숙주에 침입한 병원체
에 대해 감염이나 질병을 막을
수 없는 상태
• 감수성지수(접촉감염지수) : 두창 95%,
홍역 95%, 백일해 60~80%, 성
홍열 40%, 디프테리아 10%, 폴리
오 0.1%

정답 038 ④　039 ③　040 ③　041 ④
042 ②　043 ④　044 ②

맞춤해설

045 직접 전파에 해당되지 않는 것은?

① 유행성이하선염 ② 매독
③ 홍역 ④ 발진티푸스

046 리케차가 일으키는 질병이 아닌 것은?

① 발진티푸스 ② 발진열
③ 로키산홍반열 ④ 폴리오

047 감염병 생성과정의 요소에 해당되지 않는 것은?

① 병원체
② 감염원에 병원체의 침입
③ 병원체의 전파
④ 병원소로부터 병원체의 탈출

048 병원소로 타당하지 않는 것은?

① 현성 감염자 ② 잠복기 보균자
③ 오염식품 ④ 토양

049 제2급 감염병만으로 짝지어진 것은?

① 폴리오, 백일해, C형간염
② 폴리오, 홍역, 수두
③ 후천성 면역결핍증, 말라리아, 결핵
④ 말라리아, 발진열, 장티푸스

050 병원소로부터 병원체의 탈출경로가 아닌 것은?

① 호흡기계 ② 소화기계
③ 신성기계 ④ 비뇨생식기계

051 제1급 감염병에 속하지 않는 것은?

① 마버그열
② 홍역
③ 두창
④ 디프테리아

● **045**
직접전파
• 직접접촉전염 : 성병, 나병
• 비말감염 : 호흡기 감염병

● **046**
리케차가 일으키는 질병 : 발진티푸스, 발진열, 쯔쯔가무시열, 로키산홍반열

● **047**
• 병인 : 병원체, 병원소
• 환경 : 병원소로부터 병원체의 탈출, 전파, 새로운 숙주로의 침입
• 숙주 : 숙주의 감수성

● **048**
병원소 : 인간병원소(현성 감염자, 불현성 감염자, 회복기 보균자, 잠복기 보균자, 건강 보균자), 동물병원소, 토양

● **049**
• 제2급 감염병 : 결핵, 수두, 홍역, 폴리오, 백일해, 장티푸스, A형간염 등
• C형간염, 후천성 면역결핍증, 말라리아, 발진열은 제3급 감염병이다.

● **050**
탈출경로 : 소화기, 호흡기, 비뇨생식기, 개방병소, 기계적 탈출

● **051**
제1급감염병 : 테러감염병 또는 치명률이 높거나 집단 발생의 우려가 커서 발생 또는 유행 즉시 신고하여야 하고, 음압격리와 같은 높은 수준의 격리가 필요한 감염병 에볼라바이러스병, 마버그열, 라싸열, 크리미안콩고출혈열, 남아메리카출혈열, 리프트밸리열, 두창, 페스트, 탄저, 보툴리눔독소증, 야토병, 신종감염병증후군, 중증급성호흡기증후군(SARS), 중동호흡기증후군(MERS), 동물인플루엔자 인체감염증, 신종인플루엔자, 디프테리아

정답
45 ④ 46 ④ 47 ② 48 ③
49 ② 50 ③ 51 ②

052 생물학적 전파와 해당 질병이 잘못 연결된 것은?

① 증식형 전파 – 페스트, 뎅구열, 발진티푸스

② 발육형 전파 – 사상충증, 로아로아

③ 발육, 증식형전파 – 말라리아, 수면병

④ 배설형 전파 – 황열, 재귀열, 페스트

• 052
배설형 전파 : 발진티푸스(이), 발진열·페스트(벼룩)

053 질환에 이환된 후 영구면역이 잘 형성되는 것이 아닌 것은?

① 홍역   ② 디프테리아

③ 성홍열   ④ 발진티푸스

• 053
영구면역 형성이 잘되는 것(질병 이환 후) : 두창, 홍역, 수두, 유행성 이하선염, 백일해, 성홍열, 발진티푸스, 콜레라, 장티푸스, 페스트

054 감염병 관리상 관리가 가장 어려운 보균자는?

① 회복기 보균자   ② 건강 보균자

③ 잠복기 보균자   ④ 병후 보균자

• 054
건강 보균자 : 병원체가 침입했으나 증상이 전혀없는 병원체 배출 보균자

055 비활성전파에서 개달물에 해당되는 것은?

① 모기   ② 서적, 수건

③ 음식물   ④ 우유

• 055
개달물이란 의복, 서적, 수건 등을 말한다.

056 오염된 음식물에 의해 전파되는 감염병이 아닌 것은?

① 파라티푸스   ② 유행성 간염

③ 유행성 출혈열   ④ 콜레라

• 056
오염된 음식물에 의해 전파되는 감염병은 소화기계 감염병이다.

057 개달물에 의해 감염이 잘되는 질병은?

① 트라코마   ② 장티푸스

③ 성홍열   ④ 발진티푸스

• 057
트라코마는 안질환(눈병)을 말한다.

058 세균이 일으키는 질병이 아닌 것은?

① 콜레라   ② 간염

③ 장티푸스   ④ 백일해

• 058
세균이 일으키는 질병 : 콜레라, 장티푸스, 디프테리아, 결핵, 나병, 백일해, 페스트

059 바이러스가 일으키는 질병이 아닌 것은?

① 광견병   ② 아메바성 이질

③ 후천성 면역결핍증   ④ 간염

• 059
바이러스 유발 질병 : 홍역, 폴리오, 유행성 이하선염, 일본뇌염, 광견병, 후천성 면역결핍증, 간염

 052 ④   053 ②   054 ②   055 ②
056 ③   057 ①   058 ②   059 ②

맞춤해설

060 다음 설명 중 틀린 것은?

① 병인성은 감염된 숙주로 하여금 발병케 하는 병원체의 능력이다.

② 병독성은 중독한 질병을 일으키는 능력이다.

③ 병인성과 병독성이 모두 낮은 것은 결핵균이다.

④ 병인성은 높으나 병독성이 낮은 것은 광견병 바이러스이다.

● 060
• 결핵균 – 병인성, 병독성↓
• 광견병 – 병인성, 병독성↑
• 홍역 – 병인성↑병독성↓

061 감염병 유행의 유형에서 감염균이 한 숙주로부터 다른 숙주로 계속 전파되는 경우인 것은?

① 단순노출 전파   ② 복수노출 전파

③ 연쇄전파   ④ 수인성 전파

● 061
진행성 유행(연쇄전파) : 환자가 새로운 환자를 발생시키는 전파

062 신종인플루엔자 감염자 발견 시 신고 기간은?

① 즉시   ② 24시 이내

③ 7일 이내   ④ 30일 이내

● 062
신종인플루엔자는 제1급 감염병으로, 발견 즉시 신고하여야 한다.

063 제3급 감염병 발견 시 신고 기간은?

① 24시간 이내   ② 2일 이내

③ 5일 이내   ④ 7일 이내

● 063
제2급과 제3급 감염병은 발견 시 24시 이내에 신고하여야 한다.

064 질병에 대한 설명으로 거리가 먼 것은?

① 감염성 질환과 비감염성 질환으로 나눈다.

② 비감염성 질환의 종류는 암이나 심장질환이 있다.

③ 모든 질병은 환자로부터 직접 전파된다.

④ 질병의 발생 요인은 숙주, 병원체, 환경이다.

● 064
질병은 크게 감염성 질환(급성 감염병, 만성 감염병)과 비감염성 질환(성인병)으로 나눈다.

065 감염병에 관한 설명으로 틀린 것은?

① 만성 감염병으로는 임질, 에이즈가 있다.

② 급성 감염병에서 인플루엔자, 풍진, 볼거리는 호흡기계 감염병이다.

③ 급성 감염병과 만성 감염병으로 나눈다.

④ 급성 감염병에서 디프테리아, 백일해, 홍역은 소화기계 감염병이다.

● 065
• 급성 감염병은 소화기계 감염병 : 장티푸스, 콜레라, 파라티푸스, 세균성 이질, 폴리오, 유행성 간염
• 호흡기계 감염병 : 백일해, 디프테리아, 풍진, 홍역, 성홍열, 유행성 이하선염, 인플루엔자, SARs

066 감염병 유행에서 특정지역, 특정집단에만 발병하는 유형은?

① 범세계적 발생   ② 단순노출 전파

③ 복수노출전파   ④ 유행성 발생

● 066
단순노출 전파 : 특정 집단, 특정 지역에만 발병, 2차 감염이 없다.

정답 060 ④ 061 ③ 62 ① 63 ①
64 ③ 65 ④ 66 ②

067 수인성 감염병에 해당하는 것은?

① 황열 ② 일본뇌염
③ 장티푸스 ④ 디프테리아

068 급성 감염병의 특징으로 옳은 것은?

① 발생률이 낮고 유병률이 높다.
② 발생률이 높고 유병률이 낮다.
③ 발생률과 유병률이 다 높다.
④ 발생률과 유병률이 다 낮다.

069 만성 감염병의 특징으로 옳은 것은?

① 발생률이 낮고 유병률이 높다.
② 발생률이 높고 유병률이 낮다.
③ 발생률과 유병률이 다 높다.
④ 발생률과 유병률이 다 낮다.

070 수인성 감염병에 대한 설명으로 옳지 않은 것은?

① 환자 발생이 폭발적이어서 2~3일내에 환자발생이 급증한다.
② 연령, 성별, 직업 등에 따라 환자발생에 차이가 있다.
③ 계절과 관계없이 발생한다.
④ 환자 발생은 급수 지역 내에 한정되어 있고, 급수원에 오염원이 있다.

071 소화기계 감염병에 해당되지 않는 것은?

① 성홍열 ② 세균성 이질
③ 유행성 간염 ④ 폴리오

072 다음 중 호흡기계 감염병에 해당되지 않는 것은?

① 디프테리아 ② 폴리오
③ 풍진 ④ 유행성 이하선염

073 DPT 혼합백신으로 예방 가능한 감염병이 아닌 것은?

① 디프테리아 ② 백일해
③ 풍진 ④ 파상풍

074 호흡기계 감염병 중에서 전염력이 강하고 Kopik 반점 증상이 발생하는 제2급 감염병은?

① 성홍열   ② 인플루엔자
③ 풍진   ④ 홍역

075 만성 감염병의 종류가 아닌 것은?

① 결핵   ② 매독
③ 후천성 면역결핍증   ④ A형 간염

076 결핵 예방접종약과 검사 방법이 옳게 연결된 것은?

① DPT – 투베르쿨린 검사   ② BCG – 투베르쿨린 검사
③ Salk Vaccine – 첩포시험   ④ BCG – 첩포시험

077 환경 개선으로 효과를 보기 어려운 감염병인 것은?

① 장티푸스   ② 인플루엔자
③ 콜레라   ④ 세균성 이질

078 비감염성 질환의 종류가 아닌 것은?

① 고혈압   ② 당뇨
③ 허혈성 심장질환   ④ 결핵

079 비감염성 질환의 발생요인이 아닌 것은?

① 유전적 요인   ② 식습관
③ 환경위생   ④ 영양상태

080 다음 설명 중 틀린 것은?

① 고혈압은 본태성 고혈압, 속발성 고혈압 2가지가 있다.
② 본태성 고혈압은 원인이 명확하지 않고 전체의 90%를 차지한다.
③ 뇌졸중의 주원인은 동맥경화증과 저혈압이다.
④ 당뇨병은 췌장에서 충분한 인슐린을 분비하지 않아 발생한다.

081 기생충의 분류에서 선충류에 해당되는 것이 아닌 것은?

① 긴촌충   ② 회충
③ 구충   ④ 말레이사상충

• 074
홍역의 임상 증상 : 초기 증상(고열, 기침, Kopik 반점)

• 075
만성 감염병 : 결핵, 매독, 임질, AIDS, 나병, B형 간염

• 076
결핵 예방접종 BCG(생후 4주) 검사 : 투베르쿨린 검사

• 077
환경 개선으로 효과를 보기 어려운 감염병 : 호흡기계 감염병

• 078
성인병 : 고혈압, 당뇨, 허혈성 심장질환, 암

• 079
비감염성 질환의 발생요인 : 유전적 요인, 사회경제적 요인, 식습관, 기호식품(술, 담배), 지역적 요인, 영양상태(영양과잉 – 비만)

• 080
뇌졸중 원인 : 동맥경화증, 고혈압

• 081
선충류 : 회충, 요충, 편충, 구충, 말레이사상충, 동양모양 선충

정답 074 ④ 075 ④ 076 ② 077 ②
078 ④ 079 ③ 080 ③ 081 ①

082 선충류 중에서 산란 시 항문 주위에서 산란하여 항문 소양증 및 2차 세균감염을 유발하는 것은?

① 회충　　　　　　② 요충
③ 편충　　　　　　④ 구충

083 선충류 중에서 모기에 의해 감염되며 우리나라에 분포하는 기생충은?

① 말레이사상충　　② 아니사키스
③ 편충　　　　　　④ 구충

084 돼지고기의 생식으로 감염되는 기생충은?

① 무구조충　　　　② 유구조충
③ 말레이사상충　　④ 긴촌충

085 다음 중 민촌충의 중간숙주는 무엇인가?

① 돼지　　　　　　② 모기
③ 파리　　　　　　④ 소

086 긴촌충의 제2중간숙주는 무엇인가?

① 붕어, 잉어　　　② 물벼룩
③ 연어, 송어　　　④ 은어, 황어

087 다음 중 간흡충의 제1중간숙주는 무엇인가?

① 잉어　　　　　　② 물벼룩
③ 쇠우렁이　　　　④ 가재

088 폐흡충의 제1중간숙주는?

① 다슬기　　　　　② 물벼룩
③ 게　　　　　　　④ 은어

089 요코가와흡충의 제2중간숙주는?

① 붕어, 잉어　　　② 은어, 황어
③ 연어, 송어　　　④ 가재, 게

맞춤해설

• **082**
요충 : 암컷은 장내에서 산란하지 않고 항문 밖으로 기어나와 항문 주위 피부에 산란한 후 죽는다.

• **083**
말레이사상충 – 모기, 아니사키스 – 해산어류, 편충·구충 – 토양매개성(야채류)

• **084**
유구조충(갈고리촌충) 중간숙주 : 돼지고기

• **085**
무구조충(민촌충) : 쇠고기 생식

• **086**
광절연두조충(긴촌충) : 제1중간숙주 → 물벼룩, 제2중간숙주 → 연어, 송어, 농어

• **087**
간흡충 : 제1중간숙주 → 쇠우렁이, 제2중간숙주 → 잉어, 붕어

• **088**
폐흡충 : 제1중간숙주 → 다슬기, 제2중간숙주 → 가재, 게

• **089**
요코가와흡충 : 제1중간숙주 → 다슬기, 제2중간숙주 → 은어, 황어

정답　082 ②　083 ①　084 ②　085 ④
　　　086 ③　087 ③　088 ①　089 ②

090 다음 기생충 중에서 인체의 기생부위가 틀린 것은?

① 간흡충   ② 요코가와흡충

③ 무구조충   ④ 회충

● 090
• 소장에 기생 : 회충, 요충, 구충, 유구조충, 무구조충, 긴촌충, 요코가와흡충
• 간의 담관 기생 : 간흡충

091 다음 중 환경오염의 원인이 아닌 것은?

① 경제 발전   ② 도시화

③ 인구증가   ④ 에너지 대체

● 091
환경오염의 원인 : 경제발전, 도시화, 인구증가, 지역개발, 환경보전의 인식부족

092 다음 중 인간이 활동하기 좋은 쾌적습도는?

① 30~50%   ② 60~80%

③ 40~70%   ④ 50~70%

● 092
쾌적 온·습도 : 18 ± 2℃, 40~70%

093 다음 중 가시광선에 대한 설명으로 맞지 않는 것은?

① 파장이 380~770Å인 광선이다.

② 태양광선 중 34%를 차지한다.

③ 조도가 낮으면 시력저하, 눈의 피로의 원인이 되기도 한다.

④ 눈의 망막을 자극하여 명암과 색채를 구별한다.

● 093
가시광선 : 3,800 ~ 7,700Å, 태양광선 중 34%를 차지한다.

094 적외선의 인체에 대한 작용으로 잘못된 것은?

① 일사병의 원인이다.

② 백내장을 일으키기도 한다.

③ 피부에 색소침착을 일으킨다.

④ 과량조사 시 화상과 홍반을 일으킨다.

● 094
적외선 : 7,700Å 이상, 열선 태양광선 중 52% 차지, 피부온도 상승, 혈관 확장, 피부홍반, 과량조사 시 – 두통, 현기증, 백내장, 일사병 발생

095 다음 중 군집독의 가장 중요한 원인은?

① 실내 온도의 변화

② 기온 역전

③ CO의 증가

④ 실내공기의 화학적 · 물리적 조성의 변화

● 095
• 군집독 : 실내의 다수인이 밀집해 있을 때 공기의 물리적·화학적 조건이 문제가 되어 불쾌감, 두통, 현기증, 구토, 생리저하 등 생리현상을 일으키는 것
• 예방법 : 환기

096 기후의 3대 요소는?

① 기온, 기습, 기류   ② 기온, 강우량, 복사량

③ 기습, 기류, 복사량   ④ 기온, 기습, 강우량

● 096
기후 3대 요소 : 기온, 기습, 기류

정답 090 ①   091 ④   092 ③   093 ①
094 ③   095 ④   096 ①

097 실내의 쾌적온도 및 습도의 범위로 옳은 것은?

① 20±2℃, 40~50% 　② 16±2℃, 20~50%

③ 18±2℃, 40~70% 　④ 20±2℃, 60~80%

● 097
실내 쾌적 온습도 : 18±2℃,
40~70%

098 실내기류 중 불감기류란 무엇인가?

① 0.1m/sec 이하 　② 0.2m/sec 이하

③ 0.4m/sec 이하 　④ 0.5m/sec 이하

● 098
불감기류 : 0.5m/sec 이하

099 다음 중 실내기류를 측정하는 온도계는?

① 흑구온도계 　② 수은온도계

③ 풍차온도계 　④ 카타온도계

● 099
• 실내기류 측정 : 카타온도계
• 실외기류 측정 : 풍차속도계, 아
네모메타, 피토트튜브

100 다음 중 체내에서 체온생산이 가장 많이 되는 곳은?

① 골격근 　② 간장

③ 신장 　④ 심장

● 100
체온은 근육에서 많이 생산된다.

101 자외선 중 인체에 유익한 작용을 하는 생명선 또는 도노선 파장은?

① 1,000~1,500Å 　② 2,000~2,500Å

③ 2,800~3,200Å 　④ 3,000~3,500Å

● 101
도노선(Dorno-ray) :
2,800~3,200Å(유익한 파장)

102 적외선의 파장은?

① 1,500Å 　② 2,000~2500Å

③ 3,800Å 이하 　④ 7,700Å 이상

● 102
적외선의 파장 : 7,700Å 이상

103 자외선이 인체에 미치는 영향이 아닌 것은?

① 피부의 색소침착 　② 비타민 D의 형성

③ 일사병 유발 　④ 적혈구 생성 촉진

● 103
자외선의 영향 : 피부홍반, 색소침
착 , 결막염, 백내장, 비타민 D의
생성(구루병 예방), 피부결핵, 관절
염 치료, 신진대사, 적혈구 생성촉
진, 살균 작용

104 다음 중 50% 정도의 사람이 불쾌감을 느끼게 되는 불쾌지수는?

① 60 　② 70

③ 75 　④ 80

● 104
불쾌지수(DI) 75 이상 : 50% 정도의
사람이 불쾌감을 느낌

정답 097 ③ 098 ④ 099 ④ 100 ①
101 ③ 102 ④ 103 ③ 104 ③

맞춤해설

105 기온은 지상 몇 m 지점에서 측정하는가?

① 0.5m ② 1m
③ 1.5m ④ 2m

● 105
기온은 인간이 호흡하는 위치인 1.5m 높이의 백엽상 안에서 측정한다.

106 저산소증(Hypoxia)에서 산소량이 몇 % 이하가 되면 질식사하는가?

① 5% ② 10%
③ 7% ④ 3%

● 106
• 산소량 10% : 호흡곤란
• 산소량 7% 이하 : 질식사

107 다음 중 잠함병이 발생하는 원인은 무엇인가?

① 혈중 내 산소의 증가
② 혈중 내 이산화탄소의 증가
③ 체액 및 이산화탄소의 증가
④ 체액 및 지방조직에 발생되는 질소가스의 증가

● 107
잠함병 : 고기압에서 정상기압으로 복귀 시 질소가 기포를 형성해 모세혈관 혈전 현상을 일으키는 것

108 다음 중 일산화탄소의 인체내 작용은 무엇인가?

① 헤모글로빈과 결합하여 산소결핍증 유발
② 지방조직에 기포 형성
③ 헤모글로빈과 결합하여 산소중독 유발
④ 모세혈관에 혈전현상 유발

● 108
일산화탄소(CO) : 무색, 무취, 비자극성 기체, 맹독성, Hb 헤모글로빈과의 친화력이 250~300배로 산소결핍 유발

109 공기의 자정작용과 관계가 없는 것은?

① 희석작용 ② 세정작용
③ 살균작용 ④ 기온역전작용

● 109
공기자정작용 : 희석작용, 세정작용, 산화작용, 살균작용, 교환작용

110 공기의 조성에서 함유량이 틀린 것은?

① 질소(N_2) – 78.10%
② 산소(O_2) – 20.93%
③ 아르곤(Ar) – 0.93%
④ 이산화탄소(CO_2) – 0.3%

● 110
공기의 조성 : 질소 78.1%, 산소 20.93%, 아르곤 0.93%, 이산화탄소 0.03%

111 다음 중 실내공기 오염도의 지표가스는 무엇인가?

① 이산화탄소 ② 오존
③ 매연 ④ 아황산가스

● 111
이산화탄소(CO_2)는 실내공기 오염도의 지표가 된다.

정답 105 ③ 106 ③ 107 ④ 108 ①
109 ④ 110 ④ 111 ①

112 다음 중 군집독을 예방하는 방법은 무엇인가?

① 산소공급　　　　　② 예방접종

③ 환기　　　　　　　④ 인공호흡

113 대기오염에서 배출되며 지표로 이용되는 가스상 물질로, 난방시설, 정유공장 등에서 산성비의 원인이 되는 물질은?

① 오존　　　　　　　② 아황산가스

③ 일산화탄소　　　　④ 질소

114 이산화탄소에 대한 설명으로 틀린 것은?

① 무색, 무취의 독성가스이다.

② 소화제, 청량음료에 사용한다.

③ 허용농도는 0.1%이다.

④ 10% 이상이면 질식사 한다.

115 일산화탄소에 대한 설명으로 틀린 것은?

① 무미, 무취, 맹독성 가스이다.

② 허용농도는 0.1%이다.

③ 헤모글로빈과 친화력이 250~300배로 산소결핍을 유발한다.

④ 불완전 연소 시 발생한다.

116 수중에 함유되어 있는 유기물질의 함유량을 간접적으로 측정하는 데 이용되는 지표는?

① 부유물질　　　　　② DO

③ COD　　　　　　　④ 대장균

117 다음 중 용존산소(DO)란 무엇인가?

① 화학물질에 의해 유지되는 산소량

② 수중에 용해되어 있는 산소량

③ 미생물에 의해 산화될 때 소비되는 산소량

④ 병원성 장내세균 오염의 간접적인 지표가 된다.

112
- 군집독 : 이산화탄소의 증가로 발생
- 예방 : 환기

113
가스상 물질 : 황산화물(아황산가스 : 난방시설, 정유공장, 산성비 원인, 대기오염 지표)

114
이산화탄소(CO_2)
- 무색, 무취, 비독성 가스
- 소화제, 청량음료에 사용
- 실내 공기오염 지표로 사용(실내에 다수인이 있을 때 농도 증가)
- 허용농도 : 0.1%

115
일산화탄소의 허용농도는 0.01% 이다.

116
화학적 산소요구량(COD) : 수중에 함유되어 있는 유기물질을 산화시킬 때 소요되는 산화제의 양에 상당하는 산소량으로 수중의 유기물질을 간접적으로 측정

117
용존산소(DO) : 물의 오염도를 나타내는 지표로써 물에 녹아 있는 유리산소

112 ③　113 ②　114 ①　115 ②
116 ③　117 ②

맞춤해설

118 생물학적 산소요구량(BOD)이란 무엇인가?

① 유기물질을 화학적으로 산화시킬 때 소모되는 산소량

② 수중에 용해되어 있는 산소량

③ 수중에 있는 유기·무기물질을 함유한 고형물

④ 유기물질을 20℃에서 5일간 안정화시키는 데 소비한 산소량

● 118
생물학적 산소요구량(BOD) : 세균이 호기성 상태에서 유기 물질을 20℃에서 5일간 안정화시키는 데 소비한 산소량으로 유기물질의 함유량 정도를 간접적으로 측정

119 다음 중 가장 위생적인 폐기물 처리방법으로 우리나라에서 많이 사용하는 방법은?

① 소각법　　　　　　② 매립법

③ 투기법　　　　　　④ 퇴비법

● 119
가장 위생적인 폐기물 처리 : 소각법

120 부적당한 조명 시 발생되는 건강장해가 아닌 것은?

① 안구진탕증　　　　② 백내장

③ 작업능률 저하　　　④ 일사병

● 120
부적절한 조명 시 눈피로, 안구진탕증, 전광성안염, 백내장, 작업능률 저하 등이 발생

121 하수 및 분뇨처리 방법 중 혐기적 분해방법은?

① 여상법　　　　　　② 하수처리법

③ 활성오니법　　　　④ 임호프 탱크법

● 121
혐기성 처리 : 부패조, 임호프 탱크

122 수질검사에서 과망간산칼륨의 소비량을 측정하는 이유는 무엇인가?

① 수중의 유기물 양을 간접적으로 추정

② 수중의 대장균군 양을 측정

③ 수중의 무기물 양을 측정

④ 수중의 부유물 양 추정

● 122
과망간산칼륨은 수중의 유기물을 산화하는 데 소비된다.

123 수질검사에서 암모니아성 질소가 검출되었다는 것의 의미는?

① 유기물질에 오염된 지 오래되었다.

② 유기물질에 오염된 지 얼마되지 않았다.

③ 무기물질에 오염된 지 오래되었다.

④ 무기물질에 오염된 지 얼마되지 않았다.

● 123
암모니아성 질소 검출 : 유기물질에 오염된 지 얼마되지 않았음을 의미

124 다음 중 수질오염의 지표로 사용되는 것은?

① 잔류 염소　　　　　② 탁도

③ 경도　　　　　　　④ 대장균군

● 124
대장균 검출은 미생물이나 분변의 오염을 추측, 검출방법이 간단하고 정확해 수질오염의 지표로 이용

정답 118 ④ 119 ① 120 ④ 121 ④
122 ① 123 ② 124 ④

125 상수의 정수법으로 옳은 것은?

① 침전 → 여과 → 소독 　　② 여과 → 소독 → 침전

③ 침전 → 소독 → 여과 　　④ 여과 → 침전 → 소독

● 125
• 침전 : 보통침전, 약품침전
• 여과 : 완속여과, 급속여과
• 소독 : 열, 자외선, 화학적 방법

126 수질 검사에서 대장균 검사를 하는 목적은 무엇인가?

① 미생물이나 분변의 오염을 추측할 수 있다.

② 병원성이 크다.

③ 질병발생의 원인이 된다.

④ 유기물질에 오염을 추측할 수 있다.

● 126
대장균 검출은 미생물이나 분변의 오염을 추측할 수 있다.

127 음용수 수질기준에서 검출되어서는 안 되는 물질은?

① 동 　　　　　　　② 철 및 망간

③ 시안 　　　　　　④ 염소이온

● 127
음용수 수질 기준에서 검출되어서는 안 되는 것은 수은과 시안이다.

128 염소 소독의 장점이 아닌 것은?

① 강한 소독력 　　　② 경제적이다.

③ 간편한 조작 　　　④ 무색 · 무취

● 128
염소 소독은 가격이 저렴하고 조작이 간편하며, 잔류효과가 우수하고 소독력이 강하다.

129 주택의 대지조건으로 적당하지 않은 것은?

① 지질은 건조하고 침투성이 있을 것

② 언덕 중복에 위치할 것

③ 매립지의 경우는 3년 이상 경과할 것

④ 지하수위는 1.5m 이상이며, 3m 정도일 것

● 129
주택은 지반이 견고하고 매립지의 경우 최소 10년 이상 경과해야 한다.

130 실내에서 자연채광의 조건으로 옳지 않은 것은?

① 창의 개각은 4~5° 이상

② 창의 입사각은 28° 이상

③ 거실의 안쪽 길이는 창틀 상단 높이의 1.5배 이하

④ 창의 면적은 바닥 면적의 1/10 이하

● 130
자연조명시 고려사항 : 창의 면적은 바닥면적의 1/10 이상 확보

131 인공조명 시 고려사항으로 옳지 않은 것은?

① 광색은 주광색에 가깝고, 유해가스 발생이 없어야 한다.

② 가급적 간접조명이 좋다.

③ 열발생이 적고, 가스 발생이 없어야 한다.

④ 조도는 시간이나 장소에 상관없이 균등해야 한다.

● 131
인공조명 시 조도는 작업에 따라 충분히 고려해야 한다.

 125 ① 126 ① 127 ③ 128 ④
129 ③ 130 ④ 131 ④

맞춤해설

132 음용수의 소독방법과 관계없는 것은?

① 자외선 소독 ② 자비 소독
③ 액화염소 소독 ④ 불소 소독

● 132
소독법 : 자외선, 열, 화학소독(염소)

133 냉방 시 실내외의 온도 차이로 적절한 것은?

① 1~2℃ ② 3~4℃
③ 5~7℃ ④ 7~9℃

● 133
냉방 시 실내외 온도차는 5~7℃가 적당하다.

134 다음 중 의복의 방한력을 나타내는 단위는?

① dB ② HZ
③ CLO ④ dB(A)

● 134
방한력(열차단력)의 단위 : CLO

135 다음 중 3대 직업병이 아닌 것은?

① 납중독 ② 규폐증
③ 열사병 ④ 벤젠 중독

● 135
3대 직업병 : 납중독, 벤젠 중독, 규폐증

136 이상기온에 의한 건강장해가 아닌 것은?

① 열경련 ② 열피로
③ 열사병 ④ 참호족

● 136
이상기온에 의한 건강장해 : 열경련, 열사병, 열피로, 열허탈증, 열쇠약, 열성발진

137 다음 중 진동에 의한 건강장해는?

① 잠함병 ② 소음성 난청
③ 레이노병 ④ 미나마타병

● 137
진동에 의한 건강장해 : 레이노병 (손가락 말초 혈관 운동장해로 인한 혈액순환의 장해로 창백해지는 현상)

138 다음 중 소음성 난청이 발생되기 쉬운 소음영역은?

① 1,000Hz ② 3,000Hz
③ 4,000Hz ④ 7,000Hz

● 138
소음성 난청 : 4,000Hz에서 가장 심하다.

139 유리규산으로 인해 폐에 만성 섬유증식을 유발하는 대표적인 건강장해는?

① 면폐증 ② 규폐증
③ 석면폐증 ④ 진폐증

● 139
규폐증 : 대표적인 진폐증으로 유리규산의 분진에 의해 폐에 만성 섬유증식을 일으키는 질환

정답 132 ④ 133 ③ 134 ③ 135 ③
136 ④ 137 ③ 138 ③ 139 ②

140 8시간 작업기준 시 소음의 허용기준으로 옳은 것은?

① 100dB　　　　　② 40dB
③ 80dB　　　　　④ 60dB

● 140
8시간 기준 80dB이다.

141 카드뮴에 오염된 농작물의 섭취로 만성중독된 수질오염사건을 일으킨 질병은?

① 연빈혈　　　　　② 이타이이타이병
③ 미나마타병　　　④ 한센병

● 141
카드뮴 : 이타이이타이병

142 메틸수은에 오염된 어패류를 먹고 발생한 수질오염사건을 일으킨 질병은?

① 연빈혈　　　　　② 이타이이타이병
③ 미나마타병　　　④ 비중격천공

● 142
메틸수은 : 미나마타병

143 다음 중 크롬 만성 중독에 의해 발생되는 질병은?

① 이타이이타이병　② 미나마타병
③ 비중격천공　　　④ 조혈장애

● 143
크롬중독 : 비중격천공
(비중격의 연골부에 둥근 구멍이 뚫리는 것)

144 카드뮴 만성 중독의 3대 증상이 아닌 것은?

① 빈혈　　　　　　② 폐기종
③ 신장기능장해　　④ 단백뇨

● 144
카드뮴 만성 중독증상 : 폐기종, 신장기능장해, 단백뇨

145 구충 · 구서의 일반적 원칙과 관계 없는 것은?

① 발생원 및 서식처 제거　② 성충을 주로 구제
③ 동시에 광범위하게 구제　④ 생태습성에 따른 구제

● 145
구충 · 구서의 원칙 : 발생 초기에 실시

146 위생해충과 매개질환이 잘못 연결된 것은?

① 벼룩 – 발진열 · 페스트　② 모기 – 사상충증 · 말라리아
③ 파리 – 일본뇌염 · 황열　④ 이 – 발진티푸스 · 재귀열

● 146
파리 매개 질병 : 장티푸스, 콜레라, 파라티푸스, 세균성 이질, 아메바성 이질, 수면병 등

147 모기 매개 감염병 연결이 옳지 않은 것은?

① 작은 빨간 집모기 – 일본뇌염
② 중국얼룩날개모기 – 말라리아
③ 토고숲모기 – 사상충증
④ 이집트숲모기 – 일본뇌염

● 147
이집트숲모기 : 뎅기열

정답 **140** ③ **141** ② **142** ③ **143** ③
144 ① **145** ② **146** ③ **147** ④

맞춤해설

148 모기가 옮기는 질병이 아닌 것은?

① 일본뇌염   ② 사상충증

③ 재귀열   ④ 황열

149 파리가 옮기는 감염병은?

① 일본뇌염   ② 장티푸스

③ 사상충증   ④ 말라리아

150 바퀴의 구제방법으로 타당하지 않은 것은?

① 환경위생관리

② 트랩설치

③ 독이법

④ 유문등(Light Trap)

151 다음 중 쥐가 옮기는 질병이 아닌 것은?

① 페스트

② 렙토스피라증

③ 유행성 간염

④ 유행성 출혈열

152 위생해충이 옮기는 감염병의 연결이 옳지 않은 것은?

① 진드기 – 유행성 출혈열 · 재귀열

② 모기 – 사상충증 · 황열

③ 빈대 – 뎅구열 · 사상충

④ 이 – 발진티푸스 · 재귀열

153 다음 중 벼룩이 옮기는 감염병은?

① 일본뇌염   ② 흑사병

③ 쯔쯔가무시병   ④ 유행성 출혈열

154 다음 중 이가 전파하는 감염병은?

① 발진티푸스   ② 파라티푸스

③ 콜레라   ④ 장티푸스

● **148**
모기 매개 질병 : 일본뇌염, 말라리아, 사상충, 황열

● **149**
파리 매개 질병 : 장티푸스, 콜레라, 파라티푸스, 세균성 이질, 결핵, 편충증, 수면병 등

● **151**
쥐 매개 질병 : 페스트, 서교열, 렙토스피라증, 살모넬라증, 유행성 출혈열, 쯔쯔가무시병, 발진열 선모충증, 아메바성 이질, 리슈마니아증

● **152**
• 모기 : 말라리아, 사상충증, 일본뇌염, 황열.
• 이 : 뎅구열, 발진티푸스, 재귀열
• 진드기 : 발진열, 재귀열, 로키산홍반열, 야토병

● **153**
벼룩 매개 질병 : 수면병, 흑사병

● **154**
이 매개 질병 : 발진티푸스, 재귀열, 참호열

정답 148 ③ 149 ② 150 ④ 151 ③
152 ① 153 ② 154 ①

155 생물학적 전파와 해당질병이 잘못 연결된 것은?

① 증식형 전파 – 페스트·뎅구열·발진티푸스
② 발육형 전파 – 사상충증·로아로아(Loa loa)
③ 발육·증식형 전파 – 말라리아·수면병
④ 배설형 전파 – 황열·재귀열·페스트

● **155**
배설형 전파 : 발진티푸스, 발진열, 페스트

156 진드기가 옮기는 감염병이 아닌 것은?

① 로키산홍반열
② 쯔쯔가무시병
③ 야토병
④ 서교열

● **156**
진드기 : 쯔쯔가무시병, 로키산홍반열, 야토병

157 다음 중 치사율이 가장 높은 세균성 식중독은?

① 장염비브리오 식중독
② 보툴리누스 식중독
③ 장구균 식중독
④ 포도상구균 식중독

● **157**
보툴리누스 식중독은 세균성 식중독중에서 가장 치사율이 높다.

158 우리나라에서 발병되는 식중독 중 해수세균이 원인균인 감염형 식중독은?

① 장염비브리오 식중독
② 병원대장균 식중독
③ 보툴리누스 식중독
④ 살모넬라 식중독

● **158**
장염비브리오 식중독의 원인균은 장염비브리오균(해수세균)이고 원인식품으로는 어패류가 70%를 차지한다.

159 저온살균법의 온도와 시간이 올바르게 짝지어진 것은?

① 71.5℃, 15초
② 100℃, 10분
③ 130℃, 10초
④ 62~63℃, 30분

● **159**
저온살균법 : 60~65℃에서 30분간 가열

160 다음 중 난소에 많이 들어 있는 복어의 독소성분은?

① 테트로도톡신
② 아미그다린
③ 솔라닌
④ 사시톡신

● **160**
• 복어 : 테트로도톡신
• 감자 : 솔라닌
• 청매실 : 아미그다린
• 모시조개, 바지락, 굴 : 베네루핀
• 검은 조개, 섭조개, 대합조개 : 사시톡신

161 감자의 발아 부분에 있는 독성분은?

① 솔라닌
② 테트로도톡신
③ 무스카린
④ 에르고톡신

162 잠복기가 가장 짧은 식중독은?

① 보툴리누스
② 0-157
③ 포도상구균
④ 살모넬라증

● **162**
식중독균의 잠복기
• 살모넬라 : 20시간
• 포도상구균 : 3시간
• O-157 : 12시간
• 보툴리누스 : 36시간

 155 ④ 156 ④ 157 ② 158 ①
159 ④ 160 ① 161 ① 162 ③

163 복어 식중독의 특징으로 틀린 것은?

① 복어의 난소, 간장, 고환에 독성분이 들어 있다.
② 끓여서 먹으면 독성이 상실된다.
③ 중독증상은 식후 30분~5시간 사이에 발생한다.
④ 근육 마비증상이 생긴다.

● **163**
복어의 독성분인 테트로도톡신은 열에 강하다.

164 독소형 식중독이 아닌 것은?

① 포도상구균 식중독　　② 살모넬라 식중독
③ 보툴리누스균 식중독　　④ 웰치균 식중독

● **164**
독소형 식중독 : 포도상구균 식중독, 웰치균 식중독, 보툴리누스균 식중독

165 세균성 식중독에 대한 설명으로 틀린 것은?

① 소화기 감염병에 비해 잠복기가 짧다.
② 소량의 균으로 발병한다.
③ 2차 감염이 없다.
④ 면역이 획득 되지 않는다.

● **165**
세균성 식중독 : 다량의 세균이나 독소량으로 발병, 2차 감염없이 원인 식품 섭취로 발병, 잠복기 짧고 면역 획득되지 않는다.

166 감염형 식중독이 아닌 것은?

① 장염비브리오 식중독　　② 살모넬라 식중독
③ 보툴리누스균 식중독　　④ 병원성 대장균 식중독

● **166**
감염형 식중독 : 살모넬라 식중독, 장염비브리오 식중독, 병원성 대장균 식중독

167 식품보존법에서 물리적 방법에 해당되지 않는 것은?

① 냉장　　　　　　② 냉동
③ 탈수　　　　　　④ 염장

● **167**
물리적 방법 : 냉장(0~4℃로 보존), 냉동(0℃ 이하로 보존), 움저장(10℃로 보존), 탈수, 가열, 자외선 및 방사선 조사

168 가족계획에 대한 설명으로 틀린 것은?

① 부모의 건강상태를 고려한 출산
② 모자보건 향상을 위해 필요
③ 불임증 치료
④ 가정경제와 무관한 자녀 출산

● **168**
가정경제 및 여러 조건에 맞지 않는 과다한 자녀출산은 자녀에게 충분한 교육을 시키지 못할 수 있다.

169 가족계획 시 고려해야 할 것으로 부적절한 것은?

① 모자보건　　　　② 인구조절
③ 정기검진　　　　④ 주택문제

● **169**
가족계획 시 정기검진은 고려되지 않는다.

정답　163 ②　164 ②　165 ②　166 ③
167 ④　168 ④　169 ③

170 일시적 피임법이 아닌 것은?

① 월경주기법　　　　② 난관수술

③ 기초체온법　　　　④ 경구피임법

● **170**
일시적 피임 : 콘돔, 성교중절법, 자궁내 장치, 월경주기법, 기초체온법, 경구피임약

171 우리나라 노인복지법의 노인 기준 연령은?

① 60세　　　　② 55세

③ 65세　　　　④ 70세

● **171**
노인복지법상 노인 기준 연령은 65세 이상으로 보고 있다.

172 다음 중 노인문제에 해당되지 않는 것은?

① 소득감소에 따른 경제적 문제

② 의료비 부담

③ 여가 활동에 따른 사회적 부재

④ 경제발전 저해

● **172**
노인문제 : 의료비 증가, 고령사회 진입에 따른 사회적·경제적 문제, 비감염성 질환 급증

173 석션기 관리법으로 틀린 것은?

① 작은 솔을 이용하여 벤토즈 안을 중성세제로 닦아준다.

② 벤토즈는 세척 후 포르말린에 담궈둔다.

③ 70~80% 알코올에 20분 이상 담궈 소독한다.

④ 벤토즈를 끼우는 고무부분과 금속도 알코올 솜으로 깨끗이 닦는다.

● **173**
벤토즈 안을 닦은 후 이물질을 확인해 물로 세척하고 자비소독, 증기, 건열멸균기, 자외선 등으로 소독한다.

174 온장고나 자외선 소독기의 소독방법으로 옳지 않은 것은?

① 온장고는 문을 열어 건조시킨다.

② 자외선 소독기에서 소독 시 기구나 용품이 겹치지 않도록 한다.

③ 미사용 시 중성세제로 내부를 닦고 자외선등도 닦아준다.

④ 사용 후 자외선 소독기에 넣어 살균 후 세척한다.

● **174**
미사용 시 내부와 자외선등을 닦고 코드를 뺀 후 문을 열어둔다.

175 이·미용기구의 소독기준으로 잘못 연결된 것은?

① 크레졸 소독 – 크레졸수(크레졸 7%, 물 93%인 수용액)에 10분 이상 담가둔다.

② 열탕소독 – 섭씨 100℃의 물속에 10분 이상 끓여 준다.

③ 증기소독 – 섭씨 100℃ 이상의 습한 열에 20분 이상 쐬어 준다.

④ 석탄산수소독 – 석탄산수(석탄산 3%, 물 97%인 수용액)에 10분 이상 담가둔다.

● **175**
크레졸수(크레졸 3%, 물 97%인 수용액)에 10분 이상 담가둔다.

정답 170 ② 171 ③ 172 ④ 173 ②
174 ④ 175 ①

맞춤해설

176 화학적 소독법 중 냄새가 없고 독성이 적어 손소독으로 이·미용업소에서 널리 쓰이는 소독제는?

① 양이온 계면활성제   ② 포름알데히드

③ 이소프로판올   ④ 과산화수소

• 176
양이온 계면활성제
① 역성 비누액, 손소독에 사용한다.
② 냄새가 없고 독성이 적다.
③ 이·미용업소에 널리 이용된다.

177 고압증기 멸균법에 대한 설명으로 옳지 않은 것은?

① 포자 멸균에 좋은 방법이다.

② 100℃에서 10~15분간 소독한다.

③ 초자기구, 거즈, 혈액이나 고름이 묻은 기구 소독에 적합하다.

④ 독성이 없고 경제적인 방법이다.

• 177
고압증기 멸균법 115℃ → 30분,
121℃ → 20분, 126℃ → 15분간
소독

178 자외선 소독기에 보관하지 말아야 할 기구는?

① 플라스틱볼   ② 브러시

③ 고무 달린 전극봉   ④ 유리제품

• 178
고무제품이 달린 전극봉은 자외선
소독기에 보관하지 않으며 전극봉
의 금속부분도 소독제에 담그면
안 된다.

179 소독제의 구비조건에 해당되지 않는 것은?

① 살균력이 강할 것   ② 높은 석탄산 계수를 가질 것

③ 부식성, 표백성이 없을 것   ④ 냄새가 강해야 소독 효과가 크다.

• 179
소독제 구비조건 : 냄새가 없고 탈
취력이 있어야 한다.

180 피부관리실의 위생관리방법으로 옳지 않은 것은?

① 피부관리실 내에서는 여닫이문이 위생적이다.

② 시술공간의 바닥은 청소가 용이한 재질을 선택한다.

③ 사용한 타월과 가운은 뚜껑 있는 통에 보관한다.

④ 펌프형 액체비누를 사용한다.

• 180
피부관리실 내에서는 미닫이문
이 위생적이다.

181 다음 ( )에 들어갈 용어는?

> 해면은 ( ) 세제로 세탁하고, 통풍과 채광이 잘 되는 곳에 말린
> 후 ( )에 넣고 겹치지 않게 소독한다.

① 알칼리성, 자외선 소독기   ② 중성, 자외선 소독기

③ 중성, 적외선 소독기   ④ 알칼리성, 적외선 소독기

• 181
해면은 재사용 시 망에 넣고 중성
세제를 푼 후 미온수에 담궈 세탁
하고 통풍과 채광이 잘되는 곳에
말린 후 자외선 소독기에 겹치지
않게 넣고 소독한다.

182 미생물의 성장과 사멸에 영향을 주는 요인이 아닌 것은?

① 온도   ② 산소농도

③ 유분   ④ 수소이온농도(pH)

• 182
미생물의 성장과 사멸에 영향을
주는 요인 : 물, 온도, 산소농도, 빛
의 세기, 삼투압, pH 등

정답 176 ① 177 ② 178 ③ 179 ④
180 ① 181 ② 182 ③

183 불꽃에서 20초 이상 접촉하는 방법으로 이·미용 기구 소독에 적합한 소독법은?

① 자비소독법   ② 저온살균법
③ 화염멸균법   ④ 건열멸균법

● **183**
화염멸균법 : 불꽃에서 20초 이상 접촉하는 방법, 이·미용 기구 소독에 적합

184 다음 중 건열멸균법에 부적합한 것은?

① 플라스틱 볼   ② 분말
③ 글리세린   ④ 유리기구

● **184**
건열멸균법 : ① 170℃에서 1~2시간 처리 ② 유리기구, 주사침, 글리세린, 자기류 소독에 적합

185 자외선 소독 시 규정은?

① 1m²에 85µW 20분 이상   ② 1cm²에 85µW 20분 이상
③ 1m²에 85µW 10분 이상   ④ 1cm²에 85µW 10분 이상

● **185**
자외선 소독 시 : 1㎠당 85µW 이상의 자외선을 20분 이상 쬐어준다.

186 소독방법과 설명이 바르게 연결된 것은?

① 건열멸균법 – 170℃에서 2시간 이상 처리
② 화염멸균법 – 불꽃속에서 10초 동안 접촉시키는 방법
③ 자비소독 – 100℃ 끓는 물에서 15~20분간 처리
④ 희석법 – 소독 및 살균 효과가 뛰어나다.

● **186**
자비소독 : 100℃ 끓는 물에서 15~20분간 처리

187 미생물의 증식곡선에서 세포의 수가 2배로 증가하는 시기로 미생물 세포의 증식이 활발한 단계는?

① 유도기   ② 대수증식기
③ 정지기   ④ 쇠퇴기

● **187**
대수증식기 : 세포의 수가 2의 지수적으로 증가하는 시기

188 의복, 침구류 등의 소독법으로 적당하지 않은 것은?

① 일광소독   ② 증기소독
③ 자비소독   ④ 소각법

● **188**
소각법 : 폐기물을 소각하여 처리하는 방법

189 소독(Disinfection)의 정의로 옳은 것은?

① 미생물의 생활력뿐 아니라 미생물 자체를 없애는 것
② 병원미생물의 생활력을 파괴해 감염력을 없애는 것
③ 포자형성균을 사멸하는 것
④ 병원균이 없는 상태

● **189**
소독 : 병원미생물의 생활력을 파괴, 감염력을 없애는 것

정답 183 ③ 184 ① 185 ② 186 ③
187 ② 188 ④ 189 ②

맞춤해설

190 소독력이 강한 순서로 옳은 것은?

① 소독 〉방부 〉멸균
② 소독 〉멸균 〉방부
③ 멸균 〉방부 〉소독
④ 멸균 〉소독 〉방부

• **190**
소독력 : 멸균 〉소독 〉방부

191 다음 중 아포형성균의 소독방법은?

① 화염멸균법
② 저온 살균법
③ 자비소독법
④ 고압증기 멸균법

• **191**
고압증기멸균법은 포자 형성균 멸균에 제일 좋은 방법이다.

192 피부미용업소에서 많이 사용하는 소독법은?

① 건열법
② 증기소독
③ 소각법
④ 자비소독

• **192**
피부미용업소에서 사용하는 대부분은 70% 알코올을 이용하거나 자비소독 후 자외선 소독기에 보관한다.

193 소독제의 살균력을 비교하기 위하여 사용하는 것은?

① 석탄산계수
② 살균력계수
③ 알코올계수
④ 살균력지수

• **193**
소독제의 살균력을 비교하기 위해 석탄산계수를 사용한다.

194 석탄산의 희석배수가 80이고 시험소독제의 희석배수가 160이면 시험소독제의 석탄산 계수는?

① 2
② 4
③ 6
④ 8

• **194**
석탄산계수 = 소독약의 희석배수 / 석탄산의 희석배수

195 물리적 소독법이 아닌 것은?

① 화염멸균법
② 건열멸균법
③ 고압증기멸균법
④ 역성비누 소독법

• **195**
물리적 소독 : 건열멸균법, 화염멸균법, 자비소독법, 고압증기멸균법, 저온소독법, 초고온순간멸균법

196 소독용 알코올은 몇 %로 사용하는 것이 좋은가?

① 40%
② 50%
③ 70%
④ 100%

• **196**
피부관리실에서 소독용으로 사용하는 알코올은 대부분 70%로 사용한다.

197 다음 중 연결이 잘못된 것은?

① 우유의 저온살균 – 83~85℃에서 30분간 가열
② 어류통조림, 식품살균 – 110℃ 이상 30분 가열
③ 공기 중의 세균살균 – 자외선 살균 등으로 살균
④ 세균검사용 유리용기 – 150℃ 이상에서 30분 이상 건열멸균

• **197**
우유 저온살균 : 65℃에서 30분간 사용

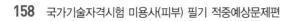
정답 190 ④ 191 ④ 192 ④ 193 ①
194 ① 195 ④ 196 ③ 197 ①

198 소독에 대하여 잘못 연결된 것은?

① 타월 – 증기소독

② 빗 – 자외선

③ 손 – 역성비누

④ 서적 – 자비소독

199 다음 중 멸균의 정의로 옳은 것은?

① 병원체, 비병원체, 아포균까지 모든 미생물을 사멸한다.

② 병원체를 사멸하는 것이다.

③ 병원성 미생물의 발육을 저지나 정지시키는 것이다.

④ 병원 미생물의 발육증식을 억제하는 것이다.

200 다음 중 습열법에 해당되지 않는 것은?

① 자비소독법

② 저온살균법

③ 화염멸균법

④ 고압증기멸균법

201 다음 중 공중위생관리법의 목적은 무엇인가?

① 영업과 시설의 관리 감독

② 위생수준을 향상시켜 국민의 건강증진

③ 영리 목적과 증진

④ 영업의 서비스 향상

202 다음 중 틀린 것은?

① 공중위생영업이란 숙박업, 목욕장업, 이용업, 미용업, 세탁업, 건물위생관리업을 말한다.

② 미용업이란 손님의 얼굴, 머리, 피부 등을 손질하여 손님의 외모를 아름답게 꾸미는 영업이다.

③ 건물위생관리업이라 함은 공중이 이용하는 건축물·시설물 등의 청결유지와 실내공기정화를 위한 청소등을 대행하는 영업이다.

④ 이용업이란 손님의 머리카락만을 다듬음으로써 손님의 용모를 단정하게 하는 영업을 말한다.

203 공중위생영업자는 영업소를 개설시 누구에게 신고해야 하는가?

① 시장 · 군수 · 구청장

② 보건복지부장관

③ 대통령

④ 시 · 도지사

 198 ④ 199 ① 200 ③ 201 ②
202 ④ 203 ①

맞춤해설

204 공중위생영업자의 지위를 승계한 자는 누구에게 언제 신고해야 하는가?

① 시 · 도지사 – 1월
② 보건복지부장관 – 3월
③ 시장 · 군수 · 구청장 – 1월
④ 시장 · 군수 · 구청장 – 3월

● **204**
공중위생영업자의 지위를 승계한 자는 1월 이내에 시장 · 군수 · 구청장에게 신고한다.

205 공중위생영업 폐업신고는 폐업한 날로부터 언제, 누구에게 신고해야 하는가?

① 5일 이내 – 시 · 도지사
② 15일 이내 – 시장 · 군수 · 구청장
③ 20일 이내 – 시장 · 군수 · 구청장
④ 30일 이내 – 시 · 도지사

● **205**
법 제3조(공중위생영업의 신고 및 폐업 신고) 공중위생영업자는 폐업한 날로부터 20일 이내에 시장 · 군수 · 구청장에게 신고한다.

206 미용업자의 위생관리의무에 대한 설명이 틀린 것은?

① 의료기구와 의약품을 사용하지 않는 순수한 화장 또는 피부미용을 할 것
② 미용기구는 소독을 한 기구와 소독을 하지 아니한 기구로 분리하여 보관하고, 면도기는 1회용 면도날만을 손님 1인에 한하여 사용할 것
③ 미용사 면허증을 영업소 안에 게시할 것
④ 미용기구의 소독기준 및 방법은 대통령령으로 정한다.

● **206**
법 제4조(공중위생영업자의 위생관리의무 등) 건전한 영업질서유지를 위해 영업자가 준수해야 할 사항은 보건복지부령으로 정한다.

207 미용기구의 소독기준 및 방법은 누구령으로 정하는가?

① 대통령령
② 시장 · 군수 · 구청장
③ 보건복지부령
④ 시 · 도지사

● **207**
법 제4조(공중위생영업자의 위생관리의무 등) 미용기구의 소독기준 및 방법은 보건복지부령으로 정한다.

208 미용(피부)종사자의 업무범위에 해당되지 않는 것은?

① 의료약을 이용한 피부관리
② 피부상태 분석
③ 제모
④ 눈썹 손질

● **208**
시행규칙 제14조(업무 범위)
미용사(피부) : 의료기기나 의약품을 사용하지 않는 피부상태 분석, 피부관리, 제모, 눈썹 손질

209 공중이용시설 오염물질의 종류와 허용기준은 누구의 령으로 정하는가?

① 단체 협약
② 국무총리령
③ 보건복지부령
④ 대통령령

● **209**
법 제4조(공중위생영업자의 위생관리) 공중이용시설의 오염물질의 종류와 허용기준은 보건복지부령으로 정한다.

210 실내공기 정화시설 및 설비를 교체 또는 청소해야 하는 내용은?

① 12시간 평균 실내 미세먼지의 양이 $150\mu g/m^2$ 이하
② 12시간 평균 실내 미세먼지의 양이 $150\mu g/m^2$ 이상
③ 24시간 평균 실내 미세먼지의 양이 $100\mu g/m^2$ 이하
④ 24시간 평균 실내 미세먼지의 양이 $150\mu g/m^2$ 이상

● **210**
미세먼지 : 24시간 평균치 $150\mu g/m^2$ 이하

정답 204 ③ 205 ③ 206 ④ 207 ③
208 ① 209 ③ 210 ③

211 이·미용사의 면허를 주는 사람은?

① 시장·군수·구청장 　　② 시·도지사

③ 미용사중앙회 회장 　　④ 대통령

212 이·미용사의 면허를 받을 수 없는 사람은?

① 교육부장관이 인정하는 학교에서 이·미용에 관한 학과를 졸업한 자

②「학점인정 등에 관한 법률」에 의거 이·미용에 관한 학위를 받은 자

③ 국가기술자격법에 의한 이·미용사 자격을 취득한 자

④ 사설 미용학원에서 1년 이상 이·미용 과정을 이수한 자

213 다음 중 미용사의 면허를 받을 수 있는 자는?

① 피성년후견인 　　② 정신질환자, 감염병환자

③ 약물중독자 　　④ 면허가 취소된 후 1년이 경과된 자

214 면허취소 및 영업정지 명령을 받은 자는 면허증을 반납을 언제 누구에게 해야 하나?

① 1개월 이내 시장·군수·구청장

② 지체없이 시장·군수·구청장

③ 1개월 이내 시·도지사

④ 지체없이 시·도지사

215 면허증 재교부를 신청할 수 있는 사항이 아닌 것은?

① 면허증 주소 변경시

② 면허증의 이름 변경시

③ 면허증 분실시

④ 면허증이 헐어 못쓰게 된 때

216 영업시간 및 영업행위에 관한 필요한 제한을 할 수 있는 사람은?

① 시·도지사

② 시장·군수·구청장

③ 대통령

④ 보건복지부장관

● 211
법 제6조(이·미용사의 면허 등)
미용사가 되고자 하는 자는 보건복지부령이 정하는 바에 의해 시장·군수·구청장에게 면허를 받아야 한다.

● 212
법 제6조(이·미용사의 면허 등)
고등학교 또는 이와 같은 수준의 학력이 있다고 교육부장관이 인정하는 학교에서 이·미용에 관한 학과를 졸업한 자, 초·중등교육법령에 따른 특성화고등학교, 고등기술학교나 고등학교 또는 고등기술학교에 준하는 각종학교에서 1년 이상 이용 또는 미용에 관한 소정의 과정을 이수한 자

● 213
법 제6조(이·미용사의 면허 등)
이·미용사 면허를 받을수 없는 자 : 피성년후견인, 정신질환자, 감염병환자, 약물중독자, 면허가 취소된 후 1년이 경과되지 아니한 자

● 214
면허취소, 면허정지자는 지체없이 시장·군수·구청장에게 면허증 반납

● 215
면허증의 기재사항 변경은 성명 및 주민번호 변경에 한함

● 216
법 제9조의2(영업의 제한) 시·도지사는 공익상 또는 선량한 풍속을 유지하기 위해 공중위생 영업자 및 종사자에게 영업시간 및 영업행위에 관한 필요한 제한을 할 수 있다.

 211 ① 212 ④ 213 ④ 214 ②
215 ① 216 ①

217 이·미용사의 업무범위에 대한 설명으로 틀린 것은?

① 이·미용사의 면허를 받지 않으면 개설과 업무종사를 할 수 없다.
② 이·미용의 업무는 영업소 외의 장소에서 행할 수 없다.
③ 이·미용사의 업무범위에 관한 사항은 보건복지부령으로 정한다.
④ 이·미용 업무 보조는 언제, 어디서나 행할 수 있다.

• 217
법 제8조(이·미용사의 업무범위 등) 이·미용사의 감독하에 미용보조 업무를 행할 수 있다.

218 영업장 소재지를 변경 시 누구에게 신고해야 하나?

① 시·도지사
② 대통령
③ 보건복지부령
④ 시장·군수·구청장

• 218
법 시행규칙 제3조의2(변경신고)
① 영업소의 명칭, 상호, 소재지
② 영업장 면적 3분의 1 이상 증감
③ 대표자의 성명(법인의 경우만) 변경 시 시장·군수·구청장에게 변경신고서 제출

219 보건복지부령이 정하는 특별한 사유에 해당되지 않는 것은?

① 학교 등 공공단체에서 요청이 있을 때
② 질병으로 영업소에 나올 수 없어 병원에서 미용을 하는 경우
③ 혼례 직전에 미용을 하는 경우
④ 특별한 사정이 있다고 시장·군수·구청장이 인정하는 경우

• 219
법 제8조(이·미용사의 업무범위 등)
① 질병, 고령, 장애나 그 밖의 사유로 영업장에 나올 수 없는 자
② 혼례, 기타 의식에 참여 시 그 의식 직전인 경우
③ 특별한 사정이 있다고 시장·군수·구청장이 인정하는 경우

220 보건복지부령으로 정하는 것이 아닌 것은?

① 과징금 금액 등에 관해 필요한 사항
② 공중위생 영업신고에 필요한 사항
③ 공중이용시설의 위생관리 기준
④ 미용기구의 소독기준

• 220
과태료, 수수료는 대통령령으로 정한다.

221 영업소 폐쇄명령을 받고 같은 종류의 영업을 하고자 할 때 경과기간은?

① 3월 이내
② 6월 이내
③ 1년 이내
④ 2년 이내

• 221
영업소 패쇄 명령 후 6월이 경과한 후에 동종 영업이 가능하다.

222 공중위생관리법을 위반 시 영업정지, 일부시설 사용중지, 영업소 폐쇄를 명할 수 있는 기간은?

① 1월 이내
② 6월 이내
③ 2년 이내
④ 3년 이내

• 222
법 제11조(공중위생영업소의 폐쇄 등)
시장, 군수, 구청장은 공중위생관리법을 위반했거나 관계기관의 요청이 있을 때 6월 이내의 기간을 정해 영업의 정지, 일부시설의 사용중지, 영업소 폐쇄 등을 명할 수 있다.

정답 217 ④ 218 ④ 219 ① 220 ①
221 ② 222 ②

223 다음 중 영업소의 폐쇄조치 방법이 아닌 것은?

① 필수 불가결한 기구 또는 시설물의 봉인

② 이용자들에게 유인물 배포

③ 간판, 기타 영업 표지물의 제거

④ 위법 영업소임을 알리는 게시물의 부착

● 223
법 제11조(공중위생영업소의 폐쇄 등) 영업을 위해 필수 불가결한 기구 또는 시설물을 사용할 수 없게 봉인, 영업소의 간판, 기타 영업표지물의 제거, 위법한 영업소임을 알리는 게시물 등의 부착

224 다음 중 청문을 실시하는 자는?

① 보건복지부령　　　② 안전행정부장관

③ 노동부장관　　　　④ 시장 · 군수 · 구청장

● 224
청문 : 시장 · 군수 · 구청장이 실시

225 다음 중 청문을 해야 하는 경우가 아닌 것은?

① 미용사의 면허취소　② 영업소 폐쇄명령

③ 시정명령　　　　　④ 면허정지

● 225
법 제12조(청문) 시장 · 군수 · 구청장은 이 · 미용사의 면허취소 및 정지, 공중위생영업의 정지, 일부 시설의 사용중지, 영업소 패쇄명령 등의 처분을 하고자 할 때 청문을 실시해야 한다.

226 공중위생영업소의 위생 서비스 평가계획을 수립하는 자는?

① 안전행정부장관　　② 보건복지부령

③ 시 · 도지사　　　　④ 시장 · 군수 · 구청장

● 226
법 제13조(위생서비스수준의 평가) 시 · 도지사는 공중위생영업소의 위생관리수준을 향상시키기 위하여 위생서비스평가계획을 수립하여야 하고 시장 · 군수 · 구청장은 위생 서비스 수준을 평가하여야 한다.

227 위생서비스 수준 평가 시 보건복지부령으로 정해지는 것이 아닌 것은?

① 위생서비스 평가의 주기

② 위생서비스 평가의 방법

③ 위생관리등급의 기준, 기타 평가

④ 평가에 대한 조치 사항

● 227
법 제13조(위생서비스수준의 평가) 위생서비스 평가의 주기, 방법, 위생관리등급의 기준, 기타 평가에 관하여 필요한 사항은 보건복지부령으로 정한다.

228 다음 중 위생서비스 평가를 하는 자는?

① 대통령　　　　　　② 보건복지부장관

③ 시 · 도지사　　　　④ 시장 · 군수 · 구청장

229 위생관리등급의 구분으로 잘못된 것은?

① 최우수업소 – 녹색등급

② 우수업 – 황색등급

③ 일반관리 대상 업소 – 백색등급

④ 일반관리 대상 업소 – 청색등급

● 229
시행규칙 제21조(위생관리등급 구분)
• 최우수업소 : 녹색등급
• 우수업소 : 황색등급
• 일반관리대상업소 : 백색등급

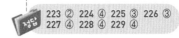

정답　223 ②　224 ④　225 ③　226 ③
227 ④　228 ④　229 ④

맞춤해설

230 명예공중위생감시원의 자격, 위촉방법, 업무범위 등에 관한 법령은?

① 대통령령　　　　　② 국무총리
③ 보건복지부령　　　④ 행정안전부령

● 230
명예공중감시원의 자격, 위촉방법, 업무범위는 대통령령으로 정한다.

231 다음 중 공중위생영업자의 위생교육 시간이 바르게 짝지어진 것은?

① 6개월마다 – 4시간　　② 매년마다 – 3시간
③ 매년마다 – 6시간　　　④ 6개월마다 – 6시간

● 231
시행규칙 제23조(위생교육 시간 등) 위생교육은 매년 3시간으로 시장・군수・구청장이 실시

232 1년 이하의 징역 또는 1천만원 이하의 벌금에 해당되는 사항이 아닌 것은?

① 공중위생영업의 신고를 하지 않은 자
② 영업정지 명령을 받고도 영업을 한 자
③ 영업소 폐쇄명령을 받고도 계속 영업을 한 자
④ 면허 취소 후 계속 업무를 행한 자

● 232
법 제20조(벌칙) 1년 이하의 징역 또는 1천만원 이하의 벌금
• 공중위생영업의 신고를 하지 않은 자
• 영업정지명령 또는 일부 시설의 사용중지 명령을 받고도 그 기간 중에 영업을 하거나 시설을 사용한 자
• 영업소 폐쇄명령을 받고도 계속해서 영업을 한 자

233 6월 이하의 징역 또는 500만원 이하의 벌금에 해당하는 사항이 아닌 것은?

① 폐업신고를 하지 않은 자
② 변경신고를 하지 아니한 자
③ 공중위생영업의 지위를 승계하고 신고하지 않은 자
④ 공중위생영업자가 준수해야 할 사항을 지키지 않은 자

● 233
법 제20조(벌칙) 6월 이하의 징역 또는 500만원 이하의 벌금
• 변경신고를 하지 않은 자
• 공중위생영업의 지위를 승계하고 신고를 하지 않은 자
• 공중위생영업자가 지켜야 할 사항을 준수하지 않은 자

234 300만원 이하의 벌금에 해당하는 사항은?

① 위생관리 의무를 지키지 아니한 자
② 면허취소 후 계속 업무를 행한 자
③ 폐업신고를 하지 아니한 자
④ 위생교육을 받지 않은 자

● 234
법 제20조(벌칙) 300만원 이하의 벌금
• 면허취소 후 계속 업무를 한 자
• 면허정지 기간 중 업무를 한 자
• 면허를 받지 않고 업무를 행한 자

235 300만원 이하의 과태료에 해당되는 사항이 아닌 것은?

① 관계공무원의 검사나 조치를 기피한 자
② 관계공무원의 출입을 거부한 자
③ 위생관리 의무를 지키지 않은 자
④ 개선명령을 위반한 자

● 235
• 300만원 이하의 과태료
 – 보고를 하지 않거나 관계공무원의 출입・검사・기타조치를 거부, 기피한 자
 – 개선명령을 위반한 자
• 200만원 이하의 과태료
 – 위생관리 의무를 지키지 않은 자

 230 ① 231 ② 232 ④ 233 ①
234 ② 235 ③

236 미용업의 위생교육에 대한 설명 중 틀린 것은?

① 위생교육에 관한 기록은 1년 이상 보관 · 관리해야 한다.

② 부득이한 사정으로 교육을 못받은 자는 6월 이내에 위생교육을 받게 한다.

③ 위생교육 시간은 3시간이다.

④ 위생교육은 시장 · 군수 · 구청장이 실시한다.

● 236
시행규칙 제23조(위생교육 등)
교육한 기록을 2년 이상 보관, 관리해야 한다.

237 수수료는 누구의 령으로 정하는가?

① 대통령령　　　　② 국무총리령

③ 보건복지부령　　④ 안전행정부령

● 237
법 제19조의2(수수료) 이 · 미용 면허를 받고자 하는 자는 대통령령이 정하는 바에 따라 수수료를 납부한다.

238 200만원 이하의 과태료에 해당되는 사항이 아닌 것은?

① 이 · 미용업소의 위생관리 의무를 지키지 않은 자

② 영업소 외에서 이 · 미용업무를 행한 자

③ 관계 공무원의 출입, 검사, 기타 조치를 거부

④ 위생교육을 받지 아니한 자

● 238
법 제22조(과태료) 200만원 이하의 과태료
• 이 · 미용업소의 위생관리 의무를 지키지 않은 자
• 영업소 외에서 이 · 미용업무를 행한 자
• 위생교육을 받지 아니한 자

239 과태료를 부과 · 징수하는 사람은?

① 시 · 도지사　　　② 시장 · 군수 · 구청장

③ 대통령　　　　　④ 국무총리

● 239
법 제23조(과태료의 부과 · 징수절차)
과태료는 대통령령이 정하는 바에 의해 보건복지부장관 또는 시장 · 군수 · 구청장이 부과한다.

240 이 · 미용사의 면허가 취소된 자가 이 · 미용의 업무를 하였을 때의 벌칙 기준은?

① 100만 원 이하의 벌금　　② 200만 원 이하의 벌금

③ 300만 원 이하의 벌금　　④ 400만 원 이하의 벌금

● 240
300만 원 이하의 벌금
• 면허가 취소된 후 계속하여 업무를 행한 자
• 면허정지 기간 중에 업무를 행한 자

241 다음 중 과태료는 어느 규정으로 정하는가?

① 대통령령　　　　② 국무총리령

③ 보건복지부령　　④ 산업자원부령

● 241
법 제23조(과태료의 부과 · 징수절차) 과태료는 대통령령이 정하는 바에 의해 보건복지부장관 또는 시장 · 군수 · 구청장이 부과한다.

242 시 · 도지사와 관련된 업무가 아닌 것은?

① 영업의 제한　　　② 위생지도 및 개선명령

③ 위생감시 실시　　④ 공중위생영업의 승계

● 242
공중위생영업의 승계는 시장 · 군수 · 구청장과 관련된 업무이다.

정답
236 ① 237 ① 238 ③ 239 ②
240 ③ 241 ① 242 ④

맞춤해설

243 보건복지부령이 아닌 것은?

① 면허취소의 세부적 기준

② 영업소 폐쇄명령 등의 세부기준

③ 공중이용시설의 범위

④ 미용사의 업무범위에 관한 사항

● **243**
대통령령 : 공중이용시설의 범위

244 피부미용을 하는 동안 베드와 베드 사이에 사용할 수 있는 이동용 간이칸막이의 높이는?

① 100cm 이상

② 100cm 이하

③ 120cm 이하

④ 120cm 이상

● **244**
시행규칙(별표1) 피부미용을 하는 동안 베드와 베드 사이에 120cm 이하의 이동용 간이칸막이를 사용할 수 있다.

245 미용영업장 안의 조명도는 얼마인가?

① 40룩스 이하

② 75룩스 이상

③ 60룩스 이하

④ 100룩스 이상

● **245**
시행규칙(별표4) 미용영업장 안의 조명도는 75룩스 이상이 되도록 유지한다.

246 300만원 이하의 과태료 대상이 아닌 것은?

① 보고를 하지 않은 자

② 관계공무원의 출입을 거부 한 자

③ 미용업소의 위생관리의무를 지키지 아니한 자

④ 관계공무원의 출입 · 검사를 기피한 자

● **246**
300만원 이하의 과태료 : 보고를 하지 않거나 관계공무원의 출입검사, 기타 조치를 거부, 방해 또는 기피한 자, 개선명령을 위반한 자

247 200만원 이하의 과태료 대상인 것은?

① 보고를 하지 않은 자

② 관계공무원의 출입을 거부한 자

③ 미용업소의 위생관리 의무를 지키지 아니한 자

④ 관계공무원의 출입 · 검사를 기피한 자

● **247**
200만원 이하의 과태료 : 이 · 미용업소의 위생관리의무를 지키지 아니한 자

248 미용기구 소독기준에서 자외선 소독의 기준은?

① 1cm²당 60㎼ 이하의 자외선을 10분 이상 쬐어준다.

② 1cm²당 60㎼ 이상의 자외선을 10분 이상 쬐어준다.

③ 1cm²당 85㎼ 이하의 자외선을 20분 이하 쬐어준다.

④ 1cm²당 85㎼ 이상의 자외선을 20분 이상 쬐어준다.

● **248**
시행규칙(별표3) 이 · 미용기구의 소독기준 및 방법 : 1cm²당 85㎼ 이상의 자외선을 20분 이상 쬐어준다.

정답 **243** ③ **244** ③ **245** ② **246** ③
247 ③ **248** ④

249 다음 중 공중위생관리법에 위배되는 사항이 아닌 것은?

① 점빼기 시술을 하기 전에는 철저한 소독을 하여야 한다.

② 제한한 경우에만 의료기기를 사용한 피부미용이 가능하다.

③ 소독한 기구와 소독하지 않은 기구를 같은 용기에 보관할 때에는 반드시 식별표시를 하여야 한다.

④ 1회용 면도날은 손님 1인에 한하여 사용하여야 한다.

250 우리나라에서 가장 많이 쓰는 폐기물 처리 방법은?

① 해양 투기법　　② 매립법

③ 투기법　　④ 퇴비법

● 249
시행규칙(별표4)
• 점빼기, 귓불뚫기, 쌍꺼풀수술, 문신, 박피술 그 밖에 이와 유사한 의료행위를 하여선 안된다.
• 피부미용에는 의약품 또는 의료기기를 사용할 수 없다.
• 미용기구 중 소독한 기구와 소독하지 않은 기구는 각각 다른 용기에 넣어 보관하여야 한다.

● 250
우리나라에서는 대부분 매립법에 의해 폐기물을 처리한다.

정답 249 ① 250 ②

MEMO

Part 02

피부미용사
필기시험
한권으로
합격하기
핵심정리

1과목 피부미용학

1. 피부미용(= 코스메틱, 에스테틱, 스킨케어)

(1) 정의
- ① 두피를 제외한 얼굴과 신체의 근육 및 피부를 가꾸는 것
- ② 피부 생리 기능 활성화, 영양 공급
- ③ 핸드 테크닉 및 피부미용기기를 이용한 관리
- ④ 외국에서는 매니큐어, 패티규어 영역 포함

(2) 기원 : 그리스어(Kosmetikos)에서 유래, 독일 비움가르텐에 의해 처음으로 사용

(3) 변천사
- ① 서양
  - ㉠ 이집트 : 종교의식, 백납 사용(미백화장), 클레오파트라(나귀우유 & 진흙목욕)
  - ㉡ 그리스 : 건강한 신체와 정신 중시(천연향, 오일 마사지)
  - ㉢ 로마 : 생활필수품(오일, 화장품, 향수), 공중목욕탕, 갈렌(연고 제조)
  - ㉣ 중세 : 깨끗한 피부 중시(약초 스팀요법)
  - ㉤ 르네상스 : 향수 발달, 과도한 치장과 분화장
  - ㉥ 근세 : 비누 사용, 화장품 대중화, 마사지와 운동요법, (후펠란트 : 클렌징 크림 개발)
  - ㉦ 현대(20세기 이후) : 화장품 대중화, 기술 발전
- ② 우리나라
  - ㉠ 상고 : 쑥, 마늘 처방(미백 효과)
  - ㉡ 삼국 : 향, 목욕문화 발달, 백분 제조
  - ㉢ 고려 : 면약(미백 및 피부 보호), 복숭아 꽃물
  - ㉣ 조선 : 목욕 발달, 화장수 제조(선조), 판매용 화장품 제조(숙종), 전통 혼례 화장의 완성, 규합총서(두발형태, 화장법 소개)
  - ㉤ 근대 : 박가분 판매
  - ㉥ 현대 : 1960년 이후 – 화장품 산업 발전 1980년 이후 – 색조, 기능성 화장품 출시

2. 피부분석

(1) 정의 : 수시로 변화하는 피부유형 및 상태를 파악하기 위해 매회 분석하고 기록하는 피부관리 과정

(2) 목적 : 피부 증상, 원인 파악하여 올바른 피부 관리

3. 피부상담

(1) 정의 : 효율적인 피부 관리 실행을 위한 단계

(2) 목적
- ① 방문 목적 확인, 피부 상태, 문제점 파악
- ② 피부 관리 계획수립
- ③ 피부 관리 조언

(3) 고려사항
- ① 병력, 병원, 약물치료 사항 기재
- ② 관리 내용 기재
- ③ 고객의 홈 케어 체크

(4) 효과
- ① 신뢰도, 만족감 확대(심리적 안정)
- ② 피부 관리 필요성 인식
- ③ 효율적 관리법 수립
- ④ 홈 케어 교육 병행

(5) 피부유형 분석법
- ① 문진 : 고객에 질문 판독

② 견진 : 육안 판독

③ 촉진 : 만지거나 집어서 판독

　　※ 피부자극-스파츌라 이용

④ 기기판독 : 클렌징 후 사용

　　㉠ 우드램프 : 자외선 이용

　　㉡ 확대경 : 육안의 5배

　　㉢ 피부 분석기 : 80~200배 확대

　　㉣ 유·수분, pH측정기

(6) 피부유형 결정요인

① 유·수분 함유량

② 각질 상태

③ 모공 크기

④ 탄력 상태

4. 클렌징

(1) 정의

① 먼지, 분비물, 메이크업 잔여물 제거

② 피부 생리 기능 활성화(신진대사촉진)

③ 효율적인 제품 흡수 용이

(2) 단계

① 1차 클렌징 : 눈, 입술(포인트 화장) – 메이크업 리무버

② 2차 클렌징 : 얼굴, 목 – 클렌징 로션 등 제품 (3분 이내 마사지)

③ 3차 클렌징 : 얼굴, 목 – 화장수

(3) 제품

① 클렌징 크림 : 친유성(W/O), 이중세안 필요 지성·예민 피부에 부적합

② 클렌징 로션 : 친수성(O/W), 이중세안 필요 없음 건성·노화·민감성·모든 피부에 적합

③ 클렌징 오일 : 수용성 오일 건성·예민·노화·탈수 피부에 적합

④ 클렌징 젤 : 오일 함유×, 이중세안 필요 없음 예민·알레르기·여드름 피부에 적합

⑤ 클렌징 워터 : 화장수 + 계면활성제 + 에탄올, 포인트 메이크업 리무버로 사용

⑥ 클렌징 폼 : 계면활성제, 거품, 이중세안제로 적합, 피부 당김, 자극 최소화

⑦ 비누 : 조직 유연, 각질 및 노폐물 제거, 피부 건조 유발

⑧ 물 : 세정 효과

5. 습포

(1) 목적 : 피부 관리의 효율 상승

(2) 종류

① 온습포 : 잔여물·노폐물 제거, 모공 확대, 근육 이완, 혈액순환 촉진

　　※ 예민·모세혈관 확장, 화농성 여드름 피부에 부적합

② 냉습포 : 피부 관리 마지막 단계에 사용, 모공 수축, 진정 효과

6. 화장수

(1) 기능 및 목적

① 수분 공급

② pH 조절(약산성)

③ 피부 정돈(진정 효과)

④ 화장품 흡수 용이

⑤ 노폐물 제거

(2) 종류

① 유연 화장수 : 유·수분 보충, 건성·노화 피부에 적합

② 수렴 화장수 : 모공 수축, 피부 정리, 지성·중성·복합성 피부에 적합

③ 소염 화장수 : 살균 소독, 모공 수축, 청결, 지
　성 · 여드름 · 복합성 피부(T존)에 적합

7. 딥 클렌징

(1) 목적 및 효과
① 매끈한 피부 표현(영양 흡수 용이)
② 밝은 혈색, 재생, 노화 예방
③ 불필요한 각질 제거(면포 연화)
④ 모공 내 불순물, 피지 · 면포 배출 용이
⑤ 민감성 피부 유의(자극적)
⑥ 도포 방향 : 중앙 → 바깥, 아래 → 위
⑦ 시술 후 자외선 노출 금지
⑧ 흉터, 개방상처, 모세혈관 확장피부 사용 금지

(2) 종류
① 물리적 딥 클렌징
　㉠ 스크럽 : 알갱이, 마찰을 통한 각질 제거
　㉡ 고마쥐 : 각질 분해 효소 도포(근육질 방향
　　으로 제거)
　　※ 예민 · 염증성 · 모세혈관 확장피부에 부적합
② 생물학적 딥 클렌징 : 효소
　㉠ 효소 도포 후 스티머 or 온습포 사용
　㉡ 종류 : 브로말린(파인애플), 파파인(파파
　　야), 우유
③ 화학적 딥 클렌징
　㉠ AHA(천연과일산) : 사탕수수(글리콜릭
　　산), 포도(주석산), 사과(사과산), 발효유
　　(젖산), 감귤류(구연산)
　㉡ BHA(버드나무, 워터그린, 자작 나무 추
　　출) : 여드름 · 지성 피부에 효과적

8. 피부 유형별 화장품 도포

(1) 중성(정상)피부
① 유 · 수분 함유 화장품 사용

② 관리 목적 : 유 · 수분 균형, 현 상태 유지

(2) 건성 피부
① 각질층 수분 10% 이하, 주름 多, 작은 모공,
　피부결이 얇고 섬세, 긴장감(피부당김)
② 관리 목적 : 유 · 수분 공급(건조 · 잔주름 개선)

(3) 지성 피부
① 과다한 피지 분비, 트러블, 여드름, 뾰루지 잘
　발생, 모공이 크고 거침
② 관리 목적 : 모공 수축, 피지 분비 조절, 항
　염 · 정화 기능

(4) 복합성 피부
① 2가지 이상의 피부 타입
② 관리 목적 : 유 · 수분 균형 유지, 부위별 차별
　관리(T존 : 물리적 제품 사용, U존 : 보습 제
　품 사용)

(5) 민감성 피부
① 예민, 면역 조절 기능 저하
② 향 · 색소 · 방부제 소량 함유 화장품 사용
③ 관리 목적 : 피부 안정감, 자극 최소화, 진정,
　쿨링

(6) 여드름 피부
① 칙칙하고 두껍고 거친 피부, 피지 과다 분비
② 관리 목적 : 피지 분비 조절, 항균, 소독, 소
　염, 흉터 · 색소 관리

(7) 노화 피부
① 혈액순환 저하, 피하지방 결핍, 자극에 의한
　노화
② 자외선 차단제, 벨벳 마스크 사용
③ 관리 목적 : 유 · 수분 보충, 자극에 대한 보호

(8) 모세혈관 확장 피부
① 기온, 음주, 자외선 등에 의한 모세혈관 확장
　및 약화, 파열된 피부

② 림프 드레나쥐 마사지, 필링 억제, 무알콜 제품 사용
③ 관리 목적
　㉠ 피부 진정, 강화 : 아줄렌, 하마멜리스, 루틴, 알로에
　㉡ 혈관 약화, 출혈 방지 : 비타민 B, C, D 섭취

> **참고** **피부 유형별 유효 화장품 성분**
>
> ① 건성 : 콜라겐, 엘라스틴, 히아루론산, Sodium PCA, 소르비톨, 아미노산, 세라마이드
> ② 노화 : 비타민 E, 레티놀, SOD, 프로폴리스, 플라센타, AHA, 은행 추출물
> ③ 지성, 여드름 : 살리실산, 클레이, 유황, 캄퍼
> ④ 민감성 : 아줄렌, 위치하젤, 비타민 P,K, 판테놀, 클로로필
> ⑤ 미백 : 알부틴, 비타민 C, 닥나무추출물, 감초, 코직산

9. 매뉴얼 테크닉(Masso(문지르다) 그리스어에서 유래)

(1) 목적 및 효과
① 노폐물 및 각질 제거, 화장품 흡수 용이
② 피부 근육 이완, 통증 완화
③ 탄력성, 혈액순환, 신진대사촉진
④ 심리적 안정감, 긴장완화

(2) 종류
① 쓰다듬기(Effleurage) 경찰법 : 마사지 시작과 끝에 사용, 눈 주변 적용
　• 효과 : 신경 안정, 긴장완화
② 문지르기(Friction) 강찰법 : 주름 생기기 쉬운 부위에 사용
　• 효과 : 탄력 증진, 노폐물 제거
③ 반죽하기(Petrissage) 유찰법 : 손가락 이용해 근육 잡아 올리기
　• 효과 : 탄력 증진, 부기 해소
④ 두드리기(Tapotement) 고타법 : 손가락 이용한 두드림
　• 효과 : 신경자극, 탄력 증진
⑤ 떨기(Vibration) 진동법 : 자극적인 동작
　• 효과 : 근육 이완, 마비·경련에 효과
　※ 닥터 자켓(Dr Jacquet) 마사지 : 엄지, 검지로 꼬집듯 끌어올리는 동작
　• 효과 : 피지·노폐물 배출 용이, 지성·여드름 피부에 효과

(3) 매뉴얼 테크닉 시술 시 주의사항
① 방향 : 안 → 밖, 아래 → 위, 말초 → 심장 방향으로 피부 결을 따라 시술
② 압력 : 힘의 세기와 분배를 적절히 함
③ 속도 : 일정하게 유지
④ 시간 : 10~15분 이내
⑤ 밀착감, 연결성
⑥ 시술자 : 손톱을 짧게 하고 따뜻한 손 유지
⑦ 민감 부위, 가벼운 상처 부위 피하기

10. 팩과 마스크

(1) 정의
① 팩 : 굳지 않는 영양 공급 재료(공기 통과)
② 마스크 : 수분 증발 억제의 굳는 영양 공급 재료(공기 차단)

(2) 목적 및 효과
① 혈액 순환 촉진, 탄력성 강화
② 수분 증발 억제, 잔주름 완화
③ 모공 내 노폐물 제거, 유효 성분 침투(수분, 영양 보충)

④ 피부 기증 정상화, 색소 분열 조절

(3) 팩 종류 및 사용법

　① 제거 방법에 따라 분류

　　㉠ 필 오프 타입 : 건조 후 떼어서 제거, 젤라틴 팩

　　㉡ 워시 오프 타입 : 물로 씻어서 제거(건성 피부 적합), 크림 글레이, 거품 팩

　　㉢ 티슈 오프 타입 : 티슈로 닦아서 제거

　② 기능성 특수팩

　　㉠ 석고 마스크 : 발열 작용(영양 침투), 노화 · 건성 피부에 효과, 민감성 · 모세혈관 확장 · 화농성 여드름 피부에 부적합

　　㉡ 모델링 마스크(고무 팩) : 알긴산 원료(영양 공급), 모든 피부에 적합

　　㉢ 콜라겐 벨벳 마스크 : 콜라겐 건조한 종이 형태, 노화 방지, 미백, 탄력, 재생 관리 효과, 모든 피부 적합

　　㉣ 파라핀 마스크 : 발열 작용, 모공 확장, 노폐물 제거

　　㉤ 젤라틴 : 중탕으로 녹여 온도 테스트 후 도포, 모세혈관 확장피부 부적합

　　㉥ 천연팩 : 신선한 재료를 사용하여 직전 만들어 사용, 재료 특성과 적용 시간 고려

(4) 팩 사용법

　① 딥 클렌징 또는 마사지 후 사용

　② 손, 팩 브러시, 주걱을 이용해 도포 후 10~30분 정도 유지

　③ 턱 → 볼 → 코 → 이마 → 목 순서로 안 → 바깥으로 도포

　④ 눈, 입 주변 제외하고 도포(아이패드 사용)

　⑤ 팩 사용 전 알레르기 유무 확인

11. 제모

(1) 정의 : 1cm 정도 길이의 털을 제거하는 것

(2) 종류

　① 영구적 제모 : 전기분해법, 레이저 제모

　② 일시적 제모

　　㉠ 면도기 제모

　　㉡ 핀셋 제모 : 털이 자란 방향으로 제거

　　㉢ 화학적 제모 : 크림, 액체, 연고 형태의 화학 성분으로 털을 연화시켜 제거

(3) 왁스를 이용한 제모

　① 온 왁스

　　㉠ 하드 왁스 : 눈썹, 입술, 겨드랑이 부위 제모, 부직포 사용 ×

　　㉡ 소프트 왁스 : 등, 다리 부위 제모, 고체 형태 미리 데워 녹여서 사용, 털이 자라는 방향으로 도포, 반대 방향으로 제거, 부직포 사용

　② 냉 왁스 : 온 왁스에 비해 제모 효과가 낮음

(4) 제모 시 주의사항

　① 사마귀, 점 부위 금지

　② 정맥류, 혈관 이상, 당뇨병 있는 경우 금지

　③ 예민 부위, 상처, 피부 질환, 염증 있는 경우 금지

　④ 제모 후 24시간 내 목욕, 비누 세안, 메이크업, 자극 피하고 진정젤 도포

12. 전신 관리

(1) 정의 : 가슴, 배, 등, 팔, 다리 부위, 피부 관리를 통한 유연성, 진정, 스트레스 감소, 긴장 완화, 노화 방지, 독소 배출, 영양 흡수 용이

(2) 전신 마사지 종류

① 스웨디시 마사지 : 부드러운 마사지, 서양의 대표적 수기요법

② 림프 드레나쥐
  ㉠ 림프순환 촉진, 노폐물 배출 용이, 면역 강화 마사지 기법
  ㉡ 민감·여드름·모세혈관 확장·셀룰라이트·튼살 피부에 효과적
  ㉢ 1930년 덴마크 에밀보더 박사 창안
  ㉣ 동작
    • 원 동작 : 서 있는 원 그리기
    • 펌프 기법 : 손가락 밑으로 펌프질하며 퍼 올리기
    • 퍼 올리기 : 손목 관절 회전시켜 나선형으로 퍼 올리기
    • 회전 동작 : 손가락 또는 엄지로 나선형 밀어내기

③ 아로마 마사지 : 식물 추출 오일을 사용한 마사지, 여드름 피부에 효과, 정신·육체 치료에 효과(흡입, 목욕, 찜질, 습포, 매뉴얼 테크닉 등)

④ 경락 마사지 : 동양의학 결합 마사지 기법, 얼굴 축소, 독소 제거, 비만에 효과

⑤ 아유르베딕 마사지 : 인도 전통 마사지

⑥ 타이 마사지 : 태국 전통 마사지, 명상, 요가, 호흡 이용

⑦ 스톤 테라피 : 고대 아메리카인이나 일본 수도승들의 전통요법, 돌(현무암)을 이용한 열요법

12. 마무리

(1) **정의** : 얼굴 또는 전신관리가 끝난 후 피부를 정리하는 단계

(2) 목적 및 효과

① 피부 정돈
② 유·수분 공급
③ 자극 보호
④ 노화 방지

13. 계절별 피부 관리

(1) **봄** : 꽃가루, 황사, 자외선으로부터 보호

(2) **여름** : 강한 햇빛으로부터 보호

(3) **가을** : 기온 변화 크고 건조함으로부터 보호(피부 수분 함유량 10% 이하로 건조)

(4) **겨울** : 혈액순환과 신진대사 기능 저하로부터 보호

14. 시간대별 피부 관리

(1) **아침** : 각질 관리

(2) **점심** : 보습 및 유분 제거

(3) **저녁** : 노폐물 관리 및 클렌징

2과목 피부학

1. 피부

(1) **정의** : 신체 표면을 덮고 신체를 보호하는 조직, 체중의 16%, 총면적 1.6~1.8㎡ 차지

(2) **구조**

① 표피
  ㉠ 피부의 가장 상층부 위치, 신경과 혈관 없음, 피부 보호(자외선 차단)
  ㉡ 표피세포의 90~95% 각질세포 형성
  ㉢ 구조
    • 각질층 : 무핵세포, 케라틴으로 구성, 지질, 천연보습인자(NMF) 존재

※ 천연보습인자 : 아미노산 40%, 피블리
　돈파르본산 및 젖신염 12%, 요소 7%,
　나트륨 5%, 암모니아 및 칼슘 1.5%, 마
　그네슘 1%
· 투명층 : 손 · 발바닥에만 존재, 멜라이
　딘(반유동 물질) 함유
· 과립층 : 케토하이알린 과립, 수분 침투
　막음
· 유극층 : 랑게르한스세포(면역 담당)
· 기저층 : 모세혈관에서 영양 공급(새 세
　포 형성), 멜라닌세포, 메르켈세포(촉감
　감지세포), 각질형성세포 존재
② 진피
　㉠ 피부의 90% 차지
　㉡ 구조
　　· 유두층 : 교원섬유(콜라겐)로 구성(탄력
　　　및 신축 부여), 섬유아세포 존재
　　· 망상층 : 기질(겔 상태, 히아루론산, 황
　　　산콘드로이친, 프로데오글리칸으로 구
　　　성), 탄력섬유(엘라스틴 : 피부 이완 및
　　　주름 관여)로 구성, 대식 비만세포 존재,
　　　피부 부속기관(혈관, 신경관, 림프관, 땀
　　　샘, 기름샘, 모발, 입모근 등) 존재
③ 피하지방 : 체온 유지, 수분 조절, 탄력성 유
　지, 충격 흡수, 영양 저장

(3) **피부의 기능**
① 보호 : 물리적, 화학적, 태양광선, 세균
② 호흡 : 산소 흡수, 이산화탄소 배출
③ 흡수 : 이물질 흡수 막음(선택적 투과)
④ 저장 : 수분, 혈액, 영양분
⑤ 면역
⑥ 체온 조절 : 항상성 유지, 혈관 확장과 수축,
　땀 배출

⑦ 분비 및 배출 기능
⑧ 감각기능 분포 : 통각 〉 압각 〉 냉각 〉 온각 순
　으로 분포
⑨ 비타민 D 합성
⑩ 각화 : 각화주기 약 28일

(4) **피부의 pH(용액의 수소 이온 농도)** : 세균으로부
　터 피부 보호
　※ pH 5.5 약산성 : 가장 이상적 피부

2. 피부 부속기관

(1) **한선(땀샘)** : 체온조절, 노폐물 배출, 피부습도 및
　산성 보호막 유지
① 에크린선(소한선)
　㉠ 진피 위치
　㉡ 무색, 무취의 액체(땀)
　㉢ 입술 및 음부를 제외한 전신 분포
　㉣ 체온 조절
　㉤ 피지와 함께 산성 보호막
② 아포크린선(대한선)
　㉠ 단백질 함유(공기중 산패-냄새 부여)
　㉡ 사춘기 이후 발달,
　㉢ 모공과 연결, 점성, 우윳빛 액체
　㉣ 특정 부위(성기, 겨드랑이, 유두, 귀 주변)
　　에 존재
　㉤ 흑인, 남성보다 여성이 많이 분비

(2) **피지선(기름샘, 모낭샘)**
① 구성
　㉠ 모낭과 연결(피지선으로 배출)
　㉡ 망상층에 위치
　㉢ 손, 발바닥 제외한 전신 분포
　㉣ 윗입술, 구강 점막, 유두, 눈꺼풀(독립 피
　　지선 존재)

ⓜ 트리글리세라이드, 왁스에스테르, 스쿠알렌, 콜레스테롤로 구성

② 기능

　㉠ 촉촉함, 윤기 부여

　㉡ 체온 유지

　㉢ pH 약산성 유지(세균, 이물질 번식 억제)

　㉣ 지방 성분(땀, 기름 유화 작용)

(3) 모발

① 주성분 : 케라틴

② 기능 : 피부 보호, 체온 조절, 감각 전달, 자익, 노폐물 배출, 충격 완화

③ 구조

　㉠ 모간 : 보이는 부분

　㉡ 모근 : 피부 내부

　　• 모낭 : 피지선과 연결, 윤기 부여

　　• 모구 : 뿌리의 둥근 부위, 성장 관여

　　• 모유두 : 뿌리의 우묵한 곳, 혈관·신경 세포 분포(영양 관여)

　　• 모모세포 : 세포분열(새 모발 생성)

④ 모발 단면 구조

　㉠ 모표피 : 바깥층, 비늘모

　㉡ 모피질 : 모발의 85~90% 차지, 멜라닌 색소

　㉢ 모수질 : 중심부, 공기 함유, 태아 체모에는 없음

⑤ 모발 주기

　㉠ 성장기 : 생성, 성장

　㉡ 휴지기 : 성장 정지

　㉢ 퇴화기 : 모낭 수축 및 탈락

(4) 손톱, 발톱

① 구성 : 케라틴과 아미노산으로 구성, 교체시기 6개월, 매일 0.1mm씩 성장, 손끝 및 발끝 보호, 받침대 역할

② 구조

　㉠ 조근 : 뿌리

　㉡ 지유연 : 손톱 끝

　㉢ 조상 : 손톱 및 피부, 신경조직, 모세혈관 분포

　㉣ 조모 : 손톱 생산(세포분열)

　㉤ 반월 : 손톱 아래 반달 모양

3. 피부 장애

(1) 원발진 : 1차적 피부 장애

　• 종류 : 반점, 홍반, 구진, 농포, 팽진(두드러기), 소수포, 대수포, 결절, 종양, 낭종

(2) 속발진 : 2차적 피부 장애, 변화된 상태의 병변

　• 종류 : 인설, 찰상, 가피(딱지), 미란, 균열, 궤양, 반흔(흉터), 위축, 태선화

4. 피부와 영양

(1) 3대 영양소 : 탄수화물, 단백질, 지방

(2) 5대 영양소 : 탄수화물, 단백질, 지방, 무기질, 비타민

※ 열량 영양소 : 탄수화물, 단백질, 지방(에너지 공급)

※ 구성 영양소 : 단백질, 무기질, 물(신체 조직 구성)

※ 조절 영양소 : 비타민 무기질, 물(생리 기능과 대사 조절)

(3) 피부와 영양

① 탄수화물 : 피부 산도 향상, 결핍 시 피부염, 부종 유발

② 단백질 : pH 평형 유지, 효소와 호르몬 합성, 면역세포와 항체 형성

③ 지방 : 장기 보호, 피부 건강 유지 및 재생

④ 비타민 : 체내 대사, 생리 조절 작용, 음식으로 섭취

　㉠ 지용성 비타민 : 비타민 A(상피 보호), D(항구루병), E(항산화), K(용혈성)

ⓒ 수용성 비타민 : 비타민 B_1(상처 치유), B_2(피지 조절), B_5(저항력 증진), B_6(세포 재생), B_7(탈모, 습진 예방), B_8(건강한 모발 유지), B_9(세포 증식과 재생), B_{12}(세포 증식 및 재생), C(항산화), H(염증, 탈모 예방), P(모세혈관 강화)

⑤ 무기질 : 효소, 호르몬 구성 성분, pH 평형 조절

5. 피부 질환

(1) **온도 및 열에 의한 피부 질환** : 화상, 한진(땀띠), 동상

(2) **기계적 손상에 의한 피부 질환** : 굳은살, 티눈, 욕창

(3) **습진에 의한 피부 질환** : 접촉 피부염, 아토피, 지루, 신경 피부염, 화폐상습진, 건성 습진

(4) **감염성 피부 질환**

① 세균성 : 농가진, 절종(종기), 봉소염

② 바이러스성 : 수두, 대상포진, 사마귀, 감염성 연속 종, 홍역

③ 진균성 : 족부백선(무좀), 조갑백선, 두부백선

④ 칸디다증

⑤ 모발 질환 : 원형 탈모증, 남성형 탈모증

⑥ 저색소성 피부 질환 : 백색증, 백반증

⑦ 과색소 피부 질환 : 기미, 주근깨, 흑자, 오타모반, 몽고반, 악성흑색종

⑧ 안검주위 피부 질환 : 비립종, 한관종

6. 피부와 광선

(1) **태양광선** : 자외선(6.1%), 가시광선(51.8%), 적외선(42.1%)

① 자외선

ㄱ 자외선의 종류

• 단파장 : 200~290nm(UV-C), 살균, 소독, 각질층 도달

• 중파장 : 290~320nm(UV-B), 기저층, 진피 상부 도달, 각질층 형성

• 장파장 : 320~400nm(UV-A), 진피층 도달, 탄력 감소, 잔주름, 색소 침착, 썬탠

ㄴ 자외선의 영향

• 장점 : 비타민 D 생성(구루병 예방, 면역력 강화), 살균 소독, 강장, 혈액순환 촉진

• 단점 : 홍반, 색소 침착, 광노화, 광과민, 일광화상

※ 자외선 차단지수(SPF) : 자외선 차단 제품 사용 시 피부 보호 지수

② 적외선(열선)

ㄱ 근적외선 : 진피 침투, 자극

ㄴ 원적외선 : 표피 침투, 진정

ㄷ 효과

• 혈액순환 및 신진대사 촉진

• 근육 수축 및 이완

• 혈압 이완 및 감소

• 통증 완화 및 진정

• 혈관 촉진(홍반현상)

7. 면역

(1) **정의** : 외부 침입 물질에 대한 생체 방어 기능

(2) **종류**

① 자연 면역 : 피부, 산성 점액질, 백혈구, 림프절

② 획득 면역 : 예방 접종, 기억

8. 면역 반응

(1) **식세포 면역 반응** : 백혈구(식균 작용)

(2) **면역세포에 의한 면역**

① B림프구(체액성 면역) : 항원 인지 후 항체 분비(항체 - 면역글로블린)

② T림프구(세포성 면역) : 항원 인지하여 림포
카인(대식 세포) 분비 또는 직접 감염 세포를
죽이는 역할형성)

(3) 피부의 면역 작용
① 층 구조
② 산성막
③ 각질 박리
④ 랑게르한스세포
⑤ 피부 건조(미생물 생육 번식 및 억제)

9. 노화

(1) 종류
① 내인성 노화(자연적 노화)
㉠ 한선 수 감소
㉡ 안드로겐 감소(피지 분비 저하)
㉢ 멜라닌세포 감소(자외선 방어 기능 저하)
㉣ 랑게르한스세포 수 감소(피부 면역 기능
감소)
㉤ 각질형성세포 커짐
㉥ 표피 두께 얇아짐
② 광노화
㉠ 태양광선 등에 의한 노화
㉡ 피부 건조(마름모꼴의 주름 발생)
㉢ 모세혈관 확장
㉣ 색소 침착
㉤ 각질층 두꺼워지고 탄력성 소실
㉥ 주요인 : 자외선 B, 장기간–자외선 A도 영향

3과목　해부생리학

1. 세포

(1) 정의 : 인체를 구성하는 기능적, 구조적 최소 단위

(2) 구성
① 세포막 : 세포를 싸고 있는 단위막, 물질교환,
호르몬 작용, 정보 수집
② 핵 : DNA(세포분열, 정보 전달), RNA(단백질
합성), 대사 작용과 생식에 중요한 부분으로
핵막이 싸고 있음
③ 세포질 : 세포 성장, 번식, 복제에 필요한 영
양을 포함
㉠ 미토콘드리아(사립체) : 호흡 담당, 음식물
산화 ⇒ ATP(아데노신 삼인삼) 에너지 생성
㉡ 소포체 : 세포 내 망상구조, 단백질, 지질,
스테로이드 합성
㉢ 리보솜 : RNA와 단백질로 구성, 단백질
합성
㉣ 골지체 : 물질 분비 기능(세포 내 단백질,
지방 분배)
㉤ 리소좀(용해소체) : 세균 등의 이물질 소화
역할, 식세포 작용

(3) 작용 및 기능
① 세포분열 : 유사분열(체세포 분열), 무사분열
(단순 세포분열), 감수분열(생식세포 분열)
② 세포막을 통한 물질 이동
㉠ 확산 : 농도 높은 곳에서 낮은 곳으로 액체
나 기체가 퍼지는 현상
㉡ 삼투 : 선택적 투과, 농도 낮은 곳에서 높
은 곳으로 확산(물의 확산)
㉢ 여과 : 입력차에 의한 막 통과
㉣ 능동 수송 : 세포에서 일어나는 대부분의
물질 이동, ATP 형성

(4) 조직의 구조 및 작용
① 상피조직 : 세포분열, 보호, 방어, 분비, 흡수,
감각, 생식세포 생산
② 결합조직 : 형태 유지 및 결합, 재생, 지방 저
장, 몸 지탱

③ 근육조직 : 운동

④ 신경조직 : 뉴런(신경세포)으로 구성, 정보 전달

2. 골격 계통

(1) **기능** : 지지, 보호, 조형, 운동, 저장 기능

(2) **골의 특징**

① 체중의 약 20%, 골, 연골, 관절 및 인대의 총칭

② 약 206개의 골과 연골로 구성

③ 무기질(칼슘, 인) 45%, 유기질(콜라겐) 35%, 물 20%로 구성

(3) **골의 구성**

① 골막

㉠ 골외막 : 뼈 보호, 신경 · 혈관 회복, 재생 기능

㉡ 골내막 : 막, 뼈 형성, 조혈 관여

② 골조직 : 뼈의 실질 조직, 치밀골

③ 해면골 : 심층부의 뼈, 압력 지탱

④ 골수강 : 가장 안쪽 위치, 골수로 구성(적혈구, 백혈구 생산) ⇒ 적골수(조혈 작용), 황골수(지방 저장)

(4) **전신 뼈대 : 206개**

① 인체골격

㉠ 체간골격 80개 : 두개골, 이소골, 설골, 척추골, 흉골, 늑골

㉡ 체지골격 126개 : 상지대, 자유상지골, 하지대, 자유하지골

② 관절 : 뼈 연결 부위

㉠ 섬유관절 : 두개골, 움직임 ×

㉡ 연골관절 : 척추, 약간 움직임

㉢ 윤활관절 : 팔, 다리, 움직임 ○

③ 연골 : 완충 역할, 탄력성(골 사이의 충격 흡수)

3. 근육 계통

(1) **구성** : 약 650여 개, 체중의 40~45% 차지, 혈관 · 신경 · 근막 · 힘줄 등으로 구성, 액틴(근육 단백질)과 미오신(근육 수축 관여), 운동 담당

(2) **기능** : 운동, 체열, 자세 유지, 혈액순환 촉진, 소화관 운동(음식물 이동), 배뇨, 배변

(3) **분류**

① 골격근 : 골격에 부착, 횡문근, 수의근(의지의 지배)

② 내장근 : 내장기관 및 혈관벽 형성, 평활근, 불수의근(자율신경 지배)

③ 심근 : 심장벽 형성, 횡문근, 불수의근

(4) **근수축의 종류**

① 연축 : 단일 근육 자극, 일시적 수축

② 감축 : 반복된 자극, 연축이 합쳐진 지속적 큰 수축

③ 긴장 : 지속적 약한 자극, 약한 수축

④ 강직 : 활동 전압 발생 ×, 근육이 굳은 상태

(5) **전신 근육**

① 안면 근육

㉠ 전두근(이마힘살근)

㉡ 모상건막(두피)

㉢ 안륜근(눈둘레근)

㉣ 추미근(눈썹주름근)

㉤ 협근(볼근)

㉥ 구륜근(입둘레근)

㉦ 상순거근(윗입술올림근)

㉧ 초근(입꼬리당긴근)

㉨ 대관골근(큰광대근)

㉩ 소관골근(작은광대근)

㉪ 구각하체근

㉫ 하순하체근(아랫입술내림)

ⓟ 아근(턱끝근)

ⓗ 교근(깨물근)

② 목근육

　ㄱ 광경근(넓은목근)

　ㄴ 흉쇄유돌근(회전, 상하)

　ㄷ 설골근(음식 삼킴, 입 열 때)

③ 등근육

　ㄱ 천배근군(승모근, 광배근, 능형근, 견갑거근)

　ㄴ 심배근군(척추기립근, 두판상근, 상후거근, 하후거근)

④ 흉부근육

　ㄱ 호흡근(횡경막, 내극간근, 외늑간근, 늑하근)

　ㄴ 흉근(대흉근, 소흉근, 건거근, 쇄골하근)

⑤ 복부근

　ㄱ 전복부근(외복사근, 내복사근, 복횡근, 복직근)

　ㄴ 후복부근(요형 방근)

⑥ 상지근육

　ㄱ 어깨근육(삼각근, 견갑하근, 극상근, 극하근, 소원근, 대원근)

　ㄴ 상완근(상완이두근, 상완삼두근, 상완근, 상완요골근)

⑦ 하지근

　ㄱ 둔부근(대둔근, 중둔근, 소둔근, 장요근)

　ㄴ 전대퇴근(봉공근, 대퇴직근, 내측광근, 중측광근, 외측광근)

　ㄷ 후대퇴근(대퇴이두근, 반건양근, 반막양근)

　ㄹ 하퇴근(전경골근, 장비골근, 비복근, 넙치근)

4. 신경 계통

(1) 신경조직

① 신경세포(뉴런)와 신경교세포로 구성, 정보 수신 및 전달 기능

② 뉴런 : 신경조직의 최소 단위

　ㄱ 신경 세포체(핵 존재, 생명 근원, 정보 수용)

　ㄴ 수상돌기(신호 받는 부분, 정보 전달), 축삭돌기(말초에 정보 및 흥분 전달)

③ 신경교세포 : 뉴런 보호, 노폐물 처리, 칼륨 완충, 뇌혈관 장벽 형성

※ 시냅스 : 뉴런이 모여 있는 곳(뉴런 간 축삭돌기 말단과 수상돌기 사이의 연접 부위), 돌기 사이에 신호 전달

(2) 기능 : 감각 기능, 운동 기능, 조절 기능

(3) 구성

① 중추신경계 : 뇌, 척수(명령, 판단)

② 말초신경계 : 감각신경, 운동신경(외부 정보 중추신경계에 전달, 중추신경계로부터 명령 받아 각 부위에 전달)

(4) 중추 신경 : 12쌍의 뇌신경과 31쌍의 말초신경으로 구성

① 대뇌 : 80% 차지, 운동, 학습, 기억, 판단에 관여

② 간뇌 : 시상(감각 연결), 시상하부(체온 수분대사, 항상성 조절)

③ 중뇌 : 시각, 청각

④ 연수 : 호흡, 심장박동, 소화, 반사 중추(재채기, 침 분비, 구토)

⑤ 소뇌 : 흥분 전달, 자세, 수의근 조정

⑥ 척수 : 전각(운동 뉴런), 후각(감각 뉴런) 분포, 반사중추(배변, 배뇨, 땀분비, 무릎 반사) 회백질(신경세포 집단)

(5) 말초신경 : 중추신경계에서 받은 명령을 몸의 말단부에 전달

① 체성신경계 : 감각신경 + 운동신경, 대뇌의 지배(의지로 조절 가능)

② 자율신경계 : 교감신경 + 부교감신경, 생명 유지에 필요한 활동 조절(의지와 상관없이 조절)

5. 순환 계통

(1) **역할** : 혈액 · 림프액 제조, 노폐물 제거, 산소 및 이산화탄소 교환, 호르몬 · 항체 · 영양분 · 물 · 이온 이송

(2) **분류**
   ① 혈액순환계 : 심장, 혈관, 혈액
   ② 림프순환계 : 림프, 림프관, 림프절

(3) **심장** : 흉골 정중앙 좌측 2/3 위치, 250~300g 정도, 불수의근
   ① 우심방 : 정맥혈 받는 곳
   ② 우심실 : 혈액을 폐로 이동
   ③ 좌심방 : 동맥혈 모이는 곳(가스 교환)
   ④ 좌심실 : 혈액 전신 분포
   ⑤ 판막 : 혈액 역류 방지
   ⑥ 삼첨판 : 우심방에서 우심실로 혈액 이동 방지
   ⑦ 이첨판 : 좌심실에서 좌심방으로 혈액 역류 방지
   ⑧ 폐동맥판 : 폐동맥간에서 우심실로 혈액 이동 방지
   ⑨ 대동맥판 : 대동맥에서 좌심실로 혈액 이동 방지

(4) **혈액순환**
   ① 체순환(대순환) : 심장 → 전신 혈액순환, 산소와 영양분 공급, 이산화탄소와 노폐물 운반
   ② 폐순환(소순환) : 심장 → 폐, 폐 → 심장으로 순환, 폐는 이산화탄소 → 산소로 가스 교환

(5) **혈관**
   ① 동맥 : 3층 구조, 심장 → 전신으로 혈액 운반, 폐동맥과 대동맥

② 정맥 : 3층 구조, 신체 각 부분 → 심장으로 이산화탄소와 노폐물 운반, 판막 존재(혈액 역류 방지)
③ 모세혈관 : 단층, 조직 간 물질 교환(산소와 영양분 공급), 노폐물 교환(이산화탄소 배출)

(6) **혈액**
   ① 기능
      ㉠ 물질 운반 : 이산화탄소, 산소, 영양분, 노폐물, 호르몬 운반
      ㉡ 몸의 보호 : 면역 물질, 식균 작용, 항체 생성
      ㉢ 항상성 유지 : 수분 교환 및 유지, pH 조절, 체온 조절
      ㉣ 혈액 응고 기능 : 피브리노겐(혈액응고 물질)
   ② 구성
      ㉠ 적혈구
         • 골수에서 생성
         • 간, 비장에서 파괴
         • 무핵, 수명 120일
         • 붉은 색 혈색소
         • 혈액 $1mm^3$당 남자 500만 개, 여자 450만 개
      ㉡ 백혈구
         • 핵 있음
         • 식균 작용
         • 신체 방어
         • 혈액 $1mm^3$당 6,000~8,000개

참고 백혈구의 종류

① 과립 백혈구(산호성, 염기호성, 중성호기성 구성)
② 무과립 백혈구(단핵구, 림프구 구성)

      ㉢ 혈소판 : 무핵, 무색, 지혈, 혈액응고 관여
      ㉣ 혈장 : 알부민, 글로블린, 섬유소원 구성, 삼투압, 체온유지, 항체, 혈액 응고

(7) 림프계

① 기능 : 혈액 유출, 액체 되돌리기, 체액 순환, 신체 방어, 지방 운동 통로

② 흐름도 : 모세림프관 → 림프관 → 림프절 → 림프본관 → 집합관 → 쇄골하정맥

③ 종류

ㄱ 림프관 : 모세림프관, 림프관, 우 림프관, 흉관

ㄴ 림프절 : 여과 및 식균 작용, 림프구 생산, 항체 형성, 해로운 물질 여과

ㄷ 림프액 : 림프관의 액체, 백혈구 다량 함유, 항원 · 항체(면역 방응 관여), 체액 흡수

④ 림프순환 원인 피부 증상

ㄱ 쿠퍼로제 : 모세혈관 확장 피부

ㄴ 켈로이드 : 진피 내 섬유조직 과 성장으로 결절 형태로 튀어나오는 현상

ㄷ 알레르기 : 특정 항원에 대한 이상적 병적 반응

ㄹ 셀룰라이트 : 대사 과정에서 노폐물, 독소 등이 배설되지 못하고 남은 비만 현상

6. 소화기 계통

(1) 정의

① 소화 : 영양소를 흡수하기 위한 형태로 변화시키는 작용

② 흡수 : 분해산물을 혈액 내로 이동

③ 소화기계 : 섭취, 소화, 분해흡수 배설의 과정

(2) 종류

① 소화관 : 입 → 인두 → 식도 → 위 → 소장 → 대장 → 항문

② 소화부속기관 : 간, 췌장, 침샘

(3) 소화의 흡수

① 구강 : 저작(잘게 부수는 상태), 침샘 분비(아밀라아제 – 녹말을 엿당과 포도당으로 분해)

② 인두 : 연하 작용

③ 식도 : 연동 운동(밀어내기)

④ 위 : 위액 분비(단백질 소화, 살균 작용(강산성)), 점액 분비, 연동 운동

⑤ 소장 : 분해, 영양분 흡수, 지방 흡수, 분절, 진자, 연동 운동

⑥ 대장 : 연동 운동, 수분 · 전해질, 비타민 재흡수, 배변, 대장액(알칼리성 점액, 대장 벽 보호)

⑦ 간 : 인체에서 가장 큰 장기, 재생력 큼, 영양 물질 합성, 해독 작용, 담즙 분비, 혈액 응고

⑧ 담낭 : 담즙 농축 · 저장, 소장으로 담즙 배출, 지방 분해

⑨ 췌장(이장) : 호르몬 분비, 소화 효소(이자액) 분비

⑩ 내분비선 : 인슐린, 글루카곤 분비, 소화액 분비(소화, 영양 흡수 관여)

⑪ 외분비선 : 트립신(단백질 분해), 아밀라아제(탄수화물 분해), 리파아제(지방 분해)

※ 뇨의 형성과 배설 : 24시간 동안 180ℓ의 양을 사구체에서 여과 → 178.5ℓ를 세뇨관이 재흡수 → 세뇨관 분비(모세혈관 → 세뇨관으로 특정 물질 소량 분비)

※ 뇨의 순환 과정 : 신장(오줌 생성) → 요관(연동 운동) → 방광(일시 저장) → 요도(밀어내기)

4과목 피부미용기기학

1. 기본 용어와 개념

(1) **원자의 구조** : 원자 핵(양성자, 중성자), 전자(음성자)의 양이 같아 중성

① 양성자 : (+)전하

② 중성자 : 전하를 갖지 않음

③ 음성자 : (−)전하

(2) **전자** : 양극과 음극이 서로 끌어당기는 원리에 의해 원자 핵 따라 궤도 회전

(3) **이온** : 원자나 분자가 전자를 잃거나 얻어서 전하를 띤 입자

　① 양이온 : 전자를 잃어버려 양(+)전하, '이온'을 붙임

　② 음이온 : 전자를 얻어서 음(−)전하, '이온화'를 붙임

(4) **물질의 분류**

　① 구성에 따른 분류

　　㉠ 원소 : 한 종류의 원자(산소, 탄소, 수소 등)

　　㉡ 화합물 : 두 개 이상의 원소가 화학적으로 결합하여 이루어진 물질

　　㉢ 혼합물 : 두 가지 원소가 물리적으로 결합하여 생성되는 물질

　② 온도와 입력에 따른 분류

　　㉠ 고체 : 분자기 서로 들러붙어 있는 상태의 물질

　　㉡ 액체 : 온도에 의해 분자가 서로 붙지 못하고 떨어지는 상태의 물질

　　㉢ 기체 : 온도 상승으로 분자들 사이에 서로 당기는 힘을 박차고 튀어나오는 상태 물질

　　㉣ 플라즈마 : 기체에 열을 가하면 기체의 원자나 분자가 전자와 이온으로 분리되는 물질

2. 전기와 전류

(1) **전기**

　① 전자가 한 원자에서 다른 원자로 이동하는 현상

　② 정전기 : 정지해 있는 전기, 물질을 비비는 직접 마찰에 의해 발생

　③ 동전기 : 직류, 교류로 분리, 화학반응이나 자기장에 의해 발생되는 전기

(2) **전류**

　① 직류 : 변하지 않고 일정하게 한쪽으로 흐르는 전류 **예** 축전지, 건전지

　② 교류 : 시간의 흐름에 따라 주기적으로 변하는 전류 **예** 가정용 전원, 엘리베이터

(3) **직류와 교류**

직류	교류
•극성과 크기가 일정 •변압기에 의한 조절 불가능 •측정이 쉽고 열 작용	•극성과 크기가 변화 •변압기에 의한 조절 가능 •증폭이 쉽고 열 작용

3. 피부미용에 이용되는 전류

(1) **직류(DC)** : 갈바닉 전류(1mA의 미세 직류, 한 방향으로만 흐르는 극성을 가진 전류)

양극	음극
•산에 반응 •신경 안정 •혈액공급 감소 •조직 강화 •수렴, 진정 효과	•알칼리에 반응 •신경 자극 •혈액 공급 증가 •조직 연화 •세정, 자극 효과

(2) **교류(AC)**

　① 감응 전류

　　㉠ 시간의 흐름에 따라 극성과 크기가 비대칭적으로 변하는 전류

　　㉡ 얼굴, 바디의 탄력관리 및 체형관리에 사용

저주파 (1~1,000Hz 이하)	•근육, 신경 자극 •피부 탄력 •운동 효과 •지방 축적 방지
중주파 (1,000~ 10,000Hz 이하)	•피부 자극이 거의 없음 •운동 효과 •세포의 성장과 운동에 효과 •지방 분해, 부종 완화
고주파 (100,000Hz 이상)	•심부열 발생 •통증 완화 •살균 작용 •혈액순환, 신진대사 촉진

② 정현파 전류
  ㉠ 시간의 흐름에 따라 방향과 크기가 대칭적으로 변하는 전류
  ㉡ 피부 침투 및 자극은 크나 통증은 적다(신경과민 고객에게 적합).
  ※ 감응, 정현파 전류는 15분 이상 사용 금지
③ 격동 전류
  ㉠ 전류의 세기가 순간적으로 강했다 약했다 하는 전류
  ㉡ 통증관리, 마사지 효과의 목적으로 사용

4. 전기 용어

(1) 전류(Electric Current) : 전자의 이동(흐름)
(2) 암페어(Ampere) : 전류의 세기(단위 : A, 암페어)
(3) 전압(Volt) : 전류를 흐르게 하는 압력(단위 : V, 볼트)
(4) 저항(Ohm) : 전류의 흐름을 방해하는 성질(기호 : R, 단위 : Ω, 옴)
(5) 전력(Watt) : 일정 시간 동안 사용된 전류의 양(단위 : W, 와트)
(6) 주파수(Frequency) : 1초 동안 반복하는 진동의 횟수(사이클 수)(단위 : Hz, 헤르츠, hertz)
(7) 도체(전도체, Conductor) : 전류가 잘 흐르는 물질 (예) 금속류 : 구리, 철, 금, 은, 알루미늄
(8) 부도체(Non-Conductor) : 전류가 잘 통하지 않는 절연체 (예) 유리, 고무
(9) 반도체 : 도체와 부도제의 중간적 성질을 가진 물질
(10) 방전 : 전류가 흘러 전기 에너지가 소비되는 것
(11) 퓨즈(Fuse) : 전선에 전류가 과하게 흐르는 것을 방지
(12) 변화기(Converter) : 직류를 교류로 바꿈
(13) 정류기(Rectifier) : 교류를 직류로 바꿈
(14) 누전 : 전류가 전선 밖으로 새어나가는 현상

5. 피부미용기기의 종류 및 기능

(1) 안면 피부미용 기기

구분	종류	기능 및 효과	사용법	비고
피부진단기	확대경	5~10배 확대 : 문제점 관찰	• 아이패드(눈 보호) • 거리 확보	
	우드램프	자외선 램프 : 피부 상태 색깔로 표시	• 5~6cm 거리 • 아이패드(눈 보호) • 조명 어둡게	자외선 램프 사용 [별표1] 참조
	스킨스코프	정교한 분석	관리사와 고객이 동시에 분석	
	유분측정기	표피 유분 함유량 측정	• 세안 후 2~3시간 뒤 측정 • 무알코올 클렌징	특수플라스틱테이프에 묻혀 빛 통과
	수분측정기	표피 수분량 측정	• 운동 후 휴식 뒤 측정 • 직접조명 피함	유리탐침으로 피부에 누름
	pH측정기	피부 pH(산성도, 알칼리) 측정, 예민도	온도, 습도, 신체 상태를 고려해서 측정	유리탐침으로 피부에 누름

구분	종류	기능 및 효과	사용법	비고
클렌징, 딥 클렌징	전동브러시	모공 내 피지, 각질 제거	• 직각되게 사용 • 피부 타입별 속도와 강도 조절	질환, 상처, 예민, 수술부위 피하기
	스티머	• 증기 공급(베퍼라이저) • 증기 및 오존 공급(베퍼라이존) • 노폐물 배출, 혈액순환 및 신진대사 촉진	• 10분 전 예열 • 스팀 전 오존 켜기 • 스팀은 코를 향하지 않게 사용 • 물 10:식초 1 수용액으로 세척	감염, 모세혈관 확장, 상처, 일광 손상피부, 천식환자 사용 금지
	갈바닉기기 디스인크러스테이션	• 알카리 성분 : 피지, 각질, 노폐물 제거 • 음극 : 노폐물 배출 • 색소 침착 방지, 미백 효과 • 앰플, 젤 : 흡수 용이	관리사(음극), 고객(양극) 봉 쥐고 전극봉을 적시며 사용(건조하지 않아야 효과적)	• 클렌징제 여분 제거가 중요 • 수술, 알레르기, 임산부, 인체 내 금속장착자 등 부적합
	진공흡입기	• 각질, 노폐물 제거 • 혈액순환, 림프순환, 신진대사 • 탄력, 체지방, 셀룰라이트 감소	• 압력 체크(20% 이내) • 얼굴 결에 따라 림프 방향으로 5~10분	예민, 모세혈관 확장, 정맥류, 멍든 곳, 혈전증 부적합
스킨토닉	스프레이	• 수분 공급 • 살균, 감염 예방, 산성막 생성 촉진	• 수직으로 세워 가볍게 분무 • 아이패드 사용	피부질환, 화농, 상처, 정맥류 부적합
	루카스	토닉, 수분 공급	• 20~30cm 거리 유지 • 산성수 • 아이패드	유리관 – 자비소독 자외선소독기 보관
영양침투	적외선램프	온열 작용 : 영양 침투 용이, 혈액순환, 신진대사 촉진, 통증 완화	피부 상태에 따라 온도 및 조사 시간 조절	
	갈바닉기기 이온토포레시스	• 음극, 양극 이용 영양 침투 • 혈액순환, 림프순환 촉진	• 전극봉 : 젖은 스펀지, 패드로 감쌈 • 약산성 제품 : 양극 • 알카리성 제품 – 음극 • 시술 시 전극봉이 떨어지지 않게, 전류 세기와 시간 체크	• 오일 타입 효과 없음 • 수술, 알레르기, 임산부, 인체 내 금속장착자 등 부적합
	고주파기	• 열 발생 : 세포재생, 피지선 활동 증가, 진정, 영양 공급 • 스파킹 효과 : 살균, 소독, 모공 수축 • 여드름 압출 후 진물 건조 효과	• 테슬러 전류 사용(100,000Hz 이상) • 무알코올 토너 • 피부와 유리봉 0.2~0.3mm 거리 유지 • 피부 표면에서 스위치 작동	• 유리 봉색 – (수은)푸른자색 : 살균, 소독 – (네온)오렌지 및 붉은색 : 얼굴관리 – (알곤)자색 : 혈압환자, 임산부, 금속류부착자 등 부적합
	리프팅기	• 피부 근육 운동으로 탄력 강화, 주름 개선 • 온열 효과	• 장갑형 리프팅기 : 눈가, 코, 입가, 목, 처진가슴과 힙에 탄력 부여 • 전극봉 리프팅기 : 4000Hz 중주파, 500Hz 이하 저주파 • 초음파 리프팅기 : 중심·바깥으로 원 그리며 5~15분간	임산부, 피부질환자, 체내 인공기기 장치자 등 부적합

구분	종류	기능 및 효과	사용법	비고
영양침투	초음파	• 프로브 – 발포 작용 : 노폐물 – 살균, 소독, 리프팅 – 탄력 셀룰라이트 분해 • 전극형 헤드 – 온열 : 혈액순환, 림프순환 – 세포 이완 및 재생 – 부종 감소, 얼굴 축소 – 콜라겐 엘라스틴 합성	• 프로브 : 세워서 근육 방향 아래 · 위, 안쪽 · 바깥쪽 10분 정도 적용 • 전극형 헤드 : 겔 도포 후 수직 밀착 15분 이하 적용 • 뼈, 관절 피하기	
	파라핀 왁스		• 아이패드 • 온도 확인 후 3~5층으로 15분 유지	순환계질환, 발진, 화상, 사마귀 있는 자 부적합

[별표1] 우드램프를 통한 피부진단

피부 상태	우드램프 반응 색상
정상	청백색
건성	연보라
민감, 모세혈관 확장	진보라
지성(피지, 여드름)	주황
노화	암적색
색소침착	갈색, 암갈색
각질	흰색
비립종	노랑
먼지, 이물질	흰 형광색

(2) 전신 피부미용기기

종류	기능 및 효과	사용법	비고
진공흡입기	• 혈액순환, 림프순환 촉진 • 부종 완화 • 노폐물, 지방, 셀룰라이트 분해	• 컵의 10~20% 흡입 • 등 · 다리(뒤, 앞) – 얼굴 · 데콜테, 팔, 복부 순	모세혈관 확장, 정맥류, 찰과상 있는 자 무적합
엔더몰로지기	• 물리적 자극 · 혈액, 림프순환 촉진 • 셀룰라이트 감소, 면역, 탄력 증진	말초 · 심장 방향으로 전신 40~50분 정도	뼈 부위, 정맥류, 모세혈관 확장 피부 부적합
바이브레이터기	• 진동 · 근육 이완, 근육통 해소 • 지방 분해, 혈액순환, 신진대사 촉진	멍들지 않고 신체 굴곡에 맞게 적용	뼈 부위, 타박상, 찰과상, 임산부, 민감 피부 등 부적합
프레셔테라피	• 체액 제거 • 정맥과 림프순환 촉진	패드 파손 예방	염증, 임산부, 심장병, 악성 종양 있는 자 부적합
저주파기	• 지방, 셀룰라이트 분해 • 림프배농, 혈액순환, 탄력 증진	• 1~1000Hz 이하 저주파 • 적신 스펀지에 금속판 부착 · 근육 위치 적용	관리 전후 30분 금식
중주파기	• 통증 및 부종 관리 • 혈액순환, 신진대사 촉진, 지방 분해, 슬리밍관리	1000~10,000Hz 전류	4000Hz : 피부 깊숙이 치료, 심부관리
고주파기	• 열 효과 : 혈광 확장, 신진대사, 세포 기능 증진. 비만, 셀룰라이트 관리	• 100,000Hz 이상의 교류 20~30분 정도 관리 • 주파수, 시간, 강도 조절	주파수와 피부 저항은 반비례 특성

(3) 광선 관리기기

구분	종류	기능및효과	사용법	비고
적외선기	적외선램프	온열작용 : 노폐물 및 독소 배출, 영양 침투, 혈액순환, 근육 이완, 긴장 완화	피부 상태에 따라 온도 조절	
	원적외선사우나	땀 배출·운동 효과, 비만 관리, 노폐물 배출		
	원적외선마사지기	재생, 세정		
자외선기	선탠기	• 인공 색소 침착 • 탄력소, 콜라겐파괴		장점:에조필락시효과,비타민 D,강장,항생효과
	자외선소독기	소독 및 보관		단점:피부노화,피부암,일광알레르기,홍반,색소침착,발진
컬러테라피기기	컬러테라피	• 자연 면역력, 치유력 증가 • 피부 및 체형 개선 • 감염에 대해 안전	• 수직으로 빛 조사 • 주위 어둡게 • 부위, 증상에 따라 빛의 강도 변화	광알레르기, 성형수술후, 피부질환 고열, 신장 및 심장질 환자 부적합

[별표2] 색상별 효과

색상	효과
빨강	혈액순환, 재생, 근육 이완, (셀룰라이트 개선)
주황	신경긴장 이완, 내분비선 기능 조절, 세포 재생, (튼살, 건성, 민감성 피부 관리)
노랑	정화, 신경자극, 소화기 강화, (슬리밍, 튼살, 수술 후 관리)
녹색	신경안정, 지방 분비 기능 조절, 평형 유지(여드름, 비만, 스트레스성 관리)
파랑	항염증, 진정, 부종 완화(지성, 여드름, 모세혈관 확장 피부 관리)

5과목 화장품학

1, 화장품

(1) 정의 : 청결, 미화, 건강, 용모 변화의 목적으로 피부와 모발에 바르거나 뿌리는 제품

(2) 종류

① 일반 화장품 : 주성분 표시 기재 불가

② 기능성 화장품

ㄱ 주성분 표시 기재 의무

ㄴ 주름 개선(섬유아세포 증가 유도), 미백, 자외선 차단의 목적

③ 의약부외품 : 약간의 약리학적 효능, 효과(탈모제, 염모제 등)

④ 의약품 : 치료를 위한 목적(연고, 항생제 등)

(3) 화장품 4대 요건

① 안전성

② 안정성

③ 사용성

④ 유용성

(4) 유의점

① 첩포 테스트 후 사용

② 제조일, 특징, 사용법 확인

③ 직사광선, 습도, 온도 높은 곳을 피해서 보관

④ 뚜껑 덮고 보관, 덜어서 사용

(5) 화장품 기본 원료

① 수용성 원료
- ㉠ 물 : 정제수, 증류수, 탈이온수 등
- ㉡ 에탄올
  - 친수성 + 친유성
  - 청량감, 수렴, 살균, 소독 효과, 휘발성

② 유성 원료
- ㉠ 고체(왁스)
  - 식물성 왁스 : 열대식물의 잎, 열매에서 추출
  - 동물성 왁스 : 벌집, 양모에서 추출
- ㉡ 액체(오일)
  - 식물성 오일 : 식물의 꽃, 잎, 열매, 껍질, 뿌리에서 추출, 피부 자극 적음
  - 동물성 오일 : 동물이 피하조직, 장기에서 추출, 피부 친화성(흡수 빠름)

③ 합성 유성 원료
- ㉠ 광물성 오일
- ㉡ 고급 지방산
- ㉢ 고급 알코올
- ㉣ 에스테르

2. 계면 활성제

(1) 정의

① 친수성기(둥근 머리 모양)와 친유성기(막대 모양)를 함께 갖는 물질

② 표면 활성화, 가용화, 유화 분산 작용

※ HLB : 친유기와 친수기의 상대적 강도

※ 미셀 : 계면활성제 농도 증가로 형성되는 분자, 이온 결합체

(2) 분류

분류	특징	종류
양이온 계면활성제	살균력 우수, 자극 강함, 정전기 발생 억제	헤어 제품
음이온 계면활성제	세정력 우수, 탈지력 강함, 기포 형성	비누 제품, 샴푸, 치약 등
양쪽이온성 계면활성제	음이온 +양이온, 자극 및 독성 낮음, 유연 효과	베이비, 저자극 제품
비이온성 계면활성제	자극 최소(화장품에 이용), 안전성, 유화력 우수	

(3) 자극도 : 양이온성 〉 음이온성 〉 양쪽이온성 〉 비이온성

3. 보습제

(1) 정의 : 피부를 촉촉하게 만드는 물질

(2) 종류

① 폴리올 : 글리세린(가장 널리 이용), 폴리에틸렌글리콜, 부틸렌글리콜, 소르비톨

② 천연보습인자 : 아미노산, 요소, 젖산염, 피롤리돈카르복산염

③ 고분자 보습제 : 히알루론산, 코드로이친황산염, 가수분해콜라겐

4. 방부제

(1) 정의 : 미생물에 의한 변질 및 세균 성장 억제, 방지를 위해 첨가하는 물질

(2) 종류

① 파라옥시향산에스테르(파라벤류)

② 이미디아이미디아졸리디닐 우레아

③ 페녹시 에탄올

④ 아소치아졸리논

(3) 조건

① 미생물에 효과적일 것

② 화장품 성분에 잘 용해될 것

③ 피부 자극 없고 안전성 높아야 됨

5. 색채류(착색류)

(1) 종류

① 염료
  ㉠ 색상 부여(용제에 녹는 색소)
  ㉡ 메이크업 화장품 재료로 사용하지 않음
② 안료 : 물과 오일에 녹지 않는 색소, 메이크업 화장품에 많이 이용
  ㉠ 무기 안료
    • 빛, 산, 알칼리에 강함
    • 커버력, 내광성, 내열성 우수
  ㉡ 유기 안료
    • 빛, 산, 알칼리에 약함
    • 타르색소(색상선명) 립스틱, 색조에 이용
  ㉢ 레이크 : 불용성 색소
③ 펄 안료 : 펄이 들어 있어 광화학적 효과, 금속 광택
④ 천연 색소 : 동 · 식물에서 추출, 안전성 높음, 착색력 · 광택성 · 지속성 약함, 대량생산 ×

6. 향료

(1) 종류

① 천연 향료
  ㉠ 동물성 향료 : 독성 및 자극 없음, 비싼 가격
  ㉡ 식물성 향료 : 독성 및 자극 있음, 저렴한 가격
② 합성 향료
③ 조합 향료

7. 산화 방지제(항산화제)

(1) 기능 : 화장품 성분 산화 방지 및 방부제 역할

(2) 종류 : 부틸히드록시톨루엔(BHT), 부틸히드록시아니솔(BHA), 몰식자산, 비타민 E(토코페롤)

8. pH 조절제(화장품 법규상 사용 가능 pH는 3~9)

(1) 시트러스 계열 : 산성화

(2) 암모늄 카보나이트 : 알칼리화

9. 피부 타입별 화장품 유효 성분

(1) 건성용

① 콜라겐, 엘라스틴, Sodium PCA, 소르비톨, 히알루론산염, 아미노산, 세라마이드
② 해초, 레시틴, 알로에

(2) 노화용

① 비타민 E(토코페롤), 레티놀, 레티닐 팔미테이트, SOD, 프로폴리스, 알란토인
② AHA(5가지 과일산 : 젖산, 사과산, 주석산, 구연산, 글리콜릭산), 인삼, 은행 추출물

(3) 민감성용 : 아줄렌, 위치하젤, 비타민P, K, 판테놀, 리보플라빈, 클로로필

(4) 지성, 여드름용 : 실리실산, 클레이, 유황, 캄퍼

(5) 미백용

① 알부틴(티로시나아제 작용 억제 : 기미 개선), 하이드로퀴논, 비타민 C
② 닥나무 추출물, 감초, 코직산

10. 화장품 기술

(1) 가용화

① 물과 오일이 계면활성제에 의해 투명하게 용해된 상태
② 화장수, 향수, 에센스, 포마드, 네일 에나멜 등

(2) 분산

　① 물과 오일이 계면활성제에 의해 균일하게 혼합된 상태

　② 립스틱, 아이섀도, 마스카라, 아이라이너, 파운데이션 등

(3) 유화

　① 물과 오일이 계면활성제에 의해 우윳빛으로 불투명하게 섞인 상태

　② 유화 형태

종류	특징	적용 제품
W/O (유중수형)	• 오일 〉 물 • 유분감, 사용감 큼, 지속성 높음	크림류
O/W (수중유형)	• 물〉오일 • 피부 흡수 빠름, 가볍고 산뜻, 지속성 낮음	로션류

　③ 유화 구별 방법

　　㉠ 전기전도도

　　㉡ 희석법

　　㉢ 염색법

11. 화장품 종류와 기능

(1) 기초 화장품

　① 목적 : 피부 청결, 정돈, 보호, 영양

　② 종류

　　㉠ 세안용 : 계면활성제, 유성형 세안제

　　㉡ 조절용 : 클렌징품, 각질제거제, 화장수 등

　　㉢ 보호용 : 로션, 크림류, 에센스, 팩, 마스크 등

(2) 메이크업 화장품

　① 목적 : 색채 부여(미적 표현), 피부색 정돈, 장점 강조 , 결점 보완, 만족감, 자신감, 자외선으로의 보호

　② 종류

　　㉠ 베이스 메이크업 : 메이크업 베이스, 파운데이션, 파우더

　　㉡ 포인트 메이크업 : 아이브로, 아이섀도, 아이라이너, 마스카라, 립스틱, 블러셔

(3) 모발 화장품 : 두피, 모발의 세정 및 보호, 영양 공급

(4) 전신관리 화장품 : 얼굴을 제외한 전신의 세정, 신체 보호, 보습, 체취 억제(데오드란트)

(5) 네일 화장품 : 손톱에 수분, 영양, 광택, 색채 부여

(6) 향수

　① 향수의 조건 : 향의 특징, 확산성, 지속성 있고 향기 조화 적절

　② 발산 속도에 따른 단계 구분

탑 노트	첫 느낌, 휘발성 강한 향료
미들 노트	알코올 휘발 뒤 나는 향, 중간 향
베이스 노트	마지막 까지 남은 향, 휘발성 낮은 향료

　③ 향수 농도에 따른 분류 : 퍼퓸 〉 오드 퍼퓸 〉 오드 뚜왈렛 〉 오드 코롱 〉 샤워 코롱

(7) 아로마테라피

　① 정의 : 향기(아로마) +치료(테라피)의 합성어

　② 오일 추출법 : 증류법, 용매추출법, 압착법, 침윤법, 이산화탄소 추출법

　③ 에센셜 오일

　　㉠ 에센셜 오일의 기능

　　　• 소염, 염증 완화

　　　• 순환기 정상화

　　　• 혈액 순환 촉진

　　　• 소화 촉진

　　　• 면역력 강화

　　　• 항균, 항 박테리아

　　　• 정신 안정, 항 스트레스

　　　• 근육 긴장, 이완

　　㉡ 오일 추출법

　　　• 증류법

- 압착법
- 용매 추출법
- 침윤법
- 이산화탄소 추출법

ⓒ 주의 사항
- 서늘하고 어두운 곳에 보관
- 감광성(감귤류 계열 – 색소 침착) 주의
- 뚜껑 있는 갈색병에 보관
- 개봉 후 1년 이내 사용
- 원액 사용 금지(블랜딩 사용)
- 사용 전 첩포 테스트 실시
- 임산부, 고혈압, 간질 환자 사용 주의

④ 캐리어 오일(호호바오일, 아몬드오일, 아보카도오일, 포도씨오일, 올리브오일 등)

ⓐ 식물성 오일로서 베이스 오일로 정유의 피부 침투를 위해 사용

ⓑ 사용 목적에 적합한 오일 선택

12. 기능성 화장품

(1) **정의** : 미백, 주름 개선, 자외선 차단의 목적으로 사용

(2) **기능별 종류**

기능	성분
미백	• 티로시나제 작용 억제 물질 : 알부틴, 코직산, 감초, 닥나무 추출물 • 도파산화 억제제 : 비타민 C • 멜라닌 색소 제거 : AHA • 멜라닌 세포 사멸 : 하이드로퀴논
주름 개선	• 레티놀, 레티닐 팔미네이트, 아데노신, 항산화제(비타민 E, 슈퍼옥사이드디스뮤타제) • 베타카로틴(비타민 A 전구 물질)
자외선 차단	• 자외선 산란제 : 불투명, 산란 효과 우수, 물리적 산란 작용(이산화티탄, 산화아연, 탈크) • 자외선 흡수제 : 투명, 화학적 흡수 작용(벤조페논 유도체, 파라아미노안식향산 유도체, 살리실산 유도체)

6과목　공중보건학

1. 건강과 질병

(1) **건강의 정의** : 육체적, 정신적, 사회적 안녕이 완전한 상태(1948, 세계보건기구)

(2) **질병의 발생과 예방**

① 질병의 발생 요인
  ㉠ 숙주(인간)
  ㉡ 병인(병원체)
  ㉢ 환경

② 질병 발생 인자별 영향 요인
  ㉠ 숙주 : 연령, 성별, 저항력, 영양 상태, 유전적 요인, 생활습관
  ㉡ 병인 : 병원체의 독성, 병원체의 수
  ㉢ 환경 : 물리적, 생물학적, 사회적, 경제적 요인

③ 질병 예방 수준
  ㉠ 1차 예방 : 질병 발생 전 단계
    • 예방법 : 환경개선, 건강관리, 예방접종 등
  ㉡ 2차 예방 : 질병 감염 단계
    • 예방법 : 조기검진, 건강검진, 악화 방지 및 치료 등
  ㉢ 3차 예방 : 불구 예방 단계
    • 예방법 : 재활, 사회복귀 등

2. 공중보건의 개념

(1) **정의** : 조직된 지역사회의 노력을 통하여 질병을 예방하고 수명을 연장하며, 건강과 효율을 증진시키는 기술이며 과학(Winslow)

① 공중보건의 대상 : 지역주민 단위의 다수

② 공중보건의 목적 : 질병 예방, 수명연장, 신체적 · 정신적 건강 및 효율의 증진
③ 공중보건의 접근 방법 : 조직된 지역 사회의 노력

(2) 공중보건의 발전 과정

① 고대기
㉠ 이집트 : 약물 처방, 변소시설 등의 유적
㉡ 그리스 : 히포크라테스의 장기 설
㉢ 로마시대 : 상수도, 정기인구조사, 공중목욕탕, Aedele(수도, 도로, 목욕탕 관리공무원)
② 중세기(500~1500년)
㉠ 기독교 사상 : 육체 경시, 금욕(목욕 기피, 더러운 의복)
㉡ 콜레라(회교), 나병(십자군 전쟁), 페스트 유행 : 전염병 유행
㉢ 검역법 통과, 검역소 설치(1383년)
③ 여명기(1500~1850년)
㉠ 산업혁명(Ramazzini '직업인의 병' 저술)
㉡ 스웨덴 : 세계 최초 국세조사(1749년) (우리나라 1925년 이후 5년마다 실시)
㉢ 우두종두법 : 천연두 근절-예방접종의 대중화 가능(1798년)
④ 확립기(1850~1900년)
㉠ Koch : 결핵균 발견(1882년), 콜레라균 발견(1883년)
㉡ Pasteur : 닭콜레라 백신(1880년), 돼지단독 백신(1883년), 광견병 백신(1884년) 발견
⑤ 발전기(20세기 이후) : 사회보장, 의료보장 등의 확립

3. 인구

(1) 정의 : 어느 특정 시간에 일정한 지역에 거주하고 있는 사람의 집단

(2) 인구론

① 말더스주의(Malthus)
㉠ 인구 – 기하급수적, 식량 – 산술급수적 증가 → 인구 억제 필요
㉡ 규제 방법 : 도덕적 억제 – 문제점 발생
② 신말더스주의(neo-Malthus)
㉠ 이론은 같으나 규제 방법에서 문제가 발생하여 새로운 규제 방법 제시
㉡ 새로운 규제 방법 : 피임

(3) 인구의 구성

① 성별 구성 : 1차 성비(태아 성비), 2차 성비(출생 성비), 3차 성비(현재 인구 성비)
② 연령별 구성 : 영아인구(1세 미만), 소년인구(1~14세), 생산연령인구(15~64세), 노년인구(65세 이후)
③ 인구 피라미드
㉠ 피라미드형 : 인구증가형, 출생률 높고 사망률 낮은 형
㉡ 종형 : 인구정지형, 출생률과 사망률이 낮은 이상적인 인구형
㉢ 항아리형 : 인구감소형, 출생률과 사망률이 낮은 선진국형
㉣ 별형 : 유입형, 도시의 인구형
㉤ 기타형 : 유출형, 농촌의 인구형

(4) 인구조사

① 인구정태 : 일정 시점의 인구 상태 조사(성별, 연령별, 국적별, 학력별, 직업별, 산업별 조사)
② 인구동태 : 일정 기간의 인구 변동 사항(출생, 사망, 전입, 전출 등의 조사)

(5) 인구 증가 시 발생되는 문제점
    ① 경제발전 저해
    ② 자원부족
    ③ 환경오염 증가
    ④ 기아 발생
    ⑤ 공중보건의 공급 부족
    ※ 인구문제(3P) : 인구, 환경, 빈곤

4. 보건지표

(1) **정의** : 인구 집단의 건강 상태뿐 아니라 관련된 보건 정책, 의료 제도, 의료 자원 등의 수량적 개념

(2) **건강지표**
    ① 비례사망지수
    ② 평균수명
    ③ 조사망률
    ※ 세계보건기구에서 한 나라의 건강 수준 표시 및 다른 국가들과 비교 지표로 제시하는 것
      • 비례사망지수
      • 평균수명
      • 영아 사망률(대표적)

5. 역학

(1) **정의** : 인간사회집단의 질병 발생, 분포 및 경향과 양상 조사, 원인 탐구

(2) **목적** : 질병 발생의 원인을 제거함으로써 질병 예방

(3) **역할**
    ① 원인 규명
    ② 질병 발생 및 유행의 감시
    ③ 질병 자연사 연구
    ④ 보건의료 서비스 연구
    ⑤ 임상 분야에 대한 역할

(4) 질병 발생 다인설
    ① 삼각형 모형설
      ㉠ 병인, 숙주, 환경 – 3가지 요인
      ㉡ 전염성 질환 설명
    ② 원인망 모형설(거미줄 모형설)
      ㉠ 질병 발생과 관계되는 모든 요소 서로 연결
      ㉡ 비전염성 질환 설명
    ③ 바퀴모형설 : 유전적 요인과 환경과의 상호 작용으로 발생

6. 감염병

(1) **감염병 생산 과정**
    • 병인 : ① 병원체
          ② 병원소
    • 환경 : ③ 병원체 탈출
          ④ 전파
          ⑤ 새로운 숙주에 침입
    • 숙주 : ⑥ 숙주의 감수성

(2) **병원체의 종류**
    ① 세균 유발 질병 : 콜레라, 장티푸스, 파라티푸스, 디프레리아, 결핵, 나병, 백일해, 페스트, 성홍열, 수막구균성 수막염, 폐렴, 파상열, 파상풍, 매독, 임질
    ② 바이러스 유발 질병 : 홍역, 폴리오, 유행성 이하선염, 일본뇌염, 광견병, 전염성 간염, 두창, AIDS
    ③ 기생충 유발 질병 : 말라리아, 사상충, 아메바성이질, 회충, 간 · 폐디스토마, 유구간충, 무구조충
    ④ 진균 유발 질병 : 백선(무좀), 칸다다증
    ⑤ 리케치아 유발 질병 : 발진티푸스, 발진열, 쯔쯔가무시병(양충병), 록키산 홍반열
    ⑥ 클라미디아 유발 질병 : 트라코마, 앵무새병

(3) 병원소의 종류

① 인간 병원소

㉠ 현성감염자 : 임상증상이 있는 사람(즉, 환자)

㉡ 불현성감염자 : 감염됐으나 증상 미약해 환자임을 모르는 상태 – 감염병 관리상 중요한 관리대상

㉢ 보균자 : 자각적, 타각적 증상 없지만 병원체 보유자, 중요한 감염병 관리대상

② 동물 병원소 : 인수 공통 감염병

㉠ 소 : 결핵, 탄저, 파상열, 살모넬라증, 보툴리즘

㉡ 돼지 : 일본뇌염, 탄저, 렙토스피라증, 살모넬라증

㉢ 양 : Q fever, 탄저, 보툴리즘

㉣ 개 : 광견병, 톡소프라스마증

㉤ 말 : 탄저, 유행성 뇌염, 살모넬라증

㉥ 쥐 : 페스트, 발진열, 살모넬라증, 렙토스피라증, 쯔쯔가무시병, 유행성출혈열

㉦ 고양이 : 살모넬라증, 독소프라즈마증

③ 토양 : 파상풍

(4) 병원소로 병원체 탈출

① 호흡기계통 탈출

② 소화기계통 탈출

③ 비뇨생식기계통 탈출

④ 개방병소 탈출

⑤ 기계적 탈출

(5) 전파

① 직접전파 : 직접 접촉 전염, 비말(콧물, 침, 가래) 감염

② 간접전파

㉠ 개달물(수건, 의복, 서적 등)에 의한 전파 : 안질, 트라코마

㉡ 식품에 의한 전파 : 이질, 장티푸스, 파라티푸스, 유행성 간염, 폴리오, 콜레라 등

㉢ 절지동물(모기, 파리, 벼룩, 진드기 등)에 의한 전파

• 모기가 옮기는 질병 : 말라리아, 사상충증, 일본뇌염, 황열, 뎅기열

• 이가 옮기는 질병 : 발진티푸스, 재귀열, 참호열

• 파리가 옮기는 질병 : 참호열, 아프리카수면병

• 벼룩이 옮기는 질병 : 발진열, 흑사병(페스트),

• 진드기가 옮기는 질병 : 쯔쯔가무시병, 록키산홍반열, 야토병

③ 공기전파 : Q열, 브루셀라병, 앵무새병, 히스토라즈마병, 결핵

(6) 새로운 숙주로의 침입 : 탈출 경로와 같음

(7) 숙주의 감수성

① 감수성 : 숙주에 침입한 병원체에 대해 감염이나 발병을 막을 수 없는 상태

② 면역

㉠ 선천적 면역 : 개인 차이에 의해 면역이 형성되는 것

㉡ 후천적 면역

• 능동 면역

– 자연 능동면역 : 질병이환 후 형성되는 면역

– 인공 능동면역 : 인위적으로 항원을 체내에 투입하여 항체를 생성되도록 하는 방법, 예방접종으로 얻는 면역

• 수동 면역

– 자연 수동면역 : 모체로부터 태반이나 수유를 통해서 얻는 면역

- 인공 수동면역 : r-Globuline,
- 인공 수동면역 : γ - Globuline, anti-toxin 등 인공제재 투입하여 질병 방어

※ 수인성 감염병의 역학적 특성
- 환자의 발생이 폭발적(2~3일 이내 급증)
- 급수지역 내 환자 발생, 급수원이 오염원
- 성별, 연령, 직업의 차이에 따라 이환율의 차이가 없음

- 이환율과 치명률이 낮고 2차 감염자가 적음
- 계절과 관계없이 발생

※ 검역전염병 및 감시기간 : 콜레라 120시간, 페스트 144시간, 황열 144시간
- 격리기간
  - 전염병 환자(완치시까지)
  - 병원체 전염의심자 : 병원체를 배출하지 않을 때까지

◇ 우리나라 법정 감염병

구 분	의 의	해당 질병	신고 기간
제1급 감염병 (17종)	생물테러감염병 또는 치명률이 높거나 집단 발생의 우려가 커서 발생 또는 유행 즉시 신고하여야 하고, 음압격리와 같은 높은 수준의 격리가 필요	에볼라바이러스병, 마버그열, 라싸열, 크리미안콩코출혈열, 남아메리카출혈열, 리프트밸리열, 두창, 페스트, 탄저, 보툴리눔독소증, 야토병, 신종감염병증후군, 중증급성호흡기증후군(SARS), 동물인플루엔자 인체감염증, 신종인플루엔자, 디프테리아	즉시 신고
제2급 감염병 (21종)	전파가능성을 고려하여 발생 또는 유행 시 24시간 이내에 신고하여야 하고, 격리가 필요	결핵(結核), 수두(水痘), 홍역(紅疫), 콜레라, 장티푸스, 파라티푸스, 세균성이질, 장출혈성대장균감염증, A형간염, 백일해(百日咳), 유행성이하선염(流行性耳下腺炎), 풍진(風疹), 폴리오, 수막구균 감염증, b형헤모필루스인플루엔자, 폐렴구균 감염증, 한센병, 성홍열, 반코마이신내성황색포도알균(VRSA) 감염증, 카바페넴내성장내세균속균종(CRE) 감염증, E형간염	24시간 이내
제3급 감염병 (26종)	그 발생을 계속 감시할 필요가 있어 발생 또는 유행 시 24시간 이내에 신고하여야 하는 감염병	파상풍(破傷風), B형간염, 일본뇌염, C형간염, 말라리아, 레지오넬라증, 비브리오패혈증, 발진티푸스, 발진열(發疹熱), 쯔쯔가무시증, 렙토스피라증, 브루셀라증, 공수병(恐水病), 신증후군출혈열(腎症候群出血熱), 후천성면역결핍증(AIDS), 크로이츠펠트-야콥병(CJD) 및 변종크로이츠펠트-야콥병(vCJD), 황열, 뎅기열, 큐열(Q熱), 웨스트나일열, 라임병, 진드기매개뇌염, 유비저(類鼻疽), 치쿤구니야열, 중증열성혈소판감소증후군(SFTS), 지카바이러스 감염증	24시간 이내
제4급 감염병 (23종)	제1급 감염병부터 제3급 감염병까지의 감염병 외에 유행 여부를 조사하기 위하여 표본감시 활동이 필요한 감염병	인플루엔자, 매독(梅毒), 회충증, 편충증, 요충증, 간흡충증, 폐흡충증, 장흡충증, 수족구병, 임질, 클라미디아감염증, 연성하감, 성기단순포진, 첨규콘딜롬, 반코마이신내성장알균(VRE) 감염증, 메티실린내성황색포도알균(MRSA) 감염증, 다제내성녹농균(MRPA) 감염증, 다제내성아시네토박터바우마니균(MRAB) 감염증, 장관감염증, 급성호흡기감염증, 해외유입기생충감염증, 엔테로바이러스감염증, 사람유두종바이러스 감염증	7일 이내

- 기생충감염병 : 기생충에 감염되어 발생하는 감염병 중 질병관리청장이 고시하는 감염병
- 세계보건기구 감시대상 감염병 : 세계보건기구가 국제공중보건의 비상사태에 대비하기 위하여 감시대상으로 정한 질환으로서 질병관리청장이 고시하는 감염병
- 생물테러감염병 : 고의 또는 테러 등을 목적으로 이용된 병원체에 의하여 발생된 감염병 중 질병관리청장이 고시하는 감염병
- 성매개감염병 : 성 접촉을 통하여 전파되는 감염병 중 질병관리청장이 고시하는 감염병
- 인수공통감염병 : 동물과 사람 간에 서로 전파되는 병원체에 의하여 발생되는 감염병 중 질병관리청장이 고시하는 감염병

7. 감염병 관리

(1) **급성 감염병** : 발생률이 높고 유병률이 낮음

　① 소화기계 감염병(수인성 감염병)

　　㉠ 종류

　　　• 장티푸스

　　　• 콜레라

　　　• 세균성이질

　　　• 유행성간염

　　　• 파라티푸스

　　　• 폴리오(소아마비)

　　　　– 예방접종 : 혼합형 sabin vaccine을 생후 2개월에 2개월 간격 3회 접종 후 18개월에 추가접종

　　㉡ 공통적 특징(소아마비 예외)

　　　• 전파경로 : 환자, 보균자의 대소변에 오염된 물이나 식품, 경구적 침입

　　　• 병원소 : 환자, 보균자

　　　• 예방법 : 환경위생 관리 및 개인위생 강화, 환자 보균자 관리, 예방접종 강화

　② 호흡기계 전염병

　　㉠ 종류

　　　• 디프테리아

　　　• 백일해

　　　　– 예방접종 : DTP(디프테리아, 백일해, 파상풍의 혼합백신)

　　　• 홍역

　　　• 성홍열

　　　• 유행성이하선염(볼거리)

　　　• 풍진

　　　• 인플루엔자

　　　• 중증급성호흡기증후군(SARS : 사스)

　　㉡ 공통적 특징

　　　• 병원소 : 환자 및 보균자

　　　• 전파경로 : 환자 및 보균자의 비말(콧물, 가래, 기침) 전파, 공기 전파

　　　• 예방법 : 환자 격리, 물건 소독, 예방접종 실시

　③ 동물 매개 감염병

　　　• 페스트(흑사병), 렙토스피라증 – 쥐

　　　• 발진티푸스 – 이

　　　• 말라리아 – 중국 얼룩 날개모기

　　　• 유행성 일본뇌염 – 작은 빨간 집모기

　　　• 쯔쯔가무시병, 유행성 출혈열 – 진드기

　　　• 공수병(광견병)

　　　• 탄저 : 인수공통 전염병 – 동물(소, 말, 산양, 양)

(2) **만성 감염병** : 발생률이 낮고 유병률이 높음

　① 종류

　　㉠ 결핵

　　　• 예방접종(BCG – 생후 4주 이내)

　　　※ 결핵 검사 : Tuberculin Test(투베르쿨린 반응 검사) 양성 반응 시, ① X-관찰, ② X선 직촬, ③ 객담 검사 실시 후 등록 관리

　　㉡ 나병(한센병)

　　㉢ 성병 : 매독, 임질

　　㉣ B형간염

　　㉤ 후천성면역결핍증(AIDS)

8. 기생충 질환

(1) **선충류**

　① 회충

　② 편충

　③ 구충

　④ 요충

　⑤ 말레이 사상충증

⑥ 아니사키스 : 제1중간숙주 – 해산 새우류, 제2중간숙주 – 해산 포유류의 생식으로 감염

(2) 조충류

① 유구조충(갈고리촌충) : 중간숙주 – 돼지
② 무구조충(민촌충) : 중간숙주 – 소
③ 광절열두조충(긴촌충) : 제1중간숙주 – 물벼룩, 제2중간숙주 – 담수어(연어, 송어, 농어)

(3) 흡충류

① 간흡충 : 제1중간숙주 – 쇠우렁이(왜우렁이), 제2중간숙주 – 잉어, 담수어(참붕어, 붕어)
② 폐흡충 : 제1중간숙주 – 다슬기, 제2중간숙주 – 가재, 게의 생식으로 전파
③ 요코가와흡충 : 제1중간숙주 – 다슬기, 제2중간숙주 – 은어, 황어

(4) 원충류

① 이질아메바
② 질트리코모나스

9. 가족 및 노인보건

(1) 가족계획

① 정의(WHO) : 산아제한을 의미, 출산 시기 및 간격을 조절해 출생 자녀수도 제한하고, 불임증 환자의 진단 및 치료를 하는 것

(2) 피임 방법

① 영구적 피임법 : 난관 수술(여성), 정관 수술(남성)
② 일시적 피임법
 ㉠ 질 내 침입 방지 : 콘돔, 성교중절법 등
 ㉡ 자궁 내 착상 방지 : 자궁 내 장치, 화학적 방법 등
 ㉢ 생리적 방법 : 월경주기법, 기초체온법, 경구피임약

10. 환경 위생(기후 · 온열과 건강)

(1) 기후 요소 : 기온, 기류, 기습, 복사열, 강우 등

(2) 기후의 3대 요소 : 기온, 기습, 기류(바람)

(3) 체온 조절

① 정상 체온 : 36.1~37.2℃ 사이, 평상시 36.5℃ 유지
② 최적 온도 : 체온 조절에 있어 가장 적절한 온도

(4) 일광 및 유해 광선

종류	파장	비율(%)
자외선	3800Å 이하(380nm 이하)	5%
가시광선	3800~7700Å(380~760nm)	34%
적외선	7700Å 이상(770nm 이상)	52%

① 자외선
 ㉠ 종류
  • 자외선A(320~400nm) : 홍반, 피부노화, 색소침착 유발(자외선 중에서 피부에 가장 깊숙이 침투)
  • 자외선B(280~320nm) : 일광화상의 주원인, 피부암 유발
  • 자외선C(200~280nm) : 살균력 최대, 피부암 유발(대부분 오존층에 흡수되나 환경오염으로 오존층 파괴 시 침투)

Tip 도노선(280~310nm)
• 비타민선, 건강선
• 비타민D 생성으로 구루병 예방, 피부결핵 및 관절염 치료 작용

② 가시광선 : 명암과 색채를 구별하게 하는 작용
③ 적외선
 ㉠ 복사열을 운반하므로 열선이라고 함
 ㉡ 적외선이 인체에 미치는 영향 : 피부온도의 상승 – 혈관 확장 – 피부홍반

(5) 기후의 종합지수

① 쾌감대 : 온도 17~18℃ , 습도 60~65%

② 불쾌지수(DI)

불쾌지수(DI)	증상
70 이상	다소 불쾌
75 이상	50% 사람이 불쾌
80 이상	거의 모든 사람이 불쾌
85 이상	매우 불쾌

③ 카타냉각력 : 인체로부터 열을 빼앗는 힘

11. 공기와 물

(1) 공기

성분	농도(%)
질소(N_2)	78.1%
산소(O_2)	20.1%
아르곤(Ar)	0.93%
이산화탄소	0.03%
기타	0.04%

① 공기의 자정 작용

㉠ 희석 작용

㉡ 산화 작용

㉢ 교환 작용

㉣ 세정 작용

② 공기아 건강 : 군집독 발생

(2) 산소

① 산소중독 : 폐부종, 출혈, 이통, 흉통

② 저산소증(산소량 10% 정도 : 호흡곤란, 산소량 7% 이하 : 질식)

(3) 질소

① 공기 성분 중 78% 차지

② 잠함병 : 고기압 상태에서 중추신경에 마취 작용을 하며 정상 기압으로 갑자기 복귀 시 공기 성분인 질소가 혈관에 기포를 형성하여 혈

전 현상을 일으키게 되는 것으로 잠수, 잠함 작업 시 주로 발생

(4) 이산화탄소

① 무색, 무취, 비독성 가스 : 허용농도 0.1%, 소화제, 청량음료에 사용

② 실내 공기 오염지표로 사용

(5) 일산화탄소

① 무색, 무취, 자극성이 없는 기체. 맹독성 : 허용농도 0.01%, 불완전연소 시 발생

② 헤모글로빈(Hb)과의 친화력이 250~300배로 산소결핍증 유발

(6) 물 : 음용수의 수질 기준 오염된 상태의 의의

① 암모니아성질소 검출 : 유기 물질에 오염된 지 얼마 되지 않은 것을 의미

② 과망간산칼륨 검출 : 유기물 산화 시 소비, 수중 유기물을 간접적으로 추정

③ 대장균군 검출 : 수질오염의 지표로 사용

12. 미생물

(1) 분류 : 원핵생물, 진핵생물

(2) 미생물의 크기 : 곰팡이 〉효모 〉세균 〉리케치아 〉바이러스

(3) 미생물의 성장과 사멸에 영향을 주는 요소 : 영양원, 온도, 산소 농도, 물의 활성, 빛의 세기, 삼투압, pH

(4) 미생물 증식 곡선

① 잠복기 : 환경 적응 기간

② 대수기 : 세포 수 증가하는 시기

③ 정지기 : 세균 수 일정, 최대치를 나타내는 시기

④ 사멸기 : 생존 수가 점차로 줄어드는 시기

13. 소독

(1) **소독력** : 멸균 〉 소독 〉 방부

(2) **소독 방법**

① 자연소독법 : 희석, 태양광선, 한냉

② 물리적 소독법

　㉠ 건열멸균법 : 화염멸균법, 건열멸균법

　㉡ 습열멸균법 : 자비소독법, 고압증기멸균법, 유통증기멸균법, 저온소독법, 초고온순간멸균법

　㉢ 무가열처리법

③ 화학적 소독법

　㉠ 알코올

　　• 에탄올 : 피부, 기구 소독에 사용, 주사 부위에 널리 이용, 70~80% 농도를 사용

　　• 이소프로판올 : 살균력은 에탄올보다 강함, 30~70% 농도로 사용

　㉡ 포름알데히드

　㉢ 양이온계면활성제

　　• 역성비누액, 손 소독에 사용

　　• 이 미용 업소에 널리 이용

　㉣ 양성계면활성제

　㉤ 음이온계면활성제

　㉥ 페놀 화합물

　　• 석탄산 : 소독약의 살균지표로 사용, 오염의류, 침구 커버, 브러시 소독에 사용

　　※ 석탄산계수 = 소독약의 희석배수/석탄산의 희석배수 × 100

　　• 크레졸 : 세균 소독에 효과 크며, 1% 용액은 손, 피부 소독에 사용

　㉦ 과산화수소

(3) **용어 정의**

① 살균 : 생활력을 가지고 있는 미생물을 여러 가지 물리적, 화학적 작용에 의해 급속하게 죽이는 것

② 방부 : 병원성 미생물의 발육과 그 작용을 제거하거나 정지시켜 음식물의 부패나 발효를 방지하는 것

③ 소독 : 사람에게 유해한 미생물을 파괴시켜 감염의 위험성을 제거하는 비교적 약한 살균 작용으로 세포의 포자까지는 작용하지 못함

④ 멸균 : 병원성 또는 비병원성 미생물 및 포자를 가진 것을 전부 사멸 또는 제거하는 것

(4) **피부관리 분야의 위생 · 소독**

① 미용인의 위생 및 소독

　㉠ 작업장 환경 및 도구들의 철저한 위생 · 소독 처리

　㉡ 미용인들의 감염 방지를 위한 기본 상식 습득

　㉢ 올바른 청소, 세탁 방법으로 세균 감염을 예방

　㉣ 펌프식 액체비누 사용 등 병균으로부터 고객 보호

　㉤ AIDS, 간염 등 질병으로부터 보호하기 위해 혈액취급 시 일회용 장갑 착용 및 항균 비누로 세정, 시술 도구나 기구의 고압증기 멸균소독, B형간염 예방접종

② 피부관리실의 위생 및 소독

　㉠ 펌프형 액체비누 사용

　㉡ 뚜껑이 있는 쓰레기통 사용

③ 피부관리실에서 소독을 해야 하는 기구와 도구

　㉠ 철저한 소독 후, 소독된 기구류는 사용한 것과 구별해서 보관

　㉡ 70% 알코올 소독

　㉢ 족집게, 핀셋, 여드름 짜는 기계(Comedone Extractor) : 고름과 혈액 등이 묻은 경우

미온수에 세제를 풀어 씻은 후 자비소독
혹은 고압증기멸균
④ 피부관리용품 소독
㉠ 피부관리 시술 시 사용되는 용품은 가능하
면 1회용품을 사용
㉡ 해면스폰지(Sponge) : 중성세제를 푼 미
온수에 세탁

14. 환경 보건

(1) 대기오염
① 대기오염 물질
㉠ 입자상 물질
• 분진 : 대기 중에 떠다니는 미세한 독립
상태의 액적 또는 고체상 알갱이, $10\mu m$
이상 – 강하분진, $10\mu m$ 이하 – 부유분진
• 매연 : 연소 시 발생하는 유리탄소의 미
세한 $1\mu m$ 이하의 입자상 물질
• 검댕 : 연소 시 발생하는 유리탄소가 응
결한 $1\mu m$ 이상의 입자상 물질
• 액적 : 가스나 증기의 응축에 의하여 생
성된 대략 $2\sim200\mu m$ 크기의 입자상 물질
• 훈연 : 화학 반응에서 증발한 가스나 대
기 중에서 응축하여 생기는 $0.001\cdot1\mu m$
의 고체입자
㉡ 가스상 물질
• 황산화물(SOx)
• 질소산화물(NOx)
• 2차 오염 물질
– 광화학 스모그 : 자와선 + 질소화합물
(NOx) → 오존, PAN, 알데히드 등의
광화학 오염 물질

② 대기오염 사건

구분	런던(Smog)	LA스모그 (Smog)
계절	겨울	여름
역전 종류	방사선 역전	침강성 역전
주 사용 연료	석탄과 석유제	석유계
주된 성분	SOx 입자상 물질	NOx, 유기물
발생 시간	이른 아침	낮
인체 영향	호흡기질환 (기침, 가래 등)	눈의 자극

③ 대기오염의 원인
• 기온역전 : 고도가 상승함에 따라 기온이
하강하는 것이 정상이나 고도가 상승함에
따라 기온이 하강하여 상부의 기온이 하부
의 기온보다 높아져 대기가 안정화되고 공
기의 수직 확산이 일어나지 않는 현상

(2) 수질오염
① 수질오염 사건
㉠ 미나마타병 : 원인물질 – 메틸수은
㉡ 이타이이타이병 : 원인물질 – 카드뮴
㉢ 가네미사건 : 원인물질 – PCB
② 수질오염 지표
㉠ 생물학적 산소 요구량(BOD)
• 일반적으로 세균이 호기성 상태에서 유
기 물질을 $20°C$에서 5일간 안정화시키
는 데 소비한 산소량
• 의의 : BOD가 높으면 유기물이 다량 함
유되어 많은 양의 유리산소를 소모하였
다는 것
㉡ 용존산소(DO)
• 물의 오염을 나타내는 지표의 하나로서
물에 녹아 있는 유기산소
• 의의 : BOD가 높으면 DO는 낮음, 온도
가 하강하면 DO 증가

ⓒ 화학적 산소 요구량(COD)
- 수중에 함유되어 있는 유기 물질을 화학적으로 산화시킬 때 소모되는 산화제의 양에 상당하는 산소량
- 의의 : 수중의 유기 물질을 간접적으로 측정하는 방법
ⓔ 부유물질(SS) : 수중에 있는 유기, 무기 물질을 함유한 0.1~2mm 이하의 고형물

15. 산업보건

(1) 이상기온에 의한 장해
    ① 열중증
        ㉠ 열경련
        ㉡ 열사병
        ㉢ 열허탈증(열피로)
        ㉣ 열쇠약
        ㉤ 열성발진
    ② 저온 폭로에 의한 건강장해
        ㉠ 전신체온강화
        ㉡ 참호족, 침수족
        ㉢ 동상

(2) 이상기압에 의한 건강장해
    ① 고압 환경과 건강장해
        ㉠ 질소 마취
        ㉡ 산소 중독
        ㉢ 이산화탄소
    ② 감압 과정 환경과 건강장해 : 잠함병(감압병)

(3) 소음 및 진동
    ① 소음(dB로 표시) : 4,000~6,000Hz에서 소음성 난청
    ② 진동(단위는 hertz(Hz))

(4) 3대 직업병 : 납중독, 벤젠중독, 규폐증

16. 식품위생

(1) 식중독의 종류

식중독	세균성	감염형 : Salmonella, 장염 Vibrio, 병원성 대장균 등
		독소형 : Botulinus균(가장 치명적), 포도상구균
		기타 : 장구균, Campylobacter, Allergy성 식중독
	자연독	식물성 : 버섯독(무스카린), 감자(Solanin), 맥각균(에고타민)
		동물성 : 복어독(테트로도톡신), 조개류독(베네루핀, 사시톡신)
	화학물질 : 불량 첨가물, 유해금속, 포장재 등의 용출물 등	
	곰팡이독 : Aflatoxin, 황변미독 등	

(2) 식품의 보존방법
    ① 물리적 방법
        ㉠ 냉장 및 냉동법 : 움저장, 냉장, 냉동
        ㉡ 탈수법
        ㉢ 가열법
        ㉣ 자외선 및 방사선 조사법
    ② 화학적 보존법
        ㉠ 절임법 : 염장, 당장, 산장
        ㉡ 보존료 첨가법
        ㉢ 복합처리법 : 훈증, 훈연
        ㉣ 생물학적 처리법(치즈, 발효유)

17. 공중위생관리법

(1) 목적 : 공중이 이용하는 영업의 위생관리 등에 관한 사항을 규정함으로써 위생수준을 향상시켜 국민의 건강증진에 기여함을 목적으로 한다.

(2) 정의
    ① "공중위생영업"이라 함은 다수인을 대상으로 위생관리서비스를 제공하는 영업으로서 숙박업·목욕장업·이용업·미용업·세탁업·위

생관리업을 말한다.

② "미용업"이라 함은 손님의 얼굴·머리·피부 및 손톱·발톱 등을 손질하여 손님의 외모를 아름답게 꾸미는 영업을 말한다.

(3) 이용사 및 미용사의 면허 등(제6조)

① 이용사 또는 미용사가 되고자 하는 자는 보건복지가족부령이 정하는 바에 의하여 시장·군수·구청장의 면허를 받아야 한다.

  ㉠ 전문대학 또는 이와 같은 수준 이상의 학력이 있다고 교육부장관이 인정하는 학교에서 이용 또는 미용에 관한 학과를 졸업한 자

  ㉡ 「학점인정 등에 관한 법률」에 따라 대학 또는 전문대학을 졸업한 자와 같은 수준 이상의 학력이 있는 것으로 인정되어 같은 법에 따라 이용 또는 미용에 관한 학위를 취득한 자

  ㉢ 고등학교 또는 이와 같은 수준의 학력이 있다고 교육부장관이 인정하는 학교에서 이용 또는 미용에 관한 학과를 졸업한 자

  ㉣ 초·중등교육법령에 따른 특성화고등학교, 고등기술학교나 고등학교 또는 고등기술학교에 준하는 각종학교에서 1년 이상 이·미용에 관한 소정의 과정을 이수한 자

  ㉤ 국가기술자격법에 의한 이용사 또는 미용사의 자격을 취득한 자

② 다음에 해당하는 자는 이용사 또는 미용사의 면허를 받을 수 없다.

  ㉠ 피성년후견인

  ㉡ 정신질환자(다만, 전문의가 적합하다고 인정하는 사람은 그러하지 아니함)

  ㉢ 공중의 위생에 영향을 미칠 수 있는 감염병환자로서 보건복지부령이 정하는 자

  ㉣ 마약 기타 대통령령으로 정하는 약물 중독자

  ㉤ 면허가 취소된 후 1년이 경과되지 아니한 자

(4) 이용사 및 미용사의 업무범위 등(제8조)

① 규정에 의한 이용사 또는 미용사의 면허를 받은 자가 아니면 이용업 또는 미용업을 개설하거나 그 업무에 종사할 수 없다. 다만, 이용사 또는 미용사의 감독을 받아 이용 또는 미용 업무의 보조를 행하는 경우에는 그러하지 아니하다.

② 이용 및 미용의 업무는 영업소외의 장소에서 행할 수 없다. 다만, 보건복지부령이 정하는 특별한 사유가 있는 경우에는 그러하지 아니하다.

※ 특별한 사유

  • 질병이나 고령, 장애, 그 밖의 사유로 인하여 영업소에 나올 수 없는 자에 대하여 이용 또는 미용을 하는 경우

  • 혼례나 그 밖의 의식에 참여하는 자에 대하여 그 의식 직전에 이용 또는 미용을 하는 경우

  • 사회복지시설에서 봉사활동으로 이용 또는 미용을 하는 경우

  • 방송 등의 촬영에 참여하는 사람에 대하여 그 촬영 직전에 이용 또는 미용을 하는 경우

  • 이외에 특별한 사정이 있다고 시장·군수·구청장이 인정하는 경우

③ 이용사 및 미용사의 업무범위와 이용·미용의 업무보조 범위에 관하여 필요한 사항은 보건복지가족부령으로 정한다.

(5) 공중위생영업소의 폐쇄 등(제11조)

① 시장·군수·구청장은 6월 이내의 기간을 정하여 영업의 정지 또는 일부 시설의 사용중지

를 명하거나 영업소 폐쇄 등을 명할 수 있다.

㉠ 영업신고를 하지 아니하거나 시설과 설비 기준을 위반한 경우

㉡ 변경신고를 하지 아니한 경우

㉢ 지위승계신고를 하지 아니한 경우

㉣ 공중위생영업자의 위생관리의무 등을 지키지 아니한 경우

㉤ 영업소에 성폭력처벌법에 위반되는 행위에 이용되는 카메라나 기계장치를 설치한 경우

㉥ 영업소 외의 장소에서 이용 또는 미용 업무를 한 경우

㉦ 규정에 따른 보고를 하지 아니하거나 거짓으로 보고한 경우 또는 관계 공무원의 출입, 검사 또는 공중위생영업 장부 또는 서류의 열람을 거부·방해하거나 기피한 경우

㉧ 개선명령을 이행하지 아니한 경우

㉨ 「성매매알선 등 행위의 처벌에 관한 법률」, 「풍속영업의 규제에 관한 법률」, 「청소년 보호법」, 「아동·청소년의 성보호에 관한 법률」 또는 「의료법」을 위반하여 관계 행정기관의 장으로부터 그 사실을 통보받은 경우

② 시장·군수·구청장은 제1항에 따른 영업정지처분을 받고도 그 영업정지 기간에 영업을 한 경우에는 영업소 폐쇄를 명할 수 있다.

③ 시장·군수·구청장은 다음에 해당하는 경우에는 영업소 폐쇄를 명할 수 있다.

㉠ 공중위생영업자가 정당한 사유 없이 6개월 이상 계속 휴업하는 경우

㉡ 공중위생영업자가 「부가가치세법」 제8조에 따라 관할 세무서장에게 폐업신고를 하거나 관할 세무서장이 사업자 등록을 말소한 경우

④ 제1항에 따른 행정처분의 세부기준은 그 위반 행위의 유형과 위반 정도 등을 고려하여 보건복지부령으로 정한다.

⑤ 시장·군수·구청장은 공중위생영업자가 제1항의 규정에 의한 영업소폐쇄명령을 받고도 계속하여 영업을 하는 때에는 관계공무원으로 하여금 영업소를 폐쇄하기 위하여 다음의 조치를 하게 할 수 있다.

㉠ 당해 영업소의 간판 기타 영업표지물의 제거

㉡ 당해 영업소가 위법한 영업소임을 알리는 게시물 등의 부착

㉢ 영업을 위하여 필수불가결한 기구 또는 시설물을 사용할 수 없게 하는 봉인

(6) 벌칙(제20조)

① 1년 이하의 징역 또는 1천만 원 이하의 벌금

㉠ 규정에 의한 신고를 하지 아니한 자

㉡ 영업정지명령 또는 일부 시설의 사용중지 명령을 받고도 그 기간 중에 영업을 하거나 그 시설을 사용한 자 또는 영업소 폐쇄명령을 받고도 계속하여 영업을 한 자

② 6월 이하의 징역 또는 500만 원 이하의 벌금

㉠ 변경신고를 하지 아니한 자

㉡ 공중위생영업자의 지위를 승계한 자로서 신고를 하지 아니한 자

㉢ 건전한 영업질서를 위하여 공중위생영업자가 준수하여야 할 사항을 준수하지 아니한 자

③ 300만 원 이하의 벌금

㉠ 다른 사람에게 이·미용사의 면허증을 빌려주거나 빌린 사람

㉡ 이·미용사의 면허증을 빌려주거나 빌리는 것을 알선한 사람

㉢ 면허의 취소 또는 정지 중에 이·미용업을 한 사람

ㄹ 면허를 받지 아니하고 이·미용업을 개설
하거나 그 업무에 종사한 사람

(7) 과태료(제22조)
① 300만 원 이하의 과태료
ㄱ 규정에 의한 보고를 하지 아니하거나 관계
공무원의 출입·검사 기타 조치를 거부·
방해 또는 기피한 자
ㄴ 개선명령에 위반한 자
ㄷ 이용업 신고를 하지 아니하고 이용업소표
시등을 설치한 자
② 200만 원 이하의 과태료
ㄱ 이용업소의 위생관리 의무를 지키지 아니
한 자
ㄴ 미용업소의 위생관리 의무를 지키지 아니
한 자
ㄷ 영업소외의 장소에서 이용 또는 미용업무
를 행한 자
ㄹ 위생교육을 받지 아니한 자
③ 규정에 따른 과태료는 대통령령으로 정하는
바에 따라 보건복지부장관 또는 시장·군
수·구청장이 부과·징수한다.

18. 공중위생관리법 시행규칙 및 시행령

(1) 시설 및 설비 기준(미용업(피부) 및 미용업(종합)).
① 미용기구는 소독을 한 기구와 소독을 하지 아
니한 기구를 구분하여 보관할 수 있는 용기를
비치하여야 한다.
② 소독기, 자외선살균기 등 미용기구를 소독하
는 장비를 갖추어야 한다.

(2) 이용기구 및 미용기구의 소독기준 및 방법
① 자외선소독 : 1cm²당 85μW 이상의 자외선을
20분 이상 쬐어준다.

② 건열멸균소독 : 섭씨 100℃ 이상의 건조한 열
에 20분 이상 쬐어준다.
③ 증기소독 : 섭씨 100℃ 이상의 습한 열에 20
분 이상 쬐어준다.
④ 열탕소독 : 섭씨 100℃ 이상의 물속에 10분
이상 끓여준다.
⑤ 석탄산수소독 : 석탄산수(석탄산 3%, 물 97%
의 수용액을 말한다)에 10분 이상 담가둔다.
⑥ 크레졸소독 : 크레졸수(크레졸 3%, 물 97%의
수용액을 말한다)에 10분 이상 담가둔다.
⑦ 에탄올소독 : 에탄올수용액(에탄올이 70%인
수용액을 말한다)에 10분 이상 담가두거나 에
탄올수용액을 머금은 면 또는 거즈로 기구의
표면을 닦아준다.

(3) 위생관리 기준
① 점 빼기, 귓불 뚫기, 쌍꺼풀수술, 문신, 박피
술 그밖에 이와 유사한 의료행위를 하여서는
아니 된다.
② 피부미용을 위하여 「약사법」에 따른 의약품
또는 「의료기기법」에 따른 의료기기를 사용하
여서는 아니 된다.
③ 미용기구 중 소독을 한 기구와 소독을 하지
아니한 기구는 각각 다른 용기에 넣어 보관하
여야 한다.
④ 1회용 면도날은 손님 1인에 한하여 사용하여
야 한다.
⑤ 영업장 안의 조명도는 75룩스 이상이 되도록
유지하여야 한다.
⑥ 영업소 내부에 신고증 및 개설자의 면허증 원
본을 게시하여야 한다.
⑦ 영업소 내부에 최종지불요금표를 게시 또는
부착하여야 한다.

(4) 위생서비스수준의 평가

① 주기 : 위생서비스수준 평가는 2년마다 실시한다.

② 위생관리등급의 구분

　㉠ 최우수업소 : 녹색등급

　㉡ 우수업소 : 황색등급

　㉢ 일반관리대상 업소 : 백색등급

(5) 위생교육

① 위생교육은 3시간으로 한다.

② 위생교육의 내용은 「공중위생관리법」 및 관련법규, 소양교육(친절 및 청결에 관한 사항을 포함한다), 기술교육, 그 밖에 공중위생에 관하여 필요한 내용으로 한다.

③ 영업신고 전에 위생교육을 받아야 하는 자 중 다음에 해당하는 자는 영업신고를 한 후 6개월 이내에 위생교육을 받을 수 있다.

　㉠ 천재지변, 본인의 질병·사고, 업무상 국외출장 등의 사유로 교육을 받을 수 없는 경우

　㉡ 교육을 실시하는 단체의 사정 등으로 미리 교육을 받기 불가능한 경우

④ 위생교육 실시 단체의 장은 교육실시의 결과를 교육 후 1월 이내에 관할 시장·군수·구청장에게 통보, 교육에 관한 기록을 2년 이상 보관·관리하여야 한다.

(5) 과징금의 부과 및 납부

① 시장·군수·구청장은 위반행위의 종별과 해당 과징금의 금액 등을 명시하여 서면으로 통지한다.

② 통지를 받은 자는 통지를 받은 날부터 20일 이내에 납부한다. 다만, 천재·지변 그 밖에 부득이한 사유 시 그 사유가 없어진 날부터 7일 이내에 납부한다.

③ 과징금의 납부를 받은 수납기관은 영수증을 납부자에게 교부한다.

④ 규정에 따라 과징금을 수납한 때에는 수납기관은 지체 없이 그 사실을 시장·군수·구청장에게 통보하여야 한다.

⑤ 시장·군수·구청장은 과징금을 부과받은 자가 납부해야 할 과징금의 금액이 100만원 이상인 경우로서 다음 각 호의 어느 하나에 해당하는 사유로 과징금의 전액을 한꺼번에 납부하기 어렵다고 인정될 때에는 과징금납부의무자의 신청을 받아 12개월의 범위에서 분할 납부의 횟수를 3회 이내로 정하여 분할 납부하게 할 수 있다.

　㉠ 재해 등으로 재산에 현저한 손실을 입은 경우

　㉡ 사업 여건의 악화로 사업이 중대한 위기에 있는 경우

　㉢ 과징금을 한꺼번에 납부하면 자금사정에 현저한 어려움이 예상되는 경우

⑥ 징수절차는 보건복지부령으로 정한다.

(6) 공중위생감시원의 자격 및 임명

특별시장·광역시장·도지사 또는 시장·군수·구청장은 다음 각 호의 어느 하나에 해당하는 소속 공무원 중에서 공중위생감시원을 임명한다.

① 위생사 또는 환경기사 2급 이상의 자격증이 있는 사람

② 「고등교육법」에 의한 대학에서 화학·화공학·환경공학 또는 위생학 분야를 전공하고 졸업한 사람 또는 법령에 따라 이와 같은 수준 이상의 학력이 있다고 인정되는 사람

③ 외국에서 위생사 또는 환경기사의 면허를 받은 사람

④ 1년 이상 공중위생 행정에 종사한 경력이 있는 사람

Part 03

실전
모의고사

국 가 기 술 자 격 시 험 미 용 사 (피 부) 필 기

제01회 실전모의고사

제02회 실전모의고사

제03회 실전모의고사

제04회 실전모의고사

제05회 실전모의고사

제06회 실전모의고사

제07회 실전모의고사

제08회 실전모의고사

제09회 실전모의고사

제10회 실전모의고사

001 피부미용실의 내부환경 조건으로 적합하지 않은 것은?

① 조명은 직접조명만 사용한다.

② 밝은 색을 이용하여 안정되고 편안한 실내분위기를 만든다.

③ 환기시설 및 방음시설이 잘 갖춰져 있어야 한다.

④ 항상 깔끔하게 정돈된 분위기를 갖춘다.

● 001
피부미용실 내부는 간접조명을 사용한다.

002 핫왁스(Hot Wax)에 관한 설명으로 적합하지 않은 것은?

① 작업온도는 68도 정도이다.

② 왁스를 도포하기 전에 반드시 온도 체크를 해야 한다.

③ 헤어가 굵은 부위나 도포 부위가 적은 겨드랑이 부위에 주로 사용한다.

④ 통증이 없거나 피부가 아프지 않은 제모법이다.

● 002
통증이 있으므로 제거 시 한손은 피부를 당겨 고정시키고 신속하게 제거해야 한다.

003 속눈썹 염색의 금기사항과 주의사항으로 맞는 것은?

① 패치테스트는 염색 전, 염색 후 아무 때나 실시해도 무방하다.

② 염색 중 손님의 릴렉싱을 위해 잠시 자리를 비켜준다.

③ 눈썹 정리 후 염색을 한다.

④ 시술 전 반드시 콘택트렌즈를 제거한다.

● 003
속눈썹 틴트 시 시술 전에 반드시 콘택트렌즈를 제거해야 한다.

004 다음 중 신진대사를 높이는 팩이 아닌 것은?

① 에그팩   ② 우유팩

③ 머드팩   ④ 벌꿀팩

● 004
머드팩은 피지 제거의 목적으로 사용된다.

005 마사지의 처음과 끝을 알리는 동작으로 피부의 휴식을 주는 마사지 기법은?

① 쓰다듬기(Effleurage)

② 문지르기(Friction)

③ 반죽하기(Petrissage)

④ 떨기(Vibration)

● 005
쓰다듬기는 마사지의 시작과 끝을 알리는 가벼운 동작으로 진정 효과가 있으며, 임산부에게도 좋은 방법이다.

정답 001 ①   002 ④   003 ④   004 ③
005 ①

006 다음 중 민감성 피부의 관리방법이 아닌 것은?

① 마사지는 자극을 주지 않도록 짧게 시술한다.

② 고온의 사우나는 피한다.

③ 과도한 각질 제거는 피한다.

④ 알코올이 함유되어 있는 제품을 선택한다.

007 피부유형에 따른 화장수의 선택이 바르지 못한 것은?

① 건성 피부 – 유연화장수   ② 지성 피부 – 수렴화장수

③ 예민 피부 – 소염화장수   ④ 복합성 피부 – 소염화장수

008 다음 중 필오프형 팩의 특성은?

① 예민 피부에 적당하다.

② 건조 후 티슈로 닦아내는 팩이다.

③ 건조 후 필름막을 떼어내는 팩이다.

④ 건조 후 물로 씻어낸다.

009 중성 피부에 대한 화장품 도포방법이 아닌 것은?

① 피부의 유분과 수분밸런스를 유지시켜준다.

② pH 균형을 위한 정상 피부용 화장수를 사용한다.

③ 피부노화를 예방하기 위하여 유분이 많이 함유된 팩을 매일 사용한다.

④ 계절과 연령에 따라 화장품을 변화 있게 선택하여 피부를 관리한다.

010 피부유형에 맞는 팩의 선택이 바른 것은?

① 지성 피부 – 콜라겐 벨벳 마스크

② 건성 피부 – 머드팩

③ 민감성 피부 – 석고 마스크

④ 노화 피부 – 파라핀 마스크

011 다음 중 화장품 도포의 효과가 아닌 것은?

① 외적 자극으로부터 피부가 약해지는 것을 보호해준다.

② 피부에 영양을 공급하여 피부 기능이 지성 상태를 유지하게 한다.

③ 피부를 청결히 하고 유분과 수분의 밸런스를 유지시킨다.

④ 피부를 건강한 상태로 유지시킨다.

012 다음 중 바디 랩의 효과가 아닌 것은?

① 근육 이완   ② 노폐물 제거

③ 탄력강화   ④ 영양공급

● 012
바디 랩 자체는 영양을 공급하는 효과가 없고 영양공급을 촉진시켜 준다.

013 발 건강을 위한 발마사지 효과가 아닌 것은?

① 긴장을 이완시킨다.

② 혈액순환과 림프순환을 촉진시킨다.

③ 피부표면의 더러움을 제거시켜준다.

④ 피부의 온도를 높여주고 피로를 회복시켜준다.

● 013
피부표면의 더러움을 제거시켜주는 것은 발마사지 준비단계에서 행해진다.

014 에스테틱 분야에서 가장 보편적으로 많이 사용되는 딥 클렌징 방법은?

① 스크럽 타입   ② 고마쥐 타입

③ AHA   ④ 효소 딥 클렌징

● 014
효소를 이용한 딥 클렌징은 특별한 자극 없이 불필요한 노폐물을 제거하는 데 효과적이므로 가장 보편적으로 많이 사용된다.

015 딥 클렌징의 효과에 대한 설명으로 옳지 않은 것은?

① 불필요한 각질세포를 제거한다.

② 혈색을 개선시킨다.

③ 면포 추출을 용이하게 한다.

④ 피부표면을 거칠게 만든다.

● 015
딥 클렌징은 죽은 각질을 제거하여 피부표면을 매끄럽게 해준다.

016 피부유형과 화장품의 사용목적이 바르게 연결된 것은?

① 민감성 피부 – 멜라닌 생성 억제 및 피부기능 활성화

② 여드름 피부 – 자외선 차단기능 강화

③ 건성 피부 – 유·수분 공급으로 보습기능 강화

④ 노화 피부 – 진정 및 쿨링효과

● 016
건성 피부는 유·수분이 부족하므로 보습과 영양공급에 주안점을 둔다.

017 습포의 효과에 대한 내용과 거리가 먼 것은?

① 냉습포는 모공수축, 피부진정효과가 있다.

② 온습포는 마무리 단계에 사용하면 효과적이다.

③ 온습포는 모공을 확장시키는 효과가 있다.

④ 온습포는 혈액순환을 촉진시킨다.

● 017
팩 제거 후 마무리 단계에서는 냉습포가 효과적이다.

정답 012 ④ 013 ③ 014 ④ 015 ④
016 ③ 017 ②

018 홈 케어 시 민감성 피부에 대한 조언으로 틀린 것은?

① 민감성 피부 전용 제품을 사용할 것을 권장한다.

② 알코올이 함유된 제품을 피한다.

③ 과도한 딥 클렌징을 피한다.

④ 사우나를 자주 이용하여 피부의 신진대사를 돕는다.

● 018
민감성 피부는 열에 약하므로 과도한 사우나는 피하는 것이 좋다.

019 표피 중 가장 두꺼운 층이며 면역을 담당하는 랑게르한스 세포가 존재하는 층은?

① 과립층　　　　　② 기저층

③ 유극층　　　　　④ 각질층

● 019
랑게르한스 세포는 유극층에 존재하며 면역 반응과 알레르기 반응을 한다.

020 다음 중 피하지방의 기능으로 옳지 않은 것은?

① 체온보호 기능

② 신체 내부의 보호 기능

③ 새 세포형성 기능

④ 에너지의 저장 기능

● 020
새로운 세포의 형성은 진피층의 모세혈관으로부터 영양분을 공급받아 기저층에서 이루어진다.

021 다음 중 식이섬유의 역할이 아닌 것은?

① 당의 소화속도 억제　　② 장내 유익균 증식

③ 기미 생성 억제　　　　④ 변비 예방

● 021
섬유질은 변비 예방, 장내 유익균 증식, 당의 소화속도 억제, 피부윤택 등의 역할을 한다.

022 비타민 중 거칠어지는 피부, 피부각화 이상에 의한 피부질환 치료에 사용되며 과용하면 탈모가 생기는 비타민은?

① 비타민A　　　　　② 비타민B_1

③ 비타민C　　　　　④ 비타민D

● 022
비타민A는 과잉 시 탈모나 두통을 유발할 수 있다.

023 각 영양소의 기능에 대한 설명으로 틀린 것은?

① 탄수화물 – 에너지원이며 혈당을 유지한다.

② 비타민 – 생리작용을 조절한다.

③ 지방 – 에너지원이며 체조직을 구성한다.

④ 무기질 – 체액의 산·알칼리 평형 조절에 관여한다.

● 023
에너지원이며 신체조직의 구성성분인 것은 단백질이다.

정답　018 ④　019 ③　020 ③　021 ③
022 ①　023 ③

맞춤해설

024 다음 중 근육통에 효과적인 광선의 종류는?
① UV-A ② UV-B
③ UV-C ④ 적외선

● **024**
적외선은 열선으로 근육의 조직을 이완시킨다.

025 다음 중 예방접종으로 획득되는 면역의 종류는?
① 인공 능동면역 ② 인공 수동면역
③ 자연 능동면역 ④ 자연 수동면역

● **025**
인공 능동면역은 예방접종으로 획득한 면역을 말하며, 인공 수동면역은 면역혈청 주입을 말한다.

026 성인의 경우 피부가 차지하는 비중은 체중의 약 몇 % 정도인가?
① 5~7% ② 15~17%
③ 25~27% ④ 35~37%

● **026**
피부의 총면적은 1.6~1.8㎡이며 중량은 체중의 약 16%에 달한다.

027 여드름 피부의 4단계에서 생성되는 것으로 치료 후 흉터가 남는 것은?
① 가피 ② 농포
③ 면포 ④ 낭종

● **027**
낭종은 4기 여드름으로 진피에 자리잡고 통증을 유발한다.

028 세포 내에서 단백질을 합성, 저장, 농축했다가 세포 외로 분비하는 곳은?
① 리보솜 ② 골지체
③ 핵 ④ 미토콘드리아

● **028**
골지체는 세포 내의 분비물 합성 및 세포 외로의 분비기능을 한다.

029 근육의 기능으로 적당하지 않은 것은?
① 에너지와 열 생산 ② 운동 기능
③ 보호 기능 ④ 자세 유지

● **029**
근육은 운동 담당, 자세 유지, 체열 발생, 혈액순환 촉진, 배변 등의 기능을 한다.

030 혈색소에 함유되어 있으며 산소 운반의 기능이 있는 무기질은?
① 칼슘 ② 철분
③ 인 ④ 아연

● **030**
철분은 헤모글로빈의 구성성분이며 혈액 내의 산소와 결합하여 산소를 운반하는 작용을 한다.

031 다음 중 간의 기능이 아닌 것은?
① 알코올 분해 ② 쓸개즙 생성
③ 혈구운반 ④ 해독작용

● **031**
간은 영양물질의 합성에 관여하며 알코올 분해, 담즙 생성, 해독작용 등의 기능을 한다.

정답 024 ④ 025 ① 026 ② 027 ④ 028 ② 029 ③ 030 ② 031 ③

032 인슐린에 대한 설명으로 옳은 것은?

① 당대사에 관여하여 혈당치를 올리는 작용을 한다.
② 췌장 내 랑게르한스섬의 β세포에서 분비된다.
③ 과잉 분비 시 당뇨병을 유발한다.
④ 혈당이 내려가면 분비된다.

● 032
인슐린은 췌장 내 랑게르한스섬의 β 세포에서 분비되며 혈당저하 작용을 한다.

033 얼굴의 근육을 안면근과 저작근으로 나눌 때 안면근에 속하지 않는 것은?

① 전두근　　　　　② 협근
③ 안륜근　　　　　④ 교근

● 033
교근은 씹는 작용을 하는 저작근이다.

034 다음 중 소화기계가 아닌 것은?

① 폐, 신장　　　　② 간, 담
③ 비장, 위　　　　④ 소장, 대장

● 034
폐는 호흡기계에 속하며, 신장은 비뇨기계에 속한다.

035 다음 중 피부에 수분을 공급하는 보습제의 기능을 갖는 것은?

① 솔비톨　　　　　② 계면활성제
③ BHA　　　　　　④ 에틸파라벤

● 035
솔비톨은 보습제의 일종으로 딸기류에서 추출하며 끈적임이 강하다.

036 피부에 강한 긴장감을 주어 얼굴의 잔주름 개선에 효과적인 팩은?

① 오이팩　　　　　② 우유팩
③ 석고팩　　　　　④ 에그팩

● 036
석고팩은 피부에 열작용과 압력으로 유효성분을 침투시키는데 특히 노화피부에 효과적이다.

037 유성이 많아 피부에 대한 친화력이 강하고 거친 피부에 유·수분 공급으로 윤기를 부여하는 역할을 하는 크림은?

① 바니싱 크림　　　② 콜드 크림
③ 크림 파운데이션　④ 클렌징 크림

● 037
콜드 크림은 유분이 많아 피부가 거칠어지는 것을 막기 위해 사용한다.

038 화장수에 가장 널리 배합되는 알코올 성분은?

① 프로판올　　　　② 부탄올
③ 에탄올　　　　　④ 메탄올

● 038
화장수에 사용되는 알코올은 술 제조에 사용할 수 없도록 제조된 변성 에탄올이다.

정답 032 ②　033 ④　034 ①　035 ①
036 ③　037 ②　038 ③

039 유연화장수의 작용으로 틀린 것은?

① 소독작용을 부여한다.

② 피부에 남아 있는 비누의 알칼리를 중화시킨다.

③ 보습제가 포함되어 있어 피부에 수분을 공급한다.

④ 피부에 영양을 주고 윤택하게 한다.

• 039
알코올 배합량이 많아 소독작용을 하는 것은 수렴화장수이다.

040 화학구조가 하이드로퀴논과 비슷하며 인체에 독성이 없는 식물에서 추출하는 성분은?

① AHA ② 알부틴

③ 코직산 ④ 아스코로브산

• 040
알부틴은 미백성분으로 월귤나무 과에서 추출한다.

041 고주파에 대한 설명으로 틀린 것은?

① 얼굴관리 시 콜라겐 조직을 자극하여 주름 감소효과가 있다.

② 바디관리 시 열발생으로 지방을 연소시키는 효과가 있다.

③ 두피관리 시 모유두에 단백질을 제공하여 재생을 촉진한다.

④ 인체조직에서 고주파 전류는 감각신경과 운동신경을 자극한다.

• 041
인체조직에서 고주파 전류는 감각 신경과 운동신경을 자극하지 않아 시술 시 근수축이나 불편함을 일 으키지 않는다.

042 초음파기기의 효능에 대한 설명으로 옳지 않은 것은?

① 얼굴 적용 시 얼굴축소 효과가 있다.

② 얼굴 적용 시 주름살 제거 효과가 있다.

③ 초음파 진동은 분자 간의 마찰에 의한 열을 발생하지 않는다.

④ 초음파의 미세한 진동이 마사지 효과를 부여한다.

• 042
초음파 진동은 분자 간의 마찰에 의한 열을 발생시켜 피부의 온도 를 약 1도씩 올려준다.

043 자외선을 이용한 미용기기가 아닌 것은?

① 자외선 소독기

② 자외선등

③ 컬러테라피 기기

④ 선탠기

• 043
컬러테라피 기기는 가시광선을 이 용한 기기이다.

정답 039 ① 040 ② 041 ④ 42 ③
043 ③

044 갈바닉기기의 극성이 인체에 미치는 영향으로 옳은 것은?

① 음극은 혈액공급을 감소시킨다.

② 음극봉 아래에서 체액증가로 혈관벽 투과성이 나빠진다.

③ 극에서 산과 알칼리의 만남은 혈액순환을 저해시킨다.

④ 열생성으로 혈액순환을 촉진한다.

● 044
갈바닉기기의 양극은 혈액 공급을 감소시키고, 음극봉 아래에서 체액증가로 혈관벽 투과성이 좋아진다. 또한, 극간은 혈액순환을 촉진하는 효과가 있다.

045 특수광선을 이용한 기기로 피지, 민감도, 색소침착 등을 분석하는 기기는?

① 우드 램프   ② 유분측정기

③ 확대경   ④ 스킨 스코프

● 045
우드 램프 : 특수광선을 이용한 확대경으로 육안으로 보기 힘든 피지, 민감도, 색소침착, 모공크기, 트러블 등을 분석한다.

046 세계보건기구에서 정한 건강의 의미로 옳은 것은?

① 허약하지 않고 질병이 없을 뿐 아니라 사회적 · 육체적 · 정신적으로 안정된 상태

② 경제활동에 참여하지 못하더라도 허약하지 않고 질병이 없는 상태

③ 육체적 · 정신적 · 영적으로 안정된 상태

④ 허약하지 않은 상태

● 046
건강의 정의(WHO) : 허약하지 않고 질병이 없을 뿐 아니라 사회적 · 육체적 · 정신적으로 안녕이 완전한 상태

047 질병 발생의 3요인이 아닌 것은?

① 숙주   ② 병원체

③ 예방접종   ④ 환경

● 047
질병 발생의 3요인 : 숙주, 병인, 환경

048 다음 중 법정 감염병에 대한 설명으로 틀린 것은?

① 제1급 감염병 : 생물테러감염병 또는 치명률이 높거나 집단 발생의 우려가 커서 발생 또는 유행 즉시 신고하여야 하고, 음압격리와 같은 높은 수준의 격리가 필요한 감염병으로, 디프테리아, 야토병 등이 해당된다.

② 제2급 감염병 : 전파가능성을 고려하여 발생 또는 유행 시 24시간 이내에 신고하여야 하고, 격리가 필요한 감염병으로, 결핵, 수두, 홍역 등이 해당된다.

③ 제3급 감염병 : 그 발생을 계속 감시할 필요가 있어 발생 또는 유행 시 24시간 이내에 신고하여야 하는 감염병으로, 파상풍, 후천성면역결핍증, 공수병 등이 해당된다.

④ 제4급 감염병 : 제1급감염병부터 제3급감염병까지의 감염병 외에 유행 여부를 조사하기 위하여 표본감시 활동이 필요한 감염병으로, B형간염, 일본뇌염 등이 해당된다.

● 048
B형간염과 일본뇌염은 제3급감염병이다.

정답 44 ④ 45 ① 46 ① 47 ③
48 ④

맞춤해설

049 공중보건의 범위에 속하지 않는 것은?

① 재활의학　　　　　　② 가족계획
③ 산업보건　　　　　　④ 식품위생

• 049
공중보건의 범위 : 환경 관련 분야, 질병 관리 분야, 보건 관리 분야로 임상의학은 해당되지 않는다.

050 모자보건에 대한 설명 중 옳은 것은?

① 영아사망률은 출생아 100명에 대한 1년 미만의 영아 사망을 나타낸다.
② 영유아는 출생 후 7년 미만의 자를 나타낸다.
③ 협의의 모성은 임신, 분만, 산욕기, 수유기의 여성과 영아를 나타낸다.
④ 광의의 모성은 20세부터 49세를 말한다.

• 050
영아 : 1세 미만, 유아 : 6세 미만

051 공기의 자정작용과 관계가 없는 것은?

① 희석작용　　　　　　② 기온역전작용
③ 산화작용　　　　　　④ 교환작용

• 051
자정작용 : 희석작용, 살균작용, 교환작용, 세정작용, 산화작용

052 다음 설명 중 틀린 것은?

① 일산화탄소 – 무색, 무취, 맹독성 가스
② 이산화탄소 – 무색, 무취, 비독성 가스
③ 질소 – 저기압에서 정상기압 복귀 시 기포형성하여 혈전현상 유발
④ 산소 – 10%가 되면 호흡곤란 유발

• 052
질소 : 고기압에서 정상기압 복귀 시 공기 중의 질소가 기포를 형성하여 혈전현상 유발

053 산업재해율에 대한 설명으로 틀린 것은?

① 건수율 = 재해건수/평균 근로자수 × 1,000
② 도수율 = 재해건수/연 근로시간수 × 1,000,000
③ 강도율 = 재해건수/연 근로일수 × 1,000
④ 강도율 = 근로손실일수/연 근로시간수 × 1,000

• 053
• 건수율 = 재해건수/평균 근로자수 × 1,000
• 도수율 = 재해건수/연 근로시간수 × 1,000,000
• 강도율 = 근로손실일수/연 근로시간수 × 1,000

054 잠복기가 가장 짧은 식중독은?

① 보톨리누스 식중독　　② 0–157균 식중독
③ 포도상구균 식중독　　④ 살모넬라증 식중독

• 054
• 보톨리누스 식중독 : 12~36시간
• 0-157균 식중독 : 10~30시간
• 포도상구균 식중독 : 평균 3시간
• 살모넬라증 식중독 : 12~48시간

055 5대 영양소에 해당하는 것이 아닌 것은?

① 비타민　　　　　　　② 단백질
③ 지방질　　　　　　　④ 물

• 055
5대 영양소 : 비타민, 단백질, 탄수화물, 지방질, 무기질

정답 049 ① 050 ② 051 ② 52 ③
053 ③ 054 ③ 055 ④

맞춤해설

056 보건복지부의 직무가 아닌 것은?

① 보건위생   ② 방역

③ 기초생활보장   ④ 영·유아보육

> **056**
> 보건복지부의 직무 : 아동(영·유아보육 제외)에 관한 사무를 관장

057 다음 설명 중 틀린 것은?

① 화염멸균법은 불꽃에서 20초 이상 접촉시키는 방법이다.

② 고압증기멸균법은 혈액 및 농이 묻은 기구 소독에 적합하다.

③ 자외선 살균에 이용되는 파장은 3800Å이다.

④ 손, 피부소독에 주로 이용하는 화학소독제는 약용비누이다.

> **057**
> 자외선 살균에는 2650Å의 파장이 주로 사용된다.

058 다음 피부미용기기 소독법으로 틀린 것은?

① 핀셋, 여드름 짜는 기계는 40% 알코올에 20분 이상 담가두었다가 사용한다.

② 붓종류는 자외선 소독기에 보관한다.

③ 베이퍼라이저는 1주일에 한 번씩 식초를 넣은 물에 8시간 이상 둔다.

④ 확대경은 시술 전후 70% 알코올 적신 솜으로 깨끗이 닦는다.

> **058**
> 핀셋, 여드름 짜는 기계는 70% 알코올에 20분 이상 담가 두었다가 사용한다.

059 대통령령으로 정하는 것이 아닌 것은?

① 명예공중위생감시원의 자격 및 업무범위, 기타 필요한 사항

② 공중이용시설의 범위

③ 위생서비스평가에 관하여 필요한 사항

④ 과징금 금액에 관하여 필요한 사항

> **059**
> 보건복지부령 : 위생서비스평가의 주기, 방법, 위생관리등급의 기준, 기타 평가에 관하여 필요한 사항

060 다음 중 면허를 취득할 수 없는 자는?

① 교육부장관이 인정하는 학교에서 미용관련학과를 졸업한 자

② 학원 및 사설교육기관에서 미용관련학과를 졸업한 자

③ 학점인정 등에 관한 법률에 따른 미용학위 취득자

④ 교육부장관이 인정하는 고등기술학교에서 미용에 관한 소정의 과정을 이수한 자

> **060**
> 교육부장관이 인정하는 학교의 미용관련학과졸업자, 고등기술학교에서 미용과정이수자, 학점 인정 등에 관한 법률에 따른 미용학위 취득자는 미용사 면허 취득이 가능하다.

정답 056 ④   057 ③   058 ①
     059 ③   060 ②

001 에스테틱에서 각질 제거의 의미는 무엇인가?

① 과각질화 현상을 막아준다.

② 노화된 주름을 없앤다.

③ 피부에 무리한 자극을 주지 않으며 각질을 떼어내는 것이다.

④ 피부의 진피층까지 필링하는 것이다.

• 001
각질 제거는 각질층의 죽은 각질을 떼어내는 것이다.

002 가장 적극적인 마사지 형태로 근육의 수축, 신경기능 조절 및 전신에 쾌감을 주는 마사지 기법은?

① 진동법　　　　② 유연법

③ 강찰법　　　　④ 고타법

• 002
고타법은 신경조직을 자극하고 혈액순환을 촉진시키며 피부의 탄력을 증가시킨다.

003 다음 중 팩의 목적으로 맞지 않는 것은?

① 안색을 맑게 해준다.

② 피부를 누르거나 밀어준다.

③ 영양분이 피부에 침투 · 흡수된다.

④ 생리기능을 높여 피부를 부드럽게 한다.

• 003
팩은 혈액순환을 촉진시켜 안색을 맑게 해주고 수분과 유분을 공급해준다.

004 다음 중 피부분석 시 촉진을 통해서 알 수 있는 것은?

① 모공의 크기　　② 혈액순환도

③ 탄력감　　　　④ 색소침착

• 004
촉진을 통해서 피부의 수분 함유량, 탄력감 등을 알 수 있다.

005 딥 클렌징 방법 중 피부에 도포한 후 건조시켜서 한손으로 피부를 고정시키고 다른 손으로 문질러서 제거하는 방법은?

① 스크럽　　　　② 효소

③ 고마쥐　　　　④ A.H.A

• 005
고마쥐는 도포 후 적당히 말랐을 때 근육결 방향으로 밀어서 죽은 각질세포를 제거하는 방법이다.

006 클렌징 로션에 대한 설명으로 옳지 않은 것은?

① 피부 자극이 적다.　　② 친유성의 크림상태 제품이다.

③ 이중세안이 필요 없다.　④ 사용 후 느낌이 산뜻하다.

• 006
클렌징 로션은 친수성의 로션 상태로 건성, 노화, 민감성 피부에 잘 맞는다.

정답　001 ③　002 ④　003 ②　004 ③
005 ③　006 ②

007 필링에 대한 설명 중 틀린 것은?

① 사후 관리가 매우 중요하다.

② 각질제거, 색소침착에 효과적이다.

③ 피부의 재생을 유도한다.

④ 예민성 피부에 적용하면 효과적이다.

● 007
필링은 강한 자극을 주므로 예민성 피부에는 신중을 기해야 한다.

008 화장품 도포의 목적이 아닌 것은?

① 피부 표면의 더러움과 메이크업 잔유물 등을 제거

② 피부의 신진대사 활성화

③ 주름 제거

④ 피부 표면을 정돈하고 pH의 불균형을 정상화시킴

● 008
화장품은 피부가 정상적인 기능을 할 수 있도록 도와주는 것으로 피부의 주름을 예방하거나 완화시키기 위해서 사용한다.

009 다음 중 아름다운 피부의 조건이 아닌 것은?

① 혈액순환이 잘되어 혈색이 좋다.

② 각화현상이 원활하여 각질층이 두껍다.

③ 피부 표면이 촉촉하고 윤기 있다.

④ 피부의 탄력성이 좋고 잔주름이 없다.

● 009
아름다운 피부는 각질층이 지나치게 두껍지 않고, 탄력성이 있고, 촉촉한 피부이다.

010 고객과의 상담 내용을 기록한 것으로 지속적이고 효과적인 관리를 위한 자료가 되는 것은?

① 문진   ② 고객카드

③ 촉진   ④ 스킨 스캐너

● 010
고객카드는 지속적인 고객관리를 위해 필요하다.

011 다음 중 림프 마사지의 효과는 무엇인가?

① 노폐물과 부종 제거   ② 소화작용

③ 탄력 증대   ④ 영양공급

● 011
림프 마사지는 노폐물과 과잉수분을 제거하고 면역기능을 강화한다.

012 넓은 얼굴을 좁아보이게 하기 위해 진하게 표현하는 경우 주로 사용하는 것은?

① 섀도 컬러   ② 하이라이트 컬러

③ 베이스 컬러   ④ 액센트 컬러

● 012
섀도 컬러는 넓은 부위를 좁아 보이게 하는 방법이다.

정답 007 ④ 008 ③ 009 ② 010 ②
011 ① 012 ①

013 아유르베딕 마사지의 설명 중 틀린 것은?

① 인도의 전통의학에 근원한 마사지 방법이다.
② '센'을 자극하여 정체된 에너지를 해소시켜주는 마사지법이다.
③ 정신과 육체, 영혼을 조화롭게 만드는 것을 목표로 한다.
④ 식물성 오일, 에센셜 오일을 사용한다.

• **013**
센을 자극하여 정체된 에너지를 해소시켜주는 마사지 법은 타이마사지이다.

014 피부관리의 과정 중에서 보호(Protect)의 관리법은 무엇인가?

① 딥 클렌징 단계   ② 마사지 단계
③ 팩 단계   ④ 마무리 단계

• **014**
마무리 단계는 영양크림이나 자외선 차단제를 도포하여 피부를 보호해주는 단계이다.

015 다음 중 거친 손, 발 관리에 적용할 수 있는 팩은?

① 석고마스크
② 고무마스크
③ 파라핀마스크
④ 시트마스크

• **015**
파라핀마스크는 발열작용을 이용하여 혈액순환을 촉진하고 유효성분을 침투시킬 수 있으므로 건조한 피부에 매우 효과적이다.

016 다음 중 미백과 항산화작용을 하는 비타민은 무엇인가?

① 비타민A   ② 비타민B
③ 비타민C   ④ 비타민D

• **016**
비타민C는 콜라겐 형성에 관여하며, 미백작용과 항산화작용을 한다.

017 레인방어막(Rein Membrane)의 역할이 아닌 것은?

① 외부로부터 침입하는 각종 물질을 방어한다.
② 체액이 외부로 새어나가는 것을 방지한다.
③ 피부의 색소를 만든다.
④ 피부염 유발을 억제한다.

• **017**
피부의 색소를 만드는 것은 멜라닌색소이다.

018 진피에 대한 설명 중 틀린 것은 무엇인가?

① 진피는 인체의 탄력과 긴장도 유지에 매우 중요하다.
② 진피는 표피보다 10~20배 두꺼우며, 두께는 약 2mm이다.
③ 진피의 탄력섬유의 변성으로 노화가 되면 탄력이 떨어진다.
④ 진피는 한선, 피지선 등의 피부부속기관과 면역세포를 포함하고 있다.

• **018**
면역세포는 표피의 유극층에 존재한다.

019 여드름의 형태에 대한 설명 중 틀린 것은?

① 면포성 여드름 – 모낭 내 피지가 모낭 벽에 축적되어 형성된 덩어리

② 구진 – 모낭 내에 축적된 피지가 세균에 감염되어 빨갛게 부풀어 올라 발진한 상태

③ 농포 – 구진이 악화되어 농을 형성

④ 결절 – 여드름 중 화농 상태가 가장 심하며 영구적인 흉터가 남음

● 019
낭종은 여드름 중 화농 상태가 가장 심하며 영구적인 흉터가 남는다.

020 모세혈관 확장증에 대한 설명으로 옳지 않은 것은?

① 스트레스나 과로는 혈관을 확장시킨다.

② 알코올, 담배 등의 영향을 받는다.

③ 림프마사지가 효과적이다.

④ 모세혈관 확장부위는 강한 마사지로 피부조직을 자극한다.

● 020
모세혈관 확장부위는 혈관강화에 도움이 되는 제품을 사용하고, 진정 위주의 관리를 해준다.

021 다음 중 내인성 노화의 원인과 관련된 것은?

① 광선   ② 알코올

③ 유전   ④ 스트레스

● 021
내인성 노화는 환경과는 관련 없이 나이가 들어가면서 나타나는 노화를 말한다.

022 다음 중 피지선에 대한 설명으로 옳지 않은 것은?

① 피부 표면을 윤기 있고 매끄럽게 해준다.

② 나트륨, 요소, 젖산 등을 함유하고 있다.

③ 땀과 기름을 유화시켜 산성 피지막을 만든다.

④ 모낭과 무관하게 존재하는 것을 독립피지선이라 한다.

● 022
나트륨, 요소, 젖산 등은 땀의 주성분이다.

023 모낭과 관계없이 피지선이 존재하는 것으로 입과 입술, 눈과 눈꺼풀, 구강점막 등에 존재하는 것은?

① 아포크린선   ② 에크린선

③ 한선   ④ 독립피지선

● 023
독립피지선은 모낭과 연결되지 않고 피지선이 직접 피부 표면으로 연결되어 피지가 분비되는 것을 말한다.

024 봄에 잘 일어나는 피부질환은?

① 여드름이 발생한다.   ② 두드러기, 천식이 생긴다.

③ 무좀, 습진이 생긴다.   ④ 두부백선이 생긴다.

● 024
봄철은 꽃가루, 황사 등의 원인으로 천식과 두드러기가 쉽게 발생한다.

정답 19 ④ 20 ④ 21 ③ 22 ② 23 ④ 24 ②

맞춤해설

025 피부결이 섬세하고 화장이 잘 받지 않으며 쉽게 지워지지도 않는 피부 타입은?

① 중성 피부   ② 건성 피부

③ 민감성 피부   ④ 지성 피부

● **025**
건성 피부는 화장이 잘 들뜨며, 피지 분비가 적어 쉽게 지워지지도 않는다.

026 세포에 대한 설명으로 틀린 것은?

① 세포는 핵과 세포질, 세포막으로 구성되어 있다.

② 독립적으로 생명을 영위하는 최소단위이다.

③ 세포 내에는 핵이 세포막에 둘러싸여 있다.

④ 생명체의 구조 및 기능적 기본 단위이다.

● **026**
핵은 핵막에 둘러싸여 있다.

027 다음 중 내분비계가 아닌 것은?

① 뇌하수체   ② 갑상선

③ 췌장   ④ 위장

● **027**
위장은 소화기계에 속한다.

028 탄력성이 있어 뼈와 뼈 사이의 완충역할을 하는 결합조직은 무엇인가?

① 골수   ② 골조직

③ 연골   ④ 관절

● **028**
연골은 뼈와 뼈 사이의 충격을 흡수한다.

029 골격의 형태에 대한 다음 설명 중 틀린 것은?

① 장골 – 대퇴골, 상완골

② 단골 – 수근골, 족근골

③ 편평골 – 전두골, 슬개골

④ 불규칙골 – 척추뼈

● **029**
슬개골은 종자골이며, 건의 마찰을 막기 위한, 건 속에 있는 작은 뼈이다.

030 부교감 신경의 작용이 아닌 것은?

① 심장박동 촉진   ② 위운동 증가

③ 심장 박출량 감소   ④ 침의 분비촉진

● **030**
심장박동 촉진은 교감신경의 역할이다.

031 임신을 유지시키며 유선의 발달과 피지선 분비를 촉진시키는 호르몬은?

① 프로게스테론   ② 에스트로겐

③ 안드로겐   ④ 알도스테론

● **031**
프로게스테론은 임신을 유지시키고 체온상승을 유도한다.

정답 025 ②   026 ③   027 ④   28 ③
029 ③   030 ①   031 ①

032 가장 큰 림프관이며 림프구를 생산하는 기관은?

① 비장 　　　　　② 흉선
③ 동맥 　　　　　④ 흉관

032
비장은 최대의 림프관이며 림프구, 백혈구의 단핵구를 생성한다.

033 난자를 생산하고 여성 호르몬을 분비하는 곳은?

① 자궁 　　　　　② 난소
③ 난관 　　　　　④ 질

033
난소는 난자를 생성하고 여성 호르몬을 분비한다.

034 피부진정에 좋은 활성성분에 해당하지 않는 것은?

① 아미노산(Amino Acid) 　② 아줄렌(Azulene)
③ 비사볼롤(Bisabolol) 　④ 캐모마일(Chamomile)

034
아미노산은 천연보습인자로 건성 피부에 좋은 활성성분이다.

035 히아루론산(Hyaluronic Acid)에 관한 설명으로 옳은 것은?

① 연령이 높아질수록 증가한다.
② 갓 태어난 아기 피부에 소량 존재한다.
③ 함량이 높을수록 피부가 부드럽고 촉촉하다.
④ 태반에서 추출한다.

035
히아루론산은 갓난아이에게 많이 함유되어 있으며 연령이 증가할수록 감소한다.

036 다음 중 성질이 다른 하나는?

① 마스카라
② 블러셔
③ 아이라이너
④ 메이크업 베이스

036
화장품에는 베이스메이크업 화장품(메이크업베이스, 파운데이션, 파우더)과 포인트메이크업 화장품(아이브로우, 아이섀도, 아이라이너, 마스카라, 립스틱, 블러셔)이 있다.

037 동물성 왁스 중 라놀린에 대한 설명으로 옳은 것은?

① 벌집에서 추출한다.
② 레시틴을 함유하고 있어 유화제로 사용된다.
③ 보습력을 지닌 피부유연제이다.
④ 여드름을 유발하지 않는다.

037
라놀린은 양모에서 추출하며 알러지 유발 가능성이 있다.

038 피부에 좋은 영양성분을 농축하여 만든 것으로 소량 사용만으로도 큰 효과를 얻을 수 있는 것은?

① 팩 　　　　　② 로션
③ 토너 　　　　④ 컨센트레이터

038
에센스(Essence)는 부스터, 컨센트레이터로도 불리우며 끈적끈적한 농축액으로 보습효과가 우수하고 영양물질을 공급한다.

032 ① 033 ② 034 ① 035 ③ 036 ④ 037 ③ 038 ④

039 녹색식물의 잎에서 추출하는 것으로 피부진정효과가 있는 것은?

① 아줄렌(Azulene) ② 판테놀(Panthenol)

③ 클로로필(Chlorophyll) ④ 위치하젤(Witch Hazel)

039
클로로필(Chlorophyll)은 엽록소로 피부진정 및 치료효과가 있어 민감한 피부에 적당하다.

040 신체의 특정 부위에 사용하여 셀룰라이트를 예방하고 혈액순환을 도와 노폐물 배출을 용이하게 해주는 제품은?

① 바디클렌저 ② 버블바스

③ 바디스크럽 ④ 슬리밍제품

040
슬리밍 제품은 주로 열을 발생시켜 노폐물을 배출시킨다.

041 다음 설명 중 틀린 것은?

① 전류 – 전자의 흐름

② 전압의 단위 – V

③ 정류기 – 직류를 교류로 변환

④ 도체 – 전류가 잘 통하는 물질

041
직류를 교류로 바꿔주는 것은 변환기이다.

042 갈바닉기기의 디스인크러스테이션에 대한 설명으로 옳은 것은?

① 산성의 비누성분을 피부에 발라 피지와 노폐물을 유화시킨다.

② 전극봉을 딥 클렌징 용액에 담근 후 고객의 턱에서부터 실시한다.

③ 색소침착 방지 및 미백효과가 있다.

④ 수용액을 이온화시켜 피부에 침투시킨다.

042
디스인크러스테이션 : 색소침착 방지 및 미백 효과, 피지와 노폐물 배출 촉진

043 피부관리의 마지막 단계에 사용하면 효과적인 미용기기는?

① 확대경

② 갈바닉기기

③ 진공흡입기

④ 냉온 마사지기

043
냉온 마사지기 : 혈관 수축, 진정효과로 피부관리의 마지막 단계에 사용하면 효과적이다.

044 중주파기기에 대한 설명으로 틀린 것은?

① 피부저항이 낮아 자극과 불쾌감이 없다.

② 1000~10,000Hz를 이용한다.

③ 8,000Hz는 인체의 뇌파와 비슷하여 피부의 극성효과 없이 조직을 더 깊이, 정확히 치료한다.

④ 근육에 전류가 침투한 상태에서 동작이 발생하므로 감각이 부드럽다.

044
8,000Hz가 아니라 4,000Hz이다.

정답 039 ③ 040 ④ 041 ③ 042 ③
043 ④ 044 ③

045 초음파의 효과로 부적합한 것은?

① 신진대사 증진   ② 매뉴얼 테크닉 작용

③ 지방분해 효과   ④ 안정감 부여

046 기후의 4대 요소로 옳게 연결된 것은?

① 기온, 기습, 기류, 복사열

② 기온, 강우, 기습, 복사량

③ 기온, 기습, 강우, 복사열

④ 기습, 기류, 강우, 냉각력

047 면역에 대한 설명으로 틀린 것은?

① 면역은 선천적 면역과 후천적 면역이 있다.

② 질병이환 후 얻어지는 면역을 자연 수동면역이라 한다.

③ 인위적으로 항원을 체내에 투입해서 항체를 생성시키는 방법은 인공능동면역이다.

④ 수동면역은 능동면역에 비해 면역효력이 빨리 나타난다.

048 수질오염의 생물학적 지표로 이용되는 것은?

① 잔류염소   ② 색도

③ 경도   ④ 대장균군

049 위생해충과 매개 질환의 연결이 잘못된 것은?

① 진드기 – 쯔쯔가무시병, 로키산홍반열

② 모기 – 황열, 말라리아

③ 파리 – 아프리카수면병, 야토병

④ 이 – 발진티푸스, 재귀열

050 다음 중 BOD와 DO의 원리로 옳은 것은?

① BOD가 높으면 DO는 낮다.

② BOD와 DO는 항상 같다.

③ BOD와 DO는 상관이 없다.

④ BOD가 낮으면 DO도 낮다.

045
안정감을 주는 것은 냉온 마사지이이다.

046
기후의 4대 요소 : 기온, 기습, 기류, 복사열

047
질병이환 후 얻어지는 면역은 자연 능동면역

048
대장균군 검출 : 미생물, 분변에 의한 오염 추측, 검출방법이 간단하고 정확해 수질오염의 지표로서 중요하다.

049
파리 매개 질병 : 콜레라, 장티푸스, 파라티푸스, 세균성 이질, 아프리카수면병(체체파리)

050
BOD가 높으면 DO는 낮다.

정답 45 ④ 46 ① 47 ② 48 ④
    49 ③ 50 ①

맞춤해설

051 산업보건의 목적과 가장 관계가 없는 것은?

① 산업재해 예방   ② 직업병 치료
③ 직업병 예방   ④ 산업피로 예방

● 051
목적 : 건강장해로부터 근로자 보호, 적정배치로 직업병 예방, 정신적 · 육체적 건강증진

052 식품의 화학적 보존방법과 가장 관계가 없는 것은?

① 염장법   ② 건조법
③ 당장법   ④ 보존료 첨가법

● 052
물리적 보존법 : 냉장, 냉동, 움저장, 탈수, 가열, 적외선 및 방사선 조사법

053 영양소의 3대 작용이 아닌 것은?

① 열량공급   ② 신체의 조직 구성
③ 신체의 기능 조절 작용   ④ 질병 예방 및 건강증진

● 053
영양소의 3대 작용 : 열량공급, 신체의 조직 구성, 신체의 생리기능 조절

054 5대 영양소 중에서 체내의 열량 저장, 지용성 비타민을 운반하는 작용을 하는 영양소는?

① 탄수화물   ② 지방질
③ 단백질   ④ 비타민

● 054
지방질 : 열량원으로 피부의 탄력과 부드러움 유지, 체내의 열량 저장, 지용성 비타민 운반

055 영양상태를 평가하는 직접 측정법이 아닌 것은?

① 임상증상에 의한 판정   ② 비만도(%)
③ Rohrer 지수   ④ 이환률

● 055
간접 측정법 : 연령별 특수 사망률, 이환률, 특정 질환의 사망률, 식이섭취평가

056 긴촌충(광절열두조충)증의 제2중간숙주는?

① 가재   ② 붕어
③ 연어(또는 송어)   ④ 물벼룩

● 056
긴촌충(광절열두조충)
• 제1중간숙주 : 물벼룩
• 제2중간숙주 : 연어, 송어, 농어

057 다음 중 가장 치명률이 높은 식중독은?

① 장염비브리오 식중독
② 보툴리누스 식중독
③ 웰치균 식중독
④ 포도상구균 식중독

● 057
보툴리누스 식중독 : 세균성 식중독 중 가장 치명률이 높은 식중독이다.

정답 051 ② 052 ② 053 ④ 054 ②
055 ④ 056 ③ 057 ②

058 공중위생영업을 폐업한 날로부터 며칠 이내에 누구에게 신고해야 하는가?

① 10일 이내 – 시장·군수·구청장

② 10일 이내 – 시·도지사

③ 20일 이내 – 시장·군수·구청장

④ 20일 이내 – 시·도지사

059 300만원 이하의 과태료에 해당하는 것은?

① 개선 명령에 위반한 자

② 위생관리 의무를 지키지 아니한 자

③ 영업소 외 장소에서 미용업무를 행한 자

④ 위생교육을 받지 아니한 자

060 보건복지부령으로 정하는 것이 아닌 것은?

① 공중위생영업의 폐업신고

② 면허취소의 세부기준

③ 미용사 업무 범위

④ 과태료, 수수료

● **058**
폐업한 날로부터 20일 이내에 시장·군수·구청장에게 폐업신고한다.

● **059**
• 300만원 이하의 과태료 : 관계 공무원 출입, 검사, 기타 조치 거부, 방해 또는 기피한 자, 개선명령에 위반한 자, 이용업 신고를 하지 않고 이용업소표시등을 설치한 자
• ②, ③, ④는 200만원 이하의 과태료에 처한다.

● **060**
과태료, 수수료는 대통령령으로 정한다.

정답 058 ③ 059 ① 060 ④

001 백합을 사용하고 미용이 종교의식 중심으로 행해진 시대는?

① 르네상스　　　　　　② 로마시대

③ 이집트시대　　　　　④ 그리스시대

● 001
이집트 시대의 미용은 종교의식을 중심으로 행해졌다.

002 피부미용에 대한 설명으로 틀린 것은?

① 피부의 생리 기능을 높여 건강한 피부를 유지한다.

② 피부와 신체를 아름답게 가꾸는 전신미용이다.

③ 핸드 테크닉과 의료미용기기를 사용하여 피부문제를 해소한다.

④ 두피를 제외한 얼굴과 신체 근육 및 피부에 영양을 공급한다.

● 002
피부미용영역은 의료관련의 범위를 적용하지 않는다.

003 우드램프로 피부분석 시 지성 피부의 색깔은 무엇인가?

① 청백색　　　　　　　② 형광색

③ 오렌지색　　　　　　④ 노란색

● 003
우드램프기를 이용한 피부 분석 시 피지, 여드름은 오렌지색으로 나타난다.

004 클렌징에 대한 설명으로 잘못된 것은?

① 공기 중의 미세먼지, 피부분비물, 메이크업 잔여물을 제거한다.

② 모공 깊은 곳의 불순물과 각질 제거의 목적이다.

③ 피부기능을 원활히 유지시켜 노화를 예방한다.

④ 영양의 흡수를 용이하게 하여 건강한 피부를 유지한다.

● 004
클렌징으로 쉽게 제거되지 않는 모공 깊은 곳의 불순물과 각질을 제거하는 것은 딥 클렌징이다.

005 피부 타입별 클렌징 제품의 연결이 옳은 것은?

① 건성 · 예민 피부 – 클렌징 오일

② 건성피부 – 산성비누

③ 여드름 피부 – 클렌징 크림

④ 지성피부 – 클렌징 워터

● 005
클렌징 오일은 건성, 예민, 노화, 탈수 피부에 적합하다.

006 매뉴얼 테크닉의 쓰다듬기 동작에 대한 설명 중 맞는 것은?

① 피부 깊숙이 자극하여 혈액순환을 촉진한다.

② 근육에 자극을 주기 위하여 깊고 지속적으로 누르는 방법이다.

● 006
쓰다듬기 : 마사지 시작과 끝에 사용. 눈 주변 적용. 신경안정 및 긴장 완화 효과

③ 메뉴얼 테크닉의 시작과 마무리에 사용한다.

④ 손가락으로 가볍게 두드리는 방법이다.

007 일시적 제모 방법에 해당되지 않는 것은?

① 제모크림   ② 왁스

③ 전기응고술   ④ 족집게

● 007

일시적 제모 : 면도기, 핀셋, 화학적 제모

008 림프드레나쥐 기법 중 손바닥 전체 또는 엄지 손가락을 피부위에 올려 놓고 앞으로 나선형으로 밀어내는 동작은?

① 정지상태 원동작   ② 림프 기법

③ 퍼올리기 동작   ④ 회전 동작

● 008

퍼올리기 동작은 손목관절을 회전 시켜 나선형으로 퍼올리는 것이다.

009 클렌징 과정에서 제일 먼저 클렌징해야 할 부위는?

① 볼 부위   ② 눈 부위

③ 목 부위   ④ 턱 부위

● 009

1차 클렌징 : 눈, 입술 포인트 화장 지우기

010 클렌징 시술 시 유의사항으로 잘못된 것은?

① 클렌징 시간은 10분 정도가 적합하다.

② 하루 2회 이상의 클렌징은 피한다.

③ 미지근하거나 따뜻한 물을 사용한다.

④ 피부의 수용성 성분은 완전히 제거하지 않는다.

● 010

먼지, 땀, 파우더 메이크업과 같은 수용성 피부 오염 요소는 클렌징(세 안)하면 제거된다.

011 색소세포가 가장 많이 분포되어 있는 피부 부위는?

① 표피의 각질층   ② 표피의 기저층

③ 진피의 유두층   ④ 진피의 망상층

● 011

갈색의 멜라닌세포는 표피의 가장 아래층에 집중적으로 모여 피부색 을 나타낸다.

012 한선에 대한 설명 중 틀린 것은?

① 체온조절 기능이 있다.

② 진피와 피하지방 조직의 경계부위에 위치한다.

③ 입술을 포함한 전신에 존재한다.

④ 에크린선과 아포크린선이 있다.

● 012

한선은 입술, 음부를 제외한 전신에 분포한다.

맞춤해설

013 피부의 pH를 가장 바르게 설명한 것은?

① 피부 기저층의 pH를 말하는 것이다.

② 피부 진피층의 pH를 말하는 것이다.

③ 피부 표면의 pH를 말하는 것이다.

④ 상피 자체의 pH를 말하는 것이다.

● 013
피부의 pH는 피부 표면의 산성도를 말하는 것이다.

014 피하조직에 관한 설명으로 옳지 않은 것은?

① 주로 교원질과 탄력섬유의 단백질섬유로 구성된다.

② 진피와 근육 사이에 위치한다.

③ 피부의 구조 중 가장 아래층에 해당하는 조직이다.

④ 외상으로부터 내부를 보호한다.

● 014
진피의 구성 : 교원섬유, 탄력섬유, 기질

015 피부의 기능이 아닌 것은?

① 보호 작용

② 체온조절 작용

③ 비타민A 합성 작용

④ 호흡 작용

● 015
피부에서 합성하는 것은 비타민D 이다.

016 피부의 구조에서 히아루론산, 황산 등으로 구성된 기질이 존재하는 층은?

① 망상층

② 유두층

③ 투명층

④ 유극층

● 016
진피의 망상층은 교원섬유(콜라겐), 탄력섬유(엘라스틴), 기질(히아루론산, 황산으로 이루어진 친수성 다당체로 액체 상태의 뮤코다당류로 존재)로 구성되어 있다.

017 표피를 구성하고 있는 세포와 역할이 잘못 짝지어져 있는 것은?

① 랑게르한스세포 – 면역

② 메르켈세포 – 촉각 감지

③ 각질형성세포 – 자외선 흡수

④ 멜라닌 세포 – 자외선 산란

● 017
각질형성세포는 자외선으로부터 피부를 보호한다.

018 피부의 감각 기능에 대한 설명으로 잘못된 것은?

① 촉각은 손가락, 입술, 혀끝이 예민하다.

② 온각과 냉각은 혀끝이 가장 예민하다.

③ 압각은 피부 감각기관에 가장 많이 분포되어 있다.

④ 촉각은 발바닥이 가장 둔하다.

● 018
피부의 감각기관에 가장 많이 분포되어 있는 것은 통각이다.

정답 013 ③ 014 ① 015 ③ 016 ①
017 ③ 018 ③

019 멜라닌 세포에 대한 설명으로 잘못된 것은?

① 멜라닌 세포수는 피부색에 따라 달라진다.

② 멜라닌 양에 의해 피부색이 결정된다.

③ 대부분 기저층에 위치한다.

④ 자외선으로부터 피부손상을 방지한다.

● 019
멜라닌 세포수는 피부색에 관계없이 일정하다.

020 피부의 구조에서 체온 유지, 충격 흡수, 영양 저장의 기능을 하는 조직은?

① 각질층   ② 유두층

③ 피하지방   ④ 망상층

● 020
피하지방의 기능 : 체온 유지, 수분조절, 탄력 유지, 충격 흡수, 영양저장

021 체내의 조직과 기관의 사이를 메우고 몸을 지탱하는 역할을 담당하는 조직은?

① 상피 조직   ② 결합 조직

③ 근육 조직   ④ 신경 조직

● 021
결합 조직 : 인체에 널리 분포하는 조직으로 여러 기관의 형태를 유지하고 결합시킨다.

022 인체의 단위를 작은 순서부터 차례로 나열 한 것은?

① 세포 – 조직 – 계통 – 기관 – 인체

② 조직 – 기관 – 계통 – 인체 – 세포

③ 세포 – 조직 – 기관 – 계통 – 인체

④ 세포 – 계통 – 조직 – 기관 – 인체

● 022
세포 – 조직 – 기관 – 계통 – 인체의 순이다.

023 골격계의 기능이 아닌 것은?

① 지지 기능   ② 운동 기능

③ 응고 기능   ④ 조혈 기능

● 023
골격계의 기능 : 지지, 보호, 조혈, 운동 저장 기능

024 탄력성이 있어 뼈와 뼈 사이의 완충 역할을 하는 결합조직은?

① 골수   ② 골조직

③ 연골   ④ 관절

● 024
연골은 탄력성이 있어 뼈와 뼈 사이의 충격을 흡수한다.

025 두개골 사이에만 존재하는 관절로 운동성이 전혀 없는 것은?

① 봉합   ② 인대결합

③ 정식   ④ 연골 결합

● 025
봉합은 두개골 사이에만 존재하는 관절로 운동성이 없다.

 19 ①   20 ③   21 ②   22 ③
23 ③   24 ③   25 ①

맞춤해설

026 근육의 기능으로 적당하지 않은 것은?

① 에너지와 열 생산　　　　② 운동 기능

③ 보호 기능　　　　　　　④ 자세 유지

● 026
근육의 기능 : 운동, 체열생산, 자세
유지, 혈액순환 촉진, 소화관 운동,
배뇨 및 배변

027 뇌신경과 척수 신경은 각각 몇 쌍인가?

① 뇌신경 – 12, 척수신경 – 31　② 뇌신경 – 11, 척수신경 – 31

③ 뇌신경 – 12, 척수신경 – 30　④ 뇌신경 – 11, 척수신경 – 30

● 027
뇌신경 : 뇌로부터 나오는 말초신
경으로 12쌍
척수신경 : 척수로부터 나오는 31
쌍의 척수신경

028 다음 중 간의 역할에서 가장 중요한 것은?

① 소화의 흡수촉진　　　　② 담즙의 생성과 분비

③ 음식물의 역류 방지　　　④ 부신피질 호르몬 생산

● 028
간의 기능 : 영양물질 합성, 해독 작
용, 담즙 분비, 혈액응고 관여

029 다음 보기의 사항에 해당되는 신경은?

> • 제 7뇌신경
> • 안면근육운동
> • 혀 앞 2/3 미각 담당

① 3차신경　　　　　　　② 설인신경

③ 안면신경　　　　　　　④ 부신경

● 029
안면신경 : 얼굴의 피부에 분포, 얼
굴의 근육 운동, 표정 등 조절

030 다음 중 슬관절이나 주관절처럼 펴고, 굽히는 운동만 가능한 관절은?

① 중쇠관절　　　　　　　② 복합관절

③ 경첩관절　　　　　　　④ 구상관절

● 030
경첩관절 : 하나의 축을 따라 구부
리고 펼 수 있는 관절

031 적외선램프가 피부에 미치는 작용으로 적합한 것은?

① 비타민C 생성　　　　　② 신경자극

③ 온열작용　　　　　　　④ 근육수축

● 031
적외선 램프의 작용 : 온열작용으
로 혈액 순환을 촉진시킨다.

032 자외선등에 대한 설명으로 틀린 것은?

① 에르고스테린을 비타민D로 합성시킨다.

② 구루병을 방지한다.

③ 여드름 피부관리에 효과적이다.

④ 온열작용으로 혈액순환을 촉진시킨다.

● 032
온열작용 : 적외선등

정답 026 ③　027 ①　028 ②　029 ③
030 ③　031 ③　032 ④

033 다음 전기 용어에 대한 설명으로 틀린 것은?

① 전류는 전자의 이동을 말한다.

② 전력은 일정시간 동안 사용된 전류의 양으로 단위는 W이다.

③ 전류를 만드는 데 필요한 압력을 전압이라 한다.

④ 전류가 잘 통하는 금속물질 등을 부도체라 한다.

● 033
전류가 잘 통하는 금속물질 등을 전도체라 한다. 부도체는 전류가 잘 통하지 않는 유리, 고무 등의 물질을 말한다.

034 미용기기로 사용되는 진공흡입기와 상관없는 것은?

① 피부에 적절한 자극을 주어 피부 기능을 왕성하게 한다.

② 피지 제거, 불순물 제거에 효과적이다.

③ 민감성 피부나 모세혈관확장증에 적용하면 좋은 효과가 있다.

④ 혈액순환촉진, 림프순환촉진에 효과가 있다.

● 034
진공흡입기 : 모세혈관확장, 민감성, 여드름 피부에 사용하기 부적합하다.

035 갈바닉 전류의 음극에서 생성되는 알칼리를 이용하여 피부표면의 피지와 모공 속의 노폐물을 세정하는 방법은?

① 이온토포레시스

② 리프팅트리트먼트

③ 디스인크러스테이션

④ 고주파트리트먼트

● 035
디스인크러스테이션 : 알칼리성분으로 피지 표면의 피지, 각질세포, 노폐물 배출

036 고주파기기 사용을 금해야 하는 사람이 아닌 것은?

① 간질병환자 ② 인공심장박동기 착용자

③ 노화피부 ④ 임산부

● 036
고주파기기 사용이 부적절한 부위와 대상자 : 다모 부위, 질, 피부염 · 찰과상 · 혈전증 · 혈관 이상 · 동맥경화 · 간질 · 고혈압 · 저혈압 환자, 금속류 부착자, 임산부

037 다음 설명 중 틀린 것은?

① 중성인 원자가 전자를 얻어 음(−)전하를 띠는 것은 음이온이다.

② 전류는 음극에서 양극으로 흐른다.

③ 같은 극끼리는 밀어낸다.

④ 전자는 음극에서 양극으로 이동한다.

● 037
전자는 양극과 음극이 서로 끌어당기는 원리에 의해 원자의 핵을 따라 궤도를 그리며 돈다.

038 피부분석기기로 관리사와 고객이 동시에 분석할 수 있는 기기는?

① 확대경 ② pH측정기

③ 우드 램프 ④ 스킨 스코프

● 038
스킨 스코프 : 정교한 피부분석기기로 관리사와 고객이 동시에 피부분석을 진행할 수 있다

033 ④ 34 ③ 35 ③ 36 ③
37 ② 38 ④

039 갈바닉 기기의 디스인크러스테이션 효과로 틀린 것은?

① 각질 제거　　　　　　　② 유효성분 흡수

③ 색소 침착 방지　　　　　④ 노폐물 배출 촉진

● 039
유효성분 흡수는 갈바닉기기의 이온영동법으로 얻을 수 있는 효과이다.

040 체내에서 심부열을 발생시키는 전류는?

① 저주파　　　　　　　　② 고주파

③ 중주파　　　　　　　　④ 정현파

● 040
고주파는 심부열을 발생시켜 신진대사와 혈액순환을 촉진한다.

041 조선시대 미용에 대한 설명으로 틀린 것은?

① 전통 화장술이 완성되었다.

② 유교의 영향으로 짙은 화장을 천시하였다.

③ 화장에 귀천이 존재하여 분대화장과 비분대화장으로 구분되었다.

④ 기초 화장품으로 참기름을 사용하였다.

● 041
분대화장과 비분대화장으로 화장이 이원화된 때는 고려시대이다.

042 오일에 대한 설명으로 옳은 것은?

① 식물성 오일 – 향은 좋으나 부패하기 쉽다.

② 동물성 오일 – 무색투명하고 냄새가 없다.

③ 광물성 오일 – 색이 진하며, 피부 흡수가 낮다.

④ 합성 오일 – 냄새가 나빠 정제한 것을 사용한다.

● 042
식물성 오일은 식물이 꽃, 열매, 뿌리 등에서 추출하여 다양한 종류가 있으나 부패하기 쉽기 때문에 서늘하고 어두운 곳에 보관한다.

043 화장품의 수성원료가 아닌 것은?

① 정제수　　　　　　　　② 알코올

③ 글리세린　　　　　　　④ 고급알코올

● 043
고급알코올은 천연유지와 석유에서 합성하여 만들어진 유성원료이다.

044 미백화장품의 원료로 사용되지 않는 것은?

① 알부틴　　　　　　　　② 코직산

③ 레티놀　　　　　　　　④ 비타민C 유도체

● 044
레티놀 : 주름 개선 성분

045 다음 중 화장품에 사용되는 주요 방부제는?

① 에탄올　　　　　　　　② 벤조산

③ 파라옥시안식향산 메틸　④ BHT

● 045
방부제 : 파라옥시향산에스테르(메틸, 에틸, 프로필, 부틸), 아미디아졸리디닐우레아, 페녹시에탄올, 이소치아졸리논

정답　39 ②　40 ②　41 ③　42 ①
43 ④　44 ③　45 ③

맞춤해설

046 콜라겐에 대한 설명으로 틀린 것은?

① 열과 자외선에 강하다.

② 피부의 저수지로 불리운다.

③ 피부의 장력을 제공한다.

④ 화장품의 성분으로 뛰어난 보습력을 제공한다.

● 046
콜라겐은 열과 자외선에 쉽게 파괴된다.

047 O/W타입의 제품으로 피부에 특정한 효과를 주기 위한 기초화장품은?

① 크림　　　　　　　　② 팩

③ 에센스　　　　　　　④ 로션

● 047
에센스는 O/W타입으로 흡수가 빠르며 유효성분을 첨가하여 피부에 특정 효과를 부여한다.

048 다음 중 화장품 분류의 성격이 다른 것은?

① 팩　　　　　　　　　② 클렌징 크림

③ 파운데이션　　　　　④ 화장수

● 048
파운데이션 : 메이크업 화장품

049 다음 중 기초화장품의 사용목적이 아닌 것은?

① 세안용으로 사용한다.

② 베이스메이크업을 위해 사용한다.

③ 피부를 정돈하기 위해 사용한다.

④ 피부보호의 목적으로 사용한다.

● 049
메이크업 화장품은 베이스메이크업용과 포인트메이크업용으로 나뉜다.

050 다음 중 향수의 부향률이 높은 것부터 순서대로 나열된 것은?

① 퍼퓸 〉 오데퍼퓸 〉 오데코롱 〉 오데토일렛

② 퍼퓸 〉 오데토일렛 〉 오데코롱 〉 오데퍼퓸

③ 퍼퓸 〉 오데퍼퓸 〉 오데토일렛 〉 오데코롱

④ 퍼퓸 〉 오데코롱 〉 오데퍼퓸 〉 오데토일렛

● 050
향수의 부향률은 퍼퓸 〉 오데퍼퓸 〉 오데토일렛 〉 오데코롱 〉 샤워코롱 순으로 높다.

051 공중보건의 목적으로 맞는 것은?

① 수명연장, 건강증진, 조기발견

② 질병예방, 수명연장, 건강증진

③ 조기치료, 조기발견, 건강증진

④ 조기치료, 질병예방, 건강증진

● 051
공중보건의 목적 : 질병예방, 수명연장, 신체적 · 정신적 건강 및 효율 증진

46 ① 47 ③ 48 ③ 49 ②
50 ③ 51 ②

맞춤해설

052 질병 발생요인이 아닌 것은?
① 숙주 ② 병원체
③ 환경 ④ 매개곤충

● 052
질병 발생요인 : 숙주(인간), 병인(병원체), 환경

053 다음 중 과태료에 대한 설명으로 옳지 않은 것은?
① 규정에 따른 과태료는 대통령령으로 정한다.
② 위생교육을 받지 아니한 자는 300만원 이하의 과태료를 부과한다.
③ 개선 명령을 위반한 자는 300만원 이하의 과태료를 부과한다.
④ 과태료는 보건복지부장관 도는 시장 · 군수 · 구청장이 부과 및 징수한다.

● 053
위생교육을 받지 아니한 자는 200만원 이하의 과태료를 부과한다.

054 이 · 미용사의 면허를 받기 위한 자격요건으로 틀린 것은?
① 교육과학기술부 장관이 인정하는 고등기술학교에서 1년 이상 이 · 미용에 관한 소정의 과정을 이수한 자
② 이 · 미용에 관한 업무에 3년 이상 종사한 경험이 있는 자
③ 국가기술자격법에 의한 이 · 미용사의 자격을 취득한 자
④ 전문대학에서 이 · 미용에 관한 학과를 졸업한 자

● 054
미용사 면허 조건
• 전문대학 또는 이와 같은 수준 이상의 학력이 있다고 교육부장관이 인정하는 학교에서 이 · 미용에 관한 학과를 졸업한 자
• 학점인정으로 대학 또는 전문대학을 졸업한 자와 같은 수준 이상이 있는 것으로 인정되어 학력의 이 · 미용에 관한 학위를 취득한 자
• 고등학교 또는 같은 수준 이상의 학력이 있다고 교육부장관이 인정하는 학교에서 이 · 미용에 관한 학과를 졸업한 자
• 초 · 중등교육법령에 따른 특성화고등학교, 고등기술학교나 고등학교 또는 고등기술학교에 준하는 각종학교에서 1년 이상 이 · 미용에 관한 소정의 과정을 이수한 자
• 국가기술자격법에 의한 이 · 미용사 자격을 취득한 자

055 이산화탄소에 대한 설명으로 틀린 것은?
① 무색, 무취의 독성가스
② 소화제, 청량음료에 사용한다.
③ 허용농도는 0.1%이다.
④ 10% 이상이면 질식사한다.

● 055
이산화탄소(CO₂)
· 무색, 무취, 비독성 가스
· 소화제, 청량음료에 사용
· 실내 공기오염 지표로 사용
· 허용농도 : 0.1%

056 위생해충과 매개 질환이 잘못 연결된 것은?
① 벼룩 – 발진열, 페스트
② 모기 – 사상충증, 말라리아
③ 파리 – 일본뇌염, 황열
④ 이 – 발진티푸스, 재귀열

● 056
파리 매개 질병 : 장티푸스, 콜레라, 파라티푸스, 세균성 이질

052 ④ 053 ② 054 ② 55 ①
056 ③

057 모기가 옮기는 질병이 아닌 것은?

① 일본뇌염 ② 사상충증
③ 재귀열 ④ 황열

058 세균성 식중독에 대한 설명으로 틀린 것은?

① 소화기에 비해 잠복기가 짧다.
② 소량의 균으로 발병한다.
③ 2차감염이 없다.
④ 면역이 획득 되지 않는다.

059 면역에 대한 설명 중 가장 타당하지 않은 것은?

① 면역은 크게 선천면역과 후천면역으로 나눈다.
② 수동면역은 능동면역에 비해 면역효과가 늦게 나타나지만 효력지속시간이 길다.
③ 능동면역은 자연능동면역과 인공능동면역으로 나눈다.
④ 자연수동면역은 수유, 태반 등을 통해서 얻는 면역, 인공수동면역은 r-globulin 등이 있다.

060 이 · 미용사는 영업소 외의 장소에는 이 · 미용 업무를 할 수 없지만, 예외되는 사유에 해당되지 않는 것은?

① 질병으로 영업장까지 나올 수 없는 자의 이 · 미용
② 혼례 기타 의식에 참여하는 자에 대한 의식 직전에 행하는 이 · 미용
③ 긴급히 국외에 출타하는 자에 대한 이 · 미용
④ 시장, 군수, 구청장이 특별한 사정이 있다고 인정하는 경우에 행하는 이 · 미용

제 04 회 실전모의고사

001 림프 드레나쥐의 주된 작용은?
① 혈액순환과 신진대사 저하
② 노폐물과 독소물질을 림프절로 운반
③ 피부조직 강화
④ 림프순환 저하

• 001
림프 드레나쥐는 노폐물과 과잉 수분을 제거하고 면역기능을 강화한다.

002 다음 중 일시적 제모에 속하지 않는 것은?
① 전기 분해법을 이용한 제모
② 족집게를 이용한 제모
③ 왁스를 이용한 제모
④ 화학 탈모제를 이용한 제모

• 002
영구적 제모 : 전기 분해 제모, 레이저 제모

003 종교적인 이유로 화장을 금지하고 깨끗한 피부 관리에 중점을 두었던 시대는?
① 근세시대
② 중세시대
③ 로마시대
④ 현대

• 003
중세시대는 금욕주의의 영향으로 목욕과 화장을 제한하였으며 향수를 사용하여 체취를 해결하였다.

004 피부 분석 시 사용되는 방법으로 거리가 먼 것은?
① 고객에게 질문하의 피부유형 판독
② 육안을 통해 피부유형 판독
③ 세안하기 전 단계에서 우드램프를 이용해 피부유형 판독
④ 유 · 수분 분석기를 이용해 피부유형 판독

• 004
피부유형 분석법
① 문진 : 고객에 질문 판독
② 견진 : 육안 판독
③ 촉진 : 만지거나 집어서 판독
④ 기기판독 : 클렌징 후 사용(우드 램프, 확대경, 피부 분석기, 유수분, pH측정기 등)

005 딥 클렌징 스크럽 타입의 제품 사용방법으로 옳지 않은 것은?
① 알갱이가 있는 세안제로, 마찰을 통하여 노폐물을 제거한다.
② 염증성 피부에 적합한 제품이다.
③ 3~4분 정도 가벼운 마사지를 한다.
④ 스티머를 이용하여 각질을 연화시킨 후 사용하면 효과적이다.

• 005
주사, 쿠퍼로즈(모세혈관 확장), 일소피부는 자극을 피해야 하므로 스크럽을 피한다.

정답 001 ② 002 ① 003 ② 004 ③ 005 ②

맞춤해설

006 건성피부의 특징과 관리방법으로 잘못된 것은?
① 각질층의 수분 함유량이 10% 이하인 피부타입이다.
② 주름이 많고 모공이 작은 피부타입으로 세라마이드, 히아루론산 성분함유 화장품이 좋다.
③ 피지분비 제거를 위해 비누와 따뜻한 물로 세정한다.
④ 피부결이 얇고 섬세해 잔주름 개선을 위한 콜라겐, 엘라스틴, 히아루론산이 함유된 화장품 사용을 권장한다.

007 피부 타입별 화장품 사용법으로 옳은 것은?
① 여드름피부 – 항균, 소독, 색소관리의 목적으로 살리실산, 클레이, 성분의 화장품 사용
② 건성피부 – 유·수분 공급의 목적으로 아줄렌, 유황성분의 화장품 사용
③ 노화피부 – 모공수축의 목적으로 은행추출물, AHA 성분의 화장품 사용
④ 민감성피부 – 자극 최소와 안정의 목적으로 코직산, 닥나무 추출성분의 화장품 사용

008 매뉴얼 테크닉 기법 중 주름이 생기기 쉬운 부위에 주로 실시하여 피부의 탄력을 증진시키는 기법은?
① 쓰다듬기(경찰법)
② 문지르기(강찰법)
③ 반죽하기(유연법)
④ 두드리기(고타법)

009 팩과 마스크에 대한 설명으로 틀린 것은?
① 팩은 공기차단, 마스크는 공기통과의 원리를 이용한다.
② 피부탄력, 혈액순환 촉진에 효과적이다.
③ 피부기능 정상화에 도움을 준다.
④ 모공 속 노폐물 제거에 효과적이다.

010 다리 제모의 방법으로 틀린 것은?
① 온왁스에 비해 냉왁스가 효과적이다.
② 대퇴부는 위에서 아래로 각 길이를 이등분으로 나누어 내려가며 실시한다.
③ 무릎 부위는 세워놓고 실시한다.
④ 종아리는 몸을 엎드리게 한 후 실시한다.

● 006
건성피부
•특징 : 땀과 피지의 분비가 원활하지 못해 자극에 예민하며 피지보호막이 얇고 피부손상과 주름발생이 쉬워 노화현상이 빨리 온다.
•관리방법 : 유, 수분을 공급하여 건조와 잔주름을 개선해야 한다.

● 007
① 건성용
•콜라겐, 엘라스틴, Sodium PCA, 소르비톨, 히알루론산염, 아미노산, 세라마이드
•해초, 레시틴, 알로에
② 노화용
•비타민E(토코페롤), 레티놀, 레티닐팔미테이트, SOD, 프로폴리스, 알란토인
•AHA(5가지 과일산) : 젖산, 사과산, 주석산, 구연산, 글리콜릭산, 인삼, 은행 추출물
③ 민감성용 : 아줄렌, 위치하젤, 비타민P, 비타민K, 판테놀, 리보플라빈, 클로로필
④ 지성, 여드름용 : 살리실산, 클레이, 유황, 캄퍼

● 008
문지르기(Friction) : 혈액순환을 돕고 피부의 탄력성을 증진, 근육의 긴장 이완

● 009
팩은 굳지 않은 영양 공급재료로써 공기가 통과하고, 마스크는 수분 증발 억제의 굳는 영양 공급 재료로써 공기를 차단한다

● 010
냉왁스는 온왁스에 비해 굵거나 거센 털은 잘 제거되지 않는다.

 006③ 007① 008② 009①
010①

맞춤해설

011 비교적 모든 피부 유형에 사용이 가능한 마스크는?

① 파라핀 마스크   ② 석고 마스크

③ 클레이 마스크   ④ 고무 마스크

● 011
고무 마스크(모델링 마스크) : 알긴산 원료(영양 공급), 모든 피부에 적합

012 피부 구조에 대한 설명으로 옳은 것은?

① 표피는 유두층, 망상층으로 이루어져 있다.

② 기저층에 존재하는 랑게르한스세포는 면역을 담당한다.

③ 피부의 90%를 차지하는 실질적 피부는 진피이다 .

④ 피부 부속기관인 혈관, 림프관은 유두층에 존재한다.

● 012
• 표피는 각질층과 투명층, 과립층, 유극층, 기저층으로 이루어져 있다.
• 유극층에 존재하는 랑게르한스세포는 면역을 담당한다.
• 혈관, 림프관 등은 진피의 망상층에 존재한다.

013 다음 중 피부의 기능이 잘못된 것은?

① 세균으로부터 보호

② 산소 흡수, 이산화탄소 배출

③ 수분, 이물질 등을 흡수

④ 항상성 유지를 위한 체온조절

● 013
피부의 기능
① 보호 : 물리적, 화학적, 태양광선 세균
② 호흡 : 산소흡수, 이산화탄소 배출
③ 흡수 : 이물질 흡수 막음(선택적 투과)
④ 저장 : 수분, 혈액, 영양분
⑤ 면역
⑥ 체온조절 : 항상성 유지, 혈관 확장과 수축, 땀 배출
⑦ 분비 및 배출기능
⑧ 감각기능 분포 : 통각 〉 압각 〉 냉각 〉 온각 순으로 분포
⑨ 비타민D 합성
⑩ 각화 : 약 28일 주기

014 피부의 pH에 대한 설명으로 옳은 것은?

① 피부 표면의 알칼리성 농도를 측정할 때 사용한다.

② 피부표면 pH 4.5일 때 세균으로부터 피부를 가장 잘 보호한다.

③ pH는 용액의 수소이온농도를 지수로 나타낸 지수이다.

④ 피부 pH 측정은 세안 전에 실시한다.

● 014
피부 표면의 pH가 5.5(약산성)일 때 가장 이상적이며, 피부를 잘 보호한다.

015 다음 설명 중 틀린 것은?

① 피하지방은 진피에서 내려온 섬유가 결합되어 형성된 망상조직이다.

② 진피의 구성물질 중 90% 차지하는 것이 콜라겐 단백질이다.

③ 진피의 기질 구성성분은 히아루론산, 황산콘로이친, 프로테오글리칸등이 있다.

④ 표피에 세포성분과 기질성분이 많고 모세혈관, 신경종말이 풍부하게 분포되어 있다.

● 015
표피에는 신경과 혈관이 없고, 세포성분과 기질성분, 모세혈관, 신경종말 등이 풍부하게 분포되어 있는 것은 진피이다.

016 다음 중 자외선이 피부에 미치는 영향이 아닌 것은?

① 색소침착   ② 살균효과

③ 홍반 형성   ④ 비타민A 합성

● 016
피부에서 합성되는 것은 비타민D이다.

 011 ④   012 ③   013 ③   014 ③
015 ④   016 ④

017 피지선에 대한 설명으로 틀린 것은?

① 피지를 분비하는 선으로 진피층에 위치한다.

② 피지선은 손바닥에 없다.

③ 피지의 1일 분비량은 10~20g 정도이다.

④ 피지선이 많은 부위는 코 주위이다.

● 017
피지의 1일 분비량 : 1~2g

018 다음 중 적외선에 관한 설명으로 옳지 않은 것은?

① 혈류의 증가를 촉진시킨다.

② 피부에 생성물이 흡수되도록 돕는다.

③ 노화를 촉진시킨다.

④ 피부에 열을 가하여 이완시킨다.

● 018
적외선의 효과
• 혈액순환 및 신진대사 촉진
• 근육 수축 및 이완
• 혈압 이완 및 감소
• 통증 완화 및 진정
• 혈관 촉진(홍반현상)

019 피부의 새로운 세포 형성이 이루어지는 곳은?

① 기저층   ② 유극층

③ 과립층   ④ 투명층

● 019
기저층 : 모세혈관으로부터 영양을 공급 받아 새로운 세포를 생성한다.

020 피부구조에 있어 물이나 일부의 물질이 통과하지 못하게 하는 일종의 흡수방어막이 존재하는 곳은?

① 유극층과 기저층 사이   ② 투명층과 과립층 사이

③ 각질층과 과립층 사이   ④ 과립층과 유극층 사이

● 020
일종의 흡수방어막이 존재하는 곳은 투명층으로, 손·발바닥 부위에만 존재하며 각질층과 과립층 사이에 있다.

021 성인의 뼈는 모두 몇 개인가?

① 204개   ② 206개

③ 207개   ④ 210개

● 021
체간골격 80개, 체지골격 126개, 총 206개

022 다음 중 적혈구와 백혈구가 생산되는 곳은?

① 신경   ② 간

③ 골수   ④ 골막

● 022
골수강 : 뼈의 가장 안쪽에 위치하며 골수로 구성(적혈구, 백혈구 생산)되어 있다.

023 다음 중 뼈의 굵기 성장이 일어나는 곳은?

① 골막   ② 연골

③ 골단연골   ④ 골수강

● 023
골막은 뼈를 덮는 막으로 뼈의 굵기와 성장이 일어나는 곳이다.

맞춤해설

024 다음 근육에 대한 설명 중 틀린 것은?
① 인체의 근육계는 대략 650여 개이다.
② 체중의 10~15%를 차지한다.
③ 배뇨, 배변 활동의 기능이 있다.
④ 근육은 신체 운동을 담당한다.

● 024
근육 : 체중의 40~45%를 차지

025 다음 중 뇌와 그 기능이 바르게 연결된 것은?
① 연수 – 체온 조절 중추
② 간뇌 – 생명 중추(성장, 발한, 호흡)
③ 중뇌 – 시각, 청각 반사 중추
④ 소뇌 – 감정 조절 중추

● 025
• 연수 : 호흡, 심장박동, 소화, 반사 중추(재채기, 침 분비, 구토)
• 간뇌 : 시상(감각 연결), 시상하부(체온 수분대사, 항상성 조절)
• 소뇌 : 흥분 전달, 자세, 수의근 조정

026 다음 중 말초 신경계에 관한 설명은?
① 교감, 부교감 신경으로 구분
② 체성신경계와 자율신경계로 구분
③ 뇌신경과 척수 신경으로 구분
④ 뇌와 척수로 구분

● 026
말초신경계 : 기능에 따라 체성신경계와 자율신경계로 구분

027 다음 중 소뇌에 대한 설명으로 옳지 않은 것은?
① 후두부에 위치한다.
② 반사중추이다.
③ 자세를 바로 잡아주는 중추이다.
④ 말초의 수용체로부터 흥분을 전달 받는다.

● 027
배변, 배뇨 등의 반사중추는 척수이다.

028 혈액 중 산소를 운반하는 것은?
① 백혈구   ② 혈소판
③ 적혈구   ④ 림프구

● 028
적혈구 : 헤모글로빈에서 산소를 운반

029 림프의 순환 경로로 맞는 것은?
① 림프관 – 림프절 – 모세림프관 – 대정맥 – 림프본관 – 집합관
② 림프본관 – 대정맥 – 림프절 – 모세림프관 – 집합관 – 림프관
③ 모세림프관 – 림프관 – 림프절 – 림프본관 – 집합관 – 대정맥
④ 대정맥 – 집합관 – 림프본관 – 림프절 – 림프관 – 모세림프관

● 029
림프의 순환 경로
모세림프관 → 림프관 → 림프절 → 림프본관 → 집합관 → 대정맥

024 ②   025 ③   026 ②   027 ②
028 ③   029 ③

맞춤해설

030 모세혈관에 대한 설명으로 맞는 것은?

① 심장에서 온몸으로 나가는 혈관이다.

② 물질의 확산, 삼투, 여과 작용을 한다.

③ 심장으로 들어오는 혈관이다.

④ 판막이 존재한다.

● 030
모세혈관 : 확산, 침투, 여과에 의한 물질교환이 이루어지는 곳이다.

031 다음 중 고주파에 관한 설명으로 옳은 것은?

① 근육과 신경에 자극을 주어 통증을 완화시킨다.

② 전기자극을 가하여 셀룰라이트와 지방 연소 촉진에 이용된다.

③ 조직온도 상승으로 제품이 피부 깊숙이 침투된다.

④ 무선에 사용되는 전파보다 긴 파장을 이용한다.

● 031
고주파 : 심부열을 발생시켜 혈류량을 증가시키고 조직온도를 상승시켜 세포기능 증진의 효과를 가져온다.

032 저주파 전류에 관한 설명으로 옳은 것은?

① 세포기능을 촉진시킨다.

② 근육의 수축·이완과 함께 비틀리는 효과에 의해 최대한의 에너지를 발산시킨다.

③ 심부열을 발생시켜 혈류량을 증가시킨다.

④ 신경과 근육에 자극을 주어 통증을 강화한다.

● 032
저주파 전류 : 근육에 전기 자극을 가하여 근육을 수축·이완시켜 운동 효과를 볼 수 있고 셀룰라이트·지방을 연소시킨다.

033 이온에 관한 설명으로 틀린 것은?

① 화학적 특성이 있다.

② 원자가 한 개 또는 그 이상의 전자를 잃거나 얻어서 생성한다.

③ 전자를 받으면 음(−)전하를 띠는 음이온이 된다.

④ 전자를 잃어버리면 양(+)전하를 띠는 양이온이 된다.

● 033
이온은 전기적 특성을 가진다.

034 광선을 이용한 기기로 부작용 없이 면역력과 치유력 증진을 도와주는 미용기기는?

① 초음파

② 우드 램프

③ 고주파기기

④ 컬러테라피 기기

● 034
컬러테라피 기기 : 부작용과 감염 없이 효과를 준다.

 030 ② 031 ③ 032 ② 033 ①
034 ④

035 전류에 대한 설명이 틀린 것은?

① 전류의 방향은 도선을 따라 +극에서 −극으로 흐른다.

② 전류는 주파수에 따라 초음파, 저주파, 중주파, 고주파전류로 나눈다.

③ 전류의 세기는 1초 동안 도선을 따라 움직이는 전하량을 말한다.

④ 전자의 방향과 전류의 방향은 반대이다.

● 035
−극에서 +극으로 이동하는 전자의 이동을 전류라 한다.

036 확대경에 대한 설명으로 틀린 것은?

① 피부상태를 명확히 파악하게 하여 정확한 관리가 이루어지도록 해준다.

② 확대경을 켠 후 고객의 눈에 아이패드를 착용시킨다.

③ 열린 면포 또는 닫힌 면포 등을 제거할 때 효과적으로 이용할 수 있다.

④ 세안 후 피부 분석 시 아주 적은 결점도 관찰할 수 있다.

● 036
확대경 사용 시 고객의 눈에 아이패드 착용 후 전원을 켠다.

037 갈바닉 기기에 대한 설명 중 틀린 것은?

① 피부 표면과 모공 속의 노폐물을 유화시키는 피부박리와 피부에 유익한 물질을 흡수시키는 이온관리법이다.

② 양극과 음극의 극성을 갖고 있으며 직류를 사용하는 것이다.

③ 갈바닉 전류는 산과 염의 수용액을 통과할 때에 화학 변화가 일어난다.

④ 직류 전류에 의한 이온 이동으로 음극을 댔던 부위의 조직에서는 산성 반응, 양(+)극은 갈바닉 반응이 일어난다.

● 037
갈바닉 기기
• 항상 한방향으로만 흐르는 직류에 해당하는 기기이다.
• 양극은 신경을 안정시키고 조직을 강하게 만드는 작용을 한다.
• 음극은 신경을 자극하고 조직을 부드럽게 만드는 작용을 한다.
• 갈바닉 전류는 낮은 전압의 한 방향으로 흐르는 직류로 극성을 가진다.

038 갈바닉기기의 디스인크러스테이션에 대한 설명으로 틀린 것은?

① 관리 중 발생하는 알칼리는 피부 pH를 변화시킨다.

② 낮은 강도와 이온농도에서 더 효과적이다.

③ 과색소 침착 부위에 오렌지를 끼운 (−)극을 5~7분간 문질러 적용한다.

④ 전기분해제로서 소금물이 필요하다.

● 038
과색소 침착 부위에 오렌지를 끼운 (−)극이 아니라 (+)극을 문질러 적용한다.

039 지성 피부관리 시 피지 제거를 위해 사용하기에 적합한 미용기기는?

① 초음파기

② 고주파기

③ 진공흡입기

④ 적외선램프

● 039
진공흡입기로 면포를 추출할 수 있다.

● 정답
035 ①   036 ②   037 ④   038 ③
039 ③

040 안면관리에 초음파기기를 이용했을 때 얻어지는 효과는?

① 면포와 피지 제거가 쉽다.

② 노화 각질 제거에 도움을 준다.

③ 콜라겐과 엘라스틴의 생성을 증가시킨다.

④ 근육의 수축과 이완을 통해 탄력을 준다.

041 화장품의 원료 중 방부제에 대한 설명으로 틀린 것은?

① 인체에 무해해야 하며 첨가로 인한 품질의 손상이 없어야 한다.

② 미생물에 의한 화장품의 변질을 막기 위해 첨가한다.

③ O/W 에멀전이나 파운데이션에는 적은 양의 방부제를 함유하고 있다.

④ 파라벤류는 피부에 자극이 적어 널리 사용되고 있다.

042 친수성으로 지성 피부에 적합한 것은?

① O/W크림 ② W/O크림

③ O/O크림 ④ W/W 크림

043 캐리어 오일로서 부적합 한 것은?

① 미네랄 오일 ② 살구씨 오일

③ 아보카도 오일 ④ 포도씨 오일

044 주름개선 기능성 화장품의 효과와 가장 거리가 먼 것은?

① 피부탄력 강화 ② 콜라겐 합성 촉진

③ 표피 신진대사 촉진 ④ 섬유아세포 분해 촉진

045 화장품의 4대 요건에 대한 설명이 틀린 것은?

① 사용성 : 피부에 사용감이 좋고 잘 스며들 것

② 유효성 : 질병치료 및 진단에 사용 할 수 있을 것

③ 안전성 : 피부에 대한 자극, 알러지가 없을 것

④ 안정성 : 변색, 변취, 미생물의 오염이 없을 것

● **040**

초음파기기 효과

• 이중세안으로 제거되지 않는 노폐물 제거

• 살균, 소독 효과

• 피부 탄력, 리프팅 효과

• 셀룰라이트 분해

• 혈액순환, 림프순환 촉진

• 부종 감소, 세포 재생, 콜라겐과 엘라스틴 생성 증가

• 얼굴 축소 및 마사지 효과

● **041**

O/W 에멀전이나 파운데이션은 미생물의 번식이 쉬우므로 방부제를 다량 함유하고 있다.

● **042**

O/W(Oil in Water) 크림은 친수성이며 지성 피부에 적합하고, W/O(Water in Oil) 크림은 친유성이며 건성 피부에 적합하다.

● **043**

캐리어 오일로는 식물성 오일을 사용한다.

● **044**

주름개선 기능성 화장품은 섬유아세포의 증가를 유도하여 콜라겐과 엘라스틴의 합성을 촉진시키는 기능을 한다.

● **045**

유효성 : 보습효과, 자외선 방어, 세정효과, 색채효과 등

맞춤해설

046 화장품 제조장치 중 유액과 크림 제조 시 필요 없는 제조 장치는?
① 분산기　　　　　　② 충전기
③ 혼합기　　　　　　④ 분쇄기

● 046
유액, 크림 제조 시 필요한 제조 장치 : 분산기, 충전기, 혼합기

047 자외선 산란제가 주로 되는 제품은?
① 로션　　　　　　　② 크림
③ 파운데이션　　　　④ 에센스

● 047
자외선 산란제는 차단효과는 우수하나 불투명하고, 자외선 흡수제는 투명하나 접촉성 피부염을 유발할 가능성이 있다.

048 제조과정에서 사용된 계면활성제의 성질이 다른 것은?
① 향수　　　　　　　② 화장수
③ 마스카라　　　　　④ 포마드

● 048
가용화된 제품 : 향수, 화장수, 에센스, 포마드, 네일에나멜

049 미용업자가 시장·군수·구청장에게 변경 신고를 하여야 하는 사항이 아닌 것은?
① 영업소의 명칭 변경
② 영업소의 소재지 변경
③ 신고한 영업장 면적의 1/3 이상 증감
④ 영업소 내 시설 변경

● 049
변경신고를 해야 하는 사항 : 영업소의 명칭 또는 상호, 영업소 소재지, 신고한 영업장 면적의 1/3 이상의 증감, 대표자의 성명 또는 생년월일, 미용업 업종 간 변경 시

050 위생서비스평가의 결과에 따른 위생관리등급별로 영업소에 대한 위생감시를 실시할 때의 기준이 아닌 것은?
① 위생교육 실시 횟수
② 영업소의 대한 출입·검사
③ 위생 감시의 실시 주기
④ 위생 감시의 실시 횟수

● 050
위생교육은 매년 3시간으로 정해져 있으며, 위생감시기준에서 위생교육의 실시 횟수는 해당되지 않는다.

051 이·미용업소에서 손님이 보기 쉬운 곳에 게시하지 않아도 되는 것은?
① 개설자의 면허증 원본　　② 신고증
③ 사업자등록증　　　　　　④ 이·미용 요금표

● 051
이·미용업소의 게시의무사항: 이·미용업 신고증, 개설자의 면허증 원본, 이·미용요금표

052 이·미용 업무를 영업소 외에 행할 수 있는 특별한 사유로 옳지 않은 것은?
① 사회복지시설에서 봉사활동으로 이·미용을 하는 경우
② 방송 등의 촬영에 참여하는 사람에 대해 촬영 직전 이·미용을 하는 경우
③ 혼례 등의 의식 직전에 이·미용을 행하는 경우
④ 고객의 요청에 의해 파티 장소에서 이·미용을 하는 경우

053 이·미용사의 면허증을 다른 사람에게 대여 시 법적 행정처분조치사항으로 옳은 것은?
① 시·도지사가 면허를 취소하거나 6월 이내의 기간을 정하여 업무정지를 할 수 있다.
② 시·도지사가 면허를 취소하거나 1년 이내의 기간을 정하여 업무정지를 할 수 있다.
③ 시장·군수·구청장은 면허를 취소하거나 6월 이내의 기간을 정하여 업무정지를 할 수 있다.
④ 시장·군수·구청장은 면허를 취소하거나 1년 이내의 기간을 정하여 업무정지를 할 수 있다.

054 세계보건기구에서 정의하는 보건행정의 범위에 속하지 않는 것은?
① 환경위생   ② 산업발전
③ 모자보건   ④ 감염병 격리

055 파리가 매개하는 질병으로 소화기계 감염병에 해당되지 않는 것은?
① 이질   ② 콜레라
③ 말라리아   ④ 장티푸스

056 다음 중 같은 병원체에 의하여 발생하는 인수공통 감염병은?
① 천연두   ② 콜레라
③ 디프테리아   ④ 공수병

• **052**
이·미용업무는 영업소 외의 장소에서 행할 수 없지만, 보건복지부령이 정하는 다음과 같은 경우에는 가능하다.
• 질병이나 고령, 장애 그 밖의 사유로 영업소에 나올 수 없는 자에 대해 이·미용을 하는 경우
• 혼례나 그 밖의 의식에 참여하는 자에 대해 그 의식 직전에 이·미용을 하는 경우
• 사회복지시설에서 봉사활동으로 이·미용을 하는 경우
• 방송 등의 촬영에 참여하는 사람에 대하여 그 촬영 직전에 이·미용을 하는 경우
• 이 밖의 특별한 사정이 있다고 시장·군수·구청장이 인정하는 경우

• **053**
면허증을 다른 사람에게 대여한 경우
• 1차 위반 시 : 면허정지 3월
• 2차 위반 시 : 면허정지 6월
• 3차 위반 시 : 면허취소

• **054**
보건행정의 범위 : 환경위생, 모자보건, 보건간호, 보건교육, 감염병 관리, 보건기록 보존 등

• **055**
말라리아 : 모기 매개 전염병

• **056**
인수공통감염병 : 공수병(광견병), 렙토스피라증, 탄저

057 이 · 미용기구의 소독기준으로 잘못 연결된 것은?

① 크레졸 소독 – 크레졸수(크레졸 3%, 물97%인 수용액)에 10분 미만 담가둔다.

② 열탕소독 – 섭씨 100℃의 물에 10분 이상 끓여 준다.

③ 증기소독 – 섭씨 100℃ 이상의 습한 열에 20분 이상 쐬어준다.

④ 석탄산수소독 – 석탄산수(석탄산 3%, 물 97%의 수용액)에 10분 이상 담가둔다.

● 057
크레졸 소독 : 크레졸수(크레졸 3%, 물 97%인 수용액)에 10분 이상 담가둔다.

058 고압증기 멸균법에 대한 설명으로 옳지 않은 것은?

① 포자 멸균에 좋은 방법이다.

② 100℃에서 10~15분간 소독한다.

③ 초자기구, 거즈, 혈액이나 고름이 묻은 기구 소독에 적합하다.

④ 독성이 없고 경제적인 방법이다.

● 058
고압증기 멸균법
• 115℃ → 30분간 소독
• 121℃ → 20분간 소독
• 126℃ → 15분간 소독

059 석탄산계수가 2이고 석탄산의 희석배수가 90인 경우에 소독약품의 희석 배수는 얼마인가?

① 40배

② 60배

③ 80배

④ 180배

● 059
석탄산계수 = $\dfrac{\text{소독약의 희석배수}}{\text{석탄산의 희석배수}} \times 100$

060 공중위생관리법 목적은?

① 영업과 시설의 관리 감독을 한다.

② 위생수준을 향상시켜 국민의 건강증진에 기여한다.

③ 영리 목적의 증진에 기여한다.

④ 영업의 서비스 향상에 기여한다.

● 060
공중위생관리법 제1조(목적) : 위생 수준을 향상시켜 국민의 건강증진에 기여함을 목적으로 한다.

정답 057 ① 058 ② 059 ④ 060 ②

제 05회 실전모의고사

001 피부 관리를 위한 피부분석의 목적으로 틀린 것은?

① 올바른 피부 관리를 위한 기초자료로 삼기 위함이다.

② 고객의 피부 타입에 맞는 제품 선택 및 케어를 하기 위함이다.

③ 피부 분석 방법으로 문진, 견진, 촉지, 기기 판독법 등이 있다.

④ 문제 피부의 치료를 위한 기초 자료로 삼기 위함이다.

● 001
피부관리의 영역에 치료는 포함되지 않는다.

002 생물학적 딥 클렌징제 효소에 대한 설명으로 틀린 것은?

① 예민피부 등 모든 피부에 효과적이다.

② 피부 도포 후 시간, 온도, 습도 조절에 상관없이 사용한다.

③ 단백질 분해 효소가 촉매제로 작용한다.

④ 파인애플(브로말린), 파파인(파파야)에서 효소를 추출한다.

● 002
제품과 피부에 따라 5~10분 정도 발라두면 효소가 작용하여 효과가 나타난다.

003 지성피부에 대한 특징으로 잘못된 것은?

① 지성피부는 안드로겐이나 프로게스테론과 같은 호르몬의 기능이 활발한 피부이다.

② 정상피부에 비해 피지 분비량이 많다.

③ 모공이 크고 거친 피부 타입이다.

④ 각질층 수분이 10% 이하로 뾰루지가 잘 발생한다.

● 003
각질층 수분 함유량
• 건성피부 : 10% 이하
• 지성피부 : 20% 정도

004 매뉴얼 테크닉의 동작 중에서 처음과 마지막에 주로 많이 사용되고 연결동작으로 부드럽게 스치는 동작은 무엇인가?

① 문지르기(Friction) ② 쓰다듬기(Effleurage)

③ 두드리기(Tapotement) ④ 떨기(Vibration)

● 004
매뉴얼 테크닉의 쓰다듬기는 마사지의 시작과 끝을 알리는 동작으로 손가락과 손바닥 전체로 피부를 부드럽게 쓰다듬어 피부의 긴장을 완화하고 신경을 안정시킨다.

005 피부유형별 특징이 바르게 연결된 것은?

① 중성피부 – 피지분배 및 수분공급 기능이 적절하다.

② 건성피부 – 피부표면이 매끄럽고 화장을 잘 받는다.

③ 지성피부 – 사소한 자극에 예민하고 면역기능이 저하되어 있다.

④ 민감성피부 – 피지분비가 많아 번들거린다.

● 005
중성피부 : 피부가 곱고 피지분비가 적당, 각질 수분량 10~20%로 이상적 피부

정답 001 ④ 002 ② 003 ④ 004 ②
005 ①

맞춤해설

006 딥클린징에 대한 설명으로 틀린 것은?

① 효소, 스크럽과 같은 제품을 사용 할 수 있다.

② 여드름, 지성 피부는 주3회 이상 하는 것이 효과적이다.

③ 노폐물 제거 및 피지 분비 조절에 도움이 된다.

④ 건성, 민감성 피부는 2주에 1회 정도가 적당하다.

● 006
여드름, 지성 피부는 주1회 이상 하는 것이 효과적이다.

007 다음 중 당일 적용한 피부 관리 내용을 고객카드에 기록하고 자가 관리 방법을 조언하는 단계는?

① 피부관리 계획단계

② 피부분석 및 진단 단계

③ 트리트먼트 단계

④ 마무리 단계

● 007
피부관리 시 마무리 단계에서는 고객의 다음 관리일정을 예약하고 자가관리 방법을 교육하며 그날의 피부관리 내용을 기록하여 다음 피부관리의 효율을 높이는 작업을 한다.

008 천연팩에 대한 설명 중 틀린 것은?

① 사용할 횟수를 모두 계산하여 미리 만들어 준비해 둔다.

② 신선한 무공해 과일이나 야채를 이용한다.

③ 만드는 방법과 사용법을 잘 숙지한 다음 제조한다.

④ 재료의 혼용 시 각 재료의 특성을 잘 파악한 다음 사용한다.

● 008
천연팩은 반드시 1회분만 만들고 즉시 사용한다.

009 다음 중 팩 사용시 주의사항이 아닌 것은?

① 피부 타입에 맞는 팩제를 사용한다.

② 한방팩, 천연팩 등은 즉석에서 만들어 사용한다.

③ 잔주름 예방을 위해 눈 위에 직접 덧바른다.

④ 안에서 바깥방향으로 바른다.

● 009
팩 도포 시 눈, 입에 패드를 깔고 도포한다.

010 신체 각 부위 매뉴얼 테크닉 방법에 대한 내용 중 틀린 것은?

① 전신 매뉴얼 테크닉은 림프절이 흐르는 방향으로 실시한다.

② 전신에 손바닥을 밀착시키고 체간(몸통)을 이용하여 관리한다.

③ 규칙적인 리듬과 속도를 유지하면서 관리한다.

④ 전신 스웨디시 마사지 시 심장에 가까운 쪽에서 시작한다.

● 010
심장에서 먼 곳에서 심장을 향하는 것이 원칙이다.

정답 006 ② 007 ④ 008 ① 009 ③ 010 ④

011 매뉴얼 테크닉 시술 시 주의해야 할 점으로 옳은 것은?

① 각 동작의 압력 방향은 동맥 방향으로 안 · 밖, 아래 · 위로 향한다.

② 속도가 빠르고 세기는 강한 것이 효과적이다.

③ 일반적으로 20~25분 정도 실시한다.

④ 압력이 약하면 효과가 없을 수 있으므로 힘의 분배와 세기를 잘 조절한다.

속도는 느리고 리듬감 있게, 압력은 지긋이 너무 강하지 않아야 효과적이다.

012 혈 작용과 적당한 압력으로 유효성분의 침투를 용이하게 도와주며 앰플 영양액 및 영양크림의 성분을 도포하여 사용하는 팩(마스크)의 재료는 무엇인가?

① 벨벳 마스크　　　　　② 파라핀 마스크

③ 석고 마스크　　　　　④ 고무팩

● 012
석고 마스크 : 열작용과 적당한 압력에 의해 유효성분 침투

013 워시오프 타입의 팩에 대한 설명으로 잘못된 것은?

① 물로 씻어서 제거한다.

② 보습효과가 뛰어나다.

③ 피부자극 없이 제거가 쉽다.

④ 30분 이상 도포 후 해면이나 미온수로 제거한다.

● 013
10~30분의 적정 시간이 지난 후에 젖은 해면이나 미온수로 씻어낸다.

014 피부에 대한 설명으로 잘못된 것은?

① 신체의 표면을 덮고 신체를 보호하는 조직이다.

② 체중의 26% 이상을 차지한다.

③ 표피, 진피, 피하지방 3층으로 이루어져 있다.

④ 총 면적은 1.6~1.8m²를 차지한다.

● 014
피부 중량은 체중의 16%에 달한다.

015 세균으로부터 피부를 보호 할 수 있는 피부의 pH(수소이온농도)는 얼마인가?

① pH 7.0　　　　　② pH 4.5

③ pH 5.5　　　　　④ pH 7.5

● 015
피부의 pH는 pH 5.5 약산성일 때 가장 적합하다.

016 피부 세포가 기저층에서 생성되어 각질세포로 변화하여 피부 표면으로부터 떨어져 나가는 데 걸리는 시간은?

① 대략 60일　　　　　② 대략 28일

③ 대략 120일　　　　　④ 대략 280일

● 016
피부의 각화 주기는 약 28일이다.

정답　011 ④　012 ③　013 ④　014 ②
　　　015 ③　016 ②

맞춤해설

017 사춘기 이후에 주로 분비되며 모공을 통해 분비되어 독특한 체취를 발생시키는 것은?

① 소한선 ② 대한선
③ 피지선 ④ 갑상선

018 표피의 발생은 어디서부터 시작되는가?

① 피지선 ② 한선
③ 간엽 ④ 외배엽

● 018
표피는 외배엽에서 시작되며 신경과 혈관이 없다.

019 비타민의 효능에 관한 설명 중 옳은 것은?

① 비타민A : 혈액순환촉진과 같이 피부 청정효과가 우수하다.
② 비타민B : 세포 및 결합조직의 조기 노화를 예방한다.
③ 비타민P : 바이오플라보노이드라고도 하며 모세혈관을 강화하는 효과가 있다.
④ 비타민E : 아스크로빈산의 유도체로 사용되며 미백제로 이용된다.

● 019
비타민P : 모세혈관 강화, 피부병 치료에 도움을 준다.

020 한선에 대한 설명 중 옳은 것은?

① 에크린 한선은 입술과 음부를 제외하고 신체의 모든 부위에 분포되어 있다.
② 아포크린 한선을 소한선이라고 한다.
③ 땀의 분비가 적은 것을 다한증이라 한다.
④ 아포크린 한선은 감정의 변화가 없을 때 더욱 활발한 작용을 한다.

● 020
에크린선(소한선) : 진피 깊숙이 위치, 무색·무취의 맑은 액체

021 외부 환경이 변하더라도 생물체 내부 환경은 일정 상태를 유지하려는 기전을 무엇이라 하는가?

① 순응성 ② 항상성
③ 반응성 ④ 생장성

● 021
항상성은 체온조절, 삼투압, 수분, pH 등의 조절을 통해 생체 내부를 일정 상태로 유지한다.

022 림프의 기능이 아닌 것은?

① 조직액을 혈액으로 돌려보낸다.
② 신체 방어 작용을 한다.
③ 림프절에서 림프구를 생산한다.
④ 적혈구를 생산한다.

● 022
적혈구는 골수에서 생성된다.

정답 017 ② 018 ④ 19 ③ 20 ①
021 ② 022 ④

023 골격근에 대한 설명으로 알맞은 것은?

① 자율신경의 영향을 받는다.

② 민무늬근이다.

③ 골격에 붙어 운동에 관여한다.

④ 불수의근이다.

● 023

골격근 : 골격에 부착, 횡문근, 수의근(의지의 지배)

024 다음 중 중추 신경계가 아닌 것은?

① 대뇌   ② 간뇌

③ 연수   ④ 뇌신경

● 024

중추신경은 뇌(대뇌, 간뇌, 중뇌, 연수, 소뇌)와 척수로 나뉜다.

025 자율신경의 반사조절과 가장 관계 깊은 것은?

① 척수   ② 대뇌

③ 연수   ④ 간뇌

● 025

연수는 재채기, 침분비, 구토 등의 생리반사중추이다.

026 모세혈관에 대한 설명으로 알맞은 것은?

① 심장에서 온몸으로 퍼지는 혈관이다.

② 물질의 확산, 삼투, 여과 작용을 한다.

③ 심장으로 들어오는 혈관이다.

④ 판막이 존재한다.

● 026

모세혈관은 확산, 침투, 여과에 의한 물질교환이 이루어지는 혈관이다.

027 편평골에 속하는 뼈는 무엇인가?

① 척추골   ② 견갑골

③ 요골   ④ 장골

● 027

편평골 : 두개골, 견갑골, 늑골, 흉골 등이 있다.

028 영양분을 장에서 혈액이나 혈관 내로 이동시키는 과정을 무엇이라 하는가?

① 소화   ② 흡수

③ 확산   ④ 침투

● 028

분해된 산물을 혈액 내로 이동시키는 과정은 흡수라고 부른다.

029 혈액 중 혈액 응고에 주로 관여하는 세포는?

① 백혈구   ② 적혈구

③ 혈소판   ④ 헤마토크릿

● 029

혈소판 : 혈구의 하나로 혈액 응고나 지혈에 관여한다.

030 난관의 역할로 옳은 것은?

① 여성호르몬 분비   ② 배란된 난자 운반

③ 수정된 난자 착상   ④ 태아분만 통로

● 030
난관 : 난소에서 배란된 난자가 자궁으로 이동하는 통로

031 세포돌기로서 신경자극을 세포로부터 계속 전달하는 것은?

① 축삭돌기   ② 슈반세포

③ 수지상돌기   ④ 니슬소체

● 031
축삭돌기 : 세포체로부터 받은 정보를 말초에 전달하는 기능을 한다.

032 갈바닉(Galvanic)기기 사용 시 주의사항으로 옳지 않은 것은?

① 사용하고자 하는 제품의 극을 확인한다.

② 고객 몸에 부착된 금속류의 유무를 확인한다.

③ 영양침투가 목적일 경우 먼저 양극 시술 후 반드시 다시 음극을 켜서 시술한다.

④ 전류의 세기가 너무 강하면 화상의 우려가 있다.

● 032
영양침투 목적일 경우 먼저 음극 시술 후 반드시 다시 양극을 켜서 시술한다.

033 다음은 엔더몰로지(Endermology)기기 사용 시 주의점으로 틀린 것은?

① 시술 부위를 깨끗이 클렌징한다.

② 관절이나 뼈 부위는 적용하지 않는다.

③ 강한 압으로 어혈이 생기도록 관리한다.

④ 기기관리시간은 10~20분 정도가 적당하다.

● 033
강한 압으로 어혈이 생기지 않도록 관리한다.

034 갈바닉기기의 극간의 효과에서 양극이 미치는 효과로 옳은 것은?

① 알칼리에 반응한다.

② 통증을 유발시킨다.

③ 신경을 자극한다.

④ 조직을 강하게 한다.

● 034
양극의 효과 : 산에 반응, 신경안정, 혈액공급 감소, 조직 강화

035 미용기기 중 피부노폐물의 배설을 촉진시키고 비타민D를 생성하는 기기는?

① 적외선 램프   ② 자외선 램프

③ 갈바닉기기   ④ 고주파기

● 035
자외선 효과 : 태닝 효과, 피부 박리, 비타민D의 생성, 강장 효과 등

정답   030 ②   031 ①   032 ③   033 ③
034 ④   035 ②

036 건성피부관리에서 미용기기를 이용한 관리로 틀린 것은?

① 딥 클렌징기기로 갈바닉기기의 디스인트러스테이션을 사용한다.
② 피부분석 시 확대경을 사용한다.
③ 석고 마스크에 적외선 램프를 조사시킨다.
④ 마무리 단계에서 유연화장수를 분무시킨다.

● **036**
딥 클렌징기기로 갈바닉기기의 디스인트러스테이션 기술은 건성피부에 부적합하다.

037 다음 중 탐침을 이용해 피부의 산성도를 알아보는 기기는?

① 수분측정기
② 피부 pH 측정기
③ 전동브러시
④ 우드램프

● **037**
pH 측정기 : 피부의 산성도와 알칼리도를 알아보는 것으로 예민도, 유분도 등 진단

038 다음 중 초음파 기기의 효과가 아닌 것은?

① 온열효과로 혈액 및 림프순환 촉진
② 진동에 의한 미세 마사지 효과
③ 진동에 의한 세정효과
④ 원적외선 효과로 땀과 노폐물 배출 효과

● **038**
땀과 노폐물 배출의 효과를 가지는 것은 광선 관리기기인 적외선기 중 원적외선사우나이다.

039 미백효과가 뛰어나지만 백반증을 유발할 수 있어 의약품으로만 사용되는 것은?

① 감초   ② 하이드로퀴논
③ 알부틴   ④ 비타민C

● **039**
하이드로퀴논은 멜라닌 세포를 사멸시켜 백반증을 유발할 수 있다.

040 테스라 전류(Tesla Current)가 사용되는 기기는?

① 갈바닉기기   ② 전기분무기
③ 고주파기기   ③ 스팀기

● **040**
고주파 : 100,000Hz 이상의 높은 진폭의 테슬러 전류 사용

041 광물성 오일 중 피부에 막을 형성하여 이물질의 침입을 막는 작용을 하는 것은?

① 라놀린   ② 바셀린
③ 이소프로필   ④ 아보카도

● **041**
바셀린은 기름막을 형성하여 피부를 보호하고 수분증발을 억제한다.

정답 036 ① 037 ② 038 ④ 039 ②
      040 ③ 041 ②

042 화장품의 산화를 방지하기 위해 첨가하는 물질은?

① 이미다졸리디닐 우레아　　② EDTA

③ BHT　　④ 카르복시비닐폴리머

● 042
- BHT : 산화방지제
- 이미다졸리디닐 우레아 : 방부제
- EBTA : 금속이온봉쇄제
- 카르복시비닐폴리머 : 점증제

043 계면활성화제의 피부자극도를 잘 나타낸 것은?

① 양이온성 〉음이온성 〉비이온성 〉양쪽성

② 양이온성 〉음이온성 〉양쪽성 〉비이온성

③ 음이온성 〉양이온성 〉양쪽성 〉비이온성

④ 음이온성 〉양이온성 〉비이온성 〉양쪽성

● 043

계면활성제의 피부자극도
양이온성 〉음이온성 〉양쪽성 〉비이
온성

044 미백화장품의 매커니즘이 아닌 것은?

① 티로시나아제 작용억제　　② 도파의 산화촉진

③ 멜라닌 색소제거　　④ 자외선 차단

● 044

미백화장품에는 비타민C와 같은 성분
으로 도파의 산화를 억제하는 기전이
포함된다.

045 다음 중 기능성 화장품의 범위에 해당되지 않는 것은?

① 미백크림　　② 데오드란트

③ 자외선 차단크림　　④ 주름개선크림

● 045

기능성 화장품은 미백, 주름개선, 자
외선 차단에 도움을 주는 제품을 말
한다.

046 클렌징 크림의 설명으로 맞지 않는 것은?

① 메이크업화장을 지우는 데 사용한다.

② 클렌징 로션보다 유성성분 함량이 적다.

③ 피지나 기름때와 같은 물에 잘 닦이지 않는 오염물질을 닦아내는 데 효과적이다.

④ 깨끗하고 촉촉한 피부를 위해서 비누로 세정하는 것보다 효과적이다.

● 046

클렌징 로션보다 유성성분 함량이
많다.

047 다음 중 여드름 발생 가능성이 적은 화장품 성분은?

① 호호바 오일　　② 라놀린

③ 미네랄 오일　　④ 이소프로필 팔미테이트

● 047

호호바 오일(Jojoba Oil)은 액체왁스로
오일에 비해 안정성이 높으며, 피지성
분과 유사하여 여드름 피부에 유효하고
피부친화성이 높다.

048 물에 기름을 분산시킨 유화 형태는?

① W/O/W형태　　② W/S/O형태

③ W/O형태　　④ O/W형태

● 048

O/W형태 : 수중유형 에멀전 물 〉오일

정답 042 ③　043 ②　044 ②　045 ②
046 ②　047 ①　048 ④

049 다음 중 메이크업 화장품의 특징이 아닌 것은?

① 피부색 보정 ② 심리적 만족감

③ 피부의 안전성 향상 ④ 피부의 보호적 역할

050 다음 중 화장품의 수성원료가 아닌 것은?

① 카보머 ② 에탄올

③ 라놀린 ④ 정제수

051 보건복지가족부령으로 정하는 것이 아닌 것은?

① 과징금 금액 등에 관해 필요한 사항

② 공중위생영업 신고에 필요한 사항

③ 공중이용시설의 위생관리 기준

④ 미용기구의 소독기준

052 공중위생영업자의 위생관리 의무 등을 지키지 않아 폐쇄명령을 받고 그 장소에서 같은 종류의 영업을 하고자 할 때 지켜야하는 경과기간은?

① 3개월 이후 ② 6개월 이후

③ 1년 이후 ④ 2년 이후

053 공중위생영업자의 위생교육을 언제, 몇 시간 받아야 하는가?

① 6개월마다 4시간 ② 매년마다 3시간

③ 매년마다 6시간 ④ 6개월 마다 6시간

054 시 · 도지사와 관련된 업무가 아닌 것은?

① 영업의 제한 ② 위생지도 및 개선명령

③ 위생감시 실시 ④ 공중위생영업의 승계

055 이 · 미용업자가 변경 신고를 해야 하는 경우에 해당되지 않는 것은?

① 영업자의 명칭, 상호 변경 시

② 영업소의 소재지 변경 시

③ 대표자의 성명 또는 생년월일 변경 시

④ 신고한 영업장 면적의 1/4 증감 시

맞춤해설

056 다음 중 소독에 가장 영향을 적게 미치는 것은?

① 온도 ② 대기압
③ 수분 ④ 시간

057 다음 중 해당 감염병과 신고 기간이 잘못된 것은?

① 제1급 감염병(두창, 페스트 등) – 즉시 신고
② 제2급 감염병(수두, 홍역 등) – 24시간 이내
③ 제3급 감염병(파상풍, B형간염 등) – 24시간 이내
④ 제4급 감염병(인플루엔자, 공수병 등) – 24시간 이내

058 피부상처에 가장 효과적인 소독약은?

① 승홍수 ② 크레졸홍수
③ 석탄산수 ④ 과산화수소

059 소독에 가장 흔하게 사용되는 파장은?

① 음극선 ② 중성자
③ 자외선 ④ 에스선

060 모체로부터 태반이나 수유를 통해서 얻는 방법과 인공혈청 제제를 주사하여 얻는 면역은?

① 능동면역 ② 수동면역
③ 자가면역 ④ 획득면역

• 056
소독에 영향을 미치는 인자 : 농도, 온도, 반응시간

• 057
• 공수병은 제3급 감염병이다.
• 제4급 감염병의 신고 기간은 7일 이내이다.

• 058
과산화수소는 피부상처소독(2.5~3.5% 희석액)에 사용하며 미생물 살균의 소독약제, 표백제 및 모발의 탈색제로도 이용된다.

• 059
자외선은 살균작용을 하고 비타민D의 합성에 관여하며 멜라닌을 자극하여 색소침착을 일으킨다. 주로 수술실, 무균실의 소독에 사용되며 아포 사멸에는 약하다.

• 060
수동면역
① 자연수동 : 면역모체로부터 태반이나 수유를 통해서 얻는 방법
② 인공수동 : 면역인공혈청 제제를 주사하여 얻는 면역

정답 056 ② 057 ④ 058 ④ 059 ③
060 ②

맞춤해설

001 피부관리를 위한 피부 상담 목적으로 틀린 것은?

① 고객의 사적인 생활 조사

② 피부 트러블 원인 파악

③ 앞으로의 관리 방법과 계획수립

④ 고객의 방문 목적 확인

• 001
피부상담 목적 : 방문목적 확인, 피부상태, 문제점 파악, 피부관리계획 수립, 피부관리 조언

002 피부미용 관점에서 딥 클렌징의 목적이 아닌 것은?

① 죽은 각질세포 제거로 피부색, 피부결을 맑게 한다.

② 유·수분을 공급하여 피부를 정돈시킨다.

③ 모낭 내 불순물 배출이 용이하게 도와준다.

④ 영양 물질의 흡수를 촉진시킨다.

• 002
딥 클렌징 단계는 영양 흡수를 용이하게 하고, 유·수분의 공급에는 영향을 주지 않는다.

003 피지와 땀의 분비 저하에 따른 유·수분 균형 파괴와 피부결이 얇고 탄력이 저하, 주름이 많이 발생하는 피부에 유효한 화장품 성분은 무엇인가?

① 콜라겐, 아미노산, 엘라스틴, 히아루론산

② 레티놀, AHA, 비타민A, 프로폴리스

③ 살리실산, 유황, 캄퍼, 클레이

④ 알부틴, 비타민C, 감초, 코직산

• 003
건성피부
• 피지와 땀의 분비 저하로 유·수분 균형이 파괴됨
• 피부결이 얇고 탄력이 저하되어 있음
• 주름이 많이 발생함
• 유효한 성분 : 콜라겐, 엘라스틴, Sodium PCA, 솔비톨, 히아루론산염, 아미노산, 세라마이드, 레시틴, 알로에 해추

004 매뉴얼 테크닉에 대한 설명으로 틀린 것은?

① 쓰다듬기, 마찰하기, 두드리기, 주무르기, 떨기 5동작이 있다.

② 혈액순환, 림프순환을 촉진시킨다.

③ 심리적 안정감과 긴장을 완화시킨다.

④ 주름을 없애주고 화장품의 흡수율을 높인다.

• 004
매뉴얼 테크닉의 효과에 주름을 없애는 것이나 치료는 없으며 개선의 효과가 있다.

005 피부 유형별 화장품 사용법으로 적합하지 않은 것은?

① 중성피부 : 수렴 화장수와 주1회 보습팩 실시한다.

② 복합성피부 : T존 U존은 효소타입 클렌징제를 사용한다.

③ 민감성피부 : 소염 화장수와 주2회 효소타입 딥클렌징을 실시한다.

④ 건성피부 : 유연화장수와 주1회 효소타입 딥클렌징을 실시한다.

• 005
민감성피부 : 피부 안정감, 자극 최소화, 진정, 쿨링의 목적을 두고 관리

006 우드램프에 의한 피부 분석 결과로 틀린 것은?
① 흰색 – 죽은 세포와 각질층
② 연한 보라 – 건성 피부
③ 오렌지색 – 여드름, 피지, 지루성 피부
④ 암갈색 – 산화된 피지

● 006
암갈색 : 색소침착

007 매뉴얼 테크닉 작업 시 주의사항으로 옳은 것은?
① 강한 동작이 경직된 근육을 이완시킨다.
② 빠른 마사지 속도는 고객의 심리적 안정감을 준다.
③ 손동작은 머뭇거리지 않고 손목이나 손가락 움직임은 유연하게 한다.
④ 메뉴얼 테크닉 할 때는 반드시 마사지 크림을 사용하여 시술한다.

● 007
매뉴얼 테크닉 시술 시 속도 일정, 밀착감과 연결성, 적절한 압력유지로 10~15분 이내

008 딥 클렌징에 대한 설명으로 틀린 것은?
① 작은 알갱이를 이용한 스크럽 형태의 제품을 이용하여 표면을 매끄럽게 하는 과정은 물리적인 방법에 속한다.
② 딥 클렌징은 화학적인 방법으로 각질층을 포함한 표피층을 제거하는 것이다.
③ 딥 클렌징 대신 엑스폴리에이션(Exfoliation)이라는 단어를 사용하기도 한다.
④ 화학적인 방법과 물리적인 방법으로 분류를 한다.

● 008
딥 클렌징의 목적은 불필요한 각질 제거이다.

009 제모의 방법 중 틀린 것은?
① 제모하기 적당한 털의 길이는 1~1.5cm이다.
② 컬이 난 방향으로 왁스를 도포한다.
③ 털이 난 반대방향으로 떼어낸다.
④ 제모 즉시 온습포로 탈모된 부위를 진정시킨다.

● 009
제모 후 24시간 내 자극을 피하고 목욕, 비누세안, 메이크업 자제

010 스웨디시 마사지에 대한 설명으로 틀린 것은?
① 19C 초 스웨덴 의사 페르헨리크림에 의해 창시
② 전신에 걸쳐 흐르는 혈관을 자극하여 혈액순환 촉진
③ 에프라지, 프릭션, 파포트먼트, 패트리스와제, 바이브레이션 5가지 동작으로 구성
④ 심장에서 가까운 곳에서부터 마사지를 시작

● 010
심장에서 먼 곳으로부터 심장을 향해 가는 것이 원칙이다.

정답 006 ④　007 ③　008 ②　009 ④　010 ④

011 매뉴얼 테크닉 기법 중 신경과 근육에 활기를 주고 호흡기 계통 문제해결에 도움을 주는 마사지 기법은?

① 떨기   ② 두드리기
③ 쓰다듬기   ④ 반죽하기

● 011
두드리기 : 신경을 자극하여 피부 조직의 원기를 회복시키는 기법

012 피부 관리 시 마무리의 목적이 아닌 것은?

① 피부 정돈   ② 피부청결
③ 피부 노화방지   ④ 유 · 수분 공급

● 012
마무리 단계는 피부 정돈, 유 · 수분을 공급하고 노화를 방지하는 데 목적이 있다.

013 피부 구조에 대한 설명 중 틀린 것은?

① 피부는 표피, 진피, 피하지방층의 3개층으로 구성된다.
② 표피는 내측으로부터 기저층, 투명층, 유극층, 과립층 및 각질층의 5층으로 나뉜다.
③ 멜라닌 세포는 표피의 유극층에 산재한다.
④ 멜라닌 세포 수는 민족과 피부색에 관계없이 일정하다.

● 013
멜라닌 세포는 대부분 표피의 기저층에 위치한다.

014 피부의 가장 상부층에 위치하며 신경과 혈관이 존재하지 않는 피부조직은?

① 표피   ② 피하지방
③ 근육   ④ 진피

● 014
피부의 상부층은 표피이며 각질층은 죽은 세포로 구성되어 있다.

015 피부 구조 중 표피에 대한 설명으로 틀린 것은?

① 표피 세포의 90~95%는 각질형성 세포로 구성되어 있다.
② 기질과 천연보습인자가 존재하는 각질층이 있다.
③ 멜라이딘을 함유하고 있는 투명층은 전신에 분포한다.
④ 기저층에서 영양을 공급한다.

● 015
투명층 : 주로 발바닥, 손바닥에 존재

016 피부 표피에서 기저층에 대한 설명으로 옳은 것은?

① 면역 담당하는 랑게르한스 세포가 존재한다.
② 멜라닌세포, 메르켈세포가 존재하여 피부색과 촉감을 감지한다.
③ 탄력을 부여하는 교원섬유가 분포되어 있다.
④ 체온 유지 및 수분 조절 기능을 한다.

● 016
기저층 : 표피의 가장 아래층으로 각질형성세포, 멜라닌세포(피부색 결정), 메르켈세포(촉감 감지)가 존재한다.

정답
011 ②   012 ②   013 ③   014 ①
015 ③   016 ②

맞춤해설

017 체내에 부족하면 괴혈병을 유발시키며 피부와 잇몸에서 피가 나오게 하고 빈혈을 일으켜 피부를 창백하게 만드는 영양소는?

① 비타민A   ② 비타민B₂
③ 비타민C   ④ 비타민K

018 피부에서 피지가 하는 일과 가장 관계가 먼 것은?

① 살균작용   ② 유화작용
③ 수분증발 억제   ④ 열 발산 방지작용

019 비타민A가 부족할 때 피부에 미치는 영향과 가장 거리가 먼 것은?

① 세균에 감염되기 쉽다.   ② 색소침착이 된다.
③ 피부를 각화시킨다.   ④ 건조한 피부가 된다.

020 진피에 대한 설명으로 틀린 것은?

① 모세혈관, 림프관, 피지선, 한선 등이 존재
② 단백질의 일종으로 교원섬유와 탄력섬유로 구성
③ 외부로부터 충격 방어의 역할
④ 피부의 영양, 감각 등의 역할

021 세포의 특징에 대한 설명으로 바르지 않은 것은?

① 리소좀은 세포 내 소화 작용에 관여한다.
② 조면소포체는 리보솜이 있어서 단백질 합성 기능을 한다.
③ 핵은 유전자 복제를 한다.
④ 단백질 합성과 관계 깊은 곳은 미토콘드리아이다.

022 세포의 구조 중 유전자를 복제하고 세포분열에 관여하는 것은?

① 소포체   ② 리보솜
③ 중심소체   ④ 핵

023 대뇌의 아래쪽에 위치하며 자세, 평형 유지 등의 운동기능을 담당하는 것은?

① 연수   ② 간뇌
③ 소뇌   ④ 대뇌

● 017
비타민C(아스코르브산)
• 콜라겐 합성작용, 혈관의 구조강
  도 유지 역할
• 결핍 시 : 괴혈병, 해독기능 저
  하, 피부색소 침착 증가
• 피망, 감자, 무, 레몬에 많으며,
  특히 감귤류와 딸기에 많이 들어
  있다.

● 018
피지의 역할 : 피부 pH 약산성 유
지(세균 및 이물질 막음), 촉촉함
및 윤기 부여, 체온저하 예방, 유화
작용

● 019
비타민A : 건강한 피부 유지, 주름
및 각질 예방

● 020
외부의 충격으로부터 몸을 보호하
는 것은 피하지방층이다.

● 021
미토콘드리아 : ATP아데노신삼인
산 생성, 세포 내 호흡

● 022
핵 : 세포분열 및 단백질 합성에
관여

● 023
소뇌 : 자세를 바로잡는 운동중추

정답 017 ③ 018 ④ 019 ② 020 ③
       021 ④ 022 ④ 023 ③

맞춤해설

024 혈장의 성분 중 90%는 어떤 물질로 구성되어 있는가?
① 수분
② 아미노산
③ 단백질
④ 지방

● 024
혈장 : 90% 수분, 10% 혈장단백질,
영양물질 등으로 구성

025 혈액과 조직액 사이에서 영양분, 가스, 노폐물들이 교환되는 막의 기능을 하는 것은?
① 모세혈관
② 대정맥
③ 대동맥
④ 폐동맥

● 025
폐동맥 : 폐에서 이산화탄소를 산소
로 바꾸는 가스교환을 한다.
모세혈관: 동맥과 정맥 연결, 온몸
에 그물모양, 단층의 내피세포

026 다음 중 림프절의 기능이 아닌 것은?
① 식균작용
② 림프구 생산
③ 항체 형성
④ 혈액 응고 관여

● 026
림프기능 : 여과 및 식균작용, 림프
구생산, 항체 형성

027 단백질, 탄수화물, 지방을 분해할 수 있는 소화효소를 모두 분비하는 곳은?
① 췌장
② 담낭
③ 위
④ 비장

● 027
췌장 : 소화액 분비하여 소화, 영양
흡수에 관여

028 운동성을 지닌 세균의 부속기관은?
① 원형질막
② 아포
③ 협막
④ 편모

● 028
세균 표면의 섬유구조를 갖는 운동
기관은 편모이다.

029 골격의 기능이 아닌 것은?
① 조혈기능
② 저장기능
③ 열 생산기능
④ 운동기능

● 029
열 생산기능은 근육이 하는 기능
이다.

030 갑상선에서 분비되는 호르몬으로 옳은 것은?
① 옥시토신
② 티록신
③ 인슐린
④ 글루카곤

● 030
갑상선 : 티록신 호르몬 분비, 모발
발육 관여

031 갈바닉(Galvanic)기기에 관한 설명으로 틀린 것은?
① 항상 한 방향으로만 흐르는 직류에 해당하는 기기이다.
② 양극은 신경을 안정시키고 조직을 강하게 만드는 작용을 한다.
③ 전류의 방향과 크기가 주기적으로 변하는 일종의 교류 전류이다.
④ 음극은 신경을 자극하고 조직을 부드럽게 만드는 작용을 한다.

● 031
갈바닉 전류는 낮은 전류의 한 방향
으로 흐르는 직류로 극성을 가진다.

 24 ① 25 ① 26 ④ 27 ①
28 ④ 29 ③ 30 ② 31 ③

032 시간이 지나도 전류의 흐르는 방향과 크기가 바뀌지 않는 전류를 무엇 이라 하는가?

① 격동전류　　② 갈바닉 전류　③ 감응 전류　　④ 정현파 전류

● 032
갈바닉 전류 : 시간이 지나도 전류의 흐르는 방향과 크기가 바뀌지 않는 전류

033 우드 램프를 통한 피부분석 시 두꺼운 각질층의 측정기 반응색상은?

① 청백색　　　② 연보라색　　③ 진보라색　　④ 흰색

● 033
노화각질, 두꺼운 각질층 : 흰색

034 물질 이동 시 물질을 이루고 있는 입자들이 농도가 높은 곳에서 낮은 곳 으로 액체나 기체 속을 분자가 퍼져나가는 현상을 무엇이라고 하는가?

① 능동수송　　② 확산　　　　③ 삼투　　　　④ 여과

● 034
농도가 높은 곳에서 낮은 곳으로 이동하는 것으로 확산 현상과 삼투 현상이 있다. 반투과성막(반투막)이 없으면 확산이고, 있으면 삼투이다.

035 디스인크러스테이션에 대한 설명으로 옳은 것은?

① 이마, T존, 코, 턱 순으로 시술한다.
② 높은 강도와 이온 농도에서 더 효과적이다.
③ 관리 중 건조해야 효과적이다.
④ 사용 중 전류를 서서히 높이며 뗀다.

● 035
• 이마, T존, 코, 턱 순으로 시술한다.
• 낮은 강도와 이온 농도에서 더 효과적이다.
• 관리 중 건조해지지 않아야 효과적이다.
• 사용 중 전류를 서서히 낮추며 뗀다.

036 유분 측정기의 사용방법 중 틀린 것은?

① 측정 온도는 20~22℃이다.
② 습도는 40~60%이다.
③ 메이크업을 하지 않은 상태에서 측정한다.
④ 세안 후 20분 후 측정하는 것이 좋다.

● 036
세안 후 2~3시간 후에 측정한다.

037 다음 중 오일에 물성분이 혼합되어 있는 유화상태는?

① O/W 에멀젼　　　　　② W/O 에멀젼
③ W/S 에멀젼　　　　　④ W/O/W 에멀젼

● 037
O/W : 수중유형, W/O : 유중수형

038 팩의 효과에 대한 설명으로 틀린 것은?

① 팩이 건조하는 과정에서 피부에 긴장감을 부여한다.
② 피부의 온도를 높여 혈액순환을 촉진시킨다.
③ 세안으로 제거된 산성보호막을 보충하여 피부에 촉촉함을 준다.
④ 팩의 흡착작용으로 노폐물을 제거시킨다.

● 038
세안으로 제거된 산성보호막을 보충하여 피부에 촉촉함을 주는 것은 크림이다.

정답
032 ②　033 ④　034 ②　035 ①
036 ④　037 ②　038 ③

039 아로마 오일의 보관방법으로 틀린 것은?

① 캐리어 오일의 산화를 막기 위해 맥아 오일을 10% 정도 첨가하면 효과적이다.

② 블랜딩한 아로마 오일은 갈색병에 담아 서늘한 곳에 보관한다.

③ 블랜딩한 오일은 바로 사용하여야 더욱 효과적이다.

④ 블랜딩한 아로마 오일은 6개월 정도 사용 가능하다.

● 039
블랜딩한 오일은 사용 1~2일 전에 만들어 두면 캐리어 오일과 섞이게 되므로 더욱 효과적이다.

040 다음 중 색소에 대한 설명으로 틀린 것은?

① 물 또는 오일에 녹는 색소로 화장품 자체에 색을 부여하기 위해 사용되는 것이 염료이다.

② 물과 오일에 모두 녹지 않는 것을 안료라 한다.

③ 수용성 염료에 알루미늄, 마그네슘, 칼슘염 등을 가해 물과 오일에 녹지 않게 만든 것을 염료라고 한다.

④ 수용성 염료는 화장수 · 로션 · 샴푸 등을 유용성 염료는 헤어오일 등의 착색에 사용한다.

● 040
수용성 염료에 알루미늄, 마그네슘, 칼슘염 등을 가해 물과 오일에 녹지 않게 만든 것은 레이크이다.

041 에센셜 오일 중 라벤더에 대한 설명으로 틀린 것은?

① 화상 및 상처 치유에 효과적이다.

② 진정 · 안정 작용 및 불면증에 효과적이다.

③ 소염, 피부질환 치료에 효과적이다.

④ 강력한 자극 효과로 집중력을 강화한다.

● 041
강력한 방부작용과 자극 효과로 집중력을 강화하는 오일에는 로즈마리가 있다.

042 피부 타입과 화장품과의 연결이 틀린 것은?

① 지성피부 – 유분이 적은 영양크림

② 정상피부 – 영양과 수분 크림

③ 민감피부 – 지성용 데이크림

④ 건성피부 – 유분과 수분 크림

● 042
민감성 피부는 피부에 자극이 적은 민감성 피부전용 크림으로 마무리하는 것이 효과적이다.

043 바디샴푸가 갖춰야 할 이상적인 조건에 속하지 않는 것은?

① 각질의 제거능력

② 피부에 대한 높은 안정성

③ 풍부한 거품과 거품의 지속성

④ 적절한 세정력

● 043
바디 화장품 중 각질 제거 목적으로 사용하는 것은 바디스크럽이나 바디솔트이다.

044 화장품에서 방부제로 사용되는 것은?

① 알코올　　　　　　② 메틸파라벤
③ 글리세린　　　　　④ 과산화수소

● 044
화장품에는 파라벤, 페녹시에탄올 등을 방부제로 많이 사용

045 클릭콜릭산이나 젖산을 이용하여 각질층에 침투시키는 방법으로 각질세포의 응집력을 약화시키며 자연탈피를 유도시키는 필링제는?

① Phenol　　② TCA　　③ AHA　　④ BP

● 045
AHA : 과일에서 추출한 천연 필링제

046 가볍고 신선한 효과가 있어 처음 향수를 접하는 사람에게 적합한 것은?

① 오드 코롱　　　　② 오드 뚜왈렛
③ 퍼퓸　　　　　　　④ 샤워 코롱

● 046
오드 코롱은 3~5%의 부향률로 상쾌감을 주는 것을 목적으로 만들어졌다.

047 다음은 어떤 성분에 관한 설명인가?

> 이 성분은 세포 재생과 주름 개선에 효과가 있다.

① 레틴산(Retinonic Acid)　　② 아스코르빈산(Ascorbic Acid)
③ 토코페롤(Tocopherol)　　　④ 칼시페롤(Calciferol)

● 047
레틴산은 세포 재생과 주름 개선에 효과적인 성분이다.

048 공중 보건학의 정의로 가장 적합한 것은?

① 질병예방, 생명연장, 질병치료에 주력하는 기술이며 과학이다.
② 질병예방, 생명유지, 조기치료에 주력하는 기술이며 과학이다.
③ 질병의 조기발견, 조기예방, 생명연장에 주력하는 기술이며 과학이다.
④ 질병예방, 생명연장, 건강증진에 주력하는 기술이며 과학이다.

● 048
공중보건학의 정의 : 질병예방, 생명연장, 신체적 · 정신적 건강 및 효율의 증진에 주력하는 기술이며 과학이다.

049 성층권의 오존층을 파괴시키는 대표적인 가스는?

① 아황산가스　　　　② 일산화탄소
③ 이산화탄소　　　　④ 염화불화탄소

● 049
염화불화탄소는 염소와 불소를 포함한 일련의 유기 화합물을 총칭하는 것으로, 냉매, 발포제, 분사제, 세정제 등으로 산업계에 폭넓게 사용되고 있다. 미국 듀폰사 상품명인 프레온 가스로 일반화되어 널리 알려져 있다.

050 이 · 미용 영업의 영업정지 기간 중에 영업을 한 자에 대한 벌칙은?

① 1년 이하의 징역 또는 300만원 이하의 벌금
② 2년 이하의 징역 또는 1000만원 이하의 벌금
③ 1년 이하의 징역 또는 1000만원 이하의 벌금
④ 2년 이하의 징역 또는 300만원 이하의 벌금

● 050
영업정지 기간 중 영업을 한 경우 : 1년 이하의 징역 또는 1천만 원 이하의 벌금

정답 044 ② 45 ③ 46 ① 47 ①
48 ④ 49 ④ 50 ③

051 다음 중 공중위생감시원의 직무사항이 아닌 것은?

① 위생지도 및 개선명령 이행여부에 관한 사항

② 시설 및 설비의 확인에 대항 사항

③ 세금납부의 적정 여부에 관한 사항

④ 영업자 준수사항 이행여부에 관한 사항

052 공중위생영업자가 정당한 사유 없이 6개월 이상 휴업하는 경우 1차 위반 시 행정처분 기준은?

① 영업정지 3월

② 영업정지 1월

③ 영업정지 5월

④ 영업장 폐쇄명령

053 우리나라가 세계보건기구에 가입한 연도는?

① 1945년   ② 1949년

③ 1950년   ④ 1955년

054 군집독을 일으키는 원인은?

① 기온역전

② 고기압 상태

③ 고온, 다습, 연소가스, 분진 등

④ 일산화탄소 증가

055 질병 발생요인이 아닌 것은?

① 인간   ② 병원체

③ 환경   ④ 예방접종

056 병원소의 종류가 아닌 것은?

① 현성감염자   ② 토양

③ 회복기 보균자   ④ 개달물

● 051

공중위생감시원의 범위
- 시설 및 설비의 확인
- 공중위생영업 관련 시설 및 설비의 위생상태 확인·검사, 공중위생영업자의 위생관리의무 및 영업자준수사항 이행 여부의 확인
- 위생지도 및 개선명령 이행여부의 확인
- 공중위생영업소의 영업의 정지, 일부 시설의 사용중지 또는 영업소 폐쇄명령 이행여부의 확인
- 위생교육 이행 여부의 확인

● 052

1차 위반 시 영업장 폐쇄명령 행정조치를 받는 경우
- 영업신고를 하지 않은 경우
- 영업정치처분을 받고도 그 기간에 영업을 한 경우
- 공중위생영업자가 정당한 사유 없이 6개월 이상 휴업하는 경우
- 관할 세무서장에게 폐업신고를 하거나 사업자 등록이 말소된 경우

● 053

세계보건기구는 1948년 4월 7일 발족하였으며 우리나라는 1949년 8월 17일에 65번째 회원국으로 가입하였다.

● 054

- 군집독 : 실내의 다수인이 밀집해 있을 때 공기의 물리적, 화학적 조건이 문제가 되어 불쾌감, 두통, 현기증, 구토, 생리저하 등 생리현상을 일으기는 것
- 예방법 : 환기
- 원인 : 고온, 고습, 무기류 등과 같은 공기의 이화학적 조건

● 055

질병 발생의 3요인 : 숙주, 병인, 환경

● 056

병원소 : 인간병원소, 동물병원소, 토양

051 ③   052 ④   053 ②   054 ③
055 ④   056 ④

057 다음 감염병 설명 중 옳지 않은 것은?

① 제1급 감염병 : 생물테러 감염병 또는 치명률이 높거나 집단 발생의 우려가 커서 발생 또는 유행 즉시 신고하여야 하고, 음압격리와 같은 높은 수준의 격리가 필요한 감염병

② 제2급 감염병 : 전파가능성을 고려하여 발생 또는 유행 시 24시간 이내에 신고하여야 하고, 격리가 필요한 감염병

③ 제3급 감염병 : 발생을 계속 감시할 필요가 있어 발생 또는 유행 시 24시간 이내에 신고하여야 하는 감염병

④ 제4급 감염병 : 동물과 사람 간에 서로 전파되는 병원체에 의하여 발생되는 감염병 중 보건복지부장관이 고시하는 감염병

● 057
제4급 감염병 : 제1급 감염병부터 제3급 감염병까지의 감염병 외에 유행 여부를 조사하기 위하여 표본 감시 활동이 필요한 감염병이다.

058 소화기 감염병 중에서 예방접종이 실시되지 않는 것은?

① 폴리오　　　　② 장티푸스
③ 콜레라　　　　④ 세균성이질

● 058
세균성이질은 파리매개형 질병으로 예방접종이 따로 존재하지 않는다.

059 과태료에 대한 설명 중 틀린 것은?

① 과태료는 보건복지부장관 또는 관할 시장, 군수, 구청장이 부과 및 징수한다.

② 과태료는 대통령령으로 정한다.

③ 과태료를 납부하지 아니한 때에는 지방세 체납처분의 예에 의하여 징수한다.

④ 과태료에 대하여 이의제기가 있을 경우 청문을 실시한다.

● 059
청문: 면허취소, 면허정지, 공중위생영업의 정지, 일부시설의 사용중지, 영업소폐쇄명령의 처분을 하고자 할 때 청문을 실시한다.

060 다음 이·미용기구의 소독기준 중 잘못된 것은?

① 열탕소독은 100℃ 이상의 물속에 10분 이상 끓여준다.

② 자외선 소독은 1cm²당 85㎼ 이상의 자외선을 20분 이상 쐬어준다.

③ 건열멸균 소독은 100℃ 이상의 건조한 열에 20분 이상 쐬어준다.

④ 증기소독은 100℃ 이상의 습한 열에 10분 이상 쐬어준다.

● 060
증기소독은 100℃ 이상의 습한 열에 20분 이상 쐬어준다.

제 07 회 실전모의고사

맞춤해설

001 매뉴얼 테크닉의 효과와 거리가 먼 것은?
 ① 피부의 흡수 능력을 확대시킨다.
 ② 심리적 안정감을 준다.
 ③ 혈액의 순환을 촉진한다.
 ④ 여드름이 정리된다.

002 클렌징에 대한 설명으로 가장 거리가 먼 것은?
 ① 피부 노폐물과 더러움을 제거한다.
 ② 피부 호흡을 원활하게 하는 데 도움을 준다.
 ③ 피부 신진대사를 촉진한다.
 ④ 피부 산성막을 파괴하는 데 도움을 준다.

003 피부 상태 분석방법에 대한 성명으로 거리가 먼 것은?
 ① 스파츌라를 이용하여 자극을 주어 민감도 측정
 ② 피부조직의 긴장감과 탄력섬유의 긴장도에 따라 각질 상태 분석
 ③ 세안 후 티슈로 눌러 유분량 측정
 ④ 손으로 만져서 각질화 측정

004 클렌징 제품의 올바른 선택 방법으로 거리가 먼 것은?
 ① 진한 화장을 하고 난 후에는 클렌징 크림 선택
 ② 지성 피부에는 클렌징 크림 선택
 ③ 아이&립 메이크업 리무버용으로 클렌징 워터 선택
 ④ 건성 · 노화 피부에는 친유성 로션상태 제품인 클렌징 로션 선택

005 필오프 타입 마스크의 특징으로 잘못된 것은?
 ① 젤 또는 액체 형태이다.
 ② 떼어내는 팩이다.
 ③ 보습효과가 뛰어나고 피부에 자극을 주지 않는다.
 ④ 노폐물, 각질세포 제거에 용이하다.

006 팩과 마스크 사용방법으로 옳은 것은?

① 분말형태의 제품 사용 시 손을 사용한다.

② 얼굴의 바깥에서 안으로 도포한다.

③ 눈과 입에 패드를 덮고 얼굴과 목에 도포한다.

④ 천연팩은 오랜시간 유지할수록 효과적이다.

007 계절별 피부 관리 방법이 잘 연결된 것은?

① 봄 : 꽃가루와 황사로 인한 오염이므로 이중세안이 필요하지 않다.

② 여름 : 피부 자체의 보호 능력 저하로 감자, 포도, 당근 등의 천연팩을 사용한다.

③ 가을 : 두터운 각질층이 일어나므로 팩 사용을 피한다.

④ 겨울 : 자극에 민감하고 수분 공급이 필요하므로 필링제를 사용하지 않는다.

008 셀룰라이트 관리 방법에 효과적인 아로마 오일은?

① 주니퍼, 사이프러스

② 유칼립투스, 티트리

③ 페퍼민트, 제라늄

④ 파출리, 로즈

009 피부관리의 마무리 단계가 필요한 이유로 부적합한 것은?

① 피부를 정돈하는 단계

② 기초화장품을 이용한 피부보호단계

③ 스팀타올을 이용한 피부휴식단계

④ 피부에 유 · 수분 공급 단계

010 매뉴얼 테크닉의 유연법 기법 중 강한 동작으로 피부를 주름잡듯이 행하는 동작은?

① 풀링(Fulling)

② 린징(Wringing)

③ 롤링(Rolling)

④ 처킹(Chucking)

• 006

• 분말형태의 제품 사용 시 팩 브러쉬나 주걱을 이용한다.

• 얼굴의 안에서 바깥으로 도포한다.

• 천연물질 중 자체에 소량의 독성이 있어 민감한 경우 피부 트러블이 발생할 수 있으므로 적용시간을 지나치게 길게 하는 것은 부적합하다.

• 007

• 계절 별 피부 관리법

• 봄 : 꽃가루와 황사로 피부가 쉽게 더러워지므로 이중 세안이 필요하다.

• 여름 : 고온다습한 날씨로 피부 자체의 보호 능력이 약해져있으므로 천연 팩으로 달아오른 피부를 진정시켜준다.

• 가을 : 여름에 두터워진 각질층을 팩으로 제거한다.

• 겨울 : 약간의 자극에도 민감한 반응을 보이고 건조하기 때문에 간편한 필링제를 사용해서 각질을 제거하고 일주일에 2~3회 정도 마사지하여 영양과 수분을 공급한다.

• 008

주니퍼, 사이프러스, 제라늄, 파출리 등의 아로마 에센셜 오일은 지방분해 효과가 있어 셀룰라이트 관리에 도움이 된다.

• 009

마무리단계 : 냉타올 사용(모공 수축)

• 010

풀링 : 강한 유연법. 피부를 주름잡듯이 행하는 동작

정답 006 ③ 007 ② 008 ① 009 ③ 010 ①

011 일반 건성피부 특징으로 옳지 않은 것은?
① 각질층의 수분과 피부의 유연성이 부족하다.
② 피부가 얇고 화장이 들뜬다.
③ 피지선의 기능은 정상이나, 수분함량이 떨어진다.
④ 피지보호막이 얇아 색소침착이 생기기 쉽다.

● 011
일반 건성피부 : 피지선의 기능과 한선 및 보습능력의 저하로 유ㆍ수분 함유량이 부족

012 건성피부 관리 방법으로 틀린 것은?
① 아이크림 도포로 잔주름 예방
② 알코올 함량이 적은 화장수와 보습기능 강화 제품사용
③ 밀크 타입이나 크림 타입의 클렌징 제품 사용
④ 캄파, 클레이, 유화, 살리실산 함유 화장품 선택

● 012
지성, 여드름피부 : 캄파, 클레이, 유화, 살리실산

013 아토피 피부염의 사항으로 옳지 않은 것은?
① 급격한 환경의 변화와 음식은 가급적 피한다.
② 집먼지 진드기가 살지 못하도록 항상 집안을 청결히 한다.
③ 계란이나 우유의 섭취는 아토피 피부염을 발생률을 높일 수 있다.
④ 목욕을 자주하여 피부를 깨끗하게 하며 청결을 유지한다.

● 013
아토피 피부는 건조하고 예민하여 바이러스, 세균감염이 잘 되므로 잦은 목욕은 피한다.

014 손으로 피부나 근육을 잡아 쥐었다가 놓는 매뉴얼 테크닉은?
① 경찰법　　　　　② 강찰법
③ 유연법　　　　　④ 진동법

● 014
유연법(반죽하기) : 근육과 피부조직을 짜면서 반죽하듯이 주무른다.

015 진피에 분포되어 있는 세포가 아닌 것은?
① 섬유아 세포　　　② 멜라닌 세포
③ 대식 세포　　　　④ 비만 세포

● 015
멜라닌세포 : 표피의 기저층에 분포

016 피부의 구조에서 피하조직과 연결되어 있는 피부층은?
① 유두층　　　　　② 각질층
③ 유극층　　　　　④ 망상층

● 016
망상층은 교원섬유와 탄력섬유와 그물모양으로 엉켜서 피하지방과 연결되어 있다.

017 표피를 이루고 있는 피부 구조에서 가장 두꺼운 층은?
① 투명층　　　　　② 과립층
③ 유극층　　　　　④ 각질층

● 017
유극층 : 표피에서 가장 두터운 층이다.

정답

011 ③　012 ④　013 ④　014 ③
015 ②　016 ④　017 ③

맞춤해설

018 표피의 기저층에 위치하며 표피 세포의 5~10%를 차지하는 자외선 흡수 기능을 가진 세포는?

① 대식 세포
② 멜라닌 세포
③ 비만 세포
④ 섬유아 세포

● 018
표피의 기저층에는 색소형성세포가 존재하며 자외선의 영향을 받아 멜라닌을 합성한다.

019 다음 중 pH에 대한 설명으로 옳은 것은?

① 어떤 물질의 용액 속에 들어있는 수소이온농도를 나타낸다.
② 어떤 물질의 용액 속에 들어있는 수소분자농도를 나타낸다.
③ 어떤 물질의 용액 속에 들어있는 수소이온의 질량을 나타낸다.
④ 어떤 물질의 용액 속에 들어있는 수소분자의 질량을 나타낸다.

● 019
pH(Potential of Hydrogen) : 어떤 물질의 용액 속에 들어있는 수소이온의 농도

020 우드램프 사용 시 지성부위의 코메도는 어떤 색으로 보이는가?

① 흰색 형광
② 밝은 보라
③ 노랑 또는 오렌지
④ 자주색 형광

● 020
지성피부(피지,여드름) : 주황색

021 제모의 설명으로 틀린 것은?

① 왁싱을 이용한 제모는 얼굴이나 다리의 털을 제거 하는 데 적합하며 모근까지 제거되기 때문에 4~5주 정도 지속된다.
② 제모 적용부위는 사전에 깨끗이 씻고 소독한다.
③ 제모 후에 진정제품을 피부 표면에 발라준다.
④ 왁스를 바른 후에 떼어낼 때는 아프지 않게 천천히 떼어내는 것이 좋다.

● 021
털의 반대방향으로 재빨리 떼어낸다.

022 다음 중 신경조직의 기본단위는 무엇인가?

① 신경교세포
② 시냅스
③ 연수
④ 뉴런

● 022
뉴런 : 신경조직의 최소 단위

023 간뇌의 시상하부의 기능이라 할 수 없는 것은?

① 호르몬 생산
② 자율 신경 종합 중추
③ 욕구 조절
④ 호흡 조절

● 023
호흡 조절은 연수의 기능이다.

정답 018 ② 019 ① 020 ③ 021 ④
      022 ④ 023 ④

024 자율신경계에 대한 설명으로 옳지 않은 것은?

① 불수의적 운동 조절

② 골격근 운동 지배

③ 대뇌의 절대적 영향 받음

④ 교감, 부교감 신경으로 나뉨

● 024
자율신경계는 대뇌의 영향을 거의 받지 않고 불수의적 운동을 조절한다.

025 생명 중추로서 위로는 교뇌와 아래로는 척수로 이어지는 신경조직은?

① 대뇌 ② 중뇌

③ 연수 ④ 간뇌

● 025
연수 : 호흡운동, 심장박동 등을 조절, 생명중추

026 전해질에 해당되는 것은?

① 산과 염 ② 산과 에스테르

③ 설탕과 염 ④ 알코올과 증류수

● 026
전해질: 물 등의 용매에 녹으면, 이온화하여 음이온과 양이온으로 나뉘어 전기가 통하는 물질

027 골의 특징에 대한 설명으로 틀린 것은?

① 인체는 약 206개의 골 및 연골로 구성

② 두개 이상의 뼈는 인대 등의 결합조직에 의해 연결

③ 골은 인체조직 중 수분 함량이 가장 많은 곳

④ 무기질 45%, 유기질 35%, 물 20%로 구성

● 027
골은 인체조직 중 수분 함량이 가장 적은 곳이다.

028 인체를 구성하는 기본 조직이 아닌 것은?

① 상피조직 ② 결합조직

③ 신경조직 ④ 골조직

● 028
인체의 4대 기본조직은 상피조직, 근육조직, 결합조직, 신경조직이다.

029 성인의 경우 피부는 체중의 약 몇 %인가?

① 5~7% ② 15~17%

③ 25~27% ④ 35~37%

● 029
피부의 총면적은 1.6~1.8m²이며 량은 체중의 약 16%에 달한다.

030 입가 표정을 만드는 데 작용하는 근육은?

① 추미근 ② 상안검거근

③ 구륜근 ④ 전두근

● 030
구륜근(입둘레근) : 입을 열고 닫는 작용

맞춤해설

031 다음 중 적혈구의 기능으로 옳은 것은?
① 체온유지　　　　② 체액순환
③ 산소운반　　　　④ 항체형성

032 혈장 성분 중 혈액 응고에 관여하는 단백질은?
① 알부민　　　　② 글로불린
③ 히스타민　　　　④ 피브리노겐

033 인체에서 가장 큰 림프관은?
① 흉관　　　　② 비장
③ 흉선　　　　④ 췌장

034 미용에서 피부 하부층까지 도달하여 태닝에 사용되는 자외선 파장은?
① 140~200nm　　　　② 400~500nm
③ 290~320nm　　　　④ 320~400nm

035 고주파기기의 효과로 틀린 것은?
① 탄력효과　　　　② 스파킹 효과
③ 자극 및 건조효과　　　　④ 온열효과

036 클렌징과 딥 클렌징기기로 부적당한 것은?
① 스티머
② 전동 브러쉬
③ 진공 흡입기
④ 갈바닉기기 이온토포레시스

037 테슬러 고주파에 관한 설명으로 틀린 것은?
① 일반적으로 자광선이라 불린다.
② 주요작용은 온열이나 열을 발생시키는 것이다.
③ 빠른 진동으로 근육수축이 발생한다.
④ 적용방법에 따라 자극 또는 진정이 될 수 있다.

038 갈바닉기기의 이온토포레시스 시술방법으로 틀린 것은?
① 사용하고자 하는 제품의 극을 확인한다.
② 극성 변화시 스위치를 끈 상태에서 변화시킨다.
③ 약산성의 pH를 갖는 제품은 음극, 알칼리성 제품은 양극을 사용한다.
④ 고혈압, 모세혈관 확장피부, 과민성 피부는 사용을 피한다.

039 지성 피부관리 시 유분이 많은 부위나 블랙헤드 부위, 디스인크러스테이션 시행 후 실시하면 좋은 마사지는?
① 매뉴얼 테크닉 ② 닥터 자켓 마사지
③ 경락마사지 ④ 냉온마사지

040 적외선 미용기기를 사용할 때의 주의사항으로 옳은 것은?
① 아이패드를 착용하지 않아도 된다.
② 자외선 적용 전 단계에서 사용하지 않는다.
③ 램프와 고객과의 평균거리는 150cm를 유지한다.
④ 관리 전에는 금속류의 장신구를 착용하여도 된다.

041 다음 중 퓨즈의 기능에 대한 설명으로 가장 알맞은 것은?
① 기계나 전기회로를 과전류로부터 보호한다.
② 전압을 바꾸어준다.
③ 교류전류를 직류전기로 바꾸어준다.
④ 전기회로의 세기를 측정한다.

042 다음 중 노화 피부의 개선에 도움을 주는 성분이 아닌 것은?
① 알란토인 ② 은행잎 추출물
③ SOD ④ 판테놀

043 에센셜 오일의 추출법 중 증류법에 관한 설명으로 틀린 것은?
① 단시간에 대량의 정유를 생산할 수 있다.
② 열에 불안정한 성분은 파괴될 수 있다.
③ 가장 대중적인 방법이다.
④ 시트러스(Citrus) 계열의 오일을 추출할 때 주로 사용된다.

 38 ③ 39 ② 40 ④
41 ① 42 ④ 43 ④

044 화장품의 성분과 기능이 바르게 연결된 것은?

① 비타민C - 콜라겐 합성 관여

② AHA - 자외선 차단

③ 프로폴리스 - 활성산소 억제

④ 레티놀 - 진정, 항염

● 044
• 비타민 C : 항산화, 항노화, 미백, 재생, 모세혈관 강화, 멜라닌 생성 억제
• AHA : 각질 제거
• 프로폴리스 : 진정, 항염
• 레티놀 : 잔주름 개선

045 기초 화장품의 사용 목적 및 효과와 거리가 먼 것은?

① 피부의 청결유지 　　② 피부 보습

③ 잔주름, 여드름 방지 　　④ 여드름 치료

● 045
여드름 치료는 의료 영역이다.

046 포인트메이크업 리무버의 주 사용목적은?

① 묵은 각질 제거

② 색조화장품을 효과적으로 제거

③ 피부 표면의 때나 더러움 제거

④ 모공 속 노폐물 제거

● 046
클렌징 시행 시 포인트 메이크업 리무버를 이용하여 눈과 입술의 화장을 먼저 지운다.

047 라벤더의 효과로 옳은 것은?

① 살균, 소독, 진정작용

② 피지분지조절, 최음, 소독효과

③ 살균, 소독, 충혈완화

④ 해열, 수렴, 소염작용

● 047
라벤더 : 살균, 진정, 불안해소

048 화장품에 배합되는 에탄올의 역할이 아닌 것은?

① 청량감 　　② 수렴작용

③ 소독작용 　　④ 보습작용

● 048
보습작용은 보습제인 글리세린, 천연보습인자 등이 담당한다.

049 기생충과 중간숙주의 연결이 틀린 것은?

① 광절열두조충증 - 물벼룩, 송어

② 유구조충증 - 오염된 풀, 소

③ 폐흡충증 - 민물게, 가재

④ 간흡충증 - 쇠우렁, 잉어

● 049
유구조충(갈고리촌충) 중간숙주 : 돼지고기

정답 044① 045④ 046② 047①
048④ 049②

050 질병 발생의 3대 요인이 옳게 구성된 것은?

① 병인, 숙주, 환경　　　　② 숙주, 감염력, 환경

③ 감염력, 연령, 인종　　　　④ 병인, 환경, 감염력

● 050
질병 발생의 3요인 : 숙주, 병인, 환경

051 0.1%의 승홍수를 만들 때, 1g의 승홍정을 물 몇 ml에 용해시키면 되는가?

① 500ml　　　　② 100ml

③ 1000ml　　　　④ 50ml

● 051
0.1%는 1/1,0000이므로, 1g의 승홍정을 1,000 ml 물에 용해시켜야 한다.

052 건강보험이 전 국민에게 적용된 해는?

① 1696년　　　　② 1989년

③ 1987년　　　　④ 1977년

● 052
건강보험 : 1977년 7월 500인 이상 사업장에서 의료보험제도가 처음으로 실시

053 혈청이나 약제, 백시 등 열에 불안정한 액체의 멸균에 주로 이용되는 멸균법은?

① 초음파멸균법　　　　② 방사선멸균법

③ 초단파멸균법　　　　④ 여과멸균법

● 053
여과멸균법
• 가열, 화학물질, 방사선을 이용할 수 없는 액체를 멸균할 때 사용
• 혈청, 항혈청, 조직배양용배지에 적용

054 1년 이하의 징역 또는 1천만원 이하의 벌금에 해당되지 않는 것은?

① 영업신고를 하지 아니한 자

② 사용중지명령을 받고도 그 기간 중에 영업을 하거나 그 시설을 이용한 자

③ 영업소 폐쇄명령을 받고도 계속 영업을 한 자

④ 공중위생영업자가 준수하여야 할 사항을 준수하지 아니한 자

● 054
공중위생영업자가 준수하여야 할 사항을 준수하지 아니한 자는 6월 이하의 징역 또는 500만원 이하의 벌금에 처한다

055 다음 중 청문을 실시하지 않아도 되는 경우는?

① 범칙금을 납부하는 경우

② 이용사 및 미용사의 면허취소 및 면허정지

③ 영업소 폐쇄 명령 등의 처분을 하고자 하는 때

④ 공중위생업의 정지, 일부시설의 사용중지

● 055
보건복지부장관 또는 시장·군수·구청장은 신고사항의 직권 말소, 이·미용사의 면허취소 또는 면허정지, 영업정지명령, 일부 시설의 사용중지명령 또는 영업소 폐쇄명령 처분을 하려면 청문을 하여야 한다.

056 이·미용업소에서 수건 소독에 가장 많이 사용되는 물리적 소독법은?

① 석탄산 소독　　　　② 알코올 소독

③ 자비소독　　　　　④ 과산화수소소독

• 056

자비소독
- 100℃ 끓는 물에 15~20분간 처리
- 아포균은 완전히 소독되지 않음
- 식기류, 도자기류, 주사기, 의류, 수건 소독에 적합

---

057 감염병예방법 중 제2급 감염병에 해당되는 것은?

① 결핵　　　　　　　② 페스트

③ 말라리아　　　　　④ 매독

• 057

페스트는 제1급, 말라리아는 제3급, 매독은 제4급 감염병이다.

---

058 다음 설명 중 틀린 것은?

① 일산화탄소 – 무색, 무취, 맹독성 가스

② 이산화탄소 – 무색, 무취, 비독성 가스

③ 질소 – 저기압에서 정상기압 복귀 시 기포형성하여 혈전현상 유발

④ 산소 – 10%가 되면 호흡곤란 유발

• 058

질소 : 고기압에서 정상기압 복귀 시 공기 중의 질소가 기포를 형성하여 혈전현상 유발

---

059 대통령령으로 정하는 것이 아닌 것은?

① 명예공중위생감시원의 자격 및 업무범위 기타 필요한 사항

② 공중이용시설의 범위

③ 위생서비스평가에 관하여 필요한 사항

④ 과징금 금액에 관하여 필요한 사항

• 059

위생서비스평가의 주기, 방법, 위생관리등급의 기준 기타 평가에 관하여 필요한 사항은 보건복지부령으로 정한다.

---

060 면허를 취득할 수 없는 자는?

① 교육기술과학부장관이 인정하는 학교에서 미용 관련학과를 졸업한 자

② 학원 및 사설 교육기관에서 미용 관련학과를 졸업한 자

③ 학점인정 등에 관한 법률에 따른 미용학위 취득자

④ 교육기술과학부장관이 인정하는 고등기술학교에서 미용에 관한 소정의 과정을 이수한 자

• 060

면허 발급 대상자
- 전문대학 또는 이와 동등 이상 학력이 있다고 교육부장관이 인정하는 학교에서 이·미용에 관한 학과를 졸업한 자
- 학점인정으로 대학 또는 전문대학을 졸업한 자와 동등 이상 학력의 이·미용에 관한 학위를 취득한 자
- 고등학교 또는 이와 동등 학력이 있다고 교육부장관이 인정하는 학교에서 이·미용에 관한 학과를 졸업한 자
- 교육부장관이 인정하는 고등기술학교에서 1년 이상 이·미용에 관한 소정의 과정을 이수한 자 (*초·중등교육법령에 따른 특성화고등학교, 고등기술학교나 고등학교 또는 고등기술학교에 준하는 각종학교에서 1년 이상 이·미용에 관한 소정의 과정을 이수한 자)
- 국가기술자격법에 의한 이·미용사 자격을 취득한 자

---

56 ③　57 ①　58 ③　59 ③
60 ②

제 08회 실전모의고사

001 딥 클렌징 관리 시 유의사항 중 옳은 것은?

① 눈의 점막에 화장품이 들어가지 않도록 조심한다.

② 딥 클렌징한 피부를 자외선에 직접 노출시킨다.

③ 흉터 재생을 위하여 상처 부위를 가볍게 문지른다.

④ 모세혈관 확장피부는 부작용증에 해당하지 않는다.

● 001
딥 클렌징 시술 시 눈이나 입술의 점막에 들어가지 않도록 하며 흉터나 개방된 상처, 모세혈관 확장 부위에는 시술을 피한다. 딥 클렌징 시술 후 자외선에 노출되면 색소침착 등의 부작용을 초래할 수 있으므로 주의한다.

002 제모 관리 중 왁싱에 대한 내용과 거리가 먼 것은?

① 겨드랑이 및 입술 주위 털 제거 시 하드왁스를 사용하는 것이 좋다.

② 콜드왁스는 데울 필요가 없지만 온왁스에 비해 제모능력이 떨어진다.

③ 왁싱은 레이저를 이용한 제모와는 달리 모유두의 모모세포를 퇴행시키지 않는다.

④ 다리 및 팔 등의 넓은 부위의 털을 제거할 때에는 부직포 등을 이용한 온왁스가 적합하다.

● 002
왁싱 : 모근으로부터 털이 제모되므로 털이 다시 나오는 데 시간이 걸린다.

003 피부 분석을 하는 목적은?

① 피부분석을 통해 고객의 라이프스타일 분석하기 위해서

② 피부의 증상과 원인을 파악하여 올바른 피부관리를 하기 위해서

③ 피부의 증상과 원인을 파악하여 의학적 치료를 하기 위해서

④ 피부분석을 통해 운동처방을 하기 위해서

● 003
피부분석의 목적은 고객의 피부상태와 유형을 정확히 파악하여 최적의 피부관리를 시행하기 위함이다.

004 다음 중 딥 클렌징제의 목적 및 효과가 아닌 것은?

① 모공 깊숙한 피지와 각질제거를 목적으로 한다.

② 다음 단계의 유효성분이 흡수율을 높여준다.

③ 효과적인 주름관리를 하기 위함이다.

④ 피부재생 촉진에 도움을 준다.

● 004
주름관리에 효과적인 것은 기능성 화장품의 기능이다.

005 기독교 금욕주의의 영향으로 화장과 신체를 가꾸는 행위를 금했던 시기는?

① 중세시대   ② 로마시대

③ 이집트시대   ④ 르네상스시대

● 005
중세시대 : 기독교 금욕주의 영향으로 화장보다 깨끗한 피부관리에 중점을 뒀다.

006 봄철 피부관리법 중 옳지 않은 것은?

① 건조해지기 쉬우므로 클렌징은 간단하게 실시한다.

② 화장수를 충분히 발라 피부를 흠뻑 적셔준다.

③ 수분과 영양 공급을 위해 로션과 영양 크림을 사용한다.

④ 자외선이 강하므로 자외선 차단제를 사용한다.

● **006**
꽃가루, 황사로 더러워지기 쉬운 봄철은 이중세안이 꼭 필요하다.

007 다음 왁싱에 대한 설명 중 맞는 것은?

① 소프트 왁스는 털의 진행 방향으로 제거한다.

② 하드왁스는 굳기 전에 제거한다.

③ 화학적 제모법은 모근까지 제거한다.

④ 하드왁스는 눈썹, 입술 등의 국소부위에 주로 사용한다.

● **007**
하드왁스는 눈 주위나 입술 주위, 겨드랑이 제모의 국소부위 등에 주로 사용한다.

008 화장품 도포의 효과가 아닌 것은?

① 자극으로부터 피부보호

② 영양공급을 통한 지성상태 피부유지

③ 유·수분 밸런스 유지

④ 건강한 피부 유지

● **008**
영양공급을 통한 중성피부 유지

009 지성피부의 세안방법으로 옳은 것은?

① 잦은 세안과 세정력이 강한 제품을 피하며 미온수로 세안한다.

② 유분이 많으므로 하루에 여러번 세안한다.

③ 비누 잔여물이 남지 않도록 미지근한 물로 세안하고 마지막에 찬물을 사용한다.

④ 클렌징 할 때 유분이 풍부한 로션이나 크림 타입 제품을 사용한다.

● **009**
① : 건성피부 세안방법
② : 지성피부라도 잦은 세안은 산성막을 파괴시켜 오히려 피부 트러블을 일으킬 수 있음
④ : 중성피부 세안방법

010 림프 드레나쥐에 대한 설명으로 옳은 것은?

① 일반적인 마사지보다 강하게 한다.

② 신체부위에 따라 림프 방향이 같기 때문에 림프방향으로 실시한다.

③ 일반적인 마사지와 같이 많은 오일을 사용한다.

④ 회전동작, 원동작, 퍼올리기동작, 펌프동작 4가지 기본 동작이 있다.

● **010**
림프 드레나쥐는 림프의 순환을 촉진시켜 대사물질의 노폐물을 체외로 배출시키는 것을 돕는다.

정답 006 ① 007 ④ 008 ② 009 ③ 010 ④

011 매뉴얼 테크닉 동작 중 쓰다듬기 동작에 대한 설명으로 옳은 것은?

① 자율신경계에 영향을 미쳐 피부에 긴장을 완화시킨다.

② 노폐물을 밖으로 내보낸다.

③ 피부 탄력을 증진시키는 동작이다.

④ 신경을 자극하여 원기회복의 효과가 있다.

• 011
쓰다듬기는 마사지의 시작과 끝을 알리는 가벼운 동작으로 진정 효과가 있으며, 임산부에게도 좋은 방법이다.

012 모든 피부 타입에 사용하여 필요한 만큼 덜어 도포하는 유화형태로 침투가 용이한 팩은 무엇인가?

① 석고 마스크   ② 크림팩

③ 콜라겐벨벳 마스크   ④ 모델링 마스크

• 012
크림팩
유화형 팩을 바른 후 10~20분의 일정 시간이 지나면 제품은 그대로 있고 유효성분만 흡수된다.

013 우드램프로 피부상태를 판단할 때 민감성, 모세혈관확장피부는 어떤 색으로 나타나는가?

① 푸른색   ② 흰색

③ 오렌지   ④ 진보라

• 013
• 각질 : 흰색
• 지성 : 오렌지색
• 먼지, 이물질 : 흰형광색

014 피부의 부속기관이 위치하는 곳은?

① 표피   ② 진피

③ 피하지방   ④ 근막

• 014
진피 : 교감신경, 부교감신경, 혈관, 림프, 피지선, 한선 등이 분포

015 모발의 기능이 아닌 것은?

① 유해물질의 침입을 방지한다.

② 피지 및 노폐물을 배출한다.

③ 피부표면을 보호한다.

④ 체온을 유지하고 온각 및 압각을 전달한다.

• 015
모발은 중금속과 같은 유해물질을 배출하는 기능을 한다.

016 내인성 노화에 대한 설명으로 옳지 않은 것은?

① 교원섬유와 탄력섬유가 감소하며 진피의 두께가 감소한다.

② 멜라닌세포 수 감소

③ 피부색소침착이 증가하거나 감소하고 안색이 창백해진다.

④ 멜라닌과 랑게르한스세포의 수와 기능이 감소하고 피부민감도가 감소한다.

• 016
내인성 노화가 진행되면 면역 기능이 저하되어 피부 민감도가 증가한다.

맞춤해설

017 피부를 보호하는 방어막으로서 케라틴으로 구성된 피부층은?

① 각질층   ② 투명층
③ 유극층   ④ 기저층

● 017
각질층 : 케라틴, 보습인자, 지질 존재

018 인체에 매우 중요한 항산화제, 호르몬 생성, 임신 등 생식 기능에 관여하는 비타민은?

① 비타민A   ② 비타민D
③ 비타민E   ④ 비타민K

● 018
비타민E : 항산화 비타민

019 다음 중 원발진에 해당되는 것이 아닌 것은?

① 인설, 가피, 미란   ② 반점, 홍반, 구진
③ 농포, 소수포, 대수포   ④ 결절, 종양, 낭종

● 019
원발진 : 반점, 홍반, 구진, 농포, 팽진, 소수포, 대수포, 결절, 종양, 낭종

020 여드름 발생 요인과 거리가 먼 것은?

① 모낭 내 이상각화   ② 여드름균의 군락 형설
③ 염증 반응   ④ 아포크린한선의 분비 증가

● 020
아포크린한선은 땀샘으로 땀을 생성하며 특유의 짙은 체취를 낸다.

021 다음의 면역 작용에 해당되는 것이 아닌 것은?

① 피부의 층구조   ② 피부의 산성막 구조
③ 랑게르한스 세포   ④ 자외선 흡수

● 021
피부의 면역작용
① 층구조
② 산성막
③ 각질박리
④ 랑게르한스세포
⑤ 피부건조 미생물 생육번식 및 억제

022 다음 표피 피부구조에서 핵이 있는 층은?

① 망상층   ② 유두층
③ 과립층   ④ 유극층

● 022
표피의 유극층
• 살아 있는 유핵 세포로 구성
• 표피에서 가장 두꺼운 층
• 면역기능을 담당하는 랑게르한스 세포 존재
• 림프액이 흐름(영양 공급, 노폐물 배출, 혈액순환 작용을 함)

023 다음 중 혈액의 기능이 아닌 것은?

① 물질 운반   ② 면역 작용
③ 항상성 유지   ④ 소화효소 분비

● 023
혈액의 기능은 영양 및 노폐물 운반, 항상성 유지, 면역 및 식균작용 등이다.

024 다음 중 혈액 성분과 작용이 바르게 연결된 것은?

① 혈장 – 고체 성분
② 백혈구 – 세균으로부터 신체 보호
③ 혈소판 – 산소를 운반하는 헤모글로빈 함유
④ 적혈구 – 지혈 및 응고 작용에 관여

● 024
백혈구는 식균작용을 하며, 세균을 소화시켜 신체를 방어한다.

정답
17 ① 18 ③ 19 ① 20 ④
21 ④ 22 ④ 23 ④ 24 ②

025 다음 중 순환계가 아닌 것은?

① 심장
② 혈관계
③ 림프계
④ 신장

- 025
신장은 비뇨기계이다.

026 다음 설명 중 틀린 것은?

① 소장에서 알코올 흡수한다.
② 대장에서 수분 흡수한다.
③ 소장에 융모가 있다.
④ 구강에서 저작 운동한다.

- 026
위에서 알코올을 흡수한다.

027 다음 중 위에서 분비되는 단백질 분해 효소는?

① 펩신
② 리파아제
③ 트립신
④ 티록신

- 027
펩신은 단백질 분해효소로 위에서 분비된다.

028 다음 중 간에 대한 설명으로 틀린 것은?

① 해독 작용
② 담즙 분비
③ 인체에서 가장 큰 장기로 재생력이 강함
④ 인슐린과 글루카곤 분비

- 028
췌장(이자)의 내분비선에서 인슐린과 글루카곤을 분비한다.

029 다음 중 중추신경계의 종류가 아닌 것은?

① 대뇌
② 간뇌
③ 안면신경
④ 척수

- 029
중추신경은 뇌(대뇌, 간뇌, 중뇌, 소뇌)와 척수로 나누어진다.

030 다음 중 이자에서 분비되는 소화효소가 아닌 것은?

① 뮤신
② 트립신
③ 아밀라제
④ 리파아제

- 030
뮤신은 위와 대장에서 분비되는 점액소이다.

031 자외선 미용기기에서 주로 UV–A만을 방출하여 피부색소를 만드는 미용기기는?

① 자외선 소독기
② 인공선탠기
③ 우드 램프
④ 바이브레이터기

- 031
인공선탠기 : UV–A만을 방출하여 피부에 색소를 만든다.

정답 25 ④ 26 ① 27 ① 28 ④
      29 ③ 30 ① 31 ②

맞춤해설

032 다음이 설명하는 피부분석 진단기기는?

> 여드름 추출 시 사용되며 확대배율이 다양하여
> 피부 분석에 사용되는 기기

① 확대경　　　　　　　② 우드 램프
③ 수분측정기　　　　　④ 유분측정기

● 032
확대경 : 확대배율이 다양하나 일반적으로 3~5배의 배율이 사용되며 여드름 추출 시 사용된다.

033 유분측정기에 대한 설명으로 틀린 것은?

① 적당한 압력을 주어 30초간 피부에 접촉시킨다.
② 이상적인 환경은 20~22℃, 습도 40~60%이다.
③ 알코올 성분이 없는 클렌징제로 세안 30분 후에 측정한다.
④ 특수 플라스틱 필름에 묻은 피지의 빛 통과도를 측정한다.

● 033
알코올 성분이 없는 클렌징제로 세안 2시간 후에 측정한다.

034 초음파(Ultrasound)기기 사용 시 주의사항으로 틀린 것은?

① 한 부위에 최소 5초 이상 머물러 적용한다.
② 관리시간은 15분을 넘기지 않는다.
③ 뼈나 관절 부위는 적용하지 않는다.
④ 프로브와 피부 사이에 물이나 화장수, 젤을 도포한다.

● 034
한 부위에 5초 이상 머무르지 않아야 한다.

035 건성 피부관리 시 제품의 깊은 침투를 도와주는 효과적인 마스크는?

① 비타민C　　　　　　② 고무마스크
③ 석고마스크　　　　　④ 온왁스마스크

● 035
온왁스마스크는 건성 피부관리 시 제품의 깊은 침투를 도와준다.

036 파라핀 왁스(Paraffin Wax)의 사용을 금해야 하는 경우로 틀린 것은?

① 화상　　　　　　　　② 사마귀 있는 경우
③ 임산부　　　　　　　④ 피부 발진

● 036
순환기계, 질환, 피부발진, 피부 부작용, 화상, 사마귀가 있는 경우에는 사용을 금한다.

037 미안용 적외선등(Infrared Lamp)에 관한 설명 중 틀린 것은?

① 10분 이상 조사한다.
② 팩 재료를 빨리 말리는 경우에도 사용한다.
③ 지구표면에 도달하는 태양 에너지의 약 60%가 원적외선 에너지이다.
④ 적외선 조사 시 사용자와의 거리를 45~90cm 내외로 한다 .

● 037
5~7분간 조사시킨다.

정답　032 ①　033 ③　034 ①　35 ④
036 ③　037 ①

038 손을 대상으로 하는 제품 중 알코올을 주베이스로 하며 청결 및 소독을 주된 목적으로 하는 제품은?

① 핸드워시
② 새니타이저
③ 비누
④ 핸드크림

● 038
새니타이저 : 손소독제

039 탑코트(Top Coat)의 설명으로 옳은 것은?

① 손톱의 큐티클을 정돈한다.
② 네일 애나멜 위에 칠하여 광택이나 내구성을 좋게 한다.
③ 네일 애나멜의 피막을 제거한다.
④ 손톱의 주름을 메워 접착성을 좋게 한다.

● 039
① 큐티클 리무버
③ 에나멜(폴리시) 리무버
④ 베이스코트

040 과거에는 닭벼슬에서 추출하였으나 최근에는 유전자 배양으로 추출하고 있으며 자신의 질량의 수백배의 수분을 흡수하는 능력을 가진 것은?

① 세라마이드
② 아미노산
③ 히아루론산
④ 콜라겐

● 040
히알루론산은 자신의 질량의 수백배의 수분흡수능력이 있으며 현재는 유전자 배양으로 추출한다

041 섬유질을 첨가하여 속눈썹을 길어 보이게 하는 마스카라는?

① 롱래쉬마스카라
② 볼륨마스카라
③ 투명마스카라
④ 베이스마스카라

● 041
롱래쉬마스카라 : 마스카라에 섬유질이 배합되어 속눈썹이 길어보인다.

042 천연토코페놀을 다량 함유하고 있으며 세포재생과 피부탄력을 촉진시키는 캐리어오일은?

① 맥아오일
② 아보카도 오일
③ 포도씨유
④ 호호바오일

● 042
맥아오일 : 밀에서 추출, 비타민 E 함유, 항산화작용

043 기능성 화장품에 대한 정의로 맞지 않는 것은?

① 피부의 미백에 도움을 준다.
② 피부의 주름개선에 도움을 준다.
③ 피부를 곱게 태워주거나 자외선으로부터 피부를 보호하는 데 도움을 준다.
④ 피부의 여드름 개선에 도움을 준다.

● 043
기능성제품 : 미백, 자외선차단, 주름개선

정답 038② 039② 040③ 041①
042① 043④

맞춤해설

044 에센셜 오일에 대한 설명 중 틀린 것은?

① 라벤더 - 진정, 불안해소
② 그레이프프루트 - 지방분해효과
③ 샌달우드 - 진정, 이완
④ 티트리 - 통증완화, 최음

● 044
티트리 오일은 살균, 소독, 여드름 피부에 효과적이다.

045 다음 중 지방 성분이 없어 세정력이 우수하며 마사지와 클렌징 효과가 있는 것은?

① 클렌징 오일   ② 클렌징 워터   ③ 클렌징 젤   ④ 폼 클렌징

● 045
클렌징 젤은 지방에 예민한 알레르기성 피부나 모공이 넓은 피부에 적합하며 오염물질 제거가 쉽다.

046 화장품 사용 시 미생물에 의한 변질을 막고 세균의 성장을 억제하거나 방지하기 위해 첨가하는 물질이 아닌 것은?

① 이소치아졸리논(Isothiazolinone)
② 에틸파라벤(Ethyl Paraben)
③ 이미디아졸리디닐우레아(ImidazolidinylUrea)
④ 암모늄 카보나이트(Ammonium Carbonate)

● 046
암모늄 카보나이트(Ammonium Carbonate)는 화장품의 pH를 알칼리화시키는 pH 조절제이다.

047 광물성 오일이 다량 배합되어 있으며 짙은 화장을 지우기에 적합한 클렌징 제품은?

① 클렌징 로션   ② 클렌징 워터   ③ 클렌징 젤   ④ 클렌징 크림

● 047
클렌징 크림은 짙은 유성 메이크업을 지울 때나 피지분비가 많을 때 사용하기 적합하다.

048 100℃ 이상 고온의 수증기를 고압상태에서 미생물, 포자 등과 접촉시켜 멸균 할 수 있는 것은?

① 자외선 소독기
② 건열멸균기
③ 고압증기멸균기
④ 자비소독기

● 048
고압증기멸균 : 포자균 멸균에 효과적이다(초자기구, 거즈 및 약액).

049 모기를 매개로 발생되는 질병이 아닌 것은?

① 말라리아   ② 사상충   ③ 일본뇌염   ④ 장티푸스

● 049
모기 매개 전염병 : 말라리아, 사상충, 일본뇌염, 황열

050 미용업 영업자가 영업소 폐쇄 명령을 받고도 계속하여 영업을 하는 때에 시장·군수·구청장이 관계공무원으로 하여금 당해 영업소를 폐쇄하기 위한 조치할 수 있는 사항에 해당하지 않는 것은?

① 출입자 검문 및 통제
② 영업소의 간판 기타 영업표지물의 제거
③ 위법한 영업소임을 알리는 게시물 등의 부착
④ 영업을 위하여 필수불가결한 기구 또는 시설물을 사용할 수 없게 하는 봉인

● 050
조치 사항 : 영업소의 간판 기타 영업표지물의 제거, 위법한 영업소임을 알리는 게시물 등의 부착, 영업을 위하여 필수불가결한 기구 또는 시설물을 사용할 수 없게 하는 봉인

정답
044 ④   045 ③   046 ④   047 ④
048 ③   049 ④   050 ①

051 이·미용업소에서 이·미용 요금표를 게시하지 아니한 때의 1차 위반 행정처분은?

① 영업장 폐쇄명령
② 영업허가 취소
③ 경고
④ 영업정지 5일

052 다음 중 면허증의 재발급을 신청할 수 없는 경우는?

① 면허증을 대여한 때
② 면허증이 헐어 못쓰게 된 때
③ 면허증을 잃어버린 때
④ 면허증의 기재사항에 변경이 있을 때

053 위생교육 대상자가 아닌 것은?

① 공중위생영업의 신고를 하고자 하는 자
② 공중위생영업을 승계한 자
③ 공중위생업자
④ 면허증 취득 예정자

054 이·미용 업소에서 1회용 면도날을 2인 이상 손님에게 사용했을 시 2차 위반의 행정 처분 기준은?

① 경고
② 영업정지 5일
③ 영업정지 10일
④ 영업장 폐쇄명령

055 공중위생영업의 영업정지처분을 받고도 그 영업정지기간 중 영업을 한 때에 대한 1차 위반 시 행정처분기준은?

① 영업정지 10일
② 영업정지 20일
③ 영업정지 1월
④ 영업장 폐쇄 명령

056 공중위생영업을 폐업한 날부터 며칠 이내에 누구에게 신고해야 하나?

① 10일 이내 - 시장, 군수, 구청장
② 10일 이내 - 시도지사
③ 20일 이내 - 시장, 군수, 구청장
④ 20일 이내 - 시도지사

057 300만 원 이하의 과태료에 해당하는 것은?

① 개선명령을 따르지 아니한 자

② 위생관리 의무를 지키지 아니한 자

③ 영업소 외 장소에서 미용업무를 행한 자

④ 위생교육을 받지 아니한 자

• 057

이 · 미용업소의 위생관리 의무를 지키지 아니한 자, 영업소 외의 장소에서 이 · 미용업무를 행한 자, 위생교육을 받지 아니한 자는 200만 원 이하의 과태료가 부과된다.

058 다음 설명 중 틀린 것은?

① 과태료는 보건복지부령으로 정한다.

② 위생교육을 받지 않은 자는 200만원의 과태료를 내야 한다.

③ 과태료를 부과하는 자는 시장, 군수, 구청장이다.

④ 과태료 부과 시 청문을 하지 않는다.

• 058

과태료는 대통령령으로 정한다.

059 다음 중 원인과 질병의 짝이 잘못된 것은?

① 카드뮴 – 이따이이따이병

② 크롬 – 미나마타병

③ 수은 – 미나마타병

④ 유리규산 – 진폐증

• 059

크롬은 비중격천공의 원인이다.

060 염소소독의 장점이 아닌 것은?

① 간단한 조작

② 강한 냄새

③ 저렴한 가격

④ 우수한 잔류효과

• 060

염소소독의 장점 : 냄새가 없고 탈취력이 강하다.

맞춤해설

001 피부미용의 목적이 아닌 것은?

① 노화예방을 통하여 건강하고 아름다운 피부를 유지한다.

② 심리적,정신적 안정을 통해 피부를 건강한 상태로 유지시킨다.

③ 분장, 화장 등을 이용하여 개성을 연출한다.

④ 질환적 피부를 제외한 피부관리를 통해 상태를 개선시킨다.

● 001
피부미용의 목적 : 두피를 제외한 얼굴과 신체의 근육 및 피부에 기술을 행하여 영양공급, 생리기능 촉진, 건강한 피부유지

002 다음 중 AHA 시술이 가능한 피부는?

① 화이트 헤드, 블랙헤드 피부 ② 모세혈관확장 피부

③ 심한 화농성 염증 피부 ④ 자외선 손상 피부

● 002
AHA : 노화된 각질로 인한 거칠어진 피부를 유연하게 한다.

003 클렌징 제품에 대한 설명으로 적절하지 않은 것은?

① 클렌징 오일은 건성타입, 노화 피부에 적합하다.

② 클렌징 젤은 세정력이 강하여 이중 세안이 필요하다.

③ 클렌징 워터는 가벼운 메이크업 제거에 적합하다.

④ 클렌징 폼은 비누의 단점인 당김과 자극을 제거한 제품이다.

● 003
클린징젤 : 오일성분이 전혀 함유되지 않는 제품이기 때문에 이중세안이 필요 없다.

004 석고 마스크에 대한 설명으로 옳지 않은 것은?

① 열작용과 압력에 의해 유효성분이 피부 깊숙이 침투되는 것을 돕는다.

② 얼굴, 가슴, 다리 등 신체 부위에 적절히 사용한다.

③ 민감성, 모세혈관 확장, 화농성 여드름 피부에 효과적이다.

④ 노폐물 배출 늘어진 피부에 대한 리프팅 효과가 있다.

● 004
민감성피부, 모세혈관 확장피부, 화농성 여드름 피부는 석고 마스크 사용을 피한다.

005 피부 미용에 대한 설명으로 거리가 먼 것은?

① 기기에 의존한 관리법

② 우리나라는 두피는 제외

③ 에스테틱, 코스메틱, 스킨케어로 불리고 있다.

④ 건강한 피부 유지를 위한 기술

● 005
미용상의 문제점을 핸드테크닉 및 피부미용기기를 사용하여 신체를 아름답게 가꾸는 전신미용술

정답 001 ③ 002 ① 003 ② 004 ③
005 ①

006 다음 중 딥클린징제에 해당되지 않는 것은?

① 초음파 ② 디스인크러스테이션

③ 석션 ④ 스크럽

● 006
초음파 : 세포재생, 탄력, 리프팅, 얼굴축소 효과

007 다음 중 브러싱 머신의 목적이나 사용법에 대한 설명으로 바르지 않는 것은?

① 죽은 세포를 박리한다.

② 노폐물을 제거한다.

③ 브러시 끝이 눌리도록 강한 힘을 가한다.

④ 회전 내용물이 튀지 않도록 양을 적당히 조절한다.

● 007
가볍게 누르듯 원을 그리며 솔이 눌리지 않게 한다.

008 다음 중 유연화장수의 작용에 대한 설명으로 가장 거리가 먼 것은?

① 피부에 보습을 주고 윤택하게 해준다.

② 피부의 모공을 넓혀준다.

③ 피부에 남아있는 비누의 알칼리 성분을 중화시킨다.

④ 각질층에 수분을 공급해 준다.

● 008
모공을 축소시켜준다.

009 손발톱 구조 중 흰색의 반달 모양을 하고 있는 조체의 부분은?

① 조근 ② 자유연

③ 조상 ④ 반월

● 009
반월 : 완전히 각질화되지 않아 반달 모양으로 희게 보이는 손톱 아래 부분

010 셀룰라이트 발생 원인에 대한 설명으로 틀린 것은?

① 여성 호르몬인 프로게스테론이 여성 등의 결합조직을 약화시키므로 발생한다.

② 에스트로겐은 조직 내의 수분 축적을 완화시킨다.

③ 과식, 알코올, 스트레스와 같은 외부적 요인이 있다.

④ 주로 여성에게 발생한다.

● 010
에스트로겐은 조직 내의 수분 축적을 가중시킨다.

011 팩 사용에 대한 설명으로 옳지 않은 것은?

① 팩은 마사지 전에 사용해야 효과적이다.

② 10~30분 이내로 도포한다.

③ 턱 → 볼 → 코 → 이마 → 목 방향으로 도포한다.

④ 팩 제거 시에는 아래에서 위로 제거한다.

● 011
팩은 마사지 후에 사용해야 효과적이다.

정답 006 ① 007 ③ 008 ② 009 ④
010 ② 011 ①

012 매뉴얼 테크닉 종류 중 쓰다듬기(경찰법)에 대한 설명으로 거리가 먼 것은?

① 매뉴얼 테크닉 시작과 끝에 많이 사용한다.

② 피지선 자극으로 노폐물 제거가 용이하다.

③ 손바닥과 피부의 접촉을 최대한으로 한다.

④ 압력과 속도는 일정하게 한다.

● 012
유연법(반죽하기) : 피하조직을 반죽하듯 주무른다. 피하조직의 노폐물을 밖으로 내보내는 동작

013 진피에 자리하고 있으며 통증이 동반되고 여드름 피부의 4단계에서 생성되는 것으로 치료 후 흉터가 남는 것은?

① 가피   ② 농포

③ 면포   ④ 낭종

● 013
낭종 : 여드름 피부의 4단계, 진피에 자리잡고 통증 유발

014 태양광선으로 얼굴에 나타날 수 있는 반응은?

① 광노화   ② 간뇌

③ 안면신경   ④ 척수

● 014
자외선의 영향
• 장점 : 비타민 D 생성(구루병 예방, 면역력 강화), 살균 소독, 강장, 혈액순환 촉진
• 단점 : 홍반, 색소 침착, 광노화, 광과민, 일광화상

015 피부유형과 화장품의 사용목적이 틀리게 연결된 것은?

① 민감성 피부 – 진정 및 쿨링 효과

② 여드름 피부 – 멜라닌 생성 억제 및 피부기능 활성화

③ 건성피부 – 피부에 유·수분 공급하여 보습기능 활성화

④ 노화피부 – 주름완화, 결체조직 강화, 새로운 세포 형성 촉진 및 피부보호

● 015
노화 피부 : 멜라닌 생성 억제 및 피부기능 활성화

016 다음 중 피부의 기능이 아닌 것은?

① 재생기능   ② 보호 및 호흡기능

③ 조혈기능   ④ 체온조절 기능

● 016
피부의 기능 : 보호, 체온조절, 분비 및 배출, 감각, 흡수, 비타민합성, 호흡, 저장 기능

017 바이러스성 피부질환으로 짝지어진 것은?

① 농가진, 절종   ② 수두, 사마귀

③ 족부백선, 두부백선   ④ 화상, 동상

● 017
바이러스성 피부질환 : 수두, 대상포진, 사마귀, 감염성 연속증, 홍역

정답 012 ② 013 ④ 014 ① 015 ②
016 ③ 017 ②

맞춤해설

018 자외선에 대한 설명으로 틀린 것은?
① 비타민D를 형성하여 구루병 예방
② 강장효과, 살균 소독 효과
③ 광노화는 피부를 얇게 만든다.
④ 진피 내의 모세혈관 확장에 관여한다.

● 018
광노화는 피부를 두껍게 한다.

019 다음 면역에 관한 설명으로 옳은 것은?
① 적혈구는 식균작용을 하며 면역에 관여
② T림프구는 체액성면역으로 항체 분비
③ B림프구는 세포성 면역으로 림포카인 분비
④ B림프구 생성 항체는 면역글로불린

● 019
B림프구(체액성면역) 면역글로불린 이라는 단백질을 분비하여 면역학 적 역할 수행

020 광노화에 대한 설명으로 잘못 된 것은?
① 광노화의 주된 파장은 자외선C이다.
② 목덜미에 마름몰꼴의 깊은 주름이 특징이다.
③ 각질층이 두꺼워지고 탄력성이 손실된다.
④ 장기간 폭로 시 자외선A도 영향을 준다.

● 020
광노화의 주된 파장은 자외선B이다.

021 세포 내에서 호흡생리를 담당하고 이화작용과 동화작용에 의해 에너지를 생산하는 곳은?
① 리소좀　　　　　② 염색체
③ 소포체　　　　　④ 미토콘드리아

● 021
미토콘드리아 : 세포 내 호흡담당, 음식을 ATP 에너지로 전환

022 순환계의 설명으로 바르지 않은 것은?
① 정맥은 심장에서 나오는 혈관을 말한다.
② 모세혈관은 가장 가는 혈관이다.
③ 심장, 동맥, 정맥, 모세혈관, 혈액 등이 포함된다.
④ 혈액 세포는 백혈구, 적혈구, 혈소판이다.

● 022
정맥은 몸의 각부분에서 심장으로 들어오는 혈관이다.

023 소화기계의 기능이 아닌 것은?
① 소화　　　　　② 흡수
③ 저작　　　　　④ 면역

● 023
소화기계 기능 : 소화, 흡수, 음식물 섭취

정답 018 ③　019 ④　020 ①　021 ④
022 ①　023 ④

맞춤해설

024 위에 대한 설명으로 틀린 것은?

① 펩신과 염산이 분비되어 단백질을 소화

② 위액은 살균작용을 한다.

③ 영양분의 본격적인 흡수가 진행된다.

④ 점액을 분비한다.

● 024
식후 2~3시간 후 연동 운동을 통해 반유동 음식물의 80%가 소장으로 넘어간다.

025 전신의 근육 운동에 관여하는 근육은?

① 전신근　　　　　　② 내장근

③ 심장근　　　　　　④ 골격근

● 025
골격근
• 주로 몸통과 사지에 존재하고 골격에 부착되어 있어 전신의 관절 운동에 관여한다.
• 가로무늬근으로 의지대로 움직일 수 있는 수의근으로 자세유지와 운동을 가능하게 한다.

026 다음 순환에 대한 설명 중 틀린 설명은?

① 폐순환은 소순환이라고 한다.

② 체순환에서 대정맥을 통해 우심방으로 혈액 유입

③ 폐순환은 우심실에서 폐정맥을 거쳐 폐로 혈액 유입

④ 체순환은 심장에서 나온 혈액이 온몸을 돌아 다시 심장으로 들어오는 것

● 026
폐순환 : 우심실 – 폐동맥 – 폐 – 폐정맥 – 좌심방 순서

027 혈관에 대한 설명 중 옳은 것은?

① 정맥은 판막이 있고 동맥은 없다.

② 동맥은 얇은 한 층의 내피세포로 구성

③ 혈관 중 가장 넓은 면적은 동맥계

④ 정맥은 동맥보다 중막이 두꺼움

● 027
정맥은 노폐물을 운반하므로 역류 방지를 위한 판막이 존재

028 다음 중 혈장의 기능이 아닌 것은?

① 체온 유지　　　　　② 항체 형성

③ 영양분 운반　　　　④ 산소운반

● 028
산소운반 : 적혈구 헤모글로빈

029 신경계에 대한 설명이 올바른 것은?

① 뇌실 – 신경전달 물질

② 위성 세포 – 대뇌 반구의 연결

③ 성상교 세포 – 병적 대사물질의 청소

④ 슈반 세포 – 말초 신경의 교세포

● 029
슈반세포 : 말초신경에서 신경섬유의 수초를 형성

024 ③　025 ④　026 ③　027 ①
028 ④　029 ④

제9회　실전모의고사　**293**

맞춤해설

030 시상, 시상하부의 위치는?

① 뇌교　　　　　　② 소뇌

③ 중뇌　　　　　　④ 간뇌

● 030
간뇌는 대뇌와 중뇌사이에 위치하며 시상, 시상상부, 시상하부로 나뉜다.

031 다음 중 뼈의 굵기 성장이 일어나는 곳은?

① 골막　　　　　　② 연골

③ 골단　　　　　　④ 골수강

● 031
골외막에서 신경과 혈관이 통과하고 있어 신진대사와 성장이 이루어진다.

032 평활근에 대한 설명 중 틀린 것은?

① 근원섬유에는 가로무늬가 없다.

② 운동신경의 분포가 없는 대신 자율신경이 분포되어 있다.

③ 수축은 서서히 그리고 느리게 지속된다.

④ 신경을 절단하면 자동적으로 움직일 수 없다.

● 032
평활근
• 여러 장기의 내장이나 혈관벽을 구성하여 내장근이라고도 한다.
• 소화관의 내용물을 연동운동으로 내보내는 역할을 한다.
• 일정한 무늬가 없는 민무늬근으로 자율신경의 지배를 받는 불수의근이다.

033 피부가 느끼는 오감 중에서 분포도가 가장 높은 감각은?

① 냉각　　　　　　② 온각

③ 통각　　　　　　④ 압각

● 033
피부에 존재하는 감각기관의 분포는 신체부위에 따라 조금씩 다르지만, 일반적으로 '통각점 〉 압점 〉 냉각점 〉 온각점'의 순으로 존재한다.

034 중주파에 관한 설명으로 옳은 것은?

① 심부열을 발생시켜 조직온도를 상승시킨다.

② 근육의 이완과 수축을 통해 운동에너지를 발산시키는 아이소토닉운동을 기본원리로 한다.

③ 기기 자극으로 근육주위의 지방을 칼로리로 소비되게 한다.

④ 경피를 거의 자극하지 않고 근육을 자극한다.

● 034
중주파는 전류에 의한 자극이 거의 없이 근육탄력을 강화시킨다.

035 스티머(베이퍼라이저)의 효과로 옳지 않은 것은?

① 영양공급　　　　② 각질연화

③ 보습효과　　　　④ 혈액순환 촉진

● 035
스티머 효과 : 보습효과, 각질연화, 피부긴장감 완화, 혈액 순환 및 신진대사 촉진

036 원자에 관한 설명으로 틀린 것은?

① 물질을 이루는 가장 작은 단위이다.

② 음전하를 띤 원자핵과 양전하를 띤 전자로 구성된다.

③ 원소는 원자로 구성된다.

④ 전자는 에너지궤도에서 핵 주위를 돈다.

● 036
원자는 양전하를 띤 원자핵과 음전하를 띤 전자로 구성된다.

정답 30 ④　31 ①　32 ④　33 ③
34 ④　35 ①　36 ②

037 컬러테라피 기기에서 빨강색의 효과로 틀린 것은?
① 혈액순환 증진 ② 여드름 피부관리에 이용
③ 셀룰라이트 개선 ④ 식욕조절

● 037
식욕조절은 보라색의 효과이다.

038 고주파기기의 유리봉색 연결이 잘못된 것은?
① 알곤 – 자색 ② 수은 – 푸른 자색
③ 네온 – 오렌지색 ④ 수은 – 붉은색

● 038
네온은 오렌지색 또는 붉은색, 수은은 푸른 자색

039 초음파(Ultrasound) 기기의 효과에 관한 설명으로 틀린 것은?
① 초발포 작용으로 노폐물 배출작용이 있다
② 미세한 진동이 메뉴얼 테크닉 효과와 관계없다.
③ 주름을 감소시키고 피부탄력을 회복시킨다.
④ 지방을 연소시킨다.

● 039
미세한 진동이 근육을 풀어주고 상태를 조절하는 마시지 효과를 준다.

040 피부 pH측정 시 고려할 사항으로 틀린 것은?
① 대기온도 ② 습도
③ 체지방 ④ 화장품 성분

● 040
피부의 pH지수는 대기온도, 습도, 화장품 성분, 환경오염 물질, 개인의 신체 상태(컨디션)에 의해 변한다.

041 영양침투를 목적으로 하는 열을 이용한 기기로 틀린 것은?
① 적외선 램프 ② 스티머
③ 파라핀 왁스기 ④ 이온토포레시스

● 041
이온토포레시스 : 극을 이용한 유효성분 침투기기

042 다음 중 갈바닉(Galvanic) 기기의 음극 효과가 아닌 것은?
① 모공이 수축된다.
② 피부가 연화된다.
③ 신경을 자극한다.
④ 혈액 공급을 증가한다.

● 042
음극 효과 : 알카리 반응, 신경자극, 혈액공급 증가, 조직연화, 세정효과, 자극효과

043 고주파 간접법의 방법이 아닌 것은?
① 건성 및 노화피부의 혈액순환을 촉진시킨다.
② 심부열 발생으로 인해 피부의 긴장을 이완시킨다.
③ 오존을 발생시켜 박테리아 살균 및 소독 작용이 일어난다.
④ 피지선의 활동이 증가된다.

● 043
고주파 간접법은 전극봉을 통하여 고주파 전류가 고객에게 직접 통전되어 피부미용사의 피부접촉(손마사지)으로 인하여 고주파 전류의 효과를 얻어내는 것이다.

037 ④ 038 ④ 39 ② 40 ③
41 ④ 42 ① 43 ③

044 온열 석고마스크의 효과가 아닌 것은?

① 열을 내어 유효성분을 피부 깊숙이 흡수시킨다.

② 혈액순환을 촉진시켜 피부에 탄력을 준다.

③ 피지 및 노폐물 배출을 촉진시킨다.

④ 자극 받은 피부에 진정효과를 준다.

● 044
온열 석고마스크 시술 시 열이 발생하므로 민감성 피부는 피하는 것이 좋다.

045 화장품 분류가 맞게 된 것은?

① 세정화장품 – 헤어크림

② 정발화장품 – 샴푸

③ 세정화장품 – 헤어린스

④ 정발화장품 – 헤어로션

● 045
세정용 화장품 : 샴푸, 린스

046 다음 설명과 바르게 짝지어진 것은?

> 네일을 보호하는 동시에 네일에 색과 광택을 부여하는 기능,
> 네일에 피막을 형성

① 각피제거제   ② 에나멜리무버

③ 네일에나멜   ④ 베이스코트

● 046
네일에나멜에 대한 설명이다.

047 향수의 구비요건이 아닌 것은?

① 향에 특징이 있어야 한다.

② 향이 강하므로 지속성이 약해야 한다.

③ 시대성에 부합하는 향이어야 한다.

④ 향의 조화가 잘 이루어져야 한다.

● 047
향수는 일정시간 동안 지속력이 있어야 한다.

048 화장수의 원료 중 글리세린의 작용은?

① 수분흡수작용   ② 탈수작용

② 방부작용   ④ 소독작용

● 048
글리세린은 보습효과가 뛰어나며 유연효과가 있다.

049 AHA의 성분 중 감귤류에서 추출한 것은?

① 글리콜릭산   ② 구연산

③ 주석산   ④ 젖산

● 049
• 구연산 : 감귤류
• 주석산 : 포도
• 글리콜릭산 : 사탕수수
• 젖산 : 우유

정답 044 ④ 045 ③ 046 ③ 047 ②
      048 ① 049 ②

맞춤해설

050 다음 중 이·미용 종사자가 손 소독 시 가장 적당한 소독제는?

① 과산화수소   ② 페놀수

③ 크레졸수   ④ 역성비누

• 050
양이온계면활성제
• 역성비누액, 손 소독에 사용
• 이·미용 업소에 널리 이용

051 식중독에 관한 설명으로 옳은 것은?

① 세균성 식중독 중 치사율이 가장 낮은 것은 보툴리누스 식중독이다.

② 테트로도톡신은 감자에 다량 함유되어 있다.

③ 식중독은 급격한 발생률, 지역과 상관없는 동시 다발성 특성이 있다.

④ 식중독은 원인에 따라 화학물질, 자연독, 곰팡이독 등으로 분류된다.

• 051
식중독 : 식품섭취로 인하여 발생하는 급성위장염을 주증상으로 하는 건강장애

052 다음의 설명으로 맞는 것은?

> 소량으로도 살균력이 강하며 온도가 높을수록 살균력이 강하다.

① 역성비누   ② 승홍수

③ 석탄산   ④ 생석회

• 052
승홍수는 염화 제2수은의 수용액으로 강력한 살균력이 있어 기물의 살균이나 피부 소독(0.1% 용액), 매독성 질환(0.2% 용액)에 사용한다. 점막이나 금속기구, 음료수를 소독하는 데는 적당하지 않다.

053 다음 설명 중 틀린 것은?

① 화염멸균법은 불꽃에서 20초 이상 접촉 시키는 방법이다.

② 고압증기멸균법은 혈액 및 농이 묻은 기구 소독에 적합하다.

③ 자외선살균에 이용되는 파장은 3800Å이다.

④ 손, 피부소독에 주로 이용하는 화학소독제는 약용비누이다.

• 053
자외선 살균 등은 2650Å의 파장이 주로 사용된다.

054 공중위생영업의 과징금 수납기관은 과징금을 수납한 때에 누구에게 통보해야 하나?

① 시·도지사   ② 시장, 군수, 구청장

③ 보건복지부장관   ④ 관할 경찰서장

• 054
과징금 수납기관은 과징금을 수납한 때에는 지체없이 그 사실을 시장, 군수, 구청장에게 통보하여야 한다

055 다음 설명 중 틀린 것은?

① 회충의 중간숙주는 오염된 음식이다.

② 유구조충의 중간숙주는 돼지고기이다.

③ 간흡충의 제1중간숙주는 물벼룩이다.

④ 요코가와흡충의 제2중간숙주는 은어, 황어이다.

• 055
간흡충 제1중간숙주 : 쇠우렁이(왜우렁이)

050 ④   051 ④   052 ②   053 ③
054 ②   055 ③

제9회 실전모의고사 **297**

맞춤해설

056 공중위생영업소의 위생서비스 수준을 평가하는 자는?

① 보건복지부장관　　　　② 시 · 도지사
③ 시장, 군수, 구청장　　　④ 영업소 대표

● 056
법13조(위생서비스수준의 평가)에 따라 시장 · 군수 · 구청장은 평가계획에 따라 관할지역별 세부평가계획을 수립한 후 공중위생영업소의 위생서비스수준을 평가(이하 "위생서비스평가"라 한다)하여야 한다.

057 인수공통감염병에 해당되는 것이 아닌 것은?

① 장티푸스　　　　　　　② 탄저
③ 광견병　　　　　　　　④ 우결핵

● 057
인수공통감염병 : 척추동물이 병원소의 역할을 하여 사람에게 감염되는 전염병

058 다음 중 모기가 전파하는 전염병이 아닌 것은?

① 말라리아　　　　　　　② 발진티푸스
③ 황열　　　　　　　　　④ 말레이사상충

● 058
모기 매개 질병 : 말라리아, 사상충증, 일본뇌염, 황열

059 다음 중 쥐와 관계가 없는 것은?

① 유행성 출혈열　　　　② 사상충증
③ 발진열　　　　　　　　④ 살모넬라

● 059
쥐 매개 질병 : 페스트, 서교열, 렙토스피라증, 유행성출혈열, 살모넬라증, 발진열 등

060 중간 숙주와 연결이 잘못된 것은?

① 회충 – 채소　　　　　② 말라리아 – 사람
③ 무구조충 – 소　　　　④ 사상충증 – 모기

● 060
말라리아 : 중국얼룩날개모기

정답　56 ③　57 ①　58 ②　59 ②
60 ②

제10^회 실전모의고사

001 다음 중 눈 주위에 가장 적합한 매뉴얼 테크닉의 방법은?

① 문지르기   ② 주무르기

③ 흔들기   ④ 쓰다듬기

002 수분 부족 지성피부의 특징이 아닌 것은?

① 피부의 조직이 두껍고 잔주름이 잘 생긴다.

② 각질현상이 과잉으로 일어나며 블랙헤드가 생기기 쉽다.

③ 기온차가 심할 경우 피부가 붉어지기 쉽고 소양감이 생긴다.

④ 피지분비가 많아 번들거림에도 불구하고 매우 당기는 현상이 일어난다.

003 피부유형 변화 요인 중 틀린 것은?

① 계절   ② 월경주기

③ 활성산소   ④ 나이

004 클린징젤에 대한 설명으로 옳은 것은?

① 부드러운 크림, 젤 형태로 물과 함께 많은 거품을 내어 사용한다.

② 비누 성분과 피부에 자극이 많은 계면활성제를 사용한다.

③ 수성의 더러움은 제거하나 유성은 잘 씻어지지 않는다.

④ 자극이 없어 예민피부에 적합하다.

005 마사지의 효과가 아닌 것은?

① 정신적 스트레스 해소와 활력이 생긴다.

② 주무르기 및 누름을 통해 종종 피지덩어리가 제거된다.

③ 피부가 열이 난다.

④ 혈액 순환과 림프순환을 촉진시켜준다.

● 001

쓰다듬기 : 동작의 시작과 끝에 많이 사용

● 002

기온차에 따라 피부가 붉어지고 소양감(가려움증)을 느끼는 것은 민감성 피부의 특징이다.

● 003

피부유형의 변화는 계절, 나이, 월경주기, 환경 등에 따라 변화한다.

● 004

클린징젤은 유분이 섞이지 않아 이중세안이 필요없고 자극적이지 않다.

● 005

마사지의 효과
① 화장품의 흡수율을 높인다.
② 긴장된 근육의 이완 및 통증을 완화시킨다.
③ 피부조직의 긴장도를 상승시켜 탄력성을 증진시킨다.
④ 혈액순환 및 림프순환을 촉진시켜 신진대사를 증진시킨다.
⑤ 심리적으로 안정감을 주고 신경을 진정시켜 긴장을 풀어준다.
⑥ 조직의 노폐물과 노화된 각질을 제거하여 피부의 청정작용을 한다.

 001 ④   002 ③   003 ③   4 ④
005 ③

맞춤해설

006 마스크에 대한 설명 중 틀린 것은?

① 파라핀 – 열과 오일이 모공확장, 발한작용을 하여 영양분을 침투시킨다.

② 석고 – 석고와 물의 교반작용으로 크리스탈 성분이 열을 발산한다.

③ 젤라틴 – 중탕으로 녹인 제품을 브러쉬로 도포하는 것으로 온도 체크가 중요하다.

④ 콜라겐벨벳 마스크 – 기포 형성을 통한 공기층 순환으로 콜라겐을 침투시키는 방법이다.

● 006
콜라겐벨벳 마스크 : 해초추출물인 알긴산 원료의 시트형태

007 환자의 비말 감염을 예방하기 위한 거리는?

① 30cm ② 60cm

③ 1m ④ 3m

● 007
환자의 비말 감염을 비말 감염을 예방하기 위한 최소 거리는 60cm 이다.

008 다음 중 전신관리의 효과와 거리가 먼 것은?

① 긴장 완화, 근육이완

② 신진대사 활성화, 노폐물 배출 용이

③ 혈액순환 촉진

④ 젖산의 생성 증가

● 008
전신관리는 근육의 피로물질인 젖산을 제거하는 효과가 있다.

009 신체 각 부위별 매뉴얼 테크닉을 하는 경우 고려해야 할 유의사항과 거리가 먼 것은?

① 피부나 근육, 골격에 질병이 있는 경우는 피한다.

② 피부에 상처나 염증이 있는 경우는 피한다.

③ 너무 피곤하거나 생리 중일 경우는 피한다.

④ 강한 압으로 매뉴얼 테크닉을 오래해야 한다.

● 009
매뉴얼 테크닉
• 근육의 결에 따라 행한다.
• 속도는 일정하게 한다.
• 일반적으로 10~15분 정도 실시한다.
• 압력이 강하면 피부에 자극을 주어 모세혈관이나 림프관 조직이 손상될 수 있다.

010 다음 중 미백이 필요한 피부에 적합한 제품으로 묶여 있는 것은?

① 효소, 무알콜 화장수, 콜라겐 화장품

② 고마쥐, 수렴 화장수, 클레이팩

③ 스크럽, 수렴 화장수, 아줄란 팩

④ 코직산, 닥나무 추출물, 비타민C 함유 화장품

● 010
미백용 화장품 성분 : 알부틴, 하이드로퀴논, 비타민C, 닥나무 추출물, 감초, 코직산 등

정답 006 ④ 007 ② 008 ④ 009 ④
010 ④

011 셀룰라이트에 대한 설명으로 틀린 것은?

① 정체된 림프 순환이 원인이다.

② 지방 분해 효과가 있는 주니퍼, 사이프러스, 제라늄 에센셜 오일을 병행한다.

③ 온열 요법 후에 마사지와 팩을 시행한다.

④ 과식, 알코올, 니코틴, 스트레스등도 원인이다.

● 011
전용제품으로 마사지하고 팩과 동시에 온열요법하면 효과적이다.

012 조절 영양소로 구성된 것은?

① 비타민, 무기질, 물 – 생리기능, 대사조절

② 비타민, 무기질, 단백질 – 생리기능, 대사조절

③ 탄수화물, 단백질, 지방 – 에너지 공급

④ 단백질, 물, 무기질 – 신체조직 구성

● 012
조절 영양소 : 비타민, 무기질, 물

013 자외선 UV−C의 반응으로 옳은 것은?

① 살균작용, 피부암 유발　　② 즉각색소 침착 유발

③ 과색소 침착　　④ 콜라겐, 엘라스틴 파괴

● 013
UV−C(근자외선)는 살균력이 가장 높으며, 대부분 오존층에 흡수되지만 환경오염으로 오존층이 파괴되어 투과되면 피부암을 유발하는 원인이 된다.

014 피부의 구조에 대한 설명으로 옳은 것은?

① 표피는 유두층 망상층으로 이루어져 있다.

② 기저층에 존재하는 랑게르한스 세포는 면역에 관여한다.

③ 피부의 90%를 차지하는 피부는 진피이다.

④ 피부부속기관인 혈관, 림프관은 유두층에 존재한다.

● 014
각질형성세포는 표피의 각질층에 존재한다.

015 진피에 분포되어 있는 세포가 아닌 것은?

① 섬유아세포　　② 각질형성세포

③ 대식세포　　④ 비만세포

● 015
각질형성세포는 표피의 각질층에 존재한다.

016 표피에 존재하는 세포가 아닌 것은?

① 각질형성세포　　② 메르켈세포

③ 멜라닌세포　　④ 섬유아세포

● 016
섬유아세포는 진피에 존재한다.

정답　011 ③　012 ①　013 ①　014 ③
　　　015 ②　016 ④

017 피부의 pH에 대한 설명으로 옳은 것은?

① 피부표면의 알카리성 농도를 측정할 때 사용

② 피부 표면의 pH가 4.0일 때 세균으로부터 피부를 보호

③ pH는 용액의 수소이온 농도를 지수로 나타낸 지수

④ 피부 pH 측정은 세안 전에 실시

● 017
피부의 pH
• pH는 수소이온농도를 측정하는 지수이다.
• 피부의 pH는 5.5(약산성)일 때 보호막이 있어 세균으로부터 피부를 보호한다.
• 피부의 pH 측정은 세안 후에 실시한다.

018 피부의 감각기관에 대한 설명으로 잘못된 것은?

① 촉각은 손가락, 입술, 혀끝이 예민하다.

② 온각과 냉각은 혀끝이 가장 예민하다.

③ 압각은 피부 감각 기관 중 가장 많이 분포되어 있다.

④ 촉각은 발바닥이 가장 둔하다.

● 018
감각기능 분포 : 통각 〉 압각 〉 냉각 〉 온각 순으로 분포

019 기저층에 위치하며 표피에 존재하는 세포의 5~10%를 차지하고, 자외선 흡수 기능을 가진 세포는?

① 대식세포　　② 멜라닌세포

③ 비만세포　　④ 섬유아세포

● 019
표피의 기저층에는 멜라닌 세포가 존재하며, 멜라닌 세포가 지속적으로 생산하는 멜라닌 양에 의해 피부색이 결정된다.

020 피부부속기관에 대한 설명으로 틀린 것은?

① 한선은 표피와 진피 경계부에 실뭉치 모양으로 엉켜있다.

② 한선은 1일 700~900cc정도의 땀을 만들어 분비한다.

③ 피지선은 진피의 망상층에 위치하며 포도송이 모양을 한다.

④ 윗입술, 유두,눈꺼풀에 독립피지선이 분포한다.

● 020
한선은 진피와 피하지방 경계부에 위치

021 다음 자외선의 종류에 대한 설명으로 옳은 것은?

① 자외선C : 단파장, 표피 기저층까지 도달

② 자외선C : 단파장, 살균 소독 작용

③ 자외선A : 장파장, 각질세포 변형의 원인

④ 자외선B : 장파장, 선탠반응

● 021
자외선 C(UV-C) : 단파장, 200~290nm, 살균력이 좋음

022 다음 중 세포 내외의 물질 이동을 조절하는 것은 무엇인가?

① 핵막　　② 소포체

③ 리소좀　　④ 세포막

● 022
세포막 : 선택적 투과에 의한 물질 교환

정답 017 ③ 018 ③ 019 ② 020 ①
021 ② 022 ④

맞춤해설

023 세포분열 과정에서 세포분열 기간으로 DNA 정보가 복제되는 시기는?

① 간기 ② 전기

③ 중기 ④ 후기

● 023
• 체세포분열 5단계 : 간기 – 전기
 – 중기 – 후기 – 말기
• 간기 : 세포분열 기간으로 DNA
 가 두 배로 증가함

024 단백질이 합성, 농축된 후 세포 밖으로 분비되는 기관은?

① 세포질 ② 골지체

③ 세포막 ④ 핵

● 024
골지체 : 단백질합성, 세포내외 물질분비

025 다음 연결이 올바른 계통은?

① 근육계 – 장기보호, 신체지지 및 운동

② 신경계 – 감각 기관을 통한 자극 전달

③ 골격계 – 호르몬 생산 및 분비, 신체 기능의 화학적 조절

④ 순환계 – 소변 생산 및 배설, 항상성 유지

● 025
신경계 기능 : 감각기능, 운동기능, 조정기능

026 다음 중 뼈의 단단한 부분을 이루는 실질 조직은?

① 골막 ② 골조직

③ 골수강 ④ 연골

● 026
골조직 : 골막 바로 아래조직, 뼈의 단단한 부분을 이루는 실질조직

027 다음 중 교감 신경이 흥분되었을 때 일어나는 현상이 아닌 것은?

① 심박수 감소 ② 혈관 수축

③ 위 운동 억제 ④ 동공 확대

● 027
교감 신경이 흥분되면 심박수는 증가한다.

028 다음 중 소화효소의 분비가 없는 곳은?

① 위 ② 소장

③ 대장 ④ 십이지장

● 028
대장은 대장액을 분비하여 대장벽 보호 역할

029 요의 배출순서로 바른 것은?

① 신장 → 방광 → 요관 → 요도

② 요도 → 방광 → 요관 → 신장

③ 요관 → 신장 → 요도 → 방광

④ 신장 → 요관 → 방관 → 요도

● 029
요의 순환 과정 : 신장(오줌 생성) → 요관(연동 운동) → 방광(일시 저장) → 요도(밀어내기)

정답

023 ① 024 ② 025 ② 26 ②
027 ① 28 ③ 29 ④

맞춤해설

030 사람의 재능과 개성을 결정하며 학습, 기억, 판단 등의 정신 활동에 관여하는 신경조직은?

① 대뇌   ② 소뇌

③ 중뇌   ④ 간뇌

● 030
대뇌 : 학습, 기억, 판단 등의 정신 활동

031 다음 중 생식세포의 분열에 해당하는 것은?

① 유사분열   ② 감수분열

③ 무사분열   ④ 간접분열

● 031
생식세포의 분열은 감수분열이다.

032 용질의 농도가 높은 곳으로 용매가 이동하는 현상은?

① 확산   ② 삼투

③ 여과   ④ 능동수송

● 032
• 삼투 : 선택적으로 투과성 막을 통과하는 물의 확산으로 물(용매)이 용질의 농도가 낮은 곳에서 높은 곳으로 이동하는 것. 즉 용질은 통과하지 않고 용매가 이동하는 것이다.

033 아이패드를 사용해야 하는 미용기기가 아닌 것은?

① 확대경   ② 우드 램프

③ 피부 pH측정기   ④ 적외선 램프

● 033
피부 pH 측정기의 적용 시에는 아이패드를 사용하지 않는다.

034 전류의 세기가 갑자기 강해졌다 약해졌다 하는 전류로 통증관리에 주로 이용되는 교류는?

① 감응전류   ② 갈바닉전류

③ 격동전류   ④ 정현파전류

● 034
격동전류 : 통증관리, 마시지 효과를 위해 이용

035 브러싱기기의 주요 목적으로 틀린 것은?

① 죽은 세포 박리   ② 노폐물 제거

③ 수렴 효과   ④ 매뉴얼 테크닉 효과

● 035
수렴효과는 분무기기의 목적이다.

036 엔더몰로지 사용방법으로 틀린 것은?

① 사용시간은 10~20분 정도가 적당하다.

② 도자 선택 후 심장 방향과 먼 곳으로 시술한다.

③ 모세혈관 확장증, 뼈, 관절부위는 피한다.

④ 고객의 피부강도를 테스트한 후 실행한다.

● 036
도자 선택 후 심장 방향으로 밀어 올리면서 시술한다.

정답   030 ①   031 ②   032 ②   033 ③

034 ③   035 ③   036 ②

037 피부 상태와 산성화 정도를 나타내는 미용기기는?

① 확대경　　　　　　　　② 수분측정기

③ 유분측정기　　　　　　④ pH측정기

● 037
pH 측정기 : 피부의 산성도, 알칼리, 예민도, 유분도 측정

038 스킨토닉분무기기로 화장솜에 의한 피부자극을 줄여주는 기기는?

① 스티커　　　　　　　　② 루카스

③ 프리마톨　　　　　　　④ 초음파기

● 038
스킨토닉분무기기 : 루카스, 스프레이머신

039 우드 램프(Wood Lamp)를 통한 피부분석 시 여드름은 어떤 색으로 반응하는가?

① 노란색　　　　　　　　② 주황색

③ 청백색　　　　　　　　④ 보라색

● 039
피지나 여드름은 주황색으로 반응한다.

040 1초 동안 반복하는 전류의 진동 횟수를 나타내는 단위는?

① [A]　　　　　　　　　② [W]

③ [V]　　　　　　　　　④ [Hz]

● 040
주파수[Hz] : 1초동안 반복하는 전류의 진동회수

041 다음 중 동물성 왁스에 속하는 것은?

① 호호바 오일　　　　　　② 라놀린

③ 카르나우바왁스　　　　　④ 칸데릴라 왁스

● 041
동물성 왁스 : 라놀린(양모에서 추출), 밀납(벌집에서 추출)

042 크림 파운데이션의 기능이 아닌 것은?

① 유연효과가 좋아 하절기에 적당하다.

② 피부에 퍼짐성이 좋다.

③ 피부에 부착성이 좋다.

④ 피부결점 커버력이 우수하다.

● 042
크림 파운데이션은 유분함유량이 많아 영양이 필요한 동절기에 적당하다.

043 다음에서 설명하는 제품은?

> • 눈 부위에 색채와 음영을 준다.
> • 눈의 단점을 보완한다.
> • 눈매에 표정을 주어 개성을 표현한다.

① 아이라이너　　　　　　② 아이섀도

③ 아이브로우　　　　　　④ 마스카라

● 043
아이섀도는 눈에 색상과 입체감을 주며 눈의 단점을 보완하고, 다양한 색상으로 여러 분위기를 표현할 수 있다.

정답
037 ④　038 ②　039 ②　040 ④
041 ②　042 ①　043 ②

맞춤해설

044 산화방지제의 성분이 아닌 것은?

① 토코페롤   ② 레시틴

③ BHA   ④ AHA

044
산화방지제
• 천연산화방지제 : 레시틴, 토코페롤
• 합성산화방지제 : BHA, BHT
• 산화방지보조제 : 인산, 구연산, 아스코르빈산, 말레산, EDTA

045 다음 중 손상된 케라틴을 회복시켜 손톱, 모발 등의 치유에 효과적인 비타민은?

① 비타민 A   ② 비타민 B_1

③ 비타민 E   ④ 비타민 H

045
비타민 H는 비오틴으로 불리우며 세포성장인자로 단백질 회복에 효과가 있다.

046 계면활성제의 분류에 대한 설명으로 틀린 것은?

① 물과 잘 섞이게 하는 것을 유화제라 한다.
② 피부의 오염물을 제거해 주는 것을 세정제라 한다.
③ 소량의 기름을 물에 투명하게 녹이는 것을 가용화제라 한다.
④ 거품을 없애주는 것을 분산제라 한다.

046
소포제 : 거품을 없애주는 것

047 다음에 나열한 성분에 적합한 피부 유형은?

살리실산, 클레이, 캄퍼, 유황

① 노화 피부   ② 건성 피부

③ 예민 피부   ④ 지성 · 여드름 피부

047
살리실산, 클레이, 캄퍼, 유황 등은 지성 · 여드름 피부의 활성성분이다.

048 다음 중 부향률이 가장 높은 향수는?

① 퍼퓸   ② 오드 퍼퓸   ③ 오드 뚜왈렛   ④ 오드 코롱

048
퍼퓸은 부향률이 15~30%로 향수 중 가장 진한 농도의 제품이다.

049 향수의 발산속도 단계에서 향수의 첫 느낌에 해당하는 단계는?

① 탑노트   ② 미들노트

③ 베이스노트   ④ 라스트노트

049
탑노트 : 향수의 첫느낌, 휘발성 강한 향료

050 다음 중 이 · 미용업을 개설할 수 있는 경우는?

① 이 · 미용사의 감독을 받아 이 · 미용을 행하는 자
② 위생관리용역업 허가를 받은 자로서 이 · 미용에 관심 있는 자
③ 이 · 미용사 면허를 받은 자
④ 이 · 미용사의 자문을 받아 이 · 미용을 행하는 자

050
이용사 또는 미용사의 면허를 받은 자가 아니면 이용업 또는 미용업을 개설하거나 그 업무에 종사할 수 없다. 다만, 이용사 또는 미용사의 감독을 받아 이용 또는 미용 업무의 보조를 행하는 경우에는 그러하지 아니하다.

정답   044 ④   045 ④   046 ④   047 ④
048 ①   049 ①   050 ③

051 다음의 설명으로 맞는 것은?

> 소량으로도 살균력이 강하며 온도가 높을수록 살균력이 강하다.

① 역성비누   ② 승홍수
③ 석탄산   ④ 생석회

● 051
승홍수 : 강한 살균력, 기물살균이나 피부소독 시 0.1%

052 간디스토마에 관한 설명으로 틀린 것은?

① 인체 감염형은 피낭유충이다.
② 제1중간숙주는 왜우렁이다.
③ 인체 주요 기생 부위는 간의 담도이다.
④ 경피감염된다.

● 052
간흡충 : 오염된 물에 사는 민물고기의 생식을 통한 경구적 침입

053 다음 중 간디스토마의 제2중간숙주에 해당되는 것은?

① 왜우렁이   ② 가재
③ 다슬기   ④ 잉어

● 053
간흡충(간디스토마)
• 제1중간숙주 : 왜우렁이
• 제2중간숙주 : 붕어, 잉어

054 인구피라미드에서 인구증가형으로 고출생률, 저사망률에 해당하는 것은?

① 피라미드형   ② 별형
③ 항아리형   ④ 종형

● 054
• 피라미드형 : 인구증가형
• 종형 : 인구정지형
• 항아리형 : 인구감소형
• 별형 : 유입형
• 기타형 : 유출형

055 다음 고혈압 설명 중 틀린 것은?

① 비전염성질환을 성인병이라고도 한다.
② 비전염성질환의 종류는 고혈압, 당뇨 ,허혈성심장질환등이 해당된다.
③ 뇌졸중의 원인은 주로 동맥경화증과 고혈압이다.
④ 고혈압 중에서 속발성 고혈압이 전체의 90%를 차지한다.

● 055
고혈압 중 본태성 고혈압이 전체의 90%를 차지한다.

056 수질오염의 생물학적 지표로 이용되는 것은?

① 잔류염소   ② 색도
③ 경도   ④ 대장균군

● 056
대장균군 검출 : 미생물, 분변에 의한 오염 추측, 검출방법 간단하고 정확해 수질오염의 지표로서 중요하다.

051 ②   052 ④   053 ④   054 ①
055 ④   056 ④

맞춤해설

057 미용사(피부)의 업무 범위가 아닌 것은?

① 눈썹손질   ② 제모

③ 피부관리   ④ 손, 발톱 손질

● 057
미용사(피부)의 업무범위 : 의료기기나 의약품을 사용하지 아니하는 피부상태 분석, 피부관리, 제모, 눈썹손질

058 신고를 하지 않고 영업소의 소재지를 변경한 경우 1차 위반 시 행정처분기준은?

① 영업정지 5일   ② 영업정지 15일

③ 영업정지 1월   ④ 영업정지 2월

● 058
신고를 하지 않고 영업소의 소재지를 변경한 경우
• 1차 위반 : 영업정지 1월
• 2차 위반 : 영업정지 2월
• 3차 위반 : 영업장 폐쇄명령

059 보건복지부령으로 정하는 것이 아닌 것은?

① 공중위생영업의 폐업신고   ② 면허취소의 세부기준

③ 미용사 업무 범위   ④ 과태료, 수수료

● 059
과태료, 수수료는 대통령령으로 정한다.

060 공중보건의 범위에 속하지 않는 것은?

① 식품위생   ② 가족계획

③ 산업보건   ④ 재활의학

● 060
공중보건범위 : 환경관련분야, 질병관리분야, 보건관리분야로 임상의학은 해당되지 않는다.

 정답 057 ④   058 ③   059 ④   060 ④

피부미용사 필기
한권으로 합격하기

발 행 일	2025년 1월 5일 개정19판 1쇄 인쇄
	2025년 1월 10일 개정19판 1쇄 발행
저 　 자	황해정 · 김승아 공저
발 행 처	 크라운출판사
	http://www.crownbook.co.kr
발 행 인	李尙原
신고번호	제 300-2007-143호
주 　 소	서울시 종로구 율곡로13길 21
공 급 처	(02) 765-4787, 1566-5937
전 　 화	(02) 745-0311~3
팩 　 스	(02) 743-2688, 02) 741-3231
홈페이지	www.crownbook.co.kr
I S B N	978-89-406-4843-8 / 13590

특별판매정가　32,000원

크라운출판사 도서 안내

한권으로 끝내주는 NCS 미용사 일반 필기시험문제

정가 24,000원

NEW 완전합격 미용사 네일 실기시험문제

정가 23,000원

완전합격 미용사 메이크업 실기시험문제

정가 23,000원

한번에 합격하는 피부미용사 실기시험문제

정가 26,000원

※ 가격은 변경될 수 있으며, 크라운출판사 홈페이지를 참고하시기 바랍니다.